高 等 学 校 规 划 教 材

基因工程学

金红星 编著

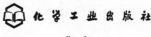

化学工业出版社

·北京·

内 容 简 介

《基因工程学》全书共 12 章，除第 1 章绪论外，其余各章主要阐述基因、工具酶、载体、重组 DNA 分子的转化与重组子筛选、核酸的分离纯化与目的基因的克隆、大肠杆菌基因工程、酵母菌基因工程、基因组、蛋白质工程、途径工程和合成生物学等内容。

本书的特色：①以实际操作为抓手，详细论述了基因工程的各个环节以及实验注意事项和实例；②重点讲述了以大肠杆菌为代表的原核微生物和以酵母菌为代表的真核微生物的基因工程技术；③基因组这一章节，详细讲述了三代 DNA 测序和多种基因组定点编辑（同源重组、RecET/Red 重组系统、ZFN、TALEN 和 CRISPR-Cas 系统）的原理，还介绍了与基因组学相关的自然科学和人文科学知识；④以蛋白质工程的实际应用为目标，介绍了基因改造的理性分子设计理论；⑤在讲述途径工程基本原理的基础上，以全新的角度论述了其在实际工作中的应用实例；⑥简要介绍合成生物学，以利于工程菌的准确管控。

《基因工程学》是针对生物工程、生物技术、生物制药专业本科生编写的教材，可供生物技术和生命科学相关专业的本科生使用，也可供研究生和有关科研人员参考。

图书在版编目（CIP）数据

基因工程学/金红星编著 . —北京：化学工业出版社，
2021.1（2023.5重印）

高等学校规划教材

ISBN 978-7-122-38180-4

Ⅰ.①基…　Ⅱ.①金…　Ⅲ.①基因工程-高等学校-教材　Ⅳ.①Q78

中国版本图书馆 CIP 数据核字（2020）第 243960 号

责任编辑：褚红喜　宋林青　　　　　　　文字编辑：药欣荣　陈小滔
责任校对：王素芹　　　　　　　　　　　装帧设计：关　飞

出版发行：化学工业出版社（北京市东城区青年湖南街 13 号 邮政编码 100011）
印　　刷：三河市航远印刷有限公司
装　　订：三河市宇新装订厂
787mm×1092mm　1/16　印张 22¾　字数 578 千字　2023 年 5 月北京第 1 版第 2 次印刷

购书咨询：010-64518888　　　　　　售后服务：010-64518899
网　　址：http://www.cip.com.cn
凡购买本书，如有缺损质量问题，本社销售中心负责调换。

定　　价：59.80 元

前　言

1973 年，美国的科恩（S. Cohen）等将体外重组的 DNA 分子导入大肠杆菌进行了复制，从此拉开了基因工程的序幕。基因工程在过去 50 余年中飞速发展，其应用成果已经渗透到农业、工业、医药、国防、能源和环保等诸多领域，成为生物学中发展速度最快、创新成果最多、应用前景最广的一门核心技术。基因工程学课程也已成为国内外高校生物工程（Bioengineering）、生物制药（Biopharmaceutical）、生物技术（Biotechnology）和生物科学（Bioscience）专业本科生的一门专业主干课程。

基因工程学以遗传学、生物化学和分子生物学等学科为基础，引入工程学的一些基本概念，通过周密的实验设计，进行精确的实验操作，高效率地达到预期的目标。为了配合高等学校基因工程的教学，并促进我国生物工程、生物制药、生物技术相关专业人才的培养，特编写了这本教材。

本书的内容具有以下几个特色。

（1）教育部的生物工程专业（083001）本科教学质量国家标准中要求基因工程课程为 32 学时，而很多高校的生物工程专业不讲授遗传学且分子生物学的学时短，因此在基因工程中有必要讲解基因和基因组的相关内容，从而为今后的学习和应用奠定坚实的理论基础。

（2）开设生物工程、生物技术、生物制药专业的高校主要是工科院校，而他们的研究领域通常是微生物，因此重点讲述了原核微生物的代表——大肠杆菌和真核微生物的代表——酵母菌的基因工程。另外，教育部的生物工程专业本科教学质量国家标准中要求开设细胞工程，而这门课程中专门设有一章内容是转基因生物反应器，其中将介绍动植物的基因工程。

（3）简要介绍了第二代基因工程——蛋白质工程（有时称为 DNA 诱变）和第三代基因工程——途径工程，为遗传育种工作打好理论基础。

（4）在每个基因操作单元都介绍了实验过程中的注意事项，绪论、大肠杆菌和酵母菌的基因工程这三章中都列举了实例，附录中罗列了细菌和酵母的遗传命名指南。

（5）在基因组一章中详细讲述了三代 DNA 测序和多种基因组

定点编辑（同源重组、RecET/Red 重组系统、ZFN、TALEN 和 CRISPR-Cas 系统）的原理，为遗传育种工作奠定了理论基础。

（6）详细讲述了分离纯化核酸与克隆基因的基本原理。

（7）简要介绍了合成生物学的研究内容、策略和方法以及应用进展。

编者希望本书能够成为生物工程、生物技术、生物制药专业的本科生的优秀教科书，并能够成为生物技术和生物科学专业本科生和相关专业研究生、工作者的良好参考书。

在编写过程中参考了一些前人的成果与论述，同时也得到了许多朋友和家人的支持，在此表示衷心的感谢！北京盈科千信科技有限公司提供了一些电子版图书作为参考资料，在此表示衷心感谢！河北工业大学化工学院的成文玉为本书绘制插图出力不少，在此表示衷心感谢！本书的编写和出版是在化学工业出版社的大力支持下完成的，在此表示衷心感谢！

编者怀着一颗为基因工程的教学工作尽心尽力的初心，认真负责完成本书的编写。但是，由于编者水平有限，加之时间仓促，书中难免存在疏漏之处，恳请读者和同行批评指正！

编者

2020 年夏于北运河畔

E-mail：jinhx87@126.com

目 录

第 4 章 载体 / 72

第 5 章 重组 DNA 分子的转化与重组子筛选 / 104

附　录 / 335

参考文献 / 352

第1章

绪　论

20 世纪 70 年代初，在生命科学发展史上发生了一个伟大的事件，美国科学家 S. Cohen 第一次将两个不同的质粒加以拼接，组装成一个杂合质粒，并将其引入大肠杆菌体内表达。这种被称为基因转移或 DNA 重组的技术立即在学术界引起了很大的震动。很多科学家深刻认识到这一发现所包含的深层含义以及将会给生命科学带来的巨大变化，惊呼生命科学一个新时代的到来，并且预言 21 世纪将是生命科学的世纪。由于基因转移是将不同的生命元件按照类似于工程学的方法组装在一起，生产出人们所期待的生命物质，因此也被称为基因工程。基因工程的出现使人类跨进了按照自己的意愿创建新生物的伟大时代。虽然从它的诞生至今不足 50 年，但这一学科却获得了突飞猛进的发展。

1.1　基因工程的基本概念

基因工程（genetic engineering），也称为基因修饰（genetic modification），是指按照人们的设计，用生物技术（biotechnology）直接操作生物的基因组。首先分离目的基因或人工合成外源基因，在体外将外源基因插入载体分子中，成为重组 DNA，再导入宿主细胞内，进行扩增和表达。此过程所涉及的方法学称为重组 DNA 技术（recombinant DNA technology），也称为分子克隆（molecular cloning）或基因操作（genetic manipulation）。

基因工程的操作过程可简化为：切、接、转、增、检。①从供体细胞中分离出基因组 DNA，用限制性内切核酸酶分别将外源 DNA（包括外源基因或目的基因）和载体分子切开，简称"切"；②用 DNA 连接酶将含有外源基因的 DNA 片段接到载体分子上，形成 DNA 重组分子，简称"接"；③借助细胞转化手段将 DNA 重组分子导入受体细胞中，简称"转"；④短时间培养转化细胞，以扩增 DNA 重组分子或使其整合到受体细胞的基因组中，简称"增"；⑤筛选和鉴定转化细胞，获得使外源基因高效稳定表达的基因工程菌或细胞，简称"检"。

通过基因工程技术改变了遗传物质的生物称为遗传修饰生物（genetically modified organism，GMO），也称为转基因生物（transgenic organism）。其实这两个概念是有差别的，转基因生物是指染色体基因组中含有外源基因的生物，而遗传修饰生物除可能含有外源基因外，还包括基因组中的基因被修饰。例如，基因敲入（gene knock-in）、基因敲除（gene knock-out）、基因敲落（gene knock-down）、基因打靶（gene targeting）、外显子删除和定点突变（point mutation）等。所以遗传修饰生物的范围更为广泛。

基因工程特点：①不受亲缘关系的限制，即打破了物种的界限；②可以定向地改变生物的遗传特性；③增加目的基因的剂量。

1.2 基因工程的核心理论和核心技术

1.2.1 基因工程所依赖的核心理论

基因工程所依赖的核心理论是：①1953年美国的 J. D. Watson 和 F. H. C. Crick 建立的 DNA 双螺旋模型；②1946年美国的 L. Lederberg 等相继发现在细菌和噬菌体中遗传物质横向传递的一系列现象和规律；③1961年法国的 F. Jacob 和 J. Monod 建立的操纵子模型；④美国的 M. W. Nirenberg（1964年）和 H. G. Khorana（1967年）分别破译了全部遗传密码子。

1.2.2 基因工程所依赖的核心技术

基因工程所依赖的核心技术是：①1977年英国 F. Sanger 等建立的 DNA 测序技术；②一系列重要工具酶的发现，特别是1956年美国 J. A. Kornberg 发现 DNA 聚合酶、1966年 B. Weiss 和 C. C. Richardson 分离出 DNA 连接酶、1968年美国 H. O. Smith 发现 II 类限制性内切核酸酶、1970年 H. M. Temin 等发现反转录酶；③1973年 S. N. Cohen 和 H. W. Boyer 等建立的质粒转化技术；④1987年美国 K. B. Mullis 等建立的 PCR 体外扩增技术；⑤1989年 M. R. Capecchi 等建立的"基因打靶"技术；⑥基因组编辑核酸酶的应用，能够定位和准确修饰生物基因组。这为研究基因功能、基因治疗创造了新的途径。

1.3 基因工程的建立与发展

1.3.1 基因工程的建立

基因工程的产生是生命科学发展的必然。自从遗传学诞生之后，随着对基因功能不断深入的研究，人们不仅想了解基因，而且还希望能改变它们，从而提高农作物的产量，改善生物体的性状，甚至用来防治遗传缺陷。早在1927年，H. J. Muller 就用 X 射线照射果蝇，诱导果蝇基因发生了突变。这是人类第一次主动改变生物体基因，但这种诱变及诱变育种仅能提高基因的突变频率，而不能按照人们的意愿改变基因突变的方向，从而得到预期的结果。

在20世纪60年代后期，分子遗传学的帷幕已经拉开，人们逐步掌握了微生物众多基因的功能，甚至可将噬菌体像手表一样进行拆卸和组装。因此，一些遗传学家们误认为遗传学的发展已达到了"巅峰状态"，似乎很难有新的突破，因此有的遗传学家便改弦更张，转移到其他生命科学领域去寻找新的战机。例如，1955 年建立了染色体的精细作图方法和互补测验并提出"顺反子"概念的美国著名遗传学家 S. Benzer，于 20 世纪 60 年代后期改变了原来的研究方向，从事昆虫的神经生物学研究。此时，遗传学似乎已处在一个"山重水复疑无路"的状态。正当遗传学家们感到彷徨的时候，基因工程异军突起，震撼了整个世界，也冲击了人们的生活和观念，使遗传学的发展进入一个"柳暗花明又一村"的新时代。

体外重组 DNA 这个设想首先是由斯坦福大学的 P. Lobban 于 1970 年提出的。1971 年，R. H. Jensen 等率先运用末端转移酶（terminal transferase）在试管中将寡聚 "A" 或寡聚 "T" 连接到 DNA 分子末端上；但这样的互补端还是无法以共价键连接。1972 年，斯坦福大学的 P. Lobban 和 D. Kaiser 采用 λ 噬菌体的外切酶可回切噬菌体 P22 DNA 5′端从而造成 3′端突出（3′-extension）；他们运用外切核酸酶Ⅲ及 DNA 聚合酶Ⅰ将噬菌体 P22 的两段 DNA 成功连接起来（该论文发表于 1973 年）。

1972 年，美国斯坦福大学的 P. Berg 采用了与 P. Lobban 等相同的方法，将猿猴病毒（simian virus 40，SV40）的 DNA 和 λ 噬菌体的 DNA 片段及大肠杆菌乳糖发酵相关基因（λ svgal）的操纵子 DNA 三者进行了重接，开创了体外重组之先河，标志着一个新的科学时代的到来。由于此项杰出贡献，P. Berg 获得 1980 年的诺贝尔化学奖。

P. Berg 等的工作方法和策略与 P. Lobban 的完全相同，所不同的是 P. Lobban 的工作是将同种生物的 DNA 进行了"体外连接"，称为顺化基因（cisgenic）连接，而不是转基因（transgenic）重组，后者是指将不同物种的外源基因转入受体细胞的过程。而 P. Berg 等的工作是首次在体外将不同物种的 DNA 进行重组，与 P. Lobban 的工作相比，有本质上的飞跃和升华。尽管如此，P. Lobban 的创新思维仍然是功不可没的。

1973 年，S. N. Cohen 和 H. W. Boyer 等用限制性内切核酸酶 EcoRI 切割含有抗四环素基因的质粒 pSC101 和来自鼠伤寒沙门氏菌的质粒 RSF1010（带有抗链霉素和磺胺基因），用连接酶进行拼接，构建成一个新的杂种质粒。用它转化大肠杆菌后，转化子既能抗四环素，又能够抗链霉素，从而建立了转化技术。1974 年，他们又将非洲爪蟾的 DNA 切成片段，连接到质粒 pSC101 上并转移到大肠杆菌中，使体外重组技术又向前推进了一步，基因工程技术从此诞生，遗传学也随之发生新的飞跃，一个新的"基因工程"时代展现在人们的面前。虽然 S. N. Cohen 和 H. W. Boyer 未能获得诺贝尔奖，可是他们的研究成果在人们的心中建立了一座无形的丰碑。

1.3.2　基因工程的发展

基因工程的发展可分为两个时期。20 世纪 70～90 年代是转基因时代，通过转基因产生了转基因植物、转基因动物和生物反应器。此后便开始进入了基因工程发展的新时期，基因组测序、体细胞克隆、干细胞技术及基因修饰和重编程技术相继问世，将基因工程推向新高潮。

1.3.2.1　转基因时代

（1）转基因植物

通过基因转移技术获得的整合有外源基因的植物体称为转基因植物（transgenic plant）。以植物作为生物技术的实验材料有其特定的优点，那就是植物细胞大部分都有全能性，可以用单个细胞分化发育出整个植株。这样，经过基因工程改造的单个植物细胞有可能再生成一个完整的转基因植株。

1983 年，美国的 K. A. Barton 等 4 组科学家们几乎同时开展了转基因植物的研究工作，利用 Ti 质粒将卡那霉素抗性基因转入烟草中，诞生了世界上第一种转基因植物。此后，转基因植物的研究工作在世界各地蓬勃发展，通过对农作物的优良性状进行大量深入的研究，从而培育了具有各种抗性的农作物，如抗病虫、抗除草剂、抗倒伏、抗寒、耐干旱、抗盐碱，并对人们梦寐以求的高光效、固氮等相关基因群进行了探索。科学家们也构建了生产外源基因表达产物的植物生物反应器，尝试用转基因植物来生产人的生长激素、胰岛素、干扰素、白细胞介素Ⅱ、表皮生长因子、乙型肝炎疫苗等。随着基因工程技术的发展，越来越多的具有优良性状的转基因植物在全球范围内得到广泛种植。

（2）转基因动物

1974 年，R. Jaenisch 等用显微注射（microinjection）将 SV40 的 DNA 导入小鼠的囊胚（blastocyst）中，在子代小鼠的肝、肾组织中检测到了 SV40 的 DNA，建立了世界上第一例转基因动物。

1980 年，美国的 J. W. Gordon 和 F. H. Ruddle 等采用前核显微注射（pronuclear microinjection）将疱疹病毒和 SV40 的 DNA 片段首次成功注入小鼠受精卵前核中，获得了 2 只整合有外源基因的转基因小鼠，并提出了"转基因"（transgenic）一词，这种小鼠就被称为"转基因鼠（transgenic mice，TG mice）"，从而建立了转基因动物技术。

1982 年，美国的 R. D. Palmiter 等用微注射法将大鼠生长激素（rGH）基因与小鼠金属硫蛋白（MT）基因启动子连接后，导入小鼠受精卵中，并得到了表达，使小鼠发育成比正常小鼠大 1 倍的"超级小鼠"（super mouse）。并且，他们还提出了从转基因动物中提取药物蛋白的设想。这是外源基因首次在动物体内得到表达。

1983 年，J. W. Gordon 和 F. H. Ruddle 将携带外源基因的动物称为"转基因动物"（transgenic animal），这是学术界首次使用这一术语。一系列转基因动物的成果引起了众多研究者对培育转基因动物的浓厚兴趣，其后多种转基因动物陆续诞生。至今人们已经成功获得了转基因的大鼠、鸡、山羊、绵羊、猪、兔、牛、蛙及多种鱼类。目前转基因哺乳动物如猪、牛、羊等方面的研究已显示出很大优势。利用它们生产有药用价值的产品产量高、成本低。目前已将人蛋白质 C（hPC）、人血清白蛋白、鸡法氏囊疫苗、人乳铁蛋白、人溶菌酶、转乳清蛋白、人岩藻糖转移酶、乳糖分解酶等基因转入动物体内并得到表达，其中人乳铁蛋白和人 α-乳清白蛋白基因是国际上首次利用转基因克隆牛而获得的。

（3）生物反应器

生物反应器（bioreactor）是指以活细胞或酶为生物催化剂进行细胞增殖或为生化反应提供适宜环境的设备，能产生特定产物的转基因动物的器官也称为生物反应器。这种新型生物反应器，也许就是生物技术产业梦寐以求的蛋白质来源。

1985 年，英国的 R. Lovell-Badge 第一次提出利用乳腺生物反应器（mammary gland bioreactor）生产重组蛋白质。乳腺生物反应器的原理是利用重组 DNA 技术，将外源目的基因和乳腺特异性表达的蛋白质基因启动子及调控区重组，制作转基因哺乳动物，以期在动物乳腺中表达分泌特定重组蛋白。转基因动物生产基因药物最理想的表达场所是乳腺。

真正意义上的哺乳动物乳腺生物反应器是由 J. W. Gordon 等于 1987 年开创的。他们将组织型纤溶酶原激活剂（tissue plasminogen activator，tPA）基因与小鼠乳清酸蛋白（WAP）基因的启动子进行体外重组，成功培育出 37 只在乳汁中能表达 tPA 的转基因小鼠。tPA 是一种丝氨酸蛋白酶，为最主要的生理性纤溶酶原激活剂，可通过其赖氨酸残基选择性地与血栓表面的纤维蛋白结合，激活血栓中已与纤维蛋白结合的纤溶酶原（PLG）并使之转变成纤溶酶（PL）。随后，α1-抗胰蛋白酶（α1-antitrypsin，α1-AT）、7-乳球蛋白-凝血因子 Ⅸ（BLG-F-Ⅸ）、人抗胰蛋白酶（AT）、凝血因子 Ⅸ（F-Ⅸ）、牛的 β-酪蛋白（β-CN）、κ-酪蛋白（κ-CN）、人抗凝血酶 Ⅲ（ATryn）、促红细胞生成素（EPO）、人乙型肝炎表面抗原（HbsAg）基因、人 β1-抗胰蛋白酶等重组基因先后在动物乳腺中表达，其中 ATryn 是世界上第一个动物乳腺生物反应器重组蛋白药物。

1.3.2.2 基因工程发展的新时期

（1）基因组测序

人类基因组计划（HGP）是由美国科学家于 1985 年率先提出，HGP 的目标是要揭开人类基因组的秘密。1986 年，美国诺贝尔奖获得者 R. Dulbecco 在 *Science* 上发表题为《肿瘤研究的转折点：人类基因组测序》的短文，引起了全世界的强烈反响。HGP 与曼哈顿原子弹计划、阿波罗登月计划并称为三大科学计划。

HGP 于 1990 年正式启动，由美国、英国、日本、德国、法国、中国六国科学家联合攻关。2000 年，六国科学家共同宣布人类基因组工作草图绘制成功。2001 年六国科学家联合科研组和美国塞莱拉（Sequencing）公司将各自测定的人类基因组工作框架图分别同时发表在 *Nature* 和 *Science* 上，这宣告 HGP 进入了一个崭新的阶段。2003 年六国科学家完成了人类基因组序列图的绘制，实现了人类基因组计划的所有目标。发现人类基因组由 30 亿对碱基组成，含有约 2.5 万个结构基因。

1995 年 R. D. Fleischmann 和 J. V. Venter 等完成了流感嗜血杆菌（*Haemophilus influenzae*）的测序，这是第一例单细胞微生物基因组全序列测定，标志着基因组时代的开始。至今完全测序的生物数量：古细菌 26 种、细菌 110 种、蓝藻 4 种、原生生物 9 种、真菌 15 种、植物 67 种，动物 16 种（2013 年）。

2007 年 5 月 31 日，J. D. Watson 获得了美国"贝勒医学院（Baylor College of Medicine）"和"454 生命科学公司"赠予的完整基因组图谱的数据光盘，这是世界上第一份"个人版"基因组图谱。人类基因组计划（HGP）从 1990 年开始，到 2001 年提前完成，共花了 11 年时间，而制作这份个人基因组图谱只用了两个月时间。可见 DNA 测序技术的发展速度是何等惊人。

2007 年，美国 J. C. Venter 宣布，他们从生殖支原体内提取完整基因组，随后经过一系列技术，建立新的染色体。这个染色体有 381 个基因，包括 58 万对碱基。随后，科学家们将它嵌入已经被剔除了 DNA 的细菌细胞之中。按照实验计划，最终这个染色体将控制这个细胞并变成一个新的生命形式。直至 2010 年，J. C. Venter 研究所宣布第一个合成的细菌基因组产生，这个人工合成的细菌被命名为"辛西娅（Synthia）"，它是人类科学史上一个合成生命（synthetic life）。

2012 年，J. O. Kitzman 等完成人类胎儿非侵入性全基因组测序，为单基因遗传疾病非侵入性产前诊断和治疗开启了希望之门。

（2）体细胞克隆

1997 年，英国爱丁堡罗斯林（Roslin）研究所的 I. Wilmut 等用绵羊的乳腺成功地克隆成一头小羊多莉（Dolly）。这是首次成功进行的体细胞克隆，轰动了整个世界。1998 年，夏威夷大学的科学家第一次成功地克隆了名为"卡姆莉娜（Cumulina）"的小鼠。此后克隆动物不断涌现，至今，不同国家先后已克隆了绵羊、奶牛、山羊、盘羊、猴、猪、亚洲野牛、猫、大鼠、兔、骡、马、非洲野猫、鹿、雪貂、狗、狼、水牛和比利时野牛等 21 种哺乳动物。体细胞克隆的成功证明了动物细胞核具有全能性，为珍稀动物的物种保存、纯系实验动物的制备、人类器官移植开拓了新途径。

（3）干细胞技术

1981 年，M. J. Evans 和 M. H. Kaufman 首先从囊胚的内细胞团（inner cell mass）分离培养出多潜能的胚胎干细胞（ESC），并创建了维持全能干细胞的体外培养条件。由于这一工作，M. J. Evans 荣获了 2007 年诺贝尔生理学或医学奖。

1984 年，A. Bradley 和 L. Robertson 用 ES 显微注射（ES microinjection）将 ES 细胞注入小鼠囊胚腔，并移植回假孕母鼠的子宫内，获得胚系嵌合体，经过适当的交配，获得了源于 ES 细胞系的小鼠。

2006 年，日本的 S. Yamanaka（山中伸弥）选择了 $Oct3/4$、$Sox2$、$c-Myc$ 和 $Klf4$ 四个关键基因，通过反转录病毒载体将它们转入小鼠的成纤维细胞，使其变成多功能干细胞，这种通过向皮肤成纤维细胞的培养基中添加几种胚胎干细胞表达的转录因子基因，诱导成纤维细胞转化成的类多能胚胎干细胞，称为诱导多能干细胞，为基因治疗和器官移植开拓了一条新路。

（4）基因修饰

基因修饰（gene modification）主要是指利用分子生物学方法修改 DNA 序列，包括外源基因插入宿主染色体基因组内，特定基因的敲除，特定位点的碱基插入、删除和替换，从而改变宿主细胞的基因型、加强或减弱特定基因的表达。

1989 年，M. R. Capecchi 和 O. Smithies 根据同源重组（homologous recombination）的原理，首次实现了 ES 外源基因的定点整合（targeted integration），这一技术称为"基因打靶"（gene targeting）或"基因敲除"（gene knock-out），利用这种 ES 的显微注射就可以制作出基因敲除小鼠（knock-out mice，KO mice）；由于这一项研究工作，Capecchi 和 Smithies 于 2007 年与 Evans 分享了诺贝尔生理学或医学奖。

2009 年，美国威斯康星医学院和 Sigma-Aldrich 公司等利用锌指核酸酶（zinc finger nuclease，ZFN）基因打靶技术成功构建了世界首例基因敲除大鼠（knock-out rat）。最近两项新的基因打靶技术不仅大大提高了制作基因修饰小鼠的效率，还使基因修饰大鼠（genetically modified rat）成为可能。

2011 年，法国南特大学首次利用转录激活因子样效应物核酸酶（transcription activator-like effector nuclease，TALEN）基因打靶技术成功构建了基因敲除大鼠。

2013 年 *Science* 第 339 卷 6121 期刊登了 2 篇（麻省理工学院、哈佛医学院）具有重要意义的 CRISPR（规律性成簇间隔的短回文重复序列，Clustered Regularly Interspaced Short Palindromic Repeat）/Cas 技术论文。利用基因工程手段改造了细菌的 CRISPR/Cas 系统，具有比 TALEN 更快的基因组编辑时效性。

1.4 基因工程的产业化及应用

1.4.1 基因工程的产业化

1976年体外重组创始人之一的H.Boyer和年轻的风险投资商R.Swanson合作创建了第一个基因工程公司——"遗传技术公司（Genentech）"，简称泰克（Tech）公司。一年后，泰克公司用重组细菌合成人生长抑素（somatostatin），证明了用细菌合成人体蛋白质是可能的。这一成果宣告基因工程从研究走向了应用，拉开了基因工程产业化的序幕。1978年，Tech公司宣布基因工程的产物人类胰岛素问世。1980年，美国最高法院（U.S.Supreme Court）审理的"Diamond v.Chakrabarty"案是美国专利法上里程碑式的案件。该案中，美国最高法院所做出的判决打开了基因技术可被授予专利权的大门。通过介绍和分析该案件，对基因专利问题的发端进行了深入的剖析，并对基因专利问题带来的正负面影响做了全面的分析。通过美国食品药品管理局（FDA）批准，在美国成功上市了世界上第一支由细菌产生的超短效人胰岛素（branded humulin）。1979年和1980年，人生长激素和人干扰素也先后在重组细菌中合成。1982年，重组人胰岛素成为第一种获准上市的重组DNA药物。

1986年，法国和美国政府同时批准了第一个基因工程植物（抗除草剂转基因烟草）的田间试验。1992年，中国首先在大田种植转基因抗病毒烟草，揭开了全球转基因作物商业化的序幕。1994年，美国Calgene公司研制的转基因延熟保鲜番茄首次进入商业化生产。同年，欧盟批准抗除草剂（溴苯腈）转基因烟草商业化。1995年，转Bt基因抗虫马铃薯获美国环境保护署批准，之后又得到FDA的批准，成为美国第一个被核准的转基因抗虫农作物。

目前，转基因作物已得到广泛的推广、栽培和使用。在美国市场上，60%～70%的食品含有转基因成分。截至2009年底，全球已有25个国家批准了24种转基因作物的商业化应用；有1400万农户和农场主种植了1.34亿公顷的转基因作物，比2008年增长了7%。在美国、巴西、阿根廷、印度、加拿大、中国、巴拉圭和南非已大面积种植转基因作物。我国正式批准商业化生产的转基因作物有棉花、番茄、烟草和牵牛花4种。

1.4.2 基因工程的应用

基因工程不仅能够帮助我们从事生命科学基础理论方面的研究，而且与国计民生息息相关。基因工程技术已经广泛应用于医药卫生、科学研究、工农业生产、环境保护及生物艺术等领域。

（1）医药卫生

基因工程在医药卫生中用于大量生产胰岛素、人类生长激素的促卵泡素β（商品名为Follistim）、人类白蛋白、单克隆抗体、抗血友病因子等多种药物及基因工程疫苗。

其他基因工程药物，如人造血液、白细胞介素、乙肝疫苗等，均通过基因工程实现了工业化生产，为解除人类的病痛、提高人类的健康水平发挥了重大作用。

1992年，美国的C.J.Arntzen和H.S.Mason用植物转基因的方法生产食品疫苗（food

vaccine）。食品疫苗就是将致病微生物的有关蛋白质（抗原）基因，通过转基因技术导入植物受体中进行表达，得到具有抵抗相关疾病基因的疫苗。已获成功的有狂犬病病毒基因、乙肝表面抗原（HBsAg）基因、*E.coli* 热敏肠毒素基因 B 亚单位（LT-B）基因、霍乱弧菌毒素 B 亚单位（CT-B）基因、口蹄疫病毒 VP1 蛋白基因、狂犬病病毒 G 蛋白基因、人巨细胞病毒（HCMV）糖蛋白 B（UL55）基因、链球菌突变株表面蛋白基因等 10 多种转基因马铃薯、香蕉、番茄、芥菜、莴苣等食品疫苗。这种疫苗成本低廉、效果稳定、操作方便。

基因工程也常用来制作人类疾病的动物模型，如遗传学模型小鼠。它们被用来研究和模拟癌、肥胖、心脏病、糖尿病、关节炎、精神分裂症、焦虑、老化和帕金森病等。通过动物模型可以研究基因的表型效应、验证基因的功能，病理研究，药物疗效考查等。

潜在性治疗（potential cure）能通过对模型小鼠的治疗得到检验。此外，遗传修饰猪的繁殖使猪器官移植给人的目标逐步得以实现。

基因工程在遗传病、肿瘤和病毒感染的诊断和治疗上建立了产前诊断、基因鉴别、胎儿设计技术，以及利用体外重组、基因打靶和细胞重编程技术来矫正突变的基因、抑制病毒感染和细胞癌变。

在基因治疗中，体细胞基因治疗是符合伦理规范的，但试图纠正生殖细胞遗传缺陷或通过基因工程手段来改变和增强正常人的遗传特征（如外貌、适应性、智商、品质和行为等）则是引起争议的领域。

（2）科学研究

基因工程是自然科学家的一种重要工具。来自广大生物界的基因转化到细菌中，生成工程菌（genetically modified bacteria）。细菌是廉价的，容易生长、克隆、快速繁殖，也较容易转化，并可在 -80℃的条件下长期储存。一个基因一旦被分离就有可能储存在细菌中为科研提供取之不尽、用之不竭的材料。

基因工程可揭示生物体某些基因的功能，使我们能够了解基因表达或基因间相互作用而产生的表型效应。这些实验通常涉及功能的缺失和获得、示踪和表达。

① 功能表达的缺失，如基因敲除实验，即在实验中删除了生物体一个或多个基因。敲除实验涉及体外提取和操作 DNA。在简单的敲除实验中，靶基因被敲除的生物体将失去相应的功能。ES 细胞含有的重组基因取代已存在的功能正常的基因。将这种 ES 细胞注入囊胚中，再植入代理母亲子宫里，让其表达，通过分析出现的缺陷，测定特定基因的功能。其他方法是在生物体（如果蝇）群体中诱发突变，然后筛选具有期望突变的后代。类似的过程也可应用于植物和原核生物中。

② 获得功能实验，在逻辑上与敲除实验相同。有时与敲除实验同时进行，能更加细微地确定目的基因的功能。这个过程和敲除实验十分相似。不同之处在于获得功能实验是要增加基因的功能，通常是提供一个额外的基因拷贝，或诱导合成更多的蛋白质。

③ 示踪实验（tracking experiment），可通过此实验试图获得靶蛋白定位和相互作用的信息。一种方法是用报告基因，如绿色荧光蛋白（green fluorescent protein，GFP）基因，明确地显示遗传修饰的产物。示踪实验是常用的技术。但报告基因的插入可能破坏原来基因的功能，产生次级效应，并可能给实验结果带来假象。新发展的先进技术可示踪蛋白质产物而不减弱蛋白质的功能，如加入小 RNA 序列作为与单抗结合的模体。

④ 表达研究实验，该实验的目的是探测特定蛋白质表达的时空性。在实验中，将报告基因导入该蛋白质编码区，就能观察到该蛋白质产生的时间和地点。表达研究能进一步通过

变更启动子找到适合基因表达的条件，即结合什么样的转录因子，这个过程称为启动子尝试（promoter bashing）。启动子尝试是一种鉴别特定启动子是否适合相应基因表达的重要技术。

（3）工业生产

基因工程可以应用于酿酒、食品、发酵、酶制剂等工业生产的许多方面，通过制备工程菌，以提高产量和质量、改进工艺或开发新产品。例如，在白酒和黄酒的酿造及酒精生产中，常用曲霉菌产生的淀粉水解酶使淀粉糖化，然后由酿酒酵母把糖转化为乙醇。淀粉需先经高温蒸煮，淀粉颗粒溶胀糊化，才能被霉菌产生的淀粉糖化酶所作用。蒸煮要消耗很多能量，不少实验室已经试验将淀粉糖化酶的基因转入酿酒酵母中，使淀粉糖化和乙醇发酵两步操作均由酵母来完成，并且力求免去蒸煮过程，由此可以大大节约能源。

（4）农业生产

被修饰的农作物可抗昆虫、抗除草剂、抗病毒、增强营养和环境压力的耐受性。大部分商业化的基因修饰生物是抗昆虫和（或）抗除草剂的农作物。

转 Bt 基因的花生叶片中的 Bt-毒素可防止欧洲玉米螟的侵害。这是基因工程应用中最著名也是最受争议的例子。

1986 年，首次获得能够抗烟草花叶病毒的转基因烟草植株，对烟草花叶病毒的预防效果可达 70%。目前利用基因工程不断获得了各种抗病毒植株，如抗黄瓜花叶病毒、抗马铃薯 X 病毒和 Y 病毒植株，抗病虫害长颈南瓜和抗虫害转基因土豆等。

1999 年，M. S. B. Ku 等利用农杆菌介导法，将完整的玉米 *PEPC* 基因导入 C_3 植物水稻的基因组中。X. Ye 和 I. Potrykus 等（2000 年）已利用农杆菌介导法成功地将来自其他物种的 *psy*、*cntl* 和 *lcy* 基因整合到水稻基因组中，并使它们在胚乳中稳定地表达，生成合成维生素 A 所需的酶，从而解决了水稻胚乳不能合成维生素 A 的难题。

（5）环境保护

遗传修饰病毒也被应用于环境保护中，如研发对环境无害的锂离子电池。2009 年，美国麻省理工学院的 A. Belcher 研究团队首次利用基因工程改造病毒（噬菌体 M13）制作出锂离子电池的正负极。这种新型的由病毒制造的电池能量和性能与汽车中应用的最先进的油电混合电池相当，也可广泛用于个人电子设备。这种电池可通过低成本的环保工艺制造，在室温条件下合成，而且不需要有害的有机溶剂，同时所用的材料也是无毒的。

2009 年，李利等构建了黄色荧光砷抗性细胞传感器 WCB-11。环境中砷污染物的预测和评估是开展环境保护、人类健康风险评价的重要前提。李利等应用 PCR 技术从大肠杆菌（*E.coli*）DH5α 菌株的基因组扩增得到砷抗性启动子及调控蛋白（*arsR* 编码的蛋白质可调节整个抗砷操纵子的转录和表达），并首次将黄色荧光蛋白（phiYFP）作为报告基因引入原核生物中构建砷抗性全细胞传感器 WCB-11。实验表明，工程菌能够很好地对砷盐应答表达YFP，当工程菌暴露于不同砷盐时，表达的黄色荧光呈现时间依赖性和剂量依赖性。因此，利用所构建的工程菌有望建立起一种廉价、便捷的砷污染物检测方法，有较高的应用价值。

油轮的海上事故常常使海面和海岸产生严重的石油污染，造成生态问题。早在 1979 年美国 GEC（Global Equity Corporation）公司成功构建了具有较大分解烃基能力的工程菌，并经美国联邦最高法院裁定，获得专利。这是第一例基因工程菌专利。当发生石油污染时，人们把"吃油"工程菌和培养基喷洒到污染区，收到良好效果。其他的一些应用涉及工程菌解决环境中的农药、表面活性剂、重金属及其他有毒废弃物的污染问题。

（6）生物艺术

基因工程也可用于生物艺术（BioArt），它能利用细菌制备黑白照片，还能培养出神奇的动植物，如彩色薰衣草、彩色康乃馨、蓝色玫瑰及会发光的鱼。

（7）基因武器

从古至今一种新的技术问世往往有造福人类的一面，也存在着危害人类的一面。基因工程技术也不例外，虽然给人类带来福音，但它的滥用对人类社会产生负面效应。

基因武器（genetic weapon）也称遗传工程武器或 DNA 武器。它运用先进的基因工程技术，用类似工程设计的办法，按照人们的需要，在一些致病细菌或病毒中导入能抗普通疫苗或药物的基因，或者在一些本来不会致病的微生物体内导入致病基因而制成生物武器。它能改变非致病性微生物的遗传物质，使其产生具有显著抗药性的致病菌，利用人种生化特征上的差异，使这种致病菌只对特定遗传特征的人们产生致病作用，从而选择性地消灭敌方的有生力量。

基因武器可称第三代生物战剂，分为三类：致病或抗药的微生物、攻击人类的"动物兵"、种族基因武器。与核武器、化学武器相比，基因武器的威力更大，还具有以下特点：第一，有精确的敌我分辨能力，只攻击敌方特定人种；第二，难以防治，有抗药性，有传染性，秘密施放，难以察觉，若已察觉，也很难破译其遗传密码并进行有效治疗，只在所攻击的同类人种中有传染性；第三，杀伤力大，成本低廉，运用基因工程技术可以大量生产；第四，对敌方有强烈的心理威慑作用。

1.5　转基因生物的安全性与伦理

1.5.1　转基因生物的安全性

DNA 重组技术的出现并走向应用时，和其他新技术一样，既给人们带来了惊奇、兴奋和希望，同时也带来了忧虑、争议和不安。1971 年，P. Berg 在冷泉港会议上首次报告其实验结果时，就引起了科学家们的担忧，因为 Berg 的重组 DNA 分子中含有可使哺乳动物致癌的病毒 SV40 的 DNA 序列。人们担心一旦这种重组的大肠杆菌从实验室中逃逸，有可能在人群中传播它们所携带的致癌基因。为此，P. Berg 不得不停止实验，并同时写了一封信给《美国科学院院报》和 *Science*，号召分子生物学家们暂停"重组 DNA"实验，建议召开一次会议来讨论重组 DNA 技术存在的潜在危险性。1975 年 2 月在美国加州的阿西洛马会议中心举行了著名的"阿西洛马会议"（Asilomar Conference），也称"重组 DNA 阿西洛马会议"（Asilomar Conference on Recombinant DNA）。一批生物学家、医师、记者和律师出席了本次会议，拟订了确保 DNA 重组技术安全的自愿原则。历史性的阿西洛马会议较客观地评估了基因工程技术的潜力和可能产生的危害，有力地推动了以基因工程技术为核心的现代生物技术产业的发展。

会后由 P. Berg 等撰写了会议报告，在 1975 年 6 月由 *Science* 发表。报告分析了重组 DNA 技术的潜在危险，建议继续从事这方面的研究，同时应采取物理和生物两方面的措施降低实验的危险性。其中，生物措施包括对那些进行重组 DNA 实验的有机体做适当的改变，使它们无法在实验室之外生存。1976年6月23日，美国国家卫生院在阿西洛马会议所提出的建议基础上，公布了重组DNA研究规则。与此同时，欧洲国家也制定了类似的研究规则。

阿西洛马会议之后，科学界有关重组DNA技术的争议渐趋平息，但在媒体的鼓动下，社会上又出现了恐慌，形成了一股反重组DNA技术的潮流。一些不懂重组技术的行政官员和媒体率先参与其中，如剑桥市市长举行了听证会，企图禁止哈佛大学建造重组DNA技术研究的新实验室。参议员爱德华·肯尼迪（Edward Kennedy）反对科学家们想要自我管理重组DNA研究的动议，举行国会听证会打算通过立法限制重组DNA研究。美国科学界在美国科学院的领导下奋起抗争，科学界出示了大量的证据，让公众相信，只要遵循制定的规则，重组DNA技术是安全的。结果，这样的法案没有一项获得通过。而到了1978年年底，这场媒体和立法的恐慌就基本平息了。

随着20世纪末现代生物技术的飞速发展，转基因食品披着神秘的面纱渐渐涌进了我们的日常生活。由于转基因食品具有很多优点，所以一经问世便神速发展起来。与此同时也引起了新一轮的争论和质疑。主要的问题是：①转基因生物产品是否可能含有有毒物质和过敏原，是否会危害人类的健康，甚至致癌或诱发基因突变？②外来基因是否会破坏食物中的营养成分？③大量的转基因生物进入自然界后是否会与相应的野生物种杂交，造成基因污染，从而对环境及生态系统产生一定的冲击？④转基因作物中插入的抗虫或抗真菌的基因是否可能作用于其他非目标生物，从而杀死环境中有益的昆虫和真菌？其中尤其是转基因食品是否对人类有毒害成为争论的焦点。

尽管20世纪90年代早期，WHO、FAO和OECD及欧盟组织的科学调查都证明，目前已上市的所有转基因食品都是安全的，但不同国家和地区反应仍不同。美国对转基因食品持积极支持的态度，其基本立场在1986年美国白宫科技政策办公室颁布的"生物工程产品管理框架性文件"中得以体现。由于美国对转基因食品的管理采取相对宽松的政策，美国的转基因作物和转基因食品发展非常快，在世界上处于遥遥领先的地位。欧盟对转基因食品基本持反对的态度，禁止在环境中释放培养转基因食品。欧盟坚持认为，科学存在局限性，无论研究方法多么严格，结果总具有某些不确定性。为最大程度保护消费者的健康和环境，欧盟采用"预防原则"作为管制转基因食品的理论基础。

我国对转基因食品的问题，不仅是科学内部的不同观点的争论，而且还有专业以外的人士提出的质疑。反对者们以法国科学工作者的一些文章为依据，激烈反对转基因食品的生产。但一个众所周知的道理是，任何一项新的科学技术问世都是一把双刃剑，能否被人们接受，关键在于利弊的权衡。人们不会因为诸多空难的存在就要求取消航空业，也不会因为核辐射的威胁而停止利用核能，更不会因化学产品对环境的严重污染和强烈的致癌作用而停止化学工业。因此，即使英国A. Pusztai（1998年）、法国G. E. Seralini（2012年）等的研究没有J. Losey在 *Nature* 上发表的《转基因花粉伤害君王蝴蝶》论文存在的瑕疵，即使他们研究的结果都严谨可信，仍不能否认转基因技术利大于弊。转基因技术必然会被人们认识和接受。

目前，我国生物安全方面的法律法规还不完善，还不能满足生物安全的全方位管理需要。随着转基因技术越来越快的发展，转基因食品越来越多的在市场上出现，我国应：①加强DNA体外重组的科普宣传，使人们了解基因工程不仅是研究生物科学的有力工具，也是一项改变人类社会的应用技术，是提高生活质量、保护自然环境、防治疾病和感染、维持生态平衡的有力工具；②成立专门的机构，加强基因工程的管理和监督；③制定严格的科研项目申报、审批、成果评审和推广等制度；④完善相关的法律法规建设。

1.5.2 转基因生物的伦理

现在人们已经知道，地球上的所有生物所表现出来的各种性状都是由它们体内的基因所决定的，包括人类，一个人的高矮胖瘦、容貌美丑及是否有遗传疾病均与染色体上的基因有关。甚至人的性格，原来认为仅仅是由自身经历和周围环境决定的，正如俗语"近朱者赤，近墨者黑"所说的那样。然而，最新的科学证据表明，有些人敢冒风险、追求新奇，至少有一部分原因是他们身上的遗传基因与众不同。

1996年初，由以色列和美国的科学家组成的研究小组各自单独发表声明，他们已经发现人的第11号染色体上有一种叫做D_4DR的遗传基因对人的性格有不可忽视的影响。富有冒险精神和容易兴奋的人，其D_4DR基因的结构比那些较为冷漠和沉默的人更长。这个发现预示着，随着分子生物学的发展，人们最终将能够精确地描绘出诸如身高、体重、容貌、情感、性格等人体特征的遗传基因图。

但是，一系列道德、法律及伦理问题也随之产生了。例如，一个人的基因缺陷是否属于个人隐私？假如保险公司或雇主知道其有基因缺陷，是否会给他的工作带来麻烦？由谁来决定对一个人的基因进行改造，父母是否有权决定对有基因缺陷的新生儿进行基因改造？设计"基因完美"婴儿是否成为有钱人的专利？我们按照自己的目的来制造新的生命形式，是对我们这个星球上的生命负责吗？将一个新诞生的人改造得"完美无缺"是否使人类自身的进化停止？这些棘手的问题正引起公众及政府的关注。

(1) 基因歧视

基因歧视是指随着科学技术的发展，人们有可能从基因的角度对人类全体的遗传倾向进行预测，这些遗传信息的揭示和公开，将对携带某些"不利基因"或"缺陷基因"者的升学、就业、婚姻等社会活动产生不利影响。基因歧视可以是针对一个人、一个家庭或一个种族。携带肿瘤、心血管疾病等高发疾病基因，或嗜烟酒、犯罪倾向基因，以及智商、性格、生理基因，只能说是有某种倾向，即或许是机体发育中的重要随机事件，也或许终生不表现，因而，在社会活动中受到不利影响和歧视是不公正的。

个人最具隐私性的信息——基因信息，能揭示个人的身体、智力状况和性格特征等情况，这些资料对升学、就业、婚姻、投保等都起决定性作用，一旦向他人和社会披露，可能会造成极端严重的后果，甚至形成新的社会歧视浪潮。目前已经出现基因歧视的现实问题。

(2) 基因优生

基因优生是在承认基因不平等的前提下提出的，与传统的"优生优育"完全不同。所谓基因优生，就是利用基因重组技术在男性精子与女性卵细胞结合成胚胎初期，添加对人类有益的遗传基因，再去除对人类不利的基因，从而如愿以偿地"设计"出完美的下一代。这种试图通过控制婚配遗传因子来改进人的做法是一种纯粹的"基因歧视"，也会导致社会根本性的结构变化。

(3) 驳"基因决定论"

我们必须反对基因歧视，基因决定的只是"可能的人"。一个人有某种基因，只能说这个人有该基因所导致的那种性状的倾向。根据遗传学的原理，基因的表现与外界环境的诱导密切相关，基因是否能最终表达还要受到周围诸多因素的影响。现代医学模式已由过去不科学、不全面的"生物模式"转变为"生物—心理—社会"模式。后者认为，人不单受基因遗传的影响，也受后天的心理、思想和社会环境的影响，后天的影响同样重要。

基因平等权是一项基本的人权，是一项确保人不因其所携带的基因不同，而被分为三六九等，在社会生活中维护人的尊严与价值的基本人权。确立基因平等权是一种社会平等权的观念，有利于避免把社会学上的标准原则简单地照搬到生物学领域中的粗疏做法。显然，这种简单归类的做法是有缺陷的。医学已经证明携带某些非正常基因虽然在一定情况下确实是病因，但同时它可能也有着对人类有利的一面。如研究表明，囊性纤维恶性肿瘤基因有预防皮肤癌的作用；一种可引起镰刀状细胞贫血的基因有较强的对抗疟疾的特性。

1.6 应用实例

1.6.1 问题的提出

传统化学工程的核心是所谓的"三传一反"，即：动量传递、热量传递、质量传递和反应工程。在生物化学工程中，同样存在着这些问题。目前，生物化工工作者，通常是通过物理或化学的方法来解决这些问题的。

例如，在生物好氧发酵过程中，氧的供应是一个重要的问题，因为氧在水溶液中的溶解度是很低的。因此，保证供氧往往成为菌体生长和代谢的限制性因素。尤其为了提高产品的产量和降低生产成本进行大规模、高密度培养时，氧的供给和传递问题就更加突出了。通常的方法是加强搅拌和加大通气量，甚至通富氧或在发酵液中加入可高溶氧的物质（氧载体），来满足菌体对氧的需求。无疑，这些措施都会增加能耗和生产成本。有时甚至仍达不到高密度培养的要求。因此，提高氧的利用率是生物发酵过程中出现的一大难题。

又如，生物化工中，大多数基因工程产品是胞内产物，即产物积累在细胞内。因此，在细胞培养或发酵后，需要破碎细胞、释放胞内产物。破碎细胞是生物产品后处理中一个比较特殊和麻烦的操作过程。传统的细胞破碎方法有：①机械法；②溶剂萃取法；③化学试剂法；④酶法等。各种方法都有一定的缺陷和局限性。例如：①机械法，设备昂贵，产品易变性。②溶剂萃取法，需要溶剂回收，环境污染。③化学试剂法，容易造成环境污染，产品变性。④酶法，操作复杂，条件苛刻，需加外源酶。

1.6.2 生化产品生产中存在的问题

生物技术有许多优点，人们对此有很高的期望，但是为什么生物技术没有在生产中得到预期那样快的发展呢？其原因很多，其中一个重要的原因是生物技术本身在工程上存在着一些问题。①发酵成本高：培养基组成复杂，原料昂贵；通过加强通气/搅拌来供氧，或通纯氧，能耗高。②回收成本高：产物浓度低，杂质含量高，分离提取困难。③废物、废水的处理问题。总的来说，在许多情况下，与其他生产法相比，往往生产成本较高。

1.6.3 基因工程的用途

目前采用基因重组的手段主要是解决菌株能生产目的产物以及提高目的产物量的问题。例如，人的胰岛素可以通过基因工程的方法在大肠杆菌中表达，但是其表达量很低，浓度仅有万分之几。

随着生物技术的日益发展，可以利用基因工程技术来解决化学工程的问题，从而实现高效生产和降低生产成本的目的。这为基因工程的作用赋予了新的含意，即利用基因工程来解决化学工程问题。

1.6.4 实例

以聚 β-羟基丁酸酯（PHB）的生产为例。这是一种用微生物发酵法生产的可生物降解的高分子材料，它还具有生物相容性、压电性及低透氧性等许多独特的优点。这种材料不仅可以在医药、电子等高技术领域广泛应用，并有望解决日益严重的"白色污染"问题。但是，如上所述，在PHB生产中存在的主要问题也是成本较高。其原因是发酵水平低、发酵成本高、回收成本高。

清华大学化学工程系生物化工研究所沈忠耀教授的研究策略是：采用基因重组的方法，向大肠杆菌引入外源基因。具体做法是：①在大肠杆菌中克隆和表达透明颤菌血红蛋白基因，具有这种基因的菌株，能合成血红蛋白，提高对氧的利用率和耐低溶氧的能力，从而降低发酵的成本；②将 λ 噬菌体的裂解基因克隆在大肠杆菌中，使菌具有破壁温和、可控、简单、无需加入外源酶等优点，可降低分离回收的成本，且提高了PHB产品的质量；③利用大肠杆菌快速生长和可利用廉价碳源等优点，将合成PHB的基因在大肠杆菌中克隆和表达，以达到提高产量、降低成本的目的。

利用基因工程手段可以成功地解决某些化学工程问题，其效率和效益是非常明显的。除了上述例子外，其他的应用数不胜数。这是一个化学工程工作者能创新性地发挥作用的舞台，必将得到进一步的发展。

第 2 章
基　因

在 20 世纪，基因的概念随着遗传学的发展而不断地变换形式，扩大内涵；同时，随着对基因功能认识的深入，人们所知的基因种类也日益增多。回顾对基因研究的演变和发展历史，将有助于进一步认识基因结构和功能的多样性。

2.1　孟德尔"遗传因子"：生物性状遗传的符号

孟德尔在解释豌豆杂交试验中每种性状的遗传行为时，用 A 代表红花，a 代表白花，表明生物的某种性状是由遗传因子负责传递的，遗传下来的不是具体的性状，而是遗传因子。遗传因子是颗粒性的，在体细胞里成双存在，在生殖细胞里成单存在。孟德尔所说的"遗传因子"只是代表决定某个性状遗传的抽象符号。

2.2　基因：位于染色体上的遗传功能单位

1909 年，丹麦遗传学家约翰逊创造了"基因"一词，用来表述孟德尔的遗传因子，但还只是提出了遗传因子的符号，并没有提出基因的物质概念。

摩尔根对果蝇的研究结果表明，一条染色体上有很多基因，一些性状的遗传行为之所以不符合孟德尔的独立分配定律，就是因为代表这些性状的基因位于同一条染色体上，彼此连锁而不易分离。这样把代表特定性状的特定基因与某一条特定染色体上的特定位置联系起来，基因不再是抽象的符号，而是在染色体上占有一定空间的实体，从而赋予基因以物质的内涵。

基因位于染色体上。真核生物的体细胞里每条染色体都有其另一条同源染色体，即染色体是成对存在的，所以体细胞是二倍体（diploid）细胞；而生殖细胞里每条染色体都只有一条，所以是单倍体（haploid）细胞。二倍体细胞每个基因也是成对存在的，每对基因分别位于来自双亲的染色体的同一位置，这个位置称为基因座（locus）。一对同源染色体同一基因座上的一对基因称为一对等位基因（allele）。每一个体的每一基因座上只有两个等位基因。可是在一个群体中，每一基因座可以有两个以上等位基因，这就是复等位基因（multiple allele）。

2.2.1 等位基因

当一个生物体带有一对完全相同的等位基因时，则该生物体就该基因而言是纯合的（homozygous）或可称纯种（true-breeding）；反之，如果一对等位基因不相同，则该生物体是杂合的（heterozygous）或可称杂种（hybrid）。

等位基因各自编码蛋白质产物，决定生物某一性状，并可因突变而失去功能。等位基因之间存在相互作用。当一个等位基因决定生物性状的作用强于另一等位基因并使生物只表现出其自身的性状时，就出现了显隐性关系。作用强的是显性，作用被掩盖而不能表现的为隐性。一对呈显隐性关系的等位基因，显性完全掩盖隐性的是完全显性（complete dominance），两者相互作用而出现了介于两者之间的中间性状，如红花基因和白花基因的杂合子的花是粉红色，这是不完全显性（incomplete dominance）。有些情况下，一对等位基因的作用相等，互不相让，杂合子就表现出两个等位基因各自决定的性状，这称为共显性（codominance）。1946 年，谈家桢在亚洲异色瓢虫（*Hormonia axynidis*）鞘翅的色斑遗传现象中发现的嵌镶显性（mosaic dominance）就是共显性的一个特殊例子。亚洲异色瓢虫鞘翅的底色为黄色，底色上有各种形状的黑色斑点，形成不同的图案。子代瓢虫的鞘翅能同时显现出父本和母本的黑色斑点，相同位置上的颜色互相重叠，黑色掩盖了黄色。嵌镶显性是由复等位基因控制的。

野生型（wild type）用来描述自然界中常见的基因型和表型。野生型等位基因都产生有功能的蛋白质。突变型等位基因最常见的是丧失功能型（loss-of-function type），绝大多数产生改变了的蛋白质，极少数根本不产生蛋白质。所以，野生型对突变型而言是显性。但是，如果突变型等位基因是获得功能型（gain-of-function type），产生的蛋白质赋予生物体以新的结构性状，此时突变型等位基因则为显性。对一个二倍体细胞而言，当一个等位基因的功能已足够使某个性状表现时，这个等位基因就表现为完全显性；而当二倍体细胞的某性状表现对等位基因的功能有数量上的要求时，如需要等位基因的两份活性产物，则杂合子就表现为不完全显性。一对不同的等位基因各有自己特定的产物和表型，杂合子同时表现出双亲的特性，则是共显性。

非等位基因之间也存在相互作用。例如，信号传导途径（signal transduction pathway）从接收信号开始，逐级传导到最后的效应物而表现性状，这条传导途径中的各个非等位基因就存在相互作用。位于同一染色体的不同基因座，或位于不同染色体上的非等位基因，都可能影响到同一性状。例如，某些性状只有同时存在若干个非等位基因时才会出现，当其中任何一个非等位基因发生改变时，都会导致产生同一种突变性状。这些非等位基因称为互补基因（complementary gene）。又如，有些基因本身没有可观察到的表型效应，但可以抑制其他非等位基因的活性，这就是抑制基因（inhibitor）。上位效应（epistasis）则指一对基因可以掩盖另一对非等位基因的显性效应的现象，这是非等位基因之间的掩盖作用，也可以称为异位效应。非等位基因之间的相互作用实质上是基因表达的顺式调控或反式调控的结果。

2.2.2 复等位基因

一个群体中，一对同源染色体的同一基因座上有 2 个以上等位基因，这就是复等位基因。复等位基因的存在，正是生物多态性（polymorphism）在遗传上的直接原因。在一个复等位基因系列中，可能有的基因型数目取决于复等位基因的数目。一般而言，n 个复等位基因的基因型数目为 $n+n(n-1)/2$，其中纯合子为 n 个，杂合子为 $n(n-1)/2$。

（1）ABO 血型

人的 ABO 血型则是由 I^A、I^B 和 i 三个复等位基因决定的。这些基因各自编码特定的红细胞表面抗原。就每一个人而言，只可能具有这 3 个复等位基因中的 2 个，从而表现出特定的血型。在这里，I^A 和 I^B 对 i 而言是显性，I^A 和 I^B 则是共显性，i 是隐性。根据 ABO 血型的遗传规律，可将血型遗传作为亲子鉴定的一项指标。表 2-1 可用于说明父母亲血型与子女血型的关系。

表 2-1　父母亲血型的遗传规律

		A 型		B 型		O 型		AB 型	
		I^A	i	I^B	i	i	i	I^A	I^B
A 型	I^A	$I^A I^A$	$I^A i$	$I^A I^B$	$I^A i$	$I^A i$	$I^A i$	$I^A I^A$	$I^A I^B$
	i	$I^A i$	ii	$I^B i$	ii	ii	ii	$I^A i$	$I^B i$
B 型	I^B	$I^A I^B$	$I^B i$	$I^B I^B$	$I^B i$	$I^B i$	$I^B i$	$I^A I^B$	$I^B i$
	i	$I^A i$	ii	$I^B i$	ii	ii	ii	$I^A i$	$I^B i$
O 型	i	$I^A i$	ii	$I^B i$	ii	ii	ii	$I^A i$	$I^B i$
	i	$I^A i$	ii	$I^B i$	ii	ii	ii	$I^A i$	$I^B i$
AB 型	I^A	$I^A I^A$	$I^A i$	$I^A I^B$	$I^A i$	$I^A i$	$I^A i$	$I^A I^A$	$I^A I^B$
	I^B	$I^A I^B$	$I^B i$	$I^B I^B$	$I^B i$	$I^B i$	$I^B i$	$I^A I^B$	$I^B I^B$

从表 2-1 中可见，当父亲和母亲都是 A 型血时，他们子女的血型可能是 A 型或 O 型，因为双亲的基因型都可能是杂合的。同样道理，如果父母双亲，一位是 A 型血，另一位是 B 型血，但都是杂合子，那么他们子女的血型可能是 A 型、B 型、AB 型或 O 型。

人的红细胞表面有抗原，人体内也有天然抗体。A 型血人的红细胞上有 A 抗原，其血清中有抗 B 的抗体 β；B 型血人的红细胞上有 B 抗原，血清里有抗 A 的抗体 α；AB 型血人的红细胞上有 A 和 B 抗原，血清里没有抗体；O 型血人的红细胞上没有抗原，血清里有抗体 α 和 β。在临床输血时，红细胞的性质比血清的性质更为重要，如果配型错误，供血者红细胞表面的抗原同受血者血清里的抗体会发生反应而出现凝血现象，并导致严重的后果。因此，血型相同者可以相互输血；O 型血因为不会被受血者血清里的任何一种抗体所凝集，所以可输给任何血型的个体；但 O 型血者只能接受 O 型血；AB 型血的人的血清里没有抗体 α 和 β，所以可接受任何血型的血；AB 型血只能输给 AB 型个体。

ABO 血型系统的抗原合成受 I^A、I^B 和 H 基因的控制。H 基因编码岩藻糖基转移酶，把一个岩藻糖转移到一个糖蛋白分子的半乳糖的 C-2 位置上，由此生成的就是 H 抗原。H 抗原是 A 抗原和 B 抗原的共同前体，A、B、O 和 AB 血型的细胞都有 H 抗原，所以人体的血清里没有抗 H 的抗体。

（2）Rh 血型

在人类中，Rh 血型是跟 ABO 血型和 MN 血型独立的另一血型系统。在这一血型系统发现以前，已经注意到，有时输血发生了反应，而且不能用 ABO 血型不合来说明。这种反应几乎总是发生在多次输血之后，或者发生在产妇之中。血液学家就把这些现象跟 Rh 血型系统联系起来了。

Rh 血型最初发现时，认为是由一对等位基因 R 和 r 决定的。RR 和 Rr 个体的红细胞表面有一种特殊的黏多糖，叫做 Rh 抗原，所以这种人是 Rh 阳性。rr 个体没有这种黏多糖，所以是阴性。在我国，Rh 阴性个体比较少见，大多数人是 Rh 阳性。

Rh 阴性个体在正常情况下并不含有对 Rh 阳性细胞的抗体，可是有两种情况可以产生抗体。一种情况是，一个 Rh 阴性个体反复接受 Rh 阳性血液，这样可能在体内形成抗体，以后再输入 Rh 阳性血液时，就会发生输血反应。另外一种情况是，Rh 阴性母亲怀了 Rh 阳性的胎儿，在分娩时，阳性胎儿的红细胞有可能通过胎盘进入母体血循环中，使母亲产生对 Rh 阳性细胞的抗体。但这并不影响母亲，因为母亲的血细胞并不含有 Rh 抗原。这对第一胎也没有影响，因为抗体是在胎儿出生后形成的。在怀第二胎时，如果胎儿仍为 Rh 阳性，则母亲血液中的抗体通过胎盘进入胎儿血液循环时，就可使胎儿的红血细胞破坏造成胎儿死亡。但在有些情况下，胎儿可以活着产下来，可是新生儿全身浮肿，有重症黄疸和贫血，他们的肝、脾中有活动旺盛的造血巢，血液中有很多有核红血细胞，所以一般就称为新生儿溶血症（hemolytic disease of newborn）。这是母儿间 Rh 血型的不相容现象（incompatibility）。

2.3 顺反子：一个基因一条多肽

早期的基因概念是把基因作为决定性状的最小单位、突变的最小单位和重组的最小单位，后来，这种"三位一体"的概念不断受到新发现的挑战。

20 世纪 20 年代，在果蝇研究中发现，染色体断裂后重组可产生新的性状，且断裂位置不同，出现的新性状也不同。这种"位置效应"表明，决定性状的并非是单个基因，而是一段染色体，否则就不会出现不同位置上发生断裂却破坏同一种性状，而且重组后又会出现不同性状的现象。

20 世纪 40 年代，在果蝇研究中发现，根据表型标准被认为是两个等位基因的突变型却可以发生重组而得到野生型。这种表面上似为等位基因的突变却又可彼此重组成"拟等位基因"（pseudoallele），也对"三位一体"的概念提出质疑。

1957 年本泽尔（Seymour Benzer）以 T4 噬菌体为材料，在 DNA 分子水平上研究基因内部的精细结构，提出了顺反子（cistron）概念。T4 噬菌体可迅速裂解大肠杆菌，裂解时所需的酶是在 T4 DNA 的 r 区控制下合成的。分析得最详细的是 rII 区，这个区有 1000 多个突变型，它们裂解大肠杆菌后形成噬菌斑的大小、形态各不相同，裂解的细菌品系和条件也不一样。根据基因是突变和重组的最小单位的概念，可用两个不同的噬菌体突变型同时感染一种细菌，如果细菌裂解后产生的新噬菌体仍是原来的组合，则这两个突变是等位基因突变；反之，如后代中出现了重组类型，则这两个突变是不同基因的突变。rII 区的突变型可分别归入 rII 区内前后相连的 A、B 两个亚区，A、B 两个亚区的突变型彼此间经常出现一定频率的重组后代，这样 A、B 两个亚区好像是 rII 区内的两个基因。但是，如果扩大重组试验的规模，就发现 A 亚区内的各个突变型之间，以及 B 亚区内的突变型之间也都有重组发生，只是频率很低。因此，也就很难说 A 亚区或 B 亚区是一个基因。本泽尔在这些实验资料的基础上提出了顺反子、突变子（muton）和重组子（recon）三个概念。

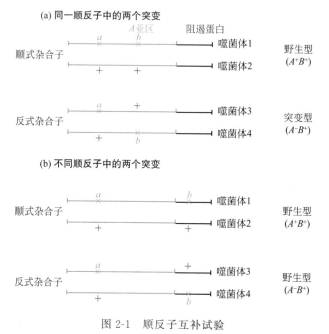

图 2-1　顺反子互补试验

a 和 b 是两个突变；两个噬菌体（1 和 2，或 3 和 4）杂交，反式杂合子如果是突变型，表明两个突变不能互补，是发生在同一顺反子中的突变——非等位基因突变。如果杂合子是野生型表型，则表明这两个突变发生在两个顺反子中，因而彼此可以互补

顺反子是一个遗传功能单位，一个顺反子决定一个多肽链。早在 1902 年英国医生研究遗传性疾病黑尿酸症（alkaptonuria）时就提到基因和酶的关系，即这些生化代谢缺陷的遗传病起源于某种酶的缺陷，也就是遗传因子的突变。后来"一个基因一种酶"假说发展为"一个基因一种多肽"假说。如果 T4 DNA r II 区内的 A 和 B 亚区是两个顺反子，两个功能单位，分别产生两种多肽，则只有当细菌里同时出现两种多肽时才会被裂解。这样，当 A 亚区里的两个位置上发生 a 和 b 突变，如果是顺式（ab/++），A 亚区仍能产生由它决定的多肽，使细菌裂解；如果是反式（a+/+b），A 亚区就不能再产生其原来的多肽，也就不能裂解细菌（图 2-1）。这说明 a 和 b 虽是突变单位，但本身还不是一个基因。能产生一种多肽的是一个顺反子，顺反子也就是基因的同义词。一个顺反子可以包含一系列突变单位——突变子。突变子是 DNA 中构成基因的一个或若干个核苷酸。由于基因内的各个突变子之间有一定距离，所以彼此间能发生重组。重组频率与突变子之间的距离成正比，即：距离短，重组频率低；距离长，重组频率就高。这样，基因就有了第三个内涵——重组子。重组子代表一个空间单位，它有起点和终点，可以是若干个密码子的重组，也可以是单个核苷酸的互换。如果是后者，重组子也就是突变子。

顺反子概念把基因具体化为 DNA 分子的一段序列，它负责传递遗传信息，是决定一条多肽链的完整的功能单位；但它又是可分的，组成顺反子的核苷酸可以独自发生突变或重组，而且基因与基因之间还有相互作用。基因排列的位置不同，会产生不同的效应。

2.4 操纵子：遗传信息传递和表达的统一体

1961 年法国遗传学家雅各布（F. Jacob）和莫诺（J. Monod）提出的大肠杆菌乳糖操纵子（operon）模型，这一模型再次丰富了基因概念的内容。基因不仅是传递遗传信息的载体，同时又具有调控其他基因表达活性的功能。

乳糖操纵子包括三个结构基因（structure gene），即编码产生多肽链或 RNA 产物的基因，分别携带合成 β-半乳糖苷酶、乳糖透性酶和转乙酰基酶的遗传信息（图 2-2）。三个结构基因的上游有一个操纵基因（operator），这个基因有同阻遏物结合的位点。当阻遏物与操纵基因的结合位点结合时，三个结构基因就失去转录活性，不会合成三种酶分子。如果操纵基因的结合位点上没有阻遏物附着时，则结合在操纵基因上游的启动子（promoter）上的 RNA 聚合酶，就会向操纵基因和结构基因方向移动，从而合成三种酶分子。在启动子以外还有一个调节基因（regulatory gene），它编码阻遏物，调节结构基因的活性。

(a) 乳糖操纵子受阻遏状态

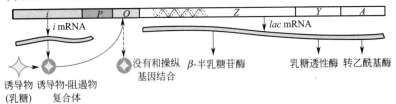

(b) 乳糖操纵子的诱导状态

图 2-2　乳糖操纵子的结构和运行示意图

这一套相互制约的基因，使生物在不同环境下表现出不同的遗传特性。例如，细菌在不含乳糖的培养基中生长时，三种酶的合成速率十分低下，差不多每 5 代才合成一个分子。但是当培养基中添加乳糖（前提是培养基中的葡萄糖消耗殆尽）后 2 分钟内，三种酶的合成速率就增加 1000 倍。而且，只要有乳糖存在，就一直保持这个速率。一旦培养基中的乳糖消耗殆尽，在 2～3 分钟时间里，酶分子合成速率又回降到原来水平。这是基因活性受到调节的结果。因为当乳糖分子进入细菌细胞后，立即同调节基因产生的阻遏物结合，使阻遏物与操纵基因亲和力下降，结构基因随之合成三种酶分子[图 2-2(b)]。在产生的乳糖透性酶的作用下，培养基中的乳糖分子更快地进入细菌细胞；阻遏物完全被乳糖所结合，结构基因的活性更高，酶的合成也就更快，产生的半乳糖苷酶则把乳糖水解为葡萄糖和半乳糖，作为细菌代谢活动的碳源。当培养基中乳糖消失时，细菌体内的乳糖分子水解后得不到补充，于是调节基因产生的阻遏物又同操纵基因结合，RNA 聚合酶无法从启动子（P，promoter）部位向结构基因移动，三种酶分子的合成也就停止。

操纵基因与由它操纵的几个结构基因连锁在一起，几个结构基因由一个启动子转录成为一个 mRNA 分子，然后翻译成几种蛋白质，这样的结构称为一个操纵子。调节基因通过产生阻遏物来调节操纵基因，进而控制结构基因的功能。这样，这些基因构成了一整套基因功能的调节控制系统。

操纵子模型进一步丰富了基因的概念。基因是可分的，这不仅体现在基因的结构上，而且在功能上也可以分为负责编码产生某种蛋白质分子的基因，以及负责调节其他基因功能的基因。基因不仅能单独起作用，而且在各个基因之间还有一个相互制约、反馈调节的网络。每个基因都在这个系统中发挥各自的功能；基因可以有其自身的产物，也可以没有产物。这样，一个基因一种酶，一个基因一个多肽，以及基因是决定合成某种蛋白质分子的功能单位等概念也就需要进一步拓展其内涵了。

在细菌中还发现许多操纵子结构。例如，负责色氨酸生物合成的色氨酸操纵子（tryptophane operon）。编码色氨酸合成途径中所需酶的 5 个基因成簇存在，由一个启动子转录产生一个 mRNA 分子后，翻译成 5 种蛋白质。当培养基中有足够的色氨酸时，这个操纵子自动关闭；当缺乏色氨酸时，操纵子被打开，开始合成色氨酸。在这里，培养基中的色氨酸是在阻遏操纵子活性中起作用的，而前面提到的乳糖则是在诱导操纵子活性中起作用的。两者的作用是不同的。又如，阿拉伯糖（arabinose）也是一种可为细菌代谢提供碳源的五碳糖，在大肠杆菌中降解阿拉伯糖需要 3 个基因，在基因簇（gene cluster）里的排列次序是 *araB*、*araA* 和 *araD*，分别编码核酮糖激酶、L-阿拉伯糖异构酶和 L-核酮糖-5-磷酸-4-差向异构酶。阿拉伯糖的代谢是按 *araA*、*araB* 和 *araD* 的次序进行的，与基因在基因簇中的排列次序不同。而前面提到的乳糖操纵子中的三个结构基因的作用次序同它们的位置排列次序则是一致的。

2.5　超基因

操纵子指细菌中与同一种生化功能有关的几个基因（如控制色氨酸合成的有关基因）在基因组内聚成一簇而紧密连锁，并受一个基因调控。操纵子只在细菌中发现，在真核生物基因组内很少发现。真核生物的结构基因一般是单独调控的，但真核生物中也有称为超基因的结构。超基因（super gene）是指作用于一种性状或作用于一系列相关性状的几个紧密连锁的基因。

人类基因组的超基因如血红蛋白基因簇，位于 16 号染色体，跨度约 30kb，由编码血红蛋白的类 α-珠蛋白（α-likeglobin）的基因聚集成簇（图 2-3）。位于 2 号染色体上跨度约 60kb 的血红蛋白类 β-珠蛋白（β-likeglobin）编码的基因也聚集成簇。在个体发育的不同时期，基因簇中的不同基因进行表达。图 2-3 显示珠蛋白基因在染色体上的位置。包括人类在内的大部分脊椎动物的血红蛋白是由 4 条肽链组成的四聚体，如 $\alpha_2\beta_2$、$\alpha_2\gamma_2$ 等，即四肽链分别是两个基因的表达产物。在类 α-珠蛋白基因簇中有 3 个假基因 Ψ_ξ 和 Ψ_α（2 个），类 β-珠蛋白基因簇中也有一个假基因 Ψ_β。

一个祖先基因经过重复（或倍增，duplication）和变异而产生的一组基因，组成了一个基因家族（gene family）。基因家族中的各个成员可以聚集成簇，也可以通过染色体重排分散在不同染色体上，或者两种情况兼之。结构基因家族中各个成员通常具有相关的甚至相同的功能。

一个共同的祖先基因通过各种各样的变异，产生了结构大致相同但功能却不尽相似的一大批基因。这一大批基因分属于不同的基因家族，但可以总称为一个基因超家族（gene superfamily）。

功能相同或相关的许多基因聚集成簇，就形成一个基因簇。基因簇可以是由基因重复而产生的两个相邻的相关基因，也可以是由许多个甚至上百个相同的基因首尾衔接的串联排列，如 rRNA 基因和组蛋白基因。基因簇中也可以有假基因。在成簇的基因家族中通过染色体重排而分散到其他位置上的成员，被称为孤独基因（orphan gene）。也可把在物种间和物种内都没有其同源基因的基因称为孤独基因。

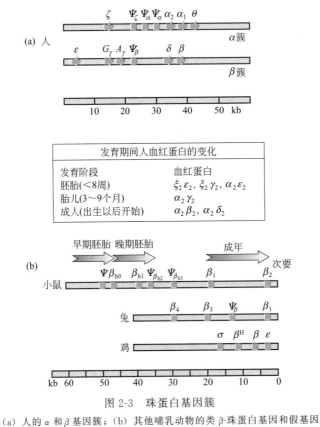

图 2-3 珠蛋白基因簇
（a）人的 α 和 β 基因簇；（b）其他哺乳动物的类 β-珠蛋白基因和假基因

2.6 假基因

假基因（pseudogene）具有与功能基因相似的序列，但由于发生了多个突变以致失去了原有的功能，所以假基因是没有功能的基因，常用 Ψ 表示。1977 年在爪蟾的 5S 基因系统中发现了假基因，以后在珠蛋白基因簇、免疫球蛋白基因簇以及组织相容性抗原基因簇中都发现有假基因，而且通常是散布于有活性的功能基因之间。关于假基因的来源一般认为是由 mRNA 反转录成 cDNA，然后整合在基因组中。假基因同 cDNA 一样没有内含子序列，也没有启动基因转录的启动子序列，而在 3′端都有 mRNA 分子特有的多聚腺苷[poly(A)]序列。由于假基因没有生物学功能，所以不受进化的选择压力，因此在假基因中可以积累许多突变，并常常同时存在三种终止密码子序列。假基因是由功能基因演变而来，可以看作是进化的一种遗迹。但既然假基因是没有功能的，为什么仍然存在于基因组中呢？而且有证据表明，有的假基因还会重复形成，如山羊的类 β-珠蛋白基因的假基因 $\Psi\beta^X$ 和 $\Psi\beta^Z$。这些都是有待深入研究的进化问题。

人 α-珠蛋白基因座的一个假基因 Ψ_{α_1} 同三个有功能的 α-珠蛋白基因在 DNA 序列上是相似的，只是假基因中含很多突变，如起始密码子 ATG 变成 GTG；5′端的两个内含子也有突变，可能是破坏了 RNA 剪接；在编码区内也有许多点突变和缺失。DNA 序列比较表明，Ψ_{α_1} 假基因同有功能的 α_2 基因的序列相似性达 73%（图 2-4）。Ψ_{α_1} 假基因被认为是由 α-珠蛋白基因复制产生的。开始时，这个复制生成的基因是有功能的，后来在进化的某个时期产生了一个失活突变。由于该基因是复制生成的，所以尽管失去了功能，但是不至于影响生物体的存活。随后在假基因中又积累了更多的突变，从而形成了现今的假基因的序列。人的 δ-珠蛋白基因编码两种 β-类珠蛋白中的一种，但其 mRNA 水平很低，编码生成的蛋白质也不是必不可少的，因为成年人还同时表达产生另一种 β-类珠蛋白，所以 δ-珠蛋白基因被认为是介于功能基因与无功能假基因之间的一种中间物。

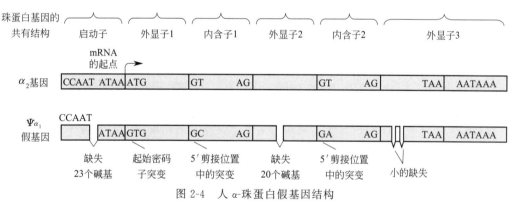

图 2-4　人 α-珠蛋白假基因结构

人 Ψ_{α_1} 假基因的结构同有功能的珠蛋白基因相似，其 DNA 序列将近 73% 与 α_2 珠蛋白基因相同，但在基因序列中积累了很多突变，所以不编码有功能的蛋白质

2.7　断裂基因

原核生物的基因结构绝大多数是连续的，即基因编码蛋白质的序列是不中断的。可是，真核生物基因的编码序列是不连贯的，即在两个编码序列之间有一段不编码蛋白质的非编码序列。编码序列称为外显子（exon），非编码序列称为内含子（intron）。通常两个外显子之间插入了一个内含子。少数细菌基因中也发现有内含子的序列。例如，1997 年 8 月公布的幽门螺杆菌（*Helicobacter pylori*，Hp）基因组全序列中，内含子序列占基因组全长的 6%，其他非编码序列即基因与基因之间的间隔序列占 2.3%。

外显子是出现在 mRNA 分子中的基因序列；内含子则是不出现在 mRNA 分子中的基因序

列。1977 年 Flavell 和 Jeffreys 将兔的 β-珠蛋白基因的 mRNA 反转录成 cDNA，然后用 cDNA 中的一个片段标记同位素后同 β-珠蛋白基因做 DNA 分子杂交，发现能同这个 cDNA 探针杂交的基因片段比 cDNA 大两倍。这说明基因中还有一段不属于 cDNA 的片段，也就是还有一段不出现在 mRNA 分子中的非编码序列。

同年，Chambon 将鸡输卵管的卵清蛋白 mRNA 反转录成 cDNA，然后同鸡卵清蛋白基因做分子杂交后置于电子显微镜下观察，发现单链 cDNA 与基因的单链 DNA 形成异源双链体（heteroduplex），并看到单链 DNA 突出生成的环状（loop）图像（图 2-5）。这直观地证明了能与 cDNA 形成双链的基因部分是编码序列。突出成环的单链 DNA 是在 cDNA 分子中没

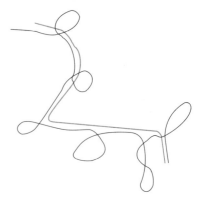

图 2-5　电子显微镜下观察到的
异源双链 DNA 和环（loop）的示意图
蓝线为单链 cDNA，细黑线为基因的单链 DNA

有互补序列的基因序列，也就是基因中的非编码序列，Walley Gilbert 将其分别称为外显子和内含子。例如，卵清白蛋白基因由 8 个外显子、7 个内含子组成。

2.7.1　RNA 剪接

基因转录产生的初级转录物（primary transcript）包含了基因的全部序列，即外显子和内含子序列全都被转录，这种转录物是 mRNA 的前体（pre-mRNA），在细胞核内很不稳定，称之为**核不均一 RNA**（heterogeneous nuclear RNA，hnRNA）。细胞核内会发生 RNA 剪接（splicing），将 hnRNA 中的内含子剪除，使外显子序列连接，然后生成 mRNA（图 2-6）。

剪接是发生在外显子和内含子连接的碱基上，这通常是高度保守的碱基序列，即位于连接点上但属于内含子的碱基 GT……AG，在 hnRNA 的序列中则是 GU……AG。也就是说，内含子是从 GT 开始，到 AG 结束。

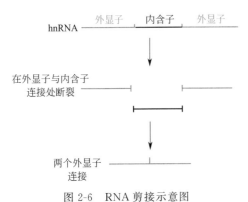

图 2-6　RNA 剪接示意图

除了细胞核 tRNA 前体（pre-tRNA）的内含子是通过直接切割和连接加以去除外，所有的内含子都是通过转酯基作用（transesterification）实现剪接的。在每种剪接反应中起催化作用的分子可以是各不相同的。识别内含子中极短的共有序列（consensus sequence）GU……AG 实现剪接反应时，由一个很复杂的剪接系统来完成。这个系统是由蛋白质和核内小 RNA（small nuclear RNAs，snRNA）构成的**剪接体**（spliceosome）。剪接体是一种核糖核蛋白颗粒，大小相当于一个核糖体亚基。

在离体实验中，剪接反应分两个阶段。第一阶段是在 5′剪接位置上切割，把左边的外显子同右边的内含子-外显子分开，左边的外显子呈线状；右边的内含子-外显子分子形成"套马索"，而在一端生成的 5′端通过 5′-2′键与内含子里的一个碱基（A）连接；第二阶段是在 3′端剪接位置上切割，释放出"套马索"状的游离内含子；此时，右边的外显子就与左

边的外显子连接，"套马索"状的内含子重又变成线状而迅速降解（图2-7）。

剪接除了要有 5′ 和 3′ 剪接位置上的 GU……AG 这种极短的共有序列外，还需在形成"套马索"的位置上有一个保守的一致序列，酵母是 UACUAAC；高等真核生物的保守程度较低，是 PyNPyPyPuAPy，除了一定保留一个 A 外，其余的是嘧啶（Py）、嘌呤（Pu）以及嘧啶或是嘌呤（N）。

在形成"套马索"和外显子连接过程中，键是从一个位置转移到另一个位置。这是转酯基作用（图2-8）。

一个基因有时可以产生不止一种 mRNA，这是可变剪接（alternative splicing）的结果（图2-9）。可变剪接可以有以下几种情况：①由初级转录物所决定，基因转录时可以从不同的起始点开始或在不同的终止点结束，由此产生不同的初级转录物；②初级转录物的剪接方式不止一种，有的外显子被置换、添加或缺失，产生不同的基因产物。基因由可变剪接而产生的几个 mRNA，有时可同时出现在同一个细胞里，有时在特定条件下则只出现某种特定的剪接方式。

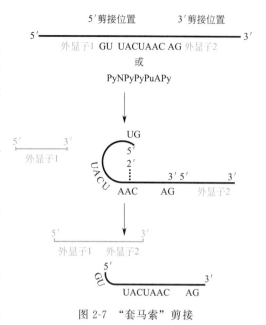

图 2-7 "套马索"剪接

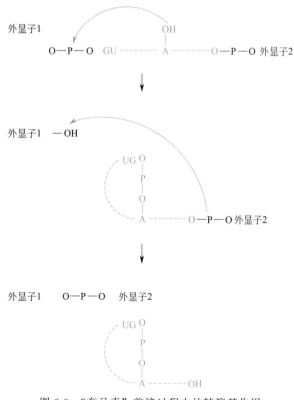

图 2-8 "套马索"剪接过程中的转酯基作用

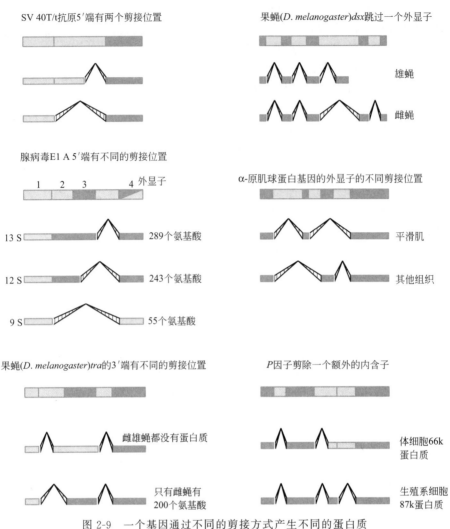

图 2-9 一个基因通过不同的剪接方式产生不同的蛋白质

66k 蛋白质表示 Mr 为 $66×10^3$ 的蛋白质,余同

　　黑腹果蝇 *tra* 基因在一个 5′ 位置和不同的 3′ 位置上剪接,产生两种基因产物。果蝇的 *dsx* 基因、肌钙蛋白(troponin)*T* 基因通过外显子缺失、添加或置换以实现可变剪接。

　　图 2-10 是顺式剪接和反式剪接的示意图。用遗传学的术语来说,剪接只是按顺式(*cis*)发生的,也就是说只有在同一个 RNA 分子上的序列可以剪接成为 mRNA,不同 RNA 分子的外显子之间的剪接即反式(*trans*)剪接,是极罕见的。但是在体外实验条件下,可以实现反式剪接。当两个 RNA 分子的内含子引入互补序列后,互补的碱基配对,会生成 H 型分子。此时,可以是顺式剪接,也可以发生反式剪接。在锥虫(*Trypanosome*)体内和衣藻的叶绿体基因中都曾发现这种罕见的反式剪接。

2.7.2 内含子类型

　　从进化观点看,外显子的保守程度远高于内含子,内含子序列是多变的,这是因为内含子序列最终不出现在 mRNA 序列中,即使发生改变也不会影响基因的产物或改变基因的功能,因此可以不受自然选择的压力。这在基因的早期进化中可能起重大作用,因为积累了突变的内含子有可能演化成为新的基因，编码新的蛋白质；而且内含子的存在，有利于不同基因的外显子之间的重组。所以内含子的存在对生物体来说并不是一种浪费，而是更增加了真核生物基因组已经很巨大的编码潜能。

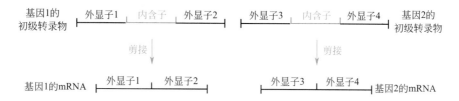

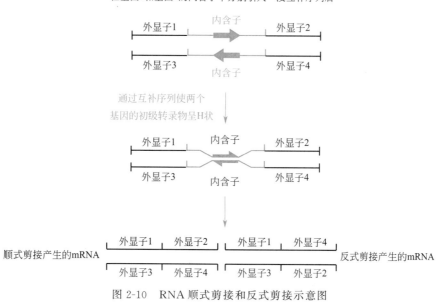

图 2-10　RNA 顺式剪接和反式剪接示意图

已经发现的内含子有 8 种类型，其中 7 种是在真核生物基因（表 2-2）中发现的，另一种则是在细菌中发现的。

表 2-2　真核生物内含子的类型

内含子的类型	发现的位置
GU-AG 内含子	真核细胞核 mRNA 前体
AU-AC 内含子	真核细胞核 mRNA 前体
Group Ⅰ（组 Ⅰ）	真核细胞核 rRNA 前体，细胞器 RNA，少数细菌 RNA
Group Ⅱ（组 Ⅱ）	细胞器 RNA，某些细菌 RNA
Group Ⅲ（组 Ⅲ）	细胞器 RNA
孪生内含子（twintrons）	细胞器 RNA
tRNA 前体内含子	真核细胞核 tRNA 前体

前面提到真核细胞编码蛋白质基因的转录物的内含子在 5′ 端和 3′ 端都有二核苷酸的一致序列，即 5′GU⋯AG3′，但目前在人、植物和果蝇的近 20 个基因中发现了另一种二核苷酸一致序列：5′AU⋯AC3′。GU-AG 型内含子的剪接序列在真核生物中是不完全相同的。脊椎动物的序列是：

5′剪接位点　　5′-AG↓GUAAGU-3′

3′剪接位点　5′-PyPyPyPyPyNCAG↓-3′

Py 是 U 或 C 中的一种嘧啶，N 是任何一种核苷酸，箭头指出外显子-内含子的界线。5′剪接位点称为供体位点（donor site），3′剪接位点是受体位点（acceptor site）。内含子序列里的一个腺嘌呤核苷酸 2′-碳原子上的羟基，可促使 5′剪接位点断裂，由此生成一个"套马索"结构，随之上游外显子的 3′-OH 基团引起 3′剪接位点的断裂。最后，两个外显子连接，释放出的内含子被降解。

（1）GroupⅠ内含子

它存在于许多生物的 rRNA、tRNA 和 mRNA 前体中。这种内含子转录的 RNA 具有自我剪接能力，即不需要组成成分为蛋白质的酶催化，自身就能完成 RNA 的切割相剪接。

（2）GroupⅡ内含子

它存在于真菌和植物的细胞器基因组以及少数原生生物基因中，也是具有自我剪接能力的内含子。但其二级结构不同于 GroupⅠ内含子，剪接的机制更接近于 mRNA 前体内含子。

（3）GroupⅢ内含子

它存在于细胞器基因组中，也是通过同 GroupⅡ内含子十分相似的机制进行自我剪接；所不同的是 GroupⅢ内含子更小，并有其特定的二级结构。

（4）孪生内含子

它是由两个或更多个 GroupⅡ内含子或 GroupⅢ内含子组成的。最简单的孪生内含子是由一个内含子嵌入另一个内含子序列中，更复杂的结构是一个内含子序列中包含了好几个内含子。组成孪生内含子的单个内含子是在一个确定的序列上进行剪接的。

（5）tRNA 前体内含子

真核生物 tRNA 前体的内含子都比较短，而且都位于反密码子环中同一位置上。内含子的序列是各异的，没有发现共同的基序（motif）。剪接时由核酸酶在两个剪接位点上切割，切端在 RNA 连接酶作用下彼此连接。

（6）古细菌内含子

存在于 tRNA 和 rRNA 基因中。剪接时与真核细胞 tRNA 前体剪接一样，也是由核酸酶切割和 RNA 连接酶连接的。

1982 年发现，原生生物（protista）四膜虫（*Tetrahymena*）的内含子能够在没有蛋白质的情况下，将自身从核糖体 RNA 前体上切割下来，开创了 RNA 酶学性质的研究。这种具有催化活性的 RNA 被称为核酶（ribozyme）。核酶可以折叠成高级结构同 RNA 底物、金属阳离子和一些小分子结合，有高度的亲和力和专一性。基于这样的认识，现在可以设计构建特定结构的核酶，使它能专一地切割某种 RNA 底物，如一些致病病毒的 RNA 基因组，因而可作为防治人体和动植物疾病的一种手段。许多能自主剪接的内含子是能够移动的，能把自身的拷贝插入新的位置。因此，内含子是在已有的基因中插入的一段 DNA，还是基因原来就有的结构？这一关于内含子的起源问题目前还没有确定的结论。不过，有些Ⅰ型和Ⅱ型内含子中有能翻译成蛋白质的阅读框（open-reading frame，ORF），这些蛋白质可以使内含子自身插入基因组的新位置。Ⅰ型内含子就有编码内切核酸酶的阅读框；Ⅱ型内含子则有编码内切核酸酶和反转录酶的序列，而且编码产生的蛋白质还有成熟酶（maturase）的活性。内切核酸酶可在 DNA 的靶位点上切割，使内含子序列得以插入；反转录酶则参与内含子 RNA 产生 DNA 拷贝；成熟酶则可从 mRNA 前体中切除内含子。

随着科学的不断发展，对自然界事物认识的不断深化，一些原有的概念也会随之发生改变。内含子与外显子的区分不是绝对的，有的内含子也可以编码产生蛋白质，如下一节提到的重叠基因；外显子的序列虽然转录成 mRNA，但也并不全都编码产生蛋白质，因为有的 mRNA 的 3′ 端和 5′ 端都有一个非翻译区，不编码氨基酸。

2.8　重叠基因

基因不是一个个分离的实体，可以是"你中有我，我中有你"。传统的基因概念把基因看作是互不沾染、单个分离的实体。可是，1973 年美国哈佛大学的 Weiner 等在研究感染大肠杆菌的一种 RNA 病毒——QB 病毒时，发现有两个基因在编码生成蛋白质时是从同一个起始点开始的。通常情况下，经过 400 多个核苷酸后遇到终止密码子时就中止翻译；可是，偶然也出现终止密码子被"漏读"而继续翻译下去，再经过 8000 多个核苷酸遇到连续两个终止密码子时才停下，这种情况发生的概率为 3%。翻译产生的小的蛋白质分子是用来构建病毒外壳的，需用量很大。在产生有感染能力的病毒颗粒时还要有少量的大的蛋白质分子，这就是"连读"（read-through）蛋白质，因为它是遇到"句号"也不停止一直连续读下去而合成的蛋白质。这表明，编码大蛋白质分子的基因包含了编码小蛋白质分子的基因。两个基因共有一段重叠的核苷酸序列，这就是重叠基因（overlapping gene）。

1977 年，Sanger 等测定了噬菌体 ΦX174 DNA 的 5375 个（现在测定是 5387 个）核苷酸的排列顺序。按照传统的基因概念，这个噬菌体基因组至多编码分子量为 200000 的蛋白质分子。可是，实际上它编码 9 种蛋白质（现在知道有 11 个基因在编码），分子量总共达 250000，这就表明一些基因的核苷酸有重叠部分。当弄清了这些基因在 ΦX174 环状 DNA 基因组上的排列顺序，以及每个基因的密码子数目和起始位置后，发现基因重叠有两种情况：一是，一个基因的密码子完全包含在另一个基因内，如 B 基因包含在 A 基因里，E 基因包含在 D 基因中，但是它们的密码子的阅读框不同；二是，两个基因只有一个核苷酸重叠，如 D 基因终止密码子的第三个核苷酸是 J 基因起始密码子的第一个核苷酸。后来在 G 病毒的单链环状 DNA 基因组中还发现三个基因共有一段重叠 DNA 序列的现象。

1978 年猴病毒 SV40 基因组的全序列发表后，发现编码病毒外壳蛋白的三个基因 VP1、VP2 和 VP3 都有重叠部分。编码 T 抗原和 t 抗原的基因也是从一个共同的起始密码子开始转录，t 抗原基因完全包含在 T 抗原基因之中，密码子的阅读框也相同。

如图 2-11 所示，ΦX174 单链环状 DNA 基因组中 A 基因和 B 基因是两个重叠基因。以这种方式重叠的基因也可称为套叠基因（nested gene），即一个基因的序列完全落在另一个基因之中，它们的密码子阅读框可以是相同的，也可以是不同的。E 基因和 D 基因共有一段 DNA 序列，但起始位置不同，密码子阅读框也不同，因此，一个核苷酸参与了两个不同的密码子。K 基因则同 A 基因和 C 基因有重叠使用的序列，即 K 基因中的一些核苷酸参与了 3 个基因的组成。

重叠基因是否为自然界的普遍现象？现在不仅在病毒基因组中发现了重叠基因，在高等生物以及人的基因组中也有发现。果蝇的蛹上皮蛋白质基因就位于另一个基因的内含子之中；多巴脱氨酶基因同相邻的朝相反方向转录的基因有 88bp 的共同序列，而且两个基因的表达水平都很高，但绝不在同一时间内表达，两个基因的转录活性是此消彼长；人的 I 型神经纤维瘤（neurofibroma typeⅠ，NFⅠ）基因是一个很大的基因，超过 300kb，它的第一个内含子中发现了三个编码蛋白质的基因，其中两个基因编码功能尚未弄清的跨膜蛋白质 EVI2A 和 EVI2B，另一个基因是编码寡突细胞髓磷脂糖蛋白质（OMGP）。此外，内含子中的三个基因的转录方向正好同 NFI 基因的转录方向相反，换句话说，NFI 基因的无义链（模板链）却是这三个基因的有义链（编码链）。由此可见，内含子同外显子的区分是相对的、有条件的。NFI 基因的内含子序列是这三个基因的外显子序列；NFI 基因的模板链则是这三个基因的编码链。

1998 年 12 月世界上公布了秀丽新小杆线虫（*Caenorhabditis elegans*）的全基因组序列，分析结果表明，线虫的每个基因平均有 5 个内含子，有的内含子序列中包含了 tRNA 基因，rRNA 基因的转录方向不一定与包含它的基因的转录方向相同。这种转录方向相反的情况指出，两个重叠基因的转录是各自独立、互不依赖的。这也从一个侧面说明了基因的概念不是僵化的，它的内涵将随科学的新发现而不断拓展，同时也说明人们对基因的认识正日渐深化。此外，这里也提出了一个发人深思的问题：病毒的基因组很小，核苷酸数目不多，重叠基因的存在便可以更经济地使用核苷酸，尽可能多地合成蛋白质，这对病毒的生存无疑是有利的。但是，在高等生物基因组中，除了编码蛋白质的结构基因外，还有更多的核苷酸是不参与蛋白质编码的。既然如此，为什么还要利用基因的内含子或外显子来编码另一些蛋白质呢？这在进化过程中是如何形成的，对生物又有什么意义，还有待人们进行更加深入的研究。

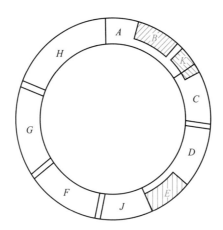

图 2-11　ΦX174 单链环状基因组中的重叠基因

2.9　可动基因

基因绝大多数是固定在染色体的一个位置上，但有些基因在染色体上的位置是可以移动的，这类基因称为可动基因（mobile gene），也可称为转座元件或可动元件、转座因子（transposable element）。

转座（transposition）是在转座酶的作用下，转座因子或是直接从原来位置上切离下来，然后插入染色体上的新位置；或是染色体上的 DNA 序列转录成 RNA，RNA 反转录产生的 cDNA 插入染色体上的新位置，这样，在原来位置上仍然保留转座因子，而其拷贝则插入新的位置，也就是使转座因子在基因组中的拷贝数增加一份。此外，转座因子本身既包含了基因，如编码转座酶的基因，同时又包含了不编码蛋白质的 DNA 序列。

2.9.1 Ac-Ds 系统

早在 1932 年，美国遗传学家麦克林托克（B. McClintoc）就发现玉米籽粒色素斑点的不稳定遗传行为，1951 年她首次提出了可在染色体上移动的"控制元件"或称"控制因子"（controlling element）的概念。一个控制因子接合在一个基因座上，可以引起基因的一种新突变；当把控制因子准确地从染色体上切离以后，基因座的表型就能恢复正常。在玉米里还发现有激活-解离系统（activator-dissociation system，Ac-Ds 系统）等。这些元件都能在染色体上移动，有的元件没有自身产物，位于它所控制的基因座上，作为另一些发挥调节作用因子的受体。调节因子可以自主移动，并支配受体因子的移动。麦克林托克提出基因可移动的概念时，被学术界认为有悖遗传学的传统观点，因而没有达成共识。直到在多种生物中证明基因确实可以移动以后，她的发现才得到公认，并于 1984 年获诺贝尔奖。

玉米的控制元件可分为两类：一类是可以自主移动的调节因子，能合成转座酶，并支配受体因子移动，如 Ac-Ds 系统中的 Ac；另一类为非自主移动的受体因子，不产生蛋白质，如 Ac-Ds 系统中的 Ds。Ac 和 Ds 这两个因子都位于玉米第 9 号染色体短臂，在色素基因 C 的附近。当 C 基因附近有 Ac 而没有 Ds 时，C 基因处于活化状态，玉米籽粒内有色素生成，籽粒是有颜色的。当 Ds 因子插入基因 C 且 Ac 也存在的情况下，虽然 Ds 抑制基因 C 的活性，但由于在玉米胚乳发育期间有些细胞里的 Ds 因 Ac 存在而切离转座，所以这些细胞仍能合成色素，因而玉米籽粒出现色素斑点；当 Ac 不存在时，Ds 固定在 C 基因处，C 不再合成色素，玉米籽粒就没有颜色（图 2-12）。

自主移动的 Ac 因子全长 4.5kb，有 5 个外显子，其产物是转座酶。Ac 因子的两端是长 11bp 的反向重复序列（IR），即 5'CAGGGATGAAA…TTTCATCCCTA3'。非自主移动的 Ds 因子比 Ac 因子短，长度为 0.4～4kb，中间有多种长度不等的缺失。Ds 的两端都有 11bp 的反向重复序列，在插入位点则有 6～8bp 的正向重复序列。例如，Ds9 只缺失 194bp，而 Ds6 则缺失 2.5kb。Ac、Ds 的转座属于非复制机制，即不是复制一份拷贝后将拷贝转移，而是直接从原来位置消失。

2.9.2 插入序列

插入序列（insertion sequence，IS）是最简单的转座元件，因为最初是从细菌的乳糖操纵子中发现了一段自发的插入序列，阻止了被插入基因的转录，所以称为插入序列。

IS 是细菌染色体和质粒的正常组成成分。标准的大肠杆菌含有任何一种常见的 IS，每种都有不到 10 份拷贝。当描述插入特定位置的 IS 如插入 λ 噬菌体时，可以记为 λ::IS。IS 都能编码自身转座所需的酶。不同 IS 的序列各不相同（表 2-3），但两端都有短的反向重复序列（IR），这两份重复序列通常十分相似但并不完全相同（图 2-13）。在插入的靶位点上都会生成短的正向重复序列（DR）。

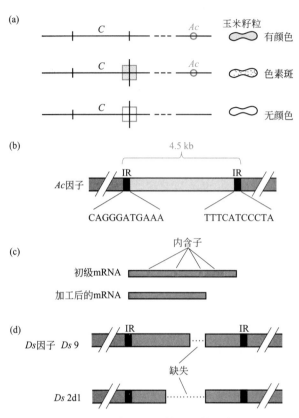

图 2-12 玉米 *Ac-Ds* 转座元件示意图

Ac 是有内含子的转座子元件，可自主移动；*Ds* 是在转座酶基因中
出现缺失的 *Ac* 元件，不能自主移动；IR 为反向重复序列

表 2-3 IS 的结构

IS	长度/bp	末端反向重复序列(IR)/bp	靶位点上的正向重复序列(DR)/bp	插入选择
IS*1*	768	23	9	随机
IS*2*	1327	41	5	热点
IS*4*	1428	18	11 或 12	AAAN20TTT
IS*15*	1195	16	4	热点
IS*10R*	1329	22	9	NG(TNAGCN)
IS*50R*	1531	9	9	热点
IS*90S*	1057	18	9	未知

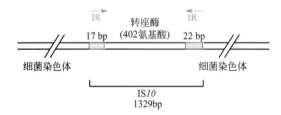

图 2-13 IS 的结构示意图

  IS 的遗传学特性可以归纳如下：①能编码转座酶，自主进行转座；转座酶的编码起始点位于一端的反向重复序列内，终止点则正好位于另一端的反向重复序列之前或中间。②插

入位点一般是随机的，很少是位点专一的。③插入后使宿主染色体的插入位置上产生短的正向重复序列（图 2-14）。④转座是罕见事件，与自发突变率处于同一数量级，约为每代 $10^{-7} \sim 10^{-6}$。⑤插入片段精确切离后，可使 IS 诱发的突变回复为野生型，但这种概率很低，每代只有 $10^{-10} \sim 10^{-6}$。⑥不精确切离可使插入位置附近的宿主基因发生缺失。

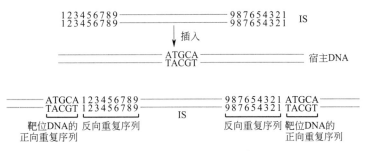

图 2-14　IS 插入靶位点的示意图

2.9.3　转座子

这是细菌细胞里发现的一种复合型转座因子，这种转座因子带有同转座无关的一些基因，如抗药性基因，它的两端就是 IS，构成了"左臂"和"右臂"。两个"臂"可以是正向重复序列，也可以是反向重复序列。这种复合型的转座因子称为转座子（transposon，Tn）。例如，Tn9 的两端是 IS1（786bp），呈正向重复；Tn10 的两端是 IS10（1329bp），呈反向重复。只有右侧的 IS10 有功能，可产生转座酶而转座（图 2-15）。这些两端的重复序列可以作为 Tn 的一部分随同 Tn 转座，也可以单独作为 IS 而转座。Tn 两端的 IS 有的是完全相同的，有的则有差别。当两端的 IS 完全相同时，每个 IS 都可使转座子转座；当两端是不同的 IS 时，则转座子的转座取决于其中的一个 IS。Tn 有抗生素的抗性基因，很容易从细菌染色体转座到噬菌体基因组或是接合型的质粒。因此，Tn 可以很快传播到其他细菌细胞，这是自然界中细菌产生抗药性的重要来源（表 2-4）。

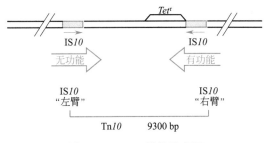

图 2-15　Tn10 结构示意图

两个相邻的 IS 可以使处于它们中间的 DNA 移动，同时也可制造出新的转座子。Tn10 的两端是两个取向相反的 IS10，中间有抗四环素的抗性基因（Tet^r），当 Tn10 整合在一个环状 DNA 分子中间时，就可以产生新的转座子（图 2-16）。

当转座子转座插入宿主 DNA 时，在插入处产生正向重复序列，其过程是这样的：先在靶 DNA 插入处产生交错的切口，使靶 DNA 产生两个突出的单链末端，然后转座子同单链连接，留下的切口补平，最后就在转座子插入处生成了宿主 DNA 的正向重复（图 2-17）。

已知的转座子的转座途径有两种：复制转座和非复制转座。

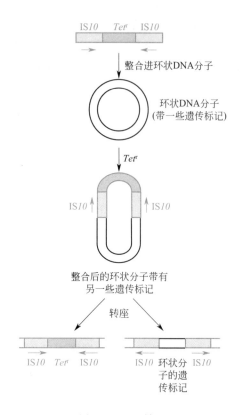

图 2-16 Tn 转座

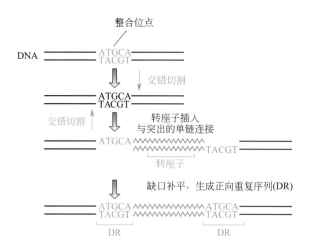

图 2-17 转座子插入处产生正向重复序列（DR）

（1）复制转座（replicative transposition）

转座子在转座期间先复制一份拷贝，而后拷贝转座到新的位置，在原先的位置上仍然保留原来的转座子。复制转座有转座酶（transposase）和解离酶（resolvase）的参与。转座酶作用于原来转座子的末端，解离酶则作用于复制的拷贝。TnA 是复制转座的一个例子。

表 2-4 一些转座子的基本参数

转座子	长度/bp	遗传标记	末端序列	末端序列取向	末端序列关系	末端序列功能
Tn903	3100	Kan^r	IS903	反向	相同	都有功能
Tn9	2500	Cam^r	IS1	正向	相同	都有功能
Tn10	9300	Tet^r	IS10R	反向	2.5%差别	有功能
			IS10L			无功能
Tn5	5700	Kan^r	IS50R	反向	1bp差别	有功能
			IS50L			无功能

（2）非复制转座（non-replicative transposition）

转座子直接从原来位置上转座插入新的位置，并留在插入位置上，这种转座只需转座酶的作用。非复制转座的结果是在原来的位置上丢失了转座子，而在插入位置上增加了转座子。这可造成表型的变化。

保留转座（conservative transposition）也是非复制转座的一种类型。其特点是转座子的切离和插入类似于 λ 噬菌体的整合作用，所用的转座酶也属于 λ 整合酶（integrase）家族。出现这种转座的转座子都比较大，而且转座的往往不只是转座子自身，而是连同宿主的一部分 DNA 一起转座。

非复制转座可以是直接从供体分子的转座子两端产生双链断裂，使整个转座子释放出来，然后在受体分子上产生的交错接口处插入，这是"切割与粘接"（cut and paste）的方式。另一种方式是在转座子分子同受体分子之间形成一种交换结构（crossover structure），受体分子上产生交错的单链切口，与酶切后产生的转座子单链游离末端连接，并在插入位点上产生正向重复序列；最后，由此生成的交换结构经产生切口（nick）而使转座子转座在受体分子。供体 DNA 分子上留下双链断裂，结果或是供体分子被降解，或是被 DNA 修复系统识别而得到修复（图 2-18）。

在复制转座过程中，转座和切离是两个独立事件。先由转座酶分别切割转座子的供体和受体 DNA 分子。转座子的末端与受体 DNA 分子连接，并将转座子复制一份拷贝，由此生成的中间体即共整合体（cointegrate）有转座子的两份拷贝。然后在转座子的两份拷贝间发生类似同源重组的反应，在解离酶的作用下，供体分子与受体分子分开，并且各带一份转座子拷贝。同时受体分子的靶位点序列也重复了一份拷贝（图 2-19）。

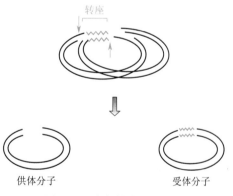

图 2-18 非复制转座示意图

酵母接合型的相互转换也是复制转座所产生（图 2-20）。酿酒酵母（Saccharomyces cerevisiae）生命周期中有双倍体细胞和单倍体细胞两种类型。单倍体细胞则有 a 型和 α 型两种接合型（mating type）。单倍体酵母是 a 型还是 α 型，由单个基因座 MAT 所决定。MAT 有一对等位基因 MATa 和 MATα，在同宗接合（homothallic）的酵母菌株中，酵母菌十分频繁地转换其接合型，即从 a 转换成 α，然后在下一代又转换为 a。这种转换和回复的频率已远远高于通常的自发突变，表明这不是通常的突变机制。现在已经知道，在 MAT 基因座两侧有两个基因带有 MATa 和 MATα 的拷贝，即 HMLα 和 HMRa 基因。这两个基因贮存了两种接合型等位基因，当转座给 MAT 基因座时就发生了接合型的转换。因此，*MAT* 基因座是通过转座而转换其接合型的。*MAT* 基因座的序列转换成另一个基因的序列，这种机制称为基因转换（gene convertion）。

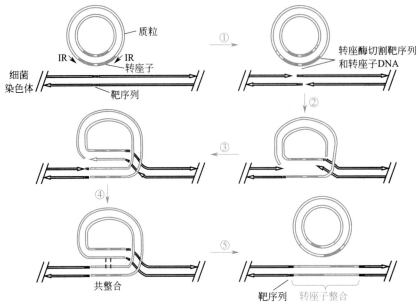

图 2-19　复制转座示意图

①转座酶在细菌 DNA 靶序列和转座子的两端交错切割；②靶序列同转座子序列连接；③转座子序列复制；④复制后的 DNA 分子形成一个共整合体；⑤共联体拆开，细菌染色体也含有转座子的一份拷贝

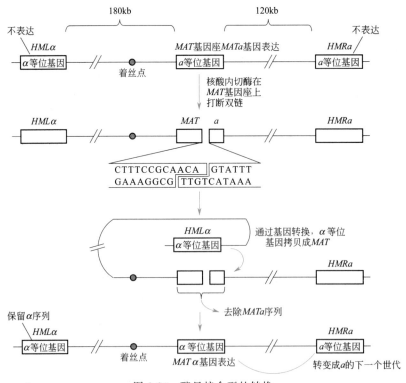

图 2-20　酵母接合型的转换

2.9.4　P因子

果蝇（*Drosophila*）的 P 因子有两种类型。一类是全长 P 因子，长 2907bp，两端有 33bp 的反向重复序列（IR），有 4 个外显子，编码转座酶（图 2-21）。含 P 因子的果蝇称 P 品系。另一类是不能编码转座酶，依赖全长 P 因子才能转座移动的缺失型 P 因子。这类 P 因子都是活性 P 因子的中段缺失型衍生物。长度从 0.5kb 到 1.4kb 不等。果蝇 P 品系的基因组有 30～50 份 P 因子拷贝，其中约三分之一是全长 P 因子。

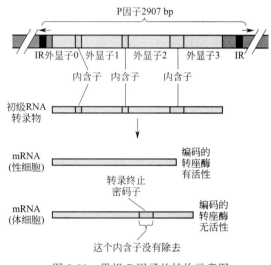

图 2-21　果蝇 P 因子的结构示意图

全长 P 因子的 4 个外显子编码转座酶，但只在生殖系细胞中实现完整的 RNA 剪接，生成有活性的转座酶，分子量为 8.7×10^4。在体细胞中，RNA 剪接不完整，最后一个内含子未除去，因而只有前面 3 个外显子编码产生分子量只有 6.6×10^4 的转座酶，是没有生物学活性的。这就是 P 因子在体细胞中的转座抑制物。当把最后一个内含子精确地除去，使第 3 和第 4 个外显子连接，如同在生殖细胞中发生正确 RNA 剪接，则这个经过处理的 P 因子照样可以在体细胞中转录。

果蝇 P 因子转座的后果是出现杂种劣化（hybrid dysgenesis），也可称杂种不育、杂种发育障碍。当 P 品系雄果蝇（带有全长和缺失的 P 因子）和 M 品系雌果蝇（不含 P 因子或只含缺失的 P 因子）交配时，可能由于雄果蝇 DNA 的进入而突然生成了转座酶，结果使很多 P 因子发生转座，造成插入突变。这样杂交生下的子代出现染色体畸变和生育力下降。可是，M 品系雄果蝇和 M 品系雌果蝇杂交，或者 P 品系的雌雄果蝇杂交，都不会出现这种生育障碍。其原因是雌果蝇基因组中完整的全长 P 因子不能激活缺失型 P 因子的转座。这表明细胞质对 P 因子的转座也有重要作用，细胞质起这种作用的称为细胞型（cytotype）。含 P 因子的 P 品系即为 P 细胞型，不含 P 因子的 M 品系为 M 细胞型。只有当含 P 因子的染色体出现在 M 细胞型中时，才会使杂种子代出现杂种发育障碍。目前认为，这是因为在 P 细胞型的卵细胞质中含有大量分子量为 6.6×10^4 的 P 因子转座抑制物，从而抑制了 P 因子的转座。

P 因子及其他能产生杂种发育障碍的转座系统，因能有效地将相互杂交的群体逐渐隔离开来，并在生殖细胞中引入新的突变，因而可能在物种形成中有重要作用。

缺失型 P 因子可作为载体,在用外源基因填补其缺失的中间片段后,将这种重组 DNA 分子连同全长 P 因子一起注入 M 细胞型胚胎中。由此生成的果蝇的基因组某些位置上将获得转入的外源基因。

2.9.5　反转录转座子

反转录转座子(retrotransposon 或 retroposon)指以 RNA 为中介,反转录成 DNA 后进行转座的可动元件。这样的转座过程称为反转座作用(retrotransposition)。反转座作用出现在真核生物中,包括能自由地感染宿主细胞的反转录病毒,以及以 RNA 为中介进行转座的 DNA 序列。除反转录病毒外,反转录转座子可以分成两类:一类是病毒超家族(viral super family),这类反转录转座子编码反转录酶或整合酶(integrases),能自主进行转录,其转座机制同反转录病毒相似,但不能像反转录病毒那样以独立感染的方式进行传播;另一类是非病毒超家族(nonviral super family),自身没有转座酶或整合酶的编码能力,而在细胞内已有的酶系统作用下进行转座。病毒超家族同非病毒超家族都来源于细胞内的转录物,两者的明显区别在于病毒超家族成员的 DNA 分子两端有长末端重复序列(long terminal repeats,LTR),这是反转录病毒 DNA 基因组的特征性结构,非病毒超家族的成员没有 LTR 结构。同时,病毒超家族成员都能编码产生转座酶或整合酶,或者二者兼而有之,所以能自主地进行转座。非病毒超家族成员不产生有生物学活性的酶,因此不能进行自主转座。但所有反转录转座子都有一个共同特点,即在其插入位点上产生短的正向重复序列。

由此可见,可动元件可以划分为三类:①以 DNA 为基础(DNA-based)的转座因子,这是上面提到的直接以 DNA 进行转座的可动因子;②自主的反转录转座因子,即病毒超家族的各个成员;③非自主的反转录转座因子,即非病毒超家族的各个成员。

根据 1998 年人类基因突变数据库(Human Gene Mutation Database,http://www.uwcm.ac.uk/uwcm/mg/hgmdo.html)的资料,估计人类基因中目前至少有 12770 个突变,其中属于反转录转座事件的约占 1/670。

不同物种的反转录转座频率也不相同,小鼠的反转录转座频率就高于人类,估计为 17/160,即 10% 左右,比人类高出近 60 倍。

进化生物学认为地球上最初的生物含有自我复制的 RNA 基因组,以后通过反转录过程,将贮存在以核糖为基础的不稳定聚合物中的信息,转换成贮存在以脱氧核糖为基础的更稳定的聚合物中。因此,反转录在 DNA 基因组形成中起关键作用。同时,在进化过程中,反转录转座作用则是新基因形成和基因组复杂性提高的主要因素。

2.10　癌基因和抑癌基因

癌基因是英文 oncogene 的译名,onco 源于希腊语 *onkos*,意思是肿瘤。顾名思义,癌基因是一类会引起细胞癌变的基因。其实,癌基因有其正常的生物学功能,主要是刺激细胞正常的生长,以满足细胞更新的要求。只是当癌基因发生突变后,才会在没有接收到生长信号的情况下仍然不断地促使细胞生长或使细胞免于死亡,最后导致细胞癌变。

癌基因可以分成两大类:一类是病毒癌基因,指反转录病毒的基因组里带有可使受病毒感染的宿主细胞发生癌变的基因,简写成 *v-onc*;另一类是细胞癌基因,简写成 *c-onc*,又称原癌基因（proto-oncogene），指正常细胞基因组中，一旦发生突变或被异常激活后可使细胞发生恶性转化的基因。换言之，在每个正常细胞基因组里都带有原癌基因，但它不出现致癌活性，只是在发生突变或被异常激活后才变成具有致癌能力的癌基因。癌基因有时又被称为转化基因（transforming gene），因为已活化的癌基因或是从肿瘤细胞里分离出来的癌基因，可将已建株的 NIH3T3 小鼠成纤维细胞或其他体外培养的哺乳类细胞，转化成为具有癌变特征的肿瘤细胞。癌基因的形成反映一种功能的获得（gain of function），即细胞的原癌基因被不适当地激活后，会造成蛋白质产物的结构改变，原癌基因出现组成型激活，以及过量表达或不能在适当的时刻关闭基因的表达等。目前已识别的原癌基因有 100 多个。

但是，使细胞癌变并不是细胞癌基因的唯一功能。在正常细胞中，原癌基因并不是完全没有活性的，原癌基因的蛋白质产物参与正常细胞的生长、分化和增殖。因此，确切地说，细胞癌基因是具有正常生理功能，只是在一定条件下才会引起细胞癌变的一类基因。此外，很多癌基因在进化上是相当保守的，如 c-ras 基因在酵母、果蝇、小鼠和人的正常基因组均存在，这也是癌基因具有正常功能的一个有力佐证。

抑癌基因或肿瘤抑制基因（tumor suppressor gene）又称抗癌基因（anti-oncogene），是指能够抑制细胞癌基因活性的一类基因，其功能是抑制细胞周期，阻止细胞数目增多以及促使细胞死亡。通常是一对等位基因均缺失或都因突变而失去活性时，细胞发生癌变，此时缺失或突变的基因一般就是抑癌基因。因此，抑癌基因反映了基因的功能丢失（loss of function）。抑癌基因原先有对细胞分裂周期或细胞生长设置限制的功能，当抑癌基因的一对等位基因都缺失或都失去活性时，这种限制功能也就随之丢失，于是出现了细胞癌变。抑癌基因与癌基因之间的区别在于癌基因只要有一个等位基因发生突变时就可引起癌变，而抑癌基因只要有一个等位基因是野生型时，就可抑制癌变。目前已发现的抑癌基因有 10 多种。例如，p53 基因是于 1979 年发现的第一个肿瘤抑制基因，开始时被认为是一种癌基因，因为它能加快细胞分裂的周期，以后的研究发现只有在 p53 失活或突变时才会导致细胞癌变，才认识到它是一个肿瘤抑制基因。

癌基因和抑癌基因的发现和研究，为从基因水平认识癌细胞的发生和生长机制开辟了新的途径，在人类征服癌症的战斗中发挥了极其重大的作用。

2.11　染色体外基因

染色体是基因的载体，生物体的基因主要位于染色体上。原核细胞没有质和核的区分，它的染色体一般是裸露的环状 DNA 分子。真核细胞的染色体位于核内，一般是与蛋白质结合的线状 DNA 分子。不管是原核细胞还是真核细胞，还有一些基因存在于染色体外，这类基因称为染色体外基因（extrachromosomal gene）。它们的传递不符合孟德尔的分离和自由组合定律，被称为非孟德尔遗传（non-Mendelian inheritance）。

2.11.1　质粒

许多细菌除了染色体外，还有大量很小的环状 DNA 分子，这就是质粒（plasmid）。质粒上常有抗生素的抗性基因，如四环素抗性基因或卡那霉素抗性基因等。有些质粒称为附加体（episome），这类质粒能够整合进细菌的染色体，也能从整合位置上切离下来成为游离于染色体外的 DNA 分子。

有些质粒能够整合进细菌的染色体，当细菌接合时将随同"雄性"细菌染色体而转移进入"雌性"细菌细胞，所以质粒也是细菌的一种可移动遗传因子。但有些质粒不能整合进细菌染色体，因而在细菌接合时也就无法转移到另一个细胞中，这类质粒是不移动的遗传因子。上面所说的是指天然状态下的情况，在基因工程的实验条件下，各种质粒都能转化经过处理的细菌感受态细胞（competent cell）而转移进细菌。

2.11.2 线粒体基因

线粒体是真核细胞的一种细胞器，有它自己的基因组，编码细胞器的一些蛋白质。除了少数低等真核生物的线粒体基因组是线状 DNA 分子外（如纤毛原生动物 *Tetrahymena pyniforms* 和 *Paramecium aurelia* 以及绿藻 *Clamydoommonas reinhardtia* 等），一般都是一个环状 DNA 分子。由于一个细胞里有许多个线粒体，而且一个线粒体里也有几份基因组拷贝，所以一个细胞里也就有许多个线粒体基因组。

不同物种的线粒体基因组的大小相差悬殊。已知哺乳动物的线粒体基因组最小，果蝇和蛙的稍大，酵母的更大，而植物的线粒体基因组最大。人、小鼠和牛的线粒体基因组都是 16.5kb 左右，每个细胞里有成千上万份线粒体基因组 DNA 拷贝。酿酒酵母（*S. cerevisiae*）的线粒体基因组约长 84kb，每个细胞里有 22 个线粒体，每个线粒体有 4 个基因组。生长中的酵母细胞线粒体 DNA 占细胞总 DNA 量的比例可高达 18%。植物细胞的线粒体基因组的大小差别很大，最小的为 100kb 左右，大部分由非编码的 DNA 序列组成，且有许多短的同源序列，同源序列之间的 DNA 重组会产生较小的亚基因组环状 DNA，与完整的"主"基因组共存于细胞内，因此植物线粒体基因组的研究更为困难。

哺乳动物的线粒体基因 DNA 没有内含子，几乎每一对核苷酸都参与一个基因的组成，有许多基因的序列是重叠的。例如，Anderson 等于 1981 年测定了人线粒体基因组全序列，共 16569bp，除了同启动 DNA 有关的 D 环区（D-loop）外，只有 87bp 不参与基因的组成。现已确定有 13 个为蛋白质编码的区域，即细胞色素 b、细胞色素氧化酶的 3 个亚基、ATP酶的 2 个亚基以及 NADH 脱氢酶的 7 个亚基的编码序列。另外还有分别编码 16S rRNA 和 12S rRNA 以及 22 个 tRNA 的 DNA 序列。除个别基因外，这些基因都是按同一个方向进行转录，而且 tRNA 基因位于 rRNA 基因和编码蛋白质的基因之间。

除了少数例外，线粒体基因组编码蛋白质的密码子都是生命世界通用的密码子。表 2-5 列出不同物种的线粒体基因所用密码子的例外情况，这也正是反映生命世界中同一性和多样性并存的一个例证。

表 2-5　不同物种的线粒体基因所用的例外密码子

通用密码子		线粒体基因组	
密码子	编码氨基酸	物种	编码氨基酸
AUA	异亮氨酸	哺乳类	甲硫氨酸,起始密码子
AGA	精氨酸	果蝇	甲硫氨酸
		哺乳类	终止密码子
		果蝇	丝氨酸(可能)
AGG	精氨酸	哺乳类	终止密码子
AUU	异亮氨酸	哺乳类	起始密码子(可能)
UGA	终止密码子	哺乳类、果蝇、真菌、支原体、玉米	色氨酸
		纤毛虫	半胱氨酸

通用密码子		线粒体基因组	
密码子	编码氨基酸	物种	编码氨基酸
UAG	终止密码子	四膜虫	谷氨酰胺
UAA	终止密码子	四膜虫	谷氨酰胺
CUG	亮氨酸	酵母	丝氨酸
CGC	精氨酸	玉米	色氨酸

线粒体基因组能够单独进行复制、转录及合成蛋白质，但这并不意味着线粒体基因组的遗传完全不受核基因的控制。从表 2-6 的数据可知，线粒体的组成成分中除少数外，大部分实际上是由核基因编码，并在细胞质内的核糖体上合成。

表 2-6　酵母线粒体的几种主要组成的生物合成

主要组成	亚基数		
	总数	在细胞质核糖体上合成数	线粒体中合成数
细胞色素氧化酶	7	4	3
细胞色素 b-c 复合物	7	6	1
ATP 酶	9	5	4
核糖体大亚基	30	30	0
核糖体小亚基	22	21	1

线粒体自身结构和生命活动都需要核基因的参与并受其控制，说明真核细胞内尽管存在两个遗传系统，一个在细胞核内，一个在细胞质内，各自合成一些蛋白质和基因产物，造成了细胞核和细胞质对遗传的相互作用；但是，核基因在生物体的遗传控制中仍起主宰作用。

线粒体 DNA（mtDNA）可用于分子系统发生研究（molecular phylogenetic studies）。与细胞核 DNA 相比，mtDNA 作为生物体种系发生的"分子钟"（molecular clock）有其自身的优点：①突变率高，是核 DNA 的 10 倍左右，因此即使是在近期内趋异的物种之间也会很快积累大量的核苷酸置换，可以进行比较分析。②因为精子的细胞质极少，子代的 mtDNA 基本上都是来自卵细胞，所以 mtDNA 是母系遗传（maternal inheritance），且不发生 DNA 重组，因此，具有相同 mtDNA 序列的个体必定是来自一位共同的雌性祖先。但是，近年来 PCR 技术证实，精子也会对受精卵提供一些 mtDNA，这是引起线粒体 DNA 异序性（heteroplasmy）的原因之一。一个个体生成时，该个体细胞质内 mtDNA 的序列都是相同的，这是 mtDNA 的同序性（homoplasmy）；当细胞质里 mtDNA 的序列有差别时，就是 mtDNA 的异序性。异序性对于种系发生的分析研究会造成一些困难。

在分子进化研究中，mtDNA 同样也是十分有用的材料。由于线粒体基因在细胞减数分裂期间不发生重排，而且点突变率高，所以有利于检查出在较短时期内基因发生的变化，有利于比较不同物种的相同基因之间的差别，确定这些物种在进化上的亲缘关系。有人曾从一具 4000 年前的人体木乃伊分离出残存的 DNA 片段，平均大小仅为 90bp，这对于核基因组来说，这么短的 DNA 片段很难说明什么问题，但是这是线粒体基因组 DNA，就可能是某个基因的一个片段，可以进行比较分析。因此，当前分子进化生物学研究的实验材料，多半取材于古生物或化石的牙髓或骨髓腔中残留的线粒体 DNA。

线粒体基因组中的基因与线粒体的氧化磷酸化作用密切相关，因此关系到细胞内的能量供应。近年来发现人的一些神经肌肉变性疾病，比如 Leber 遗传性视神经病（主要表现为双侧视神经萎缩引起急性或亚急性视力丧失，还可伴有神经、心血管及骨骼肌等系统异常）、帕金森病、阿尔兹海默病（早老性痴呆症）、线粒体脑肌病、母系遗传的糖尿病和耳聋等，都同线粒体基因有关。也有人指出，衰老可能同 mtDNA 损伤的积累有关。总之，mtDNA 的突变会导致疾病发生，这一点已是明确的。只是 mtDNA 如何同细胞核 DNA 共同作用以调节细胞内各种代谢途径、参与疾病发生等的具体机制，还有待进一步研究。

2.11.3　叶绿体基因

叶绿体是地球上绿色植物把光能转化为化学能的重要细胞器，叶绿体中进行的光合作用是严格受到遗传控制的。早在 20 世纪初，人们就已知叶绿体的某些性状是呈非孟德尔式遗传的，但直到 20 世纪 60 年代才发现了叶绿体 DNA（chloroplast DNA，ctDNA）。叶绿体基因组是一个裸露的环状双链 DNA 分子，其大小在 120～217kb 之间。一个叶绿体中通常有一个到几十个叶绿体基因组。叶绿体 DNA 不含 5′-甲基胞嘧啶，这是鉴定 ctDNA 及其纯度的特定指标。

叶绿体基因组中的基因数目多于线粒体基因组，编码蛋白质合成所需的各种 tRNA 和 rRNA 以及 50 多种蛋白质，其中包括 RNA 聚合酶、核糖体蛋白质、核酮糖-1,5-二磷酸核酮糖羟化酶（RuBP 酶）的大亚基等。

高等植物的叶绿体基因组的长度各异，但均有 10～24kb 的一段 DNA 序列的两份拷贝，互呈反向重复序列（IR_A 和 IR_B）。这两份反向重复序列之间发生重组，形成了一份短的单拷贝序列（short single copy，SSC），把 IR_A 和 IR_B 连接起来，基因组的其余部分则是长的单拷贝序列（long single copy，LSC）（表 2-7）。

表 2-7　叶绿体基因组编码的 RNA 和蛋白质

编码产物	类型	编码产物	类型
16S rRNA	1	光系统 Ⅱ 中的蛋白质	7
23S rRNA	1	细胞色素 b/f	3
4.5S rRNA	1	H^+-ATP 酶	6
5S rRNA	1	NADH 脱氢酶	6
tRNA	30	铁氧化还原酶	3
核糖体蛋白	19	RuBP 酶大亚基	1
RNA 聚合酶	3	尚未鉴定的蛋白质	31
光系统 Ⅰ 中的蛋白质	2	总计	115

叶绿体基因组也是细胞中相对独立的一个遗传系统。叶绿体基因组可以自主地进行复制，但同时需要细胞核遗传系统提供遗传信息。例如，光合系统 Ⅱ 中的 chla/b 蛋白质是在细胞质内的 80S 核糖体上合成后再转运进叶绿体的；RuBP 酶的大亚基是在叶绿体内合成的，但其小亚基则是在细胞质中 80S 核糖体上合成后转运进叶绿体，然后同大亚基装配成有生物学活性的全酶。

2.11.4　非孟德尔遗传

染色体外基因并不是随同染色体的复制和分裂而均等地分配给两个子代细胞，而是在细胞质中随机地传递给子代，因而其传递规律不符合孟德尔的独立分配法则和自由组合法则。所以，这种遗传方式称为非孟德尔式遗传（non-Mendelian inheritance）。同时，在真核生物中，雄性配子的细胞质极少，合子的细胞质基本上都来自雌配子，染色体外基因也都是来自雌配子。因此，这种遗传方式也称为母系遗传（maternal inheritance）。由于传递的基因不在细胞核 DNA 上，并且是通过细胞质传递的，所以有时又分别称为**核外遗传**（extranuclear inheritance）和**细胞质遗传**（cytoplasmic inheritance）。

植物的雄性不育也与细胞质遗传密切相关。雄性不育是指植物花粉败育，在植物界较为常见，其遗传机制大体上可分为**核不育和质-核不育**两种类型。核不育型是由染色体上的基因所决定，如水稻、小麦、玉米、谷子、番茄等作物中均有发现，但较为少见。这类雄性不育是由一对隐性基因（ms）控制，纯合子（ms/ms）表现雄性不育，显性等位基因 Ms 可恢复其育性，杂合子（Ms/ms）后代呈孟德尔式分离。质-核不育型是由不育的细胞质基因（S）和相对应的核基因所决定（图 2-22）。当细胞质基因 S 存在时，核内必须同时存在纯合的隐性不育基因 rf/rf，植株才会表现不育。杂交时，只要父本核内没有可育基因 Rf，杂交二代就一直保持雄性不育性状；如果细胞质内的是正常的可育基因 N，即使核基因是 rf/rf，个体仍是正常可育的；如果核基因是显性可育基因 Rf，则不论细胞质基因是 S 还是 N，植株都是可育的。

从上述分析可见，质-核型雄性不育是细胞质和细胞核两个遗传系统相互作用的结果。这样既有可能找到保持不育性的保持系，又能找到恢复育性的相应恢复系；因此，这种不育类型在农作物的杂种优势利用上具有重要价值。关于核雄性不育的分子机制目前正在探索中。由于线粒体和叶绿体基因均可能同雄性不育有关，所以比较分析可育性植株和不育性植株的这两种细胞器基因组的 DNA 序列，寻找其差别，已成为此项研究的一个热点。

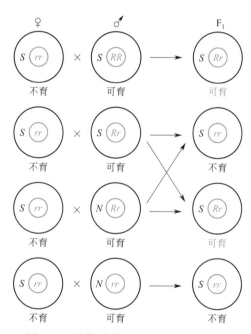

图 2-22　植物质-核不育型遗传的示意图

第3章
工 具 酶

基因工程是一项比较复杂的生物技术，从制备 DNA 或 RNA 开始直至获得转基因生物，需要经过一系列操作。其中很多操作步骤都需要有酶参与才能完成。基因工程操作中采用的酶统称为工具酶。本章主要介绍核酸酶。

通过切割相邻的两个核苷酸残基之间的磷酸二酯键，从而导致核酸分子多核苷酸链发生水解断裂的酶叫做核酸酶。其中专门水解 RNA 分子的叫做核糖核酸酶（RNase），而特异水解 DNA 分子的叫做脱氧核糖核酸酶（DNase）。核酸酶按其水解核酸分子的方式，可分为两种类型：一类是从核酸分子的末端开始，一个核苷酸一个核苷酸地消化降解多核苷酸链，叫做外切核酸酶（exonuclease）；另一类是从核酸分子内部切割磷酸二酯键使之断裂，叫做内切核酸酶（endonuclease）。

按其用途，核酸酶可分为四类：①限制性内切核酸酶；②聚合酶，如 DNA 聚合酶、Klenow 酶、逆转录酶；③连接酶，如 E.coli DNA 连接酶、T4 DNA 连接酶；④修饰酶，如末端转移酶、碱性磷酸酶、外切酶、多核苷酸激酶；⑤细胞裂解酶，如溶菌酶、蛋白酶 K、纤维素酶等。

3.1　限制性内切核酸酶

限制性内切核酸酶，是一类能够识别双链 DNA 分子中的某种特定核苷酸序列，并由此切割 DNA 双链结构的内切核酸酶。它们主要是从原核生物中分离纯化出来的。到目前为止，已分离出可识别 230 种不同 DNA 序列的 II 型内切核酸酶 2300 种以上。在限制性内切核酸酶的作用下，侵入细菌的"外源" DNA 分子便会被切割成不同大小的片段，而细菌自己固有的 DNA 碱基甲基化，在此修饰酶的保护下，则可免受限制酶的降解。由于限制酶的发现与应用而导致体外重组 DNA 技术的发展，人们有可能对真核染色体的结构、组织、表达及进化等问题进行深入的研究。因此，有人赞叹内切核酸酶是大自然赐给基因工程学家的一件了不起的礼物。

3.1.1 宿主的限制和修饰现象

大多数细菌对于噬菌体的感染都存在着一些功能性障碍。到目前为让，尚未发现任何一种既可感染假单胞菌（*Pseudomonas*）又可感染大肠杆菌的噬菌体，而且非宿主细菌的RNA聚合酶不能识别"外源"噬菌体的启动子序列。即使噬菌体的吸附和转录能够顺利进行，也仍然存在着另一种功能障碍，即所谓的宿主控制的限制（restriction）和修饰（modification）现象，简称 **R/M 体系**。细菌的 R/M 体系同免疫体系类似，它能辨别自己的 DNA 和外来的 DNA，并使后者降解。

20 世纪 60 年代初，W. Arber 等对 λ 噬菌体在大肠杆菌不同菌株上的平板培养效应进行研究时，首先发现了限制性内切核酸酶。他们观察到一种限制现象：先在 *E.coli* B 上繁殖 λ 噬菌体，然后制备 λ 噬菌体的原种制剂，再将此原种分别放到铺满 *E.coli* B 和 *E.coli* K 的两类平面培养基上，前者会出现许多噬菌斑，而后者却不出现或者出现极少噬菌斑。如果以成斑率（efficiency of plating）计算，前者为 1，后者仅为 4×10^{-4}。同样，如果在 *E.coli* K 上繁殖 λ 噬菌体，同样做如上处理，最后在 *E.coli* B 的平面培养基上仅会出现极少或不出现噬菌斑，而在 *E.coli* K 的平面培养基上成斑率为 1。这说明生长在细菌特殊菌株上的噬菌体，侵染原菌株的能力远远高于侵染另一株不同菌株的能力。后来发现导致这种现象的原因是菌株体内限制和修饰系统的存在（图 3-1）。

限制和修饰系统中的限制作用是指一定类型的细菌可以通过限制酶的作用，破坏入侵的噬菌体 DNA，导致噬菌体的宿主幅度受到限制；而宿主本身的 DNA，由于在合成后通过甲基化酶的作用得以甲基化，使 DNA 得以修饰，从而免遭自身限制性菌的破坏。噬菌体由原来宿主转到第二宿主上（如将长期 *E.coli* B 平面培养基上的噬菌体转到 *E.coli* K 的平面培养基上），一旦个别噬菌体幸存下来，它们所繁殖的后代在第二宿主中将不再受到限制，这是因为噬菌体 DNA 是在第二宿主的甲基化酶存在的情况下复制的，因此 DNA 在合成后能够按照第二宿主 DNA 的甲基化方式得到修饰。

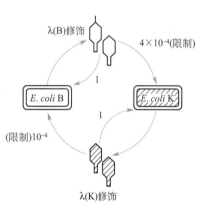

图 3-1 *E.coli* K 和 *E.coli* B 的限制和修饰系统

宿主的限制与修饰有两方面的作用：一是保护自身的 DNA 不受限制；二是破坏外源 DNA 使之迅速降解。根据限制-修饰现象发现的限制性内切核酸酶，现已成为重组 DNA 技术的重要工具酶。

3.1.2 限制性内切核酸酶的类型

目前已鉴定出 3 种不同类型的限制性内切核酸酶，即 Ⅰ 型酶、Ⅱ 型酶和 Ⅲ 型酶。这三种不同类型的限制酶具有不同特性（表 3-1）。现分述如下。

表 3-1 限制性内切核酸酶的类型及主要特性

特性	Ⅰ型	Ⅱ型	Ⅲ型
①限制和修饰活性	单一多功能的酶	分开的限制酶和甲基化酶	具有共同亚基的双功能酶

特性	Ⅰ型	Ⅱ型	Ⅲ型
②酶的蛋白质结构	3 种不同的亚基	单一成分	2 种不同的亚基
③限制作用所需的辅助因子	ATP、Mg^{2+}、SAM	Mg^{2+}	ATP、Mg^{2+}、SAM
④宿主特异性位点序列	EcoB：TGA(N)$_8$TGCT EcoK：AAC(N)$_6$GTGC	点对称（Ⅱs 型除外）	EcoP1：AGACC EcoP15：CAGCAG
⑤ 切割位点	在距宿主特异性 位点至少 1000bp 处	位于宿主特异性 位点或其附近	距宿主特异性位 点 3′端 24～26bp 处
⑥ 酶催化转换	不能	能	能
⑦DNA 移位	能	不能	不能
⑧甲基化作用位点	宿主特异性位点	宿主特异性位点	宿主特异性位点
⑨识别未甲基化的序列进行切割	能	能	能
⑩ 序列特异的切割	不是	是	是
⑪ 在 DNA 克隆中的用处	用处不大	十分有用	用处不大

（1）第一类限制性内切酶

上述宿主的限制和修饰系统中所包含的内切酶已定名为第一类限制性内切酶。这类酶的结构都是多聚体蛋白质，具有切割 DNA 的功能。它们需 ATP、Mg^{2+} 和 S-腺苷甲硫氨酸（SAM，S-adenosyl-methionine）的存在才能发挥作用。这种酶切割 DNA 的方式是：先与双链 DNA 上未加修饰的识别序列相互作用，然后沿着 DNA 分子移动，在行进相当于 1000～5000 个核苷酸的距离后，此酶仅在似乎随机的位置上切割一股单链 DNA，造成大约 75 个核苷酸的切口。由于这类酶不能专门切割 DNA 的某种特殊位点，因此在基因工程中用处不大。

（2）第二类限制性内切酶

首先发现Ⅱ型酶的科学家是 H. O. Smith 和 K. W. Wilcox（1970 年）。他们从流感嗜血菌 Rd 菌株中分离出来这种酶，被公认为典型的Ⅱ型限制性内切核酸酶。与第一类限制性内切酶的不同之处是，这类酶能在特殊位点切割 DNA，产生具有黏性末端或其他形式的 DNA 片段。第二类限制性内切酶已成为基因工程操作中最基本的工具酶。

① 切割位点

1970 年由 H. O. Smith 和 K. W. Wilcox 发现的第一个Ⅱ型限制性内切核酸酶称作 $Hind$Ⅱ，它能将 DNA 从识别位点处切开，形成具有平末端（blunt end）的两段 DNA（图 3-2）。与此相反，EcoRⅠ 能在识别位点处将 DNA 切割成两条各含 4 个单链碱基的黏性末端（sticky or cohesive end）（图 3-3）。所谓黏性末端，是指含有几个核苷酸单链的末端，可通过这种末端的碱基互补，使不同的 DNA 片段发生退火。

② 黏性末端的意义

通过Ⅱ型限制性内切核酸酶的作用，可产生两种不同的黏性末端。一种是在识别序列对称轴的左方和右方进行切割，即在 5′→3′链上对称轴的左方切开和 3′→5′链上对称轴的右方切开，形成带有突出的 5′磷酸基团的黏性末端，如 EcoRⅠ。另一种是在识别序列对称轴的两边进行切割，即在 5′→3′链上对称轴的右方切开和在 3′→5′链上对称轴的左方切开，形成带有突出的 3′羟基基团的黏性末端，如 PstⅠ。

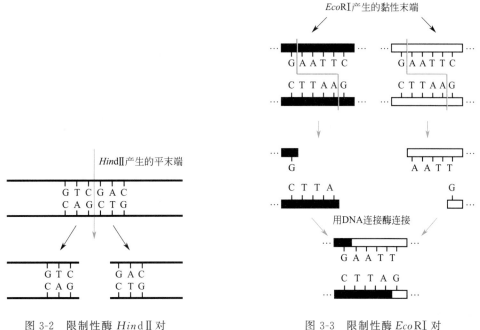

图 3-2   限制性酶 *Hind* II 对
DNA 的切割

图 3-3   限制性酶 *Eco*RI 对
DNA 的切割及两段 DNA 黏性末端的连接

图 3-4 说明了黏性末端的意义。如用 *Eco*RI 切割 DNA,使其产生 4 个核苷酸的单链,而且都以 5′末端告终。这些 DNA 片段能在 5′端靠碱基配对将单链重叠成双链,促使不同的 DNA 分子相连,或使一个 DNA 片段首尾相连而自身环化。

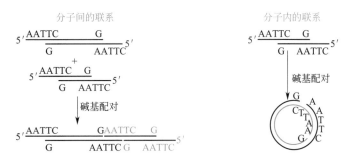

图 3-4   由 *Eco*RI 消化的 DNA 黏性末端

在处理 DNA 片段时,不同酶消化所产生的 DNA 末端往往可以起到很大作用。例如,突出的 5′-磷酸基团比突出的 3′-磷酸基团易于通过 DNA 激酶和^{32}P-ATP 进行同位素标记;而突出的 3′-羟基基团却是末端转移酶的理想作用底物,在酶的作用下,很容易使 DNA 片段在 3′端带上多核苷酸尾,利用互补的同聚物(homopolymer)尾,可使两种 DNA 片段退火。

当带有黏性末端的 DNA 片段上含有凹陷的 3′-OH 基团时,可用 DNA 多聚酶 I 使黏性末端变为平末端,因为黏性末端的单链部分可作为模板,核苷酸将在 3′-OH 处逐渐往上增加;相反,如果 DNA 片段来自 *Pst* I 酶解的产物,它将带有突出的 3′末端。在 4 种脱氧核苷三磷酸(dNTP)存在的情况下,T4 DNA 聚合酶能从突出的 3′端开始,去除未配对的单链部分,保证完好的双链部分不受损伤,从而使黏性末端变为平末端。

③ 同裂酶与同尾酶

有一些来源不同的限制酶识别的是同样的核苷酸序列，这类酶称为同裂酶（isoschizomers）。同裂酶产生同样的切割，形成同样的末端。如 HindⅢ和 HsuⅠ就是同裂酶，它们识别 DNA 的相同位置，切割后产生的末端是一样的。另外还存在一种称为不完全的同裂酶，即几种酶可识别相同的 DNA 序列，但是在序列中切割位置却不同，如 XmaⅠ和 SmaⅠ就是如此（表 3-2）。还有一种情况是，两种限制性酶识别相同序列，但是能否切割却取决于识别序列中一定碱基的甲基化与否。例如，MspⅠ识别和切割 CCGG 序列，HpaⅡ同样识别和切割这一序列，但是后者只有在胞嘧啶甲基化酶还没有使内部胞嘧啶甲基化的情况下才能切割这一序列。现已发现许多动物（包括脊椎动物和棘皮动物）基因组 DNA 中 90% 以上的甲基，都是在序列 CG 处以 5-甲基胞嘧啶的形式出现。这种甲基化的胞嘧啶有许多是发生在 MspⅠ酶的靶序列内，所以通过比较 HpaⅡ和 MspⅠ的 DNA 消化产物就可以检测出它们的存在。

表 3-2　几种限制性内切酶及识别序列

四核苷酸		五核苷酸		六核苷酸	
AluⅠ	AG↓CT			BamHI	G↓GATCC
HpaⅡ	C↓CGG	HinfⅠ	GANTC	EcoRI	G↓AATTC
MboⅠ	↓GATC	HphⅠ	GGTGA(N)$_8$↓	PstⅠ	CTGCA↓G
TaqⅠ	T↓CGA	MboⅠ	GAAGA(N)$_8$↓	SmaⅠ	CCC↓GGG
DpnⅠ	GA↓TC(需要修饰)			XmaⅠ	C↓CCGGG

同尾酶（isocaudarner）是与同裂酶对应的一类限制酶，它们虽然来源各异，识别的靶序列也各不相同，但都产生相同的黏性末端。常用的限制酶 BamHI、BclⅠ、BglⅡ、Sau3AⅠ和 XhoⅡ就是一组同尾酶，它们切割 DNA 之后都形成由 GATC 四个核苷酸组成的黏性末端。显而易见，由同尾酶产生的 DNA 片段，是能够通过其黏性末端之间的互补作用而彼此连接起来的，因此在基因工程操作中很有用处。由一对同尾酶分别产生的黏性末端共价结合形成的位点，特称之为"杂种位点"（hybrid site）。但这类杂种位点形成之后，一般不能再被原来的任何一种同尾酶所识别（表 3-3）。不过也有例外情况，如由 Sau3AⅠ和 BamHI 同尾酶形成的杂种位点，对 Sau3AⅠ仍然是敏感的，但已不再是 BamHI 的靶位点。表 3-4 列出了 8 组产生同样黏性末端的同尾酶。

表 3-3　产生 GATC 单链末端的一组同尾酶及限制片段组合形成的杂种位点

限制酶	识别位点	同尾酶组合	杂种识别位点	杂种位点的敏感性
BamHI	G↓GATCC	BamHI、BclⅠ	GGATCA、TGATCC	Sau3AⅠ
BclⅠ	T↓GATCA	BamHI、BglⅡ	GGATCT、AGATCC	Sau3AⅠ、XhoⅡ
BglⅡ	A↓GATCT	BamHI、Sau3AⅠ	GGATCN、NGATCC	Sau3AⅠ、XhoⅡ（5%）、BamHI（25%）
Sau3AⅠ	↓GATC	BamHI、XhoⅡ	GGATCY、UGATCC	Sau3AⅠ、XhoⅡ、BamHI（50%）
XhoⅡ	U↓GATCY	BclⅠ、BglⅡ	TGATCT、AGATCA	Sau3AⅠ
		BclⅠ、Sau3AⅠ	TGATCN、NGATCA	Sau3AⅠ、BclⅠ（25%）
		BclⅠ、XhoⅡ	TGATCY、UGATCA	Sau3AⅠ
		BglⅡ、Sau3AⅠ	AGATCN、NGATCT	Sau3AⅠ、XhoⅡ（50%）、BglⅡ（25%）
		BglⅡ、XhoⅡ	AGATCY、UGATCT	Sau3AⅠ、XhoⅡ、BglⅡ（50%）
		Sau3AⅠ、XhoⅡ	NGATCY、UGATCN	Sau3AⅠ、XhoⅡ（50%）、BamHI（12.5%）、BglⅡ（12.5%）

注：U 和 Y 分别代表嘌呤和嘧啶；N 代表任意碱基；百分数表示 2 种杂种位点被切割的概率。

表 3-4 产生同样黏性末端的同尾酶

组别	同尾酶	识别序列	组别	同尾酶	识别序列
I	Sau3AI	↓GATC		Cla I	AT↓CGAT
	BamHI	G↓GATCC		NarI	GG↓CGCC
	BclI	T↓GATCA	IV	SalI	G↓TCGAC
	BglⅡ	A↓GATCT		XhoI	C↓TCGAG
	XhoⅡ	U↓GATCY	V	NspI	UCATG↓Y
Ⅱ	BssHI	G↓CGCGC		SphI	GCATG↓C
	MluI	A↓CGCGT	VI	HgiAI	GTGCA↓C*
Ⅲ	TaqI	T↓CGA		PstI	CTGCA↓G
	HpaI	C↓CGG	Ⅶ	BdeI	GGCGC↓C
	SciNI	G↓CGC		HaeⅡ	UGCGC↓Y
	AccI	GT↓CGAC*	Ⅷ	CfrI	Y↓GGCYU
	AcyI	GU↓CGYC		XmaⅢ	C↓GGCCG
	AsuⅡ	TT↓CGAA			

注：U 和 Y 分别代表嘌呤和嘧啶；＊表示此酶可以在别的位点切割形成不同序列的黏性末端。

④ 酶的星号活性　值得注意的是，迄今发表的第二类限制性内切酶的识别序列都是在一定消化条件下测出的。当条件改变时，酶的专一性可能会降低，以致同一种酶可识别和切割更多的位点。如 EcoRI 通常只能识别 GAATTC，但在低盐（＜50mmol/L）、高 pH（pH＞8）和甘油存在的情况下，产生了活性改变的 EcoRI*，称为 EcoRI 的星号活性。通常除了中间四聚体的 T 不能变为 A 或 A 不能变为 T 以外，识别序列的 6 个碱基位置仅存在一处与原来序列不同的任何一种碱基的替代，EcoRI* 照样能识别此序列，如 GAATTA、AAATTC 和 GAGTTC 等。因而 EcoRI* 的识别序列在 DNA 出现的频率要比 EcoRI 识别序列出现的频率高 15 倍。除了 EcoRI* 以外，还发现 BamHI 也有类似情况，用 BamHI* 表示这种活性变化的酶。从上述例子看出，只有在相当特殊的反应条件下，酶的活性才与发表的结果相符，pH 或离子状况的改变直接影响酶的活性。为了得到一种限制性内切酶的最适反应速度和理想的消化专一性，必须坚持应用推荐的反应条件。

(3) 第三类限制性内切酶

某些限制性内切酶如 MboⅡ 有独特的识别方式和切割办法，它能识别 GAAGA 序列，但不存在二分体式的对称。它能在 DNA 的每条链上从识别序列的一侧开始测量一定距离（分别为 8 个和 7 个核苷酸）后进行切割：

$$5'\text{-GAAGANNNNNNNN}↓\text{-}3'$$
$$3'\text{-CTTCTNNNNNNN}↓\text{-}5'$$

产生仅一个碱基突出的 3′末端。这类酶称为第三类限制性内切酶，它们在基因工程操作中的作用也不大。

3.1.3 限制性内切核酸酶的命名

由于发现的限制性内切核酸酶越来越多，所以需要有一个统一的命名规则。H. O. Smith 和 D. Nathans 于 1973 年提议的命名系统已被广大学者所接受。他们提议的命名原则包括以下几点。

① 用细菌属名的第一个字母和种名的头两个字母，组成三个字母的略语表示宿主菌的物种名称。例如大肠杆菌（Escherichia coli）用 Eco 表示，流感嗜血杆菌（Haemophilus *influenzae*）用 *Hin* 表示。

② 用一个写在右下方的标注字母代表菌株或型，如 Eco_K。如果限制与修饰体系在遗传上是由病毒或质粒引起的，则在缩写的宿主菌的种名右下方附加一个标注字母，表示此染色体外成分，例如 Eco_{P_I}，Eco_{R_I}。

③ 如果一个特殊的宿主菌株具有几个不同的限制与修饰体系，则用罗马数字表示。因此，流感嗜血杆菌 Rd 菌株的几个限制与修饰体系分别表示为 Hin_{d_I}，$Hin_{d_{II}}$，$Hin_{d_{III}}$ 等。

④ 所有的限制酶，除了总的名称内切核酸酶 R 外，还带有系统的名称。例如，内切核酸酶 $R.Hin_{d_{III}}$。同样地，修饰酶则在它的系统名称前加上甲基化酶 M 的名称。因此，相应于内切核酸酶 $R.Hin_{d_{III}}$ 的流感嗜血杆菌 Rd 菌株的修饰酶，命名为甲基化酶 $M.Hin_{d_{III}}$。

由于以上命名规则比较烦琐，所以在实际应用上这个命名体系已经作了进一步的简化：

a. 由于附有标注字母在印刷上很不方便，所以现在通行的是把所有略语字母写成一行。

b. 在上下文已经交待得十分清楚只涉及限制酶的地方，内切核酸酶的名称 R 便被省去。本节各表中所列的一些限制性内切核酸酶，采用的就是这样的系统。

3.1.4　影响限制性内切核酸酶活性的因素

（1）DNA 的纯度

限制性内切核酸酶消化 DNA 底物的反应效率在很大程度上取决于所使用的 DNA 本身的纯度。DNA 制剂中的其他杂质，如蛋白质、酚、氯仿、酒精、乙二胺四乙酸（EDTA）、十二烷基硫酸钠（SDS）以及高浓度的盐离子等，都有可能抑制限制性内切核酸酶的活性。应用微量碱抽提法制备的 DNA 制剂，常常都含有这类杂质。为了提高限制性内切核酸酶对低纯度 DNA 制剂的反应效率，一般采用以下 3 种方法。

① 增加限制性内切核酸酶的用量，平均每微克底物 DNA 可高达 10 单位甚至更多些。

② 扩大酶催化反应的体积，以使潜在的抑制因素被相应稀释。

③ 延长酶催化反应的保温时间。

在有些 DNA 制剂中，尤其是用碱抽提法制备的 DNA 制剂，会含有少量的 DNase 污染。由于 DNase 的活性需要 Mg^{2+} 的存在，而在 DNA 的储存缓冲液中含有二价金属离子螯合剂 EDTA，因此在这种制剂中的 DNA 仍是稳定的。然而在加入限制性内切核酸酶缓冲液之后，DNA 则会被 DNase 迅速降解。要避免发生这种状况，唯一的办法就是使用高纯度的 DNA。

在反应混合物中加入适量的聚阳离子亚精胺（polycation spermidine）（一般终浓度为 $1\sim2.5$mmol/L），有利于限制性内切核酸酶对 DNA 的消化作用。但鉴于在 4℃ 下亚精胺会促使 DNA 沉淀，所以务必在反应混合物于适当的温度下保温数分钟之后方可加入。

（2）DNA 的甲基化程度

限制性内切核酸酶是原核生物限制-修饰体系的组成部分，因此识别序列中特定核苷酸的甲基化作用便会强烈地影响酶的活性。通常从大肠杆菌宿主细胞中分离出来的质粒 DNA，都混有两种作用于特定核苷酸序列的甲基化酶：一种是 dam 甲基化酶，催化 GATC 序列中的腺膘呤残基甲基化；另一种是 dcm 甲基化酶，催化 CCA/TGG 序列中内部的胞嘧啶残基甲基化。因此，从正常的大肠杆菌菌株中分离出来的质粒 DNA，只能被限制性内切核酸酶局部消化，甚至完全不被消化，是属于对甲基化作用敏感的一类。为了避免产生这样的问题，在基因工程操作中通常使用丧失了甲基化酶的大肠杆菌菌株制备质粒 DNA。

哺乳动物的 DNA 有时也会带有 5-甲基胞嘧啶残基，而且通常是在鸟嘌呤核苷残基的 5′ 侧。因此不同位点之间的甲基化程度是互不相同的，且与 DNA 来源的细胞类型有密切关系。可以根据各种同裂酶所具有的不同甲基化的敏感性对真核基因组 DNA 的甲基化作用模式进行研究。例如，当 CCGG 序列中内部胞嘧啶残基被甲基化之后，Msp I 仍会将它切割，而 Hpa II（正常情况下能切割 CCGG 序列）对此类甲基化作用则十分敏感。

限制性内切核酸酶不能够切割甲基化的核苷酸序列，这种特性在有些情况下具有特殊的用途。例如，当甲基化酶的识别序列同某些限制酶的识别序列相邻时，就会抑制限制酶在这些位点发生切割作用，这样便改变了限制酶识别序列的特异性。另一方面，若要使用合成的衔接物修饰 DNA 片段的末端，一个重要的处理是必须在被酶切之前，通过甲基化作用将内部的限制酶识别位点保护起来。

（3）酶切反应的温度

DNA 消化反应的温度是影响限制性内切核酸酶活性的另一重要因素。不同的限制性内切核酸酶具有不同的最适反应温度，而且彼此之间有相当大的变动范围。大多数限制性内切核酸酶的标准反应温度是 37℃，但也有许多例外的情况，它们要求 37℃ 以外的其他反应温度（表 3-5）。还有些限制性内切核酸酶的标准反应温度低于 37℃，例如 Sma I 是 25℃，Apa I 是 30℃。消化反应的温度低于或高于最适温度都会影响限制性内切核酸酶的活性，甚至导致酶完全失活。

表 3-5　部分限制性内切酶的最适反应温度

酶	反应温度/℃	酶	反应温度/℃
Apa I	30	Mae I	45
Apy I	30	Mae II	50
Ban I	50	Mae III	55
Bcl I	50	Sma I	25
Bst E II	60	Taq I	65

注：本表没有包括最适反应温度为 37℃ 的限制性内切酶。

（4）DNA 的分子结构

DNA 分子的不同构型对限制性内切酶的活性也有很大的影响。某些限制性内切酶切割超螺旋的质粒 DNA 所需的酶量要比消化线性的 DNA 高出许多倍，最高可达 20 倍。此外，还有一些限制性内切酶切割对 DNA 不同部位的限制位点，其效率亦有明显的差异。据推测，这很可能是由侧翼序列核苷酸成分的差别造成的。大体说来，一种限制性内切酶对其不同识别位点的切割速率的差异最多不会相差 10 倍。尽管这样的范围在通常标准下是无关紧要的，然而当涉及局部酶切消化时，则是必须考虑的重要参数。DNA 分子中某些特定的限制位点，只有当其他限制位点也同时被广泛切割的条件下，才能被有关的限制性内切酶所消化。少数的一些限制性内切酶，如 Nar I、Nae I、Sac II 及 Xma III 等，对不同部位的限制位点的切割活性会有很大差异，其中有些位点是很难被切割的。

（5）限制性内切核酸酶的缓冲液

限制性内切核酸酶标准缓冲液的组分包括氯化镁、氯化钠或氯化钾、Tris-HCl、β-巯基乙醇或二硫苏糖醇（DDT）及牛血清白蛋白（BSA，反复冻融使之失活）等。酶活性的正常发挥，绝对需要 2 价阳离子，通常是 Mg^{2+}。不正确的 NaCl 或 Mg^{2+} 浓度，不仅会降低限制酶的活性，而且还可能导致识别序列特异性改变。缓冲液 Tris-HCl 的作用在于，使反应混合物的 pH 恒定在酶活性所要求的最佳数值的范围之内。对绝大多数限制酶来说，在 pH=7.4 的条件下，其功能最佳。巯基试剂对于保护某些限制性内切核酸酶的稳定性是有用的，而且还可保护其免于失活。但它同样也可能有利于潜在污染杂质的稳定性。有一部分限制性内切核酸酶对于钠离子或钾离子浓度变化反应十分敏感，而另一部分限制性内切核酸酶则可适应较大的离子强度的变化幅度。

在"非最适的"反应条件下（包括高浓度的限制性内切核酸酶、高浓度的甘油、低离子强度、用 Mn^{2+} 取代 Mg^{2+} 以及高 pH 等），有些限制性内切核酸酶识别序列的特异性会发生改变，导致从识别序列以外的其他位点切割 DNA 分子。有的限制性内切核酸酶在缓冲液成分的影响下会产生所谓的星号活性。由于前面有关内容对此已有涉及，这里不再赘述。

3.1.5　限制性内切核酸酶对 DNA 的消化作用

（1）限制性内切核酸酶与靶 DNA 识别序列的结合模式

J. A. McClarin 等（1986 年）应用 X 射线晶体学技术对限制酶-DNA 复合物的分子结构的研究表明，Ⅱ型酶是以同型二聚体形式与靶 DNA 序列发生作用的。在这种研究的基础上，目前已弄清了许多限制性内切核酸酶同其识别序列之间相互作用的精巧的分子细节。以 EcoRI 为例，它是以同型二聚体上的 6 个氨基酸（其中每个亚基各占 1 个 Glu 残基和 2 个 Agr 残基）同识别序列上的嘌呤残基之间形成 12 个氢键的形式结合到靶 DNA 识别序列上，并从此发生链的切割反应。

（2）限制性内切核酸酶对 DNA 分子的局部消化

从理论上讲，如果一条 DNA 分子上 4 种核苷酸的含量是相等的，而且其排列顺序也是完全随机的，那么识别序列为 6 个核苷酸碱基的限制性内切核酸酶（如 BamHI）将平均每隔 $4^6=4096$bp 切割一次 DNA 分子；而识别序列为 4 个核苷酸的限制性内切核酸酶（如 Sau3AI）将平均每隔 $4^4=256$bp 切割一次 DNA 分子。如果一种限制性内切核酸酶对 DNA 分子的切割反应达到了这样的片段化水平，称之为完全的酶切消化作用（complete digestion）。

然而，由于 DNA 上的 4 种核苷酸碱基的组成并不是等量的，而且其顺序排列也不是随机的，因此实际上限制性内切核酸酶对 DNA 分子的消化作用的频率要低于完全消化的频率。例如，λ 噬菌体 DNA 的分子质量约为 49kb，按理对识别序列为 6 个核苷酸碱基的限制性内切核酸酶应具有 12 个切割位点，可事实上 BglⅡ 只有 6 个切割位点，BamHI 有 5 个切割位点，SalⅠ 有 2 个切割位点，其 GC 含量也小于 50%。

根据上述分析和实际经验，即便是限制性内切核酸酶对 DNA 的消化不十分完全，也可获得平均分子量大小有所增加的限制片段产物。此类不完全的限制酶消化反应，通常叫做局部酶切消化（partial digestion）。在进行局部消化的反应条件下，任何 DNA 分子中都只有有限数量的一部分限制位点被限制酶所切割。在实验中，通过缩短酶切消化反应的保温时间或降低反应的温度（如从 37℃ 改为 4℃）以约束酶的活性，都可以达到局部消化的目的。

（3）限制性内切核酸酶对真核基因组 DNA 的消化作用

一旦一种靶 DNA 分子被某种限制性内切核酸酶消化之后，如其分子量比较小，研究者就可能通过琼脂糖凝胶电泳或高效液相色谱（high performance liquid chromatography, HPLC）将目的基因片段分离出来，做进一步的克隆扩增和其他研究。但真核生物的基因组，特别是哺乳动物或高等植物的基因组，一般大小都可达 10^9bp 左右，经限制性内切核酸酶消化之后，常产生出数量高达 $10^5 \sim 10^6$ 种不同大小的 DNA 限制片段。因此，要应用琼脂糖凝胶电泳或 HPLC 分离其中某一特定 DNA 片段，实际上往往是行不通的，需要通过建立相应基因文库的办法才能达到分离的目的。

3.1.6 限制性内切核酸酶反应的终止

消化 DNA 样品后，常常需要再进一步处理 DNA 前钝化酶的活性。钝化大多数限制性内切核酸酶可以采用在 65℃条件下温浴 5min 的办法。某些酶如 BamHⅠ和 HaeⅡ受热不易钝化，必须采用其他手段。通常可在电泳前往样品中加终止反应物，其中含有一种钝化酶的变性剂，如 SDS 或尿素。虽然这类物质钝化限制性酶极为有效，但如果要将这类物质从 DNA 中去除，却极为困难。为了应用这类物质而又不至于影响下面的反应程序，可以用下述的方法重新提纯 DNA：用等体积的酚-氯仿去除蛋白质，提取 DNA。在 DNA 中残留的酚将会抑制进一步的酶促反应，必须去除。可将样品用乙醚处理，并经冷乙醇沉淀，或在 0.2mol/L NaCl 存在的情况下用异丙醇进行沉淀即可达到去除残余酚的目的。离心以后，DNA 沉淀可用 70%酒精洗一次，以去除残留的盐分，再将 DNA 干燥后重新悬浮在缓冲液中，这时样品中无蛋白质成分，容易接受下一步的酶处理。

3.1.7 限制性内切核酸酶酶切反应的操作步骤和注意事项

(1) 操作步骤

限制性内切核酸酶酶切反应的操作步骤视其要求不同而略有差异，操作步骤如下：

① 在清洁干燥并经灭菌的具盖微量离心管（0.5mL）中依次加入（以 TAKARA 的普通内切酶单酶切反应体系为例）：H_2O（超纯水）16μL，随酶提供的 $10 \times$ 酶切缓冲液 2μL，用灭菌双蒸水或 TE 缓冲液溶解的酶切底物 DNA 溶液 1μL（约 1μg）、限制性内切核酸酶 1μL（把装有酶溶液的微量离心管一直放置于冰或冰浴器中取酶溶液；取样时，移液器吸头尖端接触液体表面，不要深深插入液体中央）。

② 离心管盖严后，低速离心数秒钟，使可能沾在管壁上的液体集中于管底。

③ 将离心管置于所用限制性内切核酸酶反应最适温度的恒温水浴或金属浴中处理 2~3h，使酶切反应完全。

④ 终止酶切反应，之后置于 −20℃冰箱中保存备用。

酶切反应结束后，为了了解酶切效果，一般采用琼脂糖或聚丙烯酰胺凝胶电泳检测酶切是否完全，产生的 DNA 片段大小是否与预期的一致。

(2) 注意事项

① 由于限制性内切核酸酶容易失活，一般是在 −20℃冰箱中保存，使用时应尽量减少其离开冰箱的时间；当购买的酶包装量较大时，在使用前可进行分装保存；如果酶浓度很高，最好先用酶反应缓冲液（1×）进行稀释；市售的酶液中含 50%甘油，故 −20℃时不会冻结，但高浓度甘油会影响酶活性，因此进行酶切反应时，加酶的量除了达到需要的酶活性单位外，还应控制反应体系中的甘油浓度低于 10%。

② 如果酶切的目的是为了回收酶切片段，应扩大反应体系的总体积，相应增加反应体系各组分。

③ 操作过程中使用的移液器吸头都是灭菌的。

④ 作为酶切底物的 DNA 样品中不能含有干扰限制性内切核酸酶活性的污染物，如苯酚、乙醇等有机溶剂，会使酶变性或产生星号活性；用 TE 溶解的 DNA 溶液，在酶切反应

体系中所加的体积不能太大，否则 EDTA（螯合 Mg^{2+} 而影响酶活）会干扰酶切反应，故欲酶切的 DNA 样品最好是用超纯水溶解；若反应体系中的 DNA 浓度过高，使溶液的黏度过大，会影响酶的有效扩散，导致酶切效果不好。

⑤ 用于限制性内切酶切割的 DNA 量达到 $1\mu g$ 就足够了，尤其是切割载体时用量不能过多，因为质粒的超螺旋结构是内切酶消化的不利因素，再加上用量增多切割就不完全，严重影响后续的操作。

⑥ 进行酶切反应时，尽可能地选用常用的内切酶，因为它们的酶活较高，容易切割DNA，比如 BamHI、EcoRI、$Hind$III、KpnI、MluI、PstI、SalI、XbaI、XhoI 等。

3.2 DNA 聚合酶

分子生物学研究工作中经常使用的 DNA 聚合酶列于表 3-6，它们的共同特点在于，都能够把脱氧核糖核苷酸连续加到双链 DNA 分子引物链的 $3'$-OH 末端，催化核苷酸的聚合作用，而不发生从引物模板上解离的情况。

表 3-6　DNA 聚合酶的特性

聚合酶名称	$3'{\rightarrow}5'$外切酶活性	$5'{\rightarrow}3'$外切酶活性	聚合反应速率	持续合成能力
$E.\,coli$ DNA 聚合酶	低	有	中速	低
Klenow 大片段酶	低	无	中速	低
反转录酶	无	无	低速	中
T4 DNA 聚合酶	高	无	中速	低
天然的 T7 DNA 聚合酶	高	无	快速	高
化学修饰的 T7 DNA 聚合酶	低	无	快速	高
遗传修饰的 T7 DNA 聚合酶	无	无	快速	高
Taq DNA 聚合酶	无	有	快速	高

3.2.1 DNA 聚合酶 I（$E.\,coli$）

由大肠杆菌 $polA$ 基因编码的 DNA 聚合酶 I 简称 polI，有三种酶催化活性：即 $5'{\rightarrow}3'$ 的聚合酶活性、$5'{\rightarrow}3'$ 的外切核酸酶活性和 $3'{\rightarrow}5'$ 的外切核酸酶活性。不过 polI 的 $3'{\rightarrow}5'$ 的外切酶活性，要比 T4 或 T7 DNA 聚合酶的相应活性低得多。

polI 欲发挥聚合酶活性（图 3-5），需要具备下述三种条件：①全部 4 种脱氧核苷 $5'$-三磷酸 dNTP（反复冻融使之失活，dATP、dGTP、dCTP、dTTP）和 Mg^{2+}；②带有 $3'$-OH 游离基团的引物链；③DNA 模板链，可以是单链的，也可以是双链的。双链 DNA 只有在其糖-磷酸主链上有一至数个断裂的情况下，才是有效的模板。

polI 的 $5'{\rightarrow}3'$ 的外切核酸酶活性（图 3-6），可以从游离的 $5'$-P 末端水解 DNA 分子。这种降解作用所释放的产物中，主要是 $5'$-磷酸核苷，但同时也还有少量的长达 10 核苷酸的寡核苷酸片段。当然，活性同下面所述的 $3'{\rightarrow}5'$ 的外切核酸酶活性极不相同。首先，$5'{\rightarrow}3'$ 活性所切割的 DNA 链必须位于双螺旋的区段上；其次，切割的部位可以是末端磷酸二酯键，也可以是距 $5'$ 末端数个核苷酸远的一个键上；再次，伴随发生的

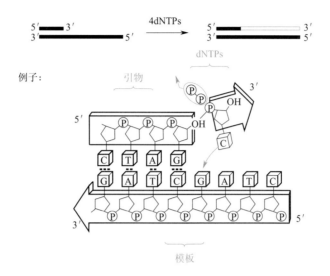

图 3-5　在 DNA 聚合酶Ⅰ催化 DNA 合成链按 5′→3′的方向延伸

在聚合作用期间，掺入的每个核苷酸，都是严格地同模板链上对应的核苷酸互补配对。每掺入一个核苷酸就要释放出一个焦磷酸，同时形成一个新的游离的 3′-OH 末端基团。这种聚合反应需要 4 种脱氧核苷 5′-三磷酸和 Mg^{2+}

DNA 合成，可以增强 5′→3′的外切核酸酶活性；最后，5′→3′的外切核酸酶的活性位点，显然是同聚合作用的活性位点及 3′→5′水解作用活性位点分开的。同时，polⅠ 的 5′→3′的外切核酸酶对双链 DNA 的单链切口（nick）也有活性，只要它存在一个 5′-P 基团就行。

　　DNA 聚合酶Ⅰ可以被蛋白酶切割成两个片段，一个片段具有全部的 5′→3′的外切核酸酶活性，另一个片段具有全部的聚合酶活性和 3′→5′的外切核酸酶活性。可见 polⅠ 的多肽链至少含有两种不同的酶。

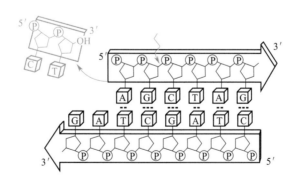

图 3-6　DNA 聚合酶Ⅰ的 5′→3′外切核酸酶活性

　　在一定条件下，polⅠ 也有 3′→5′的外切核酸酶活性。这种外切酶活性的底物，可以是双链 DNA，也可以是单链 DNA，然而被移走的则都是具有游离的 3′-OH 末端基团的单核苷酸，同时释放出一个 5′-磷酸核苷。在反应物中缺乏 dNTPs 时，polⅠ 的 3′→5′的外切核酸酶活性，将会从游离的 3′-OH 末端逐渐地降解单链的及双链 DNA（图 3-

7）。但对于双链 DNA，在具有 dNTPs 的条件下，这种降解活性则会被 5′→3′ 的聚合酶活性所抑制。

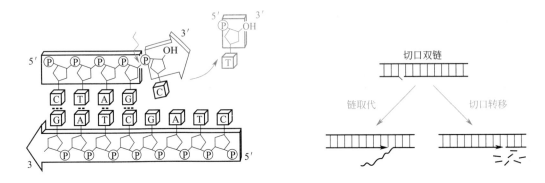

图 3-7　DNA 聚合酶 I 的 3′→5′　　　　　图 3-8　在线性切口的 DNA 分子
　　外切核酸酶活性　　　　　　　　　上发生的链取代和切口转移

在 DNA 分子克隆中，polI 的主要用途在于 DNA 切口转移（nick translation）（图 3-8）和 DNA 杂交探针的制备（图 3-9）。

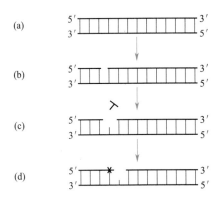

图 3-9　按切口转移法制备 ^{32}P-标记的 DNA 分子杂交探针
　　　（a）双链 DNA 分子；（b）由 DNase I 产生单链切口，带有 3′-OH
末端；（c）大肠杆菌 DNA 聚合酶 I 的 5′→3′ 外切酶活性从切口的 5′-P
一侧移去一到数个核苷酸；（d）大肠杆菌 DNA 聚合酶 I 将 ^{32}P-标记的
核苷酸掺入而取代原先被删除的核苷酸

3.2.2　大肠杆菌 DNA 聚合酶 I 的 Klenow 片段

大肠杆菌 DNA 聚合酶 I 的 5′→3′ 的外切核酸酶活性，是定位在该酶分子 N 端的。通过蛋白酶（枯草杆菌蛋白酶）的处理或是基因相应序列的缺失作用，就可以把这种活性去掉。结果 DNA 聚合酶 I 就只保留着 3′→5′ 的外切核酸酶活性和 5′→3′ 的聚合酶活性，即克列诺片段（Klenow fragment）。

在 DNA 分子克隆中，Klenow 片段的主要用途有：①修补经限制酶消化的 DNA 所形成的 3′ 隐蔽末端；②标记 DNA 片段的末端；③cDNA 克隆中的第二链 cDNA 的合成；④DNA

序列测定。

3.2.3　T4 DNA 聚合酶

T4 DNA 聚合酶是从 T4 噬菌体感染的大肠杆菌培养物中纯化出来的一种特殊的 DNA 聚合酶。它是由噬菌体基因 43 编码的，具有两种酶活性，即 $5' \rightarrow 3'$ 的聚合酶活性和 $3' \rightarrow 5'$ 的外切核酸酶活性。在没有脱氧核苷三磷酸存在的条件下，$3'$ 外切酶活性便是 T4 DNA 聚合酶的独特功能。此时它作用于双链 DNA 片段，并按 $3' \rightarrow 5'$ 的方向从 $3'$-OH 末端开始降解 DNA。如果反应混合物中只有一种 dNTP，那么这种降解作用进行到暴露出同反应物中唯一的 dNTP 互补的核苷酸时就会停止。

它的主要用途：①T4 DNA 聚合酶催化的取代合成法标记 DNA 平末端或隐蔽的 $3'$ 末端，制备 DNA 杂交探针（相比切口转移法，有两个优点：不会出现人为的发夹结构；应用适宜的内切核酸限制酶，它们便可很容易地转变成特定序列的探针）；②利用 $3'$ 外切酶活性可作用于所有的 $3'$-OH 末端基团，降解单链 DNA 的速度比降解双链 DNA 快得多。

3.2.4　依赖 RNA 的 DNA 聚合酶

依赖 RNA 的 DNA 聚合酶，也叫做 RNA 指导的 DNA 聚合酶或反转录酶。目前，已经从多种 RNA 肿瘤病毒中分离到这种酶，但最普遍使用的则是来源于鸟类骨髓母细胞瘤病毒的（avian myeloblastosis virus，AMV）反转录酶，由 α 和 β 两条多肽链组成。

其中，α 肽链具有反转录酶活性和 RNaseH 活性。RNaseH 活性是由 α 多肽链经蛋白酶水解切割之后产生的一种多肽片段，是一种核糖核酸外切酶，它以 $5' \rightarrow 3'$ 或 $3' \rightarrow 5'$ 的方向特异性降解 RNA-DNA 杂交分子中的 RNA 链。β 链具有以 RNA-DNA 杂交分子为底物的 $5' \rightarrow 3'$ 脱氧核酸外切酶活性。

反转录酶是分子生物学中最重要的核酸酶之一，它的 $5' \rightarrow 3'$ 方向的聚合活性，取决于一段引物和一条模板分子的存在。

以 mRNA 为模板合成 cDNA，是反转录酶最主要的用途。此外，还可以用来对具 $5'$ 突出末端的 DNA 片段作末端标记。

3.2.5　T7 DNA 聚合酶

T7 DNA 聚合酶是从感染了 T7 噬菌体的大肠杆菌宿主细胞中纯化出来的一种 DNA 聚合酶。加工形式（processive form）的 T7 DNA 聚合酶系由两种不同的亚基组成：一种是 T7 噬菌体编码的基因 5 蛋白质；另一种是大肠杆菌编码的硫氧还蛋白（thioredoxin）。

T7 DNA 聚合酶是按两种亚基形式纯化的，其中基因 5 蛋白质本身是一种非加工的（nonprocessive）DNA 聚合酶，具有单链的 $3' \rightarrow 5'$ 外切核酸酶活性。硫氧还蛋白的功能是作为一种辅助蛋白（accessory protein），可增加基因 5 蛋白质与引物模板的亲和性能，使 DNA 的加工合成达数千个核苷酸。除此之外，T7 DNA 聚合酶还有很高的单链及双链的 $3' \rightarrow 5'$ 外切核酸酶活性。

T7 DNA 聚合酶具有如下用途：①鉴于 DNA 聚合酶加工能力，比其他所有在分子生物学中应用的 DNA 聚合酶都要高得多，因此大分子量模板上引物开始的 DNA 延伸合成，就用 T7 DNA 聚合酶；②通过单纯的延伸或取代合成，标记 DNA $3'$ 末端；③将双链 DNA 的 $5'$ 或 $3'$ 突出末端，转变成平末端结构。

3.2.6 修饰的 T7 DNA 聚合酶

修饰的 T7 DNA 聚合酶是应用化学方法，对天然的 T7 DNA 聚合酶进行修饰，使之完全失去 $3'{\rightarrow}5'$ 外切核酸酶活性而获得的。由于失去了外切核酸酶活性，使得修饰的 T7 DNA 聚合酶加工能力，以及在单链模板上聚合作用的速率增加了 3 倍。

它具有如下用途：①作为 DNA 序列分析的工具酶，催化脱氧核苷酸类似物的聚合能力同催化正常核苷酸的聚合能力完全一样；②能够催化低水平的 dNTPs（$<0.1\mu mol/L$）的掺入，这种特性可用来制备标记的底物；③可以有效地用来填补和标记具有 $5'$ 突出末端的 DNA 片段的 $3'$ 末端。

3.3　DNA 连接酶

重组 DNA 分子的构建是通过 DNA 连接酶在体内或体外作用完成的。这种酶催化 DNA 上切口（nick）两侧（相邻）核苷酸裸露的 $3'$-羟基和 $5'$-磷酸之间形成共价结合的磷酸二酯键，使原来断开的 DNA 切口重新连接起来。由于 DNA 连接酶具有修复单链或双链的能力，因此它在 DNA 重组、DNA 复制和 DNA 损伤后的修复中起着关键作用。特别是 DNA 连接酶具有连接平末端或黏性末端 DNA 片段的能力，这就促使它成为重组 DNA 技术中极有价值的工具。

3.3.1　大肠杆菌和 T4 噬菌体的 DNA 连接酶

DNA 连接酶已从许多原核生物和真核生物及其病毒中提取成功。所有这些酶都具有图 3-10 中催化断裂 DNA 连接的功能。大肠杆菌 DNA 连接酶是一种分子量为 74000 的蛋白质，利用这种酶进行催化反应时，需要 NAD^+（烟酰胺腺嘌呤二核苷酸）作为辅助因子，辅助因子裂开后先形成酶-腺苷酸（AMP）复合物，并释放出 NMN（烟酰胺单核苷酸），然后复合物接合到切口上，在切口处形成共价的磷酸二酯键，并释放出 AMP（图 3-10）。酶-AMP 复合物同具有 $3'$-OH 和 $5'$-P 基团的切口结合，AMP 同磷酸基团反应，并使其同 $3'$-OH 基团接触，产生一个新的磷酸二酯键，从而使切口封闭。

T4 噬菌体 DNA 连接酶作用时需要 ATP 作为辅助因子，其功能是在本身放出双磷酸后与酶结合成酶-腺苷酸（AMP）复合物，然后此复合物结合到切口上，在切口处形成磷酸二酯键，并释放出 AMP。

在上述两种情况下，其共同之处在于都是先产生酶-腺苷酸复合物，然后这种复合物结合到 DNA 的切口上，在那里腺嘌呤核苷酰基与切口处的 $5'$-磷酸发生反应，产生 Ad-P-P-DNA 的结构，最终使 DNA 的修复。

T4 噬菌体由基因 30 编码它本身的 DNA 连接酶，分子量约为 60000，需要 ATP 作为能量来源。与来自大肠杆菌的 DNA 连接酶仅能连接黏性末端不同，T4 DNA 连接酶既能连接黏性末端，又能连接平末端（图 3-11）。这种酶虽然最初来自受 T4 噬菌体侵染的大肠杆菌细胞，但现在 T4 DNA 连接酶的提纯已明显简化，主要通过构建一种溶源性的大肠杆菌株系，在这种株系的染色体上包含着一个重组的 λ DNA 噬菌体，其上含有 T4 DNA 连接酶基因。这种株系在限制温度（42℃）下生长，可以产生大量的 T4 DNA 连接酶。由于在温度诱导的细胞中存在着大量的酶，因此纯化过程较为容易。目前的纯化手段可以快速而又简便地获得大量且具有高度专一活性的酶。

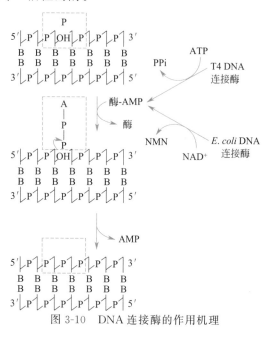

图 3-10　DNA 连接酶的作用机理

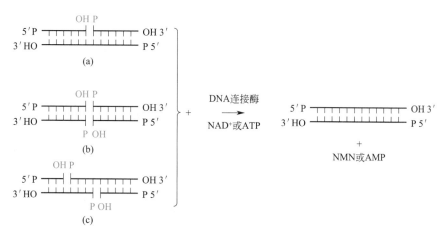

图 3-11　DNA 连接酶分别对平末端和黏性末端 DNA 的连接作用

3.3.2　影响连接反应的因素

连接反应是一个取决于几个参数的过程，包括温度、离子浓度、DNA 末端的特性（黏性末端或平末端）、DNA 末端的相对浓度、DNA 片段的浓度和分子量等。当考虑带有黏性末端的 DNA 片段时，会发现末端的单链部分仅包含少数核苷酸（如 EcoRI、$Hind$Ⅲ、PstⅠ处理的黏性末端）。对于受 EcoRI 内切酶处理产生的四核苷酸 AATT 而言，黏性末端退火的温度是 5℃。虽然 T_m 值将随着黏性末端的长度和碱基成分而变化，但是大多数由限制性内切酶产生的黏性末端的 T_m 值在 15℃以下。为了使连接最佳化，反应条件应处于允许末端退火的条件下。然而保持 DNA 连接酶活性的最适温度却是 37℃，在 5℃以下，活性将大大减小。因此，黏性末端连接的最适温度是黏性末端的 T_m 值和 DNA 连接酶作用的最适温度的折中。如在黏性末端连接反应中，经常采用的一种反应温度是 12.5℃。

除温度外，为了提高连接反应的效率，产生较多的重组体，还可采用下列方法：①使外源 DNA 片段的浓度比载体 DNA 浓度高 10～20 倍，这样可以增加不同分子之间的接触机会，减少载体自身连接现象。②用碱性磷酸酶（alkaline phosphatase）预先处理质粒载体。碱性磷酸酶可以去除开环质粒的 5'-P，使其转换成 5'-OH。DNA 连接酶需要 5'-P 存在才能发挥功能。虽然黏性末端本身能够退火，但并不能封闭切口，只有通过连接酶的作用，才能完全连接，形成闭环。图 3-12 表明了碱性磷酸酶的作用。内切酶切割后的开环载体经过处理后，就不会再自身连接形成环状单体或直线的多聚体。当用相同内切酶处理的第二种 DNA 片段加入这种由碱性磷酸酶处理过的载体的溶液中时，黏性末端将退火。由目标序列提供的 5'-P 可作为 DNA 连接酶的底物，因此在含有目标序列末端的 5'-P 的两个切口能得到封闭，而含有目标序列的 3'-OH 的两个切口依然存在。这样的重组 DNA 分子可用于转化细菌细胞。转化以后，切口将在宿主体内得到修复，产生有活性的重组质粒。

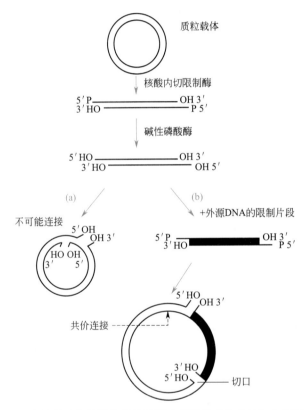

图 3-12 碱性磷酸酶的脱磷酸作用阻止线性的质粒 DNA 分子再环化

3.3.3 DNA 片段在体内和体外的连接——黏性末端的连接

重组质粒的构建是生物分子的反应。首先是一个环状分子从一处打开（酶切）而线性化，它的一端连上目标 DNA 片段，然后通过其他两个末端的连接而环化（图 3-13）。这种环化过程可通过两种途径来完成：①在细菌细胞内完成连接反应；②在细菌细胞外完成连接反应，即用在体外连接好的重组体分子对细菌进行转化。如果打算利用细菌细胞的连接能力，DNA 片段必须具有合适长度和互补碱基组成的单链末端，以便在生理条件下，DNA 片段的末端能够退火。通常可以用限制性酶（如 EcoRⅠ）切割 DNA 或利用末端转移酶增加同聚物（homopoly-nucleotide）的办法，使不同的 DNA 片段两端退火。一旦在细胞内互补末端发生退火，细胞封闭了 DNA 的切口，就产生了理想的重组分子。虽然过去曾用过这种方法，但此法不仅形成重组分子的效率低，而且还可能伴随末端核苷酸的缺失。

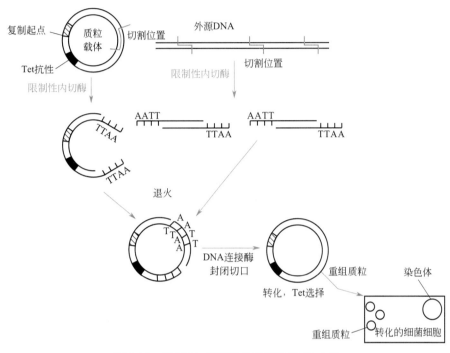

图 3-13   用 DNA 连接酶构建重组 DNA 分子

如果转化前用 DNA 连接酶构建 DNA 重组分子，有下列几方面的优点：①DNA 的体外连接减小了 DNA 分子进入细胞后遭受降解的危险，增加了转化效率；②由限制性内切酶产生的黏性末端在体外连接将保护原来识别序列的完整，有利于外源 DNA 片段的分离；③可以控制连接反应时的条件，有利于形成环状分子或几个 DNA 片段头尾相连的直线多连体。

3.3.4   平末端的连接

T4 DNA 连接酶既可催化 DNA 黏性末端的连接，也能催化 DNA 平末端的连接。不过，在没有黏性末端的条件下，连接反应更为复杂，速度显著减慢。黏性末端的连接是指通过连接酶作用封闭切口的反应，比平末端的连接大致快 100 倍。其原因在于两个平末端相遇，无退火现象发生，从而使 5′-磷酸基团与 3′-羟基处于并列的时间显著减少。有人认为，平末端的连接反应至少需要两个连接酶分子，一个分子托住平末端，使其并列；另一个分子则催化磷酸二酯键的形成。因此，要使平末端和黏性末端的连接速度相等，需要多用 10～30 倍 T4 DNA 连接酶。此外，增加 DNA 平末端的浓度，也可增加 DNA 分子末端并列的数目。退火的黏性末端依赖于温度的稳定性，而平末端的连接则无需考虑这个问题。与黏性末端的连接反应相比，平末端受温度影响小得多。作为一般原则而言，平末端连接反应的最适温度应该接近反应中最小片段的 T_m 值，但不要超过 37℃。例如 pBR322，经 HaeⅢ切割后的数个限制片段可以在 23℃ 连接成功。

平末端 DNA 分子的连接方法除了直接用 T4 DNA 连接酶连接外，还可以先用末端核苷酸转移酶给平末端 DNA 分子加上同聚物尾巴之后，再用 DNA 连接酶进行连接。现在基因克隆实验中，常用的平末端 DNA 片段连接法有同聚物加尾法、衔接物连接法及接头连接法。

（1）同聚物加尾法

这种方法是 1972 年由美国斯坦福大学的 P. Labban 和 D. Kaiser 联合提出来的。其核心是利用末端脱氧核苷酸转移酶转移核苷酸的特殊功能来完成的。末端脱氧核苷酸转移酶是从动物组织中分离出的一种异常的 DNA 聚合酶，它将核苷酸（通过脱氧核苷三磷酸前体）加到 DNA 分子单链延伸末端的 3′-OH 基团上。这个过程的一个十分有用的特点是并不需要模板的存在。所以当反应物中只存在一种脱氧核苷酸时，便能够构成由同一类型的核苷酸组成的尾巴，典型情况下长度可达 100 个核苷酸。但为了在平末端的 DNA 分子上产生带 3′-OH 的单链延伸末端，需要用 5′末端特异的外切核酸酶或是像 Pst I 一类的内切核酸酶处理 DNA 分子，以便移去少数几个末端核苷酸。在由外切核酸酶处理过的 DNA 以及 dATP 和末端脱氧核苷酸转移酶组成的反应混合物中，DNA 分子的 3′-OH 末端将会出现单纯由腺嘌呤核苷酸组成的 DNA 单链延伸。这样的延伸片段，称之为 poly(dA) 尾巴（图 3-14）。图中（a）用 5′末端特异的外切核酸酶处理 DNA 片段 A 和 B，形成了延伸末端；（b）片段 A 和片段 B 分别加入 dATP 和 dTTP，以及共同的末端脱氧核苷酸转移酶，各自形成 poly(dA) 和 poly(dT) 尾巴；（c）混合退火，通过 poly(dA) 和 poly(dT) 之间的互补配对，形成重组体分子；（d）转化大肠杆菌，挑选重组体克隆。反过来，如果在反应混合物中加入的是 dTTP 而不是 dATP，那么这种 DNA 分子的 3′-OH 末端将会形成 poly(dT) 尾巴。Poly(dA) 尾巴同 poly(dT) 尾巴是互补的，因此任何两条 DNA 分子，只要分别获得 poly(dA) 和 poly(dT) 尾巴，就会彼此连接起来。所加的同聚物尾巴的长度并没有严格的限制，但一般只要 10～40 个碱基就足够了。上述这种连接 DNA 分子的方法叫同聚物加尾法（homopolymeric-joining）。

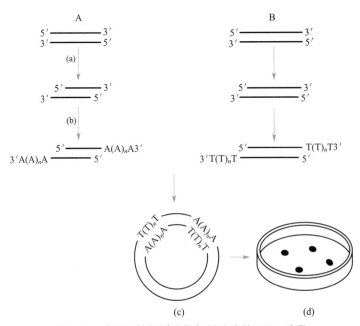

图 3-14　应用互补的同聚物加尾法连接 DNA 片段

（2）衔接物连接法

所谓衔接物（linker），是指用化学方法合成的一段由 10～12 个核苷酸组成、具有一个或数个限制酶识别位点的平末端的双链寡核苷酸片段。将衔接物的 5′末端和待克隆的 DNA 片段的 5′末端用多核苷酸激酶处理使之磷酸化，然后通过 T4 DNA 连接酶的作用使两者连接起来。接着用适当的限制酶消化具有衔接物的 DNA 分子和克隆载体分子，这样使二者都产生了彼此互补的黏性末端。于是可以按照常规的黏性末端连接法，将待克隆的 DNA 片段同载体分子连接起来（图 3-15）。将含有 BamHI 限制位点的一段化学合成的六聚体衔接物，用 T4 DNA 连接酶连接到平末端的外源 DNA 片段的两端。经 BamHI 限制酶消化之后就会产生黏性末端。这样的 DNA 片段，随后便可以插入由同样限制酶消化过的载体分子上。

这种经由化学合成的衔接物分子连接平末端 DNA 片段的方法，兼具同聚物加尾法

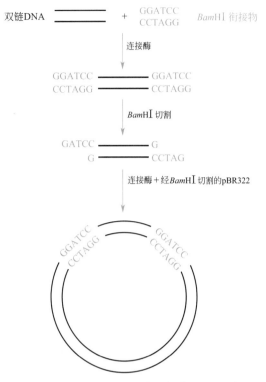

图 3-15　用衔接物分子连接平末端的 DNA 片段

和黏性末端法各自的优点，因此可以说是一种综合的方法。而且它可以根据实验工作的不同要求，设计具有不同限制酶识别位点的衔接物，并大量制备，以增加其在体外连接反应混合物中的相应浓度，从而极大地提高了平末端 DNA 片段之间的连接效率。此外，采用双衔接物技术（double linker）还可实现外源 DNA 的定向克隆。总之，衔接物连接法是进行 DNA 重组的一种既有效又实用的方法。

（3）接头连接法

DNA 衔接物连接法尽管有诸多优越性，但也有一个明显的缺点，那就是如果待克隆的 DNA 片段或基因内部也含有与所加衔接物相同的限制位点，这样在酶切消化衔接物产生黏性末端的同时，也就会把克隆基因切成不同的片段，从而给后续的亚克隆和其他操作带来麻烦。当然，在遇到这种情况时，可改用其他类型的衔接物，然而若要克隆的外源基因片段大较长时，则往往难以得到恰当的选择。或者是用甲基化酶对 DNA 进行修饰，但这个步骤十分难掌握，因为它涉及数种酶催化反应。因此，一种公认的较好的替代办法是改用 DNA 接头（adapter）连接法。接头是指一类人工合成的一头具某限制酶黏性末端另一头为平末端的特殊的双链寡核苷酸短片段。图 3-16 所显示的是一种具 BamHI 黏性末端的典型的 DNA 接头分子。当它的平末端与外源 DNA 片段的平末端连接之后，便会使后者成为只有黏性末端的新的 DNA 分子而易于连接重组。这种连接法看起来是十分简单的，但在实际使用时也遇到了一个新的麻烦。因为处在同一反应体系中的各个 DNA 接头分子的黏性末端之间会通过碱基配对作用，形成如同 DNA 衔接物一样的二聚体分子，尤其是在高浓度 DNA 接头分子的环境中更是如此。此时，尽管可加入限制酶进行消化切割，使其重新产生出黏性末端，然而这样做无疑是有悖于使用 DNA 接头的初衷，失去了它的本来意义。

目前用于解决这个问题的办法是对 DNA 接头末端的化学结构进行必要的修饰与改造，使之无法发生彼此间的配对连接。天然的双链 DNA 分子的两端都具有正常的 5′-P 和 3′-OH 末端结构，修饰后的 DNA 接头分子的平末端与天然双链 DNA 分子一样，具有正常的末端结构，而其黏性末端的 5′-P 则被修饰移走，结果为暴露出的 5′-OH 所取代。这样一来，虽然两个接头分子黏性末端之间仍具互补碱基配对的能力，但最终因为 DNA 连接酶无法在 5′-OH 和 3′-OH 之间形成磷酸二酯键，而不会产生稳定的二聚体分子。

```
5′-P-G-A-T-C-C-C-G-G-OH-3′
          | | | |
    3′-HO -G-G-C-C-P-5′
```

*Bam*H I 黏性末端

图 3-16   一种典型的 DNA 接头分子的结构

这种黏性末端被修饰的 DNA 接头分子，虽然丧失了彼此连接的能力，但它们的平末端照样可以与平末端的外源 DNA 片段正常连接。只是在连接之后，需用多核苷酸激酶处理，使异常的 5′-OH 末端恢复成正常的 5′-P 末端，让其可以插入适当的克隆载体分子上。

3.3.5　连接反应的注意事项

① 连接失败往往是载体的酶切不完全而影响后续操作的缘故，而不是连接反应本身的问题。

② T4 DNA 连接酶的缓冲液所含的 ATP，反复冻融很容易失效，刚买来的试剂按照每次连接反应的用量将缓冲液分装保存。

3.4　DNA 及 RNA 的修饰酶

3.4.1　末端脱氧核苷酸转移酶

末端脱氧核苷酸转移酶（terminal deoxynucleotidyl transferase，TdT），简称末端转移酶（terminal transferase），是从小牛胸腺中分离纯化出来的一种碱性蛋白质，由大小两个亚基组成。这种酶在二甲胂酸缓冲液中，能够催化 5′-脱氧核苷三磷酸进行 5′→3′ 方向的聚合作用，逐个将脱氧核苷酸分子加到线性 DNA 分子的 3′-OH 末端（图 3-17）。与 DNA 聚合酶不同，在反应中末端转移酶（TdT）不需要模板就可以催化 DNA 分子发生聚合作用。它是一种非特异性酶，四种 dNTPs 中的任何一种都可以作为它的前体物。因此，当反应混合物中只有一种 dNTPs 时，就可以形成仅由一种核苷酸组成的 3′ 尾巴。我们特称这种尾巴为同聚物尾巴（homopolymeric tail）。

末端转移酶催化作用的底物，即接受核苷酸聚合的受体 DNA，可以是具有 3′-OH 末端的单链 DNA，也可以是具有 3′-OH 突出末端的双链 DNA。这种酶同样还能够催化在寡聚脱氧核苷酸的 3′ 末端，聚合上有限数量的核苷酸。平末端的 DNA 分子，在一般情况下不可以作为底物，如果用 Co^{2+} 代替 Mg^{2+} 作为辅助因子，便也可以成为它的有效底物。

它有如下用途：①DNA 分子加上同聚物尾巴；②催化 ［α-^{32}P］-3′-脱氧核苷酸标记 DNA 片段的 3′末端，[α-^{32}P]-3′-脱氧核苷酸在 DNA 测序中作为链终止物；③催化非放射性标记物掺入 DNA 片段的 3′末端；④按照模板合成多聚脱氧核苷酸的同聚物。

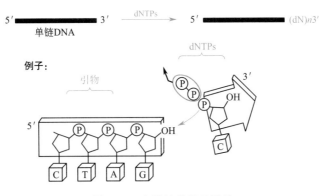

图 3-17　末端转移酶的活性

3.4.2　T4 多核苷酸激酶

多核苷酸激酶（polynucleotide kinase，PNK）是由 T4 噬菌体的 *pseT* 基因编码的一种蛋白质，最初也是从 T4 噬菌体感染的大肠杆菌细胞中分离出来的，因此又叫 T4 多核苷酸激酶。

T4 多核苷酸激酶催化 γ-磷酸从 ATP 分子转移给 DNA 或 RNA 分子的 5′-OH 末端，这种作用是不受底物分子链的长短大小限制的，甚至是单链核苷酸也同样适用。由于天然产生的核酸只具有 5′-P 末端而不具有 5′-OH 末端，因此得先用碱性磷酸酶处理，使其发生脱磷酸化作用而暴露出 5′-OH 基团之后，才能用多核苷酸激酶从 γ-^{32}P-ATP 中转移来的 γ-^{32}P 基团键合，从而实现末端标记（图 3-18）。这种标记又叫正向反应（forward reaction），它是一种十分有效的过程，常用来标记核酸分子的 5′末端，或是使寡核苷酸磷酸化。

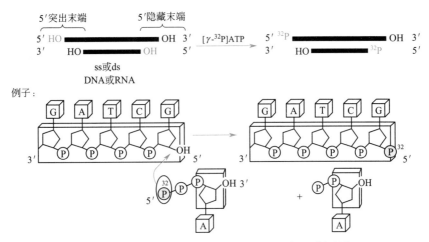

图 3-18　T4 多核苷酸激酶的活性与 DNA 分子 5′末端标记

关于 DNA 分子 5′末端标记法，除了正向反应之外，还有另外一种交换反应标记法。当反应混合物中存在着超量的 $[\gamma\text{-}^{32}\text{P}]$ ATP 和 ADP 的时候，采用交换反应标记法。

T4 多核苷酸激酶在分子克隆中的用途不仅可标记 DNA 的 5′末端，而且还可以使缺失 5′-P 末端的 DNA 发生磷酸化作用。

3.4.3 碱性磷酸酶

碱性磷酸酶有两种不同来源：一种是从大肠杆菌中纯化出来的，叫做细菌碱性磷酸酶（bacterial alkaline phosphatase，BAP）；另一种是从小牛肠中纯化出来的，叫做小牛肠碱性磷酸酶（calf intestinal alkaline phosphatase，CIP）。它们的共同特性是能够催化核酸分子脱掉 5′-磷酸基团，从而使 DNA 或 RNA 片段的 5′-P 末端转换成 5′-OH 末端，这就是所谓的核酸分子的脱磷酸作用（图 3-19）。

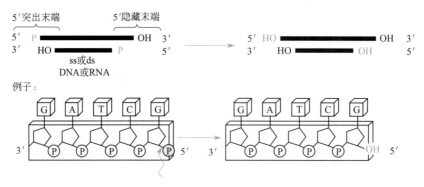

图 3-19　碱性磷酸酶的活性

BAP 和 CIP 在实用上有所差别。CIP 具有明显的优点，在 SDS 溶液中加热到 68℃ 就可以完全失活，而 BAP 却是抗热性的酶，所以要终止它的作用就很困难。还有 CIP 的活性要比 BAP 高出 10～20 倍。因此，在大多数情况下都优先选用 CIP。

3.5　外切核酸酶

外切核酸酶（exonucleases）是一类从多核苷酸链的一头开始按序催化降解核苷酸的酶。按作用特性差异，外切核酸酶可分为单链外切核酸酶和双链外切核酸酶。前者包括大肠杆菌外切核酸酶Ⅰ（exoⅠ）、外切核酸酶Ⅶ（exoⅦ）等，后者有大肠杆菌外切核酸酶Ⅲ（exoⅢ）、λ 噬菌体外切核酸酶（λexo）以及 T7 噬菌体基因 6 外切核酸酶（表 3-7）。

表 3-7　若干种外切核酸酶的基本特性

核酸外切酶	底物	切割位点	产物
大肠杆菌外切核酸酶Ⅰ	ssDNA	5′-OH 末端	5′-单核苷酸，加末端二核苷酸
大肠杆菌外切核酸酶Ⅲ	dsDNA	3′-OH 末端	5′-单核苷酸
大肠杆菌外切核酸酶Ⅴ	DNA	3′-OH 末端	5′-单核苷酸
大肠杆菌外切核酸酶Ⅶ	ssDNA	3′-OH 末端，5′-P 末端	2～12bp 的寡核苷酸短片段
λ 噬菌体外切核酸酶	dsDNA	5′-P 末端	5′-单核苷酸
T7 噬菌体基因 6 外切核酸酶	dsDNA	5′-P 末端	5′-单核苷酸

3.5.1　外切核酸酶Ⅶ

大肠杆菌外切核酸酶Ⅶ包括两个亚单位，它们分别为 $xseA$ 和 $xseB$ 基因的编码产物。

它能够从 $5'$ 末端或 $3'$ 末端降解 DNA 分子，产生寡核苷酸短片段，而且还是本章所讨论的唯一的不需要 Mg^{2+} 的核酸酶，甚至在 10mmol/L EDTA 环境中仍然保持着完全的酶活性（图 3-20）。

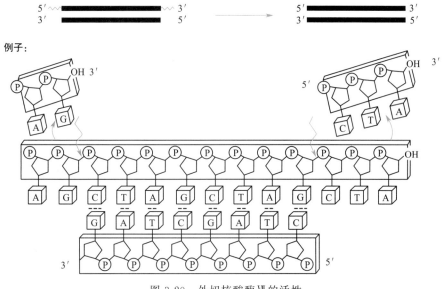

图 3-20　外切核酸酶Ⅶ的活性

外切核酸酶Ⅶ可以用来测定基因组 DNA 中的内含子和外显子的位置，以及回收按 dA-dT 加尾法插入质粒载体上的 cDNA 片段。

3.5.2　外切核酸酶Ⅲ

外切核酸酶Ⅲ系由大肠杆菌 *xthA* 基因编码的单体蛋白质。在降解作用中，释放单核苷酸的速率取决于 DNA 分子中的碱基成分，其模式为 C≫A～T≫G。

外切核酸酶Ⅲ的主要活性是，按 $3' \rightarrow 5'$ 的外切酶活性（图 3-21）。除此之外，还具有三种其他活性，即对无嘌呤位点和无嘧啶位点特异的内切酶活性、$3'$-磷酸酶活性和 RNaseH 酶活性。所谓的无嘌呤位点和无嘧啶位点，是指在双链 DNA 分子中，各自的嘌呤或嘧啶碱

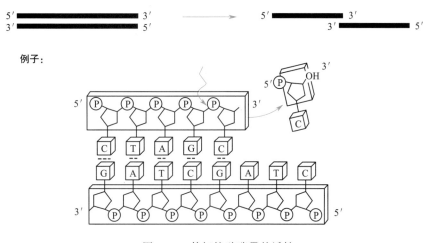

图 3-21　外切核酸酶Ⅲ的活性

基已经从糖-磷酸骨架上被切除。而 RNaseH 酶活性，则是降解 DNA-RNA 杂种核酸分子中的 RNA 链。

在分子生物学及基因克隆的研究工作中，核酸外切酶Ⅲ的主要应用是，通过其 $3' \rightarrow 5'$ 的外切酶活性使双链 DNA 分子产生单链区，进而制备链特异的放射性探针或单链 DNA 模板。核酸外切酶Ⅲ的另一个用途是构建单向缺失（unidirectional delection）。

3.5.3 λ 外切核酸酶和 T7 基因 6 外切核酸酶

λ 外切核酸酶最初是从感染了 λ 噬菌体的大肠杆菌细胞中纯化出来的。这种酶催化双链 DNA 分子自 $5'$-P 末端逐步加工和水解，释放出 $5'$-单核苷酸（图 3-22）。它的主要用途有：①将双链 DNA 转变成单链 DNA，供测序用；②从双链 DNA 中移去 $5'$ 突出末端，以便用末端转移酶进行加尾。

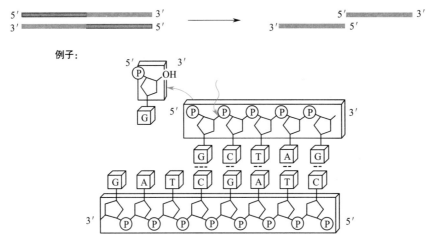

图 3-22　λ 外切核酸酶和 T7 基因 6 外切核酸酶之——$5' \rightarrow 3'$ 外切酶活性

T7 基因 6 外切核酸酶，是大肠杆菌 T7 噬菌体基因 6 编码的产物。它可以催化双链 DNA 自 $5'$-P 末端逐步降解释放出 $5'$-单核苷酸，也可以从 $5'$-OH 和 $5'$-P 两个末端移去核苷酸。它的活性比 λ 外切核酸酶低，因此主要用于有控制的匀速降解。

3.6　单链内切核酸酶

3.6.1 S1 核酸酶

从米曲霉（*Aspergillus oryzae*）中纯化出来的 S1 核酸酶，是高度单链特异的内切核酸酶，在最适的酶催化条件下，降解单链 DNA 的速率要比双链 DNA 的快 75000 倍（图 3-23）。这种酶的活性表现需要低水平的 Zn^{2+} 存在，最佳 pH 范围为 $4.0 \sim 4.3$。在 NaCl 浓度为 $10 \sim 300$mmol/L 范围内，它的活性基本上不受影响，在 100mmol/L 时活性为最佳。一些螯合剂如 EDTA 和柠檬酸，都能强烈地抑制 S1 核酸酶活性，此外磷酸缓冲液和 0.6% 的 SDS 溶液也可以抑制酶活，但它对尿素以及甲酰胺等试剂则是稳定的。

S1 核酸酶主要功能是催化单链 RNA 和 DNA 分子降解成为 $5'$-单核苷酸。同时它也能

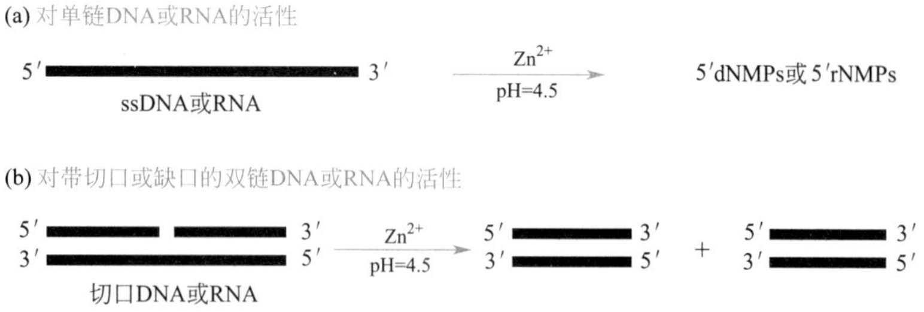

(a) 对单链DNA或RNA的活性
5′
3′
ssDNA或RNA
Zn2+
pH=4.5
5′dNMPs或5′rNMPs
(b) 对带切口或缺口的双链DNA或RNA的活性
切口DNA或RNA

图 3-23 S1 核酸酶的活性

作用于双链核酸分子的单链区，并从此处切断核酸分子。不过 S1 核酸酶却不能使天然构型的双链 DNA 和 RNA-DNA 杂种分子发生降解。

S1 核酸酶在分子生物学研究中的一个主要功能是给 RNA 分子定位。此外，还有测定杂种核酸分子中的杂交程度、测定真核基因中的内含子序列的位置、探测双螺旋的 DNA 区域、从限制酶产生的黏性末端中移去单链突出序列、打开在双链 cDNA 合成期间形成的发夹环结构等用途。

3.6.2 Bal31 核酸酶

Bal31 核酸酶既具有单链特异的内切核酸酶活性，又具有双链特异的外切核酸酶活性。它是从埃氏交替假单胞菌（*Alteromonas espejiana*）分离出来的。当底物是双链环状 DNA 时，Bal31 的单链特异的内切核酸酶活性，通过对单链切口（nick）或瞬时单链区（transient single stranded regions）的降解作用，将超螺旋的 DNA 切割成开环结构，进而成为线性双链 DNA 分子。而当底物是线性双链 DNA 时，Bal31 的双链特异的外切核酸酶活性，从 5′和 3′两末端移去核苷酸，并且能够有效地控制此种 DNA 片段逐渐缩短的速率。除此之外，Bal31 核酸酶还可起到核糖核酸酶的作用，催化核糖体和 tRNA 的降解，但它不具有双链特异的外切核酸酶活性（图 3-24）。

(a) 对单链DNA或RNA的活性
5′
3′
ssDNA或RNA
Ca2+
5′dNMPs或5′rNMPs
(b) 对带缺口或切口的双链DNA或RNA的活性
缺口DNA或RNA
(c) 对双链DNA末端的活性

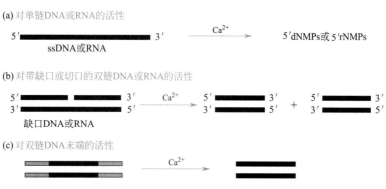

图 3-24 Bal31 核酸酶的活性

Bal31 核酸酶的活性需要 Ca^{2+} 和 Mg^{2+}，在反应混合物中加入 EGTA［乙二醇双(β-氨基乙醚)四乙酸，ethyleneglycol-bis(β-aminoethylether)tetraaceticacid］便可终止它的活性。由于 EGTA 是专门同 Ca^{2+} 螯合的，它不会改变溶液中 Mg^{2+} 的浓度，因此能够在不影响之后加入的核酸内切限制酶活性的情况下，终止 Bal31 核酸酶的作用，这是因为限制酶的活性特异性需要 Mg^{2+}。

由于 Bal31 核酸酶具有上述的特殊性能，因此它在分子克隆实验中是一种十分有价值的工具酶。其主要用途包括：①诱发 DNA 发生缺失突变；②定位测定 DNA 片段中限制位点的分布（Bal31 核酸酶控制消化法）；③研究超螺旋 DNA 分子的二级结构，并改变因诱导剂处理所出现的双链 DNA 的螺旋结构。

3.7 细胞裂解酶

在制备天然 DNA 和 RNA 时，首先必须使其从选用的生物材料中释放出来，为此除了采用物理学、化学方法破碎材料和裂解细胞壁外，还常用酶学方法直接裂解细胞壁，或者配合理化方法用合适的酶裂解细胞壁。将能参与细胞壁裂解的酶统称为细胞裂解酶。常用的细胞裂解酶有溶菌酶、蛋白酶 K 和纤维素酶等。

3.7.1 溶菌酶

溶菌酶（lysozyme）用于裂解细菌的细胞壁。溶菌酶广泛分布于自然界中，从人、动物和植物组织及微生物细胞中都可以找到，以鸡蛋清中含量最多，占蛋清总蛋白的 3.4%～3.5%。不同来源的溶菌酶，其性质及作用机制略有差异。

目前，在基因工程操作中常用的溶菌酶是用鸡蛋清制备的。它能有效地水解细菌细胞壁的肽聚糖支架，在内部渗透压的作用下使细胞胀裂，引起细菌裂解。溶菌酶是碱性酶，水解位点为 N-乙酰胞壁酸（N-acetylmuramic acid，NAM）和 N-乙酰葡萄糖胺（N-acetylglucosamine，NAG）之间的 β-1,4 糖苷键。

溶菌酶作用的最适条件是 pH>8.0 和 37℃。

3.7.2 蛋白酶 K

蛋白酶 K（proteinase K）是一种具有高活性、非特异性的蛋白水解酶，可以水解范围广泛的肽键。蛋白酶 K 的最适 pH 为 7.5～12；对热稳定，在 50℃时的活性比 37℃高许多倍；在高浓度的 SDS（1%）、Tween-20（5%）、Triton X-100（1%）和尿素（4mol/L）环境中仍具酶活。由于蛋白酶 K 可有效地降解细胞裂解物中的 DNA 酶和 RNA 酶，因此在基因工程操作中用于细胞的裂解，有利于分离纯化完整的 DNA 和 RNA，也可去除残留在样品中的蛋白质。

但是很少单独用蛋白酶 K 来裂解细胞，往往是同 SDS 和（或）CTAB 一起裂解细胞。加蛋白酶 K 的细胞裂解液中，一般还应含有 Tris-HCl（pH=8.0）和 EDTA。此外，有的裂解液还含有磷酸盐、NaCl 和 β-巯基乙醇。

3.7.3 纤维素酶

纤维素酶（cellulase）是指水解纤维素 β-1,4-葡萄糖苷键使其变成纤维二糖和葡萄糖的一组诱导型复合酶系，主要由葡聚糖内切酶（1,4-β-D-glucan glucanohydrolase 或 endo-1,4-β-D-glucanase，简称 Cx 酶）、葡聚糖外切酶（1,4-β-D-glucan cellobiohydrolase 或 exo-1,4-β-D-glucanase，简称 C1 酶）、β-葡聚糖苷酶（β-1,4-glucosidase，简称 CB 酶或纤维二糖酶）3 种酶组成。Cx 酶一般作用于纤维素内部的非结晶区，随机水解 β-1,4-糖苷键，将长链纤

维素分子截短，产生大量带非还原性末端的小分子纤维素。C1 酶作用于纤维素线状分子末端，水解 β-1,4-糖苷键，每次切下一个纤维二糖分子，故又称为纤维二糖水解酶（cellobiohydrolase）。CB 酶一般将纤维二糖、纤维三糖转化为葡萄糖。当这 3 种酶的活性比例适当时，就能协同作用而完成纤维素的降解。

纤维素酶催化效率高，催化反应具有高度专一性，催化反应条件温和，催化活力可被调节控制，无毒性。在基因工程操作中，主要用于制备植物原生质体。

3.7.4　其他裂解酶

溶解真菌细胞壁的裂解酶有蜗牛酶（snailase）、消解酶（zymolase）、崩溃酶（drislase）、几丁质酶（chitinase）、溶壁酶（lywallzym）和新酶（novozym）234 等。

3.8　其　他

3.8.1　琼脂糖酶

琼脂糖酶（agarase）是一种琼脂糖水解酶，可将琼脂糖亚单位（新琼脂二糖，neoagaro biose）水解为新琼脂寡糖（neoagaro oligosaccharide），用于从低熔点琼脂糖凝胶中分离纯化大片段 DNA 或 RNA 片段。该酶对热很稳定，反应时不需要缓冲液。

3.8.2　核酸酶抑制剂

常用的核酸酶抑制剂（RNase inhibitor）都是生物源的，Promega 公司开发的 RNase ribonuclease inhibitor 来自人类胎盘，分子量为 5.0×10^4；Pharmacia 公司开发的产品名为 RNA guard ribonuclease inhibitor，来自人类胎盘和猪肝。

核酸酶抑制剂为 RNase 的非竞争抑制剂，以非共价方式结合在 RNase A 类酶上，其活性需要 DTT（二硫苏糖醇）。它可抑制 RNase A、RNase B 和 RNase C 等 RNase，不抑制 RNase H、RNase T1、RNase One™ 和 S1 核酸酶，也不抑制 T7、T3 和 SP6 RNA 聚合酶，以及 AMV 和 Mu-MLV（Moloney 鼠白血病病毒）反转录酶和 Taq DNA 聚合酶。

核酸酶抑制剂主要用于 cDNA 合成的反应中，如反转录、RT-PCR、体外转录和体外翻译。

第4章

载 体

基因克隆的重要环节是把一个外源基因导入生物细胞，并使它得到扩增。然而一个外源DNA 片段是很难进入受体细胞的，即使进入细胞，一般也不能进行复制和功能表达。这是因为所得到的外源 DNA 片段一般不带复制子系统，也不具备在新的受体细胞中进行功能表达的调控系统，这样，进行基因克隆是极为困难的。然而，在基因工程操作中，常常把外源DNA 片段利用运载工具送入生物细胞。我们把携带外源基因进入受体细胞的这种工具叫做载体（vector）。

载体的本质是 DNA。经过人工构建的载体，不但能与外源基因相连，导入受体细胞，而且还能利用本身的调控系统使外源基因在新的细胞中复制。目前，对将外源基因运送到原核生物细胞的载体研究得较多，对运送到植物和动物细胞中的载体的研究也取得了很大的进展。本节以原核细胞载体为主，讨论它们的结构、功能以及构建过程。

在基因工程中所用的载体主要有 5 类：①质粒（plasmid），主要指人工构建的质粒；②噬菌体 λ 和噬菌体 M13 的衍生物；③黏粒（cosmid）；④噬菌粒；⑤人工染色体。

各类型载体的来源不同，在大小、结构、复制等方面的特性差别很大，但作为基因工程的载体，以下三方面是它们共有的特性和基本要求：①在宿主细胞中能独立自主地复制，即本身是复制子；②容易从宿主细胞中分离纯化；③载体 DNA 分子中有一段不影响它们扩增的非必需区域，插在其中的外源基因可以像载体的正常组分一样进行复制和扩增。

各类载体具有自己独特的生物学特性，可以根据基因工程的需要，有目的地选择合适的载体。以下分别介绍常用的基因工程载体。

4.1 质粒载体

质粒作为一种裸露的、比病毒更简单的、有自主复制能力的 DNA 分子，处于生命与非生命的分界线上。对它们的研究在理论上和实践上，尤其是在生命起源的研究中，都具有重要的意义。但作为基因工程中的质粒，是以天然质粒为基础，加以人工的改造和组建，使之成为外源基因的合适载体。

4.1.1 质粒的一般生物学特性

质粒是染色体以外能够自主复制的双链闭合环状 DNA 分子，它广泛存在于细菌细胞中。在霉菌、蓝藻、酵母甚至在真菌的线粒体中也发现有质粒分子的存在。目前对细菌质粒的研究较为深入，在基因工程中，多使用大肠杆菌质粒为载体。

(1) 质粒 DNA

质粒分子的大小为 1~200kb，不同质粒的分子量差异显著，小质粒约为 10^6，仅能编码 2~3 种中等大小的蛋白质分子；而最大的质粒分子量可达 10^8 以上。质粒和病毒不同，它是裸露的 DNA 分子，没有外壳蛋白，在基因组中，也没有溶菌酶基因。质粒可以"友好"地借居在宿主细胞中，也只有在宿主细胞中，质粒才能完成自己的复制，同时将其编码的一些非染色体控制的遗传性状进行表达，赋予宿主细胞一些额外的特性，包括抗性特征、代谢特征、修饰宿主生活方式的因子以及其他方面的特征等。其中对抗生素的抗性是质粒最重要的编码特性之一。此外，由质粒 DNA 编码的基因还包括芳香族化合物降解基因、糖酵解基因、产生肠毒素基因、重金属抗性基因、产生细菌素的基因、产生硫化氢的基因以及宿主控制的限制与修饰系统的基因等十余种。

绝大多数质粒 DNA 是双链环形（图 4-1），它具有 3 种不同的构型：当其两条多核苷酸链均保持着完整的环形结构时，称为共价闭合环形 DNA（scDNA），这样的 DNA 通常呈现超螺旋的 **SC** 型；如果两条多核苷酸链中只有一条保持着完整的环形结构，另一条链出现一至数个切口时，称之为开环 DNA（ocDNA），此即 **OC** 型；若质粒 DNA 经过适当的限制性内切核酸酶切割之后，发生双链断裂而形成线性分子（l-DNA），通称 **L** 型。在琼脂糖凝胶电泳（agarose gel electrophoresis）中，不同构型的同一种质粒 DNA 尽管分子量相同，仍具有不同的电泳迁移率，如图 4-2 所示。由于琼脂糖中加有嵌入型染料溴化乙锭（ethidium bromide，EB），因此，在紫外线照射下 DNA 电泳条带呈橘黄色。scDNA 位于凝胶的最前沿，ocDNA 则位于凝胶的最后边；l-DNA 是经限制性内切核酸酶切割质粒之后产生的，它在凝胶中的位置介于 ocDNA 和 scDNA 之间。

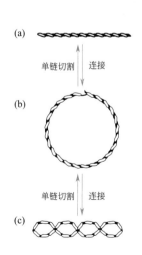

图 4-1　质粒 DNA 的分子构型

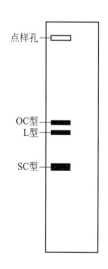

图 4-2　质粒 DNA 的琼脂糖凝胶电泳图

有一类质粒，它们究竟赋予宿主细胞何种表型，迄今仍不清楚，因此特称这类质粒为隐蔽质粒（cryptic plasmid）。

（2）质粒的类型

在大肠杆菌中已找到许多类型的质粒，其中对 F 质粒、R 质粒和 Col 质粒研究得较为清楚。由于这些质粒的存在，宿主细胞获得了各自不同的性状特征。

① F 质粒

F 质粒又叫 F 因子或性质粒（sex plasmid）。F 质粒可以使宿主染色体上的基因随其一道转移到原先不存在该质粒的受体细胞中。

② R 质粒

R 质粒亦称抗药性因子，它编码一种或数种抗生素抗性基因。此种抗性通常能转移到缺乏该质粒的受体细胞中，使受体细胞也获得同样的抗生素抗性能力。

③ Col 质粒

它编码控制大肠杆菌素合成的基因，即所谓产生大肠杆菌素因子。大肠杆菌素是一种毒性蛋白，它可以使不带 Col 质粒的亲缘关系密切的细菌菌株致死。

根据质粒 DNA 中是否含有接合转移基因，质粒可以分成两大类群，即接合型质粒（conjugative plasmid）和非接合型质粒（non-conjugative plasmid）。接合型质粒又称自我转移型质粒，这类质粒除含有自我复制基因外，还带有一套控制细菌配对和质粒接合转移的基因，如 F 质粒、部分 R 质粒和部分 Col 质粒。非接合型质粒亦称非自我转移型质粒，此类质粒能够自我复制，但不含转移基因，因此这类质粒不能从一个细胞自我转移到另一个细胞。从基因工程的安全角度讲，非接合型质粒更适合用作克隆载体。表 4-1 列出了几种主要的质粒类型。

质粒的接合转移体系中，*tra* 基因控制着性须的形成与装配；质粒 DNA 的转移是从转移起点 *oriT* 开始的。当细胞交配对建立之后，在 *oriT* 位点做单链切割，随后切口（nick）链在其游离 $5'$ 端的引导下转移到受体细胞，并作为模板合成互补链，形成新的质粒分子。

（3）质粒 DNA 的复制类型

一种质粒在一个细胞中存在的数目，称为质粒的拷贝数。根据宿主细胞所含拷贝数的多少，可把质粒分成两种不同的复制型。一种是低拷贝数的质粒，称为"严紧型"复制控制的质粒（stringent plasmid），此类质粒每个宿主细胞仅含 $1\sim3$ 份拷贝。另一类是高拷贝数的"松弛型"复制控制的质粒（relaxed plasmid），这类质粒在每个宿主细胞可达 $10\sim60$ 份拷贝。

表 4-1　几种主要的质粒类型

按接合转移功能分类	主要基因	按抗性记号分类
非接合型质粒	自主复制基因，产生大肠杆菌素基因	Col 质粒
	自主复制基因，抗生素抗性基因	R 质粒（R 因子）
接合型质粒	自主复制基因，转移基因，细菌染色体区段	F 质粒（F 因子）
	自主复制基因，转移基因，大肠杆菌素基因	Col 质粒
	自主复制基因，转移基因，抗生素抗性基因	R 质粒（R 因子）
	自主复制基因，转移基因，大肠杆菌素基因	Ent 质粒

一种质粒究竟是属于严紧型还是松弛型并不是绝对的，这往往同宿主的状况有关。同一质粒在不同的宿主细胞中可能具有不同的复制型，这说明质粒的复制不仅受自身的制约，同

时还受到宿主的控制。

在一般情况下，质粒的接合转移能力与复制型及分子大小间有一定的相关性。接合型质粒的分子量较大，拷贝数少，一般属严紧型质粒。而非接合型质粒的分子量较小，拷贝数多，属松弛型质粒。

（4）质粒的不亲合性

在没有选择压力的情况下，两种亲缘关系密切的不同质粒，不能在同一宿主细胞中稳定共存，这一现象称为质粒的不亲合性（plasmid incompatibility），也称质粒的不相容性。例如，ColE1 派生质粒间互不相容。也就是说，这些亲缘关系较近的不同质粒进入同一细胞后，必定有一种质粒在细胞的增殖过程中被逐渐排斥（稀释）掉。

彼此不相容的质粒属于同一个不亲合群（incompatibility group）。而彼此能够共存的亲合质粒，则属于不同的亲合群。现已鉴别出大肠杆菌质粒有 25 个以上的不亲合群，它们之间是相容的，而同一个不亲合群内的质粒是不相容的。

（5）质粒 DNA 的迁移作用

质粒的迁移作用（mobilization）是一种十分有趣而重要的 DNA 分子转移方式，它同接合型质粒的自我转移过程属于两种不同的概念。

非接合型质粒，由于分子小，不足以编码全部转移体系所需的基因，因而不能自我转移。但如果在其宿主细胞中存在一种接合型质粒，那么它们通常也可以被转移。这种由共存的接合型质粒引发的非接合型质粒的转移过程，叫做质粒的迁移作用。

ColE1 是一种可以迁移但是属于非接合型质粒。ColE1 质粒从供体细胞转移到受体细胞的过程，需要质粒自己编码的两种基因参与。一个是 ColE1 质粒 DNA 上的特异位点 *bom*（有时也称 *nic* 位点），另一个是 ColE1 质粒特有的弥散的基因产物，即 *mob* 基因（mobilization gene）编码的核酸酶。

（6）质粒的稳定性

① 质粒不稳定性的类型

通常所说的质粒不稳定性（plasmid instability），包括分离不稳定性（segregational instability）和结构不稳定性（structional instability）两个方面。前者是指在细胞分裂过程中，有一个子细胞没有获得质粒 DNA 拷贝，并最终增殖成为无质粒的优势群体；而后者则主要是指由转位和重组作用所引起的质粒 DNA 的重排与缺失。

DNA 的缺失、插入和重排是质粒载体结构不稳定性的原因。现已在许多质粒载体分子中观察到了自发缺失现象。它们的一个共同特征是涉及正向重复短序列（short direct repeat）之间的同源重组。人工构建的具有多个串联启动子的质粒载体特别容易发生缺失作用。除了质粒载体位点之间的同源重组外，宿主染色体及质粒载体上的 IS 因子或转座因子，同样也会引起结构的不稳定性。

细胞分裂过程中发生的质粒不平均的分配，也是质粒不稳定性的重要原因，将这种质粒的缺陷性分配（defective partitioning）所造成的质粒丢失现象，叫做质粒分离的不稳定性。

众所周知，要使质粒能够稳定的遗传，至少得满足如下两个条件：首先，平均而言每个世代每个质粒都必须至少发生一次复制；其次，当细胞分裂时，复制产生的质粒拷贝必须分配到两个子细胞中去。在细胞分裂过程中，质粒拷贝分配到子细胞的途径可分成主动分配（active partition）和随机分配（random distribution）两种不同方式。已经提出了两种关于主动分配的机理：其一是平均分配（equipartition）机理，它使每个子细胞刚好获得一半数目的质粒拷贝［图 4-3(a)］；其二是配对位点分配（pair-site partition）机理，它认为只有一对质粒呈主动分配，其余的是随机分配。由于主动分配存在有效的质粒拷贝数控制系统，从而保证了质粒的高度稳定性。

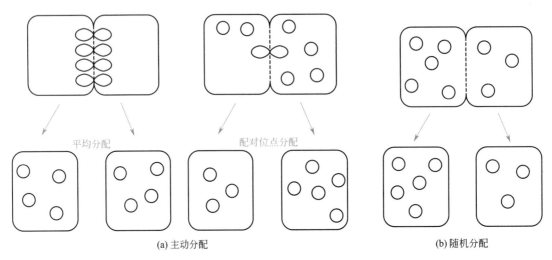

(a) 主动分配　　　　　　　　　　　　　　　　　　　(b) 随机分配

图 4-3　在细胞分裂过程中质粒的分配方式

随机分配与主动分配截然相反。顾名思义，它是指细胞分裂过程中质粒拷贝数在两个子细胞之间是随机分配的［图 4-3(b)］。由此产生的分离频率（segregation frequency），即形成无质粒细胞的频率相当低，因此在一般情况下通过随机分配质粒亦能够得到稳定的遗传。

天然产生的质粒如 pMB1、p15A 和 ColE1 等，之所以能够在宿主细胞中稳定地维持下去，是因为在它们的基因组中存在一个控制质粒拷贝分配的功能区（*par*）。

② 影响质粒载体稳定性的主要因素

a. 新陈代谢负荷对质粒载体稳定性的效应：质粒载体不仅会加重宿主细胞的代谢负荷，而且有的还会使其世代时间延长 15% 左右；在大肠杆菌细胞中，外源克隆基因的过表达产物，以及因多拷贝质粒载体引起的染色体基因的超表达产物，都有可能对宿主细胞产生毒害作用。

b. 拷贝数差度对质粒载体稳定性的影响：不同细胞个体之间的质粒载体拷贝数的差异程度，简称差度（variance），可影响质粒载体丢失的速率。差度越大，稳定性越差；差度越小，稳定性越高。

c. 宿主重组体系对质粒载体稳定性的效应：在野生型大肠杆菌细胞中，质粒重组的重要结果是形成质粒寡聚体（plasmid oligomer），它同样是质粒载体不稳定的原因之一。决定大肠杆菌培养物中含质粒寡聚体细胞的比例有两种主要因素：其一是质粒 DNA 分子之间的重组频率，其二是含质粒寡聚体细胞的生长速率。影响质粒重组的突变也会影响质粒的稳定性。

4.1.2　质粒载体的选择

以上讨论的都是天然质粒。虽然天然质粒研究在理论和遗传学等方面做出了贡献，但它们很难直接作为基因工程的载体。质粒载体绝大多数是以天然质粒为基础，加以人工改造和组建，所形成的实用载体可根据不同的实验要求加以选择。

（1）理想质粒载体应具备的条件

作为理想质粒载体，应具备以下几个条件：①能自主复制，即本身是复制子；②具有一种或多种单一的限制性内切核酸酶位点，且在此位点上插入外源基因片段，不致影响本身的复制功能；③在基因组中有 1～2 个选择性标记，为宿主细胞提供易于检测的表型特征；④分子量要小，多拷贝，易于操作。

（2）质粒载体的选择标记

质粒载体的选择性标记包括新陈代谢特性、对大肠杆菌素 E1 的免疫性以及抗生素抗性等多种。但应该说绝大多数的质粒载体都是使用抗生素抗性标记，而且主要集中在四环素抗性、氨苄西林抗性、链霉素抗性以及卡那霉素抗性等少数几种抗生素抗性标记上。一方面是由于许多质粒本身就是带有抗生素抗性基因的抗药性 R 因子；另一方面则是因为抗生素抗性标记具有便于操作易于选择等优点。基因克隆操作中常用的几种抗生素的作用方式及抗性机理列于表 4-2。

表 4-2　几种抗生素的作用方式及抗性机理

抗生素名称	作用方式	抗性机理
氨苄西林（Amp）	它是一种青霉素的衍生物，通过干扰细胞壁合成之末端反应，而杀死生长的细胞	氨苄西林抗性基因（bla 或 amp^r），编码一种周质酶，即 β-内酰胺酶，可特异性地切割氨苄西林的 β-内酰胺环，从而使之失去杀菌效力
氯霉素（Cml）	它是一种抑菌剂，通过同核糖体 50S 亚基的结合，干扰细菌蛋白质的合成，并阻止肽键的形成	氯霉素抗性基因（cat 或 cml^r）编码的乙酰转移酶，特异性使氯霉素乙酰化而失活
卡那霉素（Kan）	它是一种杀菌剂，通过同 70S 核糖体结合，导致 mRNA 发生错读（misreading）	卡那霉素抗性基因（kan 或 kan^r）编码的氨基糖苷磷酸转移酶，可对卡那霉素进行修饰，从而阻止其同核糖体之间发生相互作用
链霉素（Str）	它是一种杀菌剂，通过同核糖体 30S 亚基的结合，导致 mRNA 发生错译	链霉素抗性基因（str 或 str^r）编码的一种特异性酶，可对链霉素进行修饰，从而抑制其同核糖体 30S 亚基的结合
四环素（Tet）	它是一种抑菌剂，通过同核糖体 30S 亚基之间的结合，阻止细菌蛋白质的合成	四环素抗性基因（tet 或 tet^r）编码的一种蛋白质，可对细菌的膜结构进行修饰，从而阻止四环素通过细胞膜从培养基中转运到细胞内

（3）不同载体类型的选用

在基因工程中，有些载体可作外源基因的表达等特殊用途，但一般的克隆实验可按载体性质不同，区分为数种不同的类型。因此要根据具体的实验要求，选用适当的质粒载体。

若 DNA 重组实验中克隆的是要获得大量高纯度的 DNA 片段，可选用具有高拷贝数的质粒载体，如 ColE1、pMBl、pMB9 等松弛型复制子质粒。这些质粒具有较高的拷贝数，并且在细菌培养中加入氯霉素等蛋白质合成抑制剂，可使拷贝数增加到 1000～3000 个/细胞。这样有利于得到大量的外源 DNA 片段。

有些外源基因用高拷贝数质粒载体克隆后，其产物含量过高，会干扰宿主细胞的新陈代谢活动。对于这样的克隆基因，则最好选用由严紧型复制子 pSC101 派生来的质粒载体，如 pLG338、pLG339、pHS415 等。这些质粒的拷贝数在每个细胞中只有几个，可在低水平的基因剂量下增殖克隆的外源 DNA 片段。

有些低拷贝数的质粒是温度敏感型的，在不同的温度下，拷贝数有显著的变化。例如，pOU71 质粒，在低于 37℃ 培养的条件下，每个细胞平均只有一个拷贝的质粒 DNA，当温度上升到 42℃ 时，其拷贝数可增加到 100 个以上。这样可通过温度控制来获取大量的外源基因片段。

绝大多数外源 DNA 片段不具备可供选择的标记。为此，与其重组的载体所含的选择标记是极为重要的。把外源 DNA 片段插入载体的选择标记基因中而使此基因失活，丧失其原有的表型特征，这种方法叫插入失活。大多数质粒载体都具有插入失活的克隆位点，插入失活型是常用且好用的质粒载体。

研究者们按照遗传学上的正选择（direct selection）原理，即应用只有突变体或重组体分子才能正常生长的培养条件进行选择，发展了一系列正选择质粒载体（positive selection vector）。这种质粒载体具有直接选择标记并可赋予宿主细胞相应的表型。通过选择具这种表型特征的转化子，便可大大降低需要筛选的转化子数量，从而减轻了实验工作量，提高了选择的敏感性。

4.1.3 常用的大肠杆菌质粒载体

（1）pSC101 质粒载体

pSC101 是一种严紧型复制控制的低拷贝数的大肠杆菌质粒载体（图 4-4），平均每个宿主细胞中仅有 1～2 个拷贝。其分子大小为 9.09kb，即相当于 5.8×10^6，编码一个四环素抗性基因（tet^r）。该质粒对于 EcoRI、$Hind$Ⅲ、BamHI、SalI、XhoI、PvuⅡ等限制性内切核酸酶具有单一切割位点，其中在 $Hind$Ⅲ、BamHI 和 SalI 3 个位点克隆外源 DNA，都会导致 tet^r 基因失活。

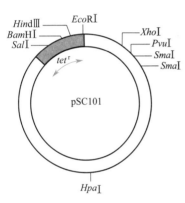

图 4-4 大肠杆菌 pSC101
质粒载体的图谱

pSC101 质粒载体是第一个成功地用于克隆质粒 DNA 的大肠杆菌质粒载体。在 1973 年进行的这类克隆实验，是将带有非洲爪蟾核糖体基因的 EcoRI DNA 片段，连接到 pS101 复制子上（图 4-5）。

作为 DNA 克隆载体，pSC101 质粒不仅具有可插入外源 DNA 的 EcoRI 单克隆位点的优越性，而且还具有四环素抗性的选择标记。更令人满意的是，在 EcoRI 位点插 DNA 不影响这两方面的功能，因此它被选为第一个真核基因的克隆载体。但是这个质粒载体也有明显的缺点，它是一种严紧型复制控制的低拷贝质粒，从带有该质粒的宿主细胞中提取 pSC101 DNA，其产量就要比通常使用的其他质粒低得多。

（2）ColE1 质粒载体

ColE1 质粒属于大肠杆菌 Col 类质粒中的一种，能产生大肠杆菌素，属天然质粒。ColE1 质粒大小为 6.3kb，分子量为 4.2×10^6，具有 ColE1 的单一酶切位点和松弛型复制子。在含有 ColE1 质粒的细菌培养物中加入氯霉素以抑制蛋白质的合成，宿主染色体 DNA 的复制便被抑制，细胞的生长也随之停止，而质粒 DNA 仍可继续进行数小时的复制，最后每个宿主细胞所累积的 ColE1 质粒的拷贝数可达 1000～3000 个，此时质粒 DNA 大约可占细胞总 DNA 的 50%。这种质粒 DNA 的扩增作用在基因工程中是很重要的。

ColE1 质粒的基因组除了编码大肠杆菌素 E1 基因外，为了其自身存活的需要，还编码使宿主细胞对大肠杆菌素 E1 免疫的基因。如果在 ColE1 质粒的 EcoRI 位点插入外源 DNA

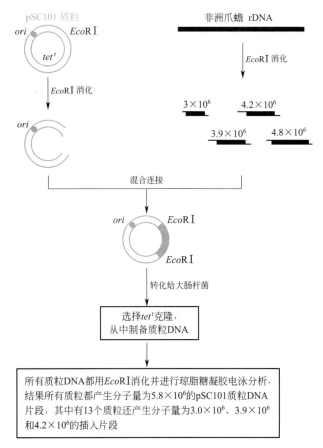

图 4-5 应用 pSC101 质粒作载体在大肠杆菌细胞中克隆非洲爪蟾的基因

片段，由于这一位点正好处于大肠杆菌素 E1 的基因编码区，导致了此基因的插入失活，但不影响大肠杆菌素 E1 免疫基因的表达，照样表现出 E1 免疫性的表型（ImmE1）。这样对大肠杆菌素的免疫特征可作为一种选择标记。若在 ColE1 质粒的 *Eco*RI 位点插入外源 DNA 序列，则宿主细胞不能合成大肠杆菌素 E1（ColE1$^-$），而具有免疫性（ImmE1$^+$）表型的为含有重组质粒的细胞。

类似以大肠杆菌素免疫为选择标记的体系存在着较大的缺陷。一方面，因为利用这类免疫性的选择在操作上很不方便。另一方面，在细菌群体中能以相当高的频率自发产生抗大肠杆菌素的突变细胞，故使用需特别小心。然而 ColE1 的重要性不在于直接用它作为载体，而在于以它为母体构建新质粒，特别是它的松弛型复制子几乎是所有人工质粒的组成单元。

（3）pBR322 质粒载体

为改进转化子筛选技术，有必要用人工的方法构建一种既带有多种抗药性选择标记，又具有分子量小、高拷贝、外源 DNA 插入不影响复制功能的多种限制性内切核酸酶单一切割位点等优点的新质粒载体。目前，在基因克隆中广泛使用的 pBR322 质粒就是按照这种设想构建的一种大肠杆菌质粒载体。

pBR322 质粒是按照标准的质粒载体命名法则命名的。"p"表示它是一种质粒；而"BR"则分别取自该质粒的两位主要构建者 F. Bolivar 和 R. L. Rodriguez 姓氏的头一个字母，"322"指实验室编号，以与其他质粒载体如 pBR325、pBR327、pBR328 等相区别。当然，"BR"恰好与"细菌抗药性"（bacterial resistance）两个词的第一个字母相同，所以有不少人认为 pBR322 中的"pBR"是"细菌抗药性质粒"的英文缩写。这显然是一种容易使人信以为真的猜想，而事实上只是一种有趣的巧合。

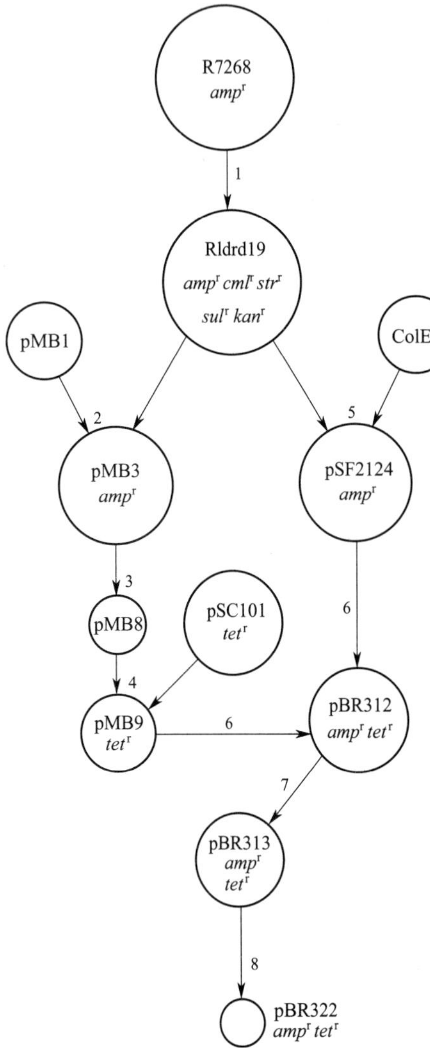

① pBR322 质粒的构建

pBR322 质粒的亲本之一是 pMB1 质粒。当初之所以对这种质粒感兴趣，是因为它的分子量较小，分子长度仅为 8.3kb，并携带决定对氨苄西林抗性的基因，以及控制 $EcoRI$ 限制-修饰体系的基因，而且同另一种天然质粒 ColE1 又十分相似。

pBR322 质粒上的氨苄西林抗性基因（amp^r）是取自 pSP2124 质粒。关于它的来源可追溯到 1963 年，那时在英国伦敦从沙门氏菌中分离出一种叫做 R7268 的质粒，这个质粒后来又重新命名为 R1 质粒，它带有一个 amp^r 基因。R1 的一个变异体 R1drd19 带有 5 种抗药性基因：amp^r、cml^r、str^r、sul^r、kan^r。位于 R1drd19 质粒上的易位子 Tn3，编码对氨苄西林抗性的 β-内酰氨酶基因。在一次独立进行的实验中，将 R11drd19 质粒与 ColE1 质粒共培养在同样的细菌细胞中，结果这两个质粒之间发生了体内易位作用，易位子 Tn3 使 amp^r 基因从 R1drd19 质粒易位到 ColE1 质粒，由此产生的新质粒 pSF2124 也是 pBR322 质粒的亲本之一，它同时带有控制大肠杆菌素 E1 合成的基因和氨苄西林抗性基因，对 $BamHI$ 和 $EcoRI$ 两种限制性酶都只有一个识别位点，而且在这两个位点上插入外源 DNA 均不会影响氨苄西林抗性的活性。

图 4-6 pBR322 质粒载体的构建过程

在 pBR322 构建过程中（图 4-6）的一个重要目标是缩小基因组的体积，这就需要从质粒 DNA 上移去一些对基因克隆载体无关紧要的 DNA 片段，同时也伴随着消除掉对 DNA 克隆无用的限制酶识别位点。得到了其基因组体积变小的质粒之后，还要设法使质粒内存在的易位子统统失去功能。易位子的转移（即易位）经常伴随着缺失的发生。这种缺失可以从易位子内部开始一直延伸到其外部的侧翼序列。在克隆载体内发生任何这类事件都是十分麻烦的。因为易位作用的结果有可能导致选择标记的丧失，甚至也可能导致克隆 DNA 片段的丧失或重排。DNA 片段从一个复制子转移到另一个复制子，这种现象同样也是不希望发生的，因为这有可能为潜在的危险性基因从实验室内部逃逸到周围环境提供一条途径。但这种围绕在易位子两侧的重复序列内部的缺失，则会使这种序列失去易位能力。

现在普遍使用的大多数质粒载体的复制子，都来源于 pMB1 质粒。构建 pBR322 的第一步是在体内将 R1drd19 质粒的易位子 Tn3 易位到 pMBl 质粒上，形成大小为 13.3kb 的质粒 pMB3。这种大小的体积对作为克隆载体来说仍然是大了一些。为了缩小 pMB3 质粒的体积，又要保留它的复制起点、选择标记以及对大肠杆菌素 E1 的免疫性，可在 $EcoRI^*$ 活性条件下消化 pMB3 质粒，这种切割所产生的 $EcoRI$ AATT 黏性末端能够重新连接起来形成环状分子。然后把这些分子导入大肠杆菌，其中只有具质粒复制起点的分子才能成功地转化大肠杆菌细胞。这样便可能挑选到失去了 $EcoRI^*$ 片段的重组体。其中的重组体之一命名为 pMB8 质粒，分子大小为 2.6kb，它仅带有对大肠杆菌素 E1 免疫性基因及 $EcoRI$ 单一识别位点，但失去了对氨苄西林的抗性。然后设法将带有抗药性的 DNA 片段导入 pMB8 质粒。在 $EcoRI^*$ 活性条件下切割 pSC101 质粒，然后同已经加入 $EcoRI$ 的 pMB8DNA 连接，首次实现了将来自 pSC101 质粒的含四环素抗性基因（tet^r）的 DNA 片段导入 pMB8 质粒。在这样的实验中分离出了一个 5.3kb 的重组质粒 pMB9，它获得了 ColE1 质粒的复制特性，并含有对大肠杆菌素 E1 免疫性基因和四环素抗性基因（tet^r），又具有 $EcoRI$ 限制酶的单一识别位点，因此已被广泛地用作基因克隆载体。

pMB9 质粒还具有 $HindIII$、$BamHI$ 和 $SalI$ 三种限制酶的单一切点，不过在这三个位点插入外源 DNA 都会导致 tet^r 标记的失活，而对大肠杆菌素 E1 的免疫性又不是一种特别好的选择标记。为了能够利用位于四环素抗性基因中的这 3 个单一识别位点来克隆外源的 DNA，同时又能利用有抗生素抗性的强选择性标记，人们便设法将氨苄西林抗性基因（amp^r）导入 pMB9 质粒。其办法是将 pMB9 和 pSF2124 两种质粒共培养在同一种细菌细胞中，使 Tn3 易位子从 pSF2124 质粒易位到 pMB9 质粒。易位的结果形成了既抗氨苄西林（amp^r）又抗四环素（tet^r）的双重抗性的重组质粒 pBR312，其分子大小为 10.2kb。由于 Tn3 易位子也有一个 $BamHI$ 限制酶的识别位点，因此形成的这种双重抗药性的 pBR312 质粒就不再具 $BamHI$ 单一识别位点的结构。为了除去这个多余的位于 Tn3 易位子上的 $BamHI$ 识别位点，将 pBR312 质粒作 $EcoRI^*$ 消化，然后将消化的片段再连接起来，于是产生一个分子大小为 8.8kb 的质粒 pBR313。这个质粒只剩下一个 $BamHI$ 识别位点，它位于 tet^r 基因中。外源的 DNA 插入这个 $BamHI$ 位点或 $HindIII$ 及 $SalI$ 位点，都会造成 tet^r 基因失活，而 amp^r 基因仍然保留着功能活性。由于易位子 Tn3 上的 $BamHI$ 位点的序列片段已经缺失，所以 amp^r 基因就不再能够易位到别的附加体上。

构建 pBR322 质粒的最后阶段，是从 pBR313 质粒上除去两个 $pstI$ 位点，形成 Amp^sTet^r 表型的质粒 pBR318；同时将 pBR313 质粒的 $EcoRII$ 片段去掉，形成具 Amp^rTet^s 表型的质粒 pBR320。然后将这两个都来源于 pBR313 的派生质粒的酶切消化片段在体外重组，便产生了分子量进一步缩小的 pBR322 质粒（图 4-7）。

② pBR322 质粒的优点

从上述关于 pBR322 质粒的构建过程可以看出，它是由 3 个不同来源的部分组成：第一部分来源于 pSF2124 质粒易位子 Tn3 的氨苄西林抗性基因（amp^r）；第二部分来源于 pSC101 质粒的四环素抗性基因（tet^r）；第三部分则来源于 ColE1 的派生质粒 pMB1 的 DNA 复制起点（ori），如图 4-8 所示。

pBR322 质粒载体的第一个优点是具有较小的分子量。为了方便起见，大家规定 pBR322 质粒 DNA 分子核苷酸计数从 $EcoRI$ 识别位点开始，并公认该识别序列 GAATTC 中的第一个 T 为核苷酸 1（图 4-8），然后沿着从 tet^r 基因到 amp^r 基因按顺时针方向计数，总共长度为 4363bp。经验表明，为了避免在 DNA 的纯化过程中发生链的断裂，克隆载体的

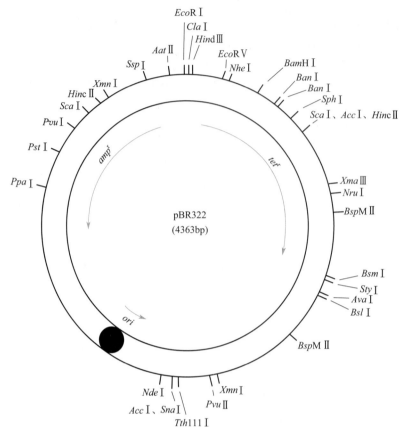

图 4-7　pBR322 质粒载体的图谱

分子大小最好不要超过 10kb。pBR322 质粒的分子量较小，这不仅易于自身 DNA 的纯化，而且即便克隆一段大小达 6kb 的外源 DNA 之后，其重组体分子的大小也仍然在符合要求的范围之内。根据 pBR322 质粒 DNA 的碱基序列结构图，可以详尽地标出有关限制性内切核酸酶识别位点的分布情况。据此，任何两个识别位点之间的距离长度都可以准确地计算出来，这样便可以为其他未知的 DNA 片段长度的测定提供相应的标准分子量。

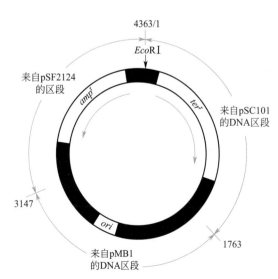

图 4-8　pBR322 质粒载体的结构来源

pBR322 质粒具有两种可供利用的抗生素抗性选择标记，这是它的第二个优点。现在已知共有 24 种限制性内切核酸酶对 pBR322 分子有单一切割位点，其中有 7 种酶，即 *Eco*RV、*Nhe*I、*Bam*HI、*Sph*I、*Sal*I、*Xma*I 和 *Nru*I，它们的识别位点位于四环素抗性基因内部，另外有 *Cla*I 和 *Hind*III 的识别位点存在于这个基因的启动子内，在这 9 个位点上插入外源 DNA 片段都会导致 *tet*ʳ 基因的失活。还有 3 种限制酶（*Sca*I、*Pvu*I、*Pst*I）在氨苄西林抗性基因（amp^r）内具有单一识别位点，在此位点插入外源 DNA 则会导致 amp^r 基因的失活（图 4-9）。

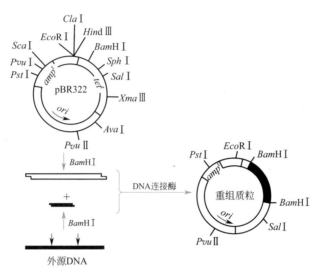

图 4-9　pBR322 质粒载体 tet^r 基因的插入失活效应

pBR322 质粒载体的第三个优点是具有较高的拷贝数，而且经过氯霉素扩增之后每个细胞中可累积 1000～3000 个拷贝，这就为重组 DNA 的制备提供了极大方便。

③ pBR322 质粒载体的改良

为了使 pBR322 质粒更具安全性，同时也更加实用，人们对 pBR322 质粒进行了不断的改良，得到许多 pBR322 的衍生质粒，它们各有特点，在基因工程操作中具有各自不同的实用价值。下面主要介绍两种 pBR322 的衍生质粒。

a. pAT153 质粒：用 Hae Ⅱ 消化 $pBR322$，使其缺失 HaeⅡ 的 B 和 G 片段，从而形成 3.6kb 的小质粒。pAT153 的酶切位点和抗性标记与 pBR322 质粒相同，其重要特点是缺失了迁移蛋白基因（mob）的作用位点 bom，因而不管有何种质粒的参与都不会发生迁移作用，比 pBR322 质粒具有更高的安全防护保障。同时，pAT153 在宿主细胞中的拷贝数大约比亲本质粒 pBR322 高 1.53 倍。pATl53 的结构见图 4-10。

b. pBR325 质粒：在 pBR322 质粒中，基因工程中最常用的限制酶 EcoRⅠ 位点不具备插入失活效应，这是 pBR322 质粒的一个缺点。为此将大肠杆菌转导噬菌体 PICm 的 Hae Ⅱ 片段（该片段具有 EcoRⅠ 单一切点的 cml 基因）插入 pBR322，得到一个长度为 6.0kb 的新质粒 pBR325。该质粒携带三个抗性基因（tet^r、amp^r、cml^r），并都具有插入失活的单一酶切位点，其结构见图 4-11。pBR325 质粒对如下几种核酸内切限制酶具有单切割位点：EcoRⅠ（0/5995）、$Hind$Ⅲ（1248）、BamHⅠ（1594）、SalⅠ（1869）、PstⅠ（4831）。箭头指示抗生素抗性基因的转录方向。

（4）pUC 质粒载体

pUC 质粒是在 pBR322 质粒载体的基础上，加入了一个在其 5′ 端带有多克隆位点（multiple cloning sites，MCS）的 $lacZ'$ 基因，从而发展成为具有双功能检测特性的新型质粒载体系统。

① pUC 质粒载体的结构

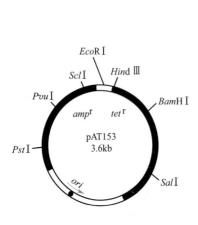

图 4-10　质粒 pAT153 的结构

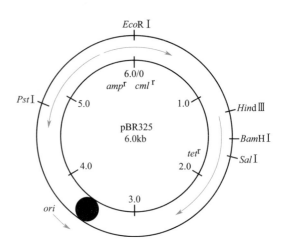

图 4-11　质粒 pBR325 的结构

　　此类质粒载体之所以取名为 pUC，是因为它是由美国加利福尼亚大学（University of California）的科学家 J. Messing 和 J. Vieria 于 1987 年首先构建的。一种典型的 pUC 系列的质粒载体包括以下 4 个组成部分：（ⅰ）来自 pBR322 质粒的复制起点（ori）；（ⅱ）氨苄西林抗性基因（amp^r），但它的核苷酸序列已经发生了变化，不再含有原来的限制性内切核酸酶单一识别位点；（ⅲ）大肠杆菌 β-半乳糖苷酶基因（lacZ）的启动子及其编码 α 肽链的 DNA 序列，此结构称 lacZ′ 基因；（ⅳ）位于 lacZ′ 基因中的靠近 5′ 端的一段 MCS 区段，但并不破坏该基因的功能（图 4-12）。这是一种分子量小、高拷贝的大肠杆菌质粒载体。MCS 序列中含有 EcoRⅠ、SacⅠ、KpnⅠ、SmaⅠ、XmaⅠ、BamHⅠ、SalⅠ、AccⅠ、HincⅡ、PstⅠ、SphⅠ 和 HindⅢ 等单一识别位点。pUC18 与 pUC19 相比，两者的差别仅仅在于多克隆位点的插入方向彼此相反。在 pUC18 中，EcoRⅠ 位点紧挨于 P_lac 下游；在 pUC19 中，HindⅢ 位点紧挨于 P_lac 下游。

　　pUC7 是最早构建的一种 pUC 质粒载体。它是由编码 amp^r 基因的 pBR322 质粒的 EcoRⅠ～PvuⅡ 片段以及大肠杆菌 LacZ 基因 α 序列内的以操纵子的 HaeⅡ 片段构成的。为了使 LacZ 基因 α 序列中能有几个完全有用的克隆位点，首先必须对 pBR322 质粒的这个片段进行改进，以便除去一些酶的识别位点。这些改进步骤包括引发体内突变，除去 PstⅠ 和 HincⅡ 两个限制酶的识别位点，然后再用体外缺失突变技术，除去 AccⅠ 限制酶识别位点，结果使 pUC7 质粒载体对限制酶 PstⅠ、HincⅡ 和 AccⅠ 都只具有一个唯一的克隆位点，且都位于 LacZ 基因 α 序列内。

　　后来，在 pUC7 质粒载体的基础上又进一步构建了 pUC8 和 pUC9 两种质粒载体。在它们的 LacZ 基因 α 序列内，有一段相反取向的 MCS，而且分别同 M13mp8 和 M13mp9 噬菌体载体的相应部分完全相同。由于具有这样的特点，我们便能够把双酶消化产生的限制片段以两种相反的取向分别克隆在 pUC8 和 pUC9 质粒载体上。此外，pUC8、pUC9、pUC18 及 pUC19 等质粒载体，除了在 LacZ 基因 α 序列上含有其他克隆位点之外，它们也都具有 pUC7 质粒类似的性质。这些质粒载体分别与相应的 M13mp 噬菌体载体具有相同的 LacZ 基因 α 序列。这两种载体系统之间在分子结构上存在的这种相互对应的关系，为在它们两者之间转移插入的外源 DNA 片段提供了很大方便。

　　② pUC 质粒载体的优点

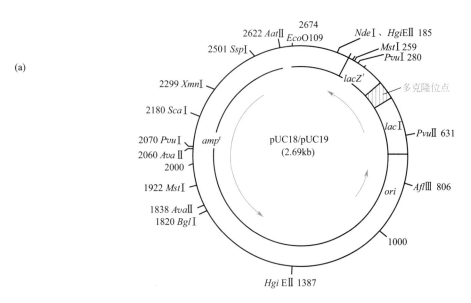

(a)

2674
EcoO109
2622 *Aat*Ⅱ

*Nde*Ⅰ、*Hgi*EⅡ 185
*Mst*Ⅰ 259
*Pvu*Ⅰ 280

2501 *Ssp*Ⅰ

lacZ'

多克隆位点

2299 *Xmn*Ⅰ

*lac*Ⅰ

2180 *Sca*Ⅰ

*Pvu*Ⅱ 631

2070 *Pvu*Ⅰ
2060 *Ava*Ⅱ
2000

*amp*ʳ

pUC18/pUC19
(2.69kb)

ori

*Afl*Ⅲ 806

1922 *Mst*Ⅰ

1838 *Ava*Ⅱ
1820 *Bgl*Ⅰ

1000

*Hgi*EⅡ 1387

(b) 多克隆位点
pUC18

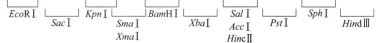

| 1 | 2 | 3 | 4 | 5 | 6 | 1 | 2 | 3 | 4 | 5 | 6 | 7 | 8 | 9 | 10 | 11 | 12 | 13 | 14 | 15 | 16 | 17 | 18 | 7 | 8 |

Thr Met Ile Thr Asn Ser Ser Ser Val Pro Gly Asp Pro Leu Glu Ser Thr Cys Arg His Ala Ser Leu Ala Leu Ala

ATG ACC ATG ATT ACG AAT TCG AGC TCG GTA CCC GGG GAT CCT CTA GAG TCG ACC TGC AGG CAT GCA AGC TTG GCA CTG GCC

*Eco*RⅠ　*Kpn*Ⅰ　　*Bam*HⅠ　　　*Sal*Ⅰ　　　*Sph*Ⅰ
　　*Sac*Ⅰ　　*Sma*Ⅰ　　*Xba*Ⅰ　　*Acc*Ⅰ　*Pst*Ⅰ　　*Hind*Ⅲ
　　　　　　　*Xma*Ⅰ　　　　　*Hinc*Ⅱ

(c) pUC19

| 1 | 2 | 3 | 4 | 1 | 2 | 3 | 4 | 5 | 6 | 7 | 8 | 9 | 10 | 11 | 12 | 13 | 14 | 15 | 16 | 17 | 18 | 5 | 6 | 7 | 8 |

Thr Met Ile Thr Pro Ser Leu His Ala Cys Arg Ser Thr Leu Glu Asp Pro Arg Val Pro Ser Ser Asn Ser Leu Ala

ATG ACC ATG ATT ACG CCA AGC TTG CAT GCC TGC AGG TCG ACT CTA GAG GAT CCC CGG GTA CCG AGC TCG AAT TCA CTG GCC

*Hind*Ⅲ　　*Pst*Ⅰ　　*Sal*Ⅰ　*Xba*Ⅰ　　*Bam*HⅠ　　*Sac*Ⅰ
　　*Sph*Ⅰ　　　*Acc*Ⅰ　　　　*Sma*Ⅰ　*Kpn*Ⅰ　　*Eco*RⅠ
　　　　　　　*Hinc*Ⅱ　　　　*Xma*Ⅰ

图 4-12　pUC18 及 pUC19 质粒载体的图谱

与 pBR322 质粒载体相比，pUC 质粒载体系列具有许多方面的优越性，是目前基因工程研究中最通用的大肠杆菌克隆载体之一。下面以 pUC 质粒载体为例，概括如下三方面的优点。

（ⅰ）具有更小的分子量和更高的拷贝数。在 pBR322 基础上构建 pUC 质粒载体时，仅保留下其中的氨苄西林抗性基因及复制起点，使其分子大小相应地缩小了许多，如 pUC8 为 2750bp、pUC18 为 2686bp。同时，由于偶然原因，在操作过程中使 pBR322 质粒的复制起点内部发生了自发突变，导致 *rop* 基因的缺失。由于该基因编码的共 63 个氨基酸组成的 Rop 蛋白质是控制质粒复制的特殊因子，因此它的缺失使得 pUC8 质粒的拷贝数比带有 pMB1 或 ColE1 复制起点的质粒载体都要高得多，不经氯霉素扩增，平均每个细胞即可达 500～700 个拷贝。所以由 pUC8 质粒重组体转化的大肠杆菌细胞可获得高产量的克隆 DNA 分子。

（ⅱ）适用于组织化学方法检测重组体。pUC8 质粒结构中具有来自大肠杆菌 lac 操纵子的 lacZ' 基因，所编码的 α 肽链可参与 α 互补作用。因此，在应用 pUC 质粒为载体的重组实验中，可用 X-gal 显色的组织化学方法进一步实现对重组体转化子克隆的鉴定。

（ⅲ）具有 MCS 区段。pUC 质粒载体具有与 M13mp8 噬菌体载体相同的 MCS 区段，它可以在这两类载体系统之间来回"穿梭"。因此，克隆在 MCS 当中的外源 DNA 片段，可以方便地从 pUC8 质粒载体转移到 M13mp8 载体上，进行克隆序列的核苷酸测序工作。同时，也正是由于具有 MCS 序列，可以使具两种不同黏性末端（如 EcoRI 和 BamHI）的外源 DNA 片段无需借助其他操作而直接克隆到 pUC8 质粒载体上。

4.2 噬菌体载体

噎菌体是一类细菌病毒的总称，英文名称叫做 $Bacteriophage$，简称 phage，它来源于希腊语 "$phagor$"，系吞噬之意。部分噬菌体的性质见表 4-3。就其结构来讲，噬菌体的结构要比质粒复杂得多。在噬菌体 DNA 分子中，除具有复制起点外，还有编码外壳蛋白质的基因。像质粒分子一样，噬菌体也可用于克隆和扩增特定的 DNA 片段，是一种良好的基因载体。

表 4-3　部分噬菌体的性质

名称	核酸	分子质量/Da	构型	宿主
T4	dsDNA	130×10^6	线形	$E.\ coli$, 烈性
λ	dsDNA	32×10^6	线形	$E.\ coli$, 温和
P1	dsDNA	58×10^6	线形	$E.\ coli$, 温和
P22	dsDNA	27×10^6	线形	志贺菌, 沙门氏菌, 温和
Mμ-1	dsDNA	28×10^6	线形	$E.\ coli$
ΦX174	ssDNA	1.7×10^6	环状	$E.\ coli$, 烈性
M13	ssDNA	2.1×10^6	环状	$E.\ coli$
R17	ssDNA	1.1×10^6	线形	$E.\ coli(\text{F}^+)$, 烈性

4.2.1　单链噬菌体载体

由单链 DNA 噬菌体 M13 衍生发展起来的一类克隆载体，越来越受到人们的重视。M13 是一种丝状大肠杆菌噬菌体，经改造后作为单链的 DNA 载体，表现出许多其他载体所不具备的优越性。如 M13 单链 DNA 的复制型是呈双链环状，此时的 DNA 可同质粒 DNA 一样进行提取和体外操作；不论是双链的还是单链的 M13DNA，均能感染宿主细胞，形成噬菌斑或形成侵染的菌落；M13 的颗粒大小是受其 DNA 多寡制约的，因此不存在包装限制的问题；将外源 DNA 插入 M13，可获得大量纯化的单链外源 DNA 分子，可以非常方便地进行核苷酸序列测定。

(1) M13 噬菌体的一般生物学特性

M13 是丝状噬菌体，颗粒内含有长度为 6407 个核苷酸的闭合环状 DNA 基因组，在颗粒中包装的仅是（＋）链的 DNA，有时也称感染性的单链（图 4-13）。图中标出了基因的大体位置。M13 噬菌体基因组（＋）DNA 按基因Ⅱ→基因Ⅳ的方向转录形成（－）DNA，此即是 M13 噬菌体基因组的编码链。M13 感染宿主细胞，是通过 F 性须注入（＋）链 DNA，所以 M13 颗粒只能侵染雄性大肠杆菌。但 M13（＋）链 DNA 也可以通过转染作用，导入雄性大肠杆菌。侵入后的单链噬菌体 DNA 转变成双链复制型（RF），RF DNA 可从细胞中分离提取出来，用作双链 DNA 克隆载体。当每个细胞内积累了 100～200 拷贝的 DNA 后，M13 的合成变为不对称形式，只大量产生两条 DNA 链中的（＋）链 DNA 单链，这是由于在细胞内累积了一种噬菌体编码的单链特异的 DNA 结合蛋白。这种蛋白质能特异地与（＋）链 DNA 结合，阻断了其互补链［记为（－）链］的生成。这样细胞中（－）链 DNA 继续作为模板，合成（＋）链 DNA。游离的（＋）链 DNA 掺入外壳蛋白质中，形成噬菌体颗粒。这种颗粒陆续感染细胞并逃逸出去，而不发生溶菌效应。虽然 M13 的感染不杀死细胞，但在某种程度上干扰了细菌的正常生长，所以看到的是一种混浊型的"噬菌斑"，这是由感染和未感染细胞两者间的生长速度不同造成的。图 4-14 显示了 M13 单链 DNA 噬菌体的生命周期。M13 噬菌体颗粒在基因Ⅲ编码的向导蛋白质的作用下，通过宿主细胞表面的性须进入细胞内。之后，释放出来的单链基因组便在基因Ⅱ编码的蛋白质的作用下，形成双链的 BF DNA。此种 DNA 指导合成子代 M13 单链基因组。这些单链的 M13DNA 随之被包装成噬菌体颗粒，并被挤压出宿主细胞。图中■→●表示在噬菌体颗粒挤出过程中，其外膜蛋白质（outer membrane protein）的变化。

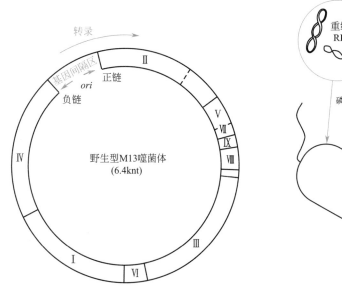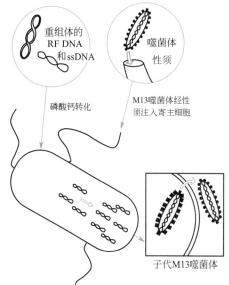

图 4-13　野生型 M13 单链 DNA 噬菌体的基因图　　　图 4-14　M13 单链 DNA 噬菌体的生命周期

（2）M13 载体的构建

把 M13 噬菌体改造为克隆载体，主要是利用 M13 基因组中有一段 507 个核苷酸区域的基因间隔序列，称为 IS 区。IS 区是 M13 基因组唯一的非必要区，该区可接受外源 DNA 的插入而不影响 M13 噬菌体的活力。构建 M13 载体都是把某一序列插入 IS 区后形成的。根据所插入的序列不同，可分为两种类型。

一种是在 IS 区内插入一个大肠杆菌的 *lac* 操纵子片段，它包括 β-半乳糖苷酶基因的一部分（*lacZ'*）以及操纵基因和启动子区域。*lacZ'* 编码 β-半乳糖苷酶前面 146 个氨基酸，称为 α-多肽。它能与部分缺失 *lac* 基因的大肠杆菌突变株（JM101 细胞）进行 α 互补，产生完

整的 β-半乳糖苷酶。图 4-15 显示了 α 互补。M13 载体和宿主 JM101 菌株单独存在时，都不能产生有功能活性的 β-半乳糖苷酶，只有二者结合在一起，才能产生有活性的 β-半乳糖苷酶。宿主细胞被感染后，由于 α 互补作用，获得了 lac^+ 表型。在含有 IPTG 和 X-gal 的平板上，β-半乳糖苷酶降解 X-gal，产生蓝色物质，可根据蓝色噬菌斑筛选转化细胞。这样的 M13 载体叫做 M13mp1。

M13mp1 对于发展 M13 载体是极为重要的，随后的一系列 M13 载体都是在它的基础上改造派生出来的。M13mp1 具有筛选标记，但没有常用限制酶的单一切点，这是它作为克隆载体的一大缺点。为此，B. Gronenborn 和 J. Messing（1978 年）把 β-半乳糖苷酶 α 肽链的第五个氨基酸密码子中的一个鸟嘌呤点突变成腺嘌呤（G13→A），在这个序列中，产生一个 EcoRⅠ 限制酶的识别位点（GAATTC）。由此产生的 M13 载体称 M13mp2。虽然这种碱基转换的结果导致天冬氨酸被天冬酰胺所取代，但所幸的是这一取代对 α 肽链的互补作用没有造成实质性影响。用类似的方法得到了 M13mp3 和 M13mp4 载体。

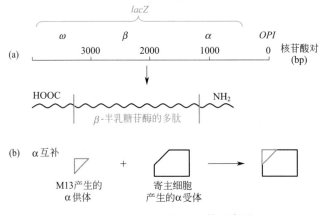

图 4-15　$lacZ$ 基因及 α 互补示意图

第二种类型是在 M13mp2 的 EcoRⅠ 位点上再插入一个人工接头，即化学合成的多聚衔接物（polylinker），在此小片段的衔接物上有多个限制酶的识别位点，扩展了克隆位点的组成范围。根据衔接物不同，构成 M13 的系列衍生物载体，如 M13mp7、M13mp8、M13mp9、M13mp10、M13mp11、M13mp18 和 M13mp19 等。

在 β-半乳糖苷酶基因（$lacZ$）中插入人工衔接物小片段，并不影响 β-半乳糖苷酶肽与 β-半乳糖苷酶突变体的互补能力，即 α 肽互补。若在此衔接物片段中再插入外源 DNA 片段，则将破坏互补作用。含有插入片段的噬菌体生长在含有 IPTG 和 X-gal 的平板上产生无色噬菌斑，可作为重组体噬菌体筛选标记。图 4-16 为一对 M13 载体结构图。它们都带有一段限制位点相同而取向相反的多克隆位点序列。这一对 M13 载体对于 EcoRⅠ、SstⅠ、SmaⅠ/XmaⅠ、BamHⅠ、XbaⅠ、SalⅠ/AccⅠ/$Hinc$Ⅱ、PstⅠ及 $Hind$Ⅲ 等核酸内切限制酶都只具有单一的限制位点。图中的罗马数字代表 M13 噬菌体的基因。

（3）M13 载体的特点及应用

M13 载体系列的基因组中，都带有一条饰变的 β-半乳糖苷酶基因片段，根据有无 β-半乳糖苷酶活性，可以方便地筛选重组体噬菌体。在 $lacZ'$ 基因中插入人工接头，带入密集的

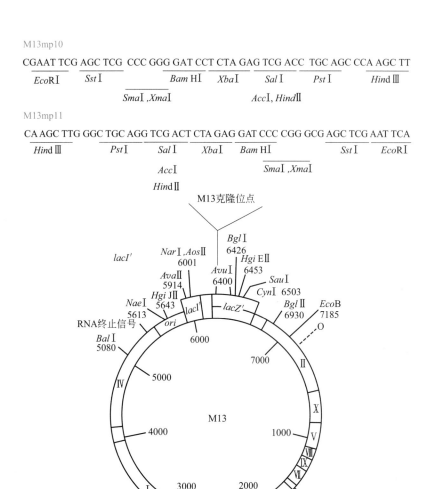

M13mp10

CGAAT TCG AGC TCG CCC GGG GAT CCT CTA GAG TCG ACC TGC AGC CCA AGC TT

*Eco*RI   *Sst*I   *Bam*HI   *Xba*I   *Sal*I   *Pst*I   *Hind*Ⅲ

          *Sma*I ,*Xma*I   *Acc*I, *Hind*II

M13mp11

CA AGC TTG GGC TGC AGG TCG ACT CTA GAG GAT CCC CGG GCG AGC TCG AAT TCA

*Hind*Ⅲ   *Pst*I   *Sal*I   *Xba*I   *Bam*HI   *Sst*I   *Eco*RI

        *Acc*I   *Sma*I ,*Xma*I

        *Hind*II

图 4-16　一对 M13 克隆载体（M13mp10 和 M13mp11）的分子结构图

MCS，更扩大了 M13 载体的使用范围。

    如图 4-16 所示，在 M13 载体中，许多都是成对构建的，如 M13mp8 和 M13mp9、M13mp10 和 M13mp11 等。这些载体的人工接头插入片段具有结构相同取向相反的特点。这意味着应用这种成对的 M13 载体，能够把插入在它们的限制位点中的外源 DNA 片段按两种彼此相反的取向进行克隆。这对于 DNA 序列分析是特别有用的，它可以从两个相反的方向同时测定同一个克隆的 DNA 双链核苷酸顺序，获得彼此重叠而又相互印证的 DNA 序列结构资料。

    由 M13 的生物学特性知道，克隆在 RF DNA 分子上的外源 DNA 片段，到了子代噬菌体便成了单链形式。所以应用 M13 载体可以很方便地分离到特定的 DNA 单链序列。但所得到的是双链 DNA 中的哪一条单链，取决于克隆在 RF 分子上的外源 DNA 片段的插入取向，因为包装进 M13 噬菌体形成颗粒的只有一条（＋）链 DNA。为了解决这一问题，形成一致的插入取向，可使用定向克隆技术。图 4-17 解释了外源 DNA 片段在 M13 载体上的定向克隆。

用两种不同的限制性内切核酸酶（如 *Bam*HI 和 *Hind*III）消化外源 DNA，可产生带有两种不同黏性末端的 DNA 片段。同样，用这两种酶切割的载体分子，只有在加入了一种具有与此相同的两种黏性末端的外源 DNA 片段，才能够重新环化起来。由此可知，由这种双酶切割的 M13 RF DNA 转化而来的 M13 子代噬菌体，必定是由 M13 噬菌体分子本身和插入 DNA 片段组成的重组体。为了产生这类重组体分子，M13 载体分子 *Hind*III 的末端必须同插入 DNA 的 *Hind*III 连接，而两者的 *Bam*HI 末端也必须同样连接起来。这样处理的结果便实现了外源 DNA 片段的定向插入。由于在 M13 载体基因组中 *Bam*HI 和 *Hind*III 限制位点的位置是已知的，因此插入的 DNA 片段的取向也就可以被确定。

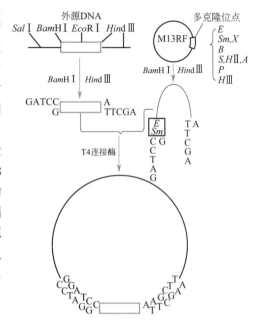

图 4-17　外源 DNA 片段在 M13 噬菌体上的定向克隆

4.2.2　双链噬菌体载体

λ 噬菌体是迄今为止研究得最详尽的一种大肠杆菌双链 DNA 噬菌体。从 1974 年开始人们就利用 λ 噬菌体做基因工程的载体，现已被人工构建出多种类型载体，在基因工程中占有重要地位。

（1）λ DNA 分子

λ DNA 为线状双链分子，长度为 48502 个碱基对。在 λ DNA 分子的两端各有 12 个碱基的单链互补黏性末端。当 λ DNA 被注入宿主细胞后，便会迅速地通过黏性末端的互补作用形成双链环形 DNA。这种由黏性末端结合形成的双链区段，称为 *cos* 位点（cohesive end site）。λ DNA 的黏性末端及环化作用如图 4-18 所示，（a）为具有互补单链末端（黏性末端）的 λDNA 分子；（b）显示通过黏性末端之间的碱基配对作用实现的线性分子的环化作用。

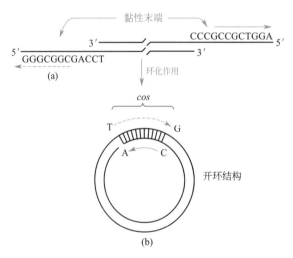

图 4-18　λ 噬菌体线性 DNA 分子的黏性末端及其环化作用

λ DNA 至少包括 61 个基因，图 4-19 表示 λ DNA 上的部分定位基因，其中有一半左右参与了噬菌体周期活动，这类基因称为 λ 噬菌体的必要基因；另一部分基因，当它们被外源基因取代后，并不影响噬菌体的生命功能，这类基因称为非必要基因。取代了非必要基因的外源基因可以随宿主细胞一起复制和增殖，这一点在基因工程中是非常重要的。

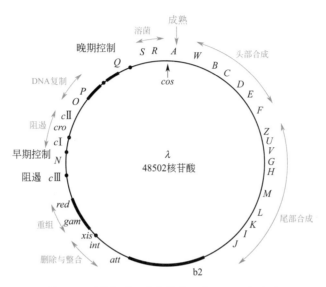

图 4-19　野生型 λ 噬菌体的环状 DNA 基因图

　　在 λ 噬菌体 DNA 分子上的编码基因，除了两个正调节基因 N 和 Q 之外，其余是按功能的相近性聚集成簇的。例如，头部、尾部、复制及重组 4 大功能的基因，各自聚集成 4 个特殊的基因簇。不过，在文献中为了叙述方便，往往将 λ 噬菌体基因组人为地划分为 3 个区域：①右侧区，自基因 A 到基因 J，包括参与噬菌体头部蛋白质和尾部蛋白质合成所需要的全部基因。②中间区，介于基因 J 与基因 N 之间，这个区又称为非必要区。本区编码的基因与保持噬菌斑形成能力无关，但包括了一些与重组有关的基因（如 red 基因）以及使噬菌体整合到大肠杆菌染色体中去的 int 基因，还包括把原噬菌体从宿主染色体上切除下来的 xis 基因。③左侧区，位于 N 基因的右侧，包括全部主要的调控成分，噬菌体的复制基因（O 和 P）以及溶菌基因（S 和 R）。

　　图 4-19 中显示的部分噬菌体基因包括：①参与噬菌体头部蛋白质合成的基因有 W、B、C、D、E、F 等多种基因，参与局部蛋白质合成的有 Z、U、V、G、H 和 M、L、K、I、J 十余种基因。②λ 噬菌体的复制基因 O 和 P 参与 λ 噬菌体 DNA 的合成作用。DNA 复制的起点就位于 O 基因的编码序列之内，该基因编码的是一种 DNA 复制启动蛋白质。③red 和 gam 这两个基因控制 DNA 的重组作用，其中 gam 基因的主要作用是，在感染早期使宿主 RecBC 蛋白质失去功能（RecBC 蛋白质是一种多功能的核酸酶，它具有内切核酸酶的活性和活跃的外切核酸酶活性，因此又称外切核酸酶 V）。④xis 和 int 这两个基因负责外源 DNA 删除和整合作用。xis 基因控制一种蛋白质删除酶的合成；而 int 基因则是控制整合酶的合成，这种酶识别噬菌体 DNA 和细菌 DNA 上的 att 位点（附着位点），并催化两者进行交换。无疑这些基因参与溶源化作用的过程。在这个过程中，环化的 λ DNA 插入宿主染色体上，以原噬菌体的形式随之一道稳定地复制。⑤调节基因除了 N 和 Q 之外，还有 cⅡ、cro、cⅠ、cⅢ 4 个基因，其中 N 和 Q 都是编码抗终止子（antiterminator）的基因，分别控

制早期功能和晚期功能的调节；cI 基因编码的蛋白质是一种阻遏物；cro 基因编码的蛋白质同样也是一种阻遏物，能同操纵基因 O_L 和 O_R 结合而抑制转录；同时 N、cro、cI 3 个基因还同超感染免疫性功能有关；cII 基因编码一种调节成分，当缺乏这种蛋白质时，int 和 cI 基因的启动子就无法利用 RNA 聚合酶，因而无法进行转录。⑥S 和 R 是控制宿主细菌发生溶菌作用的两个基因，故称溶菌基因。⑦b2 区段的功能目前尚不了解。该图只示出主要基因。在包装进蛋白质外壳之前，λ DNA 在 cos 位点切开，这样的基因图便是线性的，其中一端靠近 A 基因，另一端位于 R 基因附近。

λ DNA 的复制早期是双向型，由一个环状分子复制成两个环状分子。若进入裂解途径，则进行晚期的滚环型复制，即由一个环状 DNA 分子复制成多个 λ DNA 分子连在一起的线状连环 DNA。

在噬菌体包装时，首先是头部前体（主要是基因 E 的产物）包裹连环 DNA 中的一个 λ DNA 分子，接着基因 A 的产物在包裹 DNA 两端的 cos 位点上切开连环 DNA，随后基因 E 的产物掺入进来，成为完整的噬菌体头部。最后基因 W 和基因 F 的产物使噬菌体头部和局部连接成完整的噬菌体颗粒，在 S 基因和 R 基因产物的作用下，细胞破裂，释放出子代噬菌体颗粒。

（2）λ 噬菌体载体的构建

野生型的 λ 噬菌体本身不适宜作为克隆载体来用，主要原因是 λ DNA 对大多数常用的限制酶有较多的切割位点，比如有 5 个 EcoRI 的限制位点，7 个 $Hind$III 的限制位点。这样，λ 噬菌体只有经过改造才适合用作克隆载体。

λ 噬菌体之所以能够改造成克隆载体是因为 λ DNA 中的 J 基因到 N 基因区段为非必要区。这个区带约占总 DNA 长度的三分之一。它的缺失或取代并不影响 λ 噬菌体的生长和裂解释放，这是改造 λ 噬菌体做基因载体的依据。改造工作包括：在上述三分之一非必要区段制造限制酶切口，以便外源 DNA 片段的插入或取代；引进某些突变以改变噬菌斑形态，以便重组体的检出；通过某些基因的无义突变将它改造成安全载体，以利于生物学防护等。

对前所述的 λ 噬菌体存在过多的限制酶位点如 EcoRI 等，改造的基本步骤是先将所有的 EcoRI 位点移去，然后应用遗传重组技术插入一个期望的 DNA 片段。因为失去固有的 EcoRI 限制位点，可将噬菌体感到具有 EcoRI 限制-修饰体系的和不具有 EcoRI 限制-修饰体系的两种宿主细胞中循环生长。用经修饰的 λ 噬菌体感染具有 EcoRI 限制-修饰体系的宿主细胞，只会产生极少数的子代噬菌体。这极少数成活的噬菌体来源于在感染早期已经发生了修饰作用的 λ DNA，或是在 EcoRI 位点发生了突变，可以抗御 EcoRI 限制酶的切割作用。经过在不同宿主之间反复地循环之后选择出来的噬菌体已经获得了若干个这类的突变，λ DNA 已不再被限制。将这样得到的完全失去 EcoRI 限制位点的 λ 噬菌体，同具有全部 EcoRI 限制位点的 λ 噬菌体在体内进行杂交，然后选择仅在非必要区段内有一个或两个 EcoRI 限制位点的重组噬菌体。这些重组噬菌体可被 EcoRI 限制酶所切割，并能在这样的位点中插入外源 DNA 片段而不影响噬菌体的生命功能。

按照上面所讲的基本原理，已构建出多种 λ 噬菌体载体，这些载体可归纳成两种不同的类型，即插入型载体（insertion vector）和置换型载体（replacement vector）。

① 插入型载体

只具有一个限制酶位点可便于外源 DNA 插入的 λ 噬菌体载体称为插入型载体。例如 λgt10、λBV2、λNM540、λNM590、λNM607 等均属于这种类型的载体。相对于置换型载体，插入型载体承受的外源性 DNA 片段较小，一般在 10kb 以内，广泛应用于 cDNA 及小片段 DNA 的克隆。

外源 DNA 片段克隆到插入型载体上后会使噬菌体的某种生物功能丧失效力，即所谓的插入失活效应，这也为克隆基因的选择提供了表型。常用的有免疫功能失活和大肠杆菌 β-半乳糖苷酶失活两种。

免疫功能失活的插入型载体在其基因组中有一段免疫区，此区段带有一两种限制酶的单一切点。若外源基因插入这种位点上时，就会使载体所具有的合成活性阻遏物的功能遭受破坏，从而使 λ 噬菌体载体不能进入溶源周期。因此，凡带有外源 DNA 插入的 λ 重组体都只能形成清晰的噬菌斑，而没有外源 DNA 插入的亲本噬菌体就

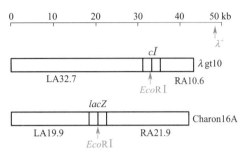

图 4-20 λ 噬菌体的插入型载体
λgt10 和 Charon16A

会形成混浊的噬菌斑，不同的噬菌斑形态可作为筛选重组体的标志。两种插入型载体如图 4-20 所示。这两个载体分别具有一个 cI 基因（λ 阻遏蛋白基因）和 $lacZ$ 基因（β-半乳糖苷酶基因）。它们编码序列中都有一个 EcoRⅠ限制位点供外源 DNA 片段插入。左臂（LA）和右臂（RA）的长度均以 kb 为单位。

β-半乳糖苷酶失活的插入型载体，在其基因组中含有一个大肠杆菌的 $lac5$ 区段，此区段编码 β-半乳糖苷酶基因 $lacZ$。在诱导物 IPTG（异丙基硫代半乳糖苷）存在下，β-半乳糖苷酶能作用于 X-gal（5-溴-4-氯-吲哚-β-D-半乳糖苷）形成蓝色化合物（5-溴-4-氯靛蓝）。这样由这种载体感染的大肠杆菌 lac^- 指示菌，涂布在补加有 IPTG 和 X-gal 的培养基平板上，会形成蓝色的噬菌斑。若在 $lac5$ 区段上插入外源 DNA 片段，就会阻断 β-半乳糖苷酶基因 $lacZ$ 的编码序列，这种 λ 重组体感染的 lac^- 指示菌由于不能合成 β-半乳糖苷酶，只能形成无色的噬菌斑。若使用 lac^+ 菌株做指示菌，在不发生外源 DNA 插入的情况下，λ 载体 $lac5$ 区段保持完整，感染的结果会形成深蓝色的噬菌斑；即便是 $lac5$ 区段被插入阻断，也会形成浅蓝色的噬菌斑，而不是无色的噬菌斑。

② 置换型载体

置换型载体的基因组中具有成对的限制酶位点，在这两个位点之间的 DNA 区段可以被插入的外源 DNA 片段所取代。例如，λEMBL4、Charon40、λgtwES 等，都属置换型载体。

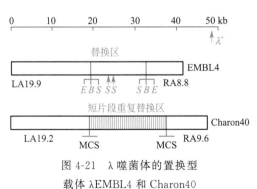

图 4-21 λ 噬菌体的置换型载体 λEMBL4 和 Charon40

图 4-21 所示的 λEMBL4 和 Charon40 是两种设计独特的 λ 噬菌体的置换型载体。在 λEMBL4 中，长度为 13.2kb 的中间可取代片段有两个 SalⅠ位点，包围其两侧的一对反向重复的多聚衔接物中存在着 EcoRⅠ、BamHⅠ及 SalⅠ三种限制酶的单识别位点。外源 DNA 可从其中的任一位点插入载体分子，但究竟选用哪一种限制位点则是取决于克隆片段的制备方法。若是用 Sau3A 局部消化所得的片段，则可插入其同尾酶 BamHⅠ位点上，如此形成的重组体分子经 EcoRⅠ限制酶的消化作用，便

可将插入片段删除。当应用 *Bam*HI 限制酶处理 λEMBL4 克隆载体时，往往还要用 *Sal*I 限制酶从两个位点切割中间的可取代区段，从而使两臂之间释放出 *Bam*HI-*Sal*I 短片段。这样的结果，便阻止了中间的可转移区段与两臂重新退火形成非重组体分子的存活噬菌体（viable phage）的可能性。

置换型载体 Charon40 的中间可取代区段是由一种 DNA 短片段多次重复而成的，这种重复序列结构称为多节段区（polystuffer）。在多节段区中的两个短片段之间的连接点可被 *Nae*I 识别。因此，在应用 Charon40 作克隆载体时，便能够有效地将其中间的多节段区清除掉，从而使存活噬菌体大部分都是重组体分子。Charon40 载体的中间多节段区的两侧由一对反向重复的多克隆位点包围着，从而增加了可选用的限制酶的种类。与 λEMBL4 载体一样，Charon40 的克隆能力也可达 9～22kb。

许多置换型载体也带有编码 *β*-半乳糖苷酶基因以及它的操纵基因和启动区的 *lac*5 取代区段。如 Charon40 的可被外源 DNA 取代的 *Eco*RI 片段中包含 *lac*5 取代片段和一个 *bio* 取代片段。故 Charon40 感染宿主后，可在 X-gal 的琼脂培养基上产生蓝色噬菌斑。而含有 *lac*5 的 *Eco*RI 片段被外源 DNA 取代后，所形成的重组体噬菌体只能产生无色噬菌斑。如果 Charon40 中的含有 *lac*5 的 *Eco*RI 片段因体外重组而发生重排等情况，用 *lac*⁻ 作指示菌也将产生无色噬菌斑，而用 *lac*⁺ 作指示菌则将产生蓝色噬菌斑。这可能是由于随着噬菌体生长而增加的 *lac* 操纵基因的剂量，滴定消耗了（结合消耗了）细胞中的 *lac* 阻遏物，因而使得细菌的 *lac* 操纵子发生某种程度的去抑制作用，于是便能够产生蓝色的噬菌斑。

置换型载体 λNM781 具有可取代的 *Eco*RI 片段，内编码有 *supE* 基因。这个噬菌体能够校正宿主细胞的 *lacZ* 基因的琥珀突变。由于 λNM781 噬菌体的感染，宿主细胞 *lacZ* 基因的琥珀突变被抑制，所以能在乳糖麦康基氏（McConkey）琼脂培养基上产生红色的噬菌斑，或是在 X-gal 琼脂培养基上产生蓝色的噬菌斑。但如果具有 *supE* 基因的 *Eco*RI 片段被外源 DNA 所取代，那么形成的重组体噬菌体在上述的两种指示培养基中都只能产生无色的噬菌斑。应用指示培养基可将这种重组体方便地筛选出来。

（3）λ DNA 的体外包装

正常的 λ 噬菌体能够在其本身所编码的基因中，利用宿主细胞内原材料表达成各种有活性的蛋白质或酶，经一系列反应变化，最后组装成完整的噬菌体颗粒。

所谓 λ DNA 的体外包装，是指在试管中完成噬菌体在宿主细胞内的全部组装过程。其基本原理是 λ 噬菌体的头部和尾部的装配是分开进行的。头部的基因发生突变，噬菌体只能形成尾部；而尾部基因发生了突变的噬菌体只能形成头部。将这两种不同突变型的噬菌体提取物混合起来，就能够在体外装配成有生物活性的噬菌体颗粒。

只要为重组 DNA 提供高浓度的噬菌体前体，包括包装蛋白、头部和尾部，就有可能形成完整的噬菌体颗粒。为此，首先要制备琥珀突变种。*D* 基因突变和 *E* 基因突变的 λ 噬菌体，就是一对互补的头部突变型噬菌体。*D* 基因和 *E* 基因的产物都是重要的外壳蛋白质。*E* 基因的产物 E 蛋白是 λ 噬菌体头部的主要成分，占头部蛋白的 72%。利用 *E* 基因发生了琥珀突变（Eam）的 λ 噬菌体感染宿主细胞，溶菌物中积累了大量的尾部蛋白质，而不能形成任何头部结构。*D* 基因的产物 D 蛋白，位于噬菌体头部的外侧，与 λ DNA 进入头部前体及头部的成熟有关。将 *D* 基因发生突变（Dam）的噬菌体感染宿主细胞，由于缺少活性 D 蛋白，无法形成成熟的头部而积累大量的头部前体蛋白。把这两种溶菌物和重组 DNA 混合起来。作为主要头部蛋白的基因 *E* 产物在基因 *A* 产物的作用下，将重组 DNA 包装起来，

然后加上基因 D 产物就形成了噬菌体的头部。在基因 W 和 F 产物的作用下，头部和尾部连接起来，组成完整的噬菌体颗粒。用体外包装形成噬菌体颗粒的方法将重组体 DNA 导入受体菌株，每微克 DNA 可形成 10^6 个噬菌斑，比不包装的裸露 DNA 分子的效率高 $100\sim10000$ 倍。

λ 噬菌体 DNA 的包装有一定的限制，这是因为 λ 噬菌体头部外壳蛋白对 DNA 的容纳量是有一定限度的。具体来讲，上限不得超过其正常野生型 DNA 总量的 5% 左右，下限不得少于正常野生型 DNA 总量的 75%。也就是说，λ 噬菌体的包装能力控制在野生型 λ DNA 的 75%～105%。在这个范围内的 DNA 可以被包装成有活性的噬菌体颗粒，而超出这个范围就不能形成正常大小的噬菌斑，这就是所谓的 λ 噬菌体的包装限制。

包装限制说明，λ 噬菌体作载体时外源 DNA 片段的大小有比较严格的要求，这是在应用 λ 载体时必须注意的。若按野生型 λ DNA 分子长度为 48kb 计算，其包装上限为 51kb。由于野生型的 λ DNA 基因组中必要基因的 DNA 区段占 28kb，所以 λ 载体克隆外源 DNA 片段的理论极限值是 23kb，也就是包装外源 DNA 片段的最大容量是 23kb。一般的 λ 载体包装容量在 15kb 左右。

由上面所述的包装限制还知道，若被包装的 DNA 小于野生型 λ DNA 的 75%，即 λ 基因组缺失了超过其 DNA 总量 25% 的非必要区段，也不能被有效地包装。这样，在上述置换型载体中，当用限制酶消化去除可取代片段只有一定大小的外源 DNA 插入后，才能形成噬菌斑。若只有 λ 载体的左臂和右臂的自身连接，如果达不到野生型 λ DNA 分子的 75%，则不能形成噬菌斑。由此可见，包装限制这一特性，保证了体外重组所形成的有活性的 λ 重组体分子一般都应带有外源 DNA 的插入片段，或是具有重新插入的非必要区段，这相当于是对 λ 重组体的一种正选择。

（4）凯伦噬菌体载体及其他一些噬菌体载体

凯伦噬菌体（charon bacteriophage）是 F. R. Blattner 等从 1977 年开始陆续组建的一类噬菌体 λ 载体。这类载体有插入型的，如 Charon2，也有置换型的，如 Charon30。这类载体在基因工程操作中应用很广。

Charon 载体上具有适当数量的限制酶位点，具有来自大肠杆菌的 β-半乳糖苷酶基因 $lacZ$，可为重组体噬菌体提供可选择的表型特征。经限制性内切核酸酶 EcoRI 消化之后得到的载体两臂分子，在连接反应之前，一般要同其大部分的中央区段分开，这样才能使它们之间重新连接的可能性下降。重新连接的不含外源 DNA 插入的分子，若其中央区段的取向保持与原来的一致就会形成 lac^+ 噬菌斑（蓝色）；而与原来相反的，则形成 lac^- 噬菌斑（无色）。

Charon 载体的特点是容量大，对研究大范围内的染色体结构很有用处。但由于包装限制，Charon 载体承受外源 DNA 的能力一般在几个 kb 到 23kb 的范围。当与 λ 噬菌体外壳蛋白体外包装形成噬菌体颗粒，其感染效率是很高的。

4.3　黏粒载体

黏粒（cosmid）是一类由人工构建的含有 λ DNA 的 cos 序列和质粒复制子的特殊类型

的质粒载体。"cosmid"一词是由英文"cossite carrying plasmid"缩写而成的，原意为带有黏性末端位点（cos）的质粒。黏粒比λ噬菌体具有更大的克隆能力，在真核基因的克隆中起到巨大的作用。

4.3.1 黏粒载体的组成

黏粒的大小为4～6kb，这类质粒的基因组都由三部分组成。①一个抗药性标记和一个质粒的复制起始部位。②一个或多个限制酶的单一切割位点。③一个带有λ噬菌体的黏性末端片段。图4-22标出pHC79的形体。

在黏粒pHC79中，来自pBR322部分的是一个完整的复制子，编码一个复制起点和两个抗生素抗性基因amp^r和tet^r。来自λ DNA部分的片段，除了提供cos位点外，在cos位点两侧还具有与噬菌体包装有关的DNA短序列，这样能够包装成具有感染性的噬菌体颗粒。很明显，pHC79黏粒兼备了λ噬菌体载体和pBR322质粒载体两方面的优点。

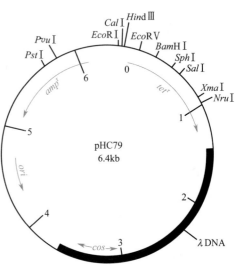

图4-22 黏粒载体pHC79的图谱

4.3.2 黏粒载体的特点

根据黏粒的结构组成，可以归纳出以下三方面的特点：①具有λ噬菌体的特性。黏粒载体连接适宜长度的外源DNA片段后，可在体外包装成噬菌体颗粒，并能高效地转入对λ噬菌体敏感的大肠杆菌宿主细胞。进入受体细胞后，也能像λ DNA一样进行环化。但由于不含有λ噬菌体的全部基因，故不能通过溶菌周期，当然也不能形成子代噬菌体颗粒。②具有质粒载体的特性。cosmid载体多带有pMB1和ColE1复制子，所以能像质粒DNA一样在宿主细胞内复制，也能在氯霉素的作用下扩增。此外，cosmid载体通常也都具有抗生素抗性基因，有些还带有插入失活的克隆位点，为重组体的筛选提供了方便的标记。③具有高容量的克隆能力。λ噬菌体载体的克隆容量理论极限值是23kb，一般15kb左右，而cosmid载体的克隆极限可达45kb左右，比λ噬菌体以及质粒载体的克隆能力要大得多。这是因为cosmid载体本身比较小，它只是由一个复制起点、一两个选择标记和cos位点组成，分子一般低于5kb，这样插入一个45kb的外源DNA片段，不影响λ噬菌体的包装。由于包装限制的缘故，cosmid的克隆能力还有一个最低极限值。若为5kb的cosmid载体，只有插入的外源DNA片段至少达到30kb长，才能包装成具有感染性的λ噬菌体颗粒。可以看出cosmid载体在克隆大片段DNA分子时特别有效。

4.3.3 黏粒载体的应用

上述的噬菌体载体在λ噬菌体的正常生命周期中，会产生数百个由cos位点连接的λ DNA拷贝组成的多连体。同时，λ噬菌体还具有一种位点特异的切割体系（site specific cutting system），叫做末端酶（terminase）或Ter体系，它能识别两个距离适宜的cos位点，把多连体分子切割成λ单位长度的片段，并把它们包装到λ噬菌体头部中去。可以看出，Ter体系要求被包装的DNA片段具有两个cos位点，在这两个cos位点之间要保持

38～54kb 的距离，这些条件对于黏粒克隆外源基因，进行体外包装是非常重要的。

　　应用黏粒作载体克隆外源基因的一般程序是：先用特定的限制性内切核酸酶局部消化真核生物的 DNA，产生分子量较大的外源 DNA 片段，与经同样的限制酶切割过的黏粒线性 DNA 分子进行体外连接反应。由此形成的连接产物群体中，有一定比例的分子是两端各带一个 cos 位点、中间 DNA 片段长度在 40kb 左右的重组体，这样的分子同 λ 噬菌体感染晚期所产生的分子相似。当与 λ 噬菌体包装连接物混合时，Ter 体系能识别并切割这种两端由 cos 位点围着的 35～45kb 长的真核 DNA 片段，并把这些分子包装进 λ 噬菌体头部，进而形成"噬菌体"颗粒。当然，这种噬菌体颗粒只具有噬菌体外壳是不能作为噬菌体生存的，用它再感染宿主细胞，可将真核 DNA-cos 杂种分子注入细胞内，并通过 cos 位点环化。作为质粒载体，又可按质粒分子的方式进行复制和表达抗药性标记。

　　用 cosmid 进行克隆时有两个缺点：①两个或多个 cosmid 分子之间的重组，即自我重组降低了阳性率。②两个或多个外源 DNA 片段同时插入，使最初在真核染色体 DNA 上本来不连的片段连接起来。为解决这一难题，1981 年 Ish-Horowicz 和 Burke 设计了一种使用特殊黏粒的克隆方案。他们用黏粒 pJB8 作载体，这一载体的突出特点是，在 BamHI 识别位点的两侧各有一个 EcoRI 识别位点包围着。这样若在 BamHI 位点克隆了外源 DNA 片段（Sau3A 或 MboI DNA 片段），可通过 EcoRI 的切割作用，重新被删除。

　　Ish-Horowicz 和 Burke 黏粒克隆方案的具体步骤为：①先将两等份 pJB8 DNA 分别用 HindIII 和 SalI 作局部消化，形成"右边"和"左边"cos 片段。②用碱性磷酸酶处理，除去 5′末端磷酸，以防发生载体分子内或分子间的重组。③脱磷酸后，用 BamHI 处理，产生具有 BamHI 黏性末端的 cos 片段。④将这两种 cos 片段同经过 Sau3A 或 MboI 局部消化并脱磷酸处理的真核 DNA 片段混合连接，结果只能形成一种由"左边"cos 片段（一条长度为 32～47kb 的插入片段）和"右边"cos 片段组成的可包装的重组体分子。

　　这一克隆方案效率很高，经修改后也可用于其他黏粒载体。若用 EcoRI 消化切割，还可以在重组体分子中重新获得插入的 DNA 片段。

4.4　噬菌粒载体

4.4.1　噬菌粒载体的概念

　　M13 噬菌体载体的一个突出优点是，可方便地用来制备克隆基因的单链 DNA，因此在基因工程研究中有十分广泛的用途。然而，实践发现 M13 载体也存在着一些明显的不足之处。例如，插入了外源 DNA 片段之后，它的遗传稳定性便会显著下降，而且插入的 DNA 片段分子越大，其稳定性下降的程度也就越严重。再如，实验中我们还经常可以观察到，尽管理论上外源 DNA 片段可以按正、反两种取向插入 M13 载体上，但实际上特定的外源 DNA 片段总是按一种主要取向插入的。而最严重的一个缺点则是，M13 载体克隆外源 DNA 的实际能力十分有限，一般情况下其有效的最大克隆能力仅仅是 1500bp。这就局限了这类载体在基因克隆特别是真核基因克隆中的实用价值。为了解决这个问题，科学工作者已经发展出了一类由质粒载体和单链噬菌体载体结合而成的新型的载体系列，称为噬菌粒（phagemid 或 phasmid），常见的噬菌粒见表 4-4。

表 4-4　常见的噬菌粒载体的一般特征

噬菌粒	质粒	单链噬菌体	辅助噬菌体	大肠杆菌宿主菌株
pEMBL8	pUC8	f1	IR1[①]	71/18
pRSA101	πVX	M13	M13 变异株[②]	XS127，XS101
pUC118/pUC119	pUC18/pUC19	M13	M13K07[③]	MV1184
pBS	pUC	f1	M13K07[③]	XL1-Blue

① 辅助噬菌体是丝状单链噬菌体 f1 的一种抗干扰的变异株。

② 具有抵抗那些含 M13 间隔区的质粒的干扰作用。

③ 变异株是一种常用的辅助噬菌体，它的基因 II 发生了突变，结果所产生的编码产物主要是作用于噬菌粒载体 pUC118/pUC119 的间隔区。

噬菌粒载体的分子量一般都比 M13 载体的小，约为 3000bp，易于体外操作，可得到长达 10kb 的外源 DNA 的单链序列；由于它们既具有质粒的复制起点，又具有噬菌体的复制起点，因此在大肠杆菌宿主细胞内，可以按正常的双链质粒 DNA 分子形式复制，形成的双链 DNA 既稳定又高产，具有常规的质粒特性；而当存在辅助噬菌体的情况时，在噬菌体基因 II 蛋白质的影响下，噬菌粒的复制方式发生改变，又可如同 M13 载体一样按滚环模型复制产生单链的 DNA，并在包装成噬菌体颗粒之后被挤压出宿主细胞。

总之，与 M13 载体相比，噬菌粒载体具有分子量小、克隆能力强、能稳定遗传以及可以用来制备单链或双链 DNA 等诸多优点。因此，近年来此类载体在基因工程研究中的应用已越来越广泛。

4.4.2　pUC118 和 pUC119 噬菌粒载体

pUC118 和 pUC119 是一对分别由 pUC18 和 pUC19 质粒和野生型 M13 噬菌体的基因间隔区（IG）重组而成的噬菌粒载体。IG 的长度为 476bp，含有 M13 噬菌体的复制起点，插入 pUC18 和 pUC19 质粒的 NdeI 位点上。除了多克隆位点区的序列取向彼此相反以外，两者的分子结构完全一样（图 4-23）。如果有某一特定的外源基因被插入这一对噬菌粒载体多克隆位点区的同一种限制位点上，那么所形成的重组载体中的一个将转录克隆基因的正链 DNA，而另一重组载体则转录克隆基因的负链 DNA。所以，应用 pUC118 和 pUC119 噬菌粒作载体，克隆基因的两条链都能被有效地合成出来，供 DNA 的核苷酸序列测定以及体外定点诱变等研究使用。

4.4.3　pBluescript 噬菌粒载体

"pBluescript" 是专用的商品名称，系指由 Stratagene 公司发展的一类从 pUC 载体派生而来的噬菌粒载体。起初，人们正式命名此类载体为 pBluescript M13（＋/－），以后简称为 pBS（＋/－），如今则更多地叫做 pBluescript KS（＋/－）或 pBluescript SK（＋/－）。目前已经构建出了许多种。它们的基本结构特征如图 4-24 所示。

除了多克隆位点区的序列取向彼此相反以外，pBluescript KS 和 pBluescript SK 两者的分子结构完全一样。不管 pBluescript KS 还是 pBluescript SK，（＋）和（－）的差异在于，噬菌体 f1 基因间隔区（IG）元件的取向彼此相反。

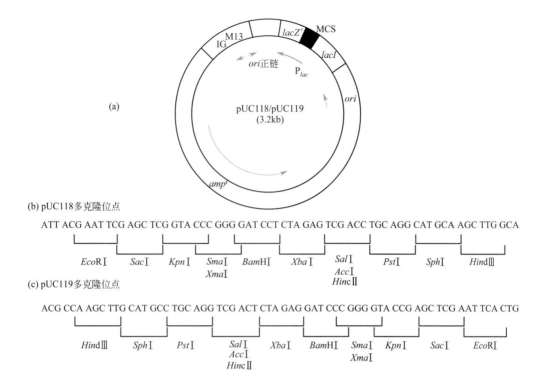

(b) pUC118多克隆位点

ATT ACG AAT TCG AGC TCG GTA CCC GGG GAT CCT CTA GAG TCG ACC TGC AGG CAT GCA AGC TTG GCA

*Eco*RⅠ　　*Sac*Ⅰ　　*Kpn*Ⅰ　　*Sma*Ⅰ　　*Bam*HⅠ　　*Xba*Ⅰ　　*Sal*Ⅰ　　*Pst*Ⅰ　　*Sph*Ⅰ　　*Hin*dⅢ
　　　　　　　　　　　　　　*Xma*Ⅰ　　　　　　　　　*Acc*Ⅰ
　　　　　　　　　　　　　　　　　　　　　　　　　　*Hin*cⅡ

(c) pUC119多克隆位点

ACG CCA AGC TTG CAT GCC TGC AGG TCG ACT CTA GAG GAT CCC GGG GTA CCG AGC TCG AAT TCA CTG

*Hin*dⅢ　　*Sph*Ⅰ　　*Pst*Ⅰ　　*Sal*Ⅰ　　*Xba*Ⅰ　　*Bam*HⅠ　　*Sma*Ⅰ　　*Kpn*Ⅰ　　*Sac*Ⅰ　　*Eco*RⅠ
　　　　　　　　　　　　　　*Acc*Ⅰ　　　　　　　　　　　　　　*Xma*Ⅰ
　　　　　　　　　　　　　　*Hin*cⅡ

图 4-23　pUC118 和 pUC119 噬菌粒载体的分子结构

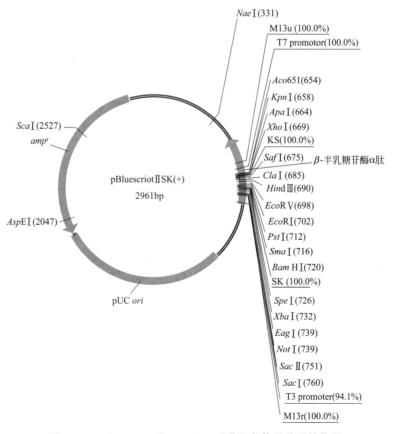

图 4-24　pBluescript Ⅱ SK（＋）噬菌粒载体的分子结构图

4.5　人工染色体载体

人工染色体载体是在人类基因组计划实施过程中构建的一类大容量载体,可以满足真核生物基因组文库的构建及真核基因的克隆、表达等研究。人工染色体载体实际上是一种"穿梭"载体,不仅含有质粒载体所必备的第一受体(大肠杆菌)源质粒复制起点(ori),而且含有第二受体(如酵母菌)染色体 DNA 着丝点、端粒和复制起点序列,以及合适的选择标记基因。该类载体在第一受体细胞内可以按质粒复制形式进行高拷贝复制,而在体外与外源 DNA 片段重组后,可以转化第二受体细胞,并在转化的细胞内按染色体 DNA 复制形式进行复制和传递。一般采用抗生素抗性选择标记筛选第一受体的转化子;而利用与受体互补的营养缺陷型筛选第二受体的转化子。人工染色体载体的显著特点是外源 DNA 片段的容纳能力大幅增加,一般为数百 kb,甚至可达 3000kb 以上。

4.5.1　酵母人工染色体载体

(1) 酵母人工染色体载体的构建

真核生物染色体的两个游离末端区域称为端粒,端粒区域的 DNA 为 TEL 序列,这个序列的最大作用是防止染色体之间的相互粘连。由于目前已知的所有生物体 DNA 聚合酶都必须在引物的存在下,由 $5'{\rightarrow}3'$ 方向聚合 DNA 链,而且引物在新生 DNA 链中被切除,因此从理论上来说,线型染色体 DNA 在每次复制后产生的子代 DNA 必然会在其两端各缺失一段。然而真核生物的端粒 TEL DNA 在端粒酶的作用下,可以修补因复制而损失的 DNA 片段,以防止染色体过度缺失对宿主细胞造成的致死性。另一方面,TEL DNA 序列与端粒酶共同作用的时空特异性也决定了细胞的寿命,如果生物机体的某种组织或细胞缺少 TEL DNA 的增补功能,则它们会在复制一定次数(或细胞分裂)后,自动死亡,而其寿命的长短直接与端粒 TEL DNA 的长度相反。

酵母人工染色体(yeast artificial chromosome,YAC)载体是最早构建成功的人工染色体载体。其构建策略是:将酵母染色体 DNA 的端粒(TEL)、DNA 自主复制序列(ARS)和着丝粒(CEN)及必要的选择标记(HISA4 和 TRP1)基因序列克隆到大肠杆菌质粒 pBR322 中,获得的重组质粒就是 YAC 载体。该载体的 $SUP4$(酪氨酸+RNA 赭石突变抑制位)基因上,组装了外源 DNA 片段的克隆位点。常用的 YAC 载体有 3 种,即 pYAC3、pYAC4 和 pYAC5,其差别主要是 $SUP4$ 基因上的克隆位点不同,分别为 SnaBI、EcoRI 和 NotI 位点。载体 pYAC4 的构建过程见图 4-25。

使用 pYAC4 时,首先用 EcoRI 和 BamHI 双酶切,获得均具 EcoRI 和 BamHI 切割末端的两个 DNA 片段(双臂),随后将两端具 EcoRI 切割末端的外源 DNA 与此双臂连接,构成酵母人工染色体。利用电击转化法将人工染色体转化至酵母受体细胞中,在培养基上呈现红色的菌落为阳性转化子。

(2) YAC 载体的应用

YAC 载体突出的优点是可容纳比其他载体大得多的外源 DNA 片段,用于构建人类和高等生物的基因组文库时,可以减少转化子的数目。构建的 YAC 文库比 cosmid 文库等有

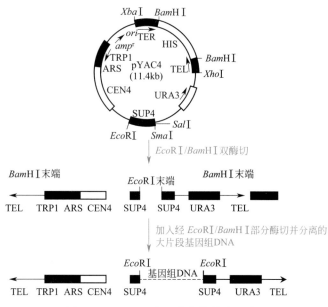

图 4-25　pYAC4 人工染色体构建示意图

更高的覆盖率，可以使不能连接的重叠群连接起来，有利于基因的克隆。目前，利用 YAC 载体已相继建立了人类基因组的一系列 YAC 文库，以及玉米、大麦、番茄、水稻等植物的 YAC 文库。

YAC 载体容纳的大片段 DNA 中，不仅包含基因编码区，还可包含内含子和调控区，并且克隆的基因也可以与各种酶类、转录因子等作用，其基因表达和复制机制在理论上与正常染色体上的基因相似。因此，利用 YAC 载体有助于基因功能的鉴定。

（3）YAC 载体的局限性

虽然 YAC 能容纳较大的 DNA 片段，但是 YAC 转化子的稳定性较差，操作难度大，极大地制约了以 YAC 为基础的基因克隆和功能研究。YAC 载体的主要局限性如下。

① 存在嵌合现象（chimerism），即一个 YAC 转化子中的插入序列可能来自两个或多个不同的片段。研究表明，嵌合体的比例可达到 $10\%\sim50\%$，这使得染色体步移和基因分离的难度增大。

② YAC 转化子的稳定性差，在继代培养时插入片段可能出现重排和丢失等现象。这对染色体物理图谱的构建和基因分离十分不利。

③ 插入片段的分离和纯化等操作难度大，难以维持其完整性。

④ 重组子的转化效率低。

4.5.2　细菌人工染色体载体

（1）细菌人工染色体载体的特点

细菌人工染色体（bacterial artificial chromosome，BAC）载体是在大肠杆菌 F 因子的基础上发展而来的。F 因子是大肠杆菌内的严紧型质粒，每个细胞中仅有 1 个或 2 个拷贝，具有稳定遗传的特点，几乎无缺失、重组和嵌合现象发生，减少了克隆片段发生重组的概率。F 因子能够携带 1Mb 的外源片段，但实际构建的 BAC 载体克隆容量通常不超过 350kb。

BAC 载体以大肠杆菌细胞为宿主，转化效率较高，常规质粒制备方法即可分离 BAC，蓝白斑、抗生素、菌落原位杂交等均可用于目的基因的筛选，克隆的 DNA 片段可直接用于测序等。这些特点使得 BAC 载体系统应用广泛，成为目前基因组学和功能基因组研究的热点之一。

（2）细菌人工染色体载体的构建

1992 年，在 F 因子载体 pMBO131 的基础上，Shizuya 等分别引入了 T7 启动子和 SP6 启动子序列、含 *cosN* 及 *loxP* 位点的 λ 噬菌体和 P1 噬菌体片段，成功构建了 DNA 插入片段达 300bp 以上的 BAC 载体 pBAC108L。该载体含有 F 因子的 *oriS*、*repE*、*parA*、*parB* 和 *parC* 等与复制和调节拷贝数有关的基因，能稳定遗传（100 代），未检出缺失、重组及嵌合现象，并可用于体外转录研究。

pBAC108L 载体以氯霉素抗性基因作为转化选择标记，但无重组子选择标记，重组子的选择必须通过杂交进行验证。为了提高 BAC 转化子的筛选效果，*lacZ'* 基因被引入 pBAC108L 的克隆位点中，构建了 pBeloBAC11 载体，其重组子可以通过蓝白斑进行筛选，简化了操作流程。pBeloBAC11 载体是第二代 BAC 载体的代表，也是构建其他 BAC 载体的基础，其大小约 7.5kb，物理图谱见图 4-26。

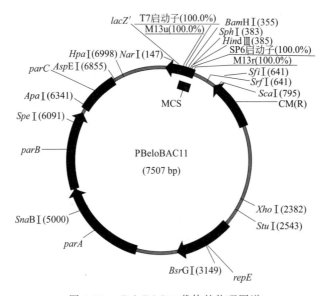

图 4-26　pBeloBAC11 载体的物理图谱

BAC 载体的容纳能力一般为 100～350kb，容量比 YAC 载体小，但也具有 YAC 载体无可比拟的优点：①BAC 的复制子来源于 F 因子，可稳定遗传，缺失、重组及嵌合现象少；②以大肠杆菌为宿主，对宿主细胞的毒副作用小，转化率高；③从大肠杆菌中提取制备及体外操作等更方便；④构建 BAC 文库比 YAC 文库更容易；⑤可以通过菌落原位杂交来筛选目的基因，方便快捷；⑥BAC 载体在克隆位点的两侧具有 T7 和 SP6 聚合酶启动子，可以用于转录获得 RNA 探针或直接用于插入片段的末端测序。

基于上述优越性，BAC 载体成为大片段基因组文库的主要载体，也是基因组测序和基因组遗传图谱、物理图谱构建的主要工具。

（3）双元细菌人工染色体

1996 年，Hamilton 等结合 BAC 载体和 Ti 质粒的特点，成功构建了双元 BAC（binary BAC，BIBAC）载体。该载体在结构上既含有 BAC 的复制系统，又包括农杆菌 Ri 质粒复制子和抗卡那霉素筛选标记及 T-DNA 的左右边界，因此 BIBAC 可以在大肠杆菌和根癌农杆菌中穿梭复制，能直接用于植物转化。

4.5.3　P1 人工染色体载体

P1 人工染色体（P1 artificial chromosome，PAC）载体是在 P1 噬菌体载体的基础上构建的，其克隆容量可达 300kb，比 P1 噬菌体载体大。PAC 载体具有 BAC 载体的一些特征。例如，插入的外源 DNA 没有明显的嵌合和缺失现象、能稳定遗传及高效扩增等。但是，PAC 载体自身片段较大（约 16kb），构建文库时没有 BAC 载体效率高。

PAC 载体的多克隆位点位于蔗糖诱导型致死基因 *sacB* 上，加入蔗糖和抗生素的培养基上筛选得到的转化子都是含有插入片段的重组子。

PAC 载体 pCYPAC1 遗传结构如图 4-27 所示。与 P1 噬菌体载体不同，pCYPAC1 载体只保留了一个 *loxP* 重组位点，构建基因文库时，重组 DNA 分子不能通过体外包装的方式感染宿主细胞，而只能通过电转化方式将其导入宿主细胞。

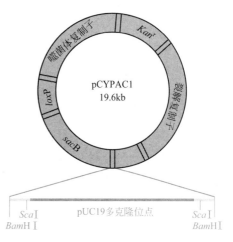

图 4-27　pCYPAC1 载体的遗传结构图

在 PAC 的基础上，构建了可转化人工染色体（transformation-competent artificial chromosome，TAC）载体。TAC 载体具有 P1 复制子和 Ri 质粒复制子，能在大肠杆菌和农杆菌中穿梭复制。与 BIBAC 一样，TAC 载体具有克隆大片段 DNA 和借助农杆菌直接转化植物的功能，但两种载体在大肠杆菌中的复制起点不同，TAC 来源于 P1 噬菌体，而 BIBAC 源于 F 因子。其次，TAC 载体中具有 P1 裂解子（溶解性复制子 lytic replicon），可以在 IPTG 的诱导下产生 5～20 个拷贝，提高了载体的产量。

除 YAC、BAC 和 PAC 等人工染色体载体外，正在研究的还有人类人工染色体（human artificial chromosome，HAC）载体和哺乳动物人工染色体（mammalian artificial chromosome，MAC）载体等，它们不仅在哺乳动物基因文库构建、物理图谱分析、基因克隆和功能研究等方面能发挥巨大的作用，而且在人类基因治疗等领域有着广阔的应用前景。

第5章

重组DNA分子的转化与重组子筛选

带有外源 DNA 片段的重组分子在体外构建之后，需要导入适当的宿主细胞进行繁殖，才能获得大量的、纯一的重组子，这一过程习惯上叫做基因扩增（gene amplification）。由此可知，选定的宿主细胞必须具备使外源 DNA 进行复制的能力，而且还能够表达由导入的重组分子所提供的某种表型特征，这样才有利于重组子的筛选。

5.1 DNA 分子的转化与扩增

DNA 重组分子在体外构建完成后，必须导入特定的受体细胞，使之无性繁殖并高效表达外源基因或直接改变其遗传性状，这个导入过程及操作统称为重组 DNA 分子的转化（transformation）。对于不同的受体细胞，往往采取不同的转化策略，本章主要涉及细菌尤其是大肠杆菌的转化原理与方法，酵母菌受体细胞的转化手段将在第 8 章中专题论述。

5.1.1 DNA 重组转化的基本概念

DNA 重组技术中的转化仅仅是一个将 DNA 重组分子人工导入受体细胞单元的操作过程，它沿用了自然界细菌转化的概念，但无论在原理还是在方式上均与细菌自然转化有所不同，同时也与哺乳动物正常细胞突变为癌细胞的细胞转化概念有着本质区别。重组 DNA 人工导入受体细胞有许多方法，包括转化、转染、接合以及其他物理手段，如受体细胞的电穿孔和显微注射等，这些导入方法在 DNA 重组技术中统称为转化操作。

经典的细菌转化现象是 1928 年英国的细菌学家 Griffich 在肺炎双球菌中发现的，并于 1944 年由美国的 Avery 形成完整的转化概念。细菌转化的本质是受体菌直接吸收来自供体菌的游离 DNA 片段，并在细胞中通过遗传交换将其整合到自身的基因组中，从而获得供体菌的相应遗传性状，其中来自供体菌的游离 DNA 片段称为转化因子。在自然条件下，转化因子由供体菌裂解产生，其全基因组断裂为 100kb 左右的 DNA 片段。具有转化能力的

DNA 片段常常是双链 DNA 分子，单链 DNA 分子很难甚至根本不能转化受体菌。就受体细菌而言，只有当其处于感受态（即受体细胞最易接受外源 DNA 片段而实现转化的一种特殊生理状态）时才能有效地接受转化因子。处于感受态的受体细菌，其吸收转化因子的能力为一般细菌生理状态的千倍以上，而且不同细菌间的感受态差异往往受自身的遗传特性、菌龄、生理培养条件等诸多因素的影响。

细菌转化的全过程包括五个步骤。①感受态的形成：典型的革兰氏阳性细菌由于细胞壁较厚，形成感受态时细胞表面发生明显的变化，出现各种蛋白质和酶类，负责转化因子的结合、切割及加工。感受态细胞能分泌一种小分子量的激活蛋白（如细菌溶素），使细菌胞壁部分溶解，局部暴露出细胞膜上的 DNA 结合蛋白和核酸酶等。②转化因子的结合：受体菌细胞膜上的 DNA 结合蛋白可与转化因子的双链 DNA 结构特异性结合，单链 DNA 或 RNA、双链 RNA 以及 DNA-RNA 杂合双链都不能结合在膜上。③转化因子的吸收：双链 DNA 分子与结合蛋白作用后，激活邻近的核酸酶，一条链被降解，而另一条链则被吸收到受体菌中，这个吸收过程为 EDTA 所抑制，可能是因为核酸酶活性需要二价阳离子的存在。④整合复合物前体的形成：进入受体细胞的单链 DNA 与另一种游离的蛋白因子结合，形成整合复合物前体结构，它能有效地保护单链 DNA 免受各种胞内核酸酶的降解，并将其引导至受体菌染色体 DNA 处。⑤转化因子单链 DNA 的整合：供体单链 DNA 片段通过同源重组，置换受体染色体 DNA 的同源区域，形成异源杂合双链 DNA 结构。

革兰氏阴性细菌细胞表面的结构和组成均与革兰氏阳性细菌有所不同，供体 DNA 进入受体细胞的转化机制还不十分清楚。革兰氏阴性细菌在感受态的建立过程中伴随着几种膜蛋白的表达，它们负责识别和吸收外源 DNA 片段。研究表明，嗜血杆菌和萘氏杆菌均能识别自身的 DNA，如嗜血杆菌所吸收的自身 DNA 片段中都有一段 11bp 的保守序列 5′- AAGT-GCGGTCA-3′。这表明革兰氏阴性细菌在转化过程中对供体 DNA 的吸收具有一定的序列特异性，受体细胞只吸收它自己或与其亲缘关系很近的 DNA 片段，外源 DNA 片段可以结合在感受态细胞的表面，但极少能吸收。与革兰氏阳性菌不同，嗜血杆菌和萘氏杆菌等革兰氏阴性细菌的 DNA 是以完整的双链形式被吸收的，在整合作用发生之前，进入受体细胞内的双链 DNA 片段与相应的 DNA 结合蛋白结合，不被核酸酶降解，DNA 整合同样发生在单链水平上，另一条链以及被取代的受体菌单链 DNA 则被降解。

细菌的转化虽是一种较为普遍的遗传变异现象，但是目前仍只是在部分细菌的种属之间发现，如肺炎双球菌、芽孢杆菌、链球菌、假单胞菌以及放线菌等。而在肠杆菌科的一些细菌间很难进行转化，其主要原因是一方面转化因子难以被吸收，另一方面受体细胞内往往存在着降解线状转化因子的核酸酶系统。另外，细菌自然转化是自身进化的一种方式，通常伴随着 DNA 的整合，因此在 DNA 重组的转化实验中，很少采取自然转化的方法，而是通过物理方法将重组 DNA 分子导入受体细胞中，同时也对受体细胞进行遗传处理，使之丧失对外源 DNA 分子的降解作用，确保较高的转化效率。

5.1.2 受体细胞的选择

野生型细菌一般不能用作基因工程的受体细胞，因为它对外源 DNA 的转化效率较低，并且有可能对其他生物种群存在感染寄生性，因此必须通过诱变手段对野生型细菌进行遗传性状改造，使之具备下列条件。

(1) 限制缺陷型

前已述及，野生型细菌具有针对外源DNA的限制和修饰系统。如果从大肠杆菌C600株中提取的质粒DNA，用于转化大肠杆菌K12株，后者的限制系统便会切开未经自身修饰系统修饰的质粒DNA，使之不能在细胞中有效复制，因此转化效率很低。同样，来自不同生物的外源DNA或重组DNA转化野生型大肠杆菌，也会遇到受体细胞限制系统的降解。为了打破细菌转化的种属特异性，提高任何来源的DNA分子的转化效率，通常选用限制系统缺陷型的受体细胞。大肠杆菌的限制系统主要由 $hsdR$ 基因编码，因此具有 $hsdR^-$ 遗传表型的大肠杆菌各株均丧失了降解外源DNA的能力，同时大大增加了外源DNA的可转化性。

(2) 重组缺陷型

野生型细菌在转化过程中接纳的外源DNA分子能与染色体DNA发生体内同源重组反应。这个过程是自发进行的，由 rec 基因家族的编码产物驱动。大肠杆菌中存在两条体内同源重组的途径，即RecBCD途径和RecEF途径，前者远比后者重要，但两种途径均需要RecA重组蛋白的参与。RecA是一个单链蛋白，在同源重组过程中起着不可替代的作用，它能促进DNA分子之间的同源联会和DNA单链交换，$recA^-$ 型的突变使大肠杆菌细胞内的遗传重组频率降低到 $1/10^6$。大肠杆菌的 $recB$、$recC$ 和 $recD$ 基因分别编码不同分子量的多肽链，三者构成一个在同源重组中的统一功能单位——RecBCD蛋白（核酸酶V），它具有依赖ATP的双链DNA外切酶和单链DNA内切酶双重活性，这两种活性也是同源遗传重组所必需的。以外源基因克隆、扩增以及表达为目的的基因工程实验是建立在DNA重组分子自主复制基础上的，因此受体细胞必须选择体内同源重组缺陷型的遗传表型，其相应的基因型为 $recA^-$、$recB^-$ 或 $recC^-$，有些大肠杆菌受体细胞则三个基因同时被灭活。

(3) 转化亲和型

用于基因工程的受体细胞必须对重组DNA分子具有较高的可转化性，这种特性主要表现在细胞壁和细胞膜的结构上。利用遗传诱变技术可以改变受体细胞壁的通透性，从而提高其转化效率。在用噬菌体DNA载体构建的DNA重组分子进行转染时，受体细胞膜上还必须具有噬菌体的特异性吸附受体，如对应于λ噬菌体的大肠杆菌膜蛋白LamB等。

(4) 遗传互补型

受体细胞必须具有与载体所携带的选择标记互补的遗传性状，方能使转化细胞的筛选成为可能。例如，若载体DNA上含有氨苄西林抗性基因（amp^r），则所选用的受体细胞应对这种抗生素敏感，当重组分子转入受体细胞后，载体上的标记基因赋予受体细胞抗生素的抗性特征，以区分转化细胞与非转化细胞。更为理想的受体细胞是具有与外源基因表达产物活性互补的遗传特征，这样便可直接筛选到外源基因表达的转化细胞。

(5) 感染寄生缺陷型

相当多的细菌对其他生物尤其是人和牲畜具有感染和寄生效应，重组DNA分子导入这些细菌受体中后，极有可能随着受体菌的感染寄生作用，进入生物体内，并广泛传播，如果外源基因对人体和牲畜有害，则会导致一场灾难，因此从安全角度上考虑，受体细胞不能具有感染寄生性。当然，利用基因工程手段制造生物武器不在此例。在DNA重组实验中常见的大肠杆菌受体细胞及其遗传特性列在表 5-1 中。

表 5-1　实验室中常见的大肠杆菌受体及其遗传特性

菌株	基因型
JM83	ara,$\Delta(lac\text{-}proAB)$,$rpsL$,$(\Phi80dlacZ,\Delta M15)thi(Str^r)$
JM101	$supE$,thi,$\Delta(lac\text{-}proAB)$,$[F',traD36,proAB,lacI^qZ,\Delta M15]$
JM107	$endA1$,$relA1$,$gyrA96$,thi,$hsdR17(r_{k-},m_{k+})$,$supE44$,$\Delta(lac\text{-}proAB)$,$[F',traD36,proAB,lac\text{-}I^qZ,\Delta M15]$
LE392	$hsdR514(r_{k-},m_{k+})$,$supE44$,$supF58$,$lacY1$ 或 $\Delta(lacIZY6)$,$galK2$,$galT22$,$metB1$,$trpR55$
BL21(DE3)	F^-,$ompT$,$hsdS_B(r_{k-},m_{k+})$,dcm,gal,$\lambda(DE3)$
C600	$thi\text{-}1$,$thr\text{-}1$,$leuB6$,$lacY1$,$tomA21$,$supE44$
DH5α	$\Phi80dlacZ$,$\Delta M15$,$endA1$,$recA1$,$gyrA96$,$thi\text{-}1$,$hsdR17(r_{k-},m_{k+})$,$relA1$,$supE44$,$deoR$,$\Delta(lac\text{-}ZYA\text{-}argF)U169$
JM109(DE3)	$endA1$,$relA1$,$gyrA96$,thi,$hsdR17(r_{k-},m_{k+})$,$relA1$,$supE44$,$\Delta(lac\text{-}proAB)$,$[F',traD36,proAB,lacI^qZ,\Delta M15]$,$\lambda(DE3)$
NM522	thi,$\Delta hsd5(r^-,r^+)$,$supE$,$\Delta(lac\text{-}proAB)$,$[F',traD36,proAB,lacI^qZ,\Delta M15]$

受体细胞选择的另一方面内容是受体细胞种属的确定。对于以改良生物物种为目的的基因工程操作而言，受体细胞的种属没有选择的余地，待改良的生物物种就是受体；但对外源基因的克隆与表达来说，受体细胞种类的选择至关重要，它直接关系到基因工程的成败。几种生物细胞对外源基因克隆表达的影响列在表 5-2 中。

表 5-2　常用表达系统的优缺点

受体微生物	优点	缺点
大肠杆菌	基因工程的经典模型系统,生长迅速,异源蛋白的高效表达,遗传背景清楚	潜在病原体,潜在致热原,蛋白不分泌到培养基中,没有糖基化,大量表达的蛋白质以不溶解的变性和失活的形式在细胞质中积累
枯草芽孢杆菌	基因工程安全的宿主菌,良好分泌型,发酵历史悠久	异源蛋白产量低,高水平的蛋白酶(胞内和胞外),没有糖基化
酿酒酵母	基因工程安全的宿主菌,遗传背景清楚,存在糖基化和翻译后修饰,可分泌异源蛋白,可在廉价简单的培养基中规模培养	多数情况下异源蛋白表达水平低,有超糖基化趋势,培养基中异源蛋白有时分泌不理想
丝状真菌	分泌大量同源蛋白,存在糖基化和翻译后修饰,具有成熟的生长和下游过程的工业技术	异源蛋白表达率低,可产生蛋白水解酶
杆状病毒	分泌异源蛋白,存在糖基化和翻译后修饰	终端死亡系统,异源蛋白表达率低,不发生唾液酸化,难以大规模生产,培养基昂贵

5.1.3　转化方法

动物和植物细胞的外源 DNA 导入完整细胞通常采用相应的病毒感染方法。细菌受体细胞的转化方法是基于物理学和生物学原理建立起来的，分述如下。

(1) Ca^{2+} 诱导转化

1970 年 Mandel 和 Higa 发现用 $CaCl_2$ 处理过的大肠杆菌能够吸收 λ 噬菌体 DNA，此后不久，Cohen 等用此法实现了质粒 DNA 转化大肠杆菌的感受态细胞，其整个操作程序如图 5-1 所示。将处于对数生长期的细菌置入 0℃ 的 $CaCl_2$ 低渗溶液中，使细胞膨胀，同时 Ca^{2+} 使细胞膜磷脂层形成液晶结构，使得位于外膜与内膜间隙中的部分核酸酶离开所在区域，这就构成了大肠杆菌人工诱导的感受态。此时加入 DNA，Ca^{2+} 又与 DNA 结合形成抗脱氧核糖核酸酶（DNase）的羟基磷酸钙复合物，并黏附在细菌细胞膜的外表面上。经短暂的 42℃ 热脉冲处理后，细菌细胞膜的液晶结构发生剧烈扰动，随之出现许多间隙，致使通透性增加，DNA 分子便趁机进入细胞内。此外在上述转化过程中，Mg^{2+} 的存在对 DNA 的稳定性起很大的作用，$MgCl_2$ 与 $CaCl_2$ 又对大肠杆菌某些菌株感受态细胞的建立具有独特的协同效应。1983 年，Hanahan 除了用 $CaCl_2$ 和 $MgCl_2$ 处理细胞外，还设计了一套用二甲基亚砜（DMSO）和二巯基苏糖醇（DTT）进一步诱导细胞产生高频感受态的程序，从而大大提高了大肠杆菌的转化效率。目前，Ca^{2+} 诱导法已成功地用于大肠杆菌、葡萄球菌以及其他一些革兰氏阴性菌的转化。

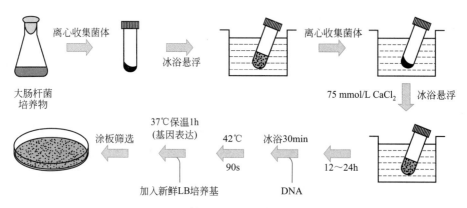

图 5-1　Ca^{2+} 诱导的大肠杆菌转化程序

①将细菌放置在非选择性的肉汤培养基中保温一段时间，以促使在转化过程中获得的新表型（Tet^r 或 Amp^r）得到充分的表达；②将细菌培养物涂布在含有四环素或氨苄西林的选择性平板上，进行筛选。

（2）PEG 介导的细菌原生质体转化

在高渗培养基中生长至对数生长期的细菌，用含有适量溶菌酶的等渗缓冲液处理，剥除其细胞壁，形成原生质体，它丧失了一部分定位在膜上的 DNase，有利于双链环状 DNA 分子的吸收。此时，再加入含有待转化的 DNA 样品和聚乙二醇的等渗溶液，均匀混合。通过离心除去聚乙二醇，将菌体涂布在特殊的固体培养基上，再生细胞壁，最终得到转化细胞。这种方法不仅适用于芽孢杆菌和链霉菌等革兰氏阳性细菌，也对酵母菌、霉菌甚至植物等真核细胞有效。只是不同种属的生物细胞，其原生质体制备与再生的方法不同。

（3）电穿孔驱动的完整细胞转化

电穿孔（electroporation）是一种电场介导的细胞膜可渗透化处理技术。受体细胞在电场脉冲的作用下，细胞壁上形成一些微孔通道，使得 DNA 分子直接与裸露的细胞膜脂双层结构接触，并引发吸收过程。具体操作程序因转化细胞的种属而异。对于大肠杆菌来说，大约 $50\mu L$ 的细菌与 DNA 样品混合后，置于装有电极的槽内，然后选用大约 $25\mu F$、$2.5kV$ 和 200Ω 的电场强度处理 $4.6ms$，即可获得理想的转化效率。虽然电穿孔法转化小的重组质粒（约 3kb）的转化效率比较大的质粒（＞100kb）高一千倍，但这比 Ca^{2+} 诱导和原生质体转化方法理想，因为这两种方法几乎不能转化大于 100kb 的质粒 DNA。

对于几乎所有的细菌均可找到一套与之匹配的电穿孔操作条件，因此电穿孔转化方法有可能成为细菌转化的标准程序。革兰氏阴性细菌（G^-）的电穿孔转化方法类似于大肠杆菌。革兰氏阳性细菌（G^+）具有厚且致密的刚性细胞壁，故细胞壁是电穿孔转化的最大制约因素。将不同靶位点的细胞壁弱化剂组合起来对细菌进行处理，使细胞壁弱化与细胞壁再生达到平衡，最终可以获得较高的转化率。

（4）接合转化

接合（conjugation）是指通过细菌细胞之间的直接接触导致 DNA 从一个细胞转移至另一个细胞的过程。这个过程是由接合型质粒完成的，它通常具有促进供体细胞与受体细胞有效接触的接合功能以及诱导 DNA 分子传递的转移功能，两者均由接合型质粒上的有关基因编码。在 DNA 重组中常用的绝大多数载体质粒缺少接合功能区，因此不能直接通过细胞接合方法转化受体细胞，然而如果在同一个细胞中存在着一个含有接合功能区域的辅助质粒，则有些克隆载体质粒便能有效地接合转化受体细胞。因此，首先将具有接合功能的辅助质粒转移至含有重组质粒的细胞中，然后将这种供体细胞与难以用上述转化方法转化的受体细胞进行混合，促使两者发生接合作用，最终导致重组质粒进入受体细胞。接合转化的标准程序如图 5-2 所示。

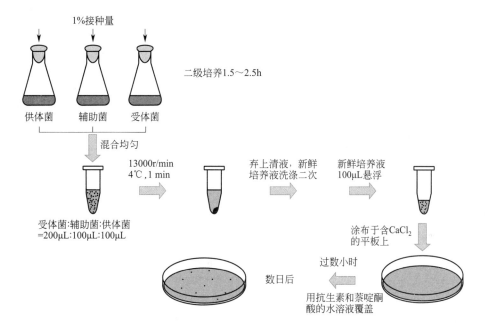

图 5-2　接合转化的标准程序

整个过程涉及包括受体菌在内的三种菌株的混合，即受体菌、含有接合质粒的辅助菌以及含有待转化重组质粒的供体菌。三者混合后，接合质粒即可从辅助菌株转移至供体菌，也可直接进入受体菌。含有两种相容型质粒的供体菌再与受体菌或辅助菌发生接合反应。此时细菌混合液中已出现多种形式的细胞，因为任何菌株接合发生频率都不可能达到 100%。为了迅速而准确地筛选出仅接纳了重组质粒的受体细胞（即接合转化细胞），必须依赖于所使用的菌种和质粒上相应的遗传标记。例如，携带接合质粒的菌株 A 不能在最小培养基上生长，且对抗生素 X 敏感；含有待转化的重组质粒的菌株 B，也不能在最小培养基生长，它如果失去含有 X 抗性基因的重组质粒，则同样对 X 敏感；受体细胞 C 能在最小培养基中生长，且在抗生素 X 和 Y 存在时不能生长。三种菌株首先在无抗生素的完全培养基中进行混合，短暂培养启动接合转化，然后迅速涂布在含有抗生素的最小培养基上进行筛选。此时，只有接纳了重组质粒的受体细胞才能长成菌落（克隆），其中为数极少的菌落含有双质粒。随机选择几个菌落，将之涂布在含有抗生素的最小培养基上，凡是在这种培养基中不能生长的菌落即为只含有重组质粒的受体转化克隆，因为只有接合质粒所携带的 Y 抗生素抗性基因能赋予受体细胞对 Y 的抗性。应当特别指出的是，在接合转化过程中使用的重组质粒与接合质粒必须互为相容性，否则两者难以稳定地存在于供体菌中。

影响接合转化效率的因素有很多，如供体菌、受体菌、供受体菌比例、质粒大小以及接合转移培养基等，培养基中补加 $MgCl_2$ 或 $CaCl_2$ 能够显著提高接合转移效率。

进行接合转化时的注意事项：①以不同的培养基作参比测定不同菌的 OD 值，因培养基颜色不同它们的 OD 值没有可比性；用水洗涤菌体后悬浮于水中，再以水作参比测定 OD 值才具有可比性；②用于接合转移的菌体以水彻底洗掉抗生素，这样才能解除抗生素对受体菌的抑制，从而获得较满意的结果。

（5）λ 噬菌体的转染

以 λ DNA 为载体的重组 DNA 分子，由于分子量较大，通常采取转染的方法将其导入受体细胞内。在转染之前必须对重组 DNA 分子进行人工体外包装，使之成为具有感染活力的噬菌体颗粒。用于体外包装的蛋白质可以直接从大肠杆菌的溶源株中制备，现已商品化。这些包装蛋白通常分成分离放置且功能互补的两部分，一部分缺少 E 组分，另一部分缺少 D 组分。包装时，只有当这两部分的包装蛋白与重组 λ DNA 分子三者混合后，包装才能有效进行，任何一种蛋白包装溶液被重组分子污染后均不能包装成有感染活力的噬菌体颗粒，这种设计也是基于安全考虑。整个包装操作过程与转化一样简单：将 λ DNA 和外源 DNA 片段的连接反应液与两种包装蛋白组分混合，在室温下放置一小时，加入一滴氯仿，离心除去细菌碎片，即得重组噬菌体颗粒的悬浮液。将之稀释合适的倍数，并与处于对数生长期的大肠杆菌受体细胞混合涂布，过夜培养即可用于筛选与鉴定。

5.1.4 转化率及影响因素

（1）转化率的定义

转化率是转化（包括感染）效率的评估指标，通常有两种形式表征转化率。一是在待转化 DNA 分子数大于受体细胞数的条件下，转化细胞与细胞总数之比。例如，在标准条件下，利用 Ca^{2+} 诱导法转化质粒 DNA 的最大转化率为 10^{-3}，即平均每一千个受体细胞中有一个细胞接纳了质粒 DNA，如果假定处于感受态的受体细胞能 100% 地接纳 DNA 分子，则这种转化率直接反应了受体细胞中感受态细胞的含量。转化率的另一种表示形式是在受体细胞数相对于待转化 DNA 分子数大大过量时，每微克 DNA 转化所产生的克隆数。由于在一般规模的转化实验中，所观测到的每个受体细胞只能接纳一个 DNA 分子，因此上述转化率的定义也可表征为每微克 DNA 进入受体细胞的分子数。例如，pUC18 对大肠杆菌的转化率为 $10^8/\mu g$ DNA，其含义是每微克 pUC18 只有 10^8 个分子能进入受体细胞，每一微克 pUC18 中共有 $6.02\times10^{17}/(2686\times660)=3.4\times10^{11}$ 个分子，也就是说，每 3400 个 pUC18 分子中只有一个分子进入受体细胞。如果能够准确确定转化一微克 pUC18 所用的受体细胞的总数，则上述两种转化率是可以换算的。

（2）转化率的用途

利用已知的转化率和重组率参数可以帮助设计 DNA 重组实验的规模。例如，某一连接系统的重组率为 20%，转化率为 $10^7/\mu g$ DNA，经体外切割与连接处理后的载体 DNA 或重组分子的转化率比直接从细菌中制备的载体 DNA 低 99/100，若载体 DNA 和重组 DNA 分子的转化率差异忽略不计，则欲获得 10^4 个含有重组 DNA 分子的克隆，至少应投入 $0.5\mu g$

的载体 DNA，其计算方法如下：$10^4/(20\% \times 10^{-2} \times 10^7)$。按外源 DNA 片段与载体 DNA 分子数 10:1 的要求，即可推算出外源 DNA 片段的用量。如果转化培养液全部涂板筛选，理论上可形成 5×10^4 个转化克隆，若使每块平板上平均含有 1000 个克隆，则需涂布 50 块平板。涂布过密会给后继筛选带来很大困难，涂布太稀，既浪费又给筛选造成不必要的麻烦。

（3）转化率的影响因素

转化率的高低对于一般重组克隆实验关系不大，但在构建基因文库时，保持较高的转化率至关重要。影响转化率的因素很多，其中包括以下三种。

① 载体 DNA 及重组 DNA 方面。载体本身的性质决定了转化率的高低，不同的载体 DNA 转化同一受体细胞，其转化率明显不同。载体分子的空间构象对转化率也有明显影响，超螺旋结构的载体质粒往往具有较高的转化率，经体外酶切连接操作后的载体 DNA 或重组 DNA 由于空间构象难以恢复，其转化率一般要比具有超螺旋结构的质粒低两个数量级。对于以质粒为载体的重组分子而言，分子量大的转化率低，到目前为止，大于 30kb 的重组质粒很难进行转化。

② 受体细胞方面。受体细胞除了具备限制重组缺陷性状外，还应与所转化的载体 DNA 性质相匹配，如 pBR322 转化大肠杆菌 JM83 株，其转化率不高于 $10^3/\mu g$ DNA，但若转化 ED8767 株，则可获得 $10^6/\mu g$ DNA 的转化率。

③ 转化操作方面。受体细胞的预处理或感受态细胞的制备对转化率影响最大。对于 Ca^{2+} 诱导的完整细胞转化而言，菌龄、$CaCl_2$ 处理时间、感受态细胞的保存期以及热脉冲时间均是很重要的因素，其中感受态细胞通常在 12～24 小时内转化率最高，之后转化率急剧下降。对于原生质体转化而言，再生率的高低直接影响转化率，而原生质体的再生率又受诸多因素的制约。在一次转化实验中，DNA 分子数与受体细胞数的比例对转化率也有影响，通常 50～100ng 的 DNA 对应于 10^8 个受体细胞或原生质体，在此条件下，加大 DNA 量并不能线性提高转化率，甚至反而使转化率下降。不同的转化方法导致不同的转化率，这是不言而喻的，细菌 5 种常用转化方法的最佳转化率范围列在表 5-3 中，其中电穿孔法的转化率与质粒大小密切相关，但明显优于 Ca^{2+} 诱导的转化，接合转化虽然转化率较低，但对于那些不能用其他方法转化的受体细胞来说不失为一种选择，如光合细菌大多数种属的菌株均采用接合转化方式将重组 DNA 分子导入细胞内。

表 5-3　大肠杆菌 5 种常用转化方法的最佳转化率比较

方法	最佳转化率/转化子$(\mu g\ DNA)^{-1}$	方法	最佳转化率/转化子$(\mu g\ DNA)^{-1}$
Ca^{2+} 诱导	$10^7 \sim 10^8$	电穿孔法	$10^6 \sim 10^9$（<100kb）
原生质体转化	$10^5 \sim 10^6$	接合转化	$10^4 \sim 10^5$
λ噬菌体转化	$10^7 \sim 10^8$		

5.1.5　转化细胞的扩增

转化细胞的扩增操作单元是指受体细胞经转化后立即进行短时间的培养，如 Ca^{2+} 诱导转化后的受体细胞在 37℃ 培养一小时、原生质体转化后的细胞壁再生过程以及 λ 重组 DNA 分子体外包装后与受体细胞的混合培养等。转化细胞的扩增具有下列三方面的内容：①转化细胞的增殖，使得有足够数量的转化细胞用于筛选环节；②载体 DNA 上携带的标记基因拷贝数扩增及表达，这是进行筛选单元操作的前提条件；③克隆的外源基因的表达，如果重组

DNA 分子的筛选与鉴定依赖于外源基因表达产物的检测，则外源基因必须在转化细胞扩增期间表达。总之，转化细胞扩增的目的只有一个，即为后续的筛选鉴定单元操作创造条件。

5.1.6 进行转化时的注意事项

① 携带某一抗生素抗性基因（比如氨苄西林）的载体上连接另一种抗生素抗性基因（比如红霉素或四环素或链霉素等）时，转化后用于涂布的平板中不能把两种抗生素都加进去，最好只加入要插入的那个基因的抗生素。两种抗生素都存在于培养基时，过了较长时间才能在平板上长出菌落。两种抗生素同时存在时，诱导两种抗性基因都要表达，这时产生竞争，从而影响平板上长菌落的速率。

② 有些抗生素对于一些受体菌来说很容易产生诱导抗性，这时提高这一抗生素的使用浓度或改用其他抗生素。

5.2 重组体克隆的筛选与鉴定

在 DNA 体外重组实验中，外源 DNA 片段与载体 DNA 的连接反应物一般不经分离直接用于转化，由于重组率和转化率不可能达到 100% 的理想极限，因此必须使用各种筛选与鉴定手段区分转化子（接纳载体或重组分子的转化细胞）与非转化子（未接纳载体或重组分子的非转化细胞），重组子（含有重组 DNA 分子的转化子）与非重组子（仅含有空载载体分子的转化子），以及目的重组子（含有目的基因的重组子）与非目的重组子（不含目的基因的重组子）。在一般情况下，经转化扩增单元操作后的受体细胞总数（包括转化子与非转化子）已达 $10^9 \sim 10^{10}$，从这些细胞中快速准确地选出目的重组子的策略是将转化扩增物稀释一定的倍数后，均匀涂布在用于筛选的特定固体培养基上，使之长出肉眼可分辨的菌落或噬菌斑（克隆），然后进行新一轮的筛选与鉴定。

5.2.1 遗传检测法

遗传检测法的原理是利用载体 DNA 分子上所携带的选择性遗传标记基因筛选转化子或重组子。由于标记基因所对应的遗传表型与受体细胞是互补的，因此在培养基中施加合适的选择压力，即可保证转化子显现（长出菌落或噬菌斑），而非转化子隐去（不生长），这种方法称为正选择。经过一轮正选择，往往可使转化扩增物的筛选范围缩小至成千上万分之一。如果载体分子含有第二个标记基因，则可利用这个标记基因进行第二轮的正选择或负选择（视标记基因的性质而定），从众多转化子中筛选出重组子。

(1) 抗药性筛选法

抗药性筛选法实施的前提条件是载体 DNA 上携带受体细胞敏感的抗生素抗性基因，如 pBR322 质粒上的氨苄西林抗性基因（amp^r）和四环素抗性基因（tet^r）。如果外源 DNA 是插在 pBR322 的 BamHI 位点上，则只需将转化扩增物涂布在含有 Amp 的固体平板上，理论上能长出的菌落便是转化子；如果外源 DNA 插在 pBR322 的 PstI 位点上，则利用 Tc 正向选择转化子［图 5-3(a)］。由于转化子通常只有非转化子的千分之一甚至万分之一，所以这种正选择法极具威力。

上述正选择获得的转化子中含有重组子与非重组子，为了进一步筛选出重组子，可采用图 5-3(b) 所示的方法进行第二轮负选择（negative selection）。用无菌牙签将 amp^r 的转化子分别逐一挑在只含一种抗生素的 Tet 和 Amp 两块平板上。由于外源 DNA 片段在 BamHI 位点的重组，导致载体 DNA 的 Tet^r 基因插入灭活，选择的重组子具有 $Amp^r Tet^s$ 的遗传表型，而非重组子则为 $Amp^r Tet^r$，因此重组子只能在 Amp 板上形成菌落而不能在 Tet 板上生长。只要比较两种平板上各转化子的生长状况，即可在 Amp 板上挑出重组子，但是如果转化子有成千上万个，这种方法非常耗时。其改进方法是利用影印培养技术，将一块无菌丝绒布或滤纸接触含有细菌菌落的平板表面，使之定位沾上菌落印迹，然后小心地用 Tet 板压在其上，菌落又印在 Tet 板的相应位置上，经过培养至菌落显现，Tet 板就被影印复制出来。如果 Amp 板的转化子密度较高，则在影印复制过程中容易造成菌落遗漏，为重组子的

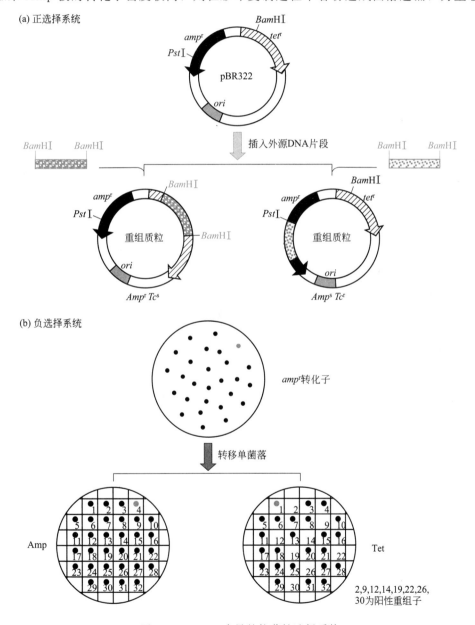

图 5-3　pBR322 介导的抗药性选择系统

筛选造成假象。

负选择操作较为烦琐，有一种方法变负选择为正选择即环丝氨酸富集法（cycle-serine enrichment）。建立这个方法的依据有两点，一是外源 DNA 片段的插入作用使质粒的某种基因失活（insertional inactivation）；二是氨基酸类似物——环丝氨酸促使所有正在生长的细胞发生溶胞反应，而停止生长的细胞不会发生溶胞反应。具体程序如下：在经转化扩增操作后的细菌悬浮液中，加入含有氨苄西林、四环素和适量 D-环丝氨酸的培养基，继续培养一段时间后，具有 $Amp^s Tet^s$ 的非转化子被氨苄西林杀死，$Amp^r Tet^s$ 型的重组子由于四环素的存在而停止生长，但不死亡，只有含空载质粒的 $Amp^r Tet^r$ 型非重组转化子可以生长，但在生长过程中被 D-环丝氨酸杀死。细菌培养物经离心去除培养基，用新鲜的不含任何抗生素的培养基洗涤菌体，悬浮稀释，涂布在只含有氨苄西林的固体培养基上，长出的菌落便是 $Amp^r Tet^s$ 的重组子。

由抗药性基因进行重组子的正选择也可通过 pTR262 质粒载体实现（图 5-4），它由 pBR322 衍生而来，含有 λ 噬菌体 DNA 的 cI 阻遏蛋白编码基因及其调控序列，pBR322 上的 tet^r 基因则紧邻 cI 基因的下游，其表达受启动子 P_R 的控制。pTR262 空载时，cI 基因表达的阻遏蛋白结合在操纵基因 O_R 上，tet^r 基因不能表达，因此非转化子和非重组子均不能在含有四环素的培养基上生长。当外源 DNA 片段插在 cI 基因的 HindⅢ 位点上时，cI 基因灭活，tet^r 基因在启动子 P_R 的介导下表达，重组子在平板上长出菌落。

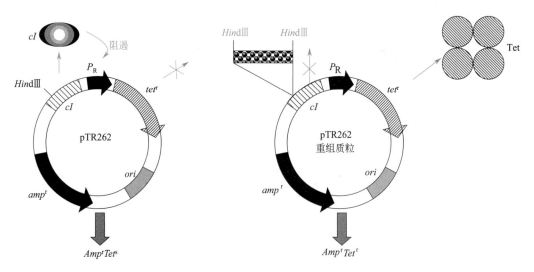

图 5-4　pTR262 介导的抗药性正选择系统

然而，经过上述程序筛选出的菌落的抗药性未必都来自载体分子上的标记基因，相当多的受体菌基因组中存在着一些广谱抗药性基因，它们通常为抗生素诱导表达。另外，受体细胞药物抗性的回复突变也是可能的，因此用抗药性筛选法选择出的重组子必须通过重组质粒的抽提加以验证，事实上这也是重组子鉴定必不可少的操作步骤。

（2）营养缺陷型筛选法

如果载体分子上携带某些营养成分（如氨基酸或核苷酸等）的生物合成基因，而受体细胞因该基因突变不能合成这种生长所必需的营养物质，则两者构成了营养缺陷型的正选择系统。将待筛选的细菌培养物涂布在缺少该营养物质的合成培养基上，长出的菌落即为转化子，而重组子的筛选仍需要第二个选择标记，并通过插入灭活的方式进行第二轮筛选。营养缺陷型的筛选过程同样存在受体细胞的回复突变问题，因而需要对获得的转化子做进一步的鉴定。

（3）显色模型筛选法

许多大肠杆菌的载体质粒上含有 *lacZ'* 标记基因，它包括大肠杆菌 β-半乳糖苷酶基因 *lacZ* 的调控序列以及氨基端 146 个氨基酸残基的编码序列，其表达产物为无活性的不完全酶，称为 α 受体。而许多大肠杆菌的受体细胞在其染色体 DNA 上含有 β-半乳糖苷酶羧基端的部分编码序列，由其产生的蛋白质也无酶活性，但可作 α 供体。无论在胞内还是胞外，受体一旦与供体结合，便可恢复 β-半乳糖苷酸的活性，将无色的 5-溴-4-氯-3-吲哚-D-半乳糖苷（X-gal）底物水解成蓝色产物，这一现象称为 α 互补。

当外源 DNA 片段插到位于 *lacZ* 基因内部的多克隆位点上时，生长在含有 X-gal 的平板上的重组子因 *lacZ'* 基因的插入灭活而呈白色，非重组子则显蓝色，由此构成颜色选择模型。有些大肠杆菌质粒（如 pUC18/19）的标记基因为 *lacI'-lacOPZ'*，其编码阻遏蛋白 I 的基因 *lacI* 是缺失的，因而不能在受体菌中合成具有操纵基因 *lacO* 结合活性的阻遏蛋白，*lacZ'* 基因得以全程表达（受体菌缺失 *lacI* 时），筛选时只需在培养基中添加 X-gal 即可。另一些大肠杆菌质粒如 pSPORT1，携带完整的 *lacI* 基因，能在受体菌中产生阻遏物，后者结合在相应的操纵基因上并关闭 *lacZ'*，此时在筛选培养基中必须同时添加 X-gal 和诱导物——异丙基-β-D-硫代半乳糖苷（IPTG），才能根据颜色反应筛选重组子。显色标记基因通常只用于筛选重组子，而转化子的选择则主要利用抗药性标记或营养缺陷型标记，上述两种质粒除了 *lacZ'* 外都含有 Amp^r 选择标记基因。

（4）噬菌斑筛选法

以 λ DNA 为载体的重组 DNA 分子经体外包装后转染受体菌，转化子在固体培养基平板上被裂解形成噬菌斑，而非转化子正常生长，很容易辨认。如果在重组过程中使用的是取代型载体，则噬菌斑中的 λ 噬菌体即为重组子，因为空载的 λ DNA 分子不能被包装，在常规的转染实验中不会进入受体细胞产生噬菌斑。在插入型载体的情况下，由于空载的 λ DNA 已大于包装下限，所以也能被包装成噬菌体颗粒并产生噬菌斑，此时筛选重组子必须启用载体上的标记基因，如 *lacZ'* 等。当外源 DNA 片段插入 *lacZ'* 基因内时，重组噬菌斑无色透明，而非重组噬菌斑则呈蓝色。

（5）探针重组筛选法

许多细菌在体内可发生同源序列之间的高频重组整合，探针重组筛选模型正是根据大肠杆菌 DNA 的同源整合原理设计的，它能在大量的 λ 噬菌体重组子中直接分离出含有目的基因的目的重组子，其策略如图 5-5 所示。首先将含有目的基因内某段序列的 DNA 片段（探针）重组入 πVX 质粒，构建探针重组质粒。πVX 是由 ColE1 复制子衍生出的 902bp 小质粒，携带 tRNA 校正基因 *supF*。探针重组质粒转化易于发生同源重组的大肠杆菌受体细胞，外源 DNA 片段则与头部包装蛋白基因存在一个无义突变的 λ DNA 载体重组，经体外包装后转染上述含有 πVX 重组质粒的大肠杆菌。只有携带目的基因 DNA 片段的 λ DNA 重组分子才能在受体菌中与 πVX 重组质粒上的探针序列发生同源整合，并获得完整的 πVX 质粒拷贝，包括 *supF* 基因。在上述大肠杆菌中繁殖的噬菌体经分离后感染另一种无校正功能（sup^0）的大肠杆菌，由于这种大肠杆菌不含 πVX 质粒，因此只有整合了 πVX 重组质粒的目的重组子才能繁殖，并形成噬菌斑。

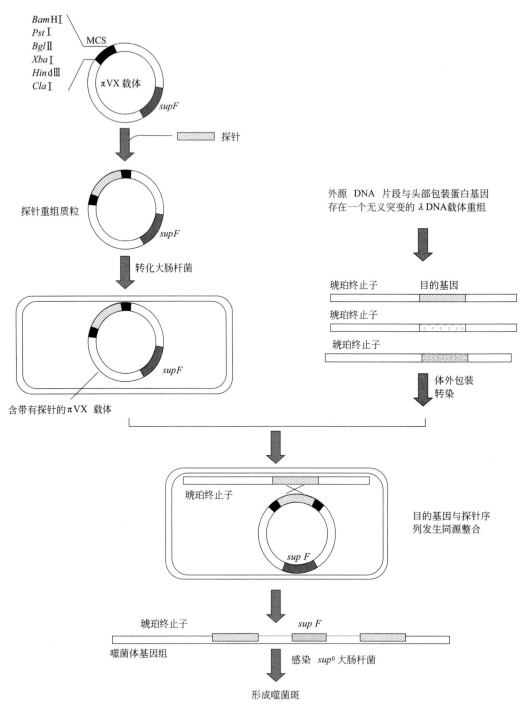

图 5-5　探针重组筛选策略

5.2.2　物理检测法

(1) 琼脂糖凝胶电泳法

带有插入片段的重组体在分子量上会有所增加。分离质粒 DNA 并测定其分子长度是一种直截了当的方法。通常用比较简单的琼脂糖凝胶电泳进行检测。

电泳法筛选比抗药性插入失活平板筛选更进一步。有些假阳性转化菌落，如自我连接载体、缺失连接载体、未消化载体、两个相互连接的载体以及两个外源片段插入的载体等转化的菌落，用平板筛选法不能鉴别，但可以被电泳法淘汰。因为由这些转化菌落分离的质粒DNA分子的大小各不相同，和真正的阳性重组体DNA比较，前三种DNA分子较小，在电泳时的泳动率较大，其DNA带的位置位于真阳性重组DNA带的前面；相反，后两种重组DNA分子较大，泳动率较小，其DNA带的位置位于真阳性重组DNA带的后面。所以，电泳法能筛选出有插入片段的阳性重组体。如果插入片段是大小相近的非目的基因片段，对于这样的阳性重组体，电泳法仍不能鉴别，只有用Southern blot杂交，即以目的基因片段制备探针和电泳筛选出的重组体DNA杂交，才能最终确定真阳性重组体。

（2）限制性酶切图谱法

在外源DNA片段的大小以及限制性酶切图谱已知的情况下，对重组分子进行酶切鉴定，不仅能区分重组分子与非重组分子，有时还能初步确定目的重组子与非目的重组子。在经抗药性正选择后，从所有的转化子中快速抽提质粒DNA，采用合适的限制性内切酶消化，然后根据电泳图谱分析质粒分子的大小，分子量大于载体质粒的为重组分子，最终利用载体上的已知酶切位点建立重组质粒插入片段的酶切图谱，并与已知数据进行比较，进而确定目的重组子。目前实验室常用的大肠杆菌载体质粒（如pUC、pSPORT以及pSP系列等）在大肠杆菌JM83受体菌中均有上千个拷贝数，从米粒大小的一点菌体中，由沸水浴快速抽提质粒DNA的量足够进行十次酶切反应，因此限制性酶切图谱法在实验室中被普遍采用。

① 全酶解法

该法是用一种或两种限制性内切酶切开质粒DNA上所有相应的酶切位点，形成全酶切图谱。图5-6是利用pUC18克隆一个4.0kb大小的外源DNA片段的实例，从转化子中抽提的质粒DNA的酶切鉴定方案如下。

第一，如果外源DNA片段插入载体的*Sph*Ⅰ位点，则用该酶消化质粒DNA，电泳分离后，可观察到两条明显的条带，其大小分别为2.7kb和4.0kb，若只有2.7kb一条带，则该质粒来自非重组子。

第二，上述方案极不经济，因为*Sph*Ⅰ酶非常昂贵，是*Eco*RⅠ和*Hind*Ⅲ两种酶总和的50倍。用*Eco*RⅠ和*Hind*Ⅲ联合酶切，同样可以卸下克隆在*Sph*Ⅰ位点上的外源DNA片段，而且这种方法适用于插入在pUC18多克隆位点上任何酶切口的DNA片段，尤其在处理上百个质粒时，更显出其经济合理性。

第三，如果插入片段与载体质粒一样大，则最好用合适的酶将之线性化，通过比较大小确定其是否重组分子。

第四，在经上述第一轮酶切筛选出重组子后，便可根据已知的外源DNA酶切图谱，对重组质粒上的插入片段进行深入鉴定，以确定目的重组子。用*Kpn*Ⅰ切重组质粒，可获得3.0kb+3.7kb和1.0kb+5.7kb两组酶切数据，它们分别代表外源DNA片段两种可能的插入方向。同样，用*Pst*Ⅰ切重组质粒，也可获得0.8kb+5.9kb和3.2kb+3.5kb两组对应的数据。

第五，在用*Sal*Ⅰ鉴定时，B型重组质粒的酶切图谱只显示2.0kb和2.7kb两条带，表明该重组质粒至少有两个酶切位点。存在多于两个*Sal*Ⅰ酶切位点的情况有：第一，两个酶切位点相距很近，比如只有20bp，一般的琼脂糖凝胶电泳能检测的最小核酸片段为100bp，因此实际上切出三个*Sal*Ⅰ片段，但凝胶电泳无法显示20bp的*Sal*Ⅰ片段；第二，两个*Sal*Ⅰ片

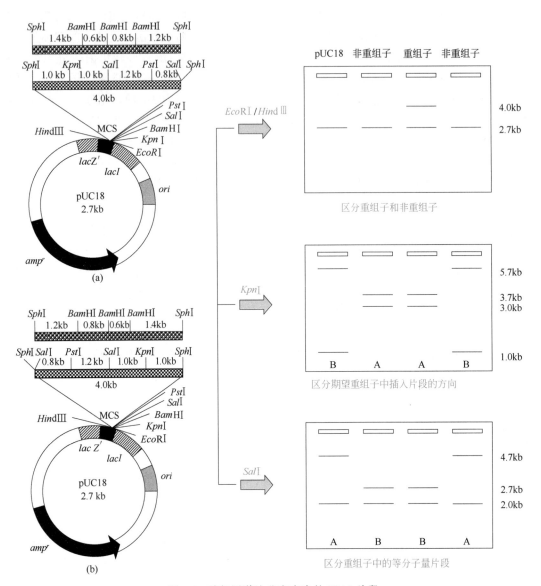

图 5-6　酶解图谱法鉴定克隆的 DNA 片段

段大小相差在 50bp 以内，如 1.98kb 和 2.03kb 两个 *Sal*I 片段在凝胶电泳上无法分辨。但是 2.0kb 左右条带的明亮度明显大于 2.7kb 的带子，据此可以断定存在着两条大小相差很小或完全相同的 *Sal*I 片段。由于染料溴乙锭分子是嵌合在 DNA 两条链之间的，待检测的 DNA 分子越长，染料分子结合得就越多，亮度也越大。对于等分子的酶切片段而言，荧光亮度与 DNA 片段的大小有顺变关系，如果染料加量适中，甚至会呈线性关系，因此在同一种质粒的酶切片段中，如果发现小分子量条带的亮度比大分子量片段的亮度还要强，则可断定小分子量条带中含有两种或两种以上的 DNA 片段。值得注意的是，酶切反应不彻底时也会出现这种现象。

至此，已建立了四种限制性内切酶的酶切图谱。插入的 DNA 片段中还含有三个 *Bam*HI 位点，对 A 型插入方向而言，*Bam*HI 能切出 0.6、0.8、1.2 和 4.1kb 四种片段，靠近 *Hind*Ⅲ一端的 *Bam*HI 切口是可以确定的，因为只有这个片段含有 pUC18 载体，并

且这个 Bam HI 位点与载体上的 $Hind$ III 位点之间的距离为 1.4kb（4.1kb－2.7kb），但另外两个 Bam HI 位点不能简单地确定，必须通过多酶联合酶切或 Bam HI 单酶部分酶切的方法才能准确定位。

② 部分酶切法

部分酶切法是通过限制酶量或限制反应的时间使部分酶切位点发生切割反应，产生相应的部分限制性片段，显然这些片段大于全酶解片段，因此能确定同种酶多个切点的准确位置。在上面的例子中，重组质粒用一定量的 Bam HI 酶反应不同的时间，然后所有样品分别进行电泳检测，电泳图谱上除了上述四种全酶解片段外，还出现了 1.4kb、2.0kb、2.6kb、4.7kb、5.3kb、5.5kb、5.9kb、6.1kb 和 6.7kb 等多种部分酶切片段，其中 1.4kb 的片段只能是 0.6kb 和 0.8kb 两个片段的部分酶切结果，说明两者前后相邻排列；同理 2.0kb 的部分酶解片段只能来自 0.8kb 和 1.2kb 两个相连的全酶解片段，因此三个 Bam HI 片段的排列顺序为 0.6kb→0.8kb→1.2kb 或 1.2kb→0.8kb→0.6kb。至于这两种情况的确定，则需用 Bam HI 和 Pst I 联合酶切，如果 1.2kb 的 Bam HI 片段变小了，则证明这个片段含有 Pst I 位点，并位于插入片段的右侧，于是 0.6kb→0.8kb→1.2kb 的排列顺序是正确的。

③ 重组子快速搜寻法

若需在成百上千个重组子中快速确定具有上述限制性酶切图谱特征的目的重组子，而手头又没有合适的探针，则可利用酶切方法搜寻重组子。其操作程序为：先将所有重组质粒用 Eco RI -$Hind$ III 联合酶切，选择插入片段为 4.0kb 大小的重组质粒。由于目的重组子的插入片段中没有 Eco RI 和 $Hind$ III 位点，因此凡多于两个片段（载体和外源片段）的重组质粒均被剔除。被选择出的重组质粒用 Bam HI 酶切进行第二轮筛选，凡能切出 0.6kb、0.8kb、1.2kb 和 4.1kb 四种片段的重组质粒留下进行第三轮筛选，然后再用 Pst I 对剩下的重组质粒进行新一轮酶切，三轮筛选后，一般只剩下几个重组质粒。

如果筛选样本为一千个重组质粒，第一轮酶切反应操作甚为耗时费酶。每个重组质粒的酶切反应需加五种溶液（两种酶溶液、缓冲液、重组质粒和无菌重蒸水），总计四千次操作。一种非常快捷的酶切操作方法是配制无菌重蒸水、缓冲液和限制性内切酶的混合溶液，如反应总体积为 15μL，其中包括 5μL 质粒溶液、1.5μL 缓冲液、两种酶液各 0.2μL、无菌重蒸水 8.1μL，则混合液的配制为：缓冲液 1000×1.5＝1500μL，Eco RI 1000×0.2＝200μL，$Hind$ III 1000×0.2＝200μL，无菌重蒸水 1000×8.1＝8100μL，每个反应管中只需加入 5μL 重组质粒和 10μL 上述预先配制的酶切混合液即可，这样就简化为两千次加样操作，即质粒和混合酶解液的加入。采取这种方法还可以大量节省酶的用量，因为在混合反应液中可一次性加入大体积的酶液，使得每个重组质粒仅用 0.2μL 酶进行反应，而在单独操作时，由于微量取样器的精度很难做到这点。

5.2.3 核酸杂交法

在许多情况下，利用遗传和物理检测法难以区分目的重组子与非目的重组子，核酸分子杂交法则能从成千上万个重组子中迅速检测出目的重组子。它所依据的原理是利用放射性同位素标记的 DNA 探针或 RNA 探针进行 DNA-DNA 杂交或 RNA-DNA 杂交，即利用同源 DNA 碱基配对的原理检测待定的重组克隆。

（1）菌落原位杂交的操作程序

菌落原位杂交的大致过程如下。①将硝酸纤维素薄膜剪成比平板稍小的圆片，并覆盖在菌落密度适中的平板上，37℃培养1～2h，此时薄膜上已沾有足量的菌体，用针在膜上不对称地扎三个孔，同时在平板上做出相应的标记。②用镊子将薄膜轻轻揭起，吸附菌体的一面朝上放置在预先被强碱溶液浸湿的普通滤纸上。③10min后，将薄膜转移至预先被中性缓冲液浸湿的普通滤纸上，中和NaOH。强碱可以裂解细菌，释放细胞内含物，降解RNA，并使蛋白质和DNA变性。硝酸纤维素薄膜与单链DNA或RNA的吸附作用比双链核酸和蛋白质要强得多。④将薄膜转移到清洗缓冲液中短暂浸泡3min，以洗去菌体碎片和蛋白质。⑤取出薄膜，在普通滤纸上晾干，置于80℃干燥1～2h，在此高温下单链DNA已牢固地结合在硝酸纤维素薄膜上。⑥将薄膜浸入探针溶液中，在合适的温度和离子强度条件下进行杂交反应。离子强度和温度的选择取决于探针的长度以及与目的基因的同源程度，一般温度越高、离子强度越大，杂交反应越不易进行。因此对于同源性高并具有足够长度的探针通常在高离子强度和高温度的条件下进行杂交，这样可以大幅度降低非特异性杂交的本底。⑦杂交反应结束后，用离子浓度稍低的溶液清洗薄膜3遍，除去未特异性杂交的探针，晾干。⑧将薄膜与X光胶片压紧于暗箱内曝光，由胶片上感光斑点的位置，在原始平板上挑出相应的菌落。如果原始平板上的菌落较密，不能准确地挑出期望重组子，可用无菌牙签将相应位置上的菌落挑在少量的液体培养基中，经悬浮稀释后涂板培养，待长出菌落后，再进行一轮杂交，即可获得目的重组子。

上述程序用于噬菌斑筛选则更为简单，因为每个噬菌斑中含有足够数量的噬菌体颗粒甚至未包装的重组DNA，可以免去37℃扩增培养，而且由于噬菌体结构简单，不会产生菌体碎片对杂交的影响，检测灵敏度高于菌落原位杂交。

菌落或噬菌斑原位杂交在实际操作过程中的缺陷是阳性杂交斑呈圆形，它与放射性本底很难区分，造成众多的假阳性杂交斑，这在所使用的探针与检测对象同源性较低时尤为严重。为了克服上述困难，采用一种变通的程序。将待筛选的克隆每8～12个一组涂在同一块平板上，37℃培养过夜后洗下菌体，用沸水浴法快速提取混合质粒，以合适的酶使之线性化，并进行琼脂糖凝胶电泳分离。将硝酸纤维素薄膜覆盖在凝胶板上转移DNA，然后依照菌落原位杂交程序制备杂交膜并进行杂交反应。获得杂交阳性带后，从对应平板上的单个克隆菌中逐一抽提质粒，再进行一轮小规模的杂交即可筛选出目的重组子。该方法使杂交信号由菌落原位杂交程序中的一个圆点放大到一条带，因而可以方便地与杂交本底相区别。

（2）探针的制备

探针的长度以及与目的基因之间的序列同源性是杂交实验成败的关键，尽管有时探针只有20个碱基或更小，但一般来说，最佳的探针长度范围为100～1000nt❶，另外探针内部不能含有大面积的互补序列，否则会直接影响探针与DNA靶序列的杂交。探针的获取有下列多种方法。

① 目的基因的同源序列

例如，以现有的目的基因片段为探针，筛选含有完整目的基因的重组子；或者以某一DNA片段为探针，寻找与其连锁在一起的上下游DNA序列，这是染色体走读法和染色体跳跃法的基本策略；有时还可以用一种生物的某个基因作为探针，去克隆筛选另一种生物的相同或相似基因，而且两个基因的同源性越高，成功的可能性就越大。一般来说，探针与目的基因的同源性大于80%，就能通过杂交较为顺利地找到靶序列。

② cDNA

如果实验室中拥有目的基因的mRNA，则可通过反转录酶将其反转录成单链cDNA，

---

❶ nt表示核苷酸的个数。

以 cDNA 为探针无论在长度还是在同源性上都是较为理想的。

③ 人工合成

在既无目的基因的同源 DNA 序列又无 mRNA 的条件下，如果知道目的基因编码产物的 6 个氨基酸连续序列，则可根据遗传密码表将这一短小氨基酸序列演绎为相应的基因编码序列，然后按此序列人工合成单链探针，然而这种方法有时并不那么简单，因为密码子具有简并性。为了保证探针序列与目的基因编码序列的一致性，必须合成多种不同序列的 18 聚体（6 个 Aa），其中必有一种序列与目的基因的相应序列 100% 同源。在筛选时，将这几种探针分别杂交同一薄膜。另一种方法是根据生物体密码子的使用频率，选择性地确定一个更长（如 27 聚体）的"假定探针"序列，尽管它并不一定与目的基因序列完全同源，但由于它具有足够的长度，在杂交过程中，即使有几对碱基不能配对，也能较为准确地找到期望的目的重组子。然而，如果已知的氨基酸序列过短，或者具有简并密码子的氨基酸过多，则按上述思路设计的"假定探针"往往不能奏效。

(3) 探针的标记

探针在杂交后是通过其分子中的放射性同位素或荧光基团进行定位示踪的，放射性的强弱直接关系到杂交反应的灵敏度，从理论上来说，单位长度的探针标记的同位素越多，杂交反应灵敏度就越高。探针标记有下列几种方法。

① 5′末端标记法

用作探针的双链 DNA 片段在 DTT、Mg^{2+}、$[\gamma\text{-}^{32}P]$ dATP 和过量 ADP 的存在下，由 T4-PNP 酶催化，将 ^{32}P 同位素标记的 γ-磷酸基团转移至双链 DNA 的 5′端，原来的磷酸基团则交给 ADP 形成 ATP，也可用碱性磷酸酶先除掉 DNA 的 5′端磷酸基团，然后再用 T4-PNP 酶标记。标记反应结束后，加热变性制备单链探针。这种方法每个 5′末端只能标记一个放射性基团，因此较适用于人工合成的短小探针。

② 反转录标记法

真核生物 mRNA 的 3′端大都具有 polyA 结构，以人工合成的寡聚 T 或寡聚 U 为引物，四种 dNTP 为底物，在 $[\alpha\text{-}^{32}P]$ dATP 的存在下，由反转录酶以 mRNA 为模板合成其互补链 cDNA，在 DNA 聚合反应中，含有放射性同位素的 dATP 掺入新生链中。这种标记方法能产生高密度放射性的探针，如果探针只能从 mRNA 制备，这是首选的标记方法。

③ 切口平移标记（nick translation labeling）

用脱氧核糖核酸酶（DNase Ⅰ）水解待标记的双链 DNA 片段，使之在不同位点上产生切口，并暴露游离的 3′-OH 末端，此时大肠杆菌 DNA 聚合酶Ⅰ便特异性地结合在切口处，并通过其 5′→3′ 的外切核酸酶活性从 5′末端将核苷酸逐一切除，与此同时，其 5′→3′ 的聚合酶活性又从 3′端开始依此向前推移聚合新生 DNA 链，并在聚合反应中，将 $[\alpha\text{-}^{32}P]$ dATP 中的同位素基团带入新生的 DNA 链中。这种方法与 cDNA 标记法很相似，但适用范围更广，是常用的探针标记手段，而且切口平移标记的试剂盒早已商品化，使得操作更为简便。

④ ABC 标记法

将生物素（biotin）共价交联在 dUTP 的碱基上，通过反转录标记或切口平移标记将这种单体掺入到探针中，杂交反应结束后，洗去非特异性结合的探针，然后用抗生物素蛋白（生物素结合蛋白，avidin）处理薄膜，使得 avidin 与探针上的生物素分子形成复合物，这就是所谓的 ABC 标记法。生物素结合蛋白分子上可以接有自然光或高强度荧光发射物质，也可连上特殊的酶分子（如碱性磷酸酶或辣根过氧化物酶等），由其催化相应底物的显色反应。新一代的标记物则采用 dUTP-地高辛化合物以及相应的抗体蛋白，但检测方法与生物素系统相同。这种标记方法的灵敏度丝毫不亚于同位素，却不会对人体造成放射性危害，对环境的污染也少，而且标记物可保存长达一年，这比 ^{32}P 同位素稳定。

5.2.4　PCR 检测法

在载体 DNA 分子中，外源 DNA 插入位点的两侧序列多为固定已知的，如 pGEM 载体系列中多克隆位点两侧分别是 SP6 和 T7 启动子的序列，根据插入位点两侧已知序列设计一对特异性引物，以从初选出来的阳性克隆中提取的少量质粒 DNA 为模板进行 PCR 扩增，通过对 PCR 产物的琼脂糖凝胶电泳分析就能确定是否为重组子的菌落。PCR 方法不但可迅速扩增插入片段，而且可直接用于 DNA 序列测定，目前已得到广泛的应用。

5.2.5　克隆基因定位法

鉴定出目的重组子后，接下来的工作便是目的基因的定位。如果目的重组子中外源 DNA 的片段为 10kb，而目的基因长度仅为 1.0kb，则目的基因在 DNA 片段上所处的位置必须确定，以便删除非目的基因的 DNA 片段，大大简化目的基因的进一步分析。基因定位中特别有价值的策略是次级克隆（亚克隆）、转座子插入以及 DNA 序列分析。

（1）亚克隆法（subcloning）

从一个克隆的 DNA 片段上分割几个区域，分别将之再次克隆在新的载体上，获得一系列新的重组子，这个过程称为亚克隆。亚克隆作为名词的含义是指上述再次克隆过程中所得到的无性繁殖菌落，每个亚克隆都含有一种新的重组分子。亚克隆在定位目的基因的同时，也分离出含有目的基因的最小 DNA 片段。

图 5-7 表示亚克隆的基本操作程序。一个在初次克隆中获得的重组分子含有 EcoRI 外源 DNA 片段，目的基因位于这个 DNA 片段的某个区域，根据限制性酶切图谱，选择几个理想的酶切位点，使得这些酶切片段略大于目的基因（例如，1.0～1.5kb）。为了避免片段中含有原来的载体 DNA 部分，这些酶切位点应包括 EcoRI，而且不存在于载体分子中。用选择的限制性内切酶处理重组分子，得到的 DNA 片段分别与具有相应限制性酶切末端的新质粒重组，转化受体细胞，最终获得一系列重组子 A～G，然后使用两种方法在上述 7 个重组子范围内确定含有目的基因的目的重组子。一种方法是菌落杂交重组质粒（由于亚克隆数量很少，没有必要进行菌落原位杂交），如果 7 种重组质粒中只有一种重组质粒呈杂交阳性反应，则可基本上确定目的基因存在于这个重组质粒中，遗憾的是，如果事先不知道目的基因的酶切图谱，则亚克隆时的酶切位点很容易选在目的基因内部，造成杂交阳性的重组质粒只含有目的基因的一部分。如果亚克隆的酶切位点位于探针杂交区域内，可能出现两种杂交阳性的重组质粒，这样必须重新选择合适的亚克隆酶切位点。另一种方法是目的基因的遗传表型检测，具有目的基因遗传特征的重组子即为目的重组子，同理，如果亚克隆的酶切位点位于目的基因的内部，则它被分割在两种重组质粒上，造成所有的亚克隆均不能产生目的基因的遗传表型。

然而，在上述的菌落杂交实验中，即便不能获得含有完整目的基因的目的重组子，但同时掌握了目的基因的限制性酶切位点分布情况，具体做法是将待检测重组分子用多种不同的

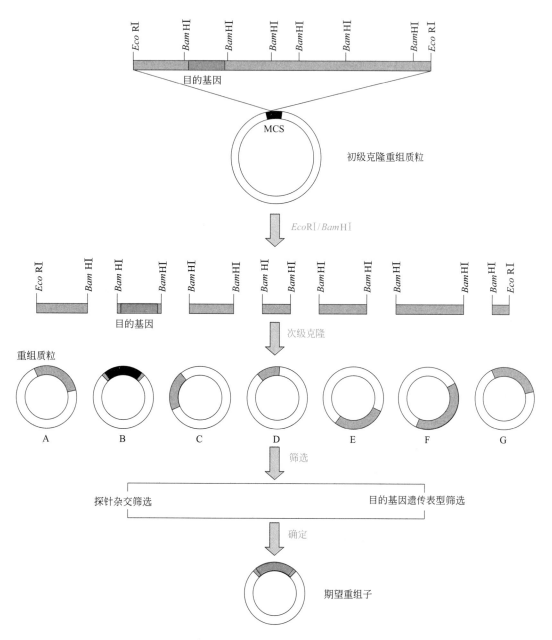

图 5-7 亚克隆的基本操作程序

限制性内切酶处理，然后进行杂交，如果在某个酶的酶切片段中只有一条大于目的基因的
1.3kb 杂交阳性带，这个片段有可能包含完整的目的基因，任何出现两条或多条杂交阳性带
的限制性内切酶以及出现小于目的基因长度的均被排除。杂交探针的分子越大，这种检测方
法就越有效。

　　如果目的基因的两端附近区域没有合适的酶切位点，那么利用亚克隆法获得的目的重组
子上仍会存在一些不需要的 DNA 区域，它们的进一步精细删除可利用 Bal31 核酸酶从重组
分子中外源 DNA 一端或两端同时缩短非目的基因区，根据产生的重组子遗传表型消失与否
或者根据测定的 DNA 序列决定降解反应的程度。

（2）插入灭活法

目的基因在目的重组子中的定位，也可采取插入灭活的方法，即在重组质粒的外源DNA片段上，选择若干个分布较为均匀的限制性酶切位点，分别插入一段无关的DNA片段，获得一系列插入重组子，检测各重组子目的基因的遗传表型，由此绘制出插入-功能关系图谱，并确定目的基因的所处区域，然后利用合适的限制性内切酶将目的基因所在的最小DNA片段亚克隆在新的载体上。从理论上来讲，插入位点越多越均匀，亚克隆时获得的目的基因越"纯净"，然而，如果待检测的外源DNA片段过长，且酶切位点分布不均匀甚至没有合适的酶切位点可用，那么这种方法并不实用。

为了克服上述困难，可以采用转座子（transposon）随机插入的方法检测目的基因。一般的细菌转座子存在于某些质粒或噬菌体的基因组中，它们不能自主复制，但往往含有抗生素抗性基因。具体程序是向含有待检测重组分子的受体细胞中直接引入携带转座子的质粒或噬菌体DNA，经过一段时间培养后，质粒或噬菌体DNA上的转座子有可能转移到待测重组分子上，并且在不同的细胞中或在同一细胞的多个重组质粒拷贝上，转座子的插入位点是随机多样的。从这些细胞所形成的菌落中分别抽提插入型重组质粒，并转化到合适的受体细胞中，通过重组质粒原有的标记和转座子携带的标记，选择插入了转座子的转化子。从中再次分离重组质粒，制作相应的限制性酶切图谱，确定转座子的插入位点，然后根据每个选择转化子的目的基因遗传表型表达与否，进一步定位目的基因。

上述过程中，携带转座子的质粒或噬菌体DNA转化含有待检测重组质粒的细菌，会导致双质粒同时存在，这为后续操作带来许多不便，而且转座子既可能转移在重组质粒上，更有可能直接插入细菌染色体DNA上，因而重组质粒接受转座子的能力极为有限。一种改进的方法是：先通过质粒或噬菌体DNA转化的方法构建受体细菌的染色体突变株，使得转座子定位在染色体DNA上的某个标记基因内，同时消除质粒或噬菌体DNA。然后将待测重组质粒转化这种受体菌突变株，利用重组质粒的筛选标记筛选转化子。当染色体上的转座子转移到重组质粒上时，原来被插入灭活的染色体基因复原，因此利用这个标记基因的遗传表型可以筛选接受了转座子的重组子。

5.2.6 测序检测法

通过亚克隆法去除大片段无关的DNA区域后，对含有目的基因的DNA片段进行序列测定与分析，以便最终获得目的基因的编码序列和基因调控序列，精确界定基因的边界，这对目的基因的表达及功能研究具有重要意义。

在DNA序列分析方法建立之前，对于由限制性内切酶产生的DNA片段，不能直接分析其核苷酸排列顺序，只能用RNA聚合酶合成与DNA互补的RNA链，然后依据Fred Sanger发明的RNA序列分析法先测定RNA序列，再由RNA序列推测相应的DNA序列。20世纪60年代中期，Sanger中止了对蛋白质序列测定方法的研究，将注意力转向建立大片段RNA的简单测序方法上，1976年底，利用这种方法完成了病毒SV40基因组5243bp一半以上的RNA序列分析。直接对DNA进行序列分析的重大突破仍出自Sanger之手。1975年Sanger首次设计了利用DNA聚合酶进行聚合反应的所谓加减法DNA测序程序，并利用这种技术很快测定了ΦX174噬菌体5386bp DNA的全部序列，但这种方法测定的误差率较高，因而未得到广泛应用。1977年，Maxam和Gilbert创建了一种用化学降解法分析DNA序列的程序，其优点不仅快速可靠，而且对试剂的要求也较为简单，利用这种方法在不到一年的时间里确定了 pBR322 4362bp 的全部 DNA 序列。1977 年 Sanger 再次建立起双脱氧末端终止法测定 DNA 序列的技术，五年后，在 Sanger 实验室进修的我国分子生物学家洪国藩将这项技术与 M13 DNA 克隆系统相结合，完成了 λ 噬菌体 DNA 的全序列（48502bp）测定，这是当时国际上已知一级结构的最大生物基因组。双脱氧末端终止法的巧妙构思和原理很快被用于设计出了第一台全自动 DNA 序列分析仪。它可在 8 小时之内直接阅读出 2000bp 的 DNA 序列。目前作为分子生物学的一个崭新领域，不断完善的 DNA 测序技术以及相应的数据分析编辑系统已在庞大的人类基因组计划中起着重要作用。

5.2.7　外源基因表达产物检测法

如果克隆在受体细胞中的外源基因编码产物是蛋白质，则可通过检测这种蛋白质的生物功能或结构来筛选和鉴定目的重组子。使用这种方法的前提条件是重组分子必须含有能在受体细胞中发挥功能的表达元件，也就是说外源基因必须表达其编码产物，并且受体细胞不能合成这种蛋白质。

（1）蛋白质生物功能检测法

某些外源基因编码具有特殊生物功能的酶类或活性蛋白（如 α-淀粉酶、葡聚糖内切酶、β-葡萄糖苷酶、蛋白酶以及抗生素抗性蛋白等），设计简单灵敏的平板模型，可以迅速筛选出克隆了上述蛋白质编码基因的目的重组子。淀粉酶基因表达的淀粉酶可将不溶性的淀粉水解成可溶性的多糖或单糖，在固体筛选培养基中加入适量的淀粉，则平板呈不透明状，待筛选的重组菌落若能表达 α-淀粉酶并将之分泌到细胞外，由于酶分子在固体培养基中的均匀扩散作用，会以菌落为中心形成一个透明圈。如果透明圈不甚明显，还可往培养平板上均匀喷洒碘水气溶胶，使之形成蓝色本底，以增强目的重组子克隆与非目的重组克隆之间的颜色反差，易于辨认。利用同样的原理，也可设计出快速筛选含有特定蛋白酶编码基因的重组克隆。

有些待克隆的外源基因编码的产物可将受体细胞不能利用的物质转化为可利用的营养成分，如 β-半乳糖苷酶编码基因或氨基酸、核苷酸的生物合成基因，据此可设计营养缺陷型互补筛选模型，快速鉴定目的重组子。其具体做法是选择上述基因缺陷的细菌为受体，筛选培养基以最小培养基为基础，补加合适的外源基因产物为作用底物。例如，对于 β-半乳糖苷酶而言，补加乳糖。这样，凡是在选择培养基上长出的菌落理论上就是目的重组克隆。

抗生素抗性基因重组克隆的筛选则更为简单，只要选择对该抗生素敏感的细菌作为受体细胞，并在筛选培养基中添加适量的抗生素即可。然而值得注意的是，由于抗生素的存在往往会诱导受体细胞产生非特异性的广谱抗菌性，因此在含有抗生素的平板上生长的菌落未必都是该抗生素特异性抗性基因的重组克隆，此时一般需要做进一步的鉴定。其程序为：从获得的重组克隆中抽取相应的重组质粒，并对同一受体细胞进行二次转化，同时以载体质粒做对照；如果二次转化得到的菌落数比对照明显增多，则该重组质粒含有特异性的抗性基因，否则重组分子中的外源 DNA 插入片段必定不是目的基因。另一种方法是将重组克隆挑在液体培养基中，然后不经培养稀释涂布在不含该抗生素的平板上，待菌落长出后，将之影印至另一含有抗生素的平板上。若在影印过程中菌落全部生长，则基本上可以断定原重组克隆中含有该抗生素的特异性抗性基因。上述两种鉴定方法的原理是基于抗生素的抗性诱导作用对受体菌而言是随机低频发生的，而真正克隆的抗性基因则赋予所有的受体细胞以抗性。

（2）蛋白质凝胶电泳检测法

对于那些生物功能难以检测的外源基因编码产物，手头又没有现成的抗体做蛋白免疫原位分析实验，可以通过聚丙烯酰胺凝胶电泳对重组克隆进行筛选鉴定。从重组克隆中分别制备蛋白粗提液，以非重组子作对照，进行蛋白凝胶电泳。如果克隆在载体质粒上的外源基因能高效表达，则会在凝胶电泳图谱的相应位置上出现较宽较深的考马斯亮蓝染色带，由此辨认目的重组子。载体质粒上的选择性标记基因通常也会大量表达，但可通过与对照样品对比以及确定蛋白产物分子量大小而排除。然而，如果外源基因表达率较低，则极有可能为受体细胞内源性表达蛋白干扰而不易区分，此时必须使用特殊受体细胞或体外基因转录翻译系统进行检测，这些技术相当复杂烦琐，但对重组基因的分析鉴定相当重要。

① 大肠杆菌小细胞系统

野生型大肠杆菌在突变条件下会以极低的频率萌发出一种无生存能力的微小细胞结构，它通常不会有染色体 DNA，但如果从含有重组质粒的大肠杆菌克隆株制备小细胞，重组质粒分子有可能被分配到新形成的小细胞中，形成以重组质粒为唯一基因组的特殊不完全转化子，它在转化后不长时间内具有合成 RNA 和蛋白质的功能。尽管这种基因表达量非常低，但如果环境中存在放射性氨基酸，外源基因的蛋白表达产物便可标记上同位素，并在 SDS-聚丙烯酰胺凝胶电泳后，通过放射自显影进行检测。由于小细胞与普通细胞相比在大小和密度上存在着一定差异，因此可以利用密度梯度离心等方法分离得到这种不完整的细胞结构。

② 大肠杆菌大细胞系统

有些大肠杆菌突变株对紫外光具有特殊的敏感性，这种菌株受到紫外光照射后，其基因组编码的蛋白质生物合成终止并最终导致细胞停止分裂，处于这种状态的细胞体积通常大于正常生长的细胞，因此称为大细胞。如果用合适照射剂量的紫外光处理重组克隆菌，则会产生选择性合成重组质粒 DNA 上编码的蛋白质的大细胞。与小细胞系统相似，大细胞的这种选择性基因表达效率也很低，因此同样需要对新合成的重组质粒编码蛋白进行同位素标记，以证实目的重组子外源基因表达产物的存在。

③ 体外转录翻译偶联系统

该系统包含基因表达所需要的所有因子，如 RNA 聚合酶、核糖体、tRNA、核苷酸、氨基酸以及合适的缓冲液组成成分。将经严格分离纯化的重组质粒置入该系统中，体外进行基因转录与翻译，并用同位素标记新生蛋白质，最终通过 SDS-聚丙烯酰胺凝胶电泳和放射自显影技术检测。尽管这种偶联反应涉及多种成分的严格配比以及它们对许多因素的敏感性，但近年来已发展出若干成熟的体外蛋白质生物合成系统，使其可靠性大大增强。

（3）放射免疫原位检测法

这种方法的基本原理及操作程序与菌落原位杂交法非常相似，只不过后者是用核酸探针通过碱基互补形式特异性杂交目的 DNA 序列，而前者是利用抗体通过特异性免疫反应搜寻目标蛋白质，因此使用放射免疫原位检测法筛选鉴定目的重组子的前提条件是外源基因在受体细胞中必须表达出具有正确空间构象的蛋白质产物，同时应具备与之相对应的特异性抗体。放射免疫原位检测法的标准操作程序包括：①将硝酸纤维素薄膜或 CNBr 活化纸片覆盖在待检测的菌落平板上，制成影印件；②利用氯仿气体或烈性噬菌体的气溶胶处理影印薄膜，裂解菌落，释放包括外源基因表达产物在内的细胞内含物，此时各种蛋白质分子均原位吸附在薄膜或纸片上；③经固定处理后的薄膜或纸片与含有目标蛋白对应抗体的溶液保温一段时间，使抗原（待检测蛋白质）与抗体发生特异性免疫结合反应；④洗去薄膜未特异性结合的抗体分子，再与事先用同位素 [125] I 标记的第二种抗体或金黄色葡萄球菌 A 蛋白溶液进行第二次保温，这种放射性的抗体或蛋白分子特异性地与抗原-抗体复合物中的第一种抗体结合，并指示抗原所在的位置；⑤最后将薄膜感光 X 光胶片，并根据感光斑点位置在原始平板上挑出相应的目的重组子克隆。

用于最终检测的第二种抗体既可以用同位素标记，也可以事先将其与生物素共价偶联，在免疫结合反应完成之后，薄膜用含有荧光分子的生物素结合蛋白处理，最终通过荧光感光 X 光胶片，这一过程与核酸探针的 ABC 标记法颇为相似。另外还可采取抗体的酶标技术，将第二种抗体与一种特定的示踪酶（如碱性磷酸酶）连为一体，经与这种抗体-酶复合物溶液保温后的薄膜，再用相应的化合物处理，后者在碱性磷酸酶的作用下，产生颜色反应，以此定位目的重组克隆。

放射免疫原位检测法远比菌落原位杂交法复杂，它需要使用两种不同的抗体。第一种抗体必须具有与待检测蛋白质特异性的结合作用，但在大多数情况下，这种抗体很难通过免疫血清的方法获得足够的数量用于同位素直接标记。因此，通常的做法是将第一种抗体与一种特定的蛋白质用戊二醛交联，而这种特定蛋白质相应抗体的制备方法相当成熟，如兔血清白蛋白与第一种抗体所形成的杂合蛋白能特异性地识别第二种抗体——羊抗兔血清白蛋白抗体。

第6章

核酸的分离纯化与目的基因的克隆

基因工程主要是通过人工的方法分离、改造、扩增并表达生物的特定基因，从而深入开展核酸的遗传研究或者获取有价值的基因产物。通常将那些已被或者准备被分离、改造、扩增或表达的特定基因或 DNA 片段称为目的基因。要从数以万计的核苷酸序列中挑选出非常小的所感兴趣的目的基因是基因工程中的第一个难题。欲获得某个目的基因，必须对其有所了解，然后根据目的基因的性质制定分离的方案。不管采用何种手段获取目的基因，首先都要分离纯化核酸。

6.1 核酸的分离纯化

核酸的分离纯化是核酸研究中最基本的工作，因为研究核酸的结构、功能首先要有样品，样品质量的好坏往往是成败的关键。

6.1.1 核酸分离提取的原则

核酸包括 DNA 和 RNA 两种分子，在细胞中都是以与蛋白质结合的状态存在。真核生物的染色体 DNA 为双链线性分子；原核生物的"染色体"、质粒及真核细胞器 DNA 为双链环状分子；有些噬菌体 DNA 有时为单链环状分子；RNA 分子在大多数生物体内均是单链线性分子；不同类型的 RNA 分子可具有不同的结构特点，如真核 mRNA 分子多数在 3′ 端带有 ploy(A) 结构。至于病毒的 DNA、RNA 分子，其存在形式多种多样，有双链环状、单链环状、双链线状和单链线状等。

95％的真核生物 DNA 主要存在于细胞核内，其他 5％为细胞器 DNA，如线粒体、叶绿体等。RNA 分子主要存在于细胞质中，约占 75％，另有 10％在细胞核内，15％在细胞器内。RNA 以 rRNA 的数量最多（80％～85％），tRNA 及核内小分子 RNA 占 10％～15％，而 mRNA 分子只占 1％～5％。mRNA 分子大小不一，序列各异。总的来说，DNA 分子的总长度一般随着生物的进化程度而增大，而 RNA 的分子量与生物进化无明显关系。

分离纯化核酸总的原则：①应保证核酸一级结构的完整性；②排除其他分子的污染。为了保证核酸结构与功能的研究，完整的一级结构是最基本的要求，因为遗传信息全部贮存在一级结构之内。核酸的一级结构还决定其高级结构的形式以及和其他生物大分子结合的方式。

对于核酸的纯化应达到以下三点要求：①核酸样品中不应存在对酶有抑制作用的有机溶剂和过高浓度的金属离子；②其他生物大分子如蛋白质、多糖和脂类分子的污染应降低到最低程度；③排除其他核酸分子的污染，如提取 DNA 分子时，应去除 RNA 分子，反之亦然。

为了保证分离核酸的完整性和纯度，在实验过程中，应注意以下事宜：①尽量简化操作步骤，缩短提取过程，以减少各种有害因素对核酸的破坏。②减少化学因素对核酸的降解，为避免过酸、过碱对核酸链中磷酸二酯键的破坏，操作多在 pH 4～10 条件下进行。③减少物理因素对核酸的降解，物理降解因素主要是机械剪切力，其次是高温。机械剪切力包括强力高速的溶液震荡、搅拌，使溶液快速地通过狭长的孔道；细胞突然置于低渗液中；细胞爆炸式的破裂以及 DNA 样品的反复冻融。这些操作细节在实验操作中应倍加注意。机械剪切作用的主要危害对象是大分子量的线性 DNA 分子，如真核细胞的染色体 DNA。对分子量小的环状 DNA 分子，如质粒 DNA 及 RNA 分子，威胁相对小一些。高温，如长时间的煮沸，除水沸腾带来的剪切力外，高温本身对核酸分子中的有些化学键也有破坏作用。核酸提取过程中，常规操作温度为 0～4℃，此温度环境降低核酸酶的活性与反应速率，减少对核酸的生物降解。④防止核酸的生物降解，细胞内或外来的各种核酸酶消化核酸链中的磷酸二酯键，直接破坏核酸的一级结构。其中，DNA 酶，需要二价金属离子 Mg^{2+}、Ca^{2+} 的激活，使用二价金属离子螯合剂——乙二胺四乙酸（EDTA）、乙二醇二氨基乙醚四乙酸（EGTA，选择性地抑制 Ca^{2+}）和柠檬酸盐，基本上可以抑制 DNA 酶的活性。而 RNA 酶，不但分布广泛，极易污染样品，而且耐高温、耐酸、耐碱，不易失活，所以生物降解是 RNA 提取过程中的主要危害因素。

核酸提取的主要步骤主要是：破碎细胞，去除与核酸结合的蛋白质以及多糖、脂类等生物大分子，去除其他不需要的核酸分子，沉淀核酸，去除盐类、有机溶剂等杂质，纯化核酸等。

核酸提取的方案，应根据具体生物材料和待提取的核酸分子的特点而定。对于在某特定细胞器中富集的核酸分子，事先提取该细胞器，然后再提取目的核酸分子的方案，可获得完整性和纯度两方面质量均高的核酸分子。

6.1.2 核酸的分离提取

（1）破碎细胞

破碎细胞有各种手段。物理法是用 Al_2O_3 粉研磨，或用超声波、匀浆器、捣碎器等处理，这些方法容易使 DNA 链断裂。化学法和生物法则是用化学试剂如去污剂、蛋白质变性剂、溶菌酶或蛋白酶等处理，使细胞壁（膜）破裂。目前常把物理、化学、生物法相互组合使用。

对高等动植物材料现常用液氮捣碎法破碎细胞。把新鲜动物组织、植物叶和茎等浸入液氮（-196℃），使坚韧的植物细胞壁变脆而易裂，然后在低温下用捣碎器或匀浆器破碎细胞。

对细菌材料常用溶菌酶分解细胞壁，并用去污剂溶解细胞膜蛋白及脂肪，使膜破裂。或直接用强碱、去污剂处理细胞使细胞壁（膜）同时被除去。

细胞器或体外培养细胞只需用蛋白酶和去污剂温和处理就可以破膜。

破碎细胞常用的去污剂有阴离子去污剂和非离子型去污剂。阴离子去污剂有十二烷基硫酸钠（SDS）、十二烷酰肌氨酸钠（Sarkosyl）和脱氧胆酸钠（DOC），非离子型去污剂有聚氧乙基十六烷基醚 $[Brij58，C_{16}H_{33}O(CH_2CH_2O)_nH]$ 和聚氧乙基十六烷基酚醚 $[Triton\ X-100，C_{16}H_{33}(C_6H_4)O(CH_2CH_2O)_nH]$。①SDS（$C_{12}H_{25}SO_4^-Na^+$）在 Na^+ 浓度大于 1mol/L 的溶液和浓 CsCl 溶液中会析出。因此，如果破碎细胞后样品要进行 CsCl 超离心则不能用 SDS，否则离心时会破坏 CsCl 梯度，可改用 Sarkosyl。②Sarkosyl $[CH_3(CH_2)_{10}CON(CH_3)CH_2COO^-Na^+]$ 的作用与 SDS 相似，但溶解性好，在 CsCl 浓溶液中不会析出。③DOC$[C_{23}H_{37}(OH)_2COO^-Na^+]$ 与 SDS 效果相似，但在乙醇中溶解性好。④非离子型去污剂作用温和，可在不完全裂解细胞膜时使用。例如，提取细菌质粒 DNA 的方法之一就是用非离子型去污剂在细胞膜上"打孔"，让质粒 DNA 释出而染色体 DNA 被阻留在细胞内。

（2）核蛋白的解聚和蛋白质的去除

核酸在体内与蛋白质的结合力包括离子键、氢键、范德华力等，破坏或降低这些结合力就可把核蛋白解聚开。

① 去污剂法

破碎细胞时所用的 SDS 等阴离子去污剂除了可以溶解膜蛋白和脂肪外，还可解聚核蛋白。它们与蛋白质带正电的侧链结合，形成复合物，从而使核酸与蛋白质分开。当加入浓醋酸钾溶液时，可使 SDS-蛋白质复合物沉淀，并使多余的 SDS 转化为溶解度小的钾盐而同时沉淀。

② 有机溶剂法

酚和氯仿是蛋白质变性剂，当它们与含核酸和蛋白质的水溶液一起振摇时形成乳状液，蛋白质充分接触氯仿和酚而变性，与核酸分开。离心后分为两相，一般上层为含核酸的水相，下层为有机相，相界处则是变性凝聚的蛋白质层。若水相中含有的盐类或蔗糖等物质浓度很高，则上层为有机相，下层为水相。

市售酚常含有酚氧化为醌的中间产物等杂质，会使核酸链断裂、交联。使用前应重蒸。酚与水部分互溶，因此要用适宜的缓冲液饱和，以避免样品损失。在酚中常加入 0.1% 8-羟基喹啉和 10% 间甲酚。前者是一种还原剂和螯合剂，可保护酚免受氧化，同时有抑制核酸酶的作用，其黄色还可以作为酚相的指示剂；后者的作用是降低酚的熔点，增强对蛋白质的变性力。

饱和酚虽可有效地使蛋白质变性，但酚不能完全抑制 RNA 酶的活性，而且酚相可溶解含 polyA 的 mRNA。如果用饱和酚和氯仿的混合液，可减轻这两种现象。同时可加入适量的异戊醇（饱和酚：氯仿：异戊醇＝25：24：1，体积比），异戊醇的作用是消泡，并使蛋白质层紧密，是水相和有机相分层较好。实际工作中依次使用酚、酚-氯仿和氯仿三种溶液脱蛋白质，最后一次的氯仿处理还可除去水相中的残留酚。用透析和等体积饱和乙醚萃取的方法也可除去残留酚及残留氯仿，再于 68℃ 保温蒸发除去残留乙醚。

用有机溶剂处理核酸水溶液时，既要使水溶液与有机溶剂充分接触，又要注意防止剪切力对 DNA 的破坏。如果提取的 DNA 分子量较小而又结构紧密，可剧烈振摇混合溶液；如果 DNA 大于 10kb，必须轻缓地旋摇；若大于 30kb，则旋摇速率要缓慢到约 20r/min。离心分层后要用粗口滴管吸出水相。

有机溶剂处理以去除蛋白质的次数视蛋白质的含量和制剂纯度要求而定，一般要处理到中间变性蛋白质层消失为止。每次处理的时间则要根据核酸与蛋白质结合的紧密程度确定，如真核生物材料处理时间要比原核生物材料长得多，即使是原核生物材料，若要保持 DNA 的完整性，往往也需要处理几十分钟甚至几小时。

③ 蛋白酶水解法

用蛋白酶水解去除蛋白质的方法比较温和，可避免剪切力的破坏。现常用蛋白酶 K 或蛋白酶 E，它们是广谱蛋白水解酶，水解力强，而且在 SDS 和 EDTA 存在下仍有活力。市售蛋白酶 E 中常有 DNA 酶混杂，可在使用前 80℃ 处理 5min 或 37℃ 自消化 30～60min 使 DNA 酶失活。蛋白酶处理后可再用酚抽提去除酶蛋白。

(3) 核酸的沉淀

核酸是水溶性的多聚阳离子，它们的钠盐和钾盐在多数有机溶剂包括乙醇-水混合物中是不溶的，它们也不会被有机溶剂变性。因此，最常用的核酸沉淀剂是乙醇、异丙醇等有机溶剂。乙醇的优点是可以任意比例和水混溶，乙醇与核酸不会起任何化学反应，对 DNA 很安全，因此是理想的沉淀剂。DNA 溶液即 DNA 以水合状态稳定存在，当加入乙醇时，乙醇会夺去 DNA 周围的水分子，使 DNA 失水而易于聚合。

在一定的盐浓度下（NaCl 0.1mol/L、NaAc 0.25mol/L 或 NH_4Ac 2.5mol/L）加 2 倍体积（对 DNA）或 2.5 倍体积（对 RNA）的无水乙醇（在 pH 为 8 左右的 DNA 溶液中，DNA 分子是带负电荷的，加一定浓度的 NaAc 或 NaCl，使 Na^+ 中和 DNA 分子上的负电荷，减少 DNA 分子之间的同性电荷相斥力，易于互相聚合而形成 DNA 钠盐沉淀），可将浓度大于 $0.1\mu g/mL$ 的核酸沉淀下来。沉淀核酸时的温度、所需时间以及沉淀后离心的速度、时间，取决于核酸分子的大小、浓度以及有无助沉淀物存在。核酸分子越小、浓度越稀，沉淀时所需温度越低，时间也越长，离心时要求速度越高、时间越长。对于小于 1kb 的 DNA 片段，或浓度小于 $1\mu g/mL$ 的核酸溶液，要在 $-70℃$ 放置几小时至十几小时，然后高速（16000r/min）离心 15min。对于大于 1kb 的 DNA，溶液中又含有较多 RNA 等其他核酸作为助沉淀剂的，则只需室温放置几分钟，高速离心几分钟。小于 200bp 的 DNA 用乙醇沉淀效率低，加乙醇前先加 $MgCl_2$ 到 0.01mol/L 可提高效率。如果所沉淀的核酸制品将和多核苷酸激酶反应，则沉淀时不可加入 NH_4Ac，因为 NH_4^+ 是该酶的强抑制剂。

在 0.3mol/L NaAc 浓度下，加入 0.54～1 倍体积异丙醇能选择性地沉淀出 DNA 和大分子 rRNA，而多糖和小分子 RNA 不沉淀。用异丙醇沉淀的优点是体积小，一般不必要低温长时间放置；缺点是异丙醇不易挥发除去，蔗糖、NaCl 等在低温时易和 DNA 共沉淀。

分子量大于 10^6 的双链 DNA 分子被沉淀后常形成丝状纤维，数量多时可被玻璃棒卷出，而较小的双链 DNA 或单链 DNA、RNA 则形成凝胶状，须离心收集。沉淀得到的核酸用 70% 乙醇洗涤可去除盐分及其他剩余的小分子杂质，真空抽干后溶于适当的溶液中。若沉淀前的核酸溶液含有 $MgCl_2$ 或者高浓度的 NaCl 等，则沉淀得到的核酸不易再溶解，可先将它溶于离子强度较低的溶液中，再加入浓溶液调整到所需离子强度。

对于 2kb 以下的 DNA 片段，可用聚乙二醇（PEG）进行粗放沉淀。所用 PEG 6000 的浓度与 DNA 片段的大小成反比。例如，5% 浓度沉淀出的 DNA 大于 1.65kb，离心收集后，补加 PEG 到 6%，沉淀出 1.2kb 的 DNA，再补加到 7%，沉淀出 0.6kb 的 DNA。沉淀时要求 NaCl 浓度达到 0.5mol/L，DNA 浓度必须大于 $10\mu g/mL$，0℃ 放置 12h 以上。所得沉淀可用 0.2mol/L NaCl 溶解，再用乙醇沉淀得到核酸，也可用胶电泳或氯仿抽提等去除 PEG。

对多糖含量较多的材料可用十六烷基三甲基溴化铵（CTAB）沉淀核酸。在 1% CTAB-0.35mol/L NaCl 溶液中，CTA^+ 与核酸结合生成沉淀，多糖不沉淀。然后用 0.1mol/L NaAc-70% 乙醇洗涤沉淀，CTA^+ 与 Na^+ 发生交换反应，和 Ac^- 生成可溶性十六烷基三甲基醋酸铵，离心后存在于上清液中，而核酸形成钠盐，在 70% 乙醇中仍为沉淀物。

无论用哪一种方法沉淀核酸，如果核酸含量太少，浓度过稀，可以在沉淀之前将核酸溶液用等体积的正丁醇或仲丁醇抽提几次，这将很有效地减少体积和增加浓度，但这样的处理只能除去核酸溶液中的水分，其他溶质如盐类等不能除去。水相中残留的正丁醇可用乙醚抽提或透析除去。

（4）其他杂质的去除

细胞中除了核酸、蛋白质外，还有多糖、脂类和小分子物质。在破膜、去除蛋白质和沉淀核酸时，脂类和小分子杂质已基本上被去除。对于多糖，可以在抽提前使动物饥饿 12h。或使植物暗化几天以减少材料中的糖原和淀粉量，也可以采用异丙醇、CTAB 等选择性沉淀核酸的方法除去多糖。另外，还可用等体积 2.5mol/L 磷酸盐缓冲液和等体积乙二醇甲醚处理，离心后多糖在中层，上层为乙二醇甲醚，内含核酸，再用乙醇、CTAB 等沉淀即可。

在提取 DNA 时，RNA 是杂质，反之亦然。利用 DNP（DNA-蛋白质）和 RNP（RNA-蛋白质）在盐溶液中的不同溶解度，在最初处理提取材料时，就可将两者初步分开。DNP 在 1~2mol/L NaCl 溶液中溶解度很大，在 0.14mol/L NaCl 溶液中溶解度极小，而 RNP 在 0.14mol/L NaCl 溶液中溶解。因此，抽提 DNA 时，可将生物材料（如小牛胸腺）浸于 0.14mol/L NaCl 溶液和 0.014mol/L 柠檬酸三钠（简称 SSC）溶液中反复洗涤、绞碎，离心除去溶于上清液的 RNP；也可用 1~2mol/L NaCl 溶液抽提生物材料，DNP 能被溶解抽出。

抽提到核酸粗制品后，可用核酸酶除去不需要的杂质核酸。抽提 DNA 时，用 RNA 酶处理除去 RNA。市售 RNA 酶常混有 DNA 酶，必须在 100℃ 加热 15min 灭活。抽提 RNA 时用 DNA 酶处理除去 DNA，DNA 酶中混杂有 RNA 酶，可在 Ca^{2+} 存在下用蛋白酶 K 水解除去，或用 Macaloid 吸附除去，也可用碘乙酸钠处理使 RNA 酶的活性中心组氨酸残基烷化而失活。

（5）核酸制剂的保存

分离提取到的核酸制品在保存过程中要防止变性和降解。因此，溶解核酸的溶液必须含有螯合剂以抑制 DNA 酶，溶液的 pH 为 7~8，防止酸碱变性，同时该溶液要有一定的盐浓度，因为在纯水中核酸双链（或双链区）两条链上的磷酸根负离子互相排斥，使双链分开而变性，Na^+ 等正离子可中和磷酸根的电负性，保持双链结构。现在较普遍的是将 DNA 溶于 TE 溶液 [10mmol/L Tris（三羟甲基氨基甲烷）-1mmol/L EDTA，pH＝8.0]，-20℃ 保存，也可溶于 SSC 溶液（0.15mol/L NaCl-0.015mol/L 柠檬酸三钠）。若将 DNA 置于 75% 乙醇中以沉淀形式贮于 -20℃ 可长期保存，并可以常温运输。RNA 则可冰冻干燥或在含 0.3mol/L NaAc 的 75% 乙醇中，以沉淀形式于 -20℃ 保存。

6.1.3 质粒 DNA 的提取

目前常用的从大肠杆菌中提取质粒 DNA 的方法有碱裂解法、煮沸法等，其依据是利用质粒与染色体的分子大小不同而进行分离。

碱裂解法中分离质粒 DNA 与染色体 DNA 的原理：因为 DNA 分子大小的差异，长的染色体 DNA 被 PDS 共沉淀，而质粒 DNA 溶于水溶液中。

碱裂解法中 NaOH 的作用：NaOH 将细胞膜的双层膜（bilayer）结构变成微胶粒（micelle）结构而使细菌细胞破裂，从而使质粒 DNA 以及染色体 DNA 从细胞中同时释放出来。

碱裂解法中 SDS 的作用：它可以溶解细胞膜上的脂质与蛋白质，因而可溶解膜蛋白而破坏细胞膜、解聚细胞中的核蛋白，还能与蛋白质结合成为 $R—O—SO^{3+}\cdots R^+$-蛋白质的复合物，使蛋白质变性而沉淀下来。但是 SDS（十二烷基硫酸钠，sodium dodecylsulfate）能抑制核糖核酸酶的作用，所以在以后的提取过程中，必须把它去除干净，防止它影响 RNase 的活性。

碱裂解法的溶液Ⅲ中 KAc 的作用：3mol/L 的高盐有利于变性的大分子染色体 DNA、RNA 以及 SDS-蛋白复合物的凝聚而沉淀。因为 K^+ 中和了核酸上的电荷，染色体 DNA 减少相斥力而互相聚合，并且 K^+ 取代 SDS 中的 Na^+ 成为溶解度更小的 PDS（十二烷基硫酸钾，potassium dodecylsulfate），使沉淀更完全。

煮沸法中使用的裂解液含有 Triton X-100，它在细胞膜上"打孔"，让质粒 DNA 释出而染色体 DNA 被阻留在细胞内，因而在离心时染色体 DNA 与细胞的其他部分一起沉淀。

实施碱裂解法时的注意事项：①溶液Ⅱ中的 NaOH 在室温放置较长时间会吸收空气中的 CO_2 而失效，因此每次配制溶液时不能配过多；②溶液Ⅲ虽然放置于 4℃，乙酸因它的挥发性而时间过长时同样会失效，故要勤换溶液；③提取革兰氏阳性细菌的质粒时，用于实验的菌量与提取试剂的配比要适当，也就是说，培养物的毫升数×OD_{600} 读数与提取物的总毫升数（即溶液Ⅰ、Ⅱ、Ⅲ的总和）之比决定提取液的黏稠度高低，提取液过于黏稠时，细菌质粒的提取效果不佳，这一比值一般为 2（提取过程中低温处理和使用乙酸钾，因此提取液很黏稠，从而导致蛋白质和染色体沉淀时质粒 DNA 也会形成沉淀，最终影响提取效果）。

6.1.4　RNA 的提取

分离 RNA 时裂解细胞的缓冲液可以分成两大类。①细胞裂解缓冲液中含有苛刻的离液试剂，如胍盐、SDS、Sarcosyl、尿素、苯酚或氯仿。其离液试剂能够破坏细胞膜和亚细胞器，同时使核糖核酸酶失活。②细胞裂解缓冲液（尽管低渗裂解是最温和的裂解细胞方式之一，但是如果细胞有富含糖的细胞壁，渗透裂解的用处不大；有些细菌、霉菌和植物细胞有这样的细胞壁，必须用适当的方法破碎细胞壁后才可以用渗透方法裂解细胞）温和地溶解细胞膜，但能够保持细胞核的完整，如低渗 Nonidet P-40［NP-40，它是非离子型去污剂，是一个较老的称呼，现在没有厂家提供它；Igepel CA-630（Sigma Cat. I-3021）在化学上与NP-40 不同，但能够替代它］裂解缓冲液。

RNA 酶可以说是无处不在。细胞内自不待说，连操作者的汗液、唾液中也有，各种实验器皿和试剂都很容易被污染。这类酶很耐热，80℃ 处理 15min 还不能完全灭活。在去蛋白质操作时该酶会暂时失活，但去除有关条件后活力又会恢复。而且，该酶作用时不需要二价金属离子，用螯合剂无法抑制其活力。

为了防止外源 RNA 酶的作用，实验者应戴口罩、手套，器皿和试剂用高温高压灭菌，或用二乙基焦碳酸盐（DEPC）处理，但 Tris 会与 DEPC 发生反应，含 Tris 的试剂不能用DEPC 处理。

为减少细胞内 RNA 酶的作用，在操作时要尽可能早去蛋白质，去尽蛋白质（其中包含

RNA 酶），并加入抑制剂。RNA 酶抑制剂很多，但效果好的很少，常用的有下面几种。

① 核糖核酸酶阻抑蛋白（RNasin）

这是从鼠肝或人胎盘中提取到的一种酸性蛋白质，人胎盘 RNasin 分子量为 51000，等电点为 4.7，最适 pH 为 7~8；它能与各种 RNA 酶非共价地结合而抑制它们的活力，是一种非竞争性抑制剂；由于 RNasin 抑制效果很好，而且可以很容易地用酚抽提除去，故日益被广泛应用。

② 氧钒基-核苷复合物（vanadyl-ribonucleoside complex）

这是 1979 年找到的一种抑制剂，能与许多 RNA 酶结合，几乎可完全抑制这些酶的活性，效果较好，目前应用也较广。

③ 皂土（bentonite）

皂土是膨润土的钠盐，带有负电荷，可与带正电荷的碱性蛋白如 RNA 酶结合，但用量太多会吸附 RNA。

④ Macaloid

这是一种复合硅酸盐，带负电荷，可吸附 RNA 酶。对植物、真菌制品来说，抑制力比皂土强。

⑤ 二乙基焦碳酸盐（DEPC）

分子式为 $C_2H_5-O-CO-O-CO-O-C_2H_5$，为黏性液体，是强力蛋白质变性剂和沉淀剂，可与 RNA 酶的活力中心结合使之失活。

⑥ 肝素（heparin）

肝素是多糖硫酸酯，可与 RNA 酶结合。

⑦ 去污剂

十二烷基硫酸钠（SDS）对 RNA 酶有一定抑制作用。

⑧ 胍类

硫氰酸胍和异硫氰酸胍是强力蛋白质变性剂，它们和 β-巯基乙醇一起使用能有效地抑制 RNA 酶活力。β-巯基乙醇能破坏 RNA 酶分子中的二硫键。

6.1.5 核酸的检测

(1) 琼脂糖凝胶电泳

分离纯化的 DNA 是否真的存在、是否有降解现象，以及 DNA 经限制性内切酶切割后其产物的大小如何等都是在基因操作中时刻面对的问题。目前最成熟的检测 DNA 的技术是琼脂糖凝胶电泳。琼脂糖（agarose）是从海藻中提取的一种丝状高聚物，在高温水溶液下会溶解，在常温下凝固形成一定大小孔径的惰性介质。在电场的作用下，DNA 可在空洞中迁移。迁移速率与 DNA 物理尺寸有关，从而可用来分离不同分子量的 DNA 分子。在 0.7％琼脂糖浓度下，对 0.8~10kb 的 DNA 有最佳的分离效果。

电泳过程中，先将 DNA 样品与上样缓冲液（loading buffer）混合在一起。上样缓冲液含有 40％蔗糖，用于将 DNA 样品沉积在点样孔内，使样品不易扩散；还含有溴酚蓝等指示剂，用于观察电泳的进程。在大多数情况下，DNA 样品都是在大约 pH 8.0 的条件下进行保存或分析的。在这一 pH 条件下，DNA 最稳定，带负电荷。

溴化乙锭（EB）可很好地掺入到双链 DNA 中，在紫外光的激发下会发出橙黄色的荧光，用于对 DNA 进行染色和观察。用于观察的紫外光共有 3 种波长：一般使用中波紫外光

（302nm）；短波紫外光（254nm）观察效果最好，但对 DNA 的破坏最大；如果所观察的 DNA 还要回收的话，尽量使用长波紫外光（366nm），否则得到的 DNA 被紫外光照射后将丧失"生命力"。除了 EB 外，近来其他一些荧光也常用于 DNA 的染色观察，如 SYBR Green 及衍生物，它们对 DNA 具有很强的亲和力，同时具有很高的量子产率（quantum yield）和信噪比。虽然其毒性小，但价格昂贵，一般用于更"精细"的实验。

通过琼脂糖凝胶电泳进行 RNA 分析与 DNA 分析的原理是类似的。不同的是，由于 RNA 呈单链状态，已形成链内二级结构。为保证电泳过程中 RNA 的迁移率与其分子量呈线性关系，RNA 分析是在变性的条件下进行的。常用的变性剂为甲醛，也可使用氢氧化甲基汞或乙二醛-二甲基亚砜（DMSO）。

进行琼脂糖凝胶电泳的注意事项：配制琼脂糖悬浮液时必须用电泳缓冲液，不可以使用双蒸水或纯水。

（2）聚丙烯酰胺凝胶电泳

在核酸的分析过程中，除了涉及一般的 DNA 外还需要检测小分子量的 DNA 或 RNA。琼脂糖凝胶电泳对小分子量核酸分子的分辨率较低，而聚丙烯酰胺凝胶电泳（polyacrylamide gel electrophoresis，PAGE）可很好地分辨 100bp～1kb 大小的核酸分子。对单链核酸来说，其分辨率可达 1bp，这种分辨能力在 DNA 序列测定中发挥了重要作用。

聚丙烯酰胺凝胶电泳是由丙烯酰胺和 N,N'-亚甲基双丙烯酰胺经过聚合而成的高分子化合物，其聚合度由浓度和二者的比例决定。一般在变性条件下使用，主要用来检测小分子核酸的大小，或在同位素标记的情况下分析单链核酸，如分离寡核苷酸探针、S1 核酸酶产物分析和 DNA 测序等。其变性条件可用加热方式或使用尿素等变性剂。

（3）脉冲场凝胶电泳

DNA 分子在琼脂糖凝胶中的泳动速率与其分子量有关，在一定大小范围内的泳动速率与分子量呈线性关系；当 DNA 片段的分子量大于一定程度（40kb）后，其在常规凝胶电泳中的泳动速率主要与电场强度有关，而与分子量的关系不显著。这样一来，常规电泳无法将大片段 DNA 按分子量的大小进行区分。但是，通过脉冲场凝胶电泳（pulsed field gel electrophoresis，PFGE）可有效分离大分子量的 DNA 片段。脉冲场凝胶电泳是琼脂糖凝胶电泳的改进，是专门针对大片段 DNA 的分析检测方法，如 50kb 或 100kb 以上，甚至 Mb 级的大片段 DNA，广泛应用于染色体分析和作图。

脉冲场凝胶电泳实际上是一种交替变化电场方向的电泳，以一定的角度并以一定的时间变换电场方向，使 DNA 分子在微观上按"Z"字形向前泳动，从而达到分离大分子量的 DNA 片段的目的。脉冲场凝胶电泳有多种工作方式，如横向交变电泳（transverse alternating field electrophoresis，TAFE）、场翻转凝胶电泳（field inversion gel electrophoresis，FIGE）、旋转凝胶电泳（rotating gel electrophoresis）和钳位匀场电泳（contour clamped homogeneous electric field electrophoresis，CHEF），其中使用最广泛的是 CHEF。

CHEF 电场共有 6 个电极带，呈六边形排列，每条电极带上有 4 个电极，主电场方向与泳动方向＋60°与－60°角度互换，如图 6-1。在六条电极带中，其电势呈梯度分布。在图 6-1 中处于 A 电场方向时，左上电极带的电势为零，可看作是负极；右下电极带的电势最高，这两条电极带之间的电势差最大。处于 B 电场方向时，其电极的带电状态与 A 电场方向的呈左右对称状态，方向相差 120°。在电泳过程中，电场的方向在 A 和 B 之间互换，从而保证样品朝着向下的方向泳动。在电极中最大的电势梯度是 6V/cm 或 200V/cm，最小的电势梯度是 0.6V/cm 或 20V/cm。Bio-Rad 公司出产的 CHEF-DR 脉冲电泳仪还具有很强的场强控制能力，防止样品在电泳过程中偏离主泳动方向。

在脉冲场凝胶电泳中，脉冲时间、电场强度、温度、缓冲液组成、琼脂糖类型和浓度都会影响电泳分辨率，其中脉冲时间是最关键的因素。对于分子量较小的 DNA 片段，对其重新定向所需要的时间短，因此相应的脉冲时间就短。而对于分子量较大的 DNA 片段，在凝胶中重新定向所需的时间会很长，从而决定其脉冲时间也长。

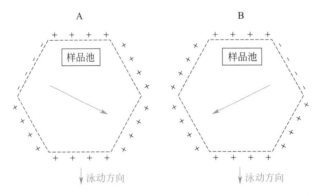

图 6-1 CHEF-DR Ⅱ型脉冲场凝胶电泳的场强大小和方向示意图
A. +60°电场的电极电势大小分布状况；B. −60°电场的电极电势大小分布状况

(4) 紫外分光光度法

纯净的核酸制品在 260nm 波长处有吸收峰，230nm 为吸收低谷。

天然双链 DNA 在 260nm 波长的吸收值与 280nm 处的吸收值的比值（OD_{260}/OD_{280}）应为 1.80 左右，低于 1.80 说明制剂中蛋白质可能未除尽，高于 1.80 说明制剂中可能还有 RNA。当然，也会出现既含蛋白质又含 RNA 而比值为 1.80 的情况，所以应结合电泳等方法鉴定有无 RNA 或用测蛋白质的方法检测蛋白质。RNA 在 260nm 和 280nm 的吸收值之比约为 2.0。若在 270nm 有最大吸收则是由于酚未完全除去。

根据核酸溶液在 260nm 波长处的紫外吸收值，可按下述公式大致估算核酸的浓度。$1OD_{260}$（光密度，optical density，简写为 OD）=50μg/mL（双链 DNA），$1OD_{260}$ =40μg/mL（单链 DNA、RNA），$1OD_{260}$ =20μg/mL（寡核苷酸）。

紫外分光光度法只适用于测定浓度大于 0.25μg/mL 的 DNA 溶液，当双链 DNA 溶液浓度较稀时，可用荧光分光光度法测定。荧光燃料（ethidium bromide，EB）可嵌入碱基对平面之间，在紫外光激发下发射出橘黄色荧光，荧光强度与溶液中 DNA 量成正比，用一系列不同的 DNA 作参照标准，可测定出被测 DNA 的含量，检出灵敏度可达 1～5ng（0.001～0.005μg）。如果核酸溶液量少，可以用胶电泳-比色的方法测含量。

6.2 目的基因的克隆

基因工程或 DNA 重组技术三大用途的前提条件是从生物体基因组中分离克隆目的基因，目的基因获得之后，或确定其表达调控机制和生物学功能，或建立高效表达系统，构建具有经济价值的基因工程菌（细胞），或将目的基因在体外进行必要的结构功能修饰，然后输回细胞内改良生物体的遗传性状，包括人体基因治疗。一般来说，目的基因的克隆策略分为两大类：一类是构建感兴趣的生物个体的基因组文库，即将某生物体的全基因组分段克隆，然后建立合适的筛选模型从基因组文库中挑出含有目的基因的重组克隆；另一类是利用PCR扩增技术甚至化学合成法体外直接合成目的基因，然后克隆表达。这两大类策略的选择往往取决于对待克隆目的基因背景知识的了解程度、目的基因的用途以及现有的实验手段等因素，只有在目的基因克隆策略确定之后，才能制订基因克隆的各项单元操作方案。本节着重论述几种目前已相当成熟的目的基因克隆策略及其适用范围，最后对基因组文库的构建原则做简单的介绍。

6.2.1　鸟枪法

鸟枪法（shotgun）的基本策略如图6-2所示，将某种生物体的全基因组或单一染色体切成大小适宜的DNA片段，分别连接到载体DNA上，转化受体细胞，形成一套重组克隆，从中筛选出含有目的基因的目的重组子。

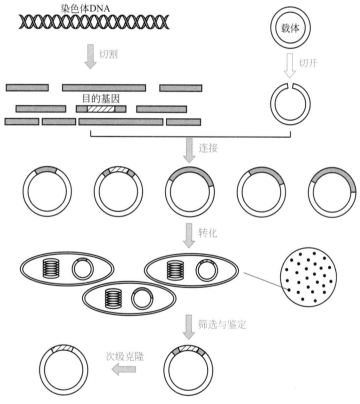

图6-2　鸟枪法克隆目的基因示意图

（1）鸟枪法的基本程序

① 目的基因组DNA片段的制备

从作为供体的生物细胞中按照常规方法分离纯化其染色体DNA，在一般条件下，由于分离纯化操作中的物理剪切作用，制备出的染色体DNA片段平均大小在100kb左右。然后将染色体DNA用下列方法切成片段，以便与载体分子进行体外重组。

a. 机械切割：供体染色体 DNA 可用机械方法（如超声波处理等）随机切割成双链平末端片段，采取合适的超声波处理强度和时间，可以将切割的 DNA 片段控制在一定的大小范围内，其上限是载体的最大装载量，而下限应至少大于目的基因的长度，否则无法在一个重组克隆中获得完整的目的基因。一般来说，原核生物的基因长度大都在 2kb 以内，真核生物的基因长度变化很大，最大的基因可达 100kb 以上，因而将外源 DNA 片段处理成略小于载体装载量上限的长度始终是正确的，因为每个重组克隆中含有的外源 DNA 片段越大，后续筛选的规模就越小。当染色体 DNA 上目的基因区域的限制性酶切图谱未知时，采用机械切割制备待克隆 DNA 片段是首选方法，但由于这些 DNA 片段具有随机平末端，因此必须插入载体 DNA 的平末端限制性酶切位点上，而且克隆的外源 DNA 片段很难完整地从重组分子上卸下。

b. 限制性内切酶部分酶解：采用识别序列为 4 个碱基对的限制性内切酶（如 *Mbo*I、*Sau*3A 或 *Alu*I 等）部分降解染色体 DNA，也可获得大片段的 DNA 分子。由于这些限制性内切酶的识别顺序在任何生物基因组中频繁出现，因此只要采取合适的部分酶解条件，同样可以获得一定长度的 DNA 随机片段，而且经部分酶解获得的 DNA 片段具有黏性末端，可以直接与载体分子拼接。

c. 特定限制性内切酶全酶解：如果染色体 DNA 上目的基因的两侧含有已知的限制性内切酶识别位点，而且两者之间距离不超过载体装载量的上限，那么用这一种（或两种）限制性内切酶全酶解染色体 DNA 片段可能更为有利，所产生的 DNA 片段呈非随机性，在某些程度上可以简化后续的重组和筛选操作。同时，重组分子可用相同的限制性内切酶完全切下插入片段，这使得利用限制性酶切图谱法直接筛选目的重组子成为可能。

② 外源 DNA 片段的全克隆

根据外源 DNA 片段的末端性质及大小确定克隆载体，鸟枪法一般选择质粒或 λ DNA 作为克隆载体，受体细胞大多选择大肠杆菌，只有当后续筛选必须使用外源基因表达产物检测法时，才选择那些能使外源基因表达的相应受体系统。

③ 目的重组子的筛选

从众多的鸟枪法克隆中快速检出目的重组子的最有效手段是菌落（菌斑）原位杂交法或外源基因产物功能检测法，前者需要理想的探针，后者则依赖于简便筛选模型的建立。如前所述，若克隆淀粉酶、蛋白酶或抗生素抗性基因时，利用外源基因产物功能检测法筛选目的重组子是最理想的选择。在既无探针又难以建立快速筛选模型的情况下，也可采用限制性酶切图谱法对所获重组克隆进行分批筛选。例如，已知目的基因位于 2.8kb 的 *Eco*RI DNA 片段中，可用 *Eco*RI 分别酶解所有的重组分子，初步确定含有 2.8kb 限制性插入片段的重组克隆，然后再根据目的基因内部的特征性限制性酶切位点进行第二轮酶切筛选，最终找到目的重组子。

④ 目的基因的定位

在绝大多数情况下，利用鸟枪法获得的目的重组子只是含有目的基因的 DNA 片段，必须通过次级克隆或插入灭活，在已克隆的 DNA 片段上准确定位目的基因，然后对目的基因进行序列分析，搜寻其编码序列以及可能存在的表达调控序列。鸟枪法克隆目的基因的工作量之大是可想而知的，对目的基因及其编码产物的性质了解得越详尽，工作量就越少。

（2）非随机鸟枪法策略

如果已知目的基因两侧的限制性酶切位点以及两个位点之间的距离，则可在克隆前就制备非随机的待克隆 DNA 片段，这样可以有效地缩小筛选的规模和工作量。用特定的限制性内切酶完全降解染色体 DNA，酶解产物通过琼脂糖凝胶电泳分离，然后从电泳凝胶上直接回收特定大小的 DNA 片段，经过适当的纯化后与载体 DNA 直接拼接，此时重组克隆中目的重组子的存在概率就大大增加。

① 冻融法

从琼脂糖凝胶电泳板上切下对应于一定 DNA 分子量大小的凝胶块，用无菌牙签捣碎，在−20℃冻融 2～3 次，破坏其凝胶网孔结构，释放 DNA 分子，高速离心后吸取液相，乙醇沉淀回收 DNA 片段。

② 滤纸法

在电泳板上的相应分子量区域前沿用无菌手术刀划开一条缝，将一合适大小的滤纸片插入其中，在紫外灯下继续电泳，直至所需回收的 DNA 样品迁移至滤纸上，然后反向电泳 1～2s，以降低滤纸对 DNA 样品的吸附程度，迅速从凝胶上取下滤纸，然后将之固定在 Eppendorf 管中，高速离心，这时 DNA 样品水溶液从滤纸上脱离并进入离心管底部。如果 DNA 样品浓度较高，则可不经沉淀浓缩，直接用于体外重组。

③ 吸附法

用 5mol/L NaI 溶液溶解含有待回收 DNA 片段的琼脂糖凝胶块，然后将之稀释至 NaI 最终浓度在 1mol/L 以下，用一种特殊的树脂吸附 DNA，并以高盐浓度的水溶液从树脂上洗脱 DNA，沉淀回收。

④ 溶解法

将凝胶块置于一个 Eppendorf 管中用无菌牙签捣碎，并用已烧红的针头在 Eppendorf 管底部扎一小孔（越小越好），然后将之套在另一个 Eppendorf 管上，高速离心，此时凝胶块在通过小孔时其网孔结构已遭到不同程度的损坏。吸取上清液于另一个离心管中，剩余的凝胶碎片按照上述程序重复操作一次，合并两次上清液，沉淀浓缩。以此法回收 10kb 以下的 DNA 片段，其回收率高达 70%，且 DNA 样品无需进一步纯化，即可用于连接、酶切或切口（nick）平移的同位素标记反应。

⑤ 低熔点琼脂法

这种方法回收 DNA 片段需要使用昂贵的低熔点琼脂糖凝胶，它在 37℃ 以上即熔化，DNA 样品通常在 10℃ 左右进行电泳分离。凝胶块切下后，加入适量的无菌水，然后加热至 37℃，使之熔化为均相。在一定的稀释度下，这种 DNA 溶液可直接用于连接反应。

(3) 鸟枪法克隆目的基因的局限性

在一般情况下，利用探针原位杂交法筛选和检测重组质粒，可以较为简便地获得目的基因 DNA 片段，但若没有合适的探针可用，鸟枪法克隆目的基因的工作量很大，如同盲人打鸟，鸟枪法的名字由此而得。此外，鸟枪法与其说是克隆目的基因，倒不如说是克隆含有目的基因的 DNA 片段，如果目的基因是用于构建高效表达系统，则需要的是其编码序列而不是整个 DNA 片段，只有在其编码序列的上下游合适位点含有特征的限制性内切酶识别位点，后续操作才能顺序进行，遗憾的是这种情况并不多见。最后，90% 以上的真核生物结构基因都具有内含子结构，这种真核基因不能在细菌受体细胞中表达，因此如果从真核生物中克隆目的基因并在细菌中高效表达，使用鸟枪法显然是不合适的。

6.2.2 cDNA 法

cDNA 是与 mRNA 互补的 DNA（complementary DNA），严格地讲，它并非生物体内

的天然分子，有些 RNA 肿瘤病毒能够通过其自身基因组编码的反转录酶（即依赖于 RNA 的 DNA 聚合酶），将 RNA 反转录成 DNA，作为基因复制和表达的中间环节，但这种 DNA 分子并非是与特定 mRNA 相对应的 cDNA。将供体生物细胞的 mRNA 分离出来，利用反转录酶在体外合成 cDNA，并将之克隆在受体细胞内，通过筛选获得含有目的基因编码序列的重组克隆，这就是 cDNA 法克隆蛋白质编码基因的基本原理。

与鸟枪法相比，cDNA 法的优点是显而易见的。首先，cDNA 法能选择性地克隆蛋白编码基因，而且由 mRNA 反转录合成的 cDNA 对特定的基因而言只有一种可能性，这样大大缩小了后续筛选样本的范围，减轻了筛选工作量；其次，cDNA 法克隆的目的基因相当"纯净"，它既不含基因的 5′端的调控区，同时又剔除了内含子结构，有利于在原核细胞中的表达；最后，cDNA 通常比其相应的基因组拷贝要小很多，一般只有 2～3kb 或更小，便于稳定地克隆在一些表达型质粒上。因此，利用 cDNA 法将真核生物蛋白编码基因克隆在原核生物中进行高效表达，是基因工程常用的战略思想。

（1）mRNA 的分离纯化

从生物细胞中分离 mRNA 比分离 DNA 困难得多，mRNA 在细胞内尤其在细菌内的半衰期极短，平均只有几分钟，而且由于基因表达具有严格的时序性，目的基因的表达程序对相应 mRNA 的成功分离至关重要。此外，mRNA 在体外也不甚稳定，这对分离纯化过程和方法都提出了更高的要求。尽管如此，目前发展起来的基因表达检测技术以及 mRNA 高效分离方法已较圆满地解决了上述难题，即使在细胞中只存在 1～2 个 mRNA 分子，也可由 cDNA 法成功克隆。

绝大多数的真核生物 mRNA 在其 3′末端都有一个多聚腺苷酸（polyA）的尾巴，不管这种结构在细胞内的生物功能如何，客观上却为 mRNA 的分离纯化提供了极为便利的条件，利用它可以迅速将 mRNA 从细胞总 RNA 的混合物中分离出来。将寡聚脱氧胸腺嘧啶（oligo-dT）共价交联在纤维素分子上，制成 oligo-dT 型纤维素亲和层析柱，然后将细胞总 RNA 的制备物上柱层析分离，其中 mRNA 分子通过其 polyA 结构与 oligo-dT 特异性碱基互补作用挂在柱上，而其他非 mRNA 分子（如 tRNA、rRNA 和 snRNA）则流出柱外。最终用含有高盐的缓冲液将 mRNA 从柱上洗下，从而纯化得到在细胞总 RNA 中含量只有 1%～2% 的 mRNA 流份。

由于基因表达的时序和程度不同，各种 mRNA 在细胞总 mRNA 中的比例或丰度差异很大。例如，珠蛋白、免疫球蛋白和卵清蛋白 mRNA 的丰度通常高达 50%～90%。这种高丰度的 mRNA 既可在 cDNA 合成前先经琼脂糖凝胶电泳分离，从亮度最大的区域中回收 mRNA，然后再进行 cDNA 合成和克隆，也可不经电泳分级分离直接合成并克隆 cDNA，或在 cDNA 合成之后进行电泳分级分离。对于绝大多数丰度低于 0.5% 的 mRNA（如干扰素、胰岛素和生长激素等），则最好在 cDNA 合成之前进行特异性富集，以提高 cDNA 目的重组克隆的检出成功率，减少筛选工作量。低丰度 mRNA 的富集方法大致有蔗糖密度梯度离心分级分离以及特异性多聚核糖体免疫纯化两种。前者或依据低丰度 mRNA 的分子量大小专一性回收目的 mRNA，或将离心管中的各梯度流份通过无细胞体外翻译系统分别检测目的 mRNA 的翻译产物，以此确定各种 mRNA 流份的取舍，从而获得高浓度目的 mRNA 的制备物；后者是利用特异性目的 mRNA 编码蛋白的抗体把正在合成新生多肽链的多聚核糖体吸附到金黄色葡萄球菌 A 蛋白-琼脂糖亲和层析柱上，然后用 EDTA 将多聚核糖体解离下来，并通过 oligo-dT 层析柱分离目的 mRNA。这种方法可用于分离丰度只有 0.01%～

0.05％的 mRNA，但由于特异性抗体难以获得而限制了它的实用性。

（2）双链 cDNA 的体外合成

真核生物 mRNA 的 polyA 结构不但为 mRNA 分离纯化提供了便利，而且也使得 cDNA 的体外合成成为可能。将纯化的 mRNA 与事先人工合成的 oligo-dT（12～20 碱基）退火，后者成为反转录酶以 mRNA 为模板合成 cDNA 第一链的引物。反转录酶以 4 种 dNTP 为底物，沿 mRNA 链聚合 cDNA 至 5′末端帽子结构处，完成 cDNA 第一链的合成。有时，反转录酶会在接近 5′末端帽子结构途中停止聚合反应，尤其当 mRNA 分子特别长时，这种情况发生的频率很高，导致 cDNA 第一链的 3′端区域出现不同程度的缺损。为了克服这一困难，发展出一种随机引物的合成方法，即事先合成一批 6～8 个碱基的寡聚核苷酸随机序列，以此替代 oligo-dT 为引物合成 cDNA 第一链，然后用 T4 DNA 连接酶修补由多种引物合成的 cDNA 小片段切口，最终的产物仍是 DNA-RNA 的杂合双链。cDNA 第二条链的合成大致有以下三种方法。

① 自身合成法

cDNA 与 mRNA 的杂合体通过煮沸或用 NaOH 溶液处理，获得单链 cDNA，其 3′端随机形成短小的发夹结构，其机理不明。这种发夹结构正巧可作为 cDNA 第二条链合成的引物，在 Klenow 酶和反转录酶的共同作用下，形成双链 cDNA 分子。理论上两种酶中的任何一种均可进行聚合反应，但常常会导致聚合中途停止，因为模板中可能存在引起聚合反应终止的特殊序列，这种序列因聚合酶的性质而异，因此联合使用两种酶可最低程度地降低聚合反应的不完全性，获得长度完整的双链 cDNA。聚合反应结束后，用 S1 核酸酶去除发夹结构以及另一端可能存在的单链 DNA 区域，所形成的双链 cDNA 即可用于克隆。这种方法的缺点是 S1 核酸酶酶解条件难以控制，常常会将双链 cDNA 的两个末端切去几个碱基对，有时直接导致目的基因编码序列的缺失。

② 置换合成法

cDNA 第一链合成反应的产物 cDNA-mRNA 不经变性直接与 RNA 酶 H 和大肠杆菌 DNA 聚合酶 I 混合，此时 RNA 酶 H 在杂合双链的 mRNA 链上产生切口（内切作用）并形成部分 cDNA 单链区（外切作用），DNA 聚合酶 I 则以残存的 mRNA 为引物合成 cDNA 第二链，最后用 T4 DNA 连接酶修复切口。用这种方法获得的 cDNA 双链分子含有残留的一小段 RNA，但这并不影响后续的克隆操作。此方法的优点是 cDNA 双链合成效率高，且操作简捷，无需对第一链合成产物进行额外的变性处理，更重要的是避免了 cDNA 双链分子末端的缺损。

③ 引物合成法

在第一链合成完毕后，变性残留的 mRNA，用末端脱氧核苷酸转移酶在 cDNA 游离的 3′-羟基上添加同聚物（dC）末端，然后将之与人工合成的 oligo-dG 退火，形成引物结构，在 Klenow 酶的作用下合成第二条 cDNA 链。

（3）双链 cDNA 的克隆

上述方法合成的双链 cDNA 均为平末端，根据所选用载体（通常是质粒或 λ DNA）克隆位点的性质，双链 cDNA 或直接与载体分子拼接，或分别在 cDNA 和线性载体分子两个末端上添加互补的同聚核苷酸尾，或在 cDNA 分子两端装上合适的人工接头，创造可从重组分子中重新回收克隆片段的限制性酶切位点序列，甚至还可在 cDNA 合成时就进行周密的设计，联合使用上述方法。在人工合成 oligo-dT 引物的同时，于其 5′端接上含有 *Sal* I 识别序列的寡聚核苷酸片段，组成复合引物。它与 mRNA 退火后，在反转录酶作用下合成 cDNA 第一链，然后用 NaOH 溶液水解杂合双链中的 mRNA 链，获得的单链 cDNA 用 TdT 添加 dC 同聚尾。cDNA 第二链采用引导合成法制备，所使用的引物是含有 SalⅠ酶切位点和寡聚鸟嘌呤核苷酸的 DNA 单链片段，在 Klenow 酶的作用下，聚合反应分别在两条链上进行，最终形成两端各有一个 SalⅠ酶切位点的双链 cDNA 分子，它经 SalⅠ消化后，即可直接克隆在 pBR322 或 pUC18 的相应位点上。

上述克隆程序都是先体外合成 cDNA 双链分子，然后再将其与载体 DNA 进行拼接。另一种方法则通过巧妙的设计，将 mRNA 直接黏附在特定的质粒载体上，进行 cDNA 合成，从而使得 cDNA 合成与克隆融为一体，大大提高了克隆效率。①用 KpnⅠ使含有一段 SV40 DNA 的 pBR322 重组质粒线性化，TdT 处理其两个 3′末端，添加 oligo-dT 尾，然后再用 HpaⅠ切平一端。通过琼脂糖凝胶电泳和 oligo-dA 纤维素亲和层析分离一端具有 dT 同聚尾而另一端为平末端的质粒大片段。②将 mRNA 与这个质粒大片段退火，由反转录酶以 mRNA 为模板合成 cDNA 第一链。聚合反应结束后，即用 TdT 增补 dC 同聚尾，最终用 $Hind$Ⅲ切去质粒载体一端的 dC 同聚尾。③用 PstⅠ切开另一个 pBR322 重组分子（含有另一段 SV40 DNA 片段），同样用 TdT 处理其 3′末端，但这里增补的是 oligo-dG 尾，随后再用 $Hind$Ⅲ消化，电泳分离最小的 SV40 DNA 片段，其一端为 $Hind$Ⅲ黏性末端，而另一端为 dG 同聚尾。④将这个处理过的 SV40 DNA 小片段连接在含有 mRNA-cDNA 杂合双链的重组质粒上，形成共价环状分子。⑤依照置换合成路线合成 cDNA 第二链，并用 T4 DNA 连接酶修复重组质粒上的所有切口，即可直接转化大肠杆菌。

（4）cDNA 重组克隆的筛选

常规的目的重组子筛选法均可用于 cDNA 重组克隆的筛选，其中较为理想的首推探针原位杂交法。但在某些情况下，探针并不容易或根本无法获得，此时可采用所谓的 mRNA 差异显示（differential display mRNA by PCR）来筛选出较为特殊的目的基因 cDNA 重组子，如某些组织特异性或时序特异性表达的目的基因等。mRNA 差异显示筛选这种目的基因的策略是将细胞分成两大组，一组中具备目的基因转录成相应的 mRNA 的条件，而另一组中同样的目的基因并不表达，至于这个目的基因的序列或功能无需知道。比如，某个受生长因子控制的目的基因的筛选可以采用 mRNA 差异显示程序。将细胞涂布在两个培养皿 A 和 B 上，在 A 中加入血清（含生长因子）使细胞生长一段时间后，分别从两组细胞系中分离纯化细胞总 mRNA，两种 mRNA 的制备物基本相同，只是来自 A 培养皿的 mRNA 中含有目的基因的 mRNA，而来自 B 培养皿的 mRNA 中不含目的基因的 mRNA。由 A 组 mRNA 合成 cDNA 并克隆，形成 cDNA 重组克隆，用硝酸纤维素薄膜复制两份。同时分别由 A、B 两组 mRNA 制备放射性 cDNA 探针，然后杂交经过处理后的硝酸纤维素薄膜，并对两张放射自显影 X 光胶片进行原位比较。凡是在 A 组 cDNA 探针杂交膜上存在，而在 B 组 cDNA 探针杂交膜上不出现的相应 cDNA 重组克隆，必定含有目的基因，并可从原始 cDNA 重组克隆平板的相应位置上分离得到。

上述方法对筛选表达率较高的目的基因颇为有效，但在分离由低丰度 mRNA 克隆的 cDNA 重组子时相当困难。低丰度 mRNA 的筛选采用一种改进程序。T-淋巴细胞受体通常只在 T-淋巴细胞中少量表达，而在 B-淋巴细胞中根本不表达。从 T-淋巴细胞中制备总 mRNA，并合成相应的 cDNA 第一链，然后与从 B-淋巴细胞中制备的总 mRNA 进行退火杂交。由于两种淋巴细胞 mRNA 的唯一差别是 T-淋巴细胞受体蛋白 mRNA 的存在与否，因此在上述杂交物中只有来自 T-淋巴细胞的 T-受体 cDNA（即目的 mRNA 的 cDNA）为单链形式，其余均为 mRNA-cDNA 的杂交双链。将这种杂交混合物用特异性吸附双链核酸的羟基磷灰石层析柱分离，流出的是 T-受体单链 cDNA，它或作为探针重新杂交 T-细胞 cDNA 重组克隆，筛选出含有 T-淋巴细胞受体编码基因的目的重组子，或合成 cDNA 双链，并直接克隆在载体上。

6.2.3 PCR 扩增法

PCR 扩增技术也称为聚合酶链反应（polymerase chain reaction），由 Kary Mullis 在 20 世纪 80 年代中期发明，利用这项技术可从痕量的 DNA 样品中特异性快速扩增某一区域的 DNA 片段。从目的基因的分离克隆角度上讲，PCR 扩增法比目前已经建立起来的任何方法都简便、快速、有效和灵敏。

（1）PCR 扩增 DNA 的基本原理

PCR 扩增技术的本质是根据生物体 DNA 的复制原理在体外合成 DNA，这个反应同样需要 DNA 单链模板、引物、DNA 聚合酶、底物以及缓冲液系统，并包括 3 步程序（图 6-3）：①将待扩增双链 DNA 加热变性，形成单链模板；②加入两种不同的单链 DNA 引物，并分别与两条单链 DNA 模板退火；③DNA 聚合酶从两个引物的 3′-羟基端按照模板要

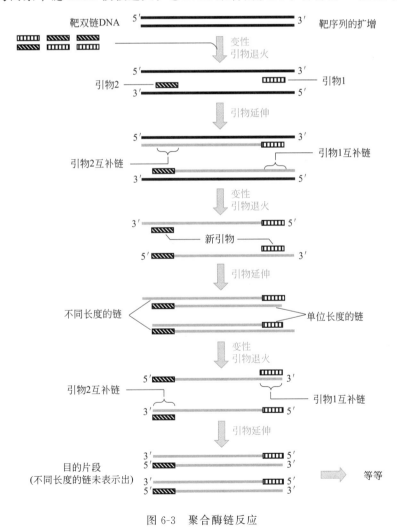

图 6-3 聚合酶链反应

求合成新生 DNA 链，构成一轮复制反应。重复上述操作 n 次，理论上即可从一分子的双链 DNA 扩增到 2^n 个分子，也就是说，经过 42 轮反应后，从一个分子的 1kb DNA 即可得到一微克的相同 DNA 样品，而完成整个扩增反应只需要三小时。

PCR 扩增 DNA 特定靶序列的一个前提条件是必须知道待扩增 DNA 区域两端 16～24bp 的序列，由此合成两种引物，并靠它们在待扩增 DNA 区域上的准确定位实现扩增反应的特异性，这种特异性与待扩增 DNA 区域内的序列无关。在第一轮 DNA 聚合反应中，新生链的长度通常大于双引物之间的距离，也就是所谓的聚合过头。但在第二轮反应中，两种引物即可与原 DNA 模板结合，其合成产物与第一轮反应相同，同时也可与新生链退火，此时形成的扩增产物已是以双引物为边界的特异性 DNA 片段，这个分子在以后的扩增反应中作为模板，所形成的产物均为同一序列的 DNA 片段。因此在 PCR 扩增的前几轮反应中，产物的大小并不完全一致，随着反应次数的增加，非目的 DNA 分子比例急剧下降，直到可以忽略不计。

PCR 高速扩增 DNA 的另一个前提条件是热稳定性 DNA 聚合酶的发现和使用。在 PCR 技术刚刚问世的时候，DNA 体外扩增反应由大肠杆菌 DNA 聚合酶催化，这种酶热不稳定，而每轮反应必须将反应物加热至接近沸腾以产生单链模板，因此每轮反应必须补加一次 DNA 聚合酶，这不但极不经济和花费时间，而且随着 DNA 聚合酶的多次加入，反应体系的黏度越来越大，最终导致扩增反应无法持续进行。PCR 技术的普及得益于 Taq 高温 DNA 聚合酶的发现，这种酶是从一种生长在温泉中的嗜热细菌 *Thermus aquaticus* 体内提纯出来的，其最适反应温度为 72℃，却可在 95℃ 连续保温过程中仍有活性，所以无需在每轮反应中补加新酶，这使得 PCR 扩增得以连续自动进行。另外，由于引物可在较高的温度下退火，使得引物与模板间的错配机会大大减少，扩增反应的特异性和产率因此也大为改观。在上述条件下，每轮 PCR 扩增仅需要 3～6min。

虽然 DNA 靶序列指数式扩增的效率极高，但这一过程并不是永无止境的。在正常反应条件下，经 25～30 轮扩增循环后，由于 DNA 模板分子数的增多，Taq DNA 聚合酶的酶量便逐渐成为反应持续进行的限制性因素，如需继续扩增，或将反应系统稀释，或补加新酶。一般情况下，使用上述方法可以进行多达 60 轮反应，此时 DNA 样品的靶序列已扩增至 10^{12} 倍以上，足以用于琼脂糖凝胶电泳检测甚至 DNA 序列分析。

（2）PCR 扩增体系的成分和作用

根据多年来的实践经验，已提供了一个标准的 PCR 反应条件。反应体系一般选用 50～100 μL 体积，在无菌的 0.2mL（50μL）离心管中按下列操作程序加样。

反应物	加样顺序	体积/μL	终浓度
ddH$_2$O		35	
10×Taq Buffer		5	1×
15mmol/L MgCl$_2$	包含在 DNA Taq 聚合酶缓冲液（Buffer）中		1.5mmol/L
2.5mmol/L dNTP		4	各 200$\mu mol/L$
10mmol/L 引物 1		2	0.4$\mu mol/L$
10mmol/L 引物 2		2	0.4$\mu mol/L$
模板 DNA		1	
DNA Taq 聚合酶	先不加	1	5U

其中模板 DNA 的用量必须根据其分子量的多少加以调整，一般需要含 10^2～10^5 拷贝的 DNA，即可进行 PCR 扩增。PCR 扩增程序：95℃（预变性）10min→95℃（变性）30s、

55℃（退火）30s、72℃（延伸）60s，30 个循环→72℃ 10min。

特异性、高效性和忠实性是检测 PCR 扩增效率的三个指标。高度特异的 PCR 只产生一个扩增产物；而扩增反应越有效，经过相对少的循环会产生更多的产物。

① PCR 扩增的缓冲液

PCR 扩增中缓冲液是一个重要的影响因素，特别是其中的 Mg^{2+} 能影响反应的特异性和扩增片段的产率。过量的 Mg^{2+} 会导致酶催化非特异性产物的扩增，而 Mg^{2+} 浓度过低，又会使 Taq 酶的催化活性降低。一般 PCR 扩增中，1.5～2.0mmol/L Mg^{2+} 是比较合适的（对应 dNTP 浓度为 200μmoL/L 左右）。因此重要的是，所制备的模板 DNA 中不应含有高浓度的螯合剂，如 EDTA；也不应含有高浓度的带负电荷离子基团，如磷酸根。所以，用作模板的 DNA 应溶于 10mmol/L Tris-HCl（pH 7.6）-0.1mmol/L EDTA（pH 8.0）。

现在认为限制 KCl 和明胶的用量值得提倡，尤其是 BSA，虽然其对酶有一定保护性，但如果质量不好将起相反的作用，建议使用乙酰化的 BSA。KCl 在 50mmol/L 时能促进引物退火，大于此浓度时将会抑制 Taq DNA 聚合酶的活性。在 PCR 中使用 10～50mmol/L Tris-HCl，主要靠其调节 pH 使 Taq DNA 聚合酶的作用环境维持偏碱性。在反应体系中加入适量（10%）的 DMSO（二甲基亚砜），虽然 DMSO 对聚合酶活性有一定抑制作用，但它可减少模板二级结构，提高 PCR 扩增特异性。有报道指出甲酰胺或氯化四甲基氨（TMAC）均可提高反应特异性，而对酶活性没有明显影响。

② 底物（脱氧核苷三磷酸，dNTPs）浓度

dNTP 溶液具有较强的酸性，使用时应用 NaOH 将 pH 调至 7.0～7.5，分装小管，于 −20℃存放，反复冻融会使 dNTP 发生降解。在 PCR 扩增中，dNTPs 浓度应在 20～200μmol/L，dNTP 浓度过高可加快反应速率，同时还可增加碱基的错误掺入率和实验成本。反之，低浓度的 dNTP 会导致反应速率的下降，但可提高实验的精确性。4 种 dNTP 在使用时必须以等物质的量浓度配制，以减少错配误差和提高使用效率。此外，由于 dNTP 可能与 Mg^{2+} 结合，因此应注意 Mg^{2+} 浓度和 dNTP 浓度之间的关系。

③ Taq DNA 聚合酶及其浓度

在 50μL 反应体系中，一般所需 Taq DNA 聚合酶的用量为 0.5～5 国际单位。根据扩增片段的长短及其复杂程度（G+C 含量）不同而有所区别。使用 Taq DNA 聚合酶浓度过高，可引起非特异产物的扩增；浓度过低则合成产物量减少，不同厂家酶的定义及生产条件不一，可根据具体情况区别使用。

④ 引物

PCR 中引物浓度一般为 0.1～0.5μmol/L；引物浓度过低时，PCR 产物量降低；引物浓度太高又会促进引物的错误引导非特异扩增，还会增加引物二聚体的形成。非特异产物和引物二聚体又可作为 PCR 的底物，与靶序列竞争 DNA 聚合酶和 dNTP 底物，从而使靶序列的扩增量降低。

⑤ 模板

PCR 对模板的要求不高，单、双链 DNA 均可，也可以是 RNA，后者的扩增需首先反转录成 cDNA 后才能进行正常 PCR 循环。为保证结果的准确性和特异性，PCR 反应中的模板加入量一般为 10^2～10^5 个拷贝靶序列，即一般宜用 ng 级的克隆 DNA、μg 级的染色体 DNA 或 10^4 个拷贝的待扩增片段来做起始材料，人基因组 DNA 1μg 相当于 $3×10^5$ 个单拷贝靶分子，大肠杆菌 DNA 1ng 相当于 $3×10^5$ 个单拷贝靶分子。因此扩增不同拷贝数的靶序列时，加入的含靶序列的 DNA 量也不同。另有资料认为，用小分子量和线性模板 DNA 扩

增效果较好。

⑥ PCR 扩增条件的选择

自 Taq DNA 聚合酶应用于 PCR 扩增以后，PCR 整个扩增只需要经过几个简单的温度变换即可在短时间内在试管内完成。这使得人们可以利用自动化机械来完成整个反应过程。目前国内外已有多种 PCR 自动扩增仪，即使没有自动的 PCR 仪，只要应用 3 个不同温度的水浴也可很容易完成 PCR 扩增。

一个 PCR 扩增开始，首先是使双链模板 DNA 解离为单链，使之有利于与引物相结合。这个过程可以通过加热完成，在 90~95℃ 条件下，即使再复杂的 DNA 分子，如人基因组 DNA 也可变性成为单链，根据模板 DNA 复杂程度，我们可以调整变性温度和时间。一般情况下选择 94℃ 30s 可使各种复杂的 DNA 分子完全变性。过高温度或高温持续时间过长，可对 Taq DNA 聚合酶活性和 dNTP 分子造成损害。

变性后的 DNA 很快冷却至 40~60℃，可使引物和模板 DNA 发生结合。这是由于模板 DNA 结构比引物要复杂得多，引物和模板之间碰撞的机会大大高于模板互补链之间的碰撞。复性温度的选择，可以根据引物的长度和其 G+C 含量确定。长度在 15~25nt 时，引物的退火温度可通过 $T_m = 4(G+C) + 2(A+T)$ 计算得到。在 T_m 允许的范围内，选择较高的退火温度可大大减少引物和模板之间的非特异结合，提高 PCR 反应的特异性。退火时间设置为 30s，足以使引物和模板之间完全结合。PCR 扩增的延伸温度建议选择在 70~75℃ 之间，此时，Taq DNA 聚合酶具有最高活性。当引物在 16 个核苷酸以下时，过高的延伸温度不利于引物和模板结合。此时，可使反应温度缓慢升高到 70~75℃。因为最初较低温度下，DNA 聚合酶已催化延伸反应开始，接下来的较高温度不会对这种"延长"过的引物和 DNA 模板的结合发生影响。PCR 延伸反应的时间，可根据待扩增片段的长度而定。一般 1kb 以内的片段，延伸时间 1min 足够。扩增片段在 1kb 以上则需加长延伸时间。国外报道扩增 10kb 片段时其延伸时间可达 15min。

其他参数选定后，PCR 循环次数主要取决于模板 DNA 的浓度。理论上说 20~25 次循环后，PCR 产物的积累即可达最大值，实际操作中由于每步反应的产率不可能达到 100%，因此不管模板浓度是多少，20~30 次是比较合理的循环次数。循环反应的次数越多非特异性产物的量亦会增加。

⑦ PCR 扩增的产物积累规律

在 PCR 扩增中，DNA 扩增过程遵循酶的催化动力学原理。在反应初期，目的 DNA 片段的增加呈指数形式。随着目的 DNA 产物的逐渐积累，在引物-模板与 DNA 聚合酶达到一定比例时，酶的催化反应趋于饱和，此时扩增 DNA 片段的速度减慢进入相对稳定状态，即出现所谓"停滞效应"，这种效应称为"平台期"。到达平台期所需 PCR 循环次数取决于样品中模板的拷贝数、PCR 扩增效率及 DNA 聚合酶的种类和活性，以及非特异性产物的竞争等因素。一般在达到"停滞"阶段之前，用 Klenow 只能进行 20 次左右的循环，积累大约 3×10^5 个目的基因拷贝。而用 Taq DNA 聚合酶则可进行 25 次以上 PCR 循环，积累 4×10^8 目的基因拷贝。这是因为 Taq DNA 聚合酶的高效及高特异性，减少来自非特异性延伸产物对聚合酶的竞争，从而使在"停滞"期到达之前有更多的目的基因片段积累。大多数情况下，平台期在 PCR 扩增中是不可避免的。但一般在此之前，合成目的基因片段的数量足可满足实验的需要。

影响出现平台效应的因素：(i) 反应试剂 (dNTP 或酶) 稳定性的改变；(ii) 终产物 (如焦磷酸) 的抑制效应；(iii) 产物浓度超过 10^{-5} 时可产生重复退火，于是会降低引物延伸速率或 DNA 聚合酶的活性；（iv）高浓度产物 DNA 双链的解链不完全。平台效应时的一种重要后果是由于错误引导，在开始时浓度不高的非特异产物会继续扩增，使结果的分析复杂化。

（3）PCR 引物设计原则

① 引物最好在模板 cDNA 的保守区内设计

DNA 序列的保守区是通过物种间相似序列的比较确定的。在 NCBI 上搜索不同物种的同一基因，通过序列分析软件（比如 DNAman）比对（alignment），各基因相同的序列就是该基因的保守区。

② 引物长度一般在 15～30 碱基之间

引物长度（primer length）常用的是 18～27bp，但不应大于 38，因为过长会导致其延伸温度大于 74℃，不适于 Taq DNA 聚合酶进行反应。

③ 引物 GC 含量在 40%～60% 之间，T_m 值最好接近 72℃

GC 含量（composition）过高或过低都不利于引发反应；上下游引物的 GC 含量不能相差太大；另外，上下游引物的 T_m 值（melting temperature）是寡核苷酸的解链温度，即在一定盐浓度条件下，50% 寡核苷酸双链解链的温度；有效启动温度，一般高于 T_m 值 5～10℃；若按公式 $T_m = 4 \times (G+C) + 2 \times (A+T)$ 估计引物的 T_m 值，则有效引物的 T_m 为 55～80℃，其 T_m 值最好接近 72℃ 以使复性条件最佳。

④ 引物 3′ 端要避开密码子的第 3 位

如扩增编码区域，引物 3′ 端不要终止于密码子的第 3 位，因密码子的第 3 位易发生简并，会影响扩增的特异性与效率。

⑤ 引物 3′ 端不能选择 A，最好选择 T

引物 3′ 端错配时，不同碱基引发效率存在着很大的差异，当末位碱基为 A 时，即使在错配的情况下，也能有引发链的合成，而当末位链为 T 时，错配的引发效率大大降低，G、C 错配的引发效率介于 A、T 之间，所以 3′ 端最好选择 T。

⑥ 碱基要随机分布

引物序列在模板内应当相似性较低，尤其是 3′ 端相似性较高的序列，否则容易导致错误引发（false priming）。降低引物与模板相似性的一种方法是，引物中四种碱基的分布最好是随机的，不要有聚嘌呤或聚嘧啶的存在；尤其 3′ 端不应超过 3 个连续的 G 或 C，因这样会使引物在 GC 富集序列区错误引发。

⑦ 引物自身及引物之间不应存在互补序列

引物自身不应存在互补序列，否则引物自身会折叠成发夹结构（hairpin）使引物本身复性；这种二级结构会因空间位阻而影响引物与模板的复性结合；引物自身不能有连续 4 个碱基的互补；两引物之间也不应具有互补性，尤其应避免 3′ 端的互补重叠以防止引物二聚体（dimer 与 cross dimmer）的形成；引物之间不能有连续 4 个碱基的互补；引物二聚体及发夹结构如果不可避免的话，应尽量使其 ΔG 值不要过高（应小于 4.5kcal/mol）；否则易导致产生引物二聚体带，并且降低引物有效浓度而使 PCR 反应不能正常进行。

⑧ 引物 5′ 端和中间 ΔG 值应该相对较高，而 3′ 端 ΔG 值较低

ΔG 值是指 DNA 双链形成所需的自由能，它反映了双链结构内部碱基对的相对稳定性，ΔG 值越大，则双链越稳定；应当选用 5′ 端和中间 ΔG 值相对较高，而 3′ 端 ΔG 值较低（绝对值不超过 9）的引物；引物 3′ 端的 ΔG 值过高，容易在错配位点形成双链结构并引发

DNA 聚合反应（不同位置的 ΔG 值可以用 Oligo 6 软件进行分析）。

⑨ 引物的 5′ 端可以修饰，而 3′ 端不可修饰

引物的 5′ 端决定着 PCR 产物的长度，它对扩增特异性影响不大；因此，可以被修饰而不影响扩增的特异性。引物 5′ 端修饰包括加酶切位点；标记生物素、荧光、地高辛、Eu3 等；引入蛋白质结合 DNA 序列；引入点突变、插入突变、缺失突变序列；引入启动子序列等。引物的延伸是从 3′ 端开始的，不能进行任何修饰，3′ 端也不能形成任何二级结构，不能发生错配。在标准 PCR 反应体系中，用 2U Taq DNA 聚合酶和 $800\mu mol/L$ dNTP（四种 dNTP 各 $200\mu mol/L$）以质粒（10^3 拷贝）为模板，按 95℃、25s→55℃、25s→72℃、1min 的循环参数扩增 HIV-1 *gag* 基因区的条件下，引物 3′ 端错配对扩增产物的影响是有一定规律的。A：A 错配使产量下降至 1/20，A：G 和 C：C 错配下降至 1/100。引物中的 A：模板的 G 与引物中的 G：模板的 A 错配对 PCR 影响是等同的。

⑩ 扩增产物的单链不能形成二级结构

某些引物无效的主要原因是扩增产物单链二级结构的影响，选择扩增片段时最好避开二级结构区域。用有关软件（比如 RNAstructure）可以估计 mRNA 的稳定二级结构，有助于选择模板。实验表明，待扩区域自由能（$\Delta G°$）小于 58.61kJ/mol 时，扩增往往不能成功。若不能避开这一区域时，用 7-deaza-2′-脱氧 GTP 取代 dGTP 对扩增的成功是有帮助的。

⑪ 引物应具有特异性

引物的特异性是指引物与非特异扩增序列的一致性不要超过 70% 或不能有连续 8 个互补碱基。引物设计完成以后，应对其进行 BLAST 检测。如果与其他基因不具有互补性，就可以进行下一步的实验了。

（4）PCR 引物设计和进行扩增时的注意事项

各种模板的引物设计难度不一。有的模板本身条件比较困难，例如 GC 含量偏高或偏低，导致找不到各种指标都十分合适的引物；以克隆为目的的 PCR 模板，因为产物序列相对固定，引物设计的选择自由度较低。在这种情况只能退而求其次，尽量去满足条件。

要特别注意避免引物二聚体和非特异性扩增的存在。而且引物设计时应该考虑到引物要有不受基因组 DNA 污染影响的能力，即引物应该跨外显子，最好是引物能跨外显子的接头区，这样可以更有效地不受基因组 DNA 污染的影响。至于设计软件，Primer3、Primer5、Primer Express 应该都可以。染料法最关键的就是寻找到合适的引物和做污染的预防工作。对于引物，你要有从一大堆引物中挑出一两个能用引物的思想准备——寻找合适的引物非常不容易。BLAST 的作用应该是通过比对，发现你所设计的这个引物，在已经发现并在 GenBank 中公开的物种基因序列当中，除了你的目标基因之外，还有没有在其他物种或其他序列当中存在相同的序列，如和你的目标序列之外的序列相同的序列，则可能扩出其他序列的产物，那么这个引物的特异性就很差，从而不能用。

若模板序列的 GC 含量高或存在着重复序列或存在着二级结构，则要考虑使用特殊的 PCR 缓冲液，因为这些特殊序列作模板时利用常规缓冲液的话 PCR 很容易失败。用常规缓冲液时，经过变性的模板链没有全部处于单链状态，从而影响模板与引物的退火以及延伸，最终导致 PCR 的失败。因此，利用特殊缓冲液使变性了的模板链全部处于单链状态，是 PCR 成败的关键。

（5）PCR 扩增产物的克隆

利用 PCR 技术可以大量扩增包括目的基因在内的 DNA 特定靶序列，但在某些情况下，

PCR 扩增产物仍需克隆在受体细胞中，如目的基因的高效表达以及永久保存等。有时目的基因或目的基因组长达几个 kb，用 Taq DNA 聚合酶难以一次扩增这种全长的目的基因，在这种情况下，通常采用分段扩增的方法，以 1～2kb 为一个扩增单位，然后将多个扩增 DNA 片段拼接成全基因。

PCR 的扩增产物一般为两端各突出一个碱基的 DNA 片段。如果用于扩增反应的引物末端是非磷酸化的，则扩增产物首先必须用 T4 核苷酸磷酸激酶将其 5′端磷酸化，然后通过平末端连接方式克隆到载体上。然而在实际操作过程中，为了提高重组率及回收克隆片段，往往在双引物合成前已将合适的限制性酶切位点设计进去，使得扩增产物经相应的限制性内切酶处理后，方便与载体 DNA 重组。有时甚至还可利用 PCR 扩增技术直接更换预先已克隆在载体上的目的基因两端的酶切位点。例如，将期望的酶切位点与引物互补序列连在一起，而后者即可选择目的基因两端的内部序列，亦可采用载体克隆位点外侧的 DNA 序列。扩增后的 DNA 产物经酶切后，再次克隆到另一种载体上，显然这种方法比传统更换酶切位点序列的程序更精确。

PCR 技术不仅能扩增两段已知序列之间的 DNA 区域，而且还可克隆一段已知序列两侧的 DNA 片段。用一种合适的限制性内切酶切开染色体 DNA，使得含有已知序列的限制性片段长度小于 PCR 扩增的极限长度，连接环化该 DNA 片段。根据已知序列合成两种引物分子，并以此引导 PCR 扩增反应。最终产物为双链线状 DNA 片段，其两端为部分已知序列，中部为位于已知序列两侧的 DNA 片段，两者的分界线就是第一步中用于切割染色体 DNA 的限制性酶切位点。如果分别以上述扩增获得的 DNA 片段外侧末端为已知序列重复上述操作，即可双向扩增和克隆更远处的染色体 DNA 片段，因此这一程序称为染色体缓移法。

利用 Taq DNA 聚合酶扩增 DNA 片段的缺陷是产物容易发生序列错误，其原因有二。首先，在体外进行 DNA 聚合反应，由于脱离了体内较为完善的 DNA 合成纠正系统，脱氧核苷酸掺入的错误率自然比体内高。生物体内 DNA 聚合反应的误配率约为 10^{-9}，而体外用大肠杆菌 Klenow 酶催化相同反应，误配率高达 10^{-4}。其次，Taq DNA 聚合酶由于缺乏校正功能，其错误掺入率比 Klenow 还要高四倍，也就是说，对于一个 1kb 长的 DNA 靶序列，经 30 轮 Taq DNA 聚合酶循环反应后，扩增产物的出错率可达 2.5 个碱基对，这些错误的掺入可以发生在扩增产物的任何位点，既有颠换转换，也有单碱基缺失或插入。如果这种扩增产物仅仅作为 DNA 靶序列在样品中存在的证据，或者用作探针进行常规的检测筛选实验，则无关紧要，但若将扩增产物进一步克隆，并选取一个单一重组克隆用于表达，那么就有可能得到的是一种含有错误序列的 DNA 片段。碱基错误掺入发生得越早，含有错误序列的 DNA 分子比率就越高，因此利用 PCR 法克隆的目的基因必须通过序列分析对其进行验证。遗憾的是，有时目的基因的序列并不是已知的。为了克服这一难题，最新发展了多种高保真的 DNA 聚合酶系统，如 Taq DNA 聚合酶的变体 Taq PlusⅡ，其碱基错配率下降至 10^{-6}，而且其聚合效率也大为增强，一次可扩增长达 30kb 的 DNA 靶序列，这是 PCR 法克隆真核生物基因的理想系统。

（6）PCR 扩增技术的应用

PCR 技术的应用范围极广，概括起来，除了上述的目的基因分离与克隆之外，大致有下列几个方面。

① 扩增 DNA 靶序列并直接测序

PCR 技术通常用于扩增 DNA 靶序列产生双链分子，然而采取非对称性扩增方案，可以选择性地从 DNA 样品中富集某一区域的单链 DNA，并直接用于双脱氧末端终止法测序反应。非对称性 PCR 扩增的关键在于双引物的分子数之比悬殊极大，一般为 1∶100。在开始的几轮扩增反应中，两种引物均可指导合成各自相应的 DNA 新生链，但随着双链扩增产物的增多，含量少的引物逐渐成为相应 DNA 链合成的限制因素，于是 DNA 扩增趋向单链化，最终使得扩增产物单双链 DNA 分子比高达 10^{10}∶1，这种方法显然要比 M13 克隆系统简便得多。

② DNA 靶序列的突变分析

如果 DNA 靶序列发生较大范围的插入或缺失突变，则 PCR 扩增产物的大小就会发生改变，从而确定突变的位置。另外，只要任何一种引物相对应的 DNA 模板上发生大面积的缺失，则扩增反应根本不能进行，这是识别缺失突变的又一种方法。对于点突变的检测，通常需要进行两组平行的扩增反应，两组反应均使用相同的引物系统，包括引物 A、引物 B 和引物 B′，其中 B 和 B′的序列只有一个碱基的差异。在一组反应中，引物 B 用同位素标记，而另一组反应中 B′被标记。在扩增反应进行过程中，能与模板链完全配对的引物 B 或 B′所合成的 DNA 比含有错配碱基的竞争者自然要多，因此根据两组扩增产物的放射性比活性高低，即可检测出样品 DNA 的靶序列的点突变。

③ 痕量 DNA 样品的检测与分析

利用 PCR 技术可以从痕量的血迹、毛发、单个细胞甚至保存了几千年的木乃伊中复制大量的 DNA 样品，供进一步分析鉴定之用，因而在疾病诊断、刑事侦查、物种的分子生物进化学研究等领域发挥着不可替代的作用。

（7）实时荧光定量 PCR

传统 PCR 技术不能准确定量，在操作过程中易受污染使得假阳性偏高，应用受到一定限制，不能满足生命科学飞速发展的需求。美国 Applied Biosystems 公司于 1996 年推出了实时荧光定量 PCR 技术（real-time quantitative polymerase chain reaction），该技术具有特异性强、灵敏度高、重复性好、定量准确、速度快、全封闭反应等优点，又一次受到生物学家们的青睐，促进了生命科学的进一步发展。

所谓实时荧光定量 PCR 是指在 PCR 中加入荧光基团，通过连续监测荧光信号的先后顺序以及信号强弱的变化，及时分析目的基因的初始量，通过与加入已知量的标准品进行比较，可实现实时定量。

① 实时荧光定量 PCR 的基本原理

讲解实时荧光定量 PCR 的基本原理之前，先介绍一下两个重要的概念——荧光阈值和循环阈值。荧光阈值（threshold）是荧光扩增曲线指数增长期设定的一个荧光强度标准（即 PCR 扩增产物量的标准）。在实时荧光定量 PCR 中，对整个 PCR 扩增过程进行实时监测和连续分析扩增相关的荧光信号，随着反应推进，监测到的荧光信号变化可以绘制成一条曲线。荧光扩增曲线一般分为基线期、指数增长期、线性增长期和平台期。在 PCR 扩增早期（基线期），扩增的荧光信号被荧光背景信号所掩盖，无法判断产物量的变化。在平台期，扩增产物已不再呈指数级增加，PCR 的终产物量与起始模板量之间无线性关系，所以根据最终的 PCR 产物量不能计算出初始模板量。只有在荧光信号指数增长期，PCR 产物量的对数值与起始模板量之间存在线性关系，可以选择在这个阶段进行定量分析。为了便于对所检测样本进行比较，首先设定一个荧光信号的阈值。荧光阈值是在荧光扩增曲线上人为设定的一个值，它可以设定在指数扩增阶段任意位置上。一般荧光阈值设置为 3～15 个循环的荧光信号标准偏差的 10 倍，但实际应用时要结合扩增效率、线性回归系数等参数来综合考虑。

循环阈值（cycle threshold，Ct）即 PCR 扩增过程中扩增产物的荧光信号达到设定的荧光阈值时所经过的扩增循环次数。Ct 值与荧光阈值有关。实时荧光定量 PCR 中采用始点定量方式，利用 Ct 的概念在指数扩增的开始阶段进行检测，此时样品间的细小误差尚未放大且扩增效率也恒定，因此该 Ct 值具有极好的重复性。

对于一个理想的 PCR：$X_n = X_0 \times 2^n$；对于一个非理想的 PCR：$X_n = X_0(1+E_x)^n$。式中，n 为扩增反应的循环次数，X_n 为第 n 次循环后的产物量，X_0 为初始模板量，E_x 为扩增效率。在实时荧光定量 PCR 中，扩增产物达到阈值时，$X_{Ct} = X_0(1+E_x)^{Ct} = N$。式中，$X_{Ct}$ 为荧光扩增信号达到阈值强度时扩增产物的量。在阈值线设定以后，X_{Ct} 是一个常数，我们将其设定为 N。两边同时取对数，得 $\lg N = \lg[X_0(1+E_x)^{Ct}]$；整理此式，得 $\lg X_0 = -\lg(1+E_x) \times Ct + \lg N$；再整理，得 $Ct = \lg X_0/[\lg(1+E_x)] + \lg N/[\lg(1+E_x)]$。对于每一个特定的 PCR 来说，$E_x$ 和 N 均是常数，所以 Ct 值与 $\lg X_0$ 呈负相关，也就是说，初始模板量的对数值与循环数 Ct 值呈线性关系，初始模板量越多，扩增产物达到阈值时所需要的循环数越少。因此，根据样品扩增达到阈值的循环数就可以计算出样品中所含的模板量。但是，需要注意的是，以上的 PCR 理论方程仅在荧光信号指数扩增期成立。

② 实时荧光定量 PCR 的荧光化学物质

实时荧光定量 PCR 所使用荧光化学物质主要分为两类：荧光染料和荧光探针。荧光染料是一种扩增非特异性序列的检测方法，是实时荧光定量 PCR 最早使用的方法；荧光探针可分为水解探针、分子导标、双杂交探针和复合探针等。荧光探针是基于荧光共振能量转移（fluorescence resonance energy transfer，FRET）的原理建立的。当一个供体荧光分子的荧光光谱与另一个受体荧光分子的激发光谱相重叠时，供体荧光分子的激发能诱发受体分子发出荧光；同时供体荧光分子自身的荧光程度衰退，这种现象即为 FRET。

a. 荧光染料：也称为 DNA 结合染料。染料与 DNA 双链结合时在激发光源的照射下发出荧光信号，其信号强度代表双链 DNA 分子的数量。随 PCR 产物的增加，PCR 产物与染料的结合量也增大。不掺入 DNA 双链中的染料不会被激发出任何荧光信号。目前主要使用的染料分子是 SYBR Green Ⅰ。SYBR Green Ⅰ能与 DNA 双链的小沟特异性结合。游离的 SYBR Green Ⅰ几乎没有荧光信号，但结合 DNA 后，它的荧光信号可呈百倍增加。因此，PCR 扩增的产物越多，SYBR Green Ⅰ则结合得越多，荧光信号也就越强，可以对任何目的基因定量。

b. 水解探针：以 TaqMan 探针为代表，也称为外切核酸酶探针。TaqMan 技术是美国 PE 公司于 1996 年研究开发的一种实时荧光定量 PCR 技术，目前已广泛用于基因的定量检测。其基本原理是利用 Taq 酶的 $5'$ 外切酶活性，即 Taq 酶具有天然的 $5' \rightarrow 3'$ 外切核酸酶活性，能够裂解双链 DNA $5'$ 端的核苷酸，释放单个寡核苷酸。基于 Taq 酶的这种特性，依据目的基因设计合成一个能够与之特异性杂交的探针，该探针的 $5'$ 端标记报告基团（荧光基团），$3'$ 端标记猝灭基团。正常情况下两个基团的空间距离很近，构成了 FRET 关系，荧光基团因猝灭而不能发出荧光，因此只能检测到 $3'$ 端荧光信号，而不能检测到 $5'$ 端荧光信号。PCR 扩增时，引物与特异性探针同时结合到模板上，探针结合的位置位于上下游引物之间。当扩增延伸到探针结合的位置时，Taq 酶利用 $5' \rightarrow 3'$ 外切酶活性，将探针 $5'$ 端连接的荧光分子从探针上切割下来，破坏了两个荧光分子间的 FRET，从而发出荧光，切割的荧光分子数与 PCR 产物的数量成正比。因此，根据 PCR 反应体系中的荧光强度即可计算出初始 DNA 模板的数量。

c. 分子导标：是一种基于荧光共振能量转移原理建立起来的新型荧光定量技术。分子导标（molecular beacon）是一段与特定核酸互补的寡核苷酸探针。分子导标长约 25nt，在空间结构上呈茎环结构，其中环序列是与靶核酸互补的探针；茎长约 5～7nt，由与靶序列无关的互补序列构成；茎的一端连上一个荧光分子，另一端连上一个猝灭分子。当无靶序列存在时，分子导标呈茎环结构，茎部的荧光分子与猝灭分子非常接近（7～10nm），即可生发 FRET；荧光分子发出的荧光被猝灭分子吸收并以热的形式散发，此时检测不到荧光信号；当有靶序列存在时，分子导标的环序列与靶序列特异性结合，形成的双链体比分子导标的茎环结构更稳定，荧光分子与猝灭分子分开，此时荧光分子发出的荧光不能被猝灭分子吸收，可检测到荧光。

荧光标记引物是基于分子导标而产生的一种联合分子探针系统，它把荧光基团标记的发夹结构序列直接与 PCR 引物相结合，从而使荧光标记基团直接掺入 PCR 扩增产物中。

d. 双探针杂交：它是 Roche 公司开发的一种实时荧光定量 PCR 技术，也称为 LightCycler 技术。该方法需要设计两条荧光标记的探针，第一条探针（猝灭探针）的 3′端标记供体荧光基团，第二条探针（荧光探针或发光探针）的 5′端标记受体荧光基团，并且第二条探针的 3′端必须被封闭，以阻止 DNA 聚合酶以第二条探针作为引物启始 DNA 合成。两条杂交探针在目的基因上的互补序列应该相互邻近，两条探针首尾相接。受体荧光和供体荧光具有不同的波长，当两条探针都结合到目的基因上后，受体和供体荧光基团相互靠近，FRET 才能发生，此时供体荧光被猝灭，而受体荧光被激发。在 PCR 每个循环的变性和延伸阶段，两条探针分散在反应液中，并且彼此分离，因此只能检测到供体荧光信号。在复性阶段，两条探针均与目的基因的 PCR 扩增片段杂交，第二条探针的 5′端与第一条探针的 3′端相互靠近，导致 FRET 发生，受体荧光被激发。由于荧光强度与起始模板的量成正比，可以进行实时荧光定量 PCR 分析。

e. 复合探针（complex probes）：实时荧光定量 PCR 技术综合了分子导标和双探针杂交两种技术的优点。该技术的基本原理是设计合成两个探针：一是荧光探针，长度在 25bp 左右，其 5′端标以荧光报告基团；二是猝灭探针，长度在 15bp 左右，其 3′端标以荧光猝灭基团，并能与荧光探针 5′端杂交，此时因荧光报告基团与猝灭基团靠近，使其荧光信号被后者吸收。因此，当反应体系中没有特异性模板时，两探针就会特异结合，则测不到荧光信号。反之，当有特异性模板存在时，带有荧光报告基团的长链探针优先与模板结合，以致两探针分离，报告基团的荧光信号可被释出，其强度与被扩增的模板数量成正比，因而可进行 PCR 定量。

③ 实时荧光定量 PCR 的定量方法

在实时荧光定量 PCR 中，模板定量有两种策略：绝对定量和相对定量。绝对定量指的是用已知的标准曲线来推算未知样本的量。相对定量是指在一定样本中靶序列相对于另一参照样本的量的变化。

④ Real Time PCR 的引物设计

做 Real Time PCR 时，用于 SYBR Green I 法的一对引物与一般 PCR 的引物，在引物设计上所要求的参数是不同的。引物设计的要求：（i）PCR 扩增产物长度：PCR 产物不要太大，一般在 80～250bp 之间都可；80～150bp 最为合适（可以延长至 300bp）。（ii）引物长度为 17～25 个碱基。（iii）GC＝30％～80％，40％～60％ 最为合适。（iv）T_m＝58～

60℃，正反向引物的 T_m 值最好相差不要超过 1℃。（v）3′ 端最后一个碱基最好为 G 或者 C，避免使用 T，3′ 端最后 5 个碱基内不能有多于 2 个的 G 或 C。（vi）3′ 端应尽量避免高 GC 或高 AT 含量区域。（vii）引物中 A、G、C、T 整体分布尽量要均匀。（viii）避开 T/C 或者 A/G 的连续结构，避免重复碱基，尤其是 G。（ix）正向引物与探针离得越近越好，但不能重叠。

6.2.4 化学合成法

如果目的基因的全序列是已知的，则可以利用化学合成法直接合成。随着核酸有机化学的发展，目前已能利用 DNA 合成仪自动合成不超过 50 个碱基任何特定序列的寡聚核苷酸单链。一方面化学合成的 DNA 单链小片段可以直接作为核酸杂交的探针、分子克隆中的人工接头以及 PCR 扩增中的引物，另一方面，由序列部分互补或全互补的一套寡聚核苷酸单链样本，通过彼此退火，可直接装配成双链 DNA 片段或基因。化学合成目的基因的一个不可替代的优点是，根据受体细胞蛋白质生物合成系统对密码子使用的偏爱性，在忠实于目的基因编码产物序列的前提下，更换密码子的碱基组成，从而大幅度提高目的基因尤其是真核生物基因在细菌受体中的表达效率，因此 DNA 的化学合成是分子生物学的一项重要技术。

(1) 寡聚核苷酸单链的化学合成

早期的寡聚核苷酸单链的合成均在液相中进行，由于每聚合一个核苷酸都必须将产物从反应混合物分离出来，整个操作既耗时又效率低。在缩合反应进行前，单体核苷酸腺嘌呤、鸟嘌呤和胞嘧啶碱基上的氨基必须分别用苯甲酰基、异丁醛基和苯甲酰基团加以保护，以防止在核苷酸缩合反应过程中发生不必要的副反应，而胸腺嘧啶无需处理，因为它不含氨基活性基团。DNA 固相合成法是将第一个核苷酸固定在固体颗粒上，这样新合成的寡聚核苷酸链产物即以固相形式存在于反应系统中。每一步化学反应中所加入的试剂均能快速简便地洗去，同时反应试剂可以大大过量，以保证每步反应几乎完全进行。DNA 固相合成技术的建立大大简化了产物的分离程序，并使得 DNA 合成的连续化、自动化成为可能，目前的 DNA 全自动合成仪大都采用磷酸亚酰胺固相合成的工作原理。

寡聚核苷酸化学合成的整个流程如图 6-4 所示。用于固定合成产物的物质为一种孔径可控的玻璃珠（CPG），其表面接有一段长臂。寡聚核苷酸的第一个单体以核苷酸的形式通过其 3′ 位的羟基与长臂末端的羧基进行酯化反应，共价交联在玻璃珠上，单核苷酸的 5′ 位羟基则用二对氧三苯甲基（DMT）保护，以确保核苷在交联反应中的位点特异性。与生物体内 DNA 酶促聚合反应不同的是，固相磷酸亚酰胺化学合成法使用 3′-亚磷酸核苷作为链增长的单体，其 5′ 位羟基以 DMT 基团保护，而 3′ 位亚磷酸则分别为甲基和二异丙基氨基基团修饰，形成磷酸亚酰胺酯核苷酸（图 6-5）。

当第一个核苷酸连在 CPG 上后，循环反应开始进行。首先装有 CPG 的反应柱用无水试剂（如乙腈）彻底清洗，除去水分以及可能存在的亲核试剂，然后用三氯乙酸（TCA）除去第一个核苷 5′ 位上的 DMT 保护基（脱三苯甲基化反应），产生具有反应活性的 5′ 游离羟基；反应柱再用乙腈清洗，除去 TCA，并用氩气赶掉乙腈；第二个核苷以其磷酸亚酰胺酯的形式在四唑化合物的存在下，与第一个核苷游离的 5′ 羟基发生缩合反应，形成亚磷酸三酯二核苷酸，此处四唑化合物的作用是激活磷酸亚酰胺酯键，未反应的磷酸亚酰胺酯核苷和四唑化合物用氩气鼓泡去除。由于并非所有固定在玻璃珠上的第一个核苷均能在第一次缩合反应中接上第二个核苷衍生物，因此它极有可能在第三轮反应中参与和第三个核苷衍生物的

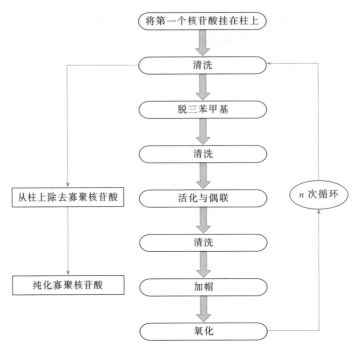

图 6-4　寡聚核苷酸化学合成的流程

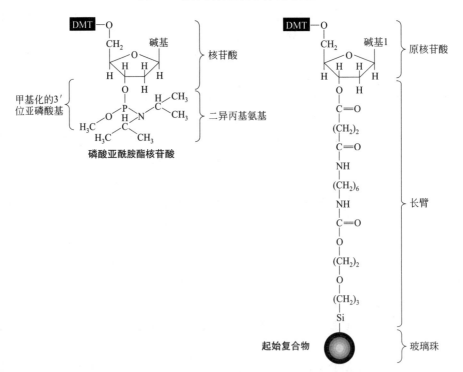

图 6-5　寡聚核苷酸固相合成示意图

缩合，导致最终产物链长和序列的不均一性。为了克服这一困难，固定在玻璃珠上的反应产物必须用乙酸酐和二甲氨基吡啶封闭未反应的 5′ 位羟基，即使其乙酰化。在上述缩合反应中，两个核苷以亚磷酸三酯键连接在一起，这种结构不稳定，在酸碱的作用下极易断裂，因此需要用碘将其氧化成磷酸酯结构，至此完成了聚合一个核苷的全部反应。经过 n 个循环后，新合成的寡聚核苷酸链上共有 $n+1$ 个碱基，每个磷酸三酯均含有一个甲基基团，每个鸟嘌呤、腺嘌呤和胞嘧啶都携带相应的氨基保护基团，而最后一个核苷的 5′ 末端则为 DMT 封闭。

最终产物的获得需经下列四步反应：①化学处理反应柱，除去磷酸三酯结构中的甲基，并将其转化为 3′,5′-磷酸二酯键；②用苯硫酚脱去 5′ 末端上的 DMT，并用浓氢氧化铵溶液将寡聚核苷酸链从固相长臂上切下，洗脱收集样品；③再用浓氢氧化铵溶液在加热条件下去除所有碱基上的各种保护基团，真空抽去氢氧化铵；④由于每步合成反应不可能都能完全达到终点，所获得的产物片段长短不一，因此需用高压液相色谱进行分离，分子量最大的即为所需产物。

最终产物的总收率与每次缩合反应的效率以及产物的长度密切相关。如果每步缩合反应的效率为 99%，则由 20 种单体组成的寡聚核苷酸的最终收率为 82%（即 $0.99^{20} \times 100\%$），60 聚体的最终收率为 55%，而一次合成 999 个碱基组成的单链 DNA 的最终效率仅为 0.004%！目前 DNA 自动合成仪的一次缩合反应效率均高达 98% 以上，因此为了便于最终产物的分离纯化，在满足实验要求的前提下，单链寡聚核苷酸应设计得尽可能短，这是 DNA 合成的一个重要原则。

（2）目的基因的化学合成

目的基因的化学合成实质上是双链 DNA 的合成。对于 60～80bp 的短小目的基因或 DNA 片段，可以分别直接合成其两条互补链，然后退火即可；而合成大于 300bp 的长目的基因，则必须采用特殊的策略。因为一次合成的 DNA 单链越长，收率越低，甚至根本无法得到最终产物，因此大片段双链 DNA 或目的基因的合成通常采用单链小片段 DNA 模块拼接的方法，它有以下三种基本形式。

① 小片段粘接法

将待合成的目的基因分成若干小片段，每段长 12～15 个碱基，两条互补链分别设计成交错覆盖的两套小片段，然后化学合成，并退火形成双链 DNA 大片段。若一个目的基因长 500bp，则每条链各由 30～40 个不同序列的寡聚核苷酸组成，总计合成 60～80 种小片段产物，将其等分子混合退火，由于互补序列的存在，各 DNA 片段会自动排序，最后用 T4 DNA 连接酶修补切口处的磷酸二酯键。这种方法的优点是化学合成的 DNA 片段小，收率较高，但各段的互补序列较短，容易在退火时发生错配，造成 DNA 序列的混乱。

② 补丁延长法

将目的基因的一条链分成若干 40～50 个碱基大小的片段，而另一条链设计成与上述大片段交错互补的小片段（补丁），约 20 碱基长。两组不同大小的 DNA 单链片段退火后，用 Klenow 酶将空缺部分补齐，最后再用 T4 DNA 连接酶修复切口。这种化学合成与酶促合成相结合的方法可以减少寡聚核苷酸的合成工作量，同时又能保证互补序列的足够长度，是目的基因化学合成常采用的策略。

③ 大片段酶促法

将目的基因两条链均分成 40～50 碱基长度的单链 DNA 片段，分别进行化学合成，然后用 Klenow 和 T4 DNA 连接酶补平。这种方法虽然需要合成大片段的 DNA 单链，但拼接模块数大幅度减少，较为适用于较大的目的基因合成。

在目的基因化学合成前，除了按上述三种方法对模块大小及序列进行设计外，通常在每条链两端的模块中额外加上合适的限制性酶切位点序列，这样合成的双链 DNA 片段只需要用相应的限制性内切酶处理即可方便地克隆到载体分子上进行表达。

6.2.5 基因文库的构建

基因文库（gene library 或 gene bank）是指某一特定生物体全基因组的克隆集合。基因文库的构建就是将生物体的全基因组分成若干 DNA 片段，分别与载体 DNA 在体外拼接成重组分子，然后导入受体细胞中，形成一整套含有该生物体全基因组 DNA 片段的克隆，并将各克隆中的 DNA 片段按照其在细胞内染色体上的天然序列进行排序和整理，因此某一生物体的基因文库实质上就是一个基因银行。人们既可以通过基因文库的构建贮存和扩增特定生物基因组的全部或部分片段，同时又能够在必需时从基因文库中调出其中的任何 DNA 片段或目的基因。

（1）基因文库的完备性

基因文库的构建与目的基因的克隆在操作程序上是基本一致的，但两者的目的有所不同。构建基因文库要求尽可能克隆生物体的全部基因组，或者基因组中同种性质的全部基因（如蛋白质编码基因、tRNA 编码基因或 rRNA 编码基因），而后者只要求克隆目的基因。在利用鸟枪法或 cDNA 法克隆目的基因时，为了最大限度地提高目的重组子在重组子中的比率，往往在克隆之前已将供体细胞的基因组 DNA 片段或 mRNA 进行分级分离，由此获得的克隆通常只含有供体细胞全基因组中的一部分 DNA 片段，也就是说这些克隆的集合不具有基因组的完备性。

基因文库完备性是指从基因文库中筛选出含有某一目的基因的重组克隆的概率。从理论上讲，如果生物体的染色体 DNA 片段被全部克隆，并且所有用于构建基因文库的 DNA 片段均含有完整的基因，那么这个基因文库的完备性为 1，但在实际操作过程中，上述两个前提条件往往不可能同时满足，因此任何一个基因文库的完备性只能最大限度地趋近于 1，但不可能达到 1。尽可能高的完备性是基因文库构建质量的一个重要指标，它与基因文库中重组克隆的数目、重组子中 DNA 插入片段的长度以及生物单倍体基因组的大小等参数的关系可用 Charke-Carbon 公式描述：$N=\ln(1-P)/\ln(1-f)$。其中，$N=$ 构成基因文库的重组克隆数，$P=$ 基因文库的完备性（即某一基因被克隆的概率），$f=$ 克隆片段长度与生物单倍体基因组总长之比。由上述公式可以看出，某一基因文库所含有的重组克隆越多，其完备性就越高；当完备性一定时，载体的装载量或允许克隆的 DNA 片段越大，所需的重组克隆越少。例如，人的单倍体 DNA 总长为 2.9×10^6 kb，若载体的装载量为 15kb，则构建一个完备性为 0.9 的基因文库需要大约 45 万个重组克隆；而当完备性提高到 0.9999 时，基因文库需要 180 万个重组克隆。也就是说，为了保证某一个基因以 99.99% 的把握至少被克隆一次，需要构建含有 180 万个不同重组克隆的基因文库。

除了尽可能高的完备性外，一个理想的基因文库还应具备下列条件：①重组克隆的总数不宜过大，以减轻筛选工作的压力；②载体的装载量必须大于绝大多数基因的长度，以免基因被分隔在不同的克隆中；③含有相邻 DNA 片段的重组克隆之间，必须具有部分序列的重叠，以利于基因文库各克隆的排序；④克隆片段易于从载体分子上完整卸下且最好不带有任何载体序列；⑤重组克隆应能稳定保存、扩增及筛选。上述条件的满足极大程度依赖于基因文库的构建策略。

（2）基因文库的构建策略

基因文库的构建通常采用鸟枪法和 cDNA 法两种方法。由鸟枪法构建的基因文库又称为基因组文库（genomic bank），理论上它含有某一生物染色体的所有 DNA 片段，包括基因编码区和间隔区 DNA；由 cDNA 法构建的基因文库则称为 cDNA 文库（cDNA bank），它只含有生物体的全套蛋白质编码序列，一般不含有 DNA 调控序列，显然由 cDNA 文库筛选蛋白编码基因比从基因组文库中筛选要简捷得多。

为了最大限度地保证基因在克隆过程中的完整性，用于基因组文库构建的外源 DNA 片段在分离纯化操作中应尽量避免破碎。外源 DNA 片段的分子量越大，经进一步切割处理后，含有不规则末端的 DNA 分子比率就越小，切割后的 DNA 片段大小越均一，同时含有完整基因的概率相应提高。用于克隆外源 DNA 片段的切割主要采用机械断裂或限制性部分酶解两种方法，其基本原则有二：第一，DNA 片段之间存在部分重叠序列；第二，DNA 片段大小均一。在部分酶解过程中，为了尽量随机产生 DNA 片段，一般选择识别序列为 4 对碱基的限制性内切酶，如 MboI 或 Sau3AI 等，因为在绝大多数生物基因组 DNA 上，4 对碱基的限制性酶切位点数目明显大于 6 对碱基的酶切位点数目，从而大大增加了所产生的限制性 DNA 片段的随机性。从克隆操作以及插入 DNA 片段的回收角度上来看，上述两种 DNA 切割方法各有利弊，机械切割的 DNA 片段一般需要加装接头片段，操作较为烦琐，然而克隆的 DNA 片段可以从载体分子完整卸下（外源 DNA 片段中不含有接头片段携带的酶切位点）；部分酶切法产生的限制性片段可以直接与载体分子拼接，但一般情况下不利于克隆片段的完整回收。

待克隆 DNA 随机片段的大小应与所选用的载体装载量相匹配，出于压缩重组克隆的数目，用于基因文库构建的载体通常选用装载量较大的 λ DNA、黏粒甚至 YAC 或 BAC。对于构建一个完备性为 0.99 的人基因组文库，以 λDNA 为载体（装载量以 15kb 计），至少需要 90 万个重组克隆，而用黏粒作载体（装载量以 40kb 计），只需要 23 万个重组克隆。然而，与 λ DNA 相比，黏粒在应用中存在如下缺陷：①用于筛选黏粒基因组文库的菌落原位杂交技术一般不如噬菌斑原位杂交技术灵敏，因为菌落的不完全破壁影响重组质粒的释放；②噬菌体的生存能力比细菌更强，用 λ DNA 构建的基因文库更易于长期保存和稳定扩增；③重组 λ 噬菌体在受体细胞内能够进行正常包装，且重组分子的扩增拷贝数多而恒定，而重组黏粒丧失了体内包装能力，且重组分子较大，扩增拷贝数往往比原载体分子要少，有时甚至会发生重组分子之间或内部的重排现象。

对于 cDNA 文库而言，由于绝大多数的真核生物编码蛋白的基因序列小于 5kb，因此较为理想的克隆载体是普通质粒，尤其是表达型质粒载体，这样可以直接利用目的基因表达产物的性质和功能筛选基因文库。

用于基因文库构建的受体细胞在大多数情况下选用大肠杆菌，因为其繁殖迅速，易于保存，而且克隆操作简便，转化效率高。在某些特殊情况下，如为了使目的基因高效表达，也可选择相应的动植物细胞。人的完备基因组文库一般由数十万甚至数百万个重组克隆组成，从中筛选一个含有特定目的基因的重组克隆，其工作量之大可想而知。在众多的重组子筛选鉴定方法中，唯有菌落（菌斑）原位杂交法或免疫原位检测法可用于快速筛选基因文库。然而在实际操作过程中，通常不能按常规程序进行，试想一下，为了准确辨认目的重组克隆，一块直径为 9cm 的平板上，最多能容纳 500 个左右的噬菌斑或菌落，一个由 50 万个重组克隆组成的基因文库，至少需要在 1000 块平板上进行原位杂交，这几乎是难以想象的。然而，采取两步甚至三步原位杂交法，可以在最短的时间内完成全基因文库的筛选，其程序如下：第一步，制备高密度平板，使每块平板密集分布 5000～10000 个菌落或噬菌斑，此时虽然菌落或菌斑相互重叠，但仍可进行原位杂交；第二步，由感光胶片上的斑点位置在原杂交阳性平板的相应区域内挖下固体琼脂，并用新鲜培养基洗涤稀释；第三步，将稀释液再次涂布平板，使每块平板只含有 200～500 个可辨认的菌落或菌斑；第四步，用相同的探针进行二轮杂交，直至准确挑出期望的重组克隆。

基因文库构建的一个极为重要的原则是严禁外源 DNA 片段之间的连接。由于待克隆的外源 DNA 片段是随机断裂的，且各片段的末端缺少像限制性内切酶全酶解所产生的特殊序列，因此当任意两个不相干的 DNA 分子连在一起后，就会造成克隆片段序列与其在染色体上天然序列的不一致性，更为严重的是，两个 DNA 片段难以准确地重新切开，甚至两者的连接位点也无从知道。由部分酶解法产生的限制性片段虽然具有酶切识别序列，但它在 DNA 分子中并非唯一，因此同样难以辨认。下列三种措施之一或联合使用可有效防止这种现象发生。①对随机切割处理过的外源 DNA 片段按分子量大小进行分级分离，回收与 λDNA 或黏粒装载量相适宜的 DNA 片段，然后进行重组。在这种情况下，任何外源 DNA 片段双分子的重组均超过了 λ-噬菌体包装的上限，不能形成噬菌斑或转化克隆。②用碱性磷酸酶去除外源 DNA 的 5′末端磷酸基团，杜绝外源 DNA 分子间连接的可能性。③用 TdT 酶在外源 DNA 片段的两个末端上增补同聚尾，使之无法相互或自身重组。值得注意的是，上述三种方向并非 100% 可靠，因而最好采取①和②或①和③两种方法联合处理外源 DNA 片段，确保万无一失。

(3) 基因组文库重组克隆的排序

基因组文库通常以重组克隆的形式存在，每个重组克隆均含有来自生物染色体上的一段随机 DNA 片段，如果所构建的基因文库完备性足够高，则所有重组克隆中的 DNA 片段几乎覆盖了个体生物的整个基因组。然而，天然的基因组是众多基因的有序排列形式。基因组文库的实用性不仅仅表现在目的基因的分离，而且更为重要的是对生物体全基因组序列组织的了解以及各个基因功能的注释，这就首先需要对基因组文库各重组克隆进行排序及整理。20 世纪 90 年代初启动的人类基因组计划的相当一部分工作内容就在于此。

基因组文库重组克隆的排序一般使用染色体走读法（chromosome walking）。从某一基因组文库中任取一重组克隆，提取其重组 DNA，并将插入片段两个末端的 DNA 区域（0.2～2kb）次级克隆在新的质粒 DNA 上进行扩增，然后以这两个末端 DNA 片段为探针，分别搜寻基因组文库。杂交阳性的重组克隆中必定含有与探针片段重叠的另一个 DNA 片段。在一般情况下，这个 DNA 插入片段的一段位于初始重组片段的内部，另一端则是新出现的 DNA 区域，以此区域为探针第二轮杂交基因组文库，又可获得第三组 DNA 插入片段。重复上述操作即可将重组克隆双向逐一排序。

染色体走读法的行走速度很大程度上取决于重组克隆所含 DNA 片段之间的重叠程度。重叠率越高，行走速度越慢；克隆片段越长（这通常由载体的装载量决定），行走速度越快。为了提高行走速度，另一种策略是利用酵母人工染色体构建人基因组文库，其装载量可高达数百 kb，同时构建非随机末端的 DNA 片段库，以此作为杂交探针，可以最大限度地减少两个克隆 DNA 片段之间的重叠程度，这一方法称为染色体跳跃法。然而不管是染色体走读法还是染色体跳跃法都具有一定的局限性，即在真核生物尤其是高等哺乳动物基因组中，存在大量的重复序列，短则数十碱基对，长则高达数 kb。如果所选用的探针片段含有这种重复序列，染色体走读法便不能有效进行下去。在此情况下，往往需要对已排序的 DNA 片段进行序列分析，准确定位众多重复序列两侧的非重复 DNA 区域，并以此为探针继续搜寻基因组文库。

第7章
大肠杆菌基因工程

大肠杆菌是迄今为止研究得最为详尽的细菌，其 K-12 MG1655 株的约 4000kb 的染色体 DNA 已测序完毕，全基因组共含有 4405 个开放阅读框，其中大部分基因的生物功能已被鉴定。作为一种成熟的基因克隆表达受体细胞，大肠杆菌广泛用于分子生物学研究的各个领域，如基因分离扩增、DNA 序列分析、基因表达产物功能鉴定等。由于大肠杆菌繁殖迅速，培养代谢易于控制，利用 DNA 重组技术构建大肠杆菌工程菌大规模生产真核生物基因尤其是人类基因的表达产物，具有重大经济价值。目前已经实现商品化的数十种基因工程产品中，大部分是由重组大肠杆菌生产的。

然而，正是由于大肠杆菌是原核细胞，也有为数不少的真核生物基因不能在大肠杆菌中表达出具有生物活性的功能蛋白，其原因是：第一，大肠杆菌细胞内不具备真核生物的蛋白质复性系统，许多真核生物基因仅在大肠杆菌中合成无特异性空间结构的多肽链；第二，与其他细菌一样，大肠杆菌缺乏真核生物的蛋白质加工系统，而许多真核生物蛋白质的生物活性恰恰依赖于其侧链的糖基化或磷酸化等修饰作用；第三，大肠杆菌内源性蛋白酶易降解空间构象不正确的异源蛋白，造成表达产物不稳定；第四，大肠杆菌细胞膜间隙中含有大量的内毒素，痕量的内毒素即可导致人体热原反应。上述缺陷在一定程度上制约了重组大肠杆菌作为微型生物反应器在异源真核生物蛋白尤其是药物蛋白大规模生产中的应用。

7.1 外源基因在大肠杆菌高效表达的原理

包括大肠杆菌在内的所有细菌高效表达真核基因，都涉及强化蛋白质生物合成、抑制蛋白产物降解以及恢复维持蛋白质特异性空间构象三个方面的因素。其中，强化异源蛋白的生物合成主要归结为外源基因剂量（拷贝数）、基因转录水平和 mRNA 翻译速率的时序性控制，而这种控制又是在重组子构建过程中通过相应表达调控元件的精确组装来实现的。

7.1.1 启动子

大肠杆菌及其噬菌体的启动子是控制外源基因转录的重要顺式调控元件，在一定条件下，mRNA 的生成速率与启动子的强弱密切相关，而转录又在很大程度上影响基因的表达。大肠杆菌启动子的强弱取决于启动子本身的序列，尤其是－10 区和－35 区两个六聚体盒的碱基组成以及彼此的间隔长度，同时也与启动子和外源基因转录起始位点之间的距离有很大关系。有些大肠杆菌启动子的转录活性还受到相应基因内部序列的影响，实际上这部分基因内序列可看作是启动子的组成部分。这种启动子往往特异性启动所属基因的转录，缺乏通用性。目前几种广泛用于表达外源基因的大肠杆菌启动子，其促进转录启动的活性几乎与外源基因的性质无关。

（1）启动子最佳作用距离的探测

在大肠杆菌细胞中，虽然大多数启动子与所属基因转录起始位点之间的距离为 6～9bp，但对于外源基因而言，这个距离未必最佳。一种能准确测定启动子最佳作用距离的重组克隆方法如图 7-1 所示：目的基因克隆在质粒的 *Eco*RⅠ 位点上，在距目的基因 5′端 100～200bp 处的上游区域选择一个单一的限制性酶切位点，并用相应的酶将重组质粒线性化；然后用 Bal31 外切核酸酶在严格控制反应速度的条件下处理线型 DNA 重组分子，当酶切反应进行到目的基因转录起始位点时，迅速灭活 Bal31；最后将启动子片段与上述处理的 DNA 重组分子连接和克隆。由于 Bal31 酶解速度在重组 DNA 分子之间的差异性，由此获得的重组克

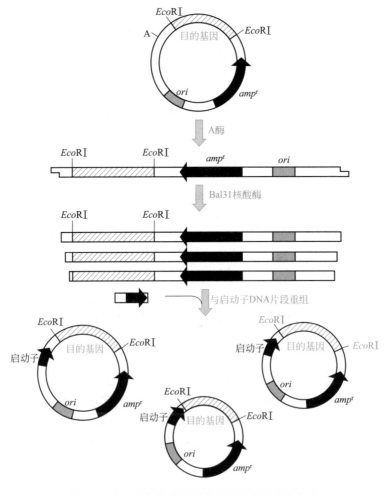

图 7-1 启动子最佳作用距离探测的重组质粒构建

隆必定含有一系列不同长度的启动子-目的基因间隔区域，其中目的基因表达量最高的克隆即具有最佳的启动子作用距离。

上述重组分子的线性化位点选择对实验成败相当重要。该位点距目的基因太远，则Bal31需将重组分子两端切去很长的片段，这有可能触及载体质粒上的功能区，导致无法克隆；线性化位点离目的基因太近，又很难精确控制Bal31的酶切片段长度，常常会破坏目的基因编码序列。在目的基因与一个较强启动子的重组过程中，若克隆菌细胞内检测不到相应的mRNA，有必要考虑调整启动子与基因之间的距离。

（2）启动子的筛选与构建

大肠杆菌及其噬菌体的基因组DNA上含有数以千计的启动子，只要建立一个能快速准确衡量启动子转录效率的检测系统，即可从中筛选克隆到强的启动子。这种检测系统通常使用启动子探针质粒，其中的报告基因大多数选择催化定量反应的酶编码基因（如大肠杆菌的半乳糖激酶结构基因$galK$）或抗生素抗性基因。半乳糖激酶活性的高低与$galK$基因的表达效率相关，它可通过测定放射性同位素^{32}P从ATP传递到半乳糖形成放射性半乳糖-1-磷酸产物而灵敏定量，由此比较启动子片段的强弱。抗生素抗性基因的表达效率则可通过测定相应抗生素对克隆菌的最小抑制浓度而衡量，然而由于抗生素容易导致受体细胞产生诱导抗性，因此在实际操作中，克隆菌往往需要进一步鉴定。

pKO1是一个典型的大肠杆菌启动子探针质粒（图7-2），它含有无启动子的$galK$报告基因、用于质粒扩增的氨苄西林抗性基因（amp^r）、几个位于$galK$基因上游的单一克隆位点以及位于克隆位点与$galK$基因之间的三种阅读框的终止密码子。这组终止密码子的引入可以有效地阻止外源DNA片段和载体上其他基因所属启动子可能造成的mRNA翻译过头，进而带动$galK$基因的间接表达。如果没有这组终止密码子，GalK阳性重组子中的外源DNA片段极有可能除了启动子结构外，还携带一段结构基因的5′端序列，而这种具有启动子活性的DNA片段一般不能用于表达目的基因。

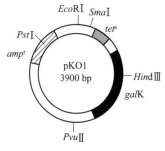

图7-2　pKO1

含有启动子活性的DNA片段的分离大体上有下列三种方法。

① 鸟枪法克隆

将DNA随机片段直接克隆到pKO1探针质粒上，重组分子转化$galE^+$、$galT^+$和$galK^-$的大肠杆菌受体细胞，转化物涂布在以半乳糖为唯一碳源的McConkey选择性培养基上进行筛选。凡是具有启动子活性的插入片段才有可能启动$galK$报告基因的表达，并使半乳糖在受体细胞中发生糖酵解反应，重组克隆分泌红色素；而缺乏半乳糖激酶活性的转化细胞则呈乳白色。

② 酶保护法分离

这种方法是依据RNA聚合酶与启动子区域的特异性结合原理设计的。将大肠杆菌基因组文库中的重组质粒与RNA聚合酶在体外保温片刻，然后选择合适的限制性内切酶对其进行消化，未与RNA聚合酶保温的同一重组质粒作酶切对照。如果试验质粒的限制性片段比对照质粒减少，则表明被钝化的酶切位点位于RNA聚合酶保护区域内，即该区域存在启动子结构。将这个区域的DNA片段次级克隆在启动子探针质粒上，测定其所含有启动子的转录活性。

③ 滤膜结合法分离

其原理是双链 DNA 不能与硝酸纤维素薄膜有效结合,而 DNA-蛋白质复合物却能在一定条件下结合在膜上。将待检测 DNA 片段与 RNA 聚合酶保温,并转移保温混合物至膜上,温和漂洗薄膜,除去未结合 RNA 聚合酶的双链 DNA 片段,然后再用高盐溶液将结合在薄膜上的 DNA 片段洗脱。一般来说,这种 DNA 片段在膜上的滞留程度与其同 RNA 聚合酶的亲和性(即启动子的强弱)成比例,然而这种强弱难以量化,通常仍需要将其克隆在探针质粒上进行检测。

目前在表达型载体上应用最为广泛的大肠杆菌天然启动子有四种,即 P_{lac}、P_{trp}、P_l 和 P_{recA},它们分别来自乳糖操纵子、色氨酸操纵子、λ 噬菌体早期左向操纵子以及 recA 基因,其−10 区和−35 区的保守序列见表 7-1。尽管上述启动子两个区域的序列相当保守,但并非绝对相同,而且它们的相对强弱也差别较大。因此为了获得更强的启动子,除了从基因组 DNA 上进行筛选甄别外,还可利用已知的启动子重新构建新的杂合启动子,以满足不同外源基因的表达要求。

从表 7-1 中可以看出,由 P_{trp} −35 区序列和 P_{lac} −10 区序列重组而成的杂合启动子 P_{tac},其相对强弱分别是 P_{trp} 的 3 倍和 P_{lac} 的 11 倍。在某些情况下,两种相同启动子的同向串联也可大幅度提高外源基因的表达水平,如双 P_{lac} 启动子的强度大约是单启动子的 2.4 倍,但这些结果与所控制的结构基因的性质密切相关。

表 7-1　大肠杆菌典型启动子的保守序列

序列	−35 区	−10 区
保守序列	TTGACA	TATAAT
λ P_l	TTGACA	GATACT
recA	TTGATA	TATAAT
trp	TTGACA	TTAACT
lac	TTTACA	TATAAT
tac	TTGACA	TATAAT
traA	TAGACA	TAATGT

(3) 启动子的可控性

从理论上讲,将外源基因置于一个能持续激活转录的强启动子控制下,是高效表达的理想方法,然而这种外源基因的高水平全程表达往往会对大肠杆菌细胞的生理生化过程造成不利影响,因为它在很大程度上导致能量耗竭,从而抑制受体细胞正常必需的代谢途径。此外,携带这种持续高效表达的外源基因的重组质粒在细胞经历若干次分裂循环之后,往往会部分甚至全部丢失,而不含质粒的受体细胞因生长迅速最终在培养物中占据绝对优势。在利用重组大肠杆菌大规模生产重组质粒上的外源基因产物过程中,质粒的不稳定性始终是一个难题。利用可控制的强启动子调整外源基因的表达时序,即通过启动子活性的定时诱导,将外源基因的转录启动限制在受体细胞生长循环的某一特定阶段,是克服上述困难的有效方法。

目前在外源基因表达中最广泛使用的大部分大肠杆菌启动子来自相应的操纵子,它们都带有可与阻遏蛋白特异性结合的操纵基因区域,换句话说,与这些启动子拼接的外源基因在大肠杆菌受体细胞内通常是以极低的基底水平表达的。如在不含乳糖的生长培养基中,重组大肠杆菌的 P_{lac} 启动子处于阻遏状态,此时外源基因痕量表达甚至不表达。当重组大肠杆菌生长到某一阶段,向培养物中加入乳糖或 IPTG,它们与阻遏蛋白特异性结合,并使其从操纵基因上脱落下来，P_{lac} 启动子打开并启动转录，外源基因随即被诱导表达。野生型大肠杆菌的 P_{lac} 启动子除可被乳糖或 IPTG 诱导外，同时又能为葡萄糖及代谢产物所抑制，而在大规模培养重组大肠杆菌时，培养基中必须加入葡萄糖，因此在实际操作中通常使用的是野生型 P_{lac} 启动子的突变体 P_{lacUV5} 启动子。它含有一个突变碱基对，其活性比野生型 P_{lac} 启动子更强，而且对葡萄糖及分解代谢产物的阻遏作用不敏感，但仍为受体细胞中的 Lac 阻遏蛋白阻遏，因此可以用乳糖或 IPTG 进行有效诱导。人工构建的 P_{tac} 启动子由于含有 lac 操纵基因区域，所以其阻遏诱导性质与 P_{lacUV5} 相同。

P_{trp} 是一种负调控启动子，其阻遏作用的产生依赖于色氨酸-阻遏蛋白复合物与 trp 操纵基因的特异性结合。因此 P_{trp} 启动子的激活可以采取两种方法，即从培养基中除去色氨酸或者加入 3-吲哚丙烯酸（IAA），后者与阻遏蛋白特异性结合，从而解除阻遏作用。

噬菌体的 P_l 启动子在大肠杆菌中是由噬菌体 DNA 编码的 cI 阻遏蛋白控制的，其去阻遏途径与几个宿主、噬菌体蛋白产物的功能有关，很难直接进行人为诱导，因此在实际操作中常常使用 cI 阻遏基因的温度敏感型突变体 cI_{857} 基因控制 P_l 启动子介导的外源基因转录启动。在染色体 DNA 上携带 cI_{857} 突变基因的特殊大肠杆菌工程菌首先置于 28～30℃ 进行培养，在此温度范围内，由大肠杆菌合成的 cI_{857} 阻遏蛋白与 P_l 操纵基因区域结合，关闭外源基因的转录。当工程菌培养到合适的生长阶段（一般为对数生长中期）时，迅速将培养温度升至 42℃，此时 cI_{857} 阻遏蛋白失活，并从操纵基因上脱落下来，P_l 启动子遂启动外源基因转录。

上述阻遏蛋白灭活以及外源基因转录激活（诱导作用）的效率很大程度上取决于工程菌细胞内阻遏蛋白的分子数与相应启动子的拷贝数之比，后者又等于重组质粒的拷贝数。这个比值过高，诱导作用的效果并不理想；相反，如果阻遏蛋白分子数过少，则重组大肠杆菌不经诱导就能全程持续表达外源基因，启动的可控制性便失去了意义。能够有效避免上述两种情况发生进而严格控制阻遏诱导过程的方法很多。例如，可将阻遏蛋白基因及其对应的启动子分别克隆在拷贝数不同的两种质粒上，从而确保阻遏蛋白分子数和启动子拷贝数维持在一个合适的比例上。通常将阻遏蛋白编码基因置于低拷贝质粒上，使每个工程菌细胞只含有 1～8 个阻遏蛋白基因拷贝；而启动子和外源基因则克隆在一个高拷贝质粒上，其拷贝数控制在每个细胞 30～100 的范围内。在阻遏蛋白基因单拷贝整合在工程菌染色体 DNA 的情况下，其表达水平通常较低，此时重组质粒拷贝数过高是一个限制性因素，很容易造成阻遏不力的后果。

可控性启动子的温度诱导和 IPTG 诱导在容积较小（1～5L）的培养器中通常很容易做到，但对于 20L 以上的发酵罐而言，42℃ 诱导既耗费大量能源，诱导效果又不理想，因为温度从 28℃ 升到 42℃ 往往需要几十分钟。在大规模发酵过程中添加 IPTG 诱导物成本也很高。这些都是工程菌大规模培养过程才会出现的新问题，解决这一技术难题的途径仍应从工程菌的构建方案来考虑。例如，涉及 P_l 启动子的大肠杆菌工程菌的构建可采用双质粒表达系统：将 cI 阻遏蛋白生物合成置于 P_{trp} 启动子控制之下，并克隆在一个低拷贝质粒上，从而保证 cI 阻遏蛋白表达不至于过量；第二重组质粒则含有 P_l 启动子控制的外源基因。当培养基中缺少色氨酸时，P_{trp} 启动子打开，cI 阻遏蛋白合成，由 P_l 启动子介导的外源基因转录关闭 [图 7-3（a）]；相反，当色氨酸大量存在时，P_{trp} 启动子关闭，cI 阻遏蛋白不再合成，P_l 启动子开放并激活外源基因表达 [图 7-3（b）]。从整体上来看，外源基因虽然处于 P_l 启动子控制之下，但却可用色氨酸取代温度进行诱导表达。

由此构建的重组大肠杆菌可以使用仅由糖蜜和酪蛋白水解物组成的廉价培养基进行发

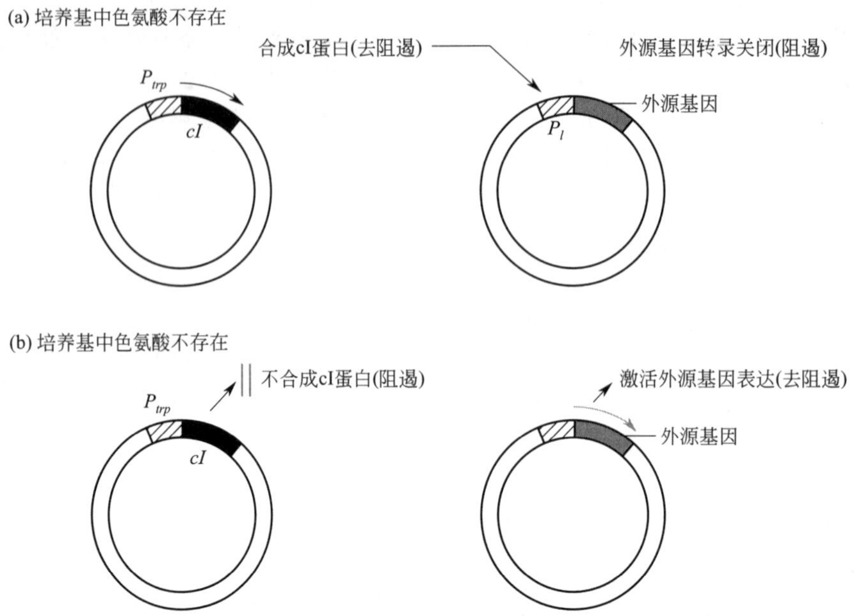

(a) 培养基中色氨酸不存在

合成cI蛋白(去阻遏) — 外源基因转录关闭(阻遏)

P_{trp}

cI

P_l — 外源基因

(b) 培养基中色氨酸不存在

不合成cI蛋白(阻遏) 激活外源基因表达(去阻遏)

P_{trp}

cI

外源基因

图 7-3　采用双质粒表达系统构建涉及 P_l 启动子的大肠杆菌工程菌

酵，这种培养基含有微量的色氨酸，而外源基因表达则可通过加入富含色氨酸的胰蛋白胨进行诱导。用这种方法构建的 β-半乳糖苷酶和柠檬酸合成酶工程菌在大规模发酵中，胰蛋白胨的诱导可使两种酶的表达量分别达到菌体蛋白总量的 21% 和 24%。因此，该系统对利用大肠杆菌工程菌大规模生产异源重组蛋白具有很高的经济价值。

（4）依赖于噬菌体 RNA 聚合酶的启动子系统

P_{lac}、P_{trp}、P_{tac} 和 P_l 启动子都是大肠杆菌 RNA 聚合酶特异性的识别和作用元件，外源基因转录的启动效率取决于 RNA 聚合酶与这些启动子的作用强度。然而转录效率不仅与外源基因在单位时间内的转录次数有关，而且还受到转录启动后 RNA 聚合酶沿 DNA 模板链移动速度的影响，两者缺一不可。新近发展起来的 T7 表达系统利用 T7 噬菌体 DNA 编码的 RNA 聚合酶表达大肠杆菌工程菌中的外源基因。这种 RNA 聚合酶选择性地与 T7 噬菌体 DNA 的启动子结合，在不降低转录启动效率的前提下，沿 DNA 模板链聚合 mRNA 的速度比大肠杆菌的 RNA 聚合酶快 5 倍。装配 T7 启动子并在 T7-RNA 聚合酶驱动下表达外源基因的大肠杆菌质粒统称为 pET 载体家族。

T7 表达系统实质上是一种基因表达的级联反应。克隆在 pET 质粒上的外源基因通过 T7 RNA 聚合酶在细胞中的诱导表达而启动转录。大多数的 pET 质粒不再加装其他的外源基因转录调控元件，T7 RNA 聚合酶基因的表达则由大肠杆菌 P_{lacUV5} 启动子控制。然而即使不诱导，T7 RNA 聚合酶基因仍能合成少量的 RNA 聚合酶。在这种情况下，外源基因的转录实质上已由 T7 启动子单独控制。另一些 pET 质粒则使用 $T7/P_{lac}$ 杂合启动子，它含有 T7 启动子的 RNA 聚合酶识别和结合位点，同时在其上游携带 25bp 长的 lac 操纵基因序列。因此，克隆在这种 pET 质粒上的外源基因的表达同时受到 T7 RNA 聚合酶基因所属的 P_{lacUV5} 启动子以及质粒上 $T7/P_{lac}$ 杂合启动子的双重控制，两者均可用乳糖或 IPTG 诱导。

pET 质粒上的 T7 启动子通常选用 T7 噬菌体 DNA 6 个启动子中的 φ_{10} 启动子，与之相匹配的转录翻译元件还包括相应的 SD 序列以及转录终止子 $T\varphi$。在大多数情况下，利用 T7 表达系统合成异源重组蛋白必须使用特殊的大肠杆菌受体菌，如 BL21（DE3）和 HNS174（DE3）等。大肠杆菌 DE3 株是 λ 噬菌体的溶原性衍生菌，其染色体 DNA 上含有由 P_{lacUV5} 启动子控制的 T7 RNA 聚合酶基因。由于 T7 RNA 聚合酶具有显著的 mRNA 聚合活性，目前该表达系统更多地应用在重组基因的体外高效表达（即无细胞转录系统）中，在此情况下，重组基因的转录直接通过补加 T7 RNA 聚合酶而启动。

7.1.2 终止子

外源基因在强启动子的控制下表达，容易发生转录过头现象，即 RNA 聚合酶滑过终止子结构继续转录质粒上的邻近 DNA 序列，形成长短不一的 mRNA 混合物，这种情况的发生在 T7 表达系统中尤为明显。过长转录物的产生不仅影响 mRNA 的翻译效率，同时也使外源基因的转录速度大幅度降低。首先，转录产物越长，RNA 聚合酶转录一分子 mRNA 所需的时间就相应增加，外源基因本身的转录效率下降；其次，如果外源基因下游紧邻载体质粒上的其他重要基因或 DNA 功能区域，如选择性标记基因和复制子结构等，则 RNA 聚合酶在此处的转录可能干扰质粒的复制及其他生物功能，甚至导致重组质粒的不稳定性；再次，转录过长的 mRNA 往往会产生大量无用的蛋白质，增加工程菌无谓的能量消耗；最后，也是最为严重的是，过长的转录物往往不能形成理想的二级结构，从而大大降低外源基因编码产物的翻译效率。因此，重组表达质粒的构建除了要安装强的启动子以外，还必须注意强终止子的合理设置。目前在外源基因表达质粒中常用的终止子是来自大肠杆菌 rRNA 操纵子上的 $rrnT_1T_2$ 以及 T7 噬菌体 DNA 上的 $T\varphi$，对于一些终止作用较弱的终止子，往往采用二聚体终止子的特殊结构。

终止子也可像启动子那样通过特殊的探针质粒从细菌或噬菌体基因组 DNA 中克隆筛选。在这种终止子探测质粒上，唯一的克隆位点处于启动子和报告基因的翻译起始密码子之间。当含有终止子序列的 DNA 片段插入该位点上时，由启动子介导的报告基因转录被封闭，从而减少或阻断了报告基因的表达。

7.1.3 核糖体结合位点

外源基因在大肠杆菌中的高效表达不仅取决于转录启动频率，而且在很大程度上还与 mRNA 的翻译起始效率密切相关。大肠杆菌细胞中结构不同的 mRNA 分子具有不同的翻译效率，它们之间的差别有时可高达数百倍。mRNA 的翻译起始效率主要由其 5′端的结构序列所决定，称为核糖体结合位点（RBS），它包括下列四个特征结构要素：①位于翻译起始密码子上游的 6～8 个核苷酸序列 5′UAAGGAGG3′，即 Shine-Dalgarno（SD）序列，它通过识别大肠杆菌核糖体小亚基中的 16S rRNA 3′端区域 3′AUUCCUCC5′并与之专一性结合，将 RNA 定位于核糖体上，从而启动翻译；②翻译起始密码子，大肠杆菌绝大部分基因以 AUG 作为阅读框架的起始位点，但有些基因也使用 GUG 或 UUG 作为翻译起始密码子；③SD 序列与翻译起始密码子之间的距离及碱基组成；④基因编码区 5′端若干密码子的碱基序列。

一般来说，mRNA 与核糖体的结合程度越强，翻译的起始效率就越大，而这种结合程度主要取决于 SD 序列与 16S rRNA 的碱基互补性，其中以 GGAG 四个碱基序列尤为重要。对多数基因而言，上述四个碱基中任何一个换成 C 或 T，均会导致翻译效率大幅度降低。SD 序列与起始密码子 AUG 之间的序列对翻译起始效率的影响则表现在碱基组成和间隔长度两个方面。实验结果表明，SD 序列后面的碱基若为 AAAA 或 UUUU，翻译效率最高；而 CCCC 或 GGGG 的翻译效率则分别是最高值的 50％和 25％。紧邻 AUG 的前三个碱基成分对翻译起始也有影响，对于大肠杆菌 β-半乳糖苷酶的 mRNA 而言，在这个位置上最佳的碱基组合是 UAU 或 CUU，如果用 UUC、UCA 或 AGG 取代之，则酶的表达水平低至 1/20。

SD 序列与起始密码子之间的精确距离保证了 mRNA 在核糖体上定位后，翻译起始密码子 AUG 正好处于核糖体复合物结构中的 P 位，这是翻译启动的前提条件。在很多情况下，SD 序列位于 AUG 之前大约七个碱基处，在此间隔中少一个碱基或多一个碱基，均会导致翻译起始效率不同程度的降低。大肠杆菌中的起始 tRNA 分子可以同时识别 AUG、GUG 和 UUG 三种起始密码子，但其识别频率并不相同，通常 GUG 为 AUG 的 50％，而 UUG 只及 AUG 的 25％。除此之外，从 AUG 开始的前几个密码子碱基序列也至关重要，至少这一序列不能与 mRNA 的 5′端非编码区形成茎环结构，否则便会严重干扰 mRNA 在核糖体上的准确定位。mRNA 5′端非编码区自身形成的特定二级结构能协助 SD 序列与核糖体结合，任何错误的空间结构均会不同程度地削弱 mRNA 与核糖体的结合强度。由于真核生物和原核生物的 mRNA 5′端非编码区结构序列存在很大差异，因此要使真核生物基因在大肠杆菌中高效表达，尽量避免基因编码区内前几个密码子碱基序列与大肠杆菌核糖体结合位点之间可能存在的互补作用十分重要。

目前广泛用于外源基因表达的大肠杆菌表达型质粒上，均含有与启动子来源相同的核糖体结合位点序列，例如，所有含有 P_{lac} 启动子以及由其构建的杂合启动子的质粒，均使用 *lacZ* 基因的 RBS。一般情况下，这一序列能够高效表达多数真核生物基因，但应当指出的是，如果在排除了转录效率低下和表达产物不稳定等因素之后，某些克隆在上述质粒上的外源基因的表达效果并不理想，可以考虑修改或更换核糖体结合位点序列，其中最为重要的是 SD 序列及其与起始密码子之间的间隔长度，因为对于相当一部分外源基因而言，*lacZ* 的 RBS 并非是最佳选择。

7.1.4 密码子

在组成蛋白质的 20 种氨基酸中，只有甲硫氨酸和色氨酸仅对应唯一的密码子（分别为 AUG 和 UGG），其他 18 种氨基酸均拥有 2～6 种不同的密码子，这些编码相同氨基酸的不同密码子称为简并密码子。在大肠杆菌中，并非每一种密码子都拥有自己的 tRNA，同一种 tRNA 分子往往可以识别多种简并密码子（最多为 3 种）。然而，有的密码子却又同时为多种含有相同反密码子但结构不同的 tRNA 所识别，如与相同反密码子序列 3′-AUG-5′配对的酪氨酸 tRNA 就有两种结构。tRNA 本身不具备氨基酸的识别作用，它与相应氨基酸的特异性结合是由氨酰基 tRNA 合成酶催化完成的，一种氨酰基 tRNA 合成酶识别一种氨基酸及对应的所有 tRNA 分子，因此大肠杆菌共有 20 种不同的氨酰基 tRNA 合成酶。

不同的生物，甚至同种生物不同的蛋白质编码基因，对于同一氨基酸所对应的简并密码子，使用频率并不相同，也就是说生物体基因对简并密码子的选择具有一定的偏爱性。决定这种偏爱性的因素有 3 个。

(1) 生物基因组中的碱基含量

编码 20 种氨基酸的 61 个密码子按其简并性可分成四个家族（表 7-2）：第一个家族共

由 8 组简并密码子组成，每组中的 4 个密码子编码相同的氨基酸，它们之间的碱基组成仅表现在第三位上的差异，第一位碱基无论是什么都不影响其所编码氨基酸的性质；第二个家族含有 12 组简并密码子，其中 7 组共 14 个密码子的第三位碱基可在 U 和 C 之间互换，另外 5 组共 10 个密码子的第三位碱基则可在 A 和 G 中互换而不影响密码子的含义；第三个家族只包括 3 个编码异亮氨酸的简并密码子，其第三位碱基分别为 A、C 和 U；第四个家族分别是编码亮氨酸、精氨酸以及丝氨酸的 3 组简并密码子，它们不仅在第三位碱基上有所不同，而且在第一或第二位碱基上的变化也不影响编码氨基酸的性质，其中亮氨酸的 6 个简并密码子在第一位上 U 与 C 可以互换，精氨酸的 6 个兼并密码子在第一位上 A 与 C 等价，而丝氨酸的 6 个密码子前两位碱基必须同时变化，即 AG 与 UC 互换不影响密码子含义。

上述密码子的简并特性决定了来自不同生物因而碱基组成也不同的基因组中，简并密码子出现的非随机性。在富含 AT 的生物（如单链 DNA 噬菌体 ΦX174）基因组中，密码子第三位上的 U 和 A 出现的频率较高，而在 GC 丰富的生物（如链霉菌）基因组中，第三位上含有 G 或 C 的简并密码子占 90% 以上的绝对优势。

表 7-2　大肠杆菌核糖体蛋白质中密码子的使用频率

		密码子的第二位				
		U	C	A	G	
密码子的第一位	U	0.83 UUU Phe 1.90 UUC 0.08 UUA Leu 0.17 UUG	1.49 UCU Ser 1.49 UCC 0.08 UCA 0.08 UCG	0.25 UAU Tyr 1.08 UAC UAA Stop UAG	0.08 UGU Cys 0.05 UGC UGA Stop 0.25 UGG Trp	U C A G	密码子的第三位
	C	0.33 CUU Leu 0.25 CUC 0.00 CUA 0.17 CUG	0.25 CCU Pro 0.00 CCC 0.33 CCA 2.98 CCG	0.25 CAU His 1.24 CAC 0.74 CAA Gln 2.73 CAG	3.97 CGU Arg 2.15 CGC 0.00 CGA 0.00 CGG	U C A G	
	A	1.08 AUU Ile 4.22 AUC 0.00 AUA 2.48 AUG Met	2.98 ACU Thr 2.16 ACC 0.25 ACA 0.00 ACG	0.25 AAU Asn 3.47 AAC 7.44 AAA Lys 1.99 AAG	0.08 AGU Ser 0.99 AGC 0.08 AGA Arg 0.00 AGG	U C A G	
	G	4.47 GUU Val 0.50 GUC 3.31 GUA 1.32 GUG	7.69 GCU Ala 0.83 GCC 3.72 GCA 2.32 GCG	1.41 GAU Asp 1.24 GAC 5.05 GAA Glu 1.32 GAG	4.05 GGU Gly 2.81 GGC 0.00 GGA 0.00 GGG	U C A G	

注：表中数字为使用频率（%）。

（2）密码子与反密码子相互作用的自由能

在碱基含量没有显著差异的生物基因组中，简并密码子的使用频率也不是平均的，有些密码子的出现频率很高，有些则几乎不使用，这可能是由密码子与反密码子的作用强度所决定的。适中的作用强度最有利于蛋白质生物合成的迅速进行；弱配对作用可能使氨酰基 tRNA 分子进入核糖体 A 位需要花费更多的时间；而强配对作用则可能使转肽后核糖体在 P 位逐出空载 tRNA 分子耗费更多的时间。利用这一理论可以解释大肠杆菌基因组中密码子使用的偏爱性，现以大肠杆菌中含量最丰富的核糖体蛋白质基因为例：密码子 GGG（Gly）、

CCC（Pro）和 AUA（Ile）的使用频率几乎都为零；在前两位碱基由 A 和 U 组成的简并密码子中，第三位碱基为 C 的密码子的使用频率要高于 U 或 A，即 UUC＞UUU、UAC＞UAU、AUC＞AUU、AAC＞AAU。此外，tRNA 上反密码子的第三位碱基如果是修饰的U，则它与 A 配对的机会多于 G；如果是 I，则与 U 和 C 配对的频率高于 A。在高等真核生物基因组中，简并密码子的使用也不是随机的，其偏爱的密码子谱与大肠杆菌相差很大，而且偏爱程度也不如大肠杆菌那样明显。

（3）细胞内 tRNA 的含量

无论是在细菌还是在真核生物体内，简并密码子的使用频率与相应 tRNA 的丰度呈正相关，特别是那些表达水平较高的蛋白质编码基因更是如此。通常，表达量较大的基因含有较少种类的密码子，而且这些密码子又对应于含量高的 tRNA 分子，这样细胞便能以更快的速度合成需求量大的蛋白质；而对于需求量少的蛋白质而言，其基因中含有较多与低丰度 tRNA 相对应的密码子，用以控制该蛋白质的合成速度。这也是原核生物和真核生物基因表达调控的共同策略之一，所不同的是，各种 tRNA 的丰度在细菌和真核生物细胞中并不一致。

由于原核生物和真核生物基因组中密码子的使用频率具有不同程度的差异性，因此，外源基因尤其是哺乳动物基因在大肠杆菌中高效翻译的一个重要因素是密码子的正确选择。一般而言，有两种策略可以使外源基因上的密码子在大肠杆菌细胞中获得最佳表达：首先，采用外源基因全合成的方法，按照大肠杆菌密码子的偏爱性规律，设计更换外源基因中不适宜的相应简并密码子，重组人胰岛素、干扰素以及生长激素在大肠杆菌中的高效表达均采用了这种方法；其次，对于那些含有不和谐密码子种类单一、出现频率较高、而本身分子量又较大的外源基因而言，则选择相关 tRNA 编码基因同步克隆表达的策略较为有利。例如，在人尿激酶原 cDNA 的 412 个密码子中，共含有 22 个精氨酸密码子，其中 AGG 7 个，AGA 2个，而大肠杆菌受体细胞中 tRNA$_{AGG}$ 和 tRNA$_{AGA}$ 的丰度较低。为了提高人尿激酶原cDNA 在大肠杆菌中的高效表达，可将大肠杆菌的这两个 tRNA 编码基因克隆在另一个高表达的质粒上。由此构建的大肠杆菌双质粒系统有效地解除了受体细胞由于 tRNA$_{AGG}$ 和 tRNA$_{AGA}$ 分子匮乏而对外源基因高效表达所造成的制约作用。

7.1.5 质粒拷贝数

在蛋白质的生物合成过程中，限制合成速度的主要因素是核糖体与 mRNA 结合的速度。在生长旺盛的每个大肠杆菌细胞内大约含有 20000 个核糖体单位，而 600 种mRNA 总共只有 1500 个分子，核糖体的数目远远超过任何一种 mRNA 的分子数。因此，强化外源基因在大肠杆菌中高效表达的中心环节是提高 mRNA 的产量，可通过两种途径来实现：即装备强启动子以提高转录效率以及将外源基因克隆在高拷贝载体上以增加基因的剂量。

目前实验室里广泛使用的表达型质粒在每个大肠杆菌细胞中可达数百甚至数千个拷贝，质粒的扩增过程通常发生在受体细胞的对数生长期内，而此时正是细菌生理代谢最为旺盛的阶段。质粒分子的过度增殖势必影响受体细胞的生长与代谢，进而导致质粒的不稳定性以及外源基因宏观表达水平的下降。解决这一难题的一种有效策略是将重组质粒的扩增纳入可控制轨道，也就是说，在细菌生长周期的最适阶段将重组质粒扩增到一个最佳程度。这方面较为成功的例子是采用温度敏感型复制子控制重组质粒的复制水平。

pPLc2833 是一种被设计用来在大肠杆菌中高效表达外源基因的载体质粒，它含有一个

强的启动子 P_l，一个选择性标记基因 amp^r 以及位于启动子下游的多克隆位点（MCS）。从温度敏感型质粒 pKN402 上分离出含有温度可诱导型复制子序列的 HaeⅡ 限制性酶切片段（c 片段，图 7-4），并取代 pPLc2833 中的复制子，构建成 pCP3 新型表达质粒。携带 pCP3 的大肠杆菌在 28℃ 生长时，每个细胞含有 60 个质粒分子，介于 pKN402 和 pPLc2833 之间，当生长温度提升至 42℃ 时，pCP3 的拷贝数迅速提高 5～10 倍。与此同时，由受体细胞染色体 DNA 上 cI 基因合成的温度敏感型阻遏蛋白失活，P_l 启动子开放并启动外源基因的转录。pCP3 这种集基因扩增和转录控制于一身的优良特性，使之成为稳定高效表达外源基因的理想载体。如果将 T4 DNA 连接酶基因克隆在该质粒的多克隆位点上，则构建出的大肠杆菌工程菌在 42℃ 时可产生占细胞蛋白总量 20％ 的重组 T4 DNA 连接酶。这一表达水平远远高于绝大部分高丰度的大肠杆菌自身蛋白质，如翻译延长因子 EF-TU 在大肠杆菌细胞中的表达量也只有 2％。

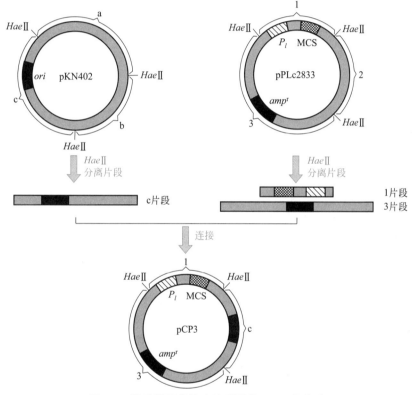

图 7-4　拷贝数可控性表达型质粒 pCP3 的构建

7.2　大肠杆菌工程菌的构建策略

依据基因的表达调控原理，可采用多种手段提高外源基因在大肠杆菌中合成相应蛋白质的速率，然而大量积累的异源蛋白极易发生降解作用，严重影响目标产物的最终收率。导致异源重组蛋白在大肠杆菌细胞中不稳定性的主要原因是：①大肠杆菌缺乏针对异源重组蛋白的折叠复性和翻译后加工系统；②大肠杆菌不具备真核生物细胞完善的亚细胞结构以及众多基因表达产物的稳定因子；③高效表达的异源重组蛋白在大肠杆菌细胞中形成高浓度微环境，致使蛋白分子间的相互作用增强。上述三种因素均使得异源重组蛋白对受体细胞内源性蛋白酶的降解作用大为敏感，这是外源基因尤其是真核生物基因表达产物在大肠杆菌中不稳定性的基本机理。因此，在不影响外源基因表达效率的前提下，如何杜绝上述三方面不利情况的发生，提高异源重组蛋白的稳定性，是大肠杆菌工程菌构建过程中应考虑的主要问题。

7.2.1 包涵体型异源蛋白的表达

在某些生长条件下，大肠杆菌能积累某种特殊的生物大分子，它们致密地聚结在细胞内，或被膜包裹或形成无膜裸露结构，这种结构称为包涵体（inclusion body，IB）。富含蛋白质的包涵体多见于生长在含有氨基酸类似物培养基的大肠杆菌细胞中，由这些氨基酸类似物所合成的蛋白质往往会丧失其理化特性和生物功能，从而聚结形成包涵体。由高效表达质粒构建的大肠杆菌工程菌大量合成非天然性的同源或异源蛋白质，后者在一般情况下也以包涵体的形式存在于细菌细胞内。

（1）包涵体的性质

高效表达重组异源蛋白的大肠杆菌所形成的包涵体大部分存在于细胞质中，在某些条件下，包涵体也能在细胞间质中形成。包涵体基本上由蛋白质组成，其中大部分（占50%以上）是克隆外源基因的表达产物，它们具有正确的氨基酸序列，但空间构象往往是错误的，因而没有生物活性。除此之外，包涵体中还含有受体细胞本身高表达的蛋白产物（如RNA聚合酶、核糖核蛋白体和外膜蛋白等）以及质粒的编码蛋白（主要是标记基因表达产物）。包涵体的第三种组成成分则是DNA、RNA和脂多糖等非蛋白分子。由于包涵体中的蛋白组分大部分都失去了天然的空间构象，且所有的分子紧密积聚成颗粒状，因此在水溶液中很难溶解，只有在高浓度的变性剂（如盐酸胍和尿素等）溶液中才能形成均相。很多包涵体在生长的大肠杆菌细胞中可直接用相差显微镜或电子显微镜观察到，因此包涵体也称为光折射体，有些包涵体虽然本身并不折射光，但却能清晰地出现在细胞的电子显微镜照片中。某些情况下，高效表达的重组异源蛋白与天然裂解的细菌细胞碎片结合在一起，这种形式的包涵体通常不易用相差显微镜观察，事实上用表面活性剂清洗这种包涵体即可获得可溶性蛋白。

以包涵体的形式表达重组异源蛋白，其显著的优点是简化了外源基因表达产物在大肠杆菌细胞内的分离纯化程序，因为包涵体的水难溶性及其密度远大于其他细胞碎片结合蛋白，通过高速离心即可将重组异源蛋白从细菌裂解物中分离出来。异源重组蛋白在大肠杆菌体细胞内的稳定性主要取决于形成包涵体的速度，在形成包涵体之前，由于二硫键的随机形成以及肽链旁侧基团修饰的缺乏，异源重组蛋白尤其是真核生物蛋白产物的蛋白酶作用位点往往裸露在外，导致对酶解作用的敏感性；但在形成包涵体之后，大肠杆菌的蛋白酶降解作用基本上对异源重组蛋白的稳定性已构不成威胁。从包涵体中回收异源重组蛋白的缺点主要表现在下列两个方面：其一，在离心洗涤分离包涵体的过程中，包涵体难免会部分流失，导致收率下降；其二，包涵体的溶解需要使用高浓度的变性剂，在无活性异源蛋白的复性之前，必须通过透析超滤或稀释的方法大幅度降低变性剂的浓度，这就增加了操作难度，尤其在重组异源蛋白的大规模生产过程中，这个缺陷更为明显。

（2）包涵体的形成机理

包涵体的形成本质上是细胞内蛋白质的聚结过程，其机理包括下列三个方面。

① 折叠状态的蛋白质聚结作用。至少在某些情况下，具有折叠结构的蛋白质聚结是包

涵体形成的基础。蛋白质的水难溶性以及胞内的高浓度均能促进这种聚结过程，如大肠杆菌自身正常表达的膜结合蛋白即便具有良好的天然折叠空间构象，但因其较小的水溶性而倾向于聚结形成疏水颗粒。对外源基因表达的重组异源蛋白而言，尽管它们能依靠自身的二硫键进行体内折叠，但这种折叠形式在大肠杆菌中是随机发生的，异源多肽链中半胱氨酸残基的含量越高，二硫键错配的概率也就越大。这种错误折叠的蛋白质往往显示出较低的水溶性，再加上高效表达产生的高浓度蛋白分子之间的相互作用概率增大，最终形成多分子聚结物。

② 非折叠状态的蛋白质聚结作用。对于那些热稳定性差的重组异源蛋白，又在生长温度较高的细菌中表达，则蛋白产物的还原状态在细胞质内始终占主导地位，蛋白分子内部的二硫键不易形成，因此大都处于非折叠状态。高浓度或高比例游离疏基的非折叠多肽的存在，均会大大提高多肽分子之间二硫键形成的概率，导致产生高分子量的蛋白多聚体，从而降低其水相溶解度并形成包涵体颗粒。

③ 蛋白折叠中间体的聚结作用。有些细菌或噬菌体自身合成的天然蛋白质虽然是可溶性的，但其折叠中间体的半衰期较长而且溶解度较低。如果这些细菌或噬菌体生长在非生理条件下（如高培养温度等），那么任何对蛋白折叠速率有负面影响的环境条件均可在不同程度上导致折叠中间体的积累，后者在折叠成天然蛋白质之前聚结为包涵体。例如，沙门氏菌噬菌体 P22 一个编码尾部蛋白基因的突变株在 42℃时，由于这一尾部蛋白折叠过程的延长，导致折叠中间体聚结形成包涵体，从而影响噬菌体感染颗粒的装配。

根据上述包涵体的形成机理，可将高效表达的重组异源蛋白在大肠杆菌中形成包涵体的影响因素归纳为下列几个方面。①温度：温度对包涵体形成的影响虽然不是个别现象，但并不普遍；细菌较低培养温度有利于重组异源蛋白可溶性表达的有 β-干扰素、γ-干扰素、肌酸激酶、免疫球蛋白 Fab 片段、β-半乳糖苷酶融合蛋白、枯草杆菌蛋白酶 E 以及糖原磷酸化酶等，但相当多的重组蛋白可溶性表达并不能依靠降低培养温度而得到改善，相反，提高温度反而会促进其形成包涵体；虽然较高的培养温度能诱导受体细菌热休克蛋白的表达，它在某种程度上抑制包涵体的形成，但高温本身不利于蛋白质的折叠。②表达水平：不管包涵体的形成机理如何，重组异源蛋白的过量表达均有利于包涵体的形成，然而，通过降低表达量来提高异源蛋白的可溶性却并不容易奏效。③细菌遗传性状：相同的重组质粒在不同的大肠杆菌菌株中表达异源蛋白，其可溶性与不溶性流份的比例可能不同，有时甚至相差很大；一般来说，大肠杆菌染色体DNA 上的热休克基因表达产物（如 Hsp、GroEL 和 PPIase 等）有助于重组异源蛋白的正确折叠而形成可溶性流份，同理，灭活这些基因则有可能促进包涵体的形成。④异源蛋白氨基酸序列：天然的人 γ-干扰素在大肠杆菌中往往是以包涵体的形式表达，但通过基因人工合成或定点突变技术改变其天然氨基酸序列，则可获得高比例的可溶性蛋白流份，相反，对于另一些异源蛋白而言，在大肠杆菌中突变体比天然分子更易形成包涵体。

(3) 包涵体的分离检测

包涵体的分离主要包括菌体破碎、离心收集以及清洗三大操作步骤。菌体破碎大多采用高压匀浆、高速珠磨或低温反复冻融等物理方法。细胞破碎物经差速离心首先去除未完全破碎的菌体及较大的细胞碎片，然后以较高转速回收包涵体颗粒，并弃去大量可溶性杂蛋白、核酸、热原及内毒素等杂质。由此获得的包涵体粗品中仍含有相当比例的大肠杆菌膜结合蛋白和种类繁多的脂多糖化合物，它们通常可用表面活性剂清洗除去。常用的表面活性剂包括Triton X-100、SDS、脱氧胆酸盐等，其中 Triton X-100 可以较高的回收率获得包涵体重组蛋白，但去除杂蛋白的效果不完全；脱氧胆酸盐清洗的纯度较高，但会使重组异源蛋白部分溶解并损失，导致回收率下降。由于表面活性剂的效果与包涵体中重组异源蛋白的性质具有一定关系，因此包涵体清洗条件的优化显得尤为重要。

（4）重组异源蛋白表达系统的构建

将启动子和 SD 序列安装在外源基因的 5′端是构建表达质粒的主要内容。由于可用于外源基因表达的大肠杆菌强启动子和 SD 序列种类有限，故可通过一般重组、PCR 扩增甚至化学合成等方法将两者按照最佳间隔及碱基序列连为一体，组成大肠杆菌表达复合元件。接下来的问题是外源基因如何与这类表达复合元件拼接克隆，才能尽量避免在 SD 序列与外源基因的起始密码子 ATG 或 GTG 之间引入过多的碱基对，从而保证外源基因高效表达出序列正确的天然蛋白质。显然为达到此目的，最直接的克隆方案（如图 7-5）是将启动子-SD 序列表达元件与外源基因编码区同时重组在质粒上，其中复合表达元件 5′端上游含有一个酶切位点，下游 3′端为平末端，而外源基因上游 5′端为 ATG 或 GTG 密码子的平末端，3′端则含有另一个酶切位点。复合表达元件与外源基因编码序列通过平末端连成一体并插在质粒相应的克隆位点上，由此构建的重组分子在 SD 序列与外源基因之间没有引入任何碱基，SD 序列与起始密码子之间的间隔最佳。但这种方法的可操作性不大，首先，用于重组的复合表达元件和外源基因无法分别克隆扩增；其次，外源基因不能完整地从重组分子上拆下，而且三片段连接也较为困难。

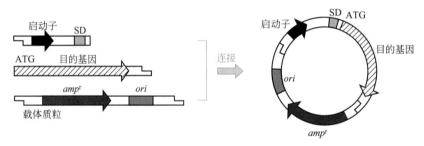

图 7-5　目的基因与表达复合元件在编码序列上游拼接

另一种方法是在复合表达元件 3′端下游组装一个特定的酶切克隆位点，并在此处将其克隆在质粒上；外源基因插入时，先在此处用酶切开，S1 核酸酶消化单链末端使之成为平末端。然后 5′端含有相同或不同酶切位点的外源基因经同样处理后，直接与载体分子平末端连接（如图 7-6）。这种方法可以避免三片段连接，且复合表达元件和外源基因均可分别克隆与扩增，但外源基因仍无法完整卸下。

第三种方法与上述方法相似，但在复合表达元件 3′端下游组成的酶切位点中含有翻译起始密码子 ATG 或 GTG，如果外源基因 5′端含有相同的酶切位点，即可与表达质粒直接拼接，不破坏多克隆位点（如图 7-7），便于外源基因从重组分子中回收。由此方法构建的重组分子在 SD 序列与起始密码子之间最多引入三对碱基，一般情况下不会对外源基因表达产生很大的影响。至于外源基因 5′端的特殊酶切位点，则可在 PCR 扩增或人工合成外源基因编码序列时预先设计加入，如 SphI、NcoI、NsiI、$Hsp92$II、$Eco72$I 和 $Alw44$I 等。

由 cDNA 法克隆的真核生物蛋白编码序列，其翻译起始密码子附近通常缺少与表达质粒克隆位点相匹配的酶切位点，因而不能直接与载体分子进行拼接。另外这些真核生物结构基因大都含有特异性的信号肽编码序列和 5′端非编码区，在重组分子构建过程中必须将之删除，方能转入大肠杆菌中表达。由此产生的外源编码序列中往往缺失了翻译起始密码子，因而需在载体复合表达元件的 3′端下游合适位点引入 ATG，这可通过设计安装特殊的限制

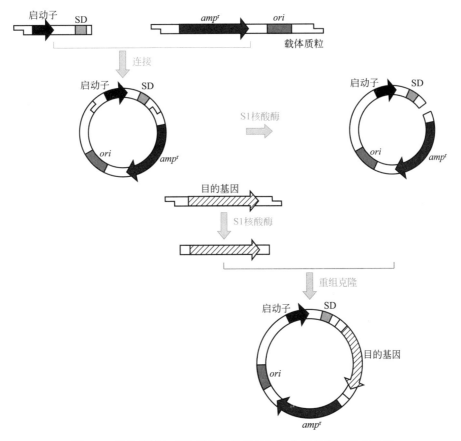

图 7-6 目的基因与表达复合元件通过加装合适的酶切位点拼接

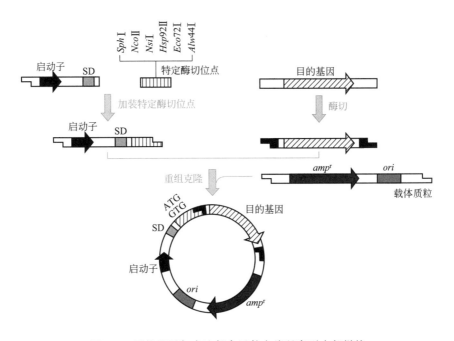

图 7-7 目的基因与表达复合元件在编码序列内部拼接

性酶切位点来实现，酶解片段经特殊处理后，便会形成以 ATG 结尾的平头末端。

7.2.2 分泌型异源蛋白的表达

在大肠杆菌中表达的重组异源蛋白按其在细胞中的定位可分为两种形式：以可溶性或不溶性（包涵体）状态存在于细胞质中；或者通过运输或分泌方式定位于细胞周质，甚至穿过外膜进入培养基中。蛋白产物 N 端信号肽序列的存在是蛋白质分泌的前提条件。

(1) 分泌型异源蛋白表达的特性

在大肠杆菌中表达的重组异源蛋白的稳定性往往取决于它在细胞中的定位，例如，重组人胰岛素原合成后若被分泌到细胞周质（细胞质与外膜之间的空隙）中，则其稳定性大约是在细胞质中的 10 倍。异源蛋白无论是被分泌到细胞周质中还是直接进入培养基，均可大大简化后续的分离纯化操作。哺乳动物体内绝大多数的蛋白质在其生物合成后甚至翻译过程中，必须跨膜（如内质网膜、高尔基体膜、线粒体膜和细胞质膜等）传递或运输，并经过复杂的翻译后加工，最后才能形成活性状态，因此相当多的成熟蛋白在其 N 端并不含有甲硫氨酸残基。当这些哺乳动物结构基因在大肠杆菌中表达时，其重组蛋白 N 端的甲硫氨酸残基往往不能被切除。如若将外源基因与大肠杆菌信号肽编码序列重组在一起，一旦使其分泌型表达，其 N 端的甲硫氨酸残基便可在信号肽的专一性剪切过程中被有效除去。这是真核异源蛋白在大肠杆菌中分泌型表达的三大优点。

然而相对其他生物细胞而言，大肠杆菌的蛋白分泌机制并不健全。外源真核生物基因很难在大肠杆菌中进行分泌型表达，少数外源基因即便能分泌表达，但其表达率通常要比包涵体方式低很多，因此目前用于产业化的异源蛋白分泌型重组大肠杆菌尽管有，但并不普遍。

(2) 蛋白质传输分泌机制

细菌蛋白质分泌机制与真核生物十分相似，蛋白质从细菌胞质穿过内膜进入周质，有时还可透过外膜。不管是真核生物还是原核生物，蛋白质分泌均存在两大机制，即共翻译传递和翻译后运输。在大肠杆菌中，共翻译传递形式较为普遍，但不是唯一的，有些蛋白质可同时通过两种方式进行分泌。细菌的分泌型蛋白在其 N 端存在 $15\sim30$ 个氨基酸残基组成的信号肽序列（signal peptides），其 N 端前几个残基为极性氨基酸，中部及后部皆为连续排列的疏水氨基酸，它对蛋白质穿透疏水性膜结构起着决定性作用。除此之外，蛋白质进入膜结构后的正确定位还需要第二个信号序列，例如，大肠杆菌 β-内酰胺酶的 C 末端区域对该蛋白离开内膜进入细胞周质是必需的。在蛋白质穿膜分泌的过程中，其 N 端的信号肽盒被固定在内膜上的膜蛋白信号肽酶位点特异性地识别和切除，因此分泌后的蛋白质 N 端第一位氨基酸残基通常不是甲硫氨酸。

真核生物蛋白质跨越内质网膜通常采用共翻译传递机制。当蛋白质的信号肽序列刚从核糖体上合成出来，就被定位在核糖核蛋白体上的信号识别颗粒（signal recognition particle，SRP）特异性结合，并通过与 SRP 受体的相互作用，将正在进行翻译的核糖体固定在膜的内侧。SRP 是由 6 种蛋白质与一个小分子 7S RNA（305 碱基）组成的复合物，其中一个 54kDa 的蛋白组分具有信号肽的识别作用。大肠杆菌也有一个类似于 SRP 的复合物，它由一个 4.5S RNA 和一个 48kDa 的蛋白质组成，前者与 SRP 中的 7S RNA 同源，后者则与 SRP 中 54kDa 的蛋白组分相似。这个复合物的作用可能与大肠杆菌信号肽的识别结合、新生肽链的构象维持以及蛋白质合成与分泌之间的偶联有着密切的关系。

在以翻译后运输机制分泌蛋白质的过程中，蛋白质折叠的控制十分重要，构象的改变发生在转膜期间。例如，大肠杆菌的 β-内酰胺酶在转膜之前和转膜期间所具有的空间结构是胰蛋白酶敏感型的，但当它从内膜进入周质后，即转变成为胰蛋白酶抗性构象。细菌蛋白翻译后分泌的过程：分子伴侣（chaperone）SecB 与新合成的蛋白前体结合，并控制其折叠构象；然后 SecB 将蛋白前体转移至固定在内膜内侧上的 SecA，后者与膜蛋白 SecE 和 SecY 的复合物相连；在 ATP 的存在下，SecA 将蛋白前体推入内膜，同时释放 SecB 因子；最后，内膜分泌系统中的信号肽酶切除蛋白前体的信号肽序列，蛋白质被分泌到细胞周质中。细菌体内有多种分子伴侣可通过阻止蛋白前体的随机折叠而提高分泌效率，它们包括分泌触发因子、GroEL 以及 SecB。SecB 在细胞内的含量较前两种蛋白少，但对蛋白分泌的促进作用却最大，因为它既具有分子伴侣的功能，又对 SecA 具有亲和性。在以分子伴侣形式发挥作用时，SecB 仅仅是阻止蛋白前体不正确折叠的发生，但不能改变蛋白质已折叠的构象。

由此可见，在大肠杆菌中表达的可分泌型内源或异源蛋白，无论采取何种机制进行转膜分泌，都必须在分子伴侣的协助下维持合适的构象，也就是说，分泌在细胞周质或培养基中的蛋白质很少形成分子间的二硫键交联。然而，对于富含半胱氨酸残基的真核生物异源蛋白来说，即便它能在大肠杆菌中以分泌的形式表达，其产物仍有很大可能发生分子内的二硫键错配，因为大肠杆菌的分子伴侣作用特异性与真核生物不同。

（3）分泌型异源蛋白表达系统的构建

从理论上讲，将大肠杆菌某个分泌型蛋白的信号肽编码序列与外源基因拼接，可以使异源蛋白在大肠杆菌中表达并分泌，然而实际上信号肽的存在并不能保证分泌的有效性和高速率。除此之外，包括大肠杆菌在内的革兰氏阴性菌一般不能将蛋白质直接分泌到培养基中，因为它们均具有外膜结构。革兰氏阳性细菌和真核细胞无外膜结构，因而可以从培养基中直接获得重组异源蛋白。

有些革兰氏阴性菌能将极少数的细菌抗菌蛋白（细菌素）分泌到培养基中，这种特异性的分泌过程严格依赖于细菌素释放蛋白的存在，后者激活定位于内膜上的磷酸酯酶 A，导致细菌内膜和外膜的通透性增大。因此，只要将这个细菌素释放蛋白基因克隆在质粒上，并置于一个可控性强启动子的控制之下，即可改变大肠杆菌细胞对重组异源蛋白的通透性，形成可分泌型受体细胞。此时，将另一种携带大肠杆菌信号肽编码序列和外源基因的重组质粒转化上述构建的可分泌型受体细胞，并且使用相同性质的启动子驱动外源基因的转录，则两个基因的高效表达可同时被诱导，最终在培养基中获得重组异源蛋白。

7.2.3 融合型异源蛋白的表达

除了在大肠杆菌中直接表达重组异源蛋白外，也可将外源基因与受体菌自身蛋白质编码基因拼接在一起，并作为一套阅读框进行表达。由这种融合基因表达出的蛋白质称为融合蛋白，其中通常受体细菌蛋白位于 N 端，异源蛋白位于 C 端。通过在 DNA 水平上人工设计引入的蛋白酶切割位点或化学试剂特异性断裂位点，可以在体外从纯化的融合蛋白分子中释放回收异源蛋白。

（1）融合型异源蛋白表达的特性

异源蛋白与受体细菌自身蛋白以融合形式共表达的第一个显著特点是其稳定性大大增加。重组异源蛋白尤其是小分子多肽极易被大肠杆菌中的蛋白酶系统降解，其主要原因是异源蛋白和小分子多肽不能形成有效的空间构象，使得多肽链上的蛋白酶切割位点直接暴露在外。而在融合蛋白中，受体细菌蛋白能与异源蛋白部分形成良好的杂合构象，这种结构尽管不同于两种蛋白质独立存在时的天然构象，但在很大程度上封闭了异源蛋白部分的蛋白酶水解作用位点，从而增加其稳定性。同时在很多情况下，融合蛋白还具有较高的水溶性，甚至某些异源蛋白的融合形式本身就已具有相应的生物活性。

融合蛋白的第二个特点是分离纯化程序简单。由于与异源蛋白融合的受体细菌蛋白的结构与功能通常是已知的，因此可以利用受体菌蛋白的特异性抗体、配体或底物亲和层析技术迅速纯化融合蛋白。如果异源蛋白与受体细菌蛋白的分子量大小以及氨基酸组成差别较大，则融合蛋白经酶法或化学法特异性水解后，即可进一步纯化异源蛋白产物。然而，由此得到的异源蛋白仍有可能存在错配的二硫键，在此情况下，异源蛋白也必须进行体外复性。

融合蛋白的第三个特点是表达率较高。在构建融合蛋白表达系统时，所选用的受体菌基因通常是高效表达的，其 SD 序列的碱基组成以及与起始密码子之间的距离为融合蛋白的高效表达创造了有利条件。目前较为广泛使用的外源基因融合表达系统，如谷胱甘肽转移酶（GST）、麦芽糖结合蛋白（MBP）、金黄色葡萄球菌蛋白 A 以及硫氧还蛋白（TrxA）等，通常都能在大肠杆菌中高效表达出可溶性的融合蛋白，其中 TrxA 与 11 种不同的细胞因子异源蛋白融合后，低温下诱导均可获得高效表达，且大多具有水溶性。

（2）融合型异源蛋白表达系统的构建

将一个外源基因的编码序列与大肠杆菌特定的结构基因进行重组，构建融合蛋白表达质粒必须遵循三个原则。首先，受体细菌结构基因应能高效表达，且其表达产物可以通过亲和层析进行特异性简单纯化。其次，外源基因应插在受体菌结构基因的下游区域，并为融合蛋白提供终止密码子；在某些情况下，并不需要完整的受体菌结构基因，以尽可能避免融合蛋白分子中两种组分的分子量大小过于接近，为异源蛋白的分离回收创造条件。此外，两个结构基因拼接位点处的序列设计十分重要，它直接决定了融合蛋白的裂解方法。最后，当两个蛋白编码序列融合在一起时，外源基因的表达取决于其正确的翻译阅读框。

为了确保异源蛋白序列的完整性，通常将受体菌蛋白编码序列设计成 3 种阅读框架，构成 3 种相应的融合蛋白表达质粒。例如，外源基因与含有受体细菌蛋白编码序列的载体 A 的拼接位点为 Eco R I，首先用 Eco R I 切开载体，S1 核酸酶处理单链末端形成平末端，然后重新装上八聚体的 Eco R I 人工接头，经 Eco R I 消化后，自身连接，形成表达载体 B。由载体 B 重复上述操作构建出载体 C，它比载体 A 和 B 分别多出 4 对和 2 对碱基，三者构成了一套探测和保持阅读框正确性的表达系统。当外源基因分别与这 3 种载体重组时，必有一种重组分子能维持外源基因编码序列的正确阅读框架。

融合蛋白中的大肠杆菌蛋白或多肽部分除了具备高效表达的基本条件外，还同时具有下列特性中的一种或多种：维持整个融合蛋白分子的理想空间构象，以增加其水溶性；促进融合蛋白定位于细胞周质或外膜，以实现其可分泌性；提供融合蛋白一个用于亲和层析分离的靶多肽序列，以简化异源蛋白的纯化程序。有时为了使融合蛋白分子同时具备上述多重特性，也可选用两种受体菌功能多肽编码序列。例如，一个较为实用的融合蛋白表达系统同时含有大肠杆菌编码外膜蛋白的 $ompF$ 基因 5′末端序列以及编码 β-半乳糖苷酶的 $lacZ$ 基因（图 7-8），前者为融合蛋白提供转录翻译表达元件以及分泌信号肽序列，后者则被设计用作融合蛋白亲和层析分离的抗原靶多肽。β-半乳糖苷酶的一个显著特性是即便它缺失了 N 端的前 8 个氨基酸残基，仍具有酶活性和抗原活性，因而在其 N 端组装一个异源蛋白或多肽，融合蛋白在大多数情况下同样能保持 β-半乳糖苷酶的各种性质。另外，在 $ompF$ 和 $lacZ$ 基因的交界处加装一个不含终止密码子的限制酶切位点（假设为 Abc I），位于下游的 $lacZ$ 基

因相对 *ompF* 编码序列具有错误的阅读框架，因此由其表达出的 OmpF-LacZ 二元融合蛋白并不具有 β-半乳糖苷酶活性。当外源基因插入 *Abc*I 克隆位点上时，在维持自身阅读框正确的同时，又纠正了 *lacZ* 编码序列的错误阅读框，重组子将表达出一个三元融合蛋白。由于其 N 端为 OmpF 序列，C 端为具有抗原性的 β-半乳糖苷酶，因此该融合蛋白既具有可分泌性，又能通过 β-半乳糖苷酶抗体亲和层析技术进行快速纯化。

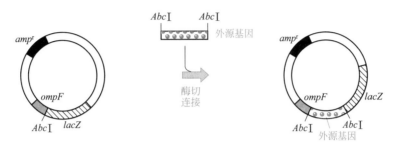

图 7-8　融合蛋白表达系统

将外源基因与泛素（ubiquitin）编码序列融合，是大肠杆菌稳定高效表达异源蛋白尤其是小分子短肽的一种理想方法。最为重要的是由此获得的异源蛋白多肽往往呈天然构象并具有生物活性，尽管详细机理尚不清楚，但估计可能与泛素类似的分子伴侣功能有关。由于大肠杆菌细胞内缺乏泛素专一性蛋白酶系统，因此通常在体外用泛素 C 端水解酶从泛素融合蛋白中回收异源蛋白。泛素 C 端水解酶有很多种，不同的酶对融合蛋白的降解特异性具有较大差异，然而在网织红细胞的裂解提取物中几乎含所有必需的泛素 C 端水解酶活性，因此可用它来裂解融合蛋白。

（3）异源蛋白从融合蛋白中的回收

融合蛋白中大肠杆菌蛋白或多肽的存在可能会影响异源蛋白的生物活性，如果将其注入人体还会导致免疫反应，因此在制备或生产药用的异源蛋白时，将融合蛋白中的受体菌蛋白部分完整除去是必不可少的工序。融合蛋白的位点专一性断裂方法有两种：化学断裂法和蛋白酶分解法（酶促裂解法）。

用于蛋白质位点专一性化学断裂的最佳试剂为溴化氰（CNBr），它与多肽链中的甲硫氨酸残基侧链的硫醚基反应，生成溴化亚氨内酯，后者不稳定，在水的作用下肽键断裂，形成两个多肽降解片段，其中上游肽段的甲硫氨酸残基转化为高丝氨酸残基，而下游肽段 N 端的第一位氨基酸残基保持不变。这一方法的优点是产率高（可达到 85% 以上），专一性强，而且所产生的异源蛋白或多肽分子的 N 端不含甲硫氨酸，从氨基酸序列上来说，与真核生物细胞中的成熟表达产物较为接近。然而，如果异源蛋白分子内部含有甲硫氨酸残基，则不能用此方法。

蛋白酶酶促裂解法的特点是断裂效率更高，同时每种蛋白酶均具有相应的断裂位点决定簇，因此可供选择的专一性断裂位点范围较广。几种断裂位点专一性最强的商品化蛋白酶列在表 7-3 中，它们分别在多肽链中的精氨酸、谷氨酸和赖氨酸残基处切开酰胺键，形成不含上述残基的断裂位点下游肽段，与溴化氰化学断裂法相同。用上述蛋白酶裂解融合蛋白的前提条件是外源蛋白分子内部不能含有精氨酸、谷氨酸或赖氨酸残基，如果外源基因表达产物为小分子多肽，这一限制条件并不苛刻，但对于大分子量的异源蛋白来说，上述三种氨基酸残基的出现频率是相当高的。

表 7-3　几种常用的蛋白质内切酶

名称	来源	作用位点
测序级梭菌蛋白酶（Arg-C 内切蛋白酶）	*Clostridium histolytium*	Arg-C
测序级 Clu-C 内切蛋白酶（*S. aureus* V8 蛋白酶）	*Staphylococcus aureus*	Clu-C
测序级 Lys-C 内切蛋白酶	*Pseudomonas aeruginosa*	Lys-C
测序级修饰胰蛋白酶	猪	Arg-C、Lys-C

为了克服这些仅识别并作用于单一氨基酸残基的蛋白酶所带来的应用局限性，可在受体菌蛋白质编码序列与不含起始密码子的外源基因之间加装一段编码 Ile-Glu-Gly-Arg 寡肽序列的人工接头片段，该寡肽为具有蛋白酶活性的凝血因子 Xa 的识别和作用序列，其断裂位点在 Arg 的 C 末端。纯化后的融合蛋白用 Xa 处理，即可获得不含上述寡肽序列的异源蛋白。由于 Xa 的识别作用序列由 4 个氨基酸残基组成，天然异源蛋白中出现这种寡肽序列的概率极少，因此这种方法可广泛用于从融合蛋白中回收不同大小的外源蛋白产物。新近发展起来并商品化的 PinPoint Xa 蛋白纯化系统为上述方法的实际应用提供了更为便捷的外源基因融合表达载体［图 7-9(a)］，它含有控制融合基因表达的 P_{tac} 启动子以及可用于融合蛋白亲和层析分离纯化的大肠杆菌细胞内生物素修饰性多肽 Tag 编码序列，其下游接有 Xa 因子

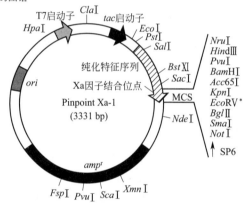

图 7-9　外源基因融合表达载体 PinPoint Xa 的图谱及多克隆位点

识别作用编码序列和三套用于插入外源基因的多克隆位点，分别对应三种不同的翻译阅读框
［图 7-9(b)］。此外，在 P_{tac} 启动子和多克隆位点的外侧，还分别装有 T7 启动子和 SP6 启
动子，两者在含有相应噬菌体 RNA 聚合酶基因的特殊大肠杆菌受体细胞中大量合成 RNA，
用于进行无细胞的体外翻译。含有外源基因的重组分子在大肠杆菌中表达出 N 端含有生物
素的融合蛋白（图 7-10），细菌裂解悬浮液直接用生物素结合蛋白（avidin）亲和层析柱分
离，然后再借助游离生物素的竞争结合技术将融合蛋白从层析柱上洗脱下来，并用 Xa 因子
位点专一性切除融合蛋白 N 端的 Tag 靶序列，最终获得异源蛋白产物。

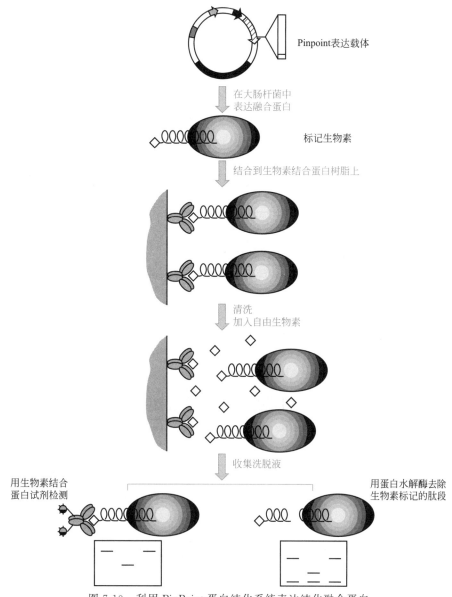

图 7-10　利用 PinPoint 蛋白纯化系统表达纯化融合蛋白

7.2.4　寡聚型异源蛋白的表达

从理论上讲，外源基因的表达水平与受体菌中可转录基因的拷贝数（即基因剂量）呈正

相关，重组质粒拷贝数的增加，在一定程度上可以提高异源蛋白的产量。然而重组质粒除了含有外源基因外，还携带其他的可转录基因，如作为筛选标记的抗生素抗性基因等。随着重组质粒拷贝数的不断增加，受体细胞内的大部分能量被用于合成所有的重组质粒编码蛋白，而细胞的正常生长代谢却因能量不济受到影响，并且除了外源基因表达产物外，质粒编码的其他蛋白合成并没有任何价值，因此通过增加质粒拷贝数提高外源基因表达产物的产量往往不能获得满意的效果。另一种通过增加外源基因剂量而提高蛋白产物产量的有效方法是构建寡聚型异源蛋白表达载体，即将多拷贝的外源基因克隆在一个低拷贝质粒上，以取代单拷贝外源基因在高拷贝载体上表达的策略，这种方法对于那些分子量较小的异源蛋白或多肽的高效表达具有很强的实用性。

外源基因多分子线性重组是寡聚型异源蛋白表达系统构建的关键技术，它包括三种不同的重组策略，其构建方法、表达产物的后加工程序以及适用范围各不相同（图7-11）。

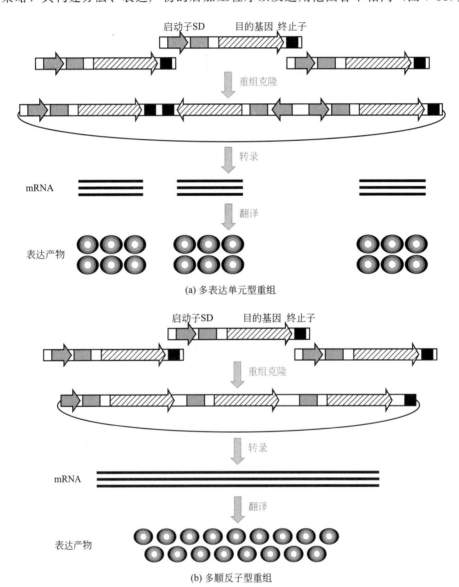

(a) 多表达单元型重组

(b) 多顺反子型重组

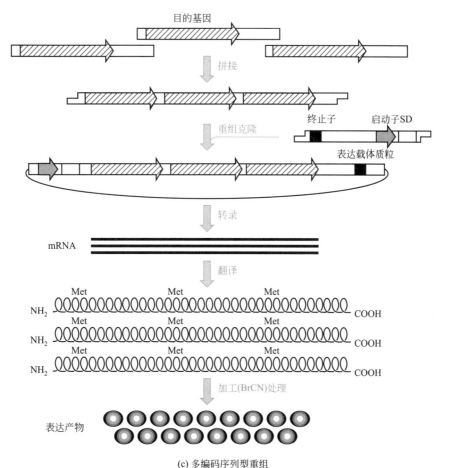

图 7-11　寡聚型异源蛋白表达重组子的构建

① 多表达单元型重组

如图 7-11(a)，外源基因拷贝均携带各自的启动子、终止子、SD 序列以及起始和终止密码子，形成相互独立的转录与翻译串联表达单元，其中单元与单元之间的连接方向可正可反，一般与表达效率无关，因此多拷贝连接较为简单。表达出的异源蛋白无需进行裂解处理，但每个产物分子的 N 端含有甲硫氨酸残基。这个策略特别适用于表达分子量较大的异源蛋白。

② 多顺反子型重组

如图 7-11(b)，外源基因拷贝含有各自的 SD 序列以及翻译起始终止信号，将它们串联起来后，克隆在一个公用的启动子-转录起始位点下游。为了防止转录过头，通常在最后一个基因拷贝的下游组装一个较强的转录终止子，使得多个异源蛋白编码序列转录在一个 mRNA 分子中，但最终翻译出的异源蛋白分子却是相互独立的，其表达机理与细菌中的操纵子极为相似。这种方法对中等分子量的异源蛋白表达较为有利，使用一套启动子和终止子转录调控元件，可以在外源 DNA 插入片段大小不变的前提下，克隆更多拷贝的外源基因。但是在体外拼接组装时，各顺反子的极性必须与启动子保持一致，有时在技术上很难满足这种要求。

③ 多编码序列型重组

如图 7-11(c)，将多个外源基因编码序列串联在一起，使用一套转录调控元件和翻译起始终止密码子，各编码序列在接口处设计引入溴化氰断裂位点甲硫氨酸密码子或蛋白酶酶解位点序列。由这种重组分子表达出的多肽链上包含多个由酰胺键相连的目的产物分子，经纯化，多肽分子用溴化氰或相应的蛋白酶进行位点专一性裂解，形成产物的单体分子。这种方法特别适用于小分子多肽（通常小于 50 个氨基酸残基）的高效表达。前已述及，小分子多肽由于缺乏有效的空间结构，在大肠杆菌细胞中的半衰期很短。多拷贝串联多肽的合成弥补了上述缺陷，在提高表达率的同时，也增加了对受体菌蛋白酶系统的抗性能力，可谓一箭双雕。然而这种策略在实际操作中困难很大，其焦点是裂解后多肽单体分子的序列不均一性或（和）不正确性。首先，各编码序列的分子间重组需要特殊的酶切位点，这些位点的引入必将导致氨基酸残基的增加；非限制性内切酶产生的平末端连接虽然可以避免这种缺陷，但很难保证各编码序列的极性相同排列。其次，用溴化氰断裂多肽链会使单体产物分子 C 端多出一个高丝氨酸残基，尽管这个多余的残基可用化学方法切除，但在大规模生产中往往难以实现。最后，若用蛋白酶系统释放单体分子，则产物中至少有一部分单体分子的 N 端带有甲硫氨酸残基，除非每个编码序列均含有甲硫氨酸密码子，才能保证单体分子序列的均一性。

上述后两种重组形式均要求各单元序列的极性一致排列，借助限制性内切酶 $Ava\,I$ 可以有效达到此目的。该酶的识别序列为 $5'C(T/C)CG(A/G)G3'$，切割位点在 T 的 $5'$ 端一侧。含有唯一 $5'CTCGGG3'$ 序列的质粒用 $Ava\,I$ 切开，Klenow 酶填平黏性末端，然后接上 $Eco\,RI$ 人工接头（$5'GAATTC3'$），由此修饰的质粒含有两个 $Ava\,I$ 位点，它们通过部分重叠的形式左右包裹一个 $Eco\,RI$ 位点。外源基因的转录元件和翻译元件克隆在 $Eco\,RI$ 处。从另一个重组质粒中切开两端含有 $Ava\,I$ 黏性末端的编码序列，由于每个单体分子上的黏性末端并不对称，因而在体外连接时，各单体的极性是一致的。将这一线型串联的 DNA 分子克隆在经 $Ava\,I$ 部分酶解的线性化表达载体上，所形成的转化子中 50% 的重组克隆能够进行表达。

寡聚型外源基因表达策略曾成功用于人干扰素基因的高效表达，每个重组质粒分子携带 4 个外源基因拷贝，能大幅度提高干扰素的产率。然而在某些情况下，串联的外源基因拷贝并不稳定。在大肠杆菌生长过程中，重组分子中的一部分甚至全部外源基因拷贝会从质粒上脱落。这种现象与串联拷贝的数目、编码序列单体的大小及其产物性质、受体菌的遗传特性和培养条件等有着密切的关系。

在大肠杆菌中表达寡聚异源蛋白，还可用于同源或异源多亚基蛋白质的体内组装，这方面成功的例子包括 4 亚基的血红蛋白和丙酮酸脱氢酶、3 亚基的复制蛋白 A 以及 2 亚基的肌球蛋白和肌酸激酶等。

7.2.5　整合型异源蛋白的表达

受体菌中重组质粒的自主复制以及编码基因的高效表达大量消耗能量，为细胞造成沉重的代谢负担，而且高拷贝质粒造成的这种负担比低拷贝质粒更大。作为针对这种不利影响的抗争形式，一部分细菌往往在其生长期将重组质粒逐出胞外。不含质粒的这部分细菌的生长速度远比含质粒的细菌要快，经过若干代繁殖之后，培养基中不含质粒的细菌最终占有绝对优势，从而导致异源蛋白的宏观产量急剧下降。至少有两种方法可以阻止重组质粒的丢失。对于实验规模而言，将克隆菌置于含有筛选试剂（药物或生长必需因子）的培养基中生长，这样可以有效控制丢失质粒的细菌繁殖速度，维持培养物中克隆菌的绝对优势；然而在大规模产业化过程中，向发酵罐中加入抗生素或氨基酸等筛选试剂很不经济，且易造成环境污染。另一种几乎是一劳永逸的方法是将外源基因直接整合在受体细胞染色体 DNA 的特定位置上，使之成为染色体 DNA 的一个组成部分，从而增加其稳定性。

当一个克隆基因与受体细胞染色体 DNA 进行整合时，其整合位点必须在染色体 DNA 的必需编码区之外，否则会严重干扰受体菌的正常生长与代谢过程，因此外源基因的染色体整合必须是位点特异性的。为了达到此目的，根据同源重组交换的原理，通常在待整合基因附近或两侧加装一段受体菌染色体 DNA 的同源序列（一般至少 50 碱基对）。此外，为了保证异源蛋白的高效表达，待整合的外源基因应该拥有相应的可控性启动子等表达元件。总之，整合型外源基因表达系统的构建应包括如下步骤：①探测并鉴定受体菌染色体 DNA 的整合位点，以该位点被外源 DNA 片段插入后不影响细胞的正常生理功能为前提，如细菌的抗药性基因、次级代谢基因或两个操纵子之间的间隔区等；②克隆分离选定的染色体 DNA 整合位点，并进行序列分析；③将外源基因以及必要的可控性表达元件连接到已克隆的染色体整合位点中间或邻近区域；④将上述重组质粒转入受体细胞中；⑤筛选和扩增整合了外源基因的受体细胞。

以同源重组交换为基本形式的整合现象广泛存在于微生物中，其整合频率取决于同源序列的相似程度和同源区域的大小。同源性越高，同源区域越大，整合频率也就越高，但实际上不可能达到 100% 的整合率。因此，为了保证受体细胞内不存在任何形式的游离质粒分子，通常选用那些不能在受体细胞中进行自主复制的质粒或者温度敏感型质粒，后者在敏感温度时不能复制。当染色体 DNA 整合位点的同源序列位于外源基因两侧时，两个同源区域同时发生交叉重组交换，外源基因部分进入染色体 DNA，而两个交换位点之间的原染色体 DNA 片段则插入质粒上。由于质粒不能复制扩增，受体菌繁殖几代后，不含质粒的细胞便占绝对优势，此时，通过检测外源基因的表达产物即可分离出整合型工程菌。如果染色体 DNA 整合位点的同源序列位于外源基因的一侧，则重组质粒通常以整个分子的方式进入染色体 DNA 上。在这种情况下，整合型工程菌的筛选标记既可使用外源基因，也可使用原质粒所携带的可表达性基因，如抗生素的抗性基因等。

一般情况下，整合型的外源基因或重组质粒随克隆菌染色体 DNA 的复制而复制，因此受体细胞通常只含有一个拷贝的外源基因。但如果使用的质粒是温度敏感型复制的，而且整合时质粒同时进入染色体 DNA 中，那么当整合型工程菌在含有高浓度抗生素（其抗性基因定位于质粒上）的培养基中生长时，整合在染色体 DNA 上的质粒仍有可能进行自主复制，从而导致外源基因形成多拷贝。有趣的是，尽管整合型质粒在染色体上的自主复制程度非常有限（通常不及游离型质粒的 25%），但外源基因的宏观表达总量却远远高于游离型重组质粒上外源基因的数倍，而且定位于染色体 DNA 上的外源基因相当稳定。

7.2.6 蛋白酶抗性或缺陷型表达系统的构建

蛋白质降解是生物细胞必需具备的一种生物活性。很多情况下，蛋白质降解具有调控功能，即降低代谢途经关键酶的存量和灭活细胞调控因子，尤其是一些在细胞内半衰期较短的重要基因的表达调控因子，如转录调控因子及细胞循环调控因子等。细胞内蛋白质降解的另一个生理功能是清除代谢过程中产生的错误折叠、错误装配、错误定位、毒性大或其他形式的异常蛋白质。各种蛋白质在体内的半衰期相差很大，从数分钟到数小时不等，取决于细胞的种类、培养条件以及细胞周期等诸多因素，但其中最基本的影响因素是细胞内蛋白酶系统的性质和蛋白质结构对蛋白酶降解作用的敏感性。

(1) 细胞内蛋白质降解的基本特征

细胞内蛋白质降解的一个重要特征是其显著的选择性。底物特异性的蛋白质降解作用需要特定的多肽结构序列，它或者为专一性的蛋白酶直接识别，或者与蛋白降解复合物系统中某些特异性识别组分相互作用，进而定位在蛋白水解组分的作用区域内。因此，在特定的细胞内部环境，一个特定蛋白质的半衰期是识别组分对蛋白质有效靶序列的亲和性以及蛋白降解系统各成分在细胞内的浓度两者的函数。实验证据表明，许多蛋白质拥有几种不同的降解序列决定簇，它们分别为不同的蛋白水解系统所识别，同时以不同的途经和机理降解。在某些条件下，半衰期长的蛋白质由于其隐蔽的降解作用位点暴露使得它对蛋白酶的敏感性大大增加，这实际上是细胞蛋白质降解的一种调控方式。例如，底物经磷酸化等特异性修饰后，空间结构改变，从而缩短了半衰期。另一方面，蛋白质中的有些序列，尤其是 C 端和 N 端的某些序列却对蛋白质的稳定性起着重要作用，它们或者影响降解靶序列的形成，或者直接抑制某些蛋白酶的外切活性。

无论是在真核细胞还是原核细胞中，重组异源蛋白表达后很难逃脱被迅速降解的命运，其稳定性甚至还不如半衰期较短的细胞内源性蛋白质。大多数情况下，重组异源蛋白的不稳定性可归结为对受体细胞蛋白酶系统的敏感性。尽管目前对细胞内蛋白质降解途经尚未形成全景式的了解，从蛋白质序列预测其空间构象还存在许多误差，但越来越多的实验结果揭示，重组异源蛋白在受体细胞内的半衰期可以通过蛋白序列的人工设计以及受体细胞的改造加以调整和控制。

(2) 蛋白酶缺陷型受体细胞的改造

在大肠杆菌中，蛋白质的选择性降解由一整套庞大的蛋白酶系统所介导。绝大多数不稳定的重组异源蛋白是被蛋白酶 La 和 Ti 降解的，两者分别由 *lon* 和 *clp* 基因编码，其蛋白水解活性都依赖于 ATP。*lon* 基因由热休克与其他环境压力激活，细胞内异常蛋白或重组异源蛋白的过量表达也可作为一种环境压力诱导 *lon* 基因的表达。一种 *lon⁻* 的大肠杆菌突变株可使原来半衰期较短的细菌调控蛋白（如 SulA、RscA 和 λN）等稳定性大增，因此被广泛用于基因表达研究及工程菌的构建。然而这种突变株并非对所有蛋白质的稳定表达均有效，有些蛋白质（如 λ 噬菌体的 cⅡ）在 *lon⁻* 的突变株中并不稳定，可能是因为其他底物特异性的蛋白酶在起作用。

很多异常或异源蛋白在大肠杆菌中的降解还直接与庞大的热休克蛋白家族的生物活性有关。这些蛋白质在没有环境压力存在的大肠杆菌细胞中通常以基底水平痕量表达。它们参与天然蛋白质的折叠，并胁迫异常或异源蛋白形成一种对蛋白酶识别和降解较为有利的空间构象，从而提高其对降解的敏感性。热休克基因 *dnaK*、*dnaJ*、*groEL*、*grpE* 以及环境压力特异性σ因子编码基因 *htpR* 的突变株均呈现出对异源蛋白降解作用的严重缺陷，特别是 *lon⁻htpR⁻* 的双突变株，非常适用于各种不稳定蛋白质的高效表达。大肠杆菌 *hflA* 基因的编码产物是 λ 噬菌体 cⅡ 蛋白降解所必需的，在 *hflA⁻* 的突变株中，cⅡ 蛋白的半衰期显著延长，而 *degP⁻* 的突变株则可以增加某些定位在大肠杆菌细胞周质中的融合蛋白的稳定性。因此，构建多种蛋白酶单一或多重缺陷的大肠杆菌突变株，并将其用于重组异源蛋白的稳定性表达比较，这是基因工程菌构建的一项重要内容。

(3) 抗蛋白酶的重组异源蛋白序列设计

系统研究蛋白质的降解敏感性决定簇序列，有助于了解大肠杆菌控制蛋白质稳定性的机制，并可通过人工序列设计与修饰达到稳定表达重组异源蛋白的目的。利用缺失分析和随机突变技术对 λ 噬菌体阻遏蛋白降解敏感序列的研究结果表明，存在于该蛋白质近 C 端的 5 个非极性氨基酸残基是提高对蛋白酶降解敏感性的重要因素。有趣的是，含有非极性 C 末端的蛋白质降解作用也发生在 *lon⁻* 和 *htpR⁻* 的突变株中，而且是 ATP 非依赖性的，说明这种降解作用与大肠杆菌降解异常蛋白质的机理并不相同。由此可以推测，C 端中极性氨基酸残基的存在可能会提高蛋白质的稳定性。进一步的实验结果证实了这一点：在所有的极性氨基酸中，天冬氨酸（Asp）的存在对提高蛋白质稳定性的效应最大，而且 Asp 残基距 C 末端越近，蛋白质的稳定性就越大。更为重要的是，在多种结构与功能相互独立的蛋白质 C 端中引入 Asp 残基，都能显著延长这些蛋白质的半衰期。

蛋白质 N 末端的氨基酸序列对稳定性的影响同样显著。将某些氨基酸加到大肠杆菌 β-半乳糖苷酶的 N 末端，经改造的蛋白质在体外的半衰期差别很大，从两分钟到 20 小时以上不等。重组异源蛋白 N 末端的序列改造可以在外源基因克隆时方便地进行，通常在 N 末端接上一个特殊的氨基酸残基就足以使异源蛋白在大肠杆菌中的稳定性大增，长半衰期的异源蛋白可在细胞中积累，从而提高产量，这种方法在原核生物和真核生物中均通用。例如，有关实验结果表明，在胰岛素原的 N 端加装一段由 6～7 个氨基酸残基组成的同聚寡肽，也能明显改善该蛋白在大肠杆菌细胞中的稳定性。具有这种效应的氨基酸包括 Ala、Asn、Cys、Gln 和 His。

与此相反，N 端富含 Pro、Glu、Ser 和 Thr 的真核生物蛋白质在真核或原核细胞中的半衰期通常都很短，至少 E1A、c-Myc、c-Fos 和 P53 等蛋白都有这种特性。这一序列的存在显示出对细胞内蛋白酶系统的超敏感性，称为 PEST 序列。在大多数情况下，PEST 序列的两侧拥有一些带正电荷的极性氨基酸残基。据推测，PEST 序列实质上是一个钙结合位点，它能促进那些钙依赖性蛋白酶系统对蛋白质的降解作用。尽管有些实验结果并不能证实 PEST 序列对蛋白质稳定性的负面影响，但当某一真核生物基因在大肠杆菌中不能稳定表达时，注意 PEST 序列是否存在，并在不影响异源蛋白生物功能的前提下对其进行适当的改造，仍不失为一种提高表达产物稳定性的尝试。

7.3 重组异源蛋白的体外复性活化

在受体细胞中过量表达的重组异源蛋白往往聚集在一起，形成非天然空间构象、无生物活性的不溶性包涵体。除了大肠杆菌外，这种现象还发生在其他受体系统中，如芽孢杆菌、酵母菌、家蚕以及某些猴细胞系。从包涵体中回收活性蛋白实质上可归结为蛋白质的体外复性这一基本命题，它不仅具有重要的蛋白质生物化学理论学术价值，而且也是基因工程产品产业化过程中的重大技术难题。蛋白质的体外复性主要包括包涵体的溶解变性与蛋白质重折叠（refolding）两大基本操作，后者是个十分复杂的过程，受诸多因素的制约，而且操作程序因包涵体的性质而异。在由大肠杆菌产生的包涵体中，重组异源蛋白的复性率除极个别例子可高达 34% 外，一般不超过 20%。

7.3.1 蛋白质变性的动力学原理

蛋白质复性的折叠过程含有可逆和不可逆两种反应。在体外条件下，不可逆的副反应大大降低了很多蛋白质的折叠效率及稳定性。蛋白质在细胞内的天然折叠同样受到不可逆副反应的影响，只是程度不同而已。体内和体外发生的一大类不可逆副反应基本上属于化学修饰作用，其中蛋白质降解在体内占据绝对优势。体外折叠过程中发生的降解反应主要是因为折叠蛋白本身为蛋白酶或具有蛋白质水解活性的功能域，另一些化学修饰反应则多见于蛋白质的体外失活。不可逆副反应的第二种形式是未折叠蛋白、折叠中间体和折叠蛋白的聚结作用，其机制远比其他的不可逆副反应深奥。蛋白质聚结作用可在非常温和的条件下发生，一般能保持蛋白质的完整化学结构，但生物活性的丧失不可逆转。蛋白质折叠过程中所有分子状态的聚结和沉淀是复性失败的主要原因。

每一种蛋白质都具有自己的折叠特征，它由蛋白质的一级结构编码，并受到不同环境条件组合的影响，但在宏观上表现为有效折叠与聚结形成两者之间的动力学竞争。就环境条件而言，增强或减弱蛋白质分子间和分子内的疏水性相互作用，对不同蛋白质的折叠具有不同的影响，它取决于折叠中间产物在各种转变态竞争过程中疏水性相互作用的相对重要性。蛋白质折叠的这种不确定性或多样性为复性规律的研究与诠释带来了很大困难，同时也使得蛋白质折叠普遍适合操作程序的建立变成泡影。因此，对于一种特定蛋白质的折叠操作最优化，重要操作参数的发现与控制也许比折叠机制的研究更为重要和实用。

尽管蛋白质折叠的精细机制具有很大的差异性，但却可用图 7-12 所示的模型加以描述，其中 N 代表蛋白质有效折叠的天然状态，U 为未折叠状态，$I_1 \sim I_n$ 是在有效折叠途径中形成的一系列中间状态，$X_1 \sim X_n$ 为脱离有效折叠途径进入聚结途径的各种中间状态，而 Ag（聚结作用）和 C（共价修饰作用）则代表折叠不可逆副反应中所形成的无活性产物。不同的蛋白质可能拥有数量不等的中间状态，或者多于一种的有效折叠途径。U 可能是一种无规则的线团或者含有某些残

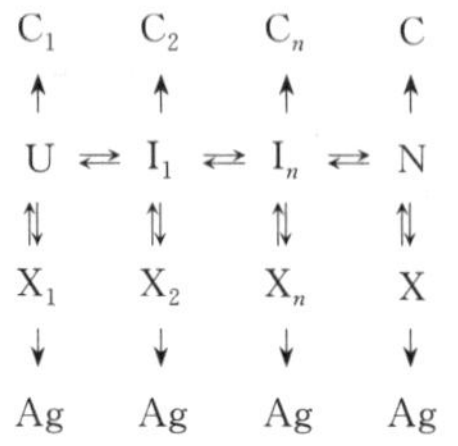

图 7-12　蛋白质折叠机制的模型

余空间结构的未折叠分子，在体内它也可能是固定在核糖体上或穿透细胞膜的新生多肽链。图中所有的中间状态都可看作是具有相似结构和性质的分子细微状态的集合，而不是某个分子的不同精细结构。很多折叠系统中的中间状态分子可用特殊方法观察到。依据这个模型虽然可以表征某些蛋白质的体外折叠性质，但必须注意的是对于绝大多数蛋白质来说，在不完全折叠途径中导致聚结作用和共价修饰灭活发生的原因和程度是不能确定的。尽管如此，这个模型仍为提高蛋白质折叠效率和稳定性的方法设计提供了一种有用的框架依据。其基本要点如下。

（1）N→U 反应过程反映了天然蛋白质在体内和体外的稳定性，而 U→N 反应则描述了体外变性蛋白质以及体内新生多肽链的有效折叠过程，这一对可逆反应平衡常数的大小取决于蛋白质的一级结构以及诸多环境因素的相互作用。

（2）折叠过程中发生的不可逆反应代表聚结/沉淀作用和蛋白水解/共价修饰作用，其最终产物在反应条件下不再能恢复到天然活性状态，而尚未形成沉淀的可溶性聚结中间状态 X 则能可逆地重新回到有效途径中。

（3）在一个折叠系统中，如果不可逆反应以 N、X、I、U 的聚结或沉淀占绝对优势，则其实质是各种折叠中间状态分子的溶解度及其形成和消亡所遵循的动力学机制，这两种性质也同样为各种结构和环境因素所制约。

7.3.2　折叠中间状态分子的聚结作用

在蛋白质化学中，聚结（aggregation）一词通常用来描述天然寡聚蛋白质亚基之间以及非天然蛋白质分子之间的相互作用。前者具有很高的特异性，而后者在一般情况下则较为随机，然而这两种聚结作用均来源于蛋白质或多肽的化学亲和力，并最终决定了蛋白质的折叠效率及稳定性。

（1）聚结作用的基本特征

寡聚蛋白质的亚基相互作用强度与参与相互作用的亚基表面积呈顺变关系，因此在这种天然聚结过程中，疏水力起着重要的作用。与此同时，其他因素对聚结作用也有不可忽视的影响，例如，氢键介导的 β-微管结构以及氢键和盐键产生的亲和力等。在稳定折叠的蛋白质亚基结合过程

中，亚基表面的结构互补非常重要，因为捕捉水分子显著降低了由疏水效应获得的能量。

折叠蛋白的非天然聚结作用在蛋白质生物化学中较为普遍。它是蛋白质分离纯化的一种方法，等电点沉淀以及极端离子强度沉淀均是通过干扰折叠蛋白质的表面电荷而实现的，这种类型的蛋白质聚结作用与天然聚结过程相比具有很大的非特异性。除此之外，天然聚结沉淀的折叠蛋白可重新溶解在合适的自然缓冲液中，这与在体外折叠过程中发生的蛋白质非天然聚结作用并不相同。

由加热或变性剂诱导失活、蛋白质体外重折叠操作以及细菌体内包涵体形成等过程引起的聚结蛋白通常不溶于自然缓冲液，只有在强烈的变性条件下，如高浓度的尿素或盐酸胍、极端 pH 等，蛋白聚结体才能破碎并溶解，这是天然聚结物与非天然聚结物的基本区别。尽管非天然蛋白聚结体的难溶性与其形成机制不无关系，但疏水效应仍然是这种聚结作用的主要驱动力。非天然蛋白质聚结作用虽然不如天然聚结作用的特异性高，但也不是绝对随机，仍具有一定的结构选择性。因此在非天然蛋白聚结物中，含有特定结构的蛋白质是主要成分，而且这种特定结构的形成速度并不因其他高浓度蛋白质的存在而加快。

（2）聚结作用的定量测定

在蛋白质的体外折叠过程中，聚结和沉淀作用的评估是设计和控制有效折叠形成以及折叠蛋白稳定性的重要依据，对重组异源蛋白质的大规模生产具有指导意义。有两种方法可以定量跟踪聚结沉淀作用的进程，其中较为简便的是依据光散射原理测定蛋白折叠溶液的浊度。在 300～400nm 的波长范围内，正确折叠的可溶性蛋白质没有光吸收，因此样品光密度值的大小与蛋白质聚结作用的程度呈正相关。由于蛋白质体外折叠率很低，随着样品保温时间的延长，光密度值会不同程度地升高，但在较低的温度下，样品光密度值随时间的变化并不明显，因为此时有效折叠与聚结作用旗鼓相当。当温度升高时，由于样品中各种蛋白折叠状态的热不稳定性，光密度值随时间延长而增大的趋势则更为明显。然而，如果某一折叠系统中的不可逆反应是化学修饰占主导地位，而且修饰蛋白又是可溶性的，那么上述光散射法的应用就有很大的局限性。在这种情况下，通常直接测定折叠溶液中蛋白质的生物活性，或者用免疫分析法检测溶液中正确折叠的蛋白质含量，由此对蛋白折叠进程进行监控。

（3）热稳定性对蛋白质聚结作用的影响

蛋白质不稳定性的直接后果是其生物活性的丧失，可分为序列不稳定性和结构不稳定性两大类。前者包括蛋白质的生物降解和化学降解，而后者的形成条件颇多，如化学修饰、集聚作用以及加热等其他环境压力。可逆性蛋白质聚结和沉淀作用的主要形式是蛋白质在折叠或非折叠条件下，分子内或（和）分子间的二硫键错配。在蛋白质的体外折叠过程中，由于高浓度变性剂的存在，错配的二硫键被全部拆开，同时重新获得形成可溶性正确折叠蛋白的机会。然而，由化学修饰或热不稳定性引起的蛋白质不可逆聚结作用对蛋白质的体外折叠不仅没有任何价值，而且还是影响折叠率的主要因素，因此，提高折叠蛋白以及折叠中间产物的热稳定性有利于蛋白质生物活性的恢复。

7.3.3 包涵体的溶解与变性

由于包涵体中的重组异源蛋白大部分以分子间或（和）分子内的错配二硫键形成可逆性聚结体，因此从包涵体中回收具有生物活性的异源蛋白，必须首先使包涵体全部溶解并变性，只有在此基础上才能进行异源蛋白的重新折叠。变性溶剂的选择不仅影响后续重折叠工序的设计与操作，同时也是变性过程成败的关键。理想的变性剂应具备如下性质：①变性溶解速度快；②对包涵体中残留细胞碎片的分离没有干扰；③无温度依赖性；④对蛋白酶具有抑制作用；⑤对蛋白质中的氨基酸侧链基团无化学反应活性。目前广泛使用的变性剂为促溶剂（chaotropic）和表面活性剂，促溶剂最早用于天然蛋白颗粒的溶解，而像 SDS 等离子型表面活性剂则通常用于溶解膜蛋白颗粒。包涵体一旦溶解，多肽链中的巯基会迅速氧化形成折叠中间体和共价聚结物，它们通常难以进行重折叠，因此必须除去。为了防止这种自发氧化反应的发生，还必须在溶解缓冲液中加入低分子量的巯基试剂，或者通过 S-碘酸盐的形成保护还原性的巯基基团。

（1）表面活性剂的溶解变性作用

使用表面活性剂是溶解包涵体最廉价的一种方法，其溶解液在稀释后的蛋白质聚结作用中要比用其他溶解方法减少许多，而且阳离子、阴离子以及两性离子型的表面活性剂均可使用。但必须注意，在包涵体的溶解过程中，表面活性剂的使用浓度必须大大高于其临界胶束浓度（CMC），通常在 0.5%~5% 的范围内。表面活性剂使用的最大缺陷是为下游蛋白质复性和纯化工序增添了不少麻烦，它能不同程度地与蛋白质结合，很难除去，因此干扰复性蛋白质的离子交换层析及疏水分离，甚至以足可使蛋白质重新变性的浓度残留在超滤膜上。SDS 已广泛用于牛生长激素、β-干扰素和白细胞介素-2 的大规模纯化，其缺点是 CMC 值低，除去它极其困难。值得推荐的是正十二醇基肌氨酸，它的 CMC 值可达 0.4%，远远高于 SDS。用它溶解包涵体可直接通过稀释的方法进行复性操作，残留的表面活性剂可采用阴离子交换层析或超滤除去。此外，正十二醇基肌氨酸还是一种温和的表面活性剂，它能选择性地溶解许多包涵体，但不溶解不可逆的蛋白聚结体和大肠杆菌的内膜蛋白。

使用表面活性剂溶解包涵体的一个难以解决的问题是几乎所有的表面活性剂均能同时溶解任何污染的细胞膜蛋白酶，并且其蛋白质水解活性被表面活性剂激活，从而导致溶解和折叠过程中异源蛋白的大量损失。防止这种现象发生的改进方法是：①在包涵体溶解之前，先用一种能抽提大肠杆菌膜蛋白但不溶解包涵体的溶剂预洗包涵体；②通过离心尽可能多地除去包涵体制备物中的固体细胞碎片；③在包涵体溶解液中加入适量的蛋白酶抑制剂，如 EDTA、苯基脒或 PMSF 等。

然而，表面活性剂的存在并非总是对蛋白质折叠工序不利，至少对于某些蛋白质，非变性的表面活性剂在重折叠混合物中能维持折叠产物的稳定性，而对于另一些蛋白质，表面活性剂也许能屏蔽折叠中间产物的疏水表面，阻止其聚结和沉淀，有利于提高正确折叠率。例如，硫氰酸合成酶由于其折叠中间产物的聚结作用而有效折叠率很低，但表面活性剂的存在能显著改善其体外折叠效果，这是一个典型的表面活性剂辅助重折叠的例子。

（2）促溶剂的溶解变性作用

可用于溶解包涵体的促溶剂很多，但主要是盐酸胍（Gdm）和尿素两种。就色氨酸合成酶 A 和 α2-干扰素而言，阳离子和阴离子促溶剂对包涵体的相对溶解能力大小次序分别为：$Gdm^+ > Li^+ > K^+ > Na^+$ 和 $SCN^- > I^- > Br^- > Cl^-$。然而其中有些盐在实际操作中并不实用，因为其溶液比盐酸胍和尿素溶液的密度高、黏度大，难以进行后续离心和层析操作。盐酸胍或尿素用于溶解包涵体的浓度主要取决于异源蛋白本身的性质，在低浓度的上述溶液中即可保持非折叠状态的蛋白质，其包涵体往往能在相似的溶液浓度下溶解。例如，黏颤菌血红蛋白在尿素溶液中的非折叠状态平衡中点与其包涵体溶解度的中点完全一致。如果异源蛋白的非折叠性质未知，则变性剂及其浓度的选择只能凭经验确定。

一般而言，6mol/L 的盐酸胍溶液是一种强的变性溶解剂，但其高离子强度使得溶解蛋白的离子交换层析操作变得困难。5mol/L 的硫氰酸胍溶液的溶解变性作用明显优于盐酸胍，但这种溶液对后续的蛋白质重折叠有何影响不甚清楚。盐酸胍价格昂贵，因而仅适用于生产具有高附加值的蛋白产物或药品。尿素虽然便宜，但常常会被自发形成的氰酸盐所污染，后者极易与蛋白质多肽侧链中的氨基基团发生反应，导致产物的异质性。为了避免这种情况发生，尿素溶液在使用前可用阴离子交换树脂进行预处理，并在包涵体溶解及重折叠操作中使用氨基类缓冲液，如 Tris-HCl 等。

（3）极端 pH 的溶解变性作用

酸性或碱性缓冲液也能廉价有效地溶解包涵体，然而许多蛋白质在极端 pH 条件下会发生不可逆修饰反应，因此这种方法的应用范围不如上述两种方法广泛。最有效的酸溶解剂是有机酸，使用浓度范围为 5%～80%，重组异源蛋白白介素-1β 和 β-干扰素的包涵体均可用醋酸或丁酸成功地溶解。高 pH（＞11）的碱溶剂可用来溶解牛生长激素和凝乳酶原包涵体，但这种情况并不多见，因为大部分蛋白质在强碱溶液中会发生脱氨反应以及半胱氨酸的脱硫反应，导致蛋白质的不可逆变性。

（4）混合溶剂的溶解变性作用

一般情况下，各种促溶剂不能联合使用，例如盐酸胍和尿素的混合溶液达不到很高的饱和浓度，然而有种已商品化的促溶型生物多聚体变性剂的混合物却可达到 14mol/L 的饱和浓度。尿素与其他促溶剂盐类化合物的混合液可用于变性 RNase，目前这一方法也多用于包涵体的溶解中。高浓度的非促溶剂盐类化合物（如氯化钠）可降低包涵体在尿素中的溶解度。将促溶剂与某些添加剂或溶解增强剂联合使用，有时能大大促进包涵体的溶解变性。例如，尿素分别与醋酸、二甲基砜、2-氨基-2-甲基-1-丙醇以及高 pH 联合使用，可成功地溶解牛生长激素的包涵体。

7.3.4　异源蛋白的复性与重折叠

在重组异源蛋白的大规模生产中，复性与重折叠是一项关键技术，用于溶解变性包涵体的化学试剂性质及在重折叠前的残留浓度是影响折叠策略选择的两大要素。如果包涵体中的异源蛋白含有较少的二硫键，而且二硫键错配的比率较低，则从理论上来说，选用较弱的表面活性剂溶解包涵体，能够大幅度提高异源蛋白的复性率；然而对于二硫键错配率较高的异源蛋白而言，只有彻底拆开二硫键才能进行有效的重折叠。

（1）重组异源蛋白纯度对重折叠的影响

在包涵体的制备过程中，无论怎样清洗，包涵体中或多或少会存在一定量的受体菌蛋白质、DNA 和脂类杂质。实验结果表明，在含有 8mol/L 尿素的色氨酸酶变性溶液中，增加大肠杆菌杂蛋白的浓度并不影响该酶的重折叠回收率，而且包涵体型重组异源蛋白的 50 多年工业化生产经验也很少有大肠杆菌组分通过共聚结作用直接降低蛋白重折叠率的确凿证据。因此，当重组异源蛋白在包涵体中的含量达到 60% 以上时，变性溶解的包涵体蛋白质可直接进行复性和重折叠操作。如果异源蛋白的含量不足 50%，最好通过多次洗涤离心的方法进一步纯化包涵体，否则大量的受体菌组分在复性后会直接增加蛋白质纯化工序的负担，而包涵体富集纯化所需的成本远远低于大规模的层析分离操作。

绝大部分的大肠杆菌组分虽然不会直接影响异源蛋白的重折叠率，但若这些杂质中含有微量的蛋白酶活性，则活性蛋白的总回收率将大打折扣，因此尽可能除去大肠杆菌来源的蛋白酶也是包涵体纯化的一个重要目的。很多表面活性剂处理方法可用来除去包涵体中的大肠杆菌结合型蛋白及其他杂质，其中包括 Triton X-100、脱氧胆酸以及 Nonidet 溶液。Triton

X-100 对包涵体蛋白具有较高的回收率，但杂蛋白的清除作用不完全。相反，脱氧胆酸的纯化效果较好，却能部分溶解并除去重组异源蛋白。变性剂的效果与包涵体中异源蛋白的性质有关，因此根据不同的系统选择不同的包涵体纯化条件十分必要。

如果重组异源蛋白的表达率只有受体细胞蛋白总量的 1％～2％，则除了包涵体需要进一步纯化外，变性溶解后的蛋白溶液在复性前也需要进一步分级分离，否则复性重折叠效果并不理想。此外，这步分级分离工序还可除去共价连接的蛋白寡聚体副产物。虽然在复性操作前可通过加入还原剂等方法抑制富含半胱氨酸残基的异源蛋白形成共价寡聚体，但对某些重组异源蛋白来说，在变性条件下也能发生一定程度的蛋白质侧链氧化反应。如果异源蛋白的浓度足够低，二硫键的随机形成多发生在蛋白分子内部，寡聚体副产物含量较少，这可通过简单的凝胶过滤工序除去，而完全氧化的单聚体流份则可在非变性缓冲液中得以复性。

（2）重折叠方法的选择

绝大多数情况下，溶解变性的异源蛋白完全失去了四维空间构象。如果异源蛋白在溶解变性过程中并不是 100％处于非折叠状态，或者还原型的蛋白质是可溶性的（如肿瘤坏死因子 TNF），则下游操作可简单地包括离心、缓冲液交换、二硫键氧化，必要时进行层析纯化。如果异源蛋白是完全变性的，则必须进行重折叠操作，并尽可能避免部分折叠中间产物形成不溶性聚结物。为达到此目的可采取下列方法。

① 一步稀释法

单体蛋白分子的体外重折叠属于分子内部的相互作用，遵循一级动力学模型，与蛋白质的浓度无关，然而聚结作用本身却属于多级动力学反应，严格依赖于蛋白质高浓度的存在。在稀释过程中，重折叠与聚结作用的相互竞争可用数学模型关联，而且重折叠蛋白质的回收率可由两个反应的速度常数推算。显然，在重折叠操作中，降低蛋白质浓度可以在很大程度上抑制聚结作用。例如，牛生长激素在重折叠反应中的浓度为 1.6mg/mL 时，可以观察到部分折叠中间产物的形成，但当稀释 100 倍后，折叠中间产物便不会大量形成，这种浓度恰恰是牛生长激素体外折叠的最佳条件。然而，重折叠反应液高倍数的稀释不仅增加了复性缓冲液的消耗成本，而且也为后续纯化工序带来了很大麻烦。应当指出的是，蛋白质性质不同，其最佳重折叠所对应的蛋白质浓度差别很大，有些蛋白质可在 0.1～10mg/mL 的浓度范围内溶解完全，并足以进行有效折叠。

② 分段稀释法

对于那些非折叠和部分折叠状态不溶于水的蛋白质，往往采用分步稀释的方法对其进行有效复性。胰凝乳蛋白酶原是一种较难重折叠的蛋白质，其天然构象具有很大的溶解度，但当它的 5 对二硫键打开后，变性蛋白极难溶于水。尽管如此，还原型的胰凝乳蛋白酶原仍可通过分段稀释法在盐酸胍溶液中高效重折叠。首先将还原性胰凝乳蛋白酶原的 6mol/L 盐酸胍溶液用含有 GSH 和 GSSG 各 1mmol/L 的缓冲液稀释不同倍数，保温 4h，然后将该折叠系统稀释在非变性缓冲液中。实验结果表明，第一次稀释时，盐酸胍浓度低于 0.5mol/L 或高于 3mol/L 均会导致大量沉淀产生，而盐酸胍浓度为 1mol/L 时，天然氧化型的蛋白质完全折叠。也就是说，1mol/L 的盐酸胍溶液对还原性的胰凝乳蛋白酶原及其部分重折叠中间产物具有足够强的溶解度，同时又不会对已形成天然构象的最终折叠产物产生较强的变性作用。因此，胰凝乳蛋白酶原在 1mol/L 的盐酸胍溶液中保温，方可保证重折叠在无聚结副产物出现的最佳条件下有效进行。

进一步的研究结果表明：用于变性聚结蛋白的缓冲液成分并不一定要与在中间产物重折叠步骤中使用的溶解剂成分完全相同，交换溶剂或将溶剂稀释成另一种变性溶液同样可以启动重折叠过程。例如，经盐酸胍变性的醛缩酶可用 2.3mol/L 的尿素溶液稀释，并获得较高的重折叠产率，这一浓度的尿素溶液可以有效地防止折叠中间产物的聚结作用，直到酶的天然四级空间构象完全形成。同样，胰凝乳蛋白酶原也可通过透析的方法将其 6mol/L 的盐酸胍溶液转为 2mol/L 的尿素溶液，并在后者中进行有效重折叠。

变性蛋白在启动体外复性和重折叠时，不但变性剂的性质和浓度对折叠率有很大影响，而且对其变化速度的掌控也至关重要，也就是说，变性剂的更换或稀释速度快慢对重折叠的影响因蛋白质而异。稀释速度加快有利于重折叠的典型例子是色氨酸酶，它在 3mol/L 的尿素溶液中极易形成部分折叠中间产物的聚结作用，因此从 8mol/L 尿素的变性溶液透析至低浓度时，必须加快透析速度，使得色氨酸酶在 3mol/L 尿素溶液中存在的时间尽可能最短。反之，若将含有牛生长激素的 2.8～5mol/L 盐酸胍溶液迅速稀释到复性重折叠所需的低浓度，会产生大量的不可逆沉淀，但若将这个溶液先稀释至 2mol/L 盐酸胍浓度，并保温一段时间，此时难溶性的折叠中间产物逐步趋于溶解，在此基础上进一步的稀释则可获得高产率的天然蛋白。

应当特别指出的是，在上述分段稀释法中，重折叠蛋白的产率还与蛋白质浓度密切相关，所采用的稀释倍数也受到缓冲液 pH、离子组成以及保温温度的显著影响。与天然折叠蛋白的等电点沉淀性质相似，在重折叠过程中应当避免折叠缓冲液的 pH 接近重组异源蛋白质的等电点 pI。除此之外，还应注意选择缓冲液的离子种类及使用浓度。由于阴离子对蛋白质疏水作用强度产生性质不同的影响，它们同时兼有稳定蛋白质折叠结构以及诱导折叠蛋白聚结的双重功能。各种阴离子的作用强度次序为：$SO_4^{2-} > HPO_4^{2-} > Ac^- > Ci^{3-} > Cl^- > NO^{3-} > I^- > ClO^{4-} > SCN^-$（其中 Ci^{3-} 为柠檬酸根），其中多价阴离子的双重功能一般比单价阴离子要强。在核糖核酸酶的巯基-二硫键交换重折叠过程中，中性盐对重折叠速率以及重折叠最终率的影响完全等同于它们对天然蛋白质分子溶解度的影响。然而，阴离子对两种互为对抗功能本身的相对强弱并不总是恒定不变的。对于热变性的 T4 溶菌酶和其他蛋白质的体外重叠反应而言，折叠效率随着上述阴离子作用强度的增加而下降，这种情况中，阴离子诱导的蛋白聚结作用对重折叠产率的负面影响远大于其稳定蛋白折叠状态对折叠产率的正面影响。因此，对于一种特定的蛋白质重折叠反应，合理确定折叠缓冲液中的盐组分是必要的。

较高的温度（不超过 40℃）对大多数蛋白质的重折叠反应是有利的，但在某些情况下，较低的反应温度则可有效地阻止聚结作用的发生，从而改善重折叠产率。温度越高，蛋白质疏水基因之间的相互作用就愈强，而疏水作用增强又能导致两种相反的结果，即促进 I→N 反应和强化 I→Ag 的转变。如果在某一折叠过程中，聚结作用并非主要的副反应，或者疏水基团的相互作用更有利于 I→N 反应，那么较高的折叠温度显然能改善重折叠率；相反，如果聚结作用在蛋白质折叠反应中占主导地位，即 I→Ag 的反应速率常数大于 I→N 的反应速率常数，则较低的温度对有效折叠的蛋白质回收率有利，这也是在蛋白质体外重折叠过程中温度参数控制与优化的依据。

③ 特种试剂添加法

在复性折叠系统中，某些特殊化合物的存在可以提高很多蛋白质的重折叠率。例如，0.2mol/L 精氨酸可以明显改善重组人尿激酶原（pro-UK）的活性回收率，同样条件也适用于组织型血纤维蛋白溶酶原（t-PA）以及免疫球蛋白片段的体外重折叠。0.1mol/L 甘氨酸能提高松弛肽激素的折叠产率，而血红素和钙离子则能促进重组马过氧化酶的重折叠反应。另外，有些中性分子如甘油和蔗糖等，也能稳定蛋白质的天然构象，在某些情况下，将这些中性物质加入折叠缓冲液中，可以改善蛋白质的体外重折叠产率，例如，在牛碳酸酐酶的重折叠反应中，聚乙二醇被用来抑制折叠中间产物的聚结与沉淀。上述化合物的作用机理均是通过降低聚结反应的速率常数，从而使得重折叠反应在竞争中取得优势。

④ 蛋白化学修饰法

胰蛋白酶原的重折叠很难用上述的缓冲液交换方法实现，然而在变性条件下，若将这个蛋白质的游离巯基特异性保护，然后再将蛋白分子进行柠檬酸酐酰化修饰，则修饰后的胰蛋白酶原可溶于非变性的缓冲液中，从而促进重折叠反应的顺利进行。在上述修饰反应中所使用的酸酐活性试剂能可逆性地修饰多肽链上的游离氨基，并将其正电荷转换成负电荷，从而使蛋白质形成多聚阴离子状态，后者通过分子间的斥力阻止聚结作用的发生。一旦修饰蛋白氧化并转入非变性溶液中，将 pH 调低至 5.0，即可通过脱酰基反应回收具有天然折叠构象的蛋白产物。这一方法的效果已为后来的多次实验所证实，特别适用于包涵体型重组蛋白的活性回收。

蛋白质的化学修饰也可用于防止因二硫键错配所产生的共价聚结作用。在变性溶解状态下，将多肽链上的所有游离巯基全部烷基化封闭，然后进行复性重折叠操作，最终脱去烷基并在氧化条件下修复二硫键。

⑤ 重折叠分子隔离法

蛋白质及其折叠中间产物的聚结作用依赖于分子之间的碰撞与接触，因此将非折叠蛋白分子固定化，理论上来说可以从根本上杜绝聚结作用的产生，实验结果也证明这一思路的实用价值。例如，将非折叠状态的胰蛋白酶原固定在琼脂糖球状颗粒上，然后用一种复性缓冲液平衡层析柱，即可回收 71% 的酶活性。如果固定在层析介质上的蛋白质能方便地可逆性回收，那么就可实现蛋白原位重折叠，最终通过特定的解离溶剂从重折叠层析柱上洗脱天然构象的活性蛋白产物。这项技术已被成功地用于包涵体型重组蛋白的重折叠，只是精细的操作条件尤其是层析介质对蛋白质的亲和性尚有待于逐一建立。

可逆性胶束技术为分离溶液中的单个非折叠蛋白分子提供了另一种方法。在表面活性剂[如双(2-乙基己基)硫代琥珀酸盐]的存在下，单个蛋白分子能被包裹在水相球体胶束中，遇到有机溶剂，这种胶束结构立即破碎并释放出内含物。由于胶束与胶束之间一般不会发生融合，因此这种方法可以防止蛋白分子间的聚结现象产生。从理论上讲，只要选择性地更换可逆胶束中的缓冲液，被隔离的蛋白分子即可无聚结伴随地重折叠，而且这一技术既经济又可进行规模化放大。尽管目前将这项技术应用于包涵体型异源重组蛋白的重折叠单元操作尚未见任何报道。但对之进行尝试研究很有必要。

（3）二硫键的形成

由二硫键错配引起的聚结作用是重组异源蛋白体外重折叠过程中的一个普遍问题。当蛋白质处于变性状态时，这种二硫键介导的聚结极易发生，因为在很强的变性条件下，蛋白质难以维持二硫键正确配对所必需的空间构象。对于那些含有半胱氨酸残基但在天然状态下并不形成二硫键的蛋白质，在其溶解变性和复性折叠操作过程中必须加入还原剂和 EDTA，并适当调低缓冲液的 pH，使得蛋白质始终处于还原状态。而对于更多的蛋白质来说，它们的天然构象及生物活性需要正确的二硫键存在，这些蛋白质在变性溶解过程中也应保持半胱氨酸残基的还原游离状态。只有在蛋白质复性过程中或复性之后，再进行体外二硫键复原反应。

从化学角度分析，蛋白质分子二硫键形成有两种机理。在生物体内，当新生多肽链进入内质网膜腔后，相应的半胱氨酸残基通过二硫键交换机制形成共价交联结构。催化这个反应的酶是二硫键异构酶（PDI），它存在于很多真核生物细胞内，尽管该酶的详细作用机理尚不完全清楚，但它对含有二硫键的蛋白质装配是必需的。细菌缺乏内质网膜结构这样的胞内氧化空间，表达的蛋白质通常难以在细胞质中形成二硫键，因此在大肠杆菌中表达的重组异源蛋白大多需要进行体外二硫键修复操作。分泌型的重组异源蛋白往往定位于大肠杆菌细胞的周质中，后者是一个氧化微环境，即使异源蛋白的分泌速度足以使表达产物在周质中形成包涵体，蛋白质仍可在此环境中形成二硫键。大肠杆菌细胞的周质中同样存在着PDI酶活性，只是这个蛋白质在结构上与真核生物的PDI并不具有同源性。缺失这种重折叠酶的大肠杆菌突变株不能使碱性磷酸酶正确折叠，然而即便是该酶功能正常，在大肠杆菌中以分泌形式表达的可溶性异源蛋白仍会产生错配的二硫键，因此这种分泌型异源蛋白也需要重折叠处理。

① 化学氧化法形成二硫键

进行化学氧化法的前提条件是电子受体的存在。最为廉价的电子受体为空气，空气接受电子的反应可由重金属、碘基苯甲酸以及过氧化氢催化。如果还原状态的蛋白质在氧化前能被诱导形成准空间构象，则通过化学氧化法恢复二硫键是可行的；但如果还原型蛋白不能形成稳定的中间构象，空气氧化往往会产生二硫键错配的平衡反应混合物。空气的氧化反应通常很慢，例如在 Cu^{2+} 的催化下，经肌氨酸类表面活性剂变性的粒细胞集落刺激因子（G-CSF）用空气氧化法修复二硫键，需要 $0.5\sim4.5h$。低分子量巯基化合物的缺乏也会导致错配二硫键转变为天然结构的反应趋缓。此外，空气氧化法也不适用于含有多个半胱氨酸残基的蛋白质重折叠，尤其是那些天然构象中存在一个或多个游离半胱氨酸残基的蛋白质。空气氧化极易造成二硫键错配、二聚体聚结或将半胱氨酸残基直接氧化成磺基丙氨酸和半胱氨酸亚砜。尽管如此，空气氧化法还是在几种不含游离半胱氨酸残基的蛋白质重折叠操作中获得了成功。除了空气中的氧以外，还有许多反应动力学性能更优的氧化剂，遗憾的是它们大部分会导致半胱氨酸残基的过度氧化以及包括甲硫氨酸在内的其他残基的非特异性氧化，因此很难应用于实际操作。

② 二硫键交换法形成二硫键

二硫键交换法可以避免空气氧化法的许多缺陷。其反应条件应掌握两点：第一，反应缓冲液系统应同时含有低分子量的氧化剂和还原剂；第二，还原型巯基与氧化型巯基的分子之比为 $5:1\sim10:1$，这一比例与体内天然条件相似。在许多重组异源蛋白的体外重折叠过程中，通常使用还原型谷胱甘肽（GSH）和氧化型谷胱甘肽（GSSG），两者的摩尔浓度分别为 $1mmol/L$ 和 $0.2mmol/L$。谷胱甘肽能为二硫键的正确形成提供一定程度的空间特异性，因此上述以还原性为主体的氧化还原反应系统能最大限度地减少蛋白质分子内和分子间二硫键的随机配对，从而保证体外重折叠的高效性。然而，作为氧化还原生理系统中重要成分的GSH对大规模工业化而言，显得极其昂贵，因此重组异源蛋白的大规模生产通常使用较为廉价的还原剂，如半胱氨酸、二巯基苏糖醇、2-巯基乙醇以及半胱胺等。

如前所述，溶剂及环境条件的选择对抑制非共价型蛋白质分子的聚结具有重要意义。一般来说，较低的温度（5~10℃）以及在维持变性蛋白质水溶性的前提条件下含量尽可能低的变性剂，是促进二硫键正确配对的两大关键要素。上述蛋白重折叠方法在某些情况下会产生出人意料的理想结果。例如，巨噬细胞集落刺激因子是（M-CSF）是一个二聚体蛋白质，每个亚基由218个氨基酸残基组成，各含有9个半胱氨酸残基，因此两个亚基之间可形成多种随机的二硫键。从理论上讲，这个蛋白质不适合在大肠杆菌细胞内表达，然而实际上人们却能从大肠杆菌包涵体中高效回收具有天然构象的M-CSF，经体外重折叠的M-CSF蛋白浓度相当于 $0.7mg/mL$ 的细菌发酵液。

为了最大限度地减少蛋白质分子间和分子内二硫键的随机形成，还可在变性溶解蛋白溶液更换复性折叠缓冲液之前，先对蛋白质进行预处理，即向还原型的蛋白质溶液加入过量的高氧化型缓冲液。此时，蛋白质上所有的游离巯基均被低分子量的氧化型巯基化合物共价封闭，从而有效地阻止蛋白质分子在转换缓冲液过程中出现的二硫键错配现象。然后，将蛋白质转入复性缓冲液中，并在低分子量还原型巯基化合物的存在下，逐步发生二硫键重排，从而提高重折叠的正确率。作为对这一方法的一种改良，也可将氧化型的谷胱甘肽固定在层析介质上，处于完全变性状态的蛋白溶液上柱后，与氧化谷胱甘肽发生二硫键交换反应。经多次清洗后，再用还原型的谷胱甘肽复性折叠溶液进行梯度洗脱，最终从层析流出液中可以回收高产率的正确氧化型蛋白质。用这一改良方法成功地制备出具有生物活性的细胞毒素。

③ 二硫键介导的聚结物检测

在蛋白质重折叠过程中，由二硫键错配所产生的聚结蛋白质通常难以回复到正确的折叠途径中，因此这种不可逆聚结作用的检测对有效控制重折叠反应十分有用。检测方法主要采用 SDS 非还原性聚丙烯酰胺凝胶电泳（SDS-PAGE）。在实际操作过程中，为了保证检测的准确性，必须注意以下两点：第一，在将重折叠反应物加入 SDS 凝胶电泳缓冲液之前，必须除去样品中痕量的游离巯基，包括小分子还原剂和蛋白质本身存在的活性基团，否则这些游离的巯基会与聚结体中的二硫键发生交换反应，导致检测结果偏低。样品中的所有游离巯基基团可用过量的碘乙酸胺或碘乙酸盐加以封闭灭活；第二，在电泳过程中通常需要还原型样品作为对照，如果对照样品与检测样品相邻，则还原型样品中的 2-巯基乙醇便会扩散至待测样品孔内，导致事先被封闭的样品重新还原，此时寡聚型的聚结体样品在电泳中会出现单体多肽链的条带，因此对照样品与待测样品之间应留有足够的空间。

（4）折叠辅助蛋白因子的应用

在蛋白质的重折叠反应中，二硫键的正确配对很大程度上取决于蛋白质复性的准确性，根据传统的蛋白质化学理论，复性的准确性又完全来自多肽链的氨基酸序列所包含的结构信息。然而 40 多年来的相关研究结果表明，为数不少的蛋白质在体内折叠必须依赖于某些其他蛋白因子的辅助作用，这类被称作分子伴侣的蛋白质通过与部分折叠中间产物分子的相互作用而促进蛋白质的准确复性与折叠。有人证实，大肠杆菌中 50% 的可溶性蛋白在其变性状态下与分子伴侣 GroEL 蛋白结合。分子伴侣和其他一些重折叠酶不仅能协助蛋白质进行特异性折叠、分泌运输以及亚基装配，而且在所有蛋白质的代谢周期中都起着非同寻常的作用。

分子伴侣在体外促进变性蛋白的重折叠不仅进一步证实了它们的生理作用，同时也展示了其良好的应用前景。大肠杆菌来源的分子伴侣 GroEL 和 GroES 至少可以促进下列蛋白质的体外折叠：1,5-二磷酸核酮糖羧化酶、柠檬酸合成酶、二氢叶酸还原酶以及硫氰酸合成酶。DnaK 是另一种形式的分子伴侣蛋白，它能阻止热变性 RNA 聚合酶的聚结物形成，同时又可将不溶性的聚结蛋白转变为可溶性。若将 DnaK 与 GroEL 和 GroES 等分子混合，则这种混合蛋白溶液可使免疫毒素蛋白的体外重折叠率提高 5 倍以上。在上述实验中，实现其最佳效应的分子伴侣相对待折叠蛋白必须过量，这将限制分子伴侣在大规模重组异源蛋白生产中的应用。

然而两项颇有意义的尝试也许能打破这种限制：第一，分子伴侣的固定化策略。未来重组异源蛋白的重折叠将会按如下工艺进行操作：①将包涵体制备物溶解在含有弱变性剂、低浓度 PDI 和旋转酶的溶剂中；②变性蛋白溶液在固定了分子伴侣的层析柱上进行分离；③以 ATP 溶液洗脱纯的重折叠蛋白产物。第二，分子伴侣或（和）折叠酶编码基因与外源基因共表达策略。大量的实验结果表明，分子伴侣基因与外源基因共表达，可以在不同程度上提高异源蛋白的可溶性及其重折叠率。分子伴侣 DsbA 与牛胰蛋白酶抑制因子 RBI 共表达，并在细菌培养基中添加还原型谷胱甘肽，控制氧化还原电位，可使具有天然构象的 RBI 回收率提高 14 倍，DsbA 与 T 细胞受体共表达也能明显改善后者的分泌效率。然而，分子伴侣对其辅助对象具有一定的特异性要求，深入了解这种特异性的相对程度必会大大提高分子伴侣的应用价值。

7.4 基因工程菌的遗传不稳定性及其对策

重组微生物在工业生产中的应用包括两个方面：其一是重组异源蛋白的高效表达，即利用基因工程菌合成大量价格昂贵的生物功能蛋白；其二是借助于分子克隆技术重新设计细菌的代谢途径，构建品质优良的功能微生物。然而，基因工程菌产业化应用的最大障碍是在其保存及培养过程中表现出的遗传不稳定性，它直接影响到发酵过程和反应器类型的设计、比生长速率的控制以及培养基组成的选择。

7.4.1 基因工程菌遗传不稳定性的表现与机制

基因工程菌的遗传不稳定性主要表现在重组分子或重组质粒的不稳定性。这种不稳定性具有下列两种主要存在形式：①重组 DNA 分子上某一区域发生缺失、重排或修饰，导致其表观功能的丧失；②整个重组分子从受体细胞中逃逸（curing）。上述两种情况分别称为重组分子的结构不稳定性和分配不稳定性，其产生的主要机制如下。

① 受体细胞中存在的限制修饰系统对外源 DNA 的降解作用。由于目前使用的受体菌均在不同程度上减弱甚至丧失了限制修饰酶系，因此这种因素通常不会单独发挥作用。

② 重组分子中所含基因的高效表达严重干扰受体细胞的正常生长代谢过程，包括能量和生物分子的竞争性消耗以及外源基因表达产物的毒性作用。这种干扰作用与自然环境中的其他生长压力（如极端温度、极端 pH、高浓度抗生长代谢剂和营养物质匮乏等）一样，可以诱导受体菌产生相应的应激反应，包括关闭生物大分子的生物合成途径以节约能源、启动蛋白酶和核酸酶编码基因的表达以补充必需的营养成分。于是工程菌中的重组 DNA 分子便会遭到宿主核酸酶的降解，形成结构缺失或重排。

③ 重组分子尤其是重组质粒在细胞分裂时的不均匀分配，是重组质粒逃逸的基本原因。这种情况通常取决于载体质粒本身的结构因素，但也与外源基因表达产物对细胞所造成的重大负荷有关。

④ 受体细胞中内源性的转座元件促进重组分子 DNA 片段的缺失和重排。

当含有重组质粒的工程菌在非选择性条件下生长至某一时刻，培养液中的一部分细胞不再携带重组质粒，这部分细胞数与培养液中的总细胞数之比称为重组质粒的宏观逃逸率。事实上它并不仅仅表征重组质粒从受体细胞中的逃逸频率，而是下列四种情况的总和。

① 重组质粒因种种原因被受体分泌运输至胞外，这种情况大多发生在细菌处于高温或含表面活性剂（如 SDS）、某些药物（如利福平）以及染料（如吖啶类）的环境中。

② 受体菌核酸酶将重组质粒降解，使之不能进行独立复制，如果降解作用较为完全，则重组质粒的消失并不依赖于受体细胞的分裂。

③ 重组质粒所携带的外源基因过度表达抑制受体细胞的正常生长，致使原来数目极少的不含重组质粒的细胞在若干代繁殖后占据数量优势。

④ 重组质粒在细胞分裂时不均匀分配，造成受体细胞所含重组质粒拷贝数的差异，这种差异随着细胞分裂次数的增加而扩大。含有较少重组质粒拷贝数的细胞生长速度显然高于

那些含重组质粒拷贝数多的细胞，而且前者更有可能在细胞继续分裂时全部丢失其重组质粒，并在最终的发酵液中占据绝对优势。

因此，重组质粒宏观水平上的逃逸现象实质上取决于含有重组质粒的受体细胞的比生长速率（μ^+）小于不含重组质粒的受体细胞的比生长速率（μ^-），即 $\mu^-/\mu^+>1$，多种大肠杆菌菌株均表现出这种特性。大量的实验结果表明：重组质粒的丢失率以及受体细胞 μ^- 与 μ^+ 之间的差异对工程菌的大规模发酵具有不可低估的影响。假定在发酵接种时，工程菌全部含有重组质粒，对数生长期中细胞每代的重组质粒丢失率为 ρ，工程菌 μ^- 与 μ^+ 的比值为 α，则经过 25 代分裂后，含有重组质粒的细胞数占总细胞数的百分比 F_{25} 与 ρ、α 之间的对应关系可用图 7-13 表示。由图可以看出，如果不含重组质粒的受体细胞具有生长优势（即 $\mu^-/\mu^+>1$），那么即使重组质粒的丢失率很小，经过数代培养后，发酵液中也会出现大量的无重组质粒型细胞。例如，当 $\alpha=1$，$\rho=0.001$ 时，$F_{25}=99.8\%$，重组质粒的宏观逃逸率仅为 0.2%；但当 $\alpha=1.5$，ρ 仍为 0.001 时，$F_{25}=0.1\%$，即重组质粒的宏观逃逸率可达 99.9%！对于培养周期固定的分批发酵而言，重组质粒丢失的时间越早，最终发酵液中无重组质粒的细胞的比例就越高。如果接入发酵罐的种子中含有无重组质粒的细胞，所引起的后果则更为严重。

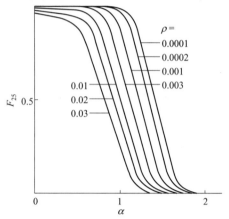

图 7-13 F_{25} 和 ρ、α 之间的对应关系

野生型质粒在宿主菌中通常能稳定遗传，其机制是这些质粒大多含有编码特异性质粒拷贝均衡分配的基因（*par*）。在一些低拷贝质粒中 *par* 基因已被克隆鉴定，实验室常用的一些扩增表达型质粒（如 pBR322 等）具有完整的质粒拷贝分配功能，因而由不稳定性引起的质粒丢失现象基本上可以忽略不计。但更多的人工构建质粒往往不具备 *par* 功能，而且由于重组质粒降解或分子重排引起的工程菌不稳定性影响更大，因此在工程菌发酵和重组质粒构建的过程中，保持工程菌的相对稳定意义重大。

7.4.2　改善基因工程菌不稳定性的策略

根据工程菌不稳定性的影响因素，目前已发展出多种方法抑制重组质粒的结构和分配不稳定性，归纳起来大致有下列几个方面。

（1）改进载体宿主系统

以增强载体质粒稳定性为目的的构建方法包括三个要点：一是将 *par* 基因功能引入表达型质粒中。例如，将大肠杆菌质粒 pSC101 的 *par* 基因克隆在 pBR322 类型的质粒上，或将 R1 质粒上 580bp 的 *parB* 基因导入普通质粒上，其表达产物可选择性地杀死由于质粒拷贝分配不均匀而产生的无质粒细胞。二是正确设置载体质粒上的多克隆位点，防止外源基因插入质粒的稳定区域内。三是将大肠杆菌染色体 DNA 上的 *ssb* 基因克隆在载体质粒上，该基因编码的 SSB 蛋白是 DNA 复制和细胞生存所必需的，因此无论因何原因丢失质粒的细胞均不能在细菌培养过程中增殖。

相同细菌的不同菌株有时会对同一种重组质粒表现出不同程度的耐受性，因此直接选择较稳定的受体菌往往能够达到事半功倍的效果。另外，对于某些受体细胞，借助于诱变或基因同源灭活方法除去其染色体 DNA 上存在的转座元件，也可有效抑制重组质粒的结构不稳定性。

（2）施加选择压力

利用载体质粒上原有的遗传标记，可以在工程菌发酵过程中选择性地抑制丢失重组质粒的细胞生长，从而提高工程菌的稳定性。根据载体质粒上选择性标记基因的不同性质，可以设计多种有效的选择压力，其中包括以下三个方面。

① 抗生素添加法

大多数常用表达型质粒上携带抗生素抗性基因。将相应的抗生素加入细菌培养体系中，即可降低重组质粒的宏观逃逸率。但这种方法在大规模工程菌发酵时并不实用，因为相对于简单培养基而言，加入大量的抗生素会使生产成本增加。对于一些不稳定的抗生素来说，添加抗生素造成的选择压力只能维持较短的时间。例如，多数表达型质粒携带的氨苄西林抗生素基因实质上编码的是 β-内酰胺酶，若以氨苄西林作为选择压力，则需在培养基中加入足够的量，而且抗生素的存在对以结构不稳定性为主的重组质粒并不构成选择压力。此外，对于重组蛋白药物的生产来说，添加大量的抗生素通常会影响产品的最终纯度。

② 抗生素依赖法

借助于诱变技术筛选分离受体菌对某种抗生素的依赖性突变株，也就是说，只有当培养基中含有抗生素时，细菌才能生长，同时在重组质粒构建过程中引入该抗生素的非依赖性基因。这种情况下，含有重组质粒的工程菌能在不含抗生素的培养基上生长，而不含重组质粒的细菌被抑制。这种方法可以节省大量的抗生素，但其缺点是受体细胞容易发生回复突变。

③ 营养缺陷法

这种方法与上述抗生素依赖法较为相似，其原理是灭活某一种细胞生长所必需的营养物质的生物合成基因，分离获得相应的营养缺陷型突变株，并将这个有功能的基因克隆在载体质粒上，从而建立起质粒与受体菌之间的遗传互补关系。在工程菌发酵过程中，丢失重组质粒的细胞同时也丧失了合成这种营养成分的能力，因而不能在普通培养基中增殖。这种生长所必需的因子既可以是氨基酸（如色氨酸），也可以是某种具有重要生物功能的蛋白质（如氨基酰-tRNA 合成酶）。

（3）控制外源基因过量表达

外源基因的过量表达，某种意义上也包括重组质粒拷贝的过度增殖，均可能诱发工程菌的不稳定性。前已述及，使用可诱导型的启动子控制外源基因的定时表达，以及利用二阶段发酵工艺协调细菌生长与外源基因高效表达之间的关系，是促进工程菌的遗传稳定的一种策略。

（4）优化培养条件

工程菌所处的环境条件对其所携带的重组质粒的稳定性影响很大，在工程菌构建完成之后，选择最适的培养条件是进行大规模生产的关键步骤。培养条件对重组质粒稳定性的影响机制错综复杂，其中以培养基组成、培养温度以及细菌比生长速率尤为重要。

① 培养基组成

细菌在不同的培养基中启动不同的代谢途径，对工程菌来说，培养基组分可能通过各种途径影响重组质粒的稳定性遗传。含有 pBR322 的大肠杆菌在葡萄糖和镁离子限制的培养基中生长，比在磷酸盐限制的培养基中显示出更高的质粒稳定性。另一个携带氨苄西林、链霉素、磺胺和四环素四个抗药性基因的重组质粒，在大肠杆菌中的遗传稳定性同时依赖于培养基组成：当葡萄糖限制时，克隆菌仅丢失四环素抗性；而当磷酸盐限制时，则导致多重抗药性同时缺失。还有一个携带氨苄西林抗性基因和人 α-干扰素结构基因的温度敏感型多拷贝重组质粒,当它转入大肠杆菌后,所形成的克隆菌在葡萄糖限制以及氨苄西林存在的条件下生长,开始时人 α-干扰素高效表达,但随后便大幅度减少,此时的重组质粒已有相当部分丢失了干扰素结构基因,这表明培养基组分有可能导致重组质粒的结构不稳定性。除此之外,质粒通常在丰富培养基(如 PBB)中比在最小培养基(如 MM)中更加不稳定,而且不同的质粒其不稳定性的机制也各有差异,例如某些培养基导致质粒 pSF2124-trp 产生结构不稳定性,同时又使质粒 pSC101-trp 产生分配不稳定性。

② 培养温度

一般而言,培养温度较低有利于重组质粒的稳定遗传。有些温度敏感型的质粒不但其拷贝数随温度的上升而增加,而且当温度达到 40℃ 以上时,还会引起降解作用。另一方面,重组质粒的导入有时也会改变受体菌的最适生长温度。上述两种情况均可能与重组质粒表达产物和受体菌代谢产物之间的相互作用有关。

③ 比生长速率

细菌比生长速率对重组质粒稳定性的影响趋势不尽一致,与细菌本身的遗传特性以及质粒的结构均有关系。如前所述,如果不含重组质粒的细胞不比含有重组质粒的细胞生长得快,即 $\mu^-/\mu^+ = 1$ 时,重组质粒的丢失不会导致非常严重的后果,因此调整这两种细胞的比生长速率可以提高重组质粒的稳定性。但在实际操作中往往难于选择性地提高或降低某种细胞的比生长速率,因为绝大多数环境条件(不包括施加选择压力)对两种细菌的生长影响是同步的。只有在个别情况下,可以利用分解代谢产物专一性地控制受体菌的比生长速率,降低 μ^- 与 μ^+ 的比值,从而提高重组质粒的稳定性。

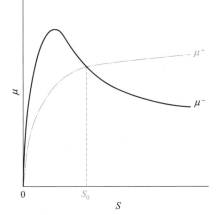

有些细菌在以碳水化合物作为碳源和能源时,营养成分浓度过高或过低均不利于其生长,高浓度的营养基质可抑制相关代谢途径中的某个基因表达。如果重组质粒上携带这种代谢基因,则含有重组质粒的克隆菌不再受高浓度基质的抑制。这种情况下,不含重组质粒的细胞生长符合典型的底物抑制动力学模型,而工程菌则遵循 Monod 方程,两条曲线的交点便是 $\mu^- = \mu^+$ 时所对应的基质浓度 S_0(图 7-14)。当 $S < S_0$ 时,$\mu^- > \mu^+$,此时容易导致重组质粒的不稳定性;但当 $S > S_0$ 时,$\mu^- < \mu^+$,在这种情况下,重组质粒可以稳定地遗传。细菌的连续发酵技术为基质浓度的恒定控制提供了保证。

图 7-14 基质浓度 S 与
比生长速率 μ 的关系

7.5 大肠杆菌基因工程的案例

重组 DNA 技术的伟大成就之一就是能够保证目的基因编码产物的大量生产,而利用大肠杆菌宿主-载体系统高效表达外源基因又是基因工程应用最为广泛也最成熟的一项技术。大肠杆菌的分子生物学背景已相当明了,不断完善的基因操作技术可将大肠杆菌构建成为异源蛋白生产的分子工厂,而且这种工程菌在价格低廉的培养基中生长迅速易于控制,因此重组大肠杆菌在医用蛋白的大规模生产中具有重要的经济意义。尽管有些生物活性严格依赖于糖基化作用的真核生物功能蛋白无法用重组大肠杆菌进行生产，蛋白质生物合成后加工系统的缺乏使得某些人体蛋白难以折叠成天然构象，但仍有100多种异源蛋白通过大肠杆菌基因工程菌实现了产业化，其中包括一些结构相当复杂的人体蛋白，如富含半胱氨酸残基的血清白蛋白（HAS）、尿激酶原（pro-UK）、金属硫蛋白（MT）、二硫键共价交联的二聚体蛋白巨噬细胞集落刺激因子（M-CSF）以及四聚体的血红蛋白（Hb）等。在目前已经上市的基因工程蛋白药物中，由重组大肠杆菌生产的生长因子、细胞因子和酶类产品占了大多数。

利用重组大肠杆菌生产人胰岛素

胰岛素广泛存在于人和动物的胰脏中，正常人的胰脏约含有200万个胰岛，占胰脏总重量的1.5%。胰岛由 α、β 和 γ 三种细胞组成，其中胰岛 β 细胞特异性地合成胰岛素。胰岛素发现于1922年，翌年便开始在临床上作为药物使用，迄今为止，胰岛素仍是治疗胰岛素依赖型糖尿病的特效药物。据不完全统计，目前全世界的糖尿病患者有数亿人，仅在中国已超过一亿，而且发病率呈逐年增长的趋势。因此，为临床提供质量可靠及价格低廉的胰岛素制品是现代生物医药领域的一项重要工程。

（1）胰岛素的结构及其生物合成

胰岛素是在胰岛 β 细胞的内质网膜结合型核糖体上合成的，核糖体上最初形成的产物是一个比胰岛素分子大一倍多的前胰岛素原单链多肽，其 N 端区域含有20个左右氨基酸残基的疏水性信号肽。当新生肽链进入内质网腔后，信号肽酶便切除信号肽，形成胰岛素原，后者被运输至高尔基体，以颗粒的形式贮存备用。

胰岛素原单链多肽由三个串联的区域组成（图7-15）：C 端21个氨基酸残基为 A 链，N 端30个氨基酸残基为 B 链，两者分别通过两对碱性氨基酸残基（Arg-Lys）与称为 C 肽的区域相连。当机体需要胰岛素时，高尔基体内的特异性肽酶分别在 A-C 和 B-C 连接处将胰岛素原切成三段，其中 A 链与 B 链借助于二硫键形成共价交联的活性胰岛素，并通过血液循环作用于靶细胞膜上的特异性胰岛素受体。

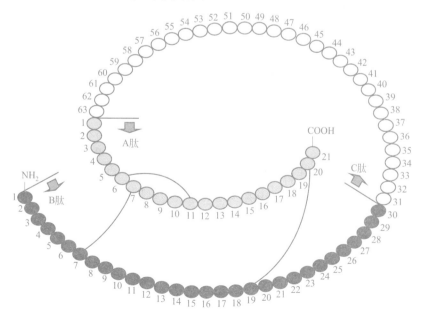

图 7-15　人胰岛素原的组成示意图

活性胰岛素含有三对二硫键，其中两对二硫键在 A 链和 B 链之间形成，分别为 A7-B7 和 A20-B19，另一对二硫键则由 A 链的第六位 Cys 与第 11 位 Cys 形成。不同种属动物的胰岛素分子结构大致相同，主要差别在 A 链二硫键之间的第 8、9 和 10 位上的 3 个氨基酸残基以及 B 链 C 端的最后一个氨基酸残基上，但这些差别并不改变胰岛素的生理功能。在所有来源的胰岛素中，人的胰岛素与猪狗的胰岛素最为接近，两者唯一的区别是 B 链 C 末端一个氨基酸残基的不同。除此之外，不同种属动物的胰岛素原 C 肽序列和长度也有差异，人的 C 肽为 31 肽，牛的为 26 肽，而猪的为 29 肽。

（2）人胰岛素的生产方法

迄今为止，工业上可采用下列四种方法大规模生产人的胰岛素。

① 从人的胰脏中直接提取胰岛素

这种方法只在早期人胰岛素生产中使用，由于原料供应的限制，其产量不可能满足临床需要。

② 由单个氨基酸直接化学合成

这种全合成方法从技术上来说是能够做到的，但其成本奇高不难想象。

③ 由猪胰岛素化学转型为人胰岛素

前已述及，猪与人的胰岛素只在 B 链 C 末端的一个氨基酸残基上存在差异，前者为丙氨酸，后者为苏氨酸，但两种胰岛素的生理功效完全一致。因此，目前一些国家在临床上使用猪胰岛素制剂治疗糖尿病。然而由于氨基酸序列上的微小差异，猪胰岛素的长期使用会在患者体内产生一定程度的免疫反应，更为严重的是，患者体内抗猪胰岛素抗体的诱导产生还可能对患者剩余的正常胰岛 β 细胞功能以及内源性胰岛素分泌造成负面影响。因此，人胰岛素制剂的使用被认为是最理想的糖尿病治疗方法。由于利用传统的生化方法从猪胰脏中提取胰岛素早已形成生产规模，且成本相对低廉，所以将猪胰岛素在体外用酶促方法转化为人胰岛素不失为一种选择，至少在重组胰岛素的大规模产业化之前，这种半合成方法仍是相当多生物制药厂家采用的生产工艺。其基本原理是：采用有机溶剂在 pH 为 6.0～7.0 的条件下，使胰蛋白酶进行逆反应；该酶在过量苏氨酸叔丁酯的存在下，脱去猪胰岛素 B 链 C 末端的丙氨酸残基，并将苏氨酸转入相应位置，所形成的人胰岛素叔丁酯，再用三氯乙酸除去其叔丁酯基团，最终获得人胰岛素，整个过程的总转化率为 60%。但是这工艺路线相当耗时，且需要一整套复杂的纯化方法，导致最终产品的价格不菲。

④ 利用基因工程菌大规模发酵生产重组人胰岛素

1982 年，美国 Ely LiLi 公司首先使用重组大肠杆菌生产人胰岛素，这是第一个上市的基因工程药物。五年后，Novo 公司又开发了利用重组酵母菌生产人胰岛素的新工艺。这种由重组细菌合成的人胰岛素无论是在体外胰岛素受体结合能力、淋巴细胞和成纤维细胞的离体应答能力，还是在血糖降低作用以及血浆药代动力学方面，均与天然的猪胰岛素无任何区别，但这种重组人胰岛素制剂却显示出无免疫原性及注射吸收较为迅速等优越性，因而深受广大医生和患者的欢迎。

（3）产人胰岛素大肠杆菌工程菌的构建策略

胰岛素的特殊分子结构决定了其工程菌的构建必须更多地兼顾后续的分离纯化及加工过程，这是提高生产效率降低生产成本的关键因素。虽然长期以来已发展了多种大肠杆菌工程菌，但是有代表性和实用性的构建方案主要有下列三种。

① AB 链分别表达法

这种方法在 Ely LiLi 公司早期发酵重组大肠杆菌生产胰岛素时采用，其基本原理由图 7-16 表示。A 链和 B 链的编码区由化学合成，两个双链 DNA 片段分别克隆在含有 P_{tac} 启动子和 β-半乳糖苷酶基因的表达型质粒上，后者与胰岛素编码序列形成融合基因，其连接位点处为甲硫氨酸密码子。重组分子分别转化大肠杆菌受体细胞，两种克隆菌分别合成 β-半乳糖苷酶-人胰岛素 A 链以及 β-半乳糖苷酶-人胰岛素 B 链两种融合蛋白。经大规模发酵后，从菌体中分离纯化融合蛋白，再用溴化氰在甲硫氨酸残基的 C 端化学切断融合蛋白，释放出人胰岛素的 A 链和 B 链。由于 β-半乳糖苷酶中含有多个甲硫氨酸残基，溴化氰处理后生成多个小分子多肽，而 A 链和 B 链内部均不含甲硫氨酸残基，故不为溴化氰继续降解。A 链和 B 链进一步纯化后，以 2∶1 的分子比混合，并进行体外化学折叠。由于两条肽链上共存在三对巯基，二硫键的正确配对率较低，通常只有 10%～20%，因此利用这条路线生产的重组人胰岛素每克售价高达 180 美元。为了进一步降低生产成本，Ely LiLi 公司随后又发展了第二种生产工艺。

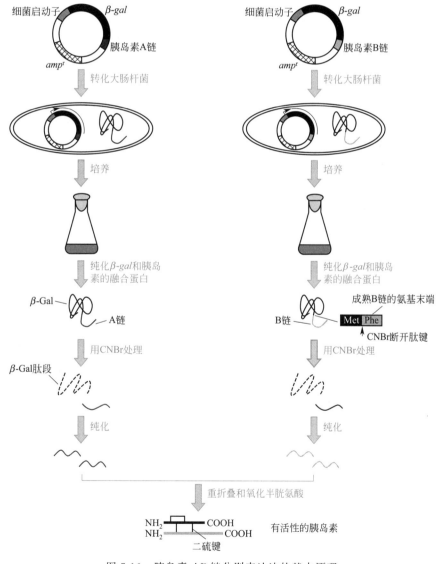

图 7-16　胰岛素 AB 链分别表达法的基本原理

② 人胰岛素原表达法

将人胰岛素原 cDNA 编码序列克隆在 β-半乳糖苷酶基因的下游，两个 DNA 片段的连接处仍为甲硫氨酸密码子。该融合基因在大肠杆菌中高效表达后，分离纯化融合蛋白，并同样采用溴化氰特性化学裂解法回收人胰岛素原片段，然后将之进行体外折叠。由于 C 肽的存在，胰岛素原在复性条件下能形成天然的空间构象，为三对二硫键的正确配对提供了良好的条件，使得体外折叠率高达 80% 以上。为了获得具有生物活性的胰岛素，经折叠后的人胰岛素原分子必须用胰蛋白酶特异性切除 C 肽。胰蛋白酶的作用位点位于精氨酸或赖氨酸残基的羧基端，由于天然构象的存在，人胰岛素原链第 22 位上的精氨酸残基和第 29 位上的赖氨酸残基对胰蛋白酶的作用均不敏感。因此用胰蛋白酶处理人胰岛素原后，可获得完整的 A 链以及 C 末端带有精氨酸残基的 B 链，也就是说，与人的天然胰岛素相比，这个 B 链多出一个氨基酸残基，后者必须用高浓度的羧肽酶 B 专一性切除。虽然上述工艺路线并不比 AB 链分别表达更为简捷，而且需要额外使用两种高纯度的酶制剂，但由于其体外折叠成功率相当高，在一定程度上弥补了工艺烦琐的缺陷，使得最终产品的生产成本仅为 50 美元/克。目前 Ely LiLi 公司采用这种工艺路线年产十几吨的重组人胰岛素，其经济效益相当可观。

③ AB 链同时表达法

这种方法的基本思路是将人胰岛素的 A 链和 B 链编码序列拼接在一起，然后组装在大肠杆菌 β-半乳糖苷酶基因的下游。重组子表达出的融合蛋白经 CNBr 处理后，分离纯化 A-B 链多肽，然后再根据两条链连接处的氨基酸残基性质，采用相应的裂解方法获得 A 链和 B 链肽段，最终通过体外化学折叠制备具有活性的重组人胰岛素。与第一种方法相似，其最大的缺陷仍是体外折叠的正确率较低，因此目前尚未进入产业化应用阶段。

上述三种工程菌的构建路线均采用胰岛素或胰岛素原编码序列与大肠杆菌 β-半乳糖苷酶基因拼接的方法，所产生的融合型重组蛋白表达率高，且稳定性强，但不能分泌，主要以包涵体的形式存在于细胞内。一种能促进融合蛋白分泌的工程菌构建策略是将胰岛素或胰岛素原编码序列插入表达型质粒 β-内酰胺酶基因的下游，后者所编码的是降解青霉素的酶蛋白，通常能被大肠杆菌分泌到细胞外。由此构建得到的工程菌同时具备了稳定高效表达可分泌型融合蛋白的优良特性，为胰岛素的后续分离纯化工序减轻了负担。

第8章
酵母菌基因工程

酵母菌（yeast）是一群以芽殖或裂殖进行无性繁殖的单细胞真核微生物，分属于子囊菌纲（子囊菌酵母）、担子菌纲（担子菌酵母）和半知菌类（半知菌酵母），共由56个属和500多个种组成。如果说大肠杆菌是外源基因表达最成熟的原核生物系统，则酵母菌是外源基因最理想的真核生物表达系统。作为一个真核生物表达系统，酵母菌的优势是：①基因表达调控机理比较清楚，并且遗传操作相对较为简单；②具有细菌无法比拟的真核生物蛋白翻译后修饰加工系统；③不含特异性的病毒，不产生毒素，有些酵母菌属（如酿酒酵母等）在食品工业中有着几百年的应用历史，属于安全型基因工程受体系统；④大规模发酵工艺简单，成本低廉；⑤能将外源基因表达产物分泌至培养基中；⑥酵母菌是最简单的真核生物，利用酵母菌表达动植物基因能在相当大的程度上阐明高等真核生物乃至人类基因表达调控的基本原理以及基因编码产物结构与功能之间的关系。因此，酵母菌的基因工程具有极为重要的经济意义和学术价值。

8.1　酵母菌的宿主系统

目前已广泛用于外源基因表达的酵母菌有：酵母属（如酿酒酵母 *Saccharomyces cerevisiae*）、克鲁维酵母属（如乳酸克鲁维酵母 *Kluyveromyces lactis*）、毕赤酵母属（如巴斯德毕赤酵母 *Pichia pastoris*）、裂殖酵母属（如粟酒裂殖酵母 *Schizosaccharomyces pombe*）以及汉逊酵母属（如多态汉逊酵母 *Hansenula polymorpha*）等，其中酿酒酵母的遗传学和分子生物学研究最为详尽。利用经典诱变技术对野生型菌株进行多次改良，酿酒酵母已成为酵母菌中高效表达外源基因尤其是高等真核生物基因的优良宿主系统。

8.1.1　提高重组蛋白表达产率的突变宿主菌

能提高重组异源蛋白分泌产率的第一个被筛选鉴定的酿酒酵母突变株携带 *SSC* 遗传位点（超分泌性）的显性突变和两个 *SSC1* 和 *SSC2* 基因的隐性突变。*SSC* 显性突变基本上与基因的启动子和分泌信号功能无关，而 *SSC1* 和 *SSC2* 的隐性突变则具有一定程度的累加性。这些突变株均能显著提高凝乳酶原和牛生长因子的分泌水平，实际上，*SSC* 突变株中的凝乳酶原基因表达水平与 SSC^+ 野生株相同，两者的区别仅表现在表达产物在空泡和培养基之间的分布，这表明 *SSC* 突变株的生物学效应发生在转录后加工步骤中。进一步研究结果证实，*SSC1* 与 *PMR1* 相同，其编码产物为在酿酒酵母的蛋白分泌系统中起着重要作用的 Ca^{2+} 依赖型 ATP 酶。

酿酒酵母的 *ose1* 和 *rgr1* 突变株能增加由 *SUC2* 启动子控制的小鼠 α-淀粉酶的合成。在 *rgr1* 突变株中，α-淀粉酶基因的 mRNA 是野生型亲本细胞的 5～10 倍，可见这个突变作用发生在基因的转录水平上；相反，*ose1* 突变株的 α-淀粉酶基因 mRNA 与野生株相同，其突变作用影响的是转录后的基因表达过程。这两种突变株对 α-淀粉酶的高效分泌并不具有专一性，它们同时也能提高使 β-内啡肽的分泌，其提高幅度分别为 7 倍和 12 倍。

另一个突变株不仅能高效分泌重组人血清白蛋白，而且也可大大促进 $α_1$-抗胰蛋白酶和纤溶酶原激活剂抑制因子的表达。许多突变株可提高人溶菌酶在酿酒酵母中的表达与分泌，但其影响机制也呈多样性。例如，*SS11* 突变株通过影响由羧肽酶催化的蛋白加工反应而提高表达产物的分泌产率；而在一个呼吸链缺陷的细胞质突变株（rho^-）中，人溶菌酶的高效表达主要表现在转录水平上，而且相同的结构基因在不同的启动子（如 P_{GAL10}、P_{GAPDH}、P_{PHO5} 和 P_{HIS5}）控制下，均表现出程度不同的高效表达特征，也就是说，rho^- 突变株能促进宿主染色体和质粒上许多基因的高效表达。

由此可见，利用经典诱变技术筛选分离酿酒酵母的核突变株或细胞质突变株，可以提高重组异源蛋白在酵母菌中的合成产率。由于呼吸链缺陷型的胞质突变株很容易分离筛选，因此具有更大的实用性。然而，有些在表型上能提高某种特定异源蛋白表达的突变株未必具有促进其他外源基因表达的能力，因为提高一种特定异源蛋白合成和分泌的影响因素极其复杂，其中包括表达产物本身的生物化学和生物物理特性，只有那些能促进任何外源基因分泌表达的基因型稳定突变株，才能用作理想的基因工程受体细胞。

8.1.2　抑制超糖基化作用的突变宿主菌

与细菌相比，酿酒酵母作为外源基因表达受体菌的一个突出优点是具有完整高效的异源蛋白修饰系统，尤其是糖基化系统。相当一部分真核生物蛋白质含有天冬酰胺侧链上的寡糖糖基，蛋白质的糖基化常常影响其生物活性（如蛋白质的抗原性等）。酿酒酵母细胞内的天冬酰胺侧链糖基修饰和加工系统对来自高等动物和人的异源蛋白活性表达是极为有利的，然而这恰恰也是它作为受体菌的一个缺点，因为在野生型酿酒酵母中，分泌蛋白的糖基化程度很难控制，筛选和分离在蛋白糖基化途径中不同位点缺陷的突变株能有效地解决酿酒酵母的超糖基化问题。

在真核生物中，分泌蛋白的糖基化反应在两种不同的细胞器中进行：糖基核心部分在内质网膜上与蛋白质侧链连接，而外侧糖链则在高尔基体中加入。酿酒酵母对重组异源蛋白的糖基化作用与其他高等真核生物不同，但一般来说更接近于哺乳动物系统。目前已从野生型的酿酒酵母中分离出许多类型的糖基化途径突变株，如甘露聚糖合成缺陷型的 *mnn* 突变株、天冬酰胺侧链糖基化缺陷的 *alg* 突变株以及外侧糖链缺陷型的 *och* 突变株等。在这些突变株中，具有重要实用价值的是 *mnn9*、*och1*、*och2*、*alg1* 和 *alg2*，因为它们不能在异源蛋白的天冬酰胺侧链上延长甘露多聚糖长链，这是酿酒酵母超糖基化的一种主要形式。含有 *mnn9*

突变的酵母菌细胞缺少能聚合外侧糖链的 α-1,6-甘露糖基转移酶活性，而 och1 突变株则不能产生膜结合型的甘露糖基转移酶。尽管其他类型的突变株尚未进行有效的鉴定，但它们却能使异源蛋白在天冬酰胺侧链上进行有限度的糖基化作用，杜绝了糖基外链无节制延长的超糖基化副反应。人 α₁-抗胰蛋白酶基因、酿酒酵母性激素加工的蛋白酶基因（BAR1）以及人组织型纤溶酶原激活剂编码基因在酿酒酵母 mnn9 和 och1 突变株中的活性表达，充分显示了其理想的抗超糖基化效应。

8.1.3 减少泛素依赖型蛋白降解作用的突变宿主菌

如果重组异源蛋白产率较低，在排除了基因表达存在的问题之后，首先应当考虑的是表达产物的降解作用。异源蛋白在受体菌中或多或少会表现出不稳定性，因此不管采用何种受体菌，蛋白降解作用始终是外源基因表达过程中不容忽视的影响因素。尽管目前对重组异源蛋白在受体细胞中的降解机制还不甚了解，但泛素（ubiquitin）依赖型的蛋白降解系统在真核生物的 DNA 修复、细胞循环控制、环境压力响应、核糖体降解以及染色质表达等生理过程中均起着十分重要的作用。

泛素是一种高度保守并分布广泛的真核生物多肽，由 76 个氨基酸残基组成。在泛素依赖型的蛋白质降解途径中，这个蛋白因子的 C 端 Leu-Arg-Gly-Gly 序列首先与各种靶蛋白的游离氨基基团形成共价结合物，后者具有三种不同的结构形式：①单一泛素与靶蛋白一个或多个赖氨酸残基中的 ε-氨基结合；②多聚泛素与靶蛋白结合，其中一个泛素单体的第 76 位 Gly 残基与另一个单体分子内部的第 48 位 Lys 残基结合；③泛素的第 76 位 Gly 残基与靶蛋白 N 端游离的 α-氨基共价结合。上述各种共价结合物在泛素激活酶 E1、泛素运载酶 E2 以及泛素连接酶 E3 的作用下，最终降解为短小肽段直至氨基酸。

酵母菌的泛素编码基因分为两大类：第一类基因含有多个泛素编码重复序列，各重复序列头尾相连形成多拷贝结构；第二类基因为单一泛素编码序列与另一个不相关的多肽编码序列的融合基因，后者称为羧基延伸蛋白（CEP），它也有两种大小不同的序列，其中 CEP52 由 52 个氨基酸残基组成，而 CEP76-80 则由 76～80 个氨基酸残基组成。在酵母菌中共有四个基因编码泛素，UBI1 和 UBI2 编码融合蛋白泛素-CEP52，UBI3 编码泛素-CEP76，而 UBI4 则编码一个五聚体泛素。UBI1、UBI2 和 UBI3 基因均能在酵母菌对数生长期内表达，当菌体进入稳定期后便自动关闭，UBI4 的表达时序与前三种基因恰好相反，这说明四种基因编码产物的生物学功能并不完全相同。酿酒酵母的 UBI1 和 UBI2 基因分别定位于第九号和第十一号染色体上，而 UBI3 和 UBI4 则定位于第十二号染色体上。此外，几个编码泛素接合酶系统的酵母菌基因（UBC）也已克隆鉴定，这些基因编码产物大多与 E2 蛋白质同源。根据其活性也可分为两大类：第一类基因包括 UBC4、UBC5 和 UBC7，其编码产物只拥有相应的保守结构域，多肽序列的其他区域并没有明显的同源性，这些蛋白形成泛素-靶蛋白共价接合物的活性严格依赖于 E3 蛋白的存在；第二类基因包括 UBC1、UBC2、UBC3 和 UBC6，它们的表达产物具有天然的 C 端延伸活性，不需要 E2 蛋白的参与便可进行泛素的接合反应。

如果外源基因表达产物在酵母菌中具有对泛素依赖型降解作用的敏感性，则可通过下列方法使这种降解作用减少到最低程度：第一种方法是以分泌形式表达重组异源蛋白，异源蛋白在与泛素形成共价结合物之前，迅速被转位到分泌器中，即可有效避免降解作用；第二种方法是将外源基因的表达置于一个可诱导的启动子控制之下，由于异源蛋白质在短期内集中表达，分子数占绝对优势的表达产物便能逃脱泛素的束缚，从而减少由降解效应带来的损失；第三种方法是使用泛素生物合成缺陷的突变株作为外源基因表达的受体细胞，在酿酒酵母中，泛素的主要来源是多聚泛素基因 UBI4 的表达，UBI4 突变株能正常生长，但其细胞内游离的泛素浓度比野生型菌株低得多，因此这种缺陷株是一个理想的外源基因表达受体。编码泛蛋白激活酶 E1 的基因也可作为突变的靶基因，含有该基因突变的哺乳动物细胞内几乎检测不出泛素-外源蛋白的共价结合物。酿酒酵母编码 E1 蛋白的基因 UBA1 是一种看家基因，UBA1 突变株是致死性的，但编码 UbA1 蛋白的等位突变株却可减少泛素依赖型异源蛋白的降解作用。此外，上述六个 UBC 基因的突变也是构建重组异源蛋白稳定表达宿主系统的选择方案，例如，一个带有 UBC4-UBC5 双重突变的酿酒酵母突变株对特异性短半衰期的宿主蛋白以及某些异常蛋白的降解活性大幅度下降，如果这种突变株对重组异源蛋白也具有同等功效，那么也可用作受体细胞。

8.1.4　内源性蛋白酶缺陷型的突变宿主菌

酿酒酵母拥有 20 多种蛋白酶，尽管不是所有的蛋白酶都能降解外源基因表达产物，但实验结果表明有些蛋白酶缺陷有利于重组异源蛋白的稳定表达。例如，将大肠杆菌的 lacZ 作为报告基因分别导入两株具有相同遗传背景的酿酒酵母菌中，其中一株含有编码空泡蛋白酶基因 pep4 的野生型菌株，另一株则为 pep4-3 突变株，后者空泡中蛋白酶的活性显著降低。比较这两株菌中 β-半乳糖苷酶的活性，在同等试验条件下 pep4-3 突变株中的 β-半乳糖苷酶活性明显高于 $PEP4^+$ 的野生菌，而且在间歇式发酵罐中，pep4-3 突变株也能长到相当高的密度。

PEP4 蛋白酶除了具有降解蛋白质的功能外，还能对某些重组异源蛋白进行加工。例如，$MF\alpha_1$-人神经生长因子（hNGF）原前体的融合蛋白只能在 pep4 突变株细胞中进行正确的加工剪切，这说明 PEP4 蛋白酶或者细胞内其他一些被 PEP4 蛋白酶激活和修饰的蛋白酶系统与重组异源蛋白的正确加工剪切过程有关。由于 PEP4 蛋白酶定位在细胞的空泡内，上述这种人神经生长因子加工剪切的前提条件是：①在 hNGF 加工剪切的内质网膜或高尔基体中存在一种依赖于 PEP4 蛋白酶成熟作用的另一种蛋白酶，它直接参与融合蛋白的加工剪切；②融合蛋白首先定位于空泡中，然后分泌；③PEP4 蛋白酶不仅定位于空泡内，而且也存在于内质网膜和高尔基体中。虽然 PEP4 蛋白酶对 $MF\alpha_1$-人神经生长因子原前体融合蛋白的加工剪切作用是否专一还是个未知数，但这种现象的存在至少有助于理解酵母菌中重组异源蛋白正确加工剪切的分子机制。

8.2　酵母菌的载体系统

酵母菌中天然存在的自主复制型质粒并不多，而且相当一部分野生型质粒是隐蔽型的，因此目前用于外源基因克隆和表达的载体质粒都是由野生型质粒和宿主染色体 DNA 上的自主复制子结构（ARS）、中心粒序列（CEN）、端粒序列（TEL）以及用于转化子筛选鉴定的功能基因构建而成。

8.2.1　酿酒酵母的 2μ 环状质粒

几乎所有的酿酒酵母菌株中都存在一个 6318bp 的野生型 2μ 双链环状质粒，它在宿主细胞核内的拷贝数可维持在 50~100 之间，呈核小体结构，其复制的控制模式与染色体 DNA 完全相同。2μ 质粒上含有两个相互分开的 599bp 反向重复序列（IRs），两者在某种条件下可发生同源重组，形成两种不同的形态［图 8-1(a) 和 (b)］。该质粒上共有四个基因：*FLP*、*REP1*、*REP2* 和 *D*，其中 *FLP* 的编码产物催化两个 IRs 序列之间的同源重组，使质粒在 A 与 B 两种形态中转化，*REP1*、*REP2* 和 *D* 均编码控制质粒稳定性的反式作用因子，上述基因共转录出七种不同分子量的 mRNA 分子。2μ 质粒还含有三个顺式作用元件，其中单一的自主复制子结构（ARS）位于一个 IRs 的边界上，*REP3*（*STB*）区域是 REP1 和 REP2 因子的结合位点，对质粒在细胞有丝分裂时的均匀分配起着重要作用，FRT（FLP recombination target，FLP 重组靶标）存在于两个 IRs 序列中，大小为 50bp，是 FLP （flippase）蛋白的识别位点。

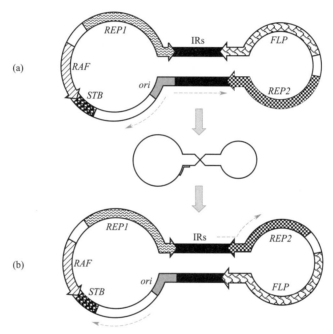

图 8-1　2μ 双链环状质粒的 2 种不同形态

　　虽然 2μ 质粒并不含任何选择压力，但它在宿主细胞中极其稳定，只有当一个人工构建的高拷贝质粒导入宿主菌中或宿主菌长时间处于对数期生长时，2μ 质粒才会以不高于 10^{-4} 的频率丢失。这种稳定性主要由两个因素决定：第一，2μ 质粒在细胞分裂时可将其复制拷贝均分给母细胞和子细胞；第二，当细胞中质粒拷贝数因某些原因减少时，2μ 质粒可通过自我扩增自动调节其拷贝数水平。REP1 蛋白通过与 *STB* 区域的特异性结合，将 2μ 质粒固定在核膜上，由于酵母菌在细胞分裂时核膜并不消失，因此质粒在核膜上的固定有利于它在子细胞和母细胞中的均匀分配。2μ 质粒仅在细胞的 S 期复制，由于其复制启动的控制与染色体 DNA 相同，因此在通常情况下，每个细胞周期它只能复制一次，但在某些环境条件下，2μ 质粒也可在一个细胞周期中进行多轮复制，而且每次复制可产生二十聚体的大分子。上述两种复制特性均与 FLP 蛋白的作用密切相关，这是 2μ 质粒以有限的复制次数获得高拷贝的主要机制。

　　除了酿酒酵母外，其他几种酵母菌的细胞内也含有野生型的相似质粒，如接合酵母属（*Zygosaccharomyces*）中的 pSRI、pSB1、pSB2、pSR1 以及克鲁维酵母属中的 pKD1 质粒等，它们都具有相似的结构形态以及大小，在各自的宿主细胞内也拥有很高的拷贝数。这些质粒的 IRs 和 ARS 的定位与酿酒酵母中的 2μ 质粒有着惊人的相似性，但其 DNA 序列以及编码产物的氨基酸序列却仅表现出微小的同源性，它们可能来自一个共同的祖先，但随着各自宿主的进化只保留下来与质粒功能密切相关的结构特征。

8.2.2　乳酸克鲁维酵母的线型质粒

乳酸克鲁维酵母细胞内含有两种不同的线型双链质粒 pGKL1（8.9kb）和 pGKL2（13.4kb），与酿酒酵母中的 2μ 质粒及类似家庭成员的隐蔽特征不同，pGKL1 和 pGKL2 分别携带编码 k1 和 k2 两种能使宿主细胞致死的毒素蛋白基因。这两种质粒在宿主细胞中的拷贝数为 50～100 之间，含有高达 73% 的 AT 碱基对，在细胞中没有固定的位置，不存在于细胞核和线粒体中，主要存在于胞质中，与乳酸克鲁维酵母的核染色体 DNA 和线粒体 DNA 也没有序列同源性。

杀手现象普遍存在于酵母中。杀手菌株含有 M dsRNA 和 L dsRNA 两种分子，两者被分开包装在病毒型的颗粒（VLPs）中。M dsRNA 编码杀手毒素蛋白（K^+），并对自身的毒素蛋白产生免疫作用（R^+），而 L dsRNA 则编码 VLPs 包装蛋白。非杀手的菌株对毒素蛋白敏感（K^-、R^-），它们缺少 M dsRNA，但能维持 L dsRNA 的存在。还有一些非杀手型的中性菌株，含有两种类型的 dsRNA，由于突变缘故不能合成毒素蛋白，但对毒素蛋白具有抗性作用（K^-、R^+）。乳酸克鲁维酵母的杀手菌株分泌的毒素蛋白不同于酿酒酵母，k1 基因同时编码毒素蛋白以及对这种毒素的抗性功能，k2 基因则是质粒的自主复制与维持虽必需的。只携带 k2 基因的菌株是 K^-R^- 型的，而只含有 k1 的菌株并不存在，并且在乳酸克鲁维酵母中也不存在 VLPs 结构，k1 和 k2 基因与酿酒酵母中的 M dsRNA 和 L dsRNA 无任何同源关系。酿酒酵母的毒素蛋白首先以一个分子质量为 42kDa 的糖基化前体合成与分泌，经加工后，形成非糖基化的 α 和 β 两个亚基（9.5 和 9.0kDa），两者由二硫键连接后成为成熟蛋白，它与敏感细胞的一个表面受体结合，进而干扰细胞钾离子和 ATP 运输系统的正常运行。乳酸克鲁维酵母的杀手毒素蛋白以糖基化的 α、β 和 γ 三亚基复合物的形式分泌，能杀死克鲁维酵母属、假丝酵母属（Candida）、球拟酵母属（Torulopsis）以及杀手酵母属等多种酵母菌，其杀菌机理是抑制敏感细胞中的腺苷酸环化酶活性，从而导致细胞循环停止在 G1 期，这种抑制活性与 γ 亚基有关。k1 和 k2 质粒的全序列已被鉴定，两种质粒分别含有 202bp 和 184bp 的反向重复序列，但两种 IRs 没有明显的同源性。k1 质粒拥有四个开放阅读框架，分别编码 DNA 聚合酶、毒素蛋白 $\alpha\beta$ 亚基、免疫蛋白以及毒素 γ 亚基。k2 质粒含有十个开放阅读框架，其中 ORF2、ORF4 和 ORF6 分别编码 DNA 聚合酶、DNA 解旋酶和 RNA 聚合酶（图 8-2）。由于 k1 和 k2 质粒定位于细胞质中，并且缺少经典的启动子结构，因此质粒上的基因转录需要自身编码的 RNA 聚合酶。所有 k1 和 k2 质粒上的开放阅读框架上游都没有酵母菌核 RNA 聚合酶的识别位点，但都在转录起始位点上游 14bp 处含有一个 ACT（A/T）A-ATATATGA 的保守序列（UCS），这是质粒编码的 RNA 聚合酶的专一性识别结合位点，但这种质粒来源的 RNA 聚合酶基因的表达仍需使用宿主细胞的转录系统。

8.2.3　果蝇克鲁维酵母的环状质粒

果蝇克鲁维酵母（Kluyveromyces drosophilarum）细胞内含有一个环状野生型质粒 pKD1，它能转化乳酸克鲁维酵母，并在无选择压力的条件下稳定复制，每个细胞的拷贝数

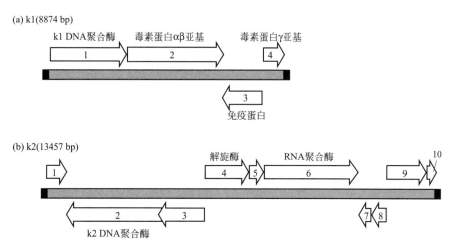

图 8-2　线型质粒 k1 和 k2 的基因顺序

为 70。pKD1 全长 5757bp，含有 A、B 和 C 三个阅读框架和一对 IRs，其自主复制子结构位于一个 IR 与 B 基因之间。只含有部分 pKD1 片段的重组质粒在克鲁维酵母菌中极不稳定，但若将相同的重组质粒转化含有完整 pKD1 的受体细胞，转化子的稳定性明显提高，这表明重组质粒与 pKD1 进行了同源重组。

pKD1 的 A 基因与酿酒酵母 2μ 质粒上编码重组酶的 FLP 基因具有相同的功效，而 B 基因则对应于 REP1。在乳酸克鲁维酵母中，最稳定的重组质粒是 E1，它含有全部 pKD1 序列，并在其 B 基因上游的一个 EcoRⅠ位点上插入无复制子结构但携带可选择标记基因的整合型质粒 YIp5，但这种重组质粒在含有 2μ 质粒的酿酒酵母中表现出高度的不稳定性。含有 pKD1 和 2μ 质粒双重复制子的穿梭质粒 pGA15，可以高频转化乳酸克鲁维酵母和酿酒酵母，如果这两种受体细胞中分别含有 pKD1 和 2μ 质粒，则 pGA15 转化子的稳定性也相应提高，这表明穿梭质粒能有效地用于两种或多种酵母菌属之间的基因转移。环状质粒 pKD1 的应用主要是构建克鲁维酵母属的高效转化系统，其转化效率可高达 $10^4 \sim 10^5$/μg DNA，与酿酒酵母的 2μ 质粒转化系统相似，但比其他酵母菌属的转化系统高 10～100 倍。

8.2.4　含 ARS 的 YRp 和 YEp

酿酒酵母基因组上每隔 30～40kb 便有一个自主复制序列（ARS），因此用不含复制子结构的整合型质粒构建酵母菌染色体 DNA 基因文库，很容易克隆到 ARS 片段，重组质粒在受体菌中的维持由整合质粒所携带的标记基因表达作为指标。ARS 能使重组质粒的转化效率大幅度提高，但提高程度差别很大，也就是说，与启动子的转录效率相似，不同结构序列的 ARS 在启动质粒自主复制的能力上有强弱之分。来自同一酵母菌菌种的绝大多数 ARS 不能进行交叉杂交，但 ARS 的序列中 AT 碱基对的含量都很高（70%～85%），并存在一个拷贝的核心保守序列：（A/T）TTTAT（A/G）TTT（A/T）。这个核心序列改变一对碱基，均可导致复制功能丧失，但核心序列并不是进行复制功能的最小单位，其上游和下游邻近区域的存在也是必需的。在一般情况下，具有完整自主复制功能的 ARS 大小在 0.8～1.5kb 范围内。

酵母菌自主复制型载体质粒的构建主要包括引入复制子结构、选择标记基因以及提供克隆位点的 DNA 区域三部分，后者一般采用大肠杆菌的质粒 DNA，如 pBR322 等。复制子结构的来源有两种，即直接从宿主细胞染色体 DNA 上克隆 *ARS* 或取 2μ 质粒的复制子，由染色体 *ARS* 构成的质粒称为 YRp（图 8-3），而由 2μ 质粒构建的杂合质粒称为 YEp（图 8-4）。YRp 质粒以及只含有 2μ 质粒复制子的 YEp 质粒在转化酿酒酵母后，都能进行自主复制，拷贝数最高时可达 200/细胞。但转化子经过几代培养后，质粒的丢失率高达 50%～70%，其主要原因是质粒的复制拷贝不能在母细胞和子细胞中均匀分配，而且这种不均匀分配现象发生的强度与质粒的拷贝数呈高度正相关。在麦芽糖假丝酵母（*Candida maltosa*）和脂解雅氏酵母（*Yarrowia lipolytica*）中，YRp 型的质粒在每个细胞中只有二至五个拷贝，但却显示出较高的稳定性。有些 YRp 质粒在二倍体细胞中比在单倍体细胞中更为稳定，但其拷贝数比在单倍体细胞中减少 5～10 倍。

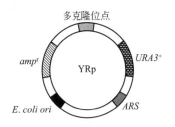

图 8-3　YRp 质粒图谱

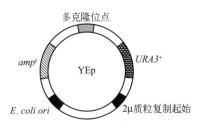

图 8-4　YEp 质粒图谱

8.2.5　含 CEN 的 YCp

在真核生物中，染色体在母细胞和子细胞之间的均匀正确分配是由有丝分裂纺锤体等活化的分配器进行的。从纺锤体孔中伸展出来的微管通过动粒复合物结合在染色体的特异性位点（即着丝粒或中心粒）上，将染色体组拉向正在分裂的细胞两端，最终形成各含一套完整染色体的母细胞和子细胞，因此着丝粒区域是染色体均匀分配的重要顺式作用元件。将该区域 DNA 片段插入 *ARS* 型质粒中，能明显改善质粒复制拷贝在母细胞和子细胞中的均匀分配，同时提高质粒在宿主细胞增殖过程中的稳定性。

酿酒酵母中的不同着丝粒 DNA 之间没有明显的同源性，但它们都含有一个 110～120bp 长度的保守区域，这一区域由三个特征序列组成，分别为 *CDE* I、*CDE* II 和 *CDE* III。有些着丝粒（如 *CEN6*）的 *CDE* I 和 *CDE* III 序列已足以发挥功能，但两者中的任何一个缺失，着丝粒的活性全部丧失。即使在三个序列都必需的着丝粒中，*CDE* II 序列也没有明显的保守性，在已鉴定的十个酵母菌 *CEN* 中，*CDE* II 序列的最显著特征是 AT 碱基对含量高于 90%，但改变这一组成，对着丝粒功能只有轻微的影响。

将上述 *CEN* DNA 片段与含有 *ARS* 的质粒重组，构建的杂合质粒称为 YCp（图 8-5）。YCp 质粒具有较高的有丝分裂稳定性，但拷贝数通常只有一至五个。分子量小于 10kb 的 YCp 质粒在每次细胞分裂时的丢失率为 10^{-2}（标准的染色体丢失率为 10^{-5}），但当 YCp 质粒扩大至 100kb 时，相应的丢失率下降到 10^{-3}。酵母受体细胞中的 2μ 质粒并不能提高 YCp 质粒的拷贝数，也就是说，2μ 质粒的多位点扩增系统对 YCp 质粒的复制不起作用。含有双 *CEN* 区域的 YCp 质粒在结构上是稳定的，但在宿主细胞分裂若干次（最多 20 次）后，即表现出不稳定性，在选择性培养基上生长的细胞中，不到 10% 的细胞含有 YCp 质粒，而且这些细

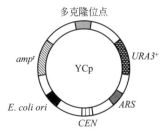

图 8-5　YCp 质粒图谱

胞中也只有 7 个质粒拷贝。

YCp 质粒与 *ARS* 质粒（如 YEp 和 YRp）一样，能高频转化酵母菌，也可在大肠杆菌和酵母菌中有效地穿梭转化并维持。但 YCp 质粒比 YEp 和 YRp 质粒稳定，并且质粒的拷贝数也相对比较稳定，这在研究基因表达调控机制、合成对宿主细胞产生毒性反应的外源基因编码产物以及利用同源重组技术灭活染色体基因等方面具有较高的实用价值。

8.2.6 穿梭载体

从基因操作的角度看，无论哪一种表达系统的载体，都需要有一个扩增和保存的体系。大肠杆菌分子克隆系统能很好地满足这一要求，因此现在几乎所有类型的表达载体都有大肠杆菌的复制元件和标记基因，如 ColE1 或 pMB1 质粒复制子和氨苄西林等抗性标记基因。由于表达载体几乎都有在目标宿主中工作的复制元件，因此从适应宿主的属性来看这些载体也可称为穿梭载体（shuttle vector）。

简单地说，穿梭载体就是能够在两类不同宿主中复制、增殖和选择的载体，如有些载体既能在原核细胞中复制又能在真核细胞中复制，或能在大肠杆菌中复制又能在革兰氏阳性细菌中复制，或能在大肠杆菌中复制又能在古生菌中复制。这类载体主要是质粒载体。由于复制和选择都是有宿主专一性的，因此穿梭载体至少含有两套复制元件和两套选择标记，相当于两个载体的联合。另外，由于在大肠杆菌中对质粒载体进行操作比较方便，拷贝数高且易于保藏，所以在现行的载体中只要涉及大肠杆菌以外的细胞，绝大多数都装有大肠杆菌质粒载体的基本元件，它们都可以看作是穿梭载体。据此，穿梭载体也可看作是载体的一种表现形式，主要突出其在非大肠杆菌中的操作。穿梭载体一般是在大肠杆菌中保藏、扩增，然后将其转到目标宿主中。至于到目标宿主中的作用由其所携带的功能元件决定，表达外源基因是最常见的。

很多细菌都有自己的质粒和噬菌体，从理论上讲它们都可用作构建适合于各自宿主的克隆载体，但需要相当长的时间和精力。另外，对革兰氏阴性（Gram⁻）细菌来说，存在很多能在广谱宿主范围宿主中复制的质粒，即广宿主范围质粒，如 RSF1010 ［8.9kb，*str*ʳ（链霉素抗性基因），*sul*ʳ（磺胺抗性基因）］、RP4、RP1 和 RK2。其中 RSF1010 能在大肠杆菌和假单胞菌（*Pseudomonas* spp.）等革兰氏阴性细菌中复制，但严格来说由这些质粒衍生出来的载体不能算作穿梭载体。

（1）大肠杆菌/革兰氏阳性细菌穿梭载体

大肠杆菌/革兰氏阳性细菌穿梭载体是典型的穿梭载体，其作用主要是将目的基因转移到芽孢杆菌或球菌中去。枯草芽孢杆菌（*Bacillus subtilis*）是革兰氏阳性细菌中的代表种，但研究早期几乎没有发现内源性质粒。因此应用于该细菌的穿梭载体质粒的复制区主要来自球菌或其他芽孢杆菌。pHT304 是应用于苏云金芽孢杆菌（*B. thuringiensis*）的穿梭载体，其构成相当于在克隆载体 pUC18 中插入了苏云金芽孢杆菌质粒的复制区和金黄色葡萄球菌（*Staphylococcus aureus*）的红霉素抗性基因（图 8-6）。通过这一载体，已经在许多苏云金芽孢杆菌中表达了杀虫晶体蛋白基因（*Bt*）。一般的穿梭载体只起转载的作用，对于目的基因是否表达由目的基因自身的表达元件决定。

（2）大肠杆菌/酵母菌穿梭载体

大肠杆菌-酿酒酵母穿梭载体，含有分别来自大肠杆菌和酿酒酵母的复制起点与选择标记，另有一个多克隆位点区。由于此类型的载体既可在大肠杆菌细胞中复制，也可在酿酒酵

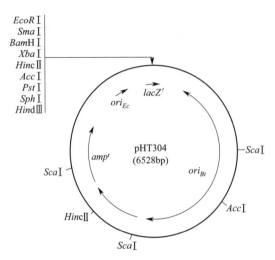

图 8-6　大肠杆菌/革兰氏阳性细菌穿梭载体 pHT304 图谱

母细胞中复制，因此在遗传学研究中很受欢迎。它使研究工作者可自如地在两种不同的宿主细胞之间来回转移基因，并单独或同时在两种宿主细胞中研究目的基因的表达活性及其他调节功能。例如，可将酵母的某种基因亚克隆到穿梭载体上，置于大肠杆菌中进行定点诱变处理后，再把突变基因返回到到酵母细胞，以便在天然的宿主中研究此种突变的功能效应。

（3）其他穿梭载体

在哺乳动物、昆虫、植物等细胞中使用的载体，一般都有在大肠杆菌中复制的元件，因此可以在大肠杆菌中操作、保存和扩增。由于携带大肠杆菌的复制元件已经成为一种一般性的设计，因此对这类载体往往弱化其穿梭性质。这些在真核生物中使用的载体，如动物的病毒载体、植物的 Ti 质粒载体以及昆虫的杆状病毒载体，一般要复杂一些，但从其结构组成上看同样满足载体的一般要求。

8.3　酵母菌的转化系统

酵母菌的转化程序首先是在酿酒酵母中建立的，类似的方法也同样适用于粟酒裂殖酵母和乳酸克鲁维酵母的转化。质粒进入酵母菌细胞后，或与宿主染色体同源整合，或借助于 ARS 序列进行染色体外复制。这种特征与细菌颇为相似，但与包括真菌在内的其他真核生物有明显的区别，后者中，非同源重组占主导地位。操作简便的转化系统是酵母菌作为 DNA 重组和外源基因表达受体的另一优势之处。

8.3.1　酵母菌的转化程序

早期酵母菌的转化都采用在等渗缓冲液中稳定的原生质体转化法。在钙离子和 PEG 存在下，酵母菌原生质体可有效地吸收质粒 DNA，转化效率与受体菌的遗传特性以及使用的选择标记类型有关。在无选择压力的情况下，转化细胞数量可达存活的原生质体总数的 1%～5%。此外，将酵母菌原生质体与含有外源 DNA 的脂质体或者含有酵母菌-大肠杆菌穿梭质粒的大肠杆菌微小细胞融合，也能获得较高的转化效率。但上述标准转化程序的高转化率只限于个别菌株，对大多数酵母菌而言，利用合适的标记基因筛选转化子是必需的。

原生质体的转化方法虽然使用广泛，但操作周期较长，而且转化效率受到原生质体再生率的严重制约，因此几种全细胞的转化程序相继建立，其中有些方法的转化率与原生质体的方法不相上下。酿酒酵母的完整细胞经碱金属离子（如 Li^+ 等）或 2-巯基乙醇处理后，在 PEG 存在下和热休克之后可高效吸收质粒 DNA，虽然不同的菌株对 Li^+ 或 Ca^{2+} 的要求不同，但 LiCl 介导的全细胞转化法同样适用于粟酒裂殖酵母、乳酸克鲁维酵母以及脂解雅氏酵母系统。完整细胞转化与原生质体转化的机制并不完全相同，在酿酒酵母的原生质体转化过程中，一个细胞可同时接纳多个质粒，而且这种共转化的原生质体占转化子总数的 25％～33％，但在 LiCl 介导的完整细胞转化中，共转化现象较为罕见。另一方面，LiCl 处理的酵母菌感受态细胞吸收线型 DNA 的能力明显大于环状 DNA（两者相差 80 倍），而原生质体对这两种形态的 DNA 的吸收能力并没有特异性。

酵母菌原生质体和完整细胞均可在电击条件下吸收质粒 DNA，但在此过程中应避免使用 PEG，因为它对受电击的细胞的存活具有较大的负作用。电穿孔转化法与受体细胞的遗传背景以及生长条件关系不大，因此广泛适用于多种酵母菌属，而且转化率可高达 $10^5/\mu g$ DNA。此外，采用类似于接合的程序也可将细菌中的质粒 DNA 转移到酵母菌中，只是其接合频率比细菌之间的接合低 90％～99％。

8.3.2　转化质粒在酵母细胞中的命运

双链 DNA 和单链 DNA 均可高效转化酵母菌，但单链 DNA 的转化率是双链 DNA 的 10～30 倍。含有酵母复制子结构的单链质粒进入受体细胞后能准确地转化为双链形式，而不含复制子结构的单链 DNA 则可高效地同源整合到受体菌的染色体 DNA 上；另一方面，酵母菌细胞中含有活性极强的 DNA 连接酶，但 DNA 外切酶的活性比大肠杆菌低得多，因此线型质粒或带有切口（nick）的双链 DNA 分子均可高效转化酵母菌，甚至几个独立的 DNA 片段进入受体细胞后也能在复制前连接成一个环状分子。将人工合成的 20～60bp 寡聚脱氧核苷酸片段转化酵母菌，这些 DNA 小片段能整合在受体菌的染色体 DNA 的同源区域内。例如某一酵母菌突变株呈 cyc^- 遗传特性，其 CYC1 基因的第四位密码子突变为终止密码子，将含有 CYC15 一端完整编码序列的寡聚脱氧核苷酸转化这株突变株，可筛选到 cyc^+ 的转化子，这一技术为酵母菌基因组的体内定点突变创造了极为有利的条件。

除此之外，进入同一受体细胞的不同 DNA 片段，如果存在同源区域，也能发生同源重组反应，并产生新的重组分子。将外源基因克隆在含有一段酵母菌质粒 DNA 的大肠杆菌载体（如 pBR322 及其衍生质粒）上，重组分子直接转化含有酵母菌质粒的受体细胞，重组分子中的外源基因便可通过体内同源整合进入酵母菌质粒，这种方法尤其适用于酵母菌载体因分子太大、限制性内切酶位点过多而难以进行体外 DNA 重组的情况。同理，含有酵母菌染色体 DNA 同源序列以及合适筛选标记基因的大肠杆菌重组质粒转化酵母菌后，借助于体内同源整合过程可稳定地整合在受体菌的同源区域内，YIp 整合型质粒就是根据这一原理构建的（图 8-7）。同源重组的频率取决于

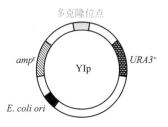

图 8-7　YIp 质粒图谱

整合型质粒与受体菌基因组之间的同源程度以及同源区域长度，但在一般情况下，50%～80%的转化子含有稳定的整合型外源基因。迄今为止，许多基因工程酵母菌都是采用整合的方式构建的，如产人血清白蛋白的巴斯德毕赤酵母工程菌等。

8.3.3　用于转化子筛选的标记基因

用于酵母菌转化子筛选的标记基因主要有营养缺陷互补基因和显性基因两大类，前者主要包括营养成分的生物合成基因，如氨基酸（*LEU*、*TRP*、*HIS* 和 *LYS*）和核苷酸（*URA* 和 *ADE*）等，在使用时，受体菌必须是相对应的营养缺陷型突变株。这些标记基因的表达虽具有一定的种属特异性，但在酿酒酵母、粟酒裂殖酵母、巴斯德毕赤酵母、白假丝酵母（*Candida albicans*）以及脂解雅氏酵母等酵母菌种之间，种属特异性表达的差异并不明显。目前用于实验室研究的几种常规酵母菌属受体菌均已建立起相应的营养缺陷系统，但对大多数多倍体工业酵母而言，获得理想的营养缺陷型突变株相当困难，甚至不可能，为此在此基础上又发展了酵母菌的显性选择标记系统。

显性标记基因的编码产物主要是干扰酵母菌受体细胞正常生长的毒性物质的抗性蛋白（表 8-1），其中来自大肠杆菌 Tn601 转座子的 *aph* 基因编码氨基糖苷类抗生素 G418 的蛋白（磷酸转移酶），这个基因能在酵母菌中表达，但其转化酵母菌的能力只及营养缺陷型标记基因的 10%。

表 8-1　用于酵母菌的显性筛选标记

蛋白质	基因	类型	说明
氨基糖苷转移酶	*Aph*（Tn601）	抗氨基糖苷 G-418	
氯霉素乙酰转移酶	*cat*（Tn9）	抗氯霉素	在不可发酵的碳源上生长，ADC1 启动子
二氢叶酸还原酶	*dhfr*	减少氨甲蝶呤和磺胺的抑制	异-1-细胞色素 c 启动子
未定性	*ble*	抗草霉素	*S. cerevisiae*（异-1-细胞色素 c 启动子） *Y. lipoytica*（LEU2 启动子）
铜离子螯合物	*CUP1*	抗铜离子	自身启动子
转化酶	*SUC2*	蔗糖的利用	*P. pastoris*（AOX1 启动子） *Y. lipoytica*（XPR2 启动子）
乙酰乳酸合成酶	*ILV2^R*	抗硫酰脲除草剂	自身启动子
EPSP 合成酶	*aroA*	抗 glyphosate	ADH1 启动子，CYC1 终止子

氯霉素能抑制细菌 70S 核糖体以及真核生物线粒体介导的蛋白质生物合成，但对酵母菌等真核生物细胞质内由 80S 核糖体介导的 mRNA 翻译过程没有任何作用。然而，用非发酵型碳源（如乙醇或甘油）培养酵母菌，则氯霉素也能抑制其生长，不过筛选时所使用的抗生素浓度必须大于 1mg/mL，而且不同的酵母菌属对氯霉素的敏感性不同。氯霉素的抗性基因来自转座子 Tn9，其编码产物氯霉素乙酰转移酶（CAT）通过氯霉素的乙酰化作用而使其灭活。为了提高 *cat* 标记基因在酵母受体菌中的表达水平，需将 CAT 编码序列和核糖体结合位点与酵母菌修饰过的乙醇脱氢酶基因（ADC1）启动子和 CYC1 基因终止子结构进行拼接，然后导入酵母菌载体质粒。在受体细胞中，*cat* 标记基因的表达水平与 *TRP1* 和 *LEU2* 等营养缺陷型标记相同，即便是随整合型质粒以单拷贝的形式插在受体菌染色体上，*cat* 基因也足以使受体菌产生较强的氯霉素抗性，因此非常适用于工业酵母菌系统。

酿酒酵母的生长为氨甲蝶呤和对氨基苯磺酰胺的混合物所抑制，前者抑制二氢叶酸还原酶的活性，后者则阻止四氢叶酸的生物合成。在多拷贝的 2μ 质粒衍生载体上过量表达二氢叶酸还原酶基因（*dhfr*），可以有效抵消由于氨甲蝶呤抑制所造成的酵母菌内源性二氢叶酸还原酶的活性不足。标记基因选取小鼠来源的 *Mdhfr* cDNA 编码序列，将其置于酵母菌细胞色素 c 基因的启动子控制之下，并插入含有 ARS 序列的载体质粒上。当重组质粒整合到染色体上后，*Mdhfr* 表达序列可产生 6 个随机排列的拷贝，并在受体菌分裂 30 代后仍保持结构的稳定。

腐草霉素是由轮枝链霉菌（*Streptomyces verticillus*）合成的一种抗生素，在低浓度时腐草霉素就能杀死细菌和真核生物，其作用机理是在体内和体外断裂 DNA。转座子 Tn5 上的 *ble* 基因编码产物可灭活腐草霉素，将该编码序列与酵母菌异-1-细胞色素 c（*CYC1*）基因所属的启动子和终止子重组，并克隆在一个大肠杆菌-酵母菌自主复制的多拷贝穿梭质粒上，酿酒酵母转化子就能表达合成腐草霉素的抗性蛋白，因此只需在复合培养基上加入适量的抗生素，转化子即可筛选得到。这个筛选系统尤其适用于脂解雅氏酵母菌，因为它对相当多的抗生素不敏感。

Cu^{2+} 抗性基因（*CUP1*）编码一种 Cu^{2+} 螯合蛋白，其多肽链内 60 个半胱氨酸残基中的 10 个参与 Cu^{2+} 的螯合作用。在酵母菌的 Cu^{2+} 抗性突变株中，*CUP1* 基因的拷贝数是敏感株的 10～15 倍。将 *CUP1* 基因插入自主复制型酵母杂合质粒 pJDB207 上，并转化相应的受体菌，转化子能稳定维持 100 个拷贝的 pJDB207，同时高效表达 Cu^{2+} 抗性蛋白。酿酒酵母对 Cu^{2+} 极其敏感，因此是 Cu^{2+} 筛选系统的最佳受体菌。在一般情况下，含有 $0.5\sim1.0$ mmol/L $CuSO_4$ 的培养基即可有效筛选 pJDB207-*CUP1* 型的转化子。

磺酰脲类（SM）除草剂能抑制多种细菌和真核生物的乙酰乳酸合成酶，导致细胞内异亮氨酸和缬氨酸生物合成能力的缺失。来自酿酒酵母突变株的 SM 脱敏性基因 *ILV2* 已被克隆，该基因能使转化子产生显性 SM 抗性表型，而且较低的表达水平就足以克服 SM 对乙酰乳酸合成酶产生的抑制作用，因此这个选择标记系统对许多酵母菌属均适用。另一种潜在的除草剂 N-磷羧甲基甘氨酸能抑制芳香族氨基酸生物合成途径中的 EPSP 合成酶。将编码此酶的大肠杆菌 *aroA* 基因置于 ADH1 启动子和 CYC1 终止子的控制之下，可在酿酒酵母中高效表达 EPSP 酶，相应的转化子也产生较高的 N-磷羧甲基甘氨酸耐受性。不同的酵母菌属对各种单糖或双糖代谢利用能力的差别很大，因此某些糖代谢基因也可作为选择标记使用，例如，酿酒酵母能分泌一种将蔗糖分解为葡萄糖和果糖的转化酶（蔗糖酶），而某些酵母菌属如巴斯德毕赤酵母和脂解雅氏酵母则不能代谢蔗糖。将转化酶基因作为选择标记克隆在上述两种酵母受体菌中，转化子可从含有蔗糖唯一碳源的培养基中方便地筛选，而且在重组菌的培养过程中，加入蔗糖还能为维持质粒提供选择压力，这种添加剂在基因工程药物生产中明显优于抗生素及其他有机化合物或重金属离子。

利用质粒上的营养成分生物合成标记基因互补相应的营养缺陷型受体菌，可以在不添加任何筛选试剂的条件下维持转化子中质粒的存在，但这种筛选互补模式并不稳定，而且对选择培养基的要求也很高，在大规模传统发酵中普遍使用的复合培养基一般不能用作这种转化菌的培养。近年来发展起来的自选择系统是克服上述困难的一种有效方法。酿酒酵母的一种 *srb-1* 突变株对环境条件极为敏感，它只能在含有渗透压稳定剂的培养基中正常生长，而在普通复合培养基中细胞会自发裂解。用含有野生型 *SRB1* 基因的自主复制型多拷贝质粒转化这种突变株受体细胞，则只有转化子能在不含渗透压稳定剂的普通培养基中生长，因此任何培养基均可用于转化细胞的筛选以及质粒的稳定维持。更为优越的是，含有 *SRB1* 标记基因的多拷贝载体能在受体菌中稳定复制 80 代以上。相对化学试剂或营养缺陷互补筛选程序而言，这种自选择系统具有更高的应用价值。

8.4 酵母菌的表达系统

酵母菌是一种最简单的真核生物，尽管其生长代谢特征与大肠杆菌等细菌有许多相似之处，但在基因表达调控模式尤其是转录水平上与细菌有着本质的区别，因此酵母菌是研究真核生物基因表达调控的理想模型。绝大多数的酵母菌基因在所有生理条件下均以基底水平转录，每个基因在一次细胞循环过程中平均转录 5～10 次，对应于每个细胞或细胞核只产生 1～2 个分子的 mRNA。外源基因在酵母菌中高效表达的关键是选择高强度的启动子，改变受体细胞基因基底水平转录的控制系统。

8.4.1 酵母菌启动子的基本特征与选择

用于启动转录蛋白质结构基因的酵母菌Ⅱ型启动子由基本区和调控区两部分组成，基本区包括 TATA 盒和转录起始位点。在酿酒酵母中，转录起始位点位于 TATA 盒下游 30～120bp 的区域内，但粟酒裂殖酵母的 mRNA 合成位点紧邻 TATA 盒，与高等真核生物的启动子结构非常相似。这两种来源的启动子在启动基因转录方面具有交叉活性，但其转录起始位点的选择与宿主细胞的性质密切相关。例如，粟酒裂解酵母的基因在酿酒酵母细胞中的转录起始位点位于其正常转录起始位点的下游，而酿酒酵母的基因在粟酒裂解酵母细胞中的转录却在其 TATA 盒的邻近区域开始，也就是说，同一个基因的转录产物在两种宿主细胞中的大小并不一致，这种现象有可能直接影响 mRNA 的翻译过程，因此启动子与受体细胞之间的合理匹配对异源基因在酵母菌中的表达起着重要作用。对于各种酵母菌的基因来说，Ⅱ型 RNA 聚合酶启动 mRNA 合成的最佳位点位于 TATA 盒下游 40～110bp 区域内，酵母菌启动子的调控区位于基本区上游几百碱基对的区域内，由上游激活序列（UAS）和上游阻遏序列（URS）等顺式元件组成。这些元件均为相应的反式蛋白调控因子的作用位点，并激活或关闭由 TATA 盒介导的基因转录，而反式蛋白调控因子的表达及活性状态的改变又受到特异性信号分子的影响，由此构成酵母菌基因表达的时空特异性调控网络。

与大肠杆菌相似，利用启动子探针质粒可从酵母菌基因组中克隆和筛选具有特殊活性的强启动子，所使用的无启动子报告基因为疱疹单纯病毒的胸腺嘧啶激酶基因（HSV1-TK）。该酶催化胸腺嘧啶合成 dTMP，酿酒酵母天然缺少 TK 基因，其 dTMP 是由胸腺嘧啶核苷酸合成酶从 dUMP 转化而来。利用氨甲蝶呤和对氨基苯磺酰胺抑制其 dTMP 的生物合成，则细胞便不能复制 DNA 并死亡。将 HSV1-TK 基因与 pJDB207 重组构建一个启动子探针质粒，在 TK 基因上游用单一限制性酶切开后插入随机断裂的酵母菌基因组 DNA 片段，从含有氨甲蝶呤、对氨基苯磺酰胺以及胸腺嘧啶的选择培养基上即可获得含有启动子活性片段的阳性转化子。由于 TK 基因融合蛋白形式也具有相当的活性，因此由这个探针质粒克隆的 DNA 片段中除了启动子结构外，还含有其他的转录和翻译元件。启动子的强度则可通过分析转化子中胸腺嘧啶激酶的活性以及转化菌落在培养基上生长所需的最小胸腺嘧啶浓度来表示，利用这个系统已筛选出一个极强的酵母菌启动子。

获得强启动子的另一种方法是从已有的启动子中构建杂合启动子。例如，将酿酒酵母的乙醇脱氢酶Ⅱ基因（ADH2）所属启动子的上游调控区与甘油醛-3-磷酸脱氢酶基因（GAPDH）所属启动子的下游基本区重组在一起，构建出 ADH2-GAPDH 型杂合启动子。ADH2 启动子为葡萄糖阻遏并可用乙醇诱导，而 GAPDH 启动子是酿酒酵母细胞中最强的组成型表达启动子。用这个杂合启动子表达人胰岛素原与超氧化歧化酶的融合基因，克隆菌在富含葡萄糖的培养基上迅速生长，但不表达融合蛋白，当葡萄糖耗尽后，融合蛋白获得高效表达。另一个相似的杂合启动子由丙糖磷酸异构酶（TPI）基因的强启动子和一个温度依赖型阻遏系统（sir3-8^{ts}-MATα2）的操作子序列构成，这种杂合启动子的一个显著特征是可用温度诱导表达外源基因。

8.4.2　酵母菌启动子的可调控表达系统

外源基因的定时可控性表达对重组菌高产异源蛋白至关重要，尤其当高浓度的表达产物对受体菌具有毒性作用时，重组细胞必须在生长到一定密度之后才能诱导外源基因的表达。目前广泛使用的酵母菌可控性启动子表达系统有半乳糖启动子（GAL）、酸性磷酸酶启动子（PHO）、甘油醛-3-磷酸脱氢酶基因启动子（GAPDH）、Cu^{2+} 螯合蛋白启动子（CUPI）以及交配α型阻遏系统（MATa/α）。它们具有多种控制表达机理，且诱导条件和诱导效果也不一样。

（1）温度控制表达系统

酿酒酵母 PHO5 基因通常在培养基中游离磷酸盐耗尽时被诱导高效表达，将 PHO5 启动子与 α-D-干扰素基因重组，转化子在高磷酸盐的培养基中 30℃ 迅速生长，当将其转移到不含磷酸盐的培养基中，其合成干扰素的能力提高 100～200 倍。PHO4 基因的编码产物是 PHO5 基因表达的正调控因子，其温度敏感性突变基因 pho4^{TS} 的编码产物在 35℃ 时失活，因此含有 pho4^{TS}-PHO5 型启动子的克隆菌在 35℃ 时能正常生长，但不表达外源基因。当培养温度迅速下降到 23℃ 时，pho4^{TS} 基因表达的正调控因子促进 PHO5 启动子的转录启动活性，进而诱导其下游外源基因的表达。但这种诱导水平只及游离磷酸缺乏时诱导水平的 10%～20%，其原因可能是由于 23℃ 时酵母菌的代谢能力普遍受到抑制或者 PHO4 蛋白的活性在这种温度下不能正常发挥。

酿酒酵母细胞的 a 型和 α 型由位于交配类型遗传位点的 MATa 和 MATα 两个等位基因共同决定。MATα 基因由两个顺反子 MATα1 和 MATα2 组成，前者编码一个正调控因子，是所有决定 α 型细胞表型的 α 特异性基因表达所必需的（即 α1 激活过程）；后者编码一个负调控因子，它是所有决定 a 型细胞表型基因的阻遏蛋白（即 α2 阻遏过程）。MATa 基因也由 MATa1 和 MATa2 两个顺反子组成，其表达产物在单倍体细胞中没有功能，但在单倍体的交配过程中，a1 蛋白可与 α2 蛋白协同阻遏 MATα1 顺反子的转录（即 a1-α2 阻遏）。利用上述细胞类型决定簇的两种特异性突变基因可以构建对克隆的外源基因表达进行温度控制的二元系统，一个是温度敏感型的 sir3-8^{ts} 突变基因；另一个是 α2 蛋白的 hmlα2-102 突变导致它在与 a1 蛋白交配时对 MATα 顺反子阻遏活性的丧失，但仍保留着阻遏 a 特异性基因的能力。

具有 MATa-hmlα2-102-HMRa-sir3-8^{ts} 基因型的酵母菌细胞在 25℃ 培养时，应具有 a 交配类型，因为此时仅有 MATa 基因能表达，hmlα2-102 和 HMRa 均为 Sir 蛋白所阻遏；但当这种细胞生长在 35℃ 时，MAT、HML 和 HMR 三个基因均能表达，只有 α2 基因被阻遏，因此细胞呈现 α 交配类型。这一系统为外源基因的表达提供了一种二元调控模式：当外源基因置于 a 特异性基因的启动子控制之下时，a 交配型的受体细胞在 25℃时可以表达这一基因，但在 35℃时不表达 [图 8-8(a)]；相反，如果外源基因与 α 特异性基因的启动子重组，则它仅在 35℃时表达，而在 25℃不表达 [图 8-8(b)]。以 PHO5 基因作为报告基因，将之与 α 特异性基因 MFα1 的启动子连接在一起，转化子中 PHO5 基因在较高的温度下表达，当培养温度迅速下降后，其表达迅速终止，与之相反的例子也同样得以证实。

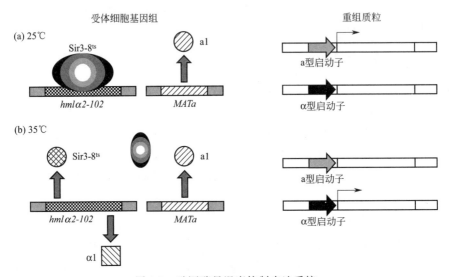

图 8-8 酿酒酵母温度控制表达系统

(2) 超诱导表达系统

当酿酒酵母生长在无半乳糖或葡萄糖存在的培养基中时，其 GAL1、GAL7 和 GAL10 启动子受到阻遏，加入半乳糖或葡萄糖耗尽时，启动子活性被诱导 1000 倍。半乳糖的诱导作用与 GAL4 基因和 GAL80 蛋白质的性质密切相关，GAL4 编码一种正调控蛋白，能与 GAL1、GAL7 和 GAL10 启动子上游的 UAS gal 特异性结合，GAL80 蛋白则是 GAL4 因子的拮抗剂。一般情况下，GAL4 基因的表达水平较低，限制了半乳糖诱导作用的程度，这种情况当外源基因克隆在含有半乳糖启动子的多拷贝质粒上时表现得尤为突出。在此系统中过量表达原来属于组成型表达的 GAL4 基因并不能解决问题，因为此时 GAL 启动子已转入组成型表达状态。

为了提高半乳糖的诱导效果，可将野生型的 GAL4 基因置于 GAL10 启动子的控制之下，并将这个基因表达序列整合在酿酒酵母的染色体 DNA 上。由此构建的受体菌在培养基中的半乳糖缺乏时，野生型 GAL4 基因以基底水平表达，但加入半乳糖后，GAL4 基因高效表达，同时与高浓度的半乳糖共同作用于控制外源基因表达的另一 GAL 启动子，这就是超诱导表达系统的工作原理。将埃博斯坦-巴赫病毒（Epstein-Barr）的 gp350 基因编码序列插入 GAL10 启动子、MFα-1 蛋白原前体编码序列以及 MFα-1 转录终止子之间，并与一个 2μ 高拷贝衍生质粒体外重组。重组分子转化上述超诱导表达系统，获得的整合型转化子中 gp350 mRNA 的量比非整合型转化子高出 5 倍，而 gp350 蛋白质的产量则提高 10 倍以上。

（3）严谨控制表达系统

许多酿酒酵母的宿主-载体系统由于缺少严谨控制的表达机制，在应用中受到一定程度的限制。新近发展起来的一种以人雄激素受体为中心的严谨控制表达系统能有效地将外源基因的表达水平控制在一个合适的范围内。在这个系统中，雄激素受体表达水平、雄激素浓度以及重组质粒拷贝数三者之间的平衡，可以有效作用于对雄激素具有应答能力的启动子，并通过这个启动子将外源基因的表达水平控制在高于基底表达水平 1400 倍的范围内，同时不影响受体细胞的正常生长。这个控制系统相对于普遍应用的诱导表达系统而言具有显著的优越性，它不需要控制碳源和加入诱导剂，因此这个系统无论是对重组异源蛋白的生产还是对蛋白质相互作用的基础分子生物学研究都是非常有意义的。

8.4.3　外源基因在酵母菌中表达的限制因素

即使是使用酵母菌自身的启动子和终止子结构，外源基因在酵母菌中的表达也相当困难。例如，将外源基因与酵母菌磷酸甘油酯激酶（PGK）的启动子和终止子一同重组在高拷贝质粒上，则外源基因的表达水平普遍比含有 PGK 基因的相同重组子低 93%～98%。重组质粒上的 PGK 基因可表达出占受体菌细胞总蛋白量 20%～25% 的磷酸甘油酯激酶，但使用 PGK 基因启动子和终止子的人干扰素基因在相同的受体菌中只能合成 0.5% 的目标蛋白，两个基因转录产物的 mRNA 浓度分别为 20% 和 1%，这表明重组异源蛋白质低产率的主要原因是稳定态 mRNA 的水平降低，而非表达产物的不稳定性。若将人 α-干扰素基因插在野生型 PGK 表达单元的内部，即 PGK 结构基因终止密码子下游的 16bp 处，则融合基因转录出的 mRNA 中含有人 α-干扰素的编码序列。此外，mRNA 的合成量和 PGK 蛋白质的表达水平仍旧很高，但人 α-干扰素的 mRNA 基本上不翻译，因此稳定态 mRNA 的翻译活性是外源基因低水平表达的第二大限制性因素。

在酿酒酵母中，高丰度蛋白质（如 GAPDH、PGK 和 ADH 等）中 96% 以上的氨基酸残基是由 25 个密码子编码的，它们对应于异常活跃的高组分 tRNA，而为低组分 tRNA 识别的密码子基本上不被使用。利用 DNA 定点诱变技术将野生型 PGK 基因中的高成分密码子分别更换成使用频率较低的兼并密码子，则突变基因表达水平的降低程度与突变密码子占编码序列中密码子总数的比例成正相关，其中更换 164 个密码子的 PGK 突变基因（占全部编码序列的 39%）的表达水平比野生型的 PGK 下降 10%。这种以密码子的偏爱性控制基因表达产物丰度的模式在真核生物细胞中相当普遍。

在使用酵母菌启动子和终止子等基因表达调控元件的前提下，异源基因的表达水平与稳定态 mRNA 的半衰期密切相关。如果外源基因 mRNA 的半衰期足够长，那么即便它含有许多对应酵母菌低成分 tRNA 的密码子，受影响的也只是重组异源蛋白的合成速率，不至于大幅度降低蛋白质的最终产量。然而这种情况并不多见，因为外源基因在酵母菌中的低效率表达恰恰表现在其 mRNA 的不稳定性上。在异源 mRNA 较短的半衰期内，由于密码子与 tRNA 的不对应性，蛋白质的生物合成速率下降，导致最终异源蛋白的合成总量减少。酵母菌 PGK 基因 mRNA 的半衰期随着简并密码子的更换程度而缩短，含有 164 个突变密码子的 PGK 基因，其稳定态转录产物 mRNA 的含量只有野生型 mRNA 的 30%。这表明，酵母菌 tRNA 与外源基因密码子的不匹配性不仅仅影响异源 mRNA 的翻译速率，更主要的是降低了 mRNA 的结构稳定性，两者共同导致外源基因表达水平的下降。

8.4.4　酵母菌表达系统的选择

酿酒酵母的宿主载体系统已成功地用于多种重组异源蛋白的生产，但也暴露出一些问题。例如，由于乙醇发酵途径的异常活跃导致生物大分子的合成代谢普遍受到抑制，因此外源基因的表达水平不高。此外，酿酒酵母细胞能使重组异源蛋白超糖基化，这使得有些异源蛋白（如人血清白蛋白等）与受体细胞紧密结合而不能大量分泌。上述缺陷可用非酿酒酵母型的其他酵母菌表达系统来弥补，目前已成功用于重组异源蛋白分泌表达的非酿酒酵母系统包括乳酸克鲁维酵母、巴斯德毕赤酵母以及多形汉逊酵母（*Hansenula polymorpha*）等。这些表达系统的共同特征是蛋白质的糖基化模式比酿酒酵母更接近于哺乳动物，而且能将各种重组异源蛋白分泌至培养基中。

（1）乳酸克鲁维酵母表达系统

克鲁维酵母菌属长期用于发酵生产 β-半乳糖苷酶，因此其遗传学背景比较清楚。含自主复制序列以及 *LAC4* 乳糖利用基因的质粒高频转化酵母菌也是在克鲁维酵母中首次证实的。由 *K. drosphilarum* 中分离出来的双链环状质粒 pKD1 已被广泛用作重组异源蛋白生产的高效表达稳定性载体。由 pKD1 构建的各种衍生质粒，即使在没有选择压力存在的情况下，也能在许多克鲁维酵母菌种株中稳定遗传。例如，一个乳酸克鲁维酵母菌株在无选择压力的培养基中生长 40 代后，90％以上的细胞仍携带有质粒。此外，乳酸克鲁维酵母的整合系统也相继建立起来，其中以高拷贝整合型质粒 pMIRK1 最为常用，它由乳酸克鲁维酵母的 5S、17S 和 26S rDNA、无启动子的 *trp1-d* 基因以及大肠杆菌质粒 pUC19 片段组成，因而能特异性地整合在受体菌的核糖体 DNA 区域内，在无选择压力存在下，能在受体细胞内以 60 拷贝数的规模稳定维持。当外源基因插入该质粒后，pMIRK1 的多拷贝整合能使外源基因获得更高的表达水平，转化子也更趋稳定。

以乳酸克鲁维酵母表达分泌型和非分泌型的重组异源蛋白，均优于酿酒酵母系统。由 pKD1 衍生质粒构建的人血清白蛋白基因重组子在乳酸克鲁维酵母中的分泌水平远比酿酒酵母要高，而且在前者的分泌过程中，重组蛋白能正确折叠。在重组凝乳酶原的生产中，含有单拷贝外源基因的重组乳酸克鲁维酵母可在其培养基中表达分泌 345 单位/mL 的重组蛋白，而酿酒酵母重组菌仅为 18 单位/mL；由重组乳酸克鲁维酵母合成的人白细胞介素-1β 在此条件下，则是重组酿酒酵母的 80～100 倍。因此，克鲁维酵母系统在分泌表达哺乳动物来源的蛋白质方面具有较高的应用前景。

（2）巴斯德毕赤酵母表达系统

巴斯德毕赤酵母［现更名为 *komagataellaphaffii 9*（10.1038/s41467-020-19390-9）］是一种甲基营养菌，它能在相对较为廉价的甲醇培养基中生长。培养基中的甲醇可高效诱导为甲醇代谢途径各酶编码的基因表达，其中研究最为详尽的是催化该途径第一步反应的乙醇氧化酶基因 *AOX1*，在甲醇培养基中生长的巴斯德毕赤酵母细胞可积累占总蛋白 30％ 的 AOXI 酶。因此，生长迅速、*AOXI* 基因的强启动子及其表达的可诱导性是该酵母菌作为外源基因表达受体的三大优势。目前使用的巴斯德毕赤酵母受体菌大多是组氨醇脱氢酶的缺陷株，这样表达质粒上的 *his* 标记基因可用来正向筛选转化子。尽管两个自主复制序列 *PARS1* 和 *PARS2* 已从毕赤酵母菌属基因文库中克隆并鉴定，但由此构建的自主复制型质粒在该菌属中不能稳定维持，因而通常将外源基因表达序列整合到受体细胞的染色体 DNA 上，构建稳定的毕赤酵母工程菌，最典型的毕赤酵母表达载体是 pPIC3 和 pPIC3K（图 8-9）。

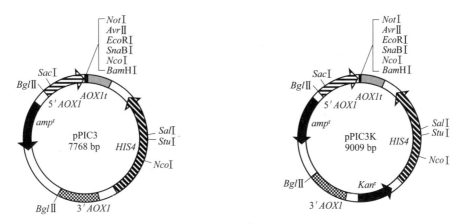

图 8-9　毕赤酵母表达载体 pPIC3 和 pPIC3K

目前已有上百种具有经济价值的重组异源蛋白在巴斯德毕赤酵母中获得成功表达。大量研究结果表明，巴斯德毕赤酵母在异源蛋白的分泌表达方面优于酿酒酵母系统。例如，含有单拷贝乙型肝炎表面抗原编码基因的重组巴斯德毕赤酵母可产生 0.4g/L 的重组抗原蛋白，而酿酒酵母必须拥有 50 多个基因拷贝才能达到相同的产量。酿酒酵母细胞中的乙醇积累是重组异源蛋白合成不足的主要原因，而由 AOXI 启动子介导的外源基因高效表达足以以单一拷贝获得较为理想的表达率，但建立多拷贝整合型的重组毕赤酵母菌具有更大的潜力。例如，含有破伤风毒素蛋白 C 片段编码基因的整合型重组质粒转化巴斯德毕赤酵母受体细胞后，各种转化子表达重组蛋白的水平差别很大，占细胞蛋白总量的 0.3%～10.5%。对转化子基因组结构的分析结果表明，获得重组蛋白高效表达的关键因素是整合型表达基因的多拷贝存在。转化的 DNA 重组片段在受体细胞内环化后，通过单一交叉重组过程的重复使外源基因多拷贝整合在染色体 DNA 上。这种多拷贝整合型转化子在受体细胞有丝分裂生长期间具有显著的稳定性，而且能够通过诱导作用进行高密度培养。由于多拷贝整合机制与外源基因的序列特异性无关，因此这一高效表达系统具有广泛的应用价值。此外，当使用 AOX1 启动子在巴斯德毕赤酵母细胞中表达外源基因时，选择 AOX1 缺乏的突变株作为受体细胞能获得比 AOX1$^+$ 野生菌更高的表达效率，因为野生型巴斯德毕赤酵母在甲醇培养基中生长期间，能产生阻遏 AOX1 启动子的一种中间代谢产物，而这种阻遏物是由甲醇代谢基因控制合成的。AOX1 基因的缺失从源头上阻断了受体菌的甲醇代谢途径，因此尽管其他甲醇代谢基因依然存在，但由于没有合适的前体分子，从而丧失了其合成阻遏物的能力。

（3）多形汉逊酵母表达系统

多形汉逊酵母也是一种甲基营养菌，与酿酒酵母相对应的多形汉逊酵母 ura3 和 leu2 型缺陷株也已分离出来，因而酿酒酵母的 URA3 和 LEU2 基因可用作筛选多形汉逊酵母转化子的选择标记。这种酵母菌的两个自主复制序列 HARS1 和 HARS2 已被克隆，但与乳酸克鲁维酵母和巴斯德毕赤酵母相似，由 HARS 构建的自主复制型质粒在受体细胞有丝分裂时显示出不稳定性。所不同的是，这种质粒能以较高的频率自发地整合在受体细胞的染色体 DNA 上，有的 HARS 型表达载体可在染色体上整合多达 100 个拷贝，因而重组多形汉逊酵母的构建同样可以采用整合的策略。目前，包括乙型肝炎表面抗原在内的几种外源蛋白已在这个系统中获得成功表达。

除了上述三种常用的酵母菌表达系统外，其他几种用于重组多肽生产的酿酒酵母型的表达系统也相继开发成功，如粟酒裂殖酵母、脂解雅氏酵母以及西方凸尾酵母（*Schwan-nionyces occidentalis*）等。

8.5 酵母菌基因工程的案例

由乙型肝炎病毒（HBV）感染引起的急、慢性乙型肝炎是世界范围内的严重传染病，每年约有二百万患者死亡，并有三亿人成为 HBV 携带者，其中相当一部分人有可能转化为肝硬化或肝癌患者。目前对乙肝病毒还没有一种有效的治疗药物，因此高纯度乙肝疫苗的生产对预防病毒感染具有重大的社会效益，而利用重组酵母生产人乙肝疫苗为这种疫苗的广泛使用提供了可靠的保证。

（1）乙肝病毒的结构

乙肝病毒是一种双链环状蛋白包裹型的 DNA 病毒，具有感染能力的病毒颗粒呈球面状，直径为 42nm（即所谓的 Dane 颗粒），基因组大小仅为 3.2kb。Dane 病毒颗粒的主要结构蛋白是病毒表面抗原多肽（HBsAg 或 S 多肽），具有糖基化和非糖基化两种形式，颗粒中的其他蛋白质成分还包括核心抗原（HBcAg）、病毒 DNA 聚合酶以及微量的病毒蛋白。除此之外，受乙型肝炎病毒感染的人，其肝细胞还能合成和释放大量的 22nm 空壳亚病毒颗粒，这些颗粒由病毒的包装糖蛋白组成，并结合在宿主细胞来源的脂双层质膜上，亚病毒颗粒的免疫原性是未装配的各种包装蛋白组分的 1000 倍。包装蛋白共有三种转膜糖蛋白成分，分别命名为 S、M 和 L 多肽。这些蛋白组分是病毒 DNA 上一个单一开放阅读框架的三种不同分子量的翻译产物（图 8-10）。阅读框架中含有三个翻译起始密码子 ATG，但只有一个终止密码子。三个 ATG 将阅读框架分为 pre-S1、pre-S2 和 S 三个区，其中 S 区的翻译产物为 S 多肽，由 226 个氨基酸残基组成；M 多肽和 L 多肽（pre-S2-S 和 pre-S1-pre-S2-S）则分别由 281 和 400 个氨基酸残基组成。Dane 病毒颗粒除了含有大量的 S 多肽外，还有少量的 M 多肽和 L 多肽参与包装。

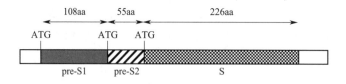

图 8-10 乙型肝炎表面抗原编码基因的结构

乙肝病毒在体外细胞培养基中并不能生长，因此第一代的乙肝疫苗是从病毒携带者的肝细胞质膜上提取出来的。虽然这种质膜来源的疫苗具有较高的免疫原性，但其大规模生产受到病毒表面抗原来源的限制，而且提取物需要高度纯化，纯化过程中往往会发生失活现象。此外，最终产品还必须严格检验其中是否混有患者的致病病毒。所有这些工序导致制造成本居高不下，因此这种传统的乙肝疫苗生产方法不能满足几亿接种人群的需求。

（2）产乙肝表面抗原的酿酒酵母重组菌的构建

重组乙肝疫苗的开发研究起源于 20 世纪 70 年代末，那时乙肝病毒 DNA 已经克隆，由其序列可以推出 HBsAg 完整的一级结构。当时人们对大肠杆菌表达重组 HBsAg 做了大量尝试，结果表明细菌的表达水平极低，可能是由于重组产物对受体菌的强烈毒性作用，因此八十年代初开始选择酿酒酵母表达重组 HBsAg。其主要工作包括将 S 多肽的编码序列置于 *ADH1* 启动子的控制之下，转化子能表达出具有免疫活性的重组蛋白，它在细胞提取物中以球形脂蛋白颗粒的形式存在，平均颗粒直径为 22nm，其结构和形态均与慢性乙肝病毒携带者血清中的病毒颗粒相同。此外，利用 *PGK* 启动子表达的 S 多肽也是有相似的性质。

由重组酿酒酵母合成的 HBsAg 颗粒完全由非糖基化的 S 蛋白组成，这与人体细胞质膜来源的由糖基化蛋白构成的天然亚病毒颗粒有所不同。此外，重组病毒颗粒还含有酵母特异性的脂类化合物，如麦角固醇、磷酰胆碱、磷酰乙醇胺以及大量的非饱和脂肪酸等。尽管如此，重组酵母和人体两种来源的亚病毒颗粒在与一系列 HBsAg 单克隆抗体（由人细胞质膜提取出来的 HBsAg 所产生）的结合活性上是基本相同的。这一结果表明，两种亚病毒颗粒在免疫活性方面没有区别，它们均含有相同的优势抗原决定簇。

目前，由酿酒酵母生产的重组 HBsAg 颗粒已作为乙肝疫苗商品化（其商品名为 Recombivax-B 或 Engerix-B），工程菌的高密度发酵工艺也已建立。重组细胞以间歇方式培养生长，控制发酵系统中葡萄糖的浓度以防止乙醇的积累，比生长速率维持在系统完全处于耗氧的状态下，重组产物的最终产量可达细胞总蛋白量的 1％～2％。发酵结束后，菌体用玻璃珠机械磨碎，裂解物经离心分离后，上清液随后进行离子交换层析、超滤、等密度离心以及分子凝胶过滤等几步纯化，最终获得纯度高达 95％ 以上的抗原颗粒，将其吸附在产品佐剂上，便形成乙肝疫苗制剂。

进一步的研究结果表明，pre-S1 和 pre-S2 抗原蛋白对 S 型重组疫苗具有显著的增效作用，这种由三种抗原组分构成的复合型乙肝疫苗可以诱导那些对 S 蛋白缺乏响应的人群的免疫反应。酵母细胞中表达的重组 M 蛋白也能形成与 S 蛋白相似的 22nm 球形颗粒，但是将 pre-S1-pre-S2 编码序列与酵母菌分泌系统识别很好的鸡溶菌酶信号肽编码序列融合在一起，重组蛋白易于产生聚结作用，则很难表达出相应的活性，不过仅 M 蛋白与 S 蛋白的复合制剂足以使免疫原性等性能有明显的改善。

（3）产乙肝表面抗原的巴斯德毕赤酵母重组菌的构建

利用甲基营养菌巴斯德毕赤酵母作为受体细胞表达 HBsAg，显示出比酿酒酵母系统更大的优越性。重组菌的构建过程如下：将 HBsAg 的编码序列和用于选择标记的巴斯德毕赤酵母组氨醇脱氢酶基因 *PHIS4* 插入甲醇可诱导型的 *AOX1* 启动子和 *AOX1* 终止子之间，构成环状重组质粒 pBSAG151（图 8-11）。用 *Bgl* Ⅱ 打开 pBSAG115，使得 *AOX1* 启动子和 *AOX1* 终止子分别位于线型 DNA 片段的两端，并转化 his⁻ 的受体细胞。在 his⁺ 的转化子中，重组 DNA 片段与受体染色体 DNA 上的 *AOX1* 基因发生同源交换，单拷贝的 HBsAg 编码序列稳定地整合在染色体上。由于巴斯德毕赤酵母染色体 DNA 上还拥有表达水平较低的第二个乙醇氧化酶基因 *AOX2*，因此转化子仍能在含有甲醇的培养基上生长。

重组菌首先在含有一定浓度的甘油培养基中培养，待甘油耗尽时，加入甲醇诱导 HBsAg 的表达，最终 S 蛋白的产量可达到受体细胞可溶性蛋白总量的 2％～3％，比含有多

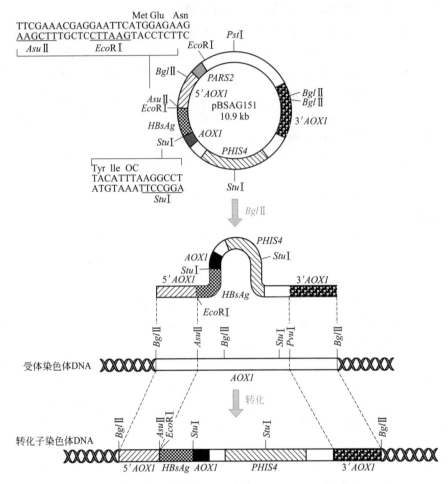

图 8-11　巴士德毕赤酵母中乙型肝炎表面抗原的表达

拷贝表达单元的重组酿酒酵母高近一倍，而且这些表达出来的 S 蛋白几乎全部形成类似于病毒携带者血清中的颗粒结构，而由重组酿酒酵母合成的 S 蛋白只有 2%～5%能转配成 22nm 颗粒，也就是说，前者的单位效价是后者的数 10 倍。在大规模的产业化试验中，巴斯德毕赤酵母工程菌在一个 240L 的发酵罐中用单一培养基培养，最终菌体量可达 60g（干重)/L，并获得 90g 22nm 的 HBsAg 颗粒，这足以制成九百万份乙肝疫苗。

第9章

基 因 组

基因组（genome）一词系由德国汉堡大学威克勒教授于 1920 年首创，用以表示真核生物从其亲代所继承的单套染色体，或称染色体组。更准确地说，基因组是指生物的整套染色体所含有的全部 DNA 序列。由于在真核细胞的线粒体和植物的叶绿体中也存在 DNA，因此又将线粒体或叶绿体所携带的 DNA 称为线粒体基因组或叶绿体基因组。原核生物基因组则包括细胞内的染色体和质粒 DNA。此外，非独立生命形态的病毒颗粒也携带遗传物质，称为病毒基因组。所有生命都具有指令其生长与发育、维持其结构与功能所必需的遗传物质，将生物所具有的携带遗传信息的遗传物质总和称为基因组。

9.1 基因组测序

9.1.1 DNA 测序方法

DNA 测序技术发明于 20 世纪 70 年代中期，2 种不同的测序程序几乎同时发表。

链终止法（chain termination method）通过合成与单链 DNA 互补的多核苷酸链来读取待测 DNA 分子的序列，合成的互补单链可在不同位置随机终止反应。

化学降解法（chemical degradation method）是指双链 DNA 分子经化学试剂处理，可在特定的核苷酸位点产生切口。用同位素标记测序碱基，以此确定序列组成。

开始时这 2 种方法都比较流行，但近年来尤其是大规模基因组测序开始后链终止法受到人们的偏爱而逐渐占取优势。链终止法之所以成为主流技术，部分原因是化学降解法的试剂含有毒性而有碍健康，主要原因是链终止法更易于机械化自动控制。随后我们看到，基因组计划涉及大量的测序实验，人工操作要花费许多年才能完成，因此要在理想的时间内完成基因组计划，必须采用自动测序

（1）第一代 DNA 测序

以传统的链终止法和化学降解法为原理的 DNA 测序法均称为第一代 DNA 测序（the first generation DNA sequencing）。其主要特点是：以待测 DNA 为模板，根据碱基互补规则采用

DNA 聚合酶体外合成新链。由于合成的新链中掺入了带有标记的碱基类似物，可用于制备末端带有标记的 DNA 单链。这些末端带有标记的 DNA 单链是一个群体，在凝胶电泳中可以形成彼此仅差一个碱基的梯形条带。根据末端碱基的特有标记可以读取待测 DNA 的序列组成。

① 链终止法

链终止法测序中，合成的互补 DNA 单链可在任意一个碱基位置终止，从而产生所有仅差一个碱基的单链分子。每组合成的单链分子均携带可检测的信号，经聚丙烯酰胺凝胶电泳后，可形成梯形排列的条带，一直延伸到 1500 个核苷酸。

a. 链终止法的技术要点：链终止法测序第一步是制备相同的单链模板 DNA，然后将其与一小段称为引物（primer）的寡聚核苷酸退火（anneal），形成双链后起始新链合成。这一反应由 DNA 聚合酶催化，底物中包括 4 种脱氧核苷酸。在链终止法反应中加入了少量的双脱氧核苷酸（dideoxynucleotide，ddNTP），由于 DNA 聚合酶不能区分 dNTPs 和 ddNTPs，因此 ddNTP 可掺入新生的单链中。ddNTP 的核糖基 3' 碳原子上连接的是氢原子而不是羟基，因而不能与下一个核苷酸聚合延伸，合成的新链在此终止。

b. 双脱氧核苷酸：如果加入的双脱氧核苷酸是 ddATP，当新链合成到达模板链的胸腺嘧啶位置时可能接上 ddATP，链合成将终止。因为反应液中同时存在 dATP 和 ddATP，而且 ddATP 的浓度低于 dATP，反应液中用作模板的 DNA 单链的数量很多，因此 ddATP 可能在所有的模板链胸腺嘧啶位置随机掺入新链，从而产生所有长度的对应模板链胸腺嘧啶位置终止的新链。经典的链终止反应分为 4 组，每一组中分别加入 ddATP、ddCTP、ddGTP 和 ddTTP。每一组链终止反应样品都分别在聚丙烯酰胺凝胶中占据一个泳道，电泳后 DNA 序列可从凝胶中新链显示的位置信号直接阅读。最前沿的 DNA 带表示最小的 DNA 链，这是第一个 ddNTP 掺入的位置。4 个泳道显示了 4 种碱基的终止位置，彼此间隔为 1 个碱基。序列读取可由下至上，假定第一个是 A 泳道，然后朝上寻找间隔最近的 DNA 带，假定为 G，即序列为"AG"，依次朝上直到无法区分条带之间的相对位置为止。

c. 链终止法测序要求单链作为模板：任何一种依赖模板的 DNA 聚合酶都可在引物存在时合成互补新链，但并非所有 DNA 聚合酶均能用于 DNA 测序，它们应满足 3 种要求（图 9-1）。

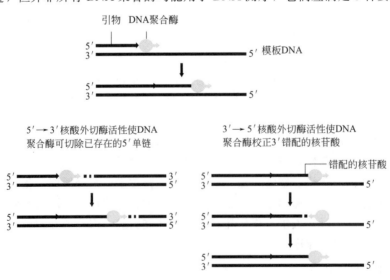

图 9-1　用于测序的 DNA 聚合酶

含有 5'→3' 核酸外切酶或 3'→5' 核酸外切酶活性 DNA 聚合酶会干扰测序，必须进行修饰

（i）高酶活性：主要指聚合酶在终止合成前多聚核苷酸分子可延伸的有效长度。如果测序所用的聚合酶与模板结合能力强，在终止核苷酸掺入新链之前不会脱离模板，即不会提前终止反应。

（ii）无 $5'→3'$ 核酸外切酶活性：大多数 DNA 聚合酶都有核酸外切酶活性，$5'→3'$ 核酸酶活性可将新合成 DNA 链的 $5'$ 端除去核苷酸从而改变链的长度，在电泳时会产生干扰条带，给序列的阅读造成困难与误差。

（iii）无 $3'→5'$ 核酸外切酶活性：许多 DNA 聚合酶都有校读功能，具有 $3'→5'$ 核酸外切酶活性，可以将错配的碱基除去，再补上正确配对的核苷酸。在 DNA 测序反应时，这一活性同样会产生干扰条带。

上述这些要求都很严格，天然的 DNA 聚合酶不能全部满足，因此需要对 DNA 聚合酶进行人工修饰。第一个用于这项修饰的酶是 Klenow 聚合酶，它是大肠杆菌 DNA 多聚酶 I 的变种，其中 $5'→3'$ 酶切活性已被切除或经基因工程加以改造。Klenow 酶的加工性能稍差，仅能合成长约 250 个核苷酸链且缺乏专一性。经聚丙烯酰胺凝胶电泳后，会形成一些阴影条带，说明有许多终止反应由酶活性造成，而非 ddNTP 的掺入所致。现在广泛采用的 DNA 聚合酶由噬菌体 T7 编码，已取代 Klenow 酶，又称"Sequenase"，即测序酶。改造过的 Sequenase 有很高的加工效率，无 $5'→3'$ 和 $3'→5'$ 核酸外切酶活性，且能利用修饰的核苷酸作为底物。

d. 链终止法测序要求单链作为模板：制备单链 DNA 的方法有以下几种。

（i）将 DNA 克隆到质粒载体中，这一方法得到的样品为双链 DNA，必须采用碱变性或热变性方法，使双链 DNA 变为单链。由于可获得大量样品及操作简便，该法比较流行。此外双链 DNA 变性后可产生 2 条互补单链，可同时进行双向测序。不足之处是，该方法制备的样品中可能有未纯化的 DNA 沾染，会干扰测序反应。

（ii）以 M13 载体克隆单链 DNA，这是在噬菌体 M13 基础上改造的专门用于制备单链 DNA 样品的方法。M13 噬菌体基因组为单链 DNA，在感染大肠杆菌后，单链 DNA 转变为复制形式的双链 DNA。当细胞中复制双链 DNA 拷贝数超过 100 之后，细胞分裂，双链 DNA 继续复制。与此同时，感染的细胞不断分泌新产生的 M13 噬菌体颗粒，每代约 1000 个，这些噬菌体均含单链 DNA 基因组，这些单链 DNA 可用作模板进行 DNA 测序。M13 载体是根据复制型 M13 基因组改进的双链 DNA。它们可以如同质粒 DNA 克隆载体一样操作，区别仅在于 M13 载体提供的是包装在噬菌体中的单链 DNA 样品，不用变性而直接用于测序。不利之处是，如果重组 M13 载体大于 3kb，在扩增时容易发生丢失与重排事件，因此只能用来操作小片段 DNA。

（iii）以噬菌粒克隆 DNA，这是一种改造过的质粒克隆载体，含有 2 个复制起点，一个是质粒自身的复制起点，一个是来自 M13 或其他单链 DNA 噬菌体基因组的复制起点。当大肠杆菌细胞中同时含有噬菌粒和辅助噬菌体（helper phage）时，因后者携带编码噬菌体复制酶及外壳蛋白的基因，因此可激活噬菌体 DNA 复制，并产生含有单链的噬菌粒噬菌体。

因此这种载体的双链 DNA 可转变为单链 DNA 用于测序，该系统避免了 M13 系统的不稳定性，克隆片段可达 10kb，甚至更长。

（iv）PCR 产生单链 DNA。根据测序 DNA 两端序列合成 2 个引物，将其中一个引物连接到很小的磁珠上。首先采取 PCR 方法扩增样品 DNA，然后利用吸磁的办法提纯扩增的单链 DNA（图 9-2）。

e. 引物的序列决定了 DNA 测序的起点：在进行链终止法测序前，要将一小段寡聚核苷

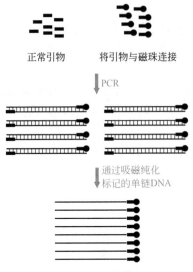

模板DNA

正常引物　　将引物与磁珠连接

PCR

通过吸磁纯化
标记的单链DNA

图 9-2　利用 PCR 制备模板 DNA

　　合成一个正常引物和带有标记金属粒子的引物，用 PCR 扩增模板 DNA。完成 PCR 反应后，以磁性装置纯化连接
金属粒子的单链用于 DNA 测序

酸与单链 DNA 模板复性。之所以要用引物起始新链合成，是因为依赖 DNA 模板的 DNA
聚合酶在一条全是单链的 DNA 分子上，不能启动 DNA 的合成。只有在前一个核苷酸的
3′-OH 存在时，下一个核苷酸的 5′-磷酸基团与之聚合，起始和延伸新链的合成。

　　引物决定了模板链的测序起点。大多数测序采用的是通用引物，即克隆位点附近载体上
的一段序列（图 9-3）。如果插入 DNA 的长度大于 750bp 或更长，要进行几次测序才可获得
完整序列，必须根据前面已知的序列合成新的引物延伸测序。双链 DNA 的测序可从一端开
始，亦可从两端进行，前者称为单向测序，后者称为双向测序。

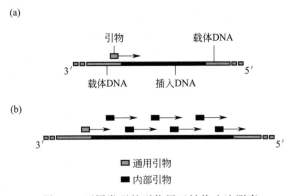

(a)

引物　　　　载体DNA

3′　　载体DNA　插入DNA　　　5′

(b)

3′　　　　　　　　　　　　　　　　5′

■ 通用引物
■ 内部引物

图 9-3　不同类型的引物用于链终止法测序

（a）通用引物与载体 DNA 中邻近插入片段的序列退火，可引导新链 DNA 合成；（b）提供一系列端部及内部引物可完成
长序列测序

　　② 自动化测序

　　进入大规模 DNA 测序阶段后，人工测序显然已无法满足天文数字般的 DNA 测序要求，
必须寻找更为快速有效的测序方法。这方面最关键的技术突破就是自动化（automatic）机

械测序。

自动化机械（robotics）测序的突破依赖于一系列的技术创新与集成，包括核苷酸荧光染料（fluorescent dye）标记物的发明，毛细管电泳（capillary electrophoresis）技术的创新，自动化碱基序列的纪录，计算机 DNA 数据的采集与处理。由于生物化学、物理学、化学、信息学等多学科交叉，促成了人类基因组测序计划在 20 世纪末的飞跃发展。

a. 荧光染料标记物：标准的链终止测序法利用放射性同位素标记底物，经聚丙烯酰胺凝胶电泳分离的单链 DNA 所在的位置可经 X 光胶片的曝光显示。通常只选一种同位素如 ^{32}P 或 ^{35}S 标记的 dNTP 参与反应，标记的 dNTP 可分布在整个合成的新链中，有很高的灵敏度。为了提高分辨力，一般选用 ^{35}P 或 ^{35}S 作为标记物，与 ^{32}P 相比它们具有相对较低的发射能量，可产生更为清晰的条带，但 X 光胶片的曝光时间需要更长。

随着自动化测序技术的发展，越来越多的测序实验采用荧光标记物而非同位素。荧光染料标记物兼具灵敏度与分辨力二者优点，便于仪器阅读，已成为测序的主流方法。目前已发现具有不同荧光色彩的标记化合物，可将其分别与指定的 ddNTP 结合，如 ddATP 标记红色荧光、ddCTP 蓝色荧光、ddTTP 绿色荧光、ddGTP 黄色荧光。这 4 种标记的 ddNTP 混合加入一个反应中，聚合链终止反应完成后，可以获得末端分别带有 A、C、T 和 G 的 DNA 单链。由于每种 ddNTP 带有各自特定的荧光颜色，在经聚丙烯酰胺凝胶电泳分离后形成的单链 DNA 条带通过监测仪时，会给出特定的颜色信号，并由计算机读出测定的碱基（图 9-4）。这种方法免除了同位素标记必须同时进行 4 组反应的麻烦，而且简化为由 1 个泳道同时判读 4 种碱基，为自动化加样及计算机阅读提供了技术基础。自动化荧光测序系统极大地提高了测序的工作效率，为基因组大规模测序提供了可能。此外由于避免肉眼分辨减少了差错，阅读信号与计算机相连后可直接对数据进行电脑处理，加快了基因组测序的进程。

b. 毛细管电泳：常规的单个 DNA 测序方法每次反应可阅读的序列在数百碱基，以人类基因组为例，这种测序每次可读的序列长度仅为整个基因组的百万分之五。为此人们始终在寻找更为迅速的大规模的测序方法以改进测序的现状，一个突出的进展是用毛细管电泳取代聚丙烯酰胺凝胶平板电泳。1989 年美国 Bakman 公司率先向国际上推出 P/ACE™2000 毛细管电泳装置。改进后的毛细管电泳装置有 96 个泳道，每次可同时进行 96 次测序，每轮实验不到 2 小时，1 天可完成近千次反应。

（2）第二代 DNA 测序

虽然链终止法测序在基因组测序计划中发挥了不可替代的作用，但随着 DNA 测序规模的日益扩大，对提高 DNA 测序速度的要求日益迫切，逐渐显露其缺点：（ⅰ）链终止法测序的技术关键是终止 DNA 单链的合成，这就决定了这一方法不能做到连续测序；（ⅱ）链终止法测序判读测序碱基是依靠 DNA 单链最末端双脱氧核苷酸的分辨与识别，因此首先必须将仅差一个核苷酸的 DNA 单链通过凝胶电泳彼此分开，然后依据最末端双脱氧核苷酸的标记特征予以确认，随着测序 DNA 单链长度的增加，凝胶的分辨力逐渐减弱，从而导致 DNA 的测序受到限制。为了克服链终止法测序的不足，许多新颖的 DNA 测序方法大量问世。这些新技术统称为第二代 DNA 测序（second generation sequencing，SGS）。第二代 DNA 测序技术的核心思想是边合成边测序（sequecing by synthesis），即通过捕捉新合成的末端标记确定 DNA 序列。

以合成法 DNA 测序为原理的广泛使用商业化平台是 Illumina 的 Genome Analyzer、罗

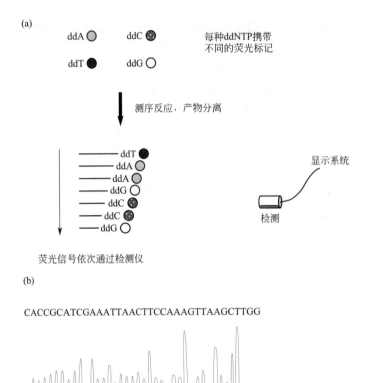

图 9-4 以荧光化合物标记双脱氧核苷酸进行自动测序

　　荧光化合物标记链终止法与放射性同位素标记测序法有 3 点不同：其一，前者以荧光颜色为标记信号，每种 ddNTP 各有一种代表颜色；其二，整个反应在一个试管中进行；其三，当新合成的终止单链通过荧光监测仪时，可由光信号读出末端核苷酸并由电脑记录

氏 454 基因组测序仪以及 AB Life Technologies 的 SOLiD 系统。它们基本都是在 20 世纪 90 年代末被发明和开发出来，在 2005 年前后商业化。这三个技术平台也各有优点，454/Roche FLX 的测序片段比较长，高质量的读长（read）能达到 400bp；Solexa/Illumina Genome Analyzer 测序性价比最高，不仅机器的售价比其他两种低，而且运行成本也低，在数据量相同的情况下，成本只有 454 测序的 1/10；Applied Biosystems SOLiD system 测序的准确度高，原始碱基数据的准确度大于 99.94%，而在 15× 覆盖率时的准确度可以达到 99.999%，是目前第二代测序技术中准确度最高的。

　　① 第二代测序技术的特点

　　与传统的链终止法测序技术相比，第二代测序技术具有如下特点。

　　a. 样品制备简单。DNA 序列随机打断成小片段，与特异性接头连接制成文库。它解决了传统的链终止法测序样品制备过程中几个限制平行测序规模的瓶颈问题，避免了 cDNA 文库的构建和亚克隆过程中引入的偏差。

　　b. 边合成边测序。无需凝胶电泳，只通过聚合酶或连接酶不断地延伸引物获得模板序列，最后对每一轮反应的结果进行荧光图像采集、分析，获得序列。

　　c. 高通量。基于循环芯片的测序技术，极大地提高了平行测序的能力，可以在芯片上同时对上亿个待测 DNA 片段进行测序。

d. 低成本。只需几微升的酶等反应试剂就可以一次性对芯片上几百万到几千万模板进行测序，极大降低了测序反应的费用。

e. 速度快。人工操作时间少，省时省力。

f. 读长短。第二代测序几个平台均比第一代测序的读长短。

② 第二代测序技术的原理

焦磷酸测序（sequence-by-pyrosequencing，SBP）是一种 DNA 聚合酶（DNA polymerase）、ATP 硫酸化酶（ATP sulfurylase）、荧光素酶（luciferase）和三磷酸腺苷双磷酸酶（apyrase）催化的新型酶级联化学发光测序技术，通过对 DNA 合成反应中释放的生物光信号完成实时检测，开创了边合成边测序的先河。引物和单链模板 DNA 退火后，在 DNA 聚合酶的作用下催化 dNTP 的聚合反应。若 dNTP 与模板配对，DNA 聚合酶将其掺入到引物延伸链中，并释放等摩尔数的焦磷酸（PPi）。在 ATP 硫酸化酶催化作用下，无机焦磷酸转化为 ATP。在 ATP 存在的情况下荧光素酶催化荧光素氧化产生光信号，并被高灵敏度的 CCD（charge-coupled device，电荷耦合元件）实时检测。ATP 和未掺入的 dNTP 由三磷酸腺苷双磷酸酶降解，猝灭光信号，并再生反应体系。dNTP 的聚合反应与光信号的释放偶联起来，一一对应，最终通过对荧光信号及其峰值的读取实现待测 DNA 模板准确、快速、实时测序。

454/Roche 测序系统将焦磷酸测序技术与乳液 PCR、光纤芯片技术相结合，发展成大规模平行焦磷酸测序技术，实现了测序过程的高通量，其基本原理如下。（ⅰ）制备样品：将基因组分割成长度为 300～500bp 的片段，在单链 DNA 的 3′端和 5′端分别连上不同的接头。（ⅱ）连接：带有接头的单链 DNA 被固定在捕获磁珠上，每个磁珠携带单链 DNA 片段和引物，随后将磁珠乳化成为油包水的微反应器。（ⅲ）扩增：每个片段在各自的微反应器中进行独立的扩增，产生成千上万的拷贝，随后打破微反应器膜。（ⅳ）测序：将每个磁珠放入只能容纳一个磁珠（直径 $28\mu m$）的直径为 $29\mu m$ 的 PTP（pico titer plate）板中，4 种脱氧核苷三磷酸按照 T、A、C、G 的顺序依次循环进入 PTP 板，每次只进一个核苷酸；如果发生碱基配对，就会释放一个焦磷酸（PPi）分子；随即在 ATP 硫酸化酶的催化下与腺苷酰硫酸反应生成 ATP，在荧光素酶的催化下该 ATP 被用于促进 D-虫荧光素发光；用 CCD 将每个磁珠发出的光及其强度进行同时成像，并将所记录下来的发光现象与当时加入的核苷酸相关联，可以得到同时发生的几十万个 DNA 片段的延伸情况。

Solexa/Illumina 测序系统采用合成法测序（sequence-by-synthesis，SBS）或称为克隆单分子阵列（clonal single molecule array™）技术，即使用桥式 PCR 和可逆性末端终结（reversible terminator）技术作为其核心技术，其基本原理如下。（ⅰ）制备样品：将待测 DNA 打断成 100～200bp 大小的小片段，随机地在小片段的两个末端加上接头。（ⅱ）固定 DNA：DNA 小片段变成单链后，通过接头与芯片表面引物的碱基配对，使一端被"固定"在芯片上。（ⅲ）架桥：小片段的另一端随机地和附近的另一个引物碱基互补，也被"固定"，形成片段架桥。（ⅳ）成簇：经过几十轮桥式扩增（bridge PCR）后，在芯片上形成了数以亿计的 cluster（簇），每个 DNA 簇是具有数千份相同模板的单分子簇，成簇后随即被线性化。（ⅴ）按"去阻断→延伸→激发荧光→切割荧光基团→去阻断"循环方式依次读取模板 DNA 上的碱基排列顺序：用特异性荧光基团标记 dNTP，这些 dNTP 的 3′-OH 被化学保护，因而每轮合成反应都只能添加一个 dNTP；在 dNTP 被添加到合成链上后，所有未使用的游离 dNTP 和 DNA 聚合酶会被洗脱；用激光激发荧光，用光学设备完成荧光信号的记录，再通过计算机分析转化为测序结果。由于 Solexa 技术在合成过程中每次只能添加一个 dNTP（没有被结合的 dNTP、DNA 聚合酶、荧光基团被移除），因此很好地解决了同聚物测定的准确性。

SOLiD（sequencing by oligonucleotide ligation and detection）/Life Technologies 测序系统使用连接法测序（sequence-by-ligation，SBL），其基本原理如下。（ⅰ）样品制备：片段文库（fragment）和配对末端文库（mate paired）；片段文库就是将基因组 DNA 打断成几百 bp 的小片段，两端加上接头（适用于转录组测序、miRNA 研究、RNA 定量、重测序、甲基化分析和 ChIP 测序）；配对末端文库是将基因组 DNA 打断后，与中间接头连接、环化，再用 EcoP15 切割，使中间接头的两端各具有 27bp 的碱基，两端加上接头（适用于全基因组测序、结构重排、SNP 分析和拷贝数分析）。（ⅱ）扩增：在微反应器的磁珠上进行扩增，在磁珠上形成拷贝数目巨大的产物。（ⅲ）结合：使磁珠上的模板变性，随即模板的 3′ 端被修饰，磁珠结合在芯片上。（ⅳ）测序：在 SOLiD 测序反应中，首先由测序引物与模板退火，然后测序探针中的一种 8 聚核苷酸第 1 和第 2 位与模板配对，从而在连接酶的作用下测序探针与测序引物连接，此时会发出 5′ 端对应的荧光信号；在记录下荧光信息后，通过化学方法在测序探针的第 5 和第 6 位之间进行切割，猝灭荧光信号；如此反复，即可获得每间隔四个碱基的第五号碱基的确切信息，比如第 5 位碱基、第 10 位碱基、第 15 位碱基以及第 20 位碱基等；经过几轮循环之后，已经获得延伸的引物会变性脱落，再重新结合上新的引物从头开始新一轮测序，不过这次可能获得的是第 4、9、14、19 位碱基的信息；在实际操作中，适用不同长度的引物（＋1 或者 −1）或者使用在不同位点（比如第 2 号碱基）标记荧光的 8 个碱基核苷酸探针片段可以达到这个目的。测序探针的结构为 3′-XXnnnzzz-5′，其中 3′ 端第 1 和第 2 位（XX）上的碱基是确定的，也是用来测定模板序列的；5′ 端可分别标记 "Cy5、Texas Red、Cy3、6-FAMTM" 4 种颜色的荧光染料；第 1 和第 2 位碱基（XX）与 5′ 端的荧光标记种类相对应；探针 3′ 端第 3～5 位的 "n" 表示随机序列，6～8 位的 "z" 指的是可以和任何碱基配对的特殊碱基。

Ion Torrent/Life Technologies 测序系统采用 SBS 和互补型金属氧化半导体（complement-ary metal-oxide-semiciductor，CMOS）技术，通过检测 dNTP 结合时释放出的 H^+ 来获取序列的碱基信息。高密度半导体芯片上布满小孔，每个小孔相当于测序反应池，内置 pH 敏感型晶体管（pH-sensitive field effect transistor，pHFET）。当 dNTP 结合到 DNA 链上时，释放的 H^+ 导致反应体系中 pH 发生改变，通过 pHFET 晶体管传感器的电流发生相应的改变，传感器将化学信号转变为数字信息即完成一次检测。

Complete Genomics/BGI 测序系统的独有技术是 DNA 纳米球（DNA nanoball，DNB）芯片和组合探针锚定连接（combinatorial probe anchor ligation，cPAL）技术。BGI 将 cPAL 方法改进成联合探针-锚定分子合成法（combinatorial probe anchor synthesis，cPAS）来增加读长。该系统采用多重置换扩增的双末端方法（multiple displacement amplification-pair end，MDA-PE）测定序列，利用科学互补金属氧化物半导体器件（scientific comple-mentary metal oxide semiconductor，sCMOS）技术采集碱基信息。

③ 第二代测序技术的比较

第二代测序平台各有特点（表 9-1），但没有一台机器能包揽所有项目。仪器目前的价格差不多，最重要的是分析各种仪器的特点，根据自己的研究目的来选择合适的仪器，然后针对不同的项目来进行研究。

表 9-1 一代、二代和三代测序平台的参数及优缺点对比

测序技术	测序平台	测序原理	读长	通量	准确率	优点	缺点
一代测序	ABI3730 ABI3500	链终止法 毛细管电泳	400～900nt	0.2M/run	>99%	读长较长 准确率高	通量小 成本高
二代测序	GS454	焦磷酸测序	200～600nt	0.45G/run	>99%	通量高 成本低	读长短,样品制 备较为烦琐
	SOLiD	连接测序	50nt	30～80G/run	>99%		
	Illumina Hiseq	合成测序	50～250nt ×2	750～1500G /run	>99%		
三代测序	PacBio RS	单分子测序	1～10k	0.5～9G/run	<90%	读长较长 样品制备 简单	转确率较低
	Oxford Nano-Pore Minlon	纳米孔测序	5.4k	30～400nt/sec	<90%		

454 测序仪适合于新物种的从头测序、细菌基因组测序、环境基因组学研究和 PCR 产物测序。

SOLiD 和 Solexa 测序仪适合于基因组重测序、转录组研究和基因表达调控研究。

Ion proton 测序仪适合于宏基因组测序、靶向测序和病毒基因组测序。

Hiseq 测序仪适合于基因组测序、转录组测序、全外显子及靶向测序、宏基因组测序和全基因组甲基化测序。

(3) 第三代 DNA 测序

第三代 DNA 测序的主要特征可以归结为单分子测序 (single molecule sequencing, SMS), 包括三种技术路线: (ⅰ) 基于单分子 DNA 合成的实时测序 (single molecule real time sequen-cing, SMRT); (ⅱ) 纳米孔 (nanopore) 单分子 DNA 电流阻遏 (current blockage) 测序; (ⅲ) 纳米孔单分子 DNA 碱基序列的电子阅读。

SMRT 的原理: 当 DNA 模板被聚合酶捕获后, 4 种不同荧光标记的 dNTP 通过布朗运动随机进入检测区域并与聚合酶结合, 与模板匹配的碱基生成化学键的时间远远长于其他碱基停留的时间。因此统计荧光信号存在时间的长短, 可区分匹配的碱基与游离碱基。通过统计 4 种荧光信号与时间的关系图, 即可测定 DNA 模板序列。

纳米孔技术的特点是在纳米空间进行单分子 DNA 序列的电子识别。实现单分子 DNA 的电子阅读涉及如下 3 点: (ⅰ) 建立适合纳米孔单分子 DNA 测序的平台; (ⅱ) 确定识别单分子 DNA 序列的技术参数; (ⅲ) 控制单分子 DNA 在纳米孔道中的移动速度, 便于电子阅读与记录。

纳米孔 DNA 测序平台的建立主要依据纳米孔分析技术。当多聚有机物分子通过纳米孔时, 可以短暂地占据纳米孔道, 并对穿越纳米孔道的离子电流产生阻遏效应, 干扰离子电流信号。不同有机分子产生的电流阻遏信号是不同的, 根据电流阻遏信号的变化可以用来分析纳米孔内靶分子的特征、浓度、结构及其动态。

用于单分子测序的纳米孔蛋白, 对于其内部的孔道结构有严格的要求; 因为 DNA 双螺旋的直径约 2nm, 单链 DNA 的直径约 1nm。

利用硅片和碳薄膜组合构建固相纳米孔装置 (solid state nanopore) 用于 DNA 单分子测序。固相纳米孔装置的优点是, 孔径大小可以人工设计, 可在纳米孔两侧安装电极探头, 用于横向监测移动中单个碱基的导电参数, 直接进行碱基阅读。

识别 DNA 分子的碱基组成是 DNA 测序的核心内容, 也是第三代 DNA 测序要集中解决的问题。纳米孔 DNA 测序是直接读序。

纳米孔蛋白的碱基电子阅读：DNA 分子在进入纳米孔道后，会对通过纳米孔道的离子电流产生阻遏作用，改变电流的数值。根据已知序列的 DNA 分子在通过纳米孔时产生的阻遏效应，可以记录并绘制对应的曲线或参数，并将其转换为电子阅读密码。在进行未知序列 DNA 的纳米孔测序时，参照已知的"规范"电子密码即可获知待测 DNA 分子的碱基序列组成。

固相纳米孔装置的碱基电子阅读：在垂直电场作用下，单分子 DNA 通过纳米孔道时，由碳薄膜建立的水平电极可以发出脉冲电流。由于停留在纳米孔的碱基具有阻碍电流的作用，不同的碱基产生不同的电阻，电子探头可将其信号传给记录仪，计算机可将不同的信号翻译成碱基序列。

（4）测序技术的四个突破

① 第一个突破：直读

直读法（direct reading）就是直接读出 DNA 分子的碱基序列，是测序技术发展史上的一个重要里程碑。

酶切测序的主要原理是利用数种识别序列（recognition sequence）不同的 RNA 内切酶对 RNA 模板进行消化（digestion），产生的片段经过分离、纯化后初步分析，通过两种不同的消化产物片段可能的序列重叠来间接推导出完整的序列，因此后来被称为"前直读法（pre-direct reading）"。

第一代有效地直接读出碱基序列的 DNA 测序技术体系主要有 SBC（sequencing by chemical degradation）法和 SBS（sequencing by synthesis）法。

② 第二个突破：自动化

读胶环节使用扫描仪是测序自动化的重要突破。而 SBS 法走向自动化的关键突破则是 Leroy Hood 发明的四色荧光标记。

③ 第三个突破：规模化

测序技术规模化应归功于毛细管电泳技术的出现和改进。

④ 第四个突破：MPH 测序

MPH（massively parallel high-throughput，大规模平行高通量）测序又称第二代测序（next/new generation）测序。MPH 测序技术问世以来，测序成本神速下降。

9.1.2 基因组序列测定

（1）基因组测序的策略

基因组的测序策略归结为两种。一种是按照大分子 DNA 克隆绘制的物理图分别在单个大分子 DNA 克隆内部进行测序与序列组装，然后将彼此相连的大分子克隆安排次序搭建支架（scalffold），最后以分子标记为向导将搭建好的支架逐个锚定到基因组整合图上，这种测序策略称为克隆依次测序（clone by clone），也称为作图测序（map based sequencing）。另一种途径是将整个基因组 DNA 打断成小片段后将其克隆到质粒载体上，然后随机挑取克隆对插入片段进行测序，并以获得的测序序列构建重叠群，在此基础上进一步搭建支架，最后以分子标记为向导将序列支架锚定到基因组整合图上，这种测序方法称为全基因组随机测序（whole genome random sequencing），有时也称为全基因组鸟枪法测序（whole genome shotgun sequencing）。

（2）基因组测序的覆盖面

基因组的每条染色体长度可达数百万 bp 以上，这些 DNA 序列在测序时已分散到数以万计的不同大小的 DNA 片段中。由于克隆的 DNA 片段是随机产生的，因此在一定大小的克隆群体中，有些 DNA 序列可能分布在多个克隆中，有些 DNA 序列可能会丢失。理论上在一个无限大的随机克隆群体中，基因组的所有 DNA 序列都将包括在内。但在实际操作时，用于测序的 DNA 克隆数目总是有限的，这就产生了一个问题，即测序的克隆群体要多大才能满足预定的要求。为了解答这一问题，首先需要弄清一个概念，即基因组测序的覆盖面（coverage）。所谓基因组测序覆盖面系指随机测序获得的序列总长与单倍体基因组序列总长之比，覆盖面越大，遗漏的序列越少。

在进行一个具体的基因组测序之前，首先需要考虑测序的规模，即需要获得多少测序数据才能覆盖整个基因组。这里有一个可供测算的公式用以计算测序的覆盖面，其中 P 定义为丢失的概率：$P_0 = e^{-m}$，m 为覆盖面，即单倍体基因组倍数；e 为自然对数底数。

将基因组测序的覆盖率确定为 99.9%，对大型基因组而言仍有相当数量的 DNA 序列会在随机测序中丢失。这些被丢失的 DNA 序列分散在各个染色体区段，形成一个个缺口（gap）。

（3）序列缺口和物理缺口

任何基因组的测序都不可避免地会出现序列缺口（sequence gap）和物理缺口（physical gap）。所谓序列缺口系指测序时遗漏的序列，这些序列仍然保留在尚未挑选到的克隆中。填补序列缺口的方法比较简单：首先收集所有已知缺口两侧的序列，然后根据缺口两侧的序列设计专一性引物，从基因组文库中筛选阳性克隆；由于每个缺口两侧的序列是已知的，可根据此设计专一性 PCR 引物，随后两两配对直接从筛选到的阳性克隆中扩增，再进行克隆和测序。

所谓物理缺口系指构建基因文库时被丢失的 DNA 序列，它们从已有的克隆群体中永久地消失。物理缺口产生的原因可能是：①特殊的碱基组成，如染色体着丝粒区的高度重复序列缺少合适的酶切位点，难以获得大分子 DNA 克隆；②在克隆载体中，高度重复序列很不稳定，在扩增中容易丢失；③某些基因的表达产物对宿主具有毒性，如果在克隆细胞中进行表达，可将宿主细胞杀死，克隆的 DNA 也随之消失。填补高度重复序列的物理缺口比较困难，目前还缺少行之有效的办法。因克隆 DNA 对宿主菌的毒害而丢失的序列，可采用基因型不同的宿主菌构建不同的基因组文库，大大降低这类序列丢失的比例。图 9-5 为如何填补序列缺口和物理缺口的图解。

（4）插入片段的两端序列

目前基因组的测序已全部采用机械自动化操作，克隆 DNA 的提取纯化、反应试剂添加、样品电泳与碱基读取均由程序控制。这种自动化测序采用的引物是统一的，同一个载体只有两个引物，它们是根据 DNA 插入位点两侧的序列设计的。因此每个克隆都是从两端测序，每次测序大约可获得 400bp 的序列，称为读长。每个克隆可得到两个读序，总长约 800bp。每个克隆内部的序列不能进行连续测序，因为缺少对应的引物。由于所有克隆的插入片段都是随机产生的，因此某一克隆内部的序列有可能在另一个克隆插入片段的末端出现。就整体而言，克隆群体所有的两端序列可以连续覆盖整个基因组。

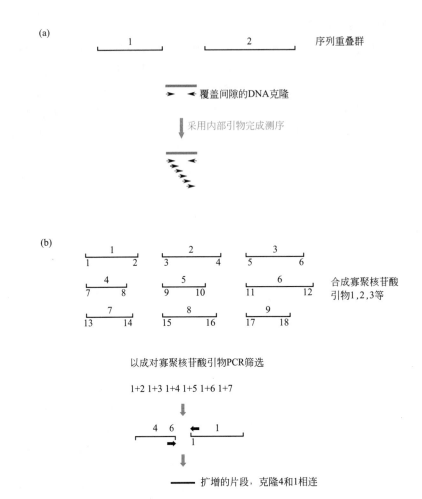

图 9-5　基因组序列的缺口、重叠群之间的缺口可以用不同的方法搜寻填补

（a）填补序列缺口，可从基因组文库中进一步筛选遗漏的克隆予以填补。本例中重叠群 1 和 2 之间的缺口正好位于单个质粒克隆中，完成该克隆片段测序即可提供连接两个重叠组的 DNA 序列。（b）填补物理缺口，有 2 种方法可填补。如图（a）所示，利用一个不同的载体重新构建一个基因文库，以缺口两侧重叠群末端序列作为探针筛选第二个文库。本例中寡聚核苷酸 1、7 与同一克隆杂交，说明该克隆跨越了重叠群 1 和 4 缺口两侧的序列。图（b）为 PCR 方法，将不同重叠群末端序列作为引物两两配组扩增基因组 DNA

9.1.3　序列组装

　　2 种测序策略的序列组装在程序上虽有很大不同，但也有相似之处。作图法测序的大分子 DNA 克隆所在染色体上的位置在测序之前已经标定在基因组物理图上，只需按部就班地对每个大分子 DNA 克隆逐个测序。但在每个大分子 DNA 克隆内部，采用的仍然是随机法测序。鸟枪法测序是直接从全基因组已测序的小片段中寻找彼此重叠的序列，然后依次向两侧邻接的序列延伸，用以构建更大范围的 DNA 序列支架。

　　下面是一些在不同场合下采用的序列组装术语，用来描述与测序、序列组装有关的概念。

　　（ⅰ）BAC 末端序列（BAC end sequence）：一个 BAC 克隆插入片段两端的已测定序列，不包括内部序列，可用于确定 BAC 的排列方向以及重叠群在支架中的排列方向。

（ⅱ）重叠群（contig）：一群相互重叠的克隆或 DNA 序列，可以是草图序列或精确序列（finished），包括连续的（内部无缺口）或不连续的（内部含缺口）DNA 序列。

（ⅲ）支架（scaffold）：一组已锚定在染色体上的重叠群，内部含缺口或不含缺口。

（ⅳ）草图序列（draft sequence）：人类基因组测序计划定义为经 Phred Q20 软件认可覆盖测序克隆片段 3～4 倍的 DNA 序列，含缺口或无缺口，排列方向和位置未定。

（ⅴ）完成序列（finished sequence）：序列差错率（错误碱基数）低于 0.01% 的 DNA 序列，排列方向确定，内部不含缺口，一般序列覆盖率在 8～10 个单倍体基因组。

（1）作图法测序与序列组装

作图法测序的基本单元是大分子 DNA 克隆，如 BAC 或 PAC。根据基因组物理图上已知的 BAC（或 PAC）克隆群中挑取待测的成员，提取并纯化克隆 DNA，然后采用机械断裂（如超声波）法制备小 DNA。经电泳分离后收集 2kb 大小的 DNA 片段插入质粒载体中进行克隆，然后进行两端测序。由自动测序仪记录的测定序列需经 Phred Q20 软件初筛，认可后用于组装。在进行序列组装之前，必须过滤掉污染的载体序列以及各种重复序列，如 rRNA 基因、转座子等，以保证组装序列的质量。

为了保证测序的覆盖率，随机克隆两端测序的序列总长即覆盖面至少不低于 3 个单倍体基因组。在组装的所需群体中，会出现连续的重叠序列。由于某些序列之间重叠的程度或者深度不一，必须制定一个判别序列重叠的标准，以便计算机按正确的方式排序。一般两段序列重叠的认可标准为，至少有 40bp 的序列重叠，重叠序列之间的碱基序列差异小于 6%。由一组连续的彼此重叠的 DNA 序列组成的重叠群称为重叠单元（unitigger），其中不存在争议或不确定的重叠关系。

并非所有 BAC 克隆的测序在初次组装的阶段都可获得连续的覆盖整个 BAC 序列的重叠群，有些 BAC 克隆在序列组装之后内部仍然会出现或多或少的缺口。此时位于两个缺口之间的重叠群其排列方向是无法确定的，必须进行序列缺口的填补和缝合。图 9-6 是作图测序法序列组装的一个模拟程序，为说明起见，图中只列举了一个 BAC 克隆的序列组装过程。

（2）鸟枪法测序与序列组装

鸟枪法测序与序列组装较作图法的程序复杂得多。小鼠（mouse）基因组是采取鸟枪法测序完成的，其采取的策略具有普遍意义。小鼠基因组测序共构建了 6 个插入片段大小不同的基因组文库，分别为 2kb、4kb、6kb、10kb、40kb 和 150～200kb。10kb 以下的文库采用质粒克隆载体，40kb 文库为 Fosmid 载体，150～200kb 文库为 BAC 载体（表 9-2）。

表 9-2　小鼠全基因组鸟枪法测序的序列来源组成

文库插入片段大小/kb	载体	读序数/百万				碱基长度/10 亿		物理覆盖面
		总数	可用数	成对数	组装数	总数	>Phred20	
2	质粒	3.8	3.7	3.1	2.9	1.8	1.5	1.2
4	质粒	31.3	24.7	22.1	21.5	14.7	12.6	17.7
6	质粒	1.2	1.0	0.8	0.8	0.5	0.5	1.0
10	质粒	2.5	2.4	2.1	1.7	1.3	1.0	4.3
40	Fosmid	2.1	1.3	1.2	1.1	0.6	0.5	9.3
150～200	BAC	0.4	0.4	0.4	0.4	0.2	0.2	13.7
其他	质粒	0.07	0.05	0.03	0.04	0.03	0.03	0.02
总数		41.4	33.6	29.7	28.4	19.2	16.3	47.2

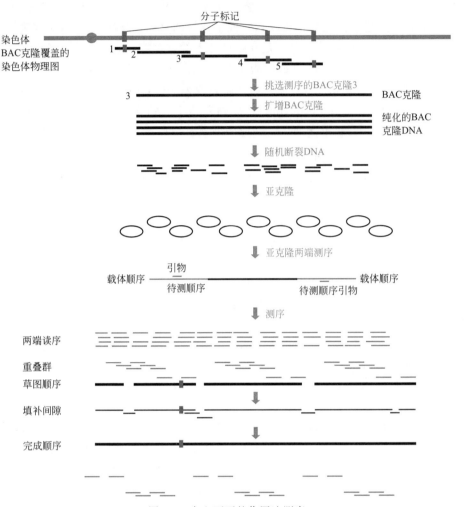

图 9-6 自上而下的作图法测序

在已经锚定到染色体连锁图上的 BAC 群体中挑取 BAC 克隆（3 号克隆），采用超声波随机断裂 BAC 克隆 DNA，然后电泳分离，收集 2kb 左右的 DNA 片段插入克隆载体，随后进行插入片段的两端测序

采用多个基因组文库是因为任何一种载体都会因某些插入片段与宿主菌的不兼容而不能扩增，使一些 DNA 片段丢失。第一，不同类型的载体遭遇的不兼容是不同的，因而第二种文库可以保留在第一种文库中可能失去的克隆片段。第二，采用多种质粒文库也增加了克隆片段的总长，扩大了覆盖面。第三，10kb 文库的构建有助于在 2kb 质粒来源的两端测定序列组装时校正重复序列产生的差错。小鼠基因组中大多数重复序列的长度在 5kb 或略长，10kb 的插入覆盖 5kb 重复序列的概率很高。这样可避免序列组装时某个重复序列从一处跳到另一处。第四，Fosmid 和 BAC 文库的构建可以使小片段 DNA 文库组建的重叠群在大分子克隆中有效而准确地归并与整合，避免了在全基因组范围内直接进行重叠群排序所产生的错误，可提高序列组装的效率，保证序列柱状的可信度。

图 9-7 是全基因组鸟枪法测定序列组装过程。第一步，从 2kb 随机插入片段的全基因组文库两端进行测序，收集并过滤读序，随后将读序进行序列比对，构建重叠群。第二步，在重叠群基础上以 10kb 随机克隆的两端成对读序为边界，将属于该克隆范围的重叠群归并在一起。第三步，方法与第二步类似，以 40kb 随机克隆的两端成对读序为边界，将属于该克

隆范围的重叠群归并在一起。第四步，以 BAC 随机克隆的两端成对读序为边界，重复上述过程。一个 BAC 可以网罗很多重叠群，这些重叠群之间可能还存在许多有待填补的缺口，可在后续的完成序列步骤中逐一填补。BAC 支架的搭建是序列组装的最后一步，由于相邻两个 BAC 末端序列有可能同时出现在其他文库的两端成对读序中，因此可以将不同的 BAC 克隆按先后次序归并在一个大的序列范围内，这些归并的 BAC 群体就是支架。支架还必须锚定在基因组物理图上，这一步主要以分子标记为计算机探针，从已排列好的重叠群中搜寻与之相同的 DNA 序列。由于分子标记序列在基因组中是唯一的，因此含有该序列的支架在物理图上的位置也是唯一的。

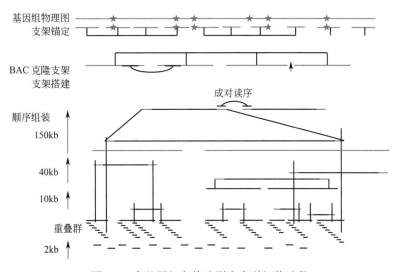

图 9-7　全基因组鸟枪法测定序列组装过程

这是一种由下而上的测序组装策略。2kb 小片段的两端序列测定后，可搭建一系列的重叠群。由 2kb 两端序列组建的重叠群可以通过 10kb 片段两端序列归并，10kb 两端序列组建的重叠群可以通过 40kb 片段两端序列归并，依此类推，逐级而上。最后以 BAC 克隆收尾，再根据分子标记锚定到染色体连锁图上

(3) 不同测序路线与序列组装

20 世纪 90 年代初关于能否用鸟枪法完成基因组的测序曾引起广泛的争论，许多分子生物学家对其可行性深表怀疑。他们认为必须分析与比较所有测定的小片段 DNA 序列，从数百万个小片段中寻找重叠的片段然后逐个粘连组合，即使小基因组也超出计算机所能处理的范围。在这一时期，不少生物基因组的测序与序列组装都是采取作图测序法，例如大肠杆菌、酵母和线虫基因组的测序都是首先构建基因组物理图，然后按图索骥，逐段完成。

20 世纪 90 年代中期，由于 DNA 大规模自动化测序技术的问世以及超级计算机的出现，曾经视为畏途的全基因组鸟枪法测序又再次引起人们的关注并付诸实践。1995 年流感嗜血杆菌基因组序列采用鸟枪法测序率先完成，长久以来隐藏在人们心中的疑虑从此烟消云散。随后鸟枪法测序逐渐推广到越来越多的生物，包括一些大型基因组的真核生物。

① 鸟枪法测序的优势与局限

用鸟枪法测序在较短时间内成功完成流感嗜血杆菌基因组测序的报道，在 20 世纪 90 年代末引发了一场微生物基因组测序的热潮。这些研究项目的实施表明鸟枪法测序可以组建一

条流水工作线，一个科研小组可进行任务分工，一部分人专门负责制备 DNA，一部分人负责测序或数据分析。采取这种分工合作的研究形式，5 个人仅用 8 个星期就完成了生殖道支原体基因组 580kb 的测序。经验证明，完成不到 5Mb 大小的任何一个生物基因组的测序，一年时间绰绰有余。鸟枪法的主要优点在于它的速度以及无需提供相关的遗传图和物理图。此外全基因组鸟枪法测序一般覆盖面较大，如小鼠基因组鸟枪法测序的覆盖面达到 47 个单倍体基因组的量（表 9-2），有些在作图法中遗漏的基因可在鸟枪法测序中发现。

鸟枪法也有其局限性。如果基因组太大，结构过于复杂，序列组装的起始阶段工作量非常大。必须对所有已知小片段序列进行分析，找出共有序列组装成很小的重叠群。随着重叠群的扩大，比较的序列会逐渐减少，但总的来说，需要分析的小片段数量仍达到现有计算机能力的极限。此外数据分析还有赖于基因组中是否存在十分棘手的短重复序列及其数量。它们分散在整个基因组中，在序列组装时可能出现错误连接，使某段重复序列从原来的位置跳到另一个无关的位置。尽管在序列组装时可以设定严格的程序过滤重复序列，但这一措施有时也会将重复基因过滤掉，从而丢失许多重要的信息。全基因组鸟枪法测序的另一缺陷是存在大量的难以填补的缺口。因为全基因组范围内进行随机克隆与重叠群构建，与小范围如BAC 克隆内重叠群构建相比不可避免地会产生比率高得多的序列缺口。这些缺口所处的物理图位置难以判断，给序列填补带来很大困难。

② 序列组装的分期标准

任何基因组的测序与序列组装都是逐步推进，分段实施的，它们与序列组装的质量有关。总体上基因组的测序与序列组装可分为两个大的阶段：草图序列和完成序列。

草图序列系指达到普通质量但尚未完成的基因组 DNA 序列，其精确度高于 90%，基因所处染色体位置已知，一般长度约 10kb。由基因组测序获得的 DNA 序列按其质量可分为 4 个等级（图 9-8）。

0 级（phase 0）：测序覆盖一次的 DNA 序列。

1 级（phase 1）：测序覆盖 4～10 次的 BAC 克隆、BAC 及内部片段的位置和排列方向未定。

2 级（phase 2）：测序覆盖 4～10 次的 BAC 克隆、BAC 及内部片段的位置和排列方向已定。

3 级（phase 3）：完成序列，系指已测序的每 10000 个碱基中出现一个差错且内部不存在缺口的 DNA 序列。

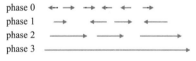

图 9-8　基因组 DNA 序列的质量标准

phase 0 期的 DNA 序列仅为测序一次的序列，存在错误的碱基。随着测序覆盖次数越多，DNA 序列的精确度越高

9.2　功能基因组学

即使每个基因都已鉴别，每项功能亦已确定，还有许多问题仍需解答。其中最重要也是

最困难的任务之一在于了解基因组作为一个整体如何工作，如何指令与协调细胞中各种不同的生化活性。描述与阐明基因组的生物学将要花费研究者未来数十年的时间。目前人们已试图着手探明基因组在不同组织和细胞中的表达模式：哪些基因打开，哪些基因关闭以及不同发育阶段基因表达的状态。由此催生了一门新的分支学科——功能基因组学。

功能基因组（functional genome）的研究几乎涉及生命科学的所有领域。因为一切生命现象都是由基因决定的，解读生命的奥秘最终必须到基因组中寻找答案。从基因组到可见的表型之间是一个遗传信息逐步展现的过程，涉及不同水平的生物学机制。任何一种生命现象，即使最简单的生理生化反应也是由许多基因及其表达产物协同作用的结果。基因组的功能在分子、亚细胞、细胞、组织、器官、个体和群体水平有各自不同的表现形式和调控方式，因此在功能基因组学领域又延伸出许多研究分支，统称为组学（-omics）。

9.2.1 组学简介

组学是科学新名词，用来特指生物学的某个研究领域，常常作为后缀用来组成一个学科的名称。与此相关的一个新词是组（-omes），系指组学研究的具体对象。

（1）宏基因组（metagenome）

宏基因组，也称为元基因组、环境基因组或生态基因组，系指研究一类在特殊的或极端的环境下共栖生长微生物的混合基因组，如今定义为应用现代基因组学技术研究一类直接从自然环境中收集的微生物群落的基因组。这类生物无法在实验室分离培养，因此不能获得纯化的株系。对这些共栖生物基因组的测序是直接从环境中收集混合的样品并提取混合的DNA后进行的，进而对基因组序列进行比较分析。共栖生长的微生物种属各自含有不同的基因组，组成了一个适应于特定环境的巨大而复杂的基因库。因此宏基因组的研究对于了解复杂环境中微生物群落的共生机制具有重要意义。

（2）人类第二基因组

人类体内的微生物有1000多种，其遗传信息的总和称为人类微生物组（human microbiome），也称为人类第二基因组。人类微生物组所编码的基因有100万个以上，远远超过人类基因组的基因数。人体微生物与人类健康息息相关。

9.2.2 转录物组

转录物组（transcriptome）是在某一特定条件下单个或一组细胞所具有的mRNA总和。与基因组DNA序列固定不变的情况相反，转录物组的内容依实验设计的不同而随之变化。

基因表达的第一步是将DNA转录为RNA。因此鉴别某一细胞或组织中特定基因的转录物是最直接的确定基因是否表达的方法。通常采用的是分子杂交，将mRNA反转录为cDNA后，与基因组DNA杂交，从而判断表达的基因成员及其转录物的丰度。

确定单个基因的表达与否是一项并不困难的实验，但要分析细胞中整个转录物的组成及其表达状况，情况就要复杂得多。目前采用较多的技术为DNA芯片（DNA chip）或微阵列（microarray）检测。设计DNA芯片的目的是提高杂交分析的效率，使成千上万个样品可同时进行杂交实验。

一块DNA芯片可同时与大量DNA探针杂交，每个探针都有不同的序列，位于芯片上的确定位置。用于杂交的探针可以是合成的寡聚核苷酸，也可以是cDNA。最早的技术比较粗糙，只是将寡聚核苷酸或 cDNA 点播在一块显微镜盖玻片或一小块尼龙杂交膜上形成一个微阵列。用这一技术只能达到较低的样品密度，一个 18mm×18mm 面积微阵列可包含 6400 个样品。在经过一番技术改良之后，使点播的样品数达到更高的密度。这一方法是在芯片表面原位直接合成寡聚核苷酸，合成的序列由每次加入反应的 dNTP 底物决定。使用修饰过的核苷酸，根据设置的程序在芯片的每个点上加入预先经光激活的 dNTP，依次完成特定的反应。由于每步反应中芯片样品的位置及加入的 dNTP 都是已知的，因而整个芯片所有寡聚核苷酸序列都是可知的。

高通量 DNA 芯片技术的发展为基因表达产物的鉴别提供了快速有效的方法，其中一种称为瓦式（tilling）基因组序列芯片的应用极大地扩展了人们对基因组转录图景的认识。

9.2.3 蛋白质组

基因表达的第二个阶段，是将 mRNA 翻译成蛋白质。生物的最终表型是通过蛋白质来实现的，它们包括催化细胞内各种生化反应的酶类以及结构成分。细胞中蛋白质的全部内容称为蛋白质组（proteome）。研究蛋白质组结构与功能的领域称为蛋白质组学，包括分析全部蛋白质组所有成分以及它们的数量，确定各种组分所在的空间位置、修饰方法、互作机制、生物活性和特定功能。检测一个细胞或组织中蛋白质的种类及其含量比转录物的研究要困难得多，因为目前还缺乏比较理想的技术来分析细胞中整个蛋白质组分。双向电泳目前仍然是分离蛋白质或多肽最好的方法之一，随后再测定每个电泳斑点蛋白质或多肽的氨基酸组成。由于质谱技术的改进，分析的样品可达纳克（ng）级。将这些信息与基因组中编码蛋白质的所有基因序列进行比较，从而分辨哪个基因指令哪个斑点。

蛋白质组分析是一个远比与基因组测序、转录物组研究困难得多的任务，其复杂性表现在：①蛋白质有许多加工方式，如磷酸化、糖基化、乙酰基化、泛素化、法尼基化和二硫键等，不仅形式多样，而且种类繁多，它们均与蛋白质的功能密切相关；②由于 mRNA 的可变剪接、程序性移码和编辑等，一个基因可编码许多不同的蛋白质，常常表现为组织特异性；③蛋白质之间存在大量的相互作用，如形成同源或异源二聚体、三聚体或多聚体，不同的结合状态有不同的活性；④一种蛋白质可参与多种反应，或多种蛋白质参与一种反应。蛋白质组学专家认为，由于转录、翻译调控和翻译后加工，蛋白质组的复杂性比基因组要扩大一个数量级。大多数情况下，人们对上述过程的机理所知甚少。

尽管蛋白质组的研究有许多困难，但这一领域仍然取得了很大进展。最初人们只能分析少数蛋白质之间的相互作用，例如采用酵母双杂交系统分离单个伙伴蛋白质，现在已将范围扩大到数百甚至上千个成员，并在此基础上正在尝试构建蛋白质组的互作网络，从而使功能基因组的解读逐步与表型衔接。

除了上述这些试图将蛋白质进行功能分类的方法之外，还有其他一些途径可用于蛋白质功能预测：①利用转录物组信息，许多参与同一细胞事件如细胞分裂与凋亡的基因在转录水平表现为共调节；②搜集生理生化过程及特定细胞事件如癌变中上调或下调的 mRNA 资料；③利用蛋白质微阵列技术查找互作蛋白、小分子多肽和配位体（ligand）结合蛋白质。

注解单个蛋白质的功能仅仅是阐明基因组功能的第一步，更为困难的任务在于解释不同蛋白质的相互关系及它们如何互作，这就是蛋白质互作网络。酵母是最早用于研究蛋白质互作的生物，而酵母双杂交也是目前最有效的蛋白质互作研究系统。酵母双杂交有 2 个原理相同但载体各异的系统：酵母基因启动子及其 DNA 结合域，常用的有 GAL4 系统；大肠杆菌启动子及其 DNA 结合域，常用的为 LexA 系统。大规模筛查互作蛋白质成员的实验程序一般采用诱饵克隆和猎物克隆结合的方法，涉及两个以酵母为宿主的 cDNA 文库的构建、接合及筛选。

酵母双杂交虽然是高通量蛋白质互作筛选的一种有效方法，但该系统在技术上仍有许多缺点。当仔细分析酵母双杂交高通量蛋白质互作的结果时发现，有不少互作其实是假阳性。另一个缺点是，有许多真实的蛋白质互作关系常被遗漏而未检测到。如许多蛋白质只有在多个蛋白质共存时才表现互作，这在酵母双杂交系统中是检测不到的。

9.2.4　基因组学发展的趋势

(1) 重绘"生命之树"

在不远的将来，地球上所有物种的代表性个体基因组都将被测序，即分析一个或数个个体的全基因组序列来构建该物种的参考序列，据此，生命世界将描绘出其所有物种演化与亲缘关系的"生命之树"。

对于任意一个物种来说，这是其生物学研究的重新开始，也是利用和开发（如育种等）这一物种的重新开始。

从整个生命世界的演化来说，只有构建以基因组序列为基础的数字化"生命之树"，才能进一步阐述所有物种的演化和亲缘关系，为生命世界的演化和生物分类提供更加科学的依据。

从认识生命的本质和活动机制来说，是要解析生命活动的"三大网络"，即与物质、能量交换有关的代谢途径组成的代谢网络，连接生命活动的所有信号通路组成的信号网络，所有与基因表达有关的调控网络。"三大网络"的阐明也将成为基因组学的最高阶段——合成基因组学（synthetic genomics）的基础。

(2) 群体基因组分析

有了一个物种的参考基因组序列之后，下一步便是研究这一物种中的亚种、亚群体与品系（株系）的代表性个体。

确切地说，任何一个个体都不能真正代表这一个物种。亚种、亚群体与品系个体的基因组测序是更好地了解生命世界的必经之路。而群体之间的基因组比较分析，更是演化研究的主要内容。

(3) 个体基因组分析

如果说一个物种的多个群体全基因组分析还只是研究一般意义上的基因组变异，那么通过对具有某一特殊表型的个体基因组变异比较，就有可能把这一表型与某一特定的基因组变异（某一区段、某一基因或某一核苷酸变异）联系起来。

迄今所有物种、亚种或群体的基因组分析都是以一个或几个个体的"参考序列"为代表的。HGP 之姐妹计划——国际单体型图计划（international HapMap project），以及后来启动的 G1k（国际千人基因组）计划，就是这一研究趋势的先声。泛基因组（pan-genome）的概念，即来自一个物种的多个群体和多个个体的基因组变异。

遍基因组关联研究（genome wide association studies，GWAS）是基于分布在全基因组的 SNP（single nucleotide polymorphism，单核苷酸多态性）等标记的基因分型，也可归入这一趋势。

(4)"跨组学"分析

"组学化"可以说是当前生命科学几乎所有学科的发展趋势,但重要的趋势是多个不同"组学"的融合与贯穿。

DNA组(基因组)和RNA组(转录组、数字表达谱等)从诞生伊始便密不可分,外饰基因组学(从组学层面研究DNA分子各种碱基的不同化学修饰)与META基因组学是基因组学概念和DNA测序技术的发展和外延。外饰基因组测序使DNA测序技术用于分析DNA甲基化(甲基化组),ChIP-Seq(chromatin immuno-precipitation sequencing,染色质免疫沉淀测序)使测序技术开始用于基因组水平的基因表达调控(调控组)研究,这两者结合转录组的分析,还有miRNA组与其他ncRNA组(non-coding RNAome,非编码RNA组)的分析,使"组学"技术更为全面,也为其他新技术的应用带来了契机。

所以从基因组学或遗传学的角度,所有的"组"或"组学"都可归为两个"组学",即"基因组学"和"表型组学"。表型组及其分型研究,包括蛋白质组、代谢组和其他新出现的"组学"(要注意,从遗传学角度,人类的所有疾病诊断和临床信息都属于表型的范畴),与基因组学紧密结合,相得益彰,开始了以"组学"为重要标志、结合所有其他表型组分析技术的生命科学新时期。更重要的是,生命科学的精髓——演化生物学,凭借新的研究手段与数据迈上了新台阶。

(5)基因组的生物学

基因组的生物学是指以生物的全基因组序列和基因组知识为基础的所有生物学全面研究,是21世纪生命科学和生物技术的重要特点。

基因组的生物学由相辅相成、互促互动的两个方面组成:一方面,任何一个物种的所有生物学研究只有在全基因组序列这一新的基础上才能迈上新台阶,只有引进基因组学的概念、策略和技术,才能与时俱进;另一方面,基因组学也应该用自己的理念、策略、技术和大数据跟所有相关学科合作,来研究生物学的所有问题,才能保持自己的生命力和持续发展,否则只能困守于泛泛的"普通基因组学(general genomics)"。

9.2.5 基因组学应用

基因组学正从实验室的基础研究和技术开发,特别是其核心技术走向医学、临床、农业及生态环境等多方面的应用。

(1)外显子与全外显子组测序——单基因性状与遗传病

生物的单基因性状和人类的孟德尔遗传病(包括染色体病)是基因组学及其技术的应用范例。

单基因性状和单基因病大都是由一个蛋白质的氨基酸序列发生变化而引起的,是源于编码基因的核苷酸序列变异。外显子测序(exon-seq)、全外显子组测序(whole exome-seq)与分析有的放矢,技术较为简单,分析较为直接,经济效益较好。要注意的是,同一性状(疾病)可能是与之相关的代谢网络中不同基因的不同变异(包括结构改变和调控改变)引起的。这一技术应用于经典的染色体病或线粒体病。

更为重要的是,全外显子组测序有望仅仅分析一个或数个遗传方式明确的家系,便有可能鉴定出与性状(疾病)相关的基因变异,而不像经典的连锁分析那样需要很多同质性的家系"累加"才能达到LOD值(logarithm of the odd score)的期望值。

（2）全基因组测序——复杂性状与常见疾病

基因组学的一个重要领域，便是动植物的复杂性状和人类的癌症等常见复杂疾病的研究。全基因组测序和分析将成为常规技术。

人类与其他动植物的大多数性状涉及基因组的多个区域与多个基因以及其他功能因子的变异，特别是与"三大网络"有关的所有基因及功能因子。无疑，外显子组测序可能丢失的信息是多方面的，正因为如此，全基因组序列分析展示了它的独特优势，可以反映与表型有关的该基因组所有的相关变异，如基因的表达调控因子、非编码序列及所有相关网络。即使是单基因遗传病，也可能与增强子等其他表达调控序列有关。全基因组序列分析，结合转录组和外饰基因组等其他分析，是"组学"研究的长期战略方向之一。随着测序和信息分析成本的不断下降，全基因组测序的应用将更为广泛。

（3）单细胞测序——基因组异质性

人类基因组学的一大重点是癌症和很多其他复杂疾病的异质性（heterogeneity）的研究，单细胞测序和分析将发挥很大作用。

此前的癌症研究都使用取自患者癌组织的样本。实质上，这些样本都混有相当比例的正常细胞，而癌细胞不同时期也具有不同的基因组变异。单细胞的全基因组序列分析在这里展示了它独特的优势。此外，对所有人体、其他动植物，特别是直接取自特定生态环境的混合微生物组群（microbiota）样本，单细胞组学分析也将发挥很大的作用。而第二代测序技术将可能直接对单细胞进行基因组、转录组、外饰基因组等组学的综合分析。

单细胞组学分析技术主要包括细胞分离、DNA 或 RNA 扩增、深度测序、信息分子等几个方面，不久的将来有望取得更大的进展和突破。它还将在"脑计划"等神经系统研究中发挥独特作用。单细胞"组学"分析还可能发现和鉴定生物体新的细胞类型。单细胞分析的技术难点是如何高效率、高保真地扩增 DNA/RNA 分子以及大幅度地降低成本。

（4）META 基因组测序——微生物及疾病基因组

META 基因组学的诞生完全归功于测序和信息分析技术的发展，将对生态微生物组（microbiome）、特别是病原基因组（pathogenome）的研究带来一场新的革命。

现在，只有不到千分之一的细菌和百万分之一的病毒物种可以进行纯化培养、鉴定和分析。META 基因组分析技术可以使用多种类微生物的混合样本甚至包括宿主全基因组的样本，进行测序后再重新组装成完整的微生物全基因组或 ORF（open reading frame，开放阅读框）。近年来，已有几百倍、甚至几万倍于现有数量的微生物基因和 ORF 被测序和鉴定，这将为认识生命的多样性和解析生命世界的"三大网络"、生态环境的研究和生物产业的发展做出重大贡献。

META 基因组学第一个最大的应用成果便是人类常见复杂代谢病的发生与体内（特别是胃肠道）共生的微生物组群相关的研究。在科学上，颠覆了"复杂性状是基因与环境因子共同作用"的概念：对环境来说，人类胃肠道和其他体内微生物的基因也是基因，而对经典定义的基因，即人类核与线粒体基因来说，这些微生物却是与"基因"相互作用的"环境因素"的一部分。在应用上，改变或调节体内微生物的种类及比例也许成为临床治疗和新药物研发的方向之一。

META 基因组学有望给微生物学带来革命性的变化。META 基因组测序是继显微镜之后，打开微生物世界大门的又一重要工具，特别是对难以分离、培养、纯化的寄生、共生、聚生的微生物类群，包括病原和潜在的病原微生物研究。

META 基因组学的发展方向也是单细胞（微生物个体）的"组学"综合分析，特别是"三大网络"的阐明，将为合成基因组学提供更多的信息。

(5) 微（痕）量 DNA 测序——无创检测、法医和古 DNA 研究

微量、降解的 DNA 测序技术为生命演化和人类疾病，无创早期精准检测和法医鉴定，古 DNA 研究等提供了新的工具。

很多生物样本的 DNA/RNA 含量很低，而且降解很严重，片段很短。大规模并行高通量测序（massively parallel high-throughput sequencing，MPH）技术可以分析微量、严重降解的 DNA/RNA。

微量 DNA 测序的第一个最为重要的成功应用是 NIPT（non-invasive prenatal testing，无创产前检测）。孕妇外周血中含有胎儿细胞释放的 DNA 片段，测序技术现在已经可以用于早期的产前检测，最为成功的应用是非整倍体如"21-三体"等染色体疾病的检测。单基因遗传病方面的应用也呼之欲出。

微量 DNA 测序的第二个重要应用是体液（血液、尿液、唾液、泪液、精液以及阴道黏液等）中的 DNA 和 RNA（特别是 miRNA）分析。对于癌症和其他疾病的早期检测和复发监控具有巨大的临床应用前景。

同时，痕量 DNA 测序将广泛应用于法医 DNA 的研究。如在几个指纹上便可以提取足量的 DNA 用于测序，这对于个体身份鉴定是非常重要的。

痕量 DNA 测序的第三个重要应用是古 DNA 研究。古代样本中的 DNA 含量微少而又严重降解。随着测序技术的发展，更多的"死人死物"将"开口说话"。

(6) "数据化"育种与生物条码

基因组学的应用成果，已体现在动植物的"数据化"育种与物种鉴定。

随着越来越多的动植物，特别是家畜和农作物基因组参考序列的分析，以及随之而来的一个物种的种内群体变异（亚种、品系代表性个体）的全基因组测序与比较分析，使新一代以序列为基础的"遗传图"建立达到了前所未有的精度。通过与现有的品种多代亲本的追溯，很多复杂性状〔如植物的 QTL（quantitative trait locus，数量性状位点）〕都能在基因组中明确定位（基因定位技术），为家畜和农作物的育种提供了诸多"种质资源"的"三大网络"、基因及其他信息，特别是为"标记辅助育种（marker-assisted breeding）"提供了大量的分子标记。酵母全基因组重新"设计"和合成，可以说是单细胞生物"设计"育种的先声。CRISPR 等基因组编辑（genome editing）技术以其"精准"避免"脱靶（off targe-ting）"，更突出了基因组精准序列的重要性。

以序列为基础的数据化"生命之树"，有望鉴定并开发出界、门、纲、目、科、属、种以及亚种、品种、品系、株系的特异性或代表性序列，称为生物条码（biobar coding）。它在物种，特别是外来入侵物种的鉴定、病原的鉴定与追溯以及某些生物样本的真伪和生物产品知识产权的保护等方面都将发挥重要作用。

9.2.6 基因组伦理学

因为生命科学的特殊性，学习基因组学，还要学习生命伦理和生物安全相关问题的基本概念。

作为生命科学中与生命本源最为接近、对人类社会影响最大的学科，基于人类社会一员的共同责任和专业科技工作者的社会责任，基因组学应该将人文（Humanity）精神放在生命伦理讨论的首位，并关注科技与民众的关系、文化宗教多样性、经济、生物安全和生物防护等新问题。

据此，在 HGP 把 Ethics（伦理）扩展到 ELSI（ethical、legal、social issues/implications，伦理、法律、社会问题/影响）的基础上，建议进一步扩展为 HELPCESS。

（1）人文（H，Humanity）：将"人"字写在天上

H 在这里指人类进步、人道主义和人文精神。

对生命领域的科技工作者而言，应铭记生命科学服务人类、助力人类文明发展的使命，自身肩负的道义责任以及必须高度发扬的人文精神。

（2）伦理（E，Ethics）：生命伦理是生命科学的准则

生命伦理讨论的核心问题是保护参与者的权利问题、人类的尊严（dlignity）以及人类与自然的关系。

近来，在个体化基因组（personalized genome）的讨论中，如何对待可能出现的遗传歧视、如何实现保护隐私、"知情之权"与"不知之权"都已成为亟待回答的生命伦理新问题，而个人基因组数据在医学应用中的共享和保密方面的平衡则是精准医学急需解决的问题。

（3）法律（L，Law）：有法可依、"无"法则立、违法必究

基因组伦理学的法律层面，主要指生命科学的研究需要遵循和制订各种法律、法规。严格地说，伦理和法律属于不同的范畴。但是生命伦理讨论中常常包含如何通过法律手段引导或规范相关操作和应用的内容，因此有必要制订各种法律、法规。

反对遗传歧视是继反对性别和种族歧视之后人类文明的第三大进步，在法律层面禁止遗传歧视，具有全人类的、历史性的重大意义。

（4）公众关系和决策（P，Public-relationship/Policy-making）：科学决策与"鱼水之情"

改善科学界与社会的关系，促进科技工作者与公众的交流与合作，并参与科技相关的政策制订，是科技工作者新的挑战。

在相当长的历史时期内，科学家在民众心中是伟大、无私和高尚的。网络时代知识传播方式的革新使民众很容易获得科学知识或讯息，却在一定程度上客观地拉远了民众与科学家的距离。

如何走出象牙塔，以社会成员的身份，携手生命伦理学专家、社会学家、新闻媒体与患者援助组织等团体走向社会，搭建与民众长期良性互动的交流平台，并逐步让民众参与科技政策制订、科研项目设计、执行监管、知识传播和应用的系列过程，是生命科学研究人员的职责。其中，与专业媒体的合作需特别重视。

如何参与有关科学研究的决策（政策制订）过程，做好有关决策部门的咨询和"参谋"，也是科技工作者的专业和社会的责任。

（5）文化（C，Culture）：科学也是美丽的

文化等有关方面的问题是生命伦理讨论的一个重要议题。

生命科学以生命为研究对象，因而各种文化因素，特别是不同的宗教，会在不同程度上影响公众对科学技术的理解和看法。毋庸置疑，生命伦理的讨论需要尊重文化尤其是宗教的多样性。

（6）经济和教育（E，Economy/Education）："无形之手"与科学的未来

考虑经济与商业以及科学教育、科学传播的相关问题是广义的伦理学面临的新挑战。

当代科学需要正视的问题是，一方面社会的发展需要"科研-产业"合作的机制；另一方面，科研工作者确有可能成为某一应用技术的利益相关者。

PPP（Public-Private-Partnership，公私合作关系）和经济的相关政策，已成为"非技术"考量以至于国际合作重大项目的重要方面。

E 也表示教育。科学工作者的自学或再教育，对社会各界特别是青少年的科学普及教育已成为科技工作者的社会责任。

(7) 生物安全和防护 (S，Safety/Security)：防患于未然

生物安全和生物防护问题是生命科学技术应用中政府和公众最关心的问题之一。

生物安全讨论的是对科研和应用过程中可能出现的意外状况的防范和控制，及对环境、生态可能造成的破坏等。生物防护则是应对生物技术的非和平利用，反对和防范一切形式的生物恐怖行为。

(8) 社会 (S，Society)：为了人类福祉与社会和谐

与所有的其他科学技术一样，在生命科学与医学研究中，研究内容和结果对个人、家庭、族群和整个社会可能造成的影响是所有讨论的重点。

应当让科学界和社会都理解：如果没有科学，人类将会面临更多的挑战，甚至灾难。生命伦理的讨论要为生命科学和生物技术"正名顺言"、"鸣锣开道"和"保驾护航"以呼吁科技创新和对科学研究的支持，保证科学研究和应用沿着正确安全的方向发展，更好地为社会和公众服务。生命科学应为人类的福祉和社会的和谐做出贡献。

9.3 基因组表观遗传

9.3.1 表观遗传

(1) 表观遗传定义

多细胞生物通常由许多形态和功能不同的组织和细胞组成，虽然它们来自同一个受精卵，具有相同的基因型，但不同细胞的基因表达模式却各不相同。在胚胎发育过程中子代细胞形态和功能的改变称为细胞分化，自然状态下这是一个不可逆的过程。已经分化的同一类型细胞其表达模式是一致的，保留着相同的遗传"记忆"。多细胞生物个体不同组织细胞如何维持基因的不同表达模式呢？现在已经清楚，这种遗传"记忆"是通过一种称为"表观遗传（epigenetic）"的方式实现的，表观遗传也是基因组程序化的主要表现形式。

20 世纪 40 年代 Waddington 首创 epigenetics 一词，用以概括有关基因及其产物如何转变为表型的研究领域。就词义而言，希腊语的前缀"epi"具有"其上（upon）""之后（after）""超越（over）""之外（in addition of）"等多种含义，因此对 epigenetics 的定义也有多种表述。尽管不同的表述在所包含的内容方面有宽泛和狭窄之别，但在两个主要点上是一致的：①表观遗传学研究基因如何发挥其功能以及基因之间的互作关系；②表观遗传学研究的范畴仅涉及 DNA 序列之外的使基因表达模式发生改变并可使之在世代之间稳定传递的因素。

1992 年 Hall 在其所著的《Evolutionary Developmental Bbiology》一书中，将 epigenetics 定义为：在发育过程中遗传因子和非遗传因子作用于细胞使其选择性控制基因的表达，并逐步增加表型复杂性的过程。20 世纪 90 年代中期之后，epigenetics 的定义逐步向狭义的方向发展，Russo（1996 年）将 epigenetics 描述为：不涉及 DNA 序列的变异，但基因的表达模式发生了可遗传的改变，并能通过有丝分裂和减数分裂将改变的基因表达模式传递给子代细胞或下一代的过程。

（2）表观遗传现象

表观遗传现象非常普遍。我国古代有"橘生淮南则为橘，生于淮北则为枳，叶徒相似，其实味不同"的记载，说明相同基因型的生物在不同的环境条件下表型有很大的差别。同一种中药材在不同产地生长，其药效相差甚远，这也是环境影响基因表达的突出例子。这种因环境影响而改变的基因表达模式并不涉及基因型的变异，但可以重复出现，稳定遗传，是一种典型的表观遗传现象。

在经典遗传学中，人们很早就发现，在玉米中有一种叶鞘花色素的表型变异不涉及基因突变，可以通过等位基因的互作改变基因的表达模式并可以传递给下一代，这种现象称为副突变（paramutation）。在果蝇中发现，一个决定复眼颜色的基因由于染色体区段倒位而转移到靠近异染色质位置时，可使该基因沉默，但基因本身并未发生突变，这种现象称为位置效应（position effect）。1991 年 DeChiara 等报道，小鼠 7 号染色体上有一个称为类胰岛素生长因子 *Igt2*（insulin like growth factor Ⅱ）的基因，该基因的突变纯合子表现为侏儒症；在杂合子中，如果突变等位基因来自父本，表型异常；如果来自母本，表型正常。这表明在杂合子中，虽然有野生型的 *Igt2* 等位基因存在，但如果野生型的 *Igt2* 等位基因来自母本，它在子代的表达被抑制。显然这种表达模式的改变不涉及基因本身的变异。这种因为等位基因来自上一代不同亲本而使表达模式发生可遗传变化的现象称为基因组印记（genomic imprinting）或亲代印记（parental imprinting）。基因的差异表达、副突变、位置效应和基因组印记都具有表观遗传的显著特点，并遵循有规律的遗传模式。

个体的生长与发育是受基因组时间和空间专一性表达控制的，这种基因差别表达模式的确立与维持均与表观遗传有关。从这个意义上说，表观遗传研究的内容几乎涉及基因表达调控的所有方面。表观遗传在基因组表达调控中所起的重要作用已经引起人们的极大兴趣，表观基因组学已成为功能基因组学研究的一个重要领域，由美国国家人类基因组研究所发起与组织的"DNA 成分百科全书（encyclopedia of DNA elements，ENCODE）"计划的目标即包括染色质结构密码的破译。

9.3.2 位置效应

位置效应有两种不同的类型：一种是因为染色质的物理状态处于极度收缩而造成细胞中的活化因子无法接触内部基因而使其关闭；另一种是在基因本身的调控序列之外还有其他位于 5′上游区域的 DNA 序列对下游一组基因的表达进行调控，这些调控序列称为座位控制区（locus control region，LCR）。

酵母 *ADE2* 基因位于正常的染色体位置时在所有细胞中表达，但将该基因转移到靠近距离染色体端部约 10kb 时，基因被包裹在异染色质中而被关闭。凡是位于这一区段的其他基因的表达均受到影响，但受到抑制的程度不同，距离端粒位置越远抑制的程度越小。

果蝇的白眼基因（*white*）在野生型中表现为红色复眼，当其发生突变时表现为白色复眼。有一个果蝇突变品系，*white* 位点所在染色体区段发生倒位，使正常的白眼基因位置靠近异染色质。该品系果蝇的复眼表现为红色与白色相嵌，白色复眼表明基因沉默。*white* 基因受抑制的程度取决于复眼早期发育时异染色质抑制效应扩展多远，受抑制较小的基因仍可正常表达，受抑制较强的基因则完全关闭（图 9-9）。

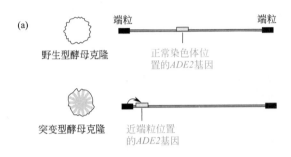

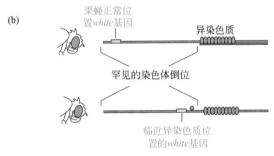

图 9-9 位置效应

（a）位于正常位置的酵母 *ADE2* 基因在所有细胞中表达。当处在靠近染色体末端时，该基因在大多数细胞中关闭。*ADE2* 基因沉默的细胞腺嘌呤合成受阻，使中间产物积累细胞变为红色。图中酵母克隆的边缘有少量的白色细胞，这是因为其中沉默 *ADE2* 基因发生自发变异重新表达。（b）果蝇白色基因（*white*）在野生型时具有红眼表型，当染色体区段发生倒位使 *white* 基因靠近异染色质时，果蝇的眼睛变为红白相间。白眼表示 *white* 基因已经沉默，红眼说明该基因仍然表达。因为异染色质对附近基因的抑制效应受发育阶段影响，影响减弱时基因仍具活性

9.3.3 DNA 甲基化

脊椎动物肌肉细胞的分化是一个典型的表观遗传范例。肌肉细胞的前身是肌原细胞，在肌原细胞分化过程中，基因组发生的显著变化是许多已经甲基化的 DNA 中胞嘧啶碱基发生去甲基化。如果在体外培养的肌原细胞中掺入 5-氮脱氧胞苷（5-azadeoxycytidine，5-Aza），使其在 DNA 复制时取代正常的胞嘧啶从而改变 DNA 甲基化的状态，培养的肌原细胞在没有外源的诱导因子作用下可以分化为肌肉细胞。如果将已分化的肌肉细胞 DNA 提取并纯化，然后再注射到肌原细胞中，也能使肌原细胞分化为肌肉细胞（图 9-10）。这一实验结果证实：①细胞命运的确定与基因组 DNA 的甲基化状态有关；②DNA 甲基化是决定基因表达模式的重要因素；③DNA 甲基化模式可以在上下代细胞之间传递；④DNA 甲基化只限于碱基的修饰，并不改变 DNA 的序列组成。现已证实，几乎所有真核生物的基因组 DNA 都存在甲基化现象，是一种非常普遍的基因表达调控方式。

9.3.4 染色体重建

细胞分裂中期排列在赤道板上高度压缩成杆状结构的遗传物质称为染色体（chromosome），它们由 DNA、RNA 和蛋白质组成。在细胞分裂周期的间期，染色体转变为疏松的纤

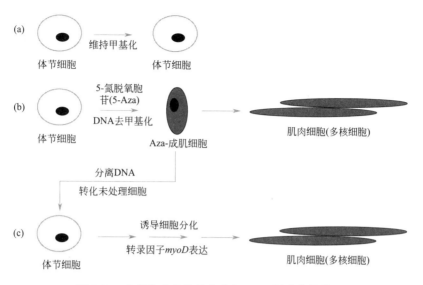

图 9-10　小鼠体节细胞的分化与 DNA 甲基化的关系

体节细胞基因组 DNA 的甲基化维持原有模式，细胞仍然保持体节细胞状态。当体节细胞中掺入脱氧嘧啶类似物——5-氮脱氧胞苷（5-Aza）后，由于 5-氮脱氧胞苷在 DNA 复制时可取代细胞中正常的胞嘧啶进入新合成的 DNA 链而不被甲基化，从而使子代细胞基因组 DNA 甲基化模式发生改变。子代细胞 DNA 甲基化模式的改变促使某些控制细胞分化的基因表达，使体节细胞分化为成肌细胞，成肌细胞进一步分化为肌肉细胞。从成肌细胞中提取具有分化活性的 DNA 注射到体节细胞，这些 DNA 含有处于活性状态的转录因子基因 *myoD*。*myoD* 的表达促使体节细胞分化为肌肉细胞

丝状态，分散在整个细胞核基质内，此时称为染色质（chromatin）。染色质分为常染色质（euchromatin）和异染色质（heterochromatin），前者指极度松弛并处在转录活性状态的染色质，后者是仍保持压缩状态不具备转录活性的染色质。在常染色质区，转录调控因子可以和 DNA 分子接触，促使基因表达。而异染色质处于收缩状态，转录调控因子无法与 DNA 分子结合，基因保持沉默。细胞的分化过程伴随着染色质构型的改变，这种改变的状态在同类型的上下代细胞之间是可以稳定遗传的，这也是一种典型的不涉及 DNA 序列的改变但却使基因表达模式发生变化的表观遗传。染色质状态的改变称为染色质重塑（chromatin remodeling），有可逆和非可逆之分。染色质重建可以包括整条染色体，如 X 染色体的失活，也可以涉及某个染色质区段，如果蝇体节发育模式完成之后许多同源异型基因（homeotic gene）必须关闭，有一组称为 Pc-G 蛋白（polycomb group protein）的蛋白质在其中起关键作用。它们将核小体的空间排列进行压缩，使染色质的构型转变为异染色质状态。这种构型改变是持久性的，可传递给子细胞。

9.4　基因组编辑

所谓的基因组编辑（genome editing），是在基因组尺度对细胞进行有效设计与高效改造，如基因组上多个位点同步插入或删除，实现多个代谢分支途径的组合优化和外源代谢路径的大片段基因组整合，从而达到全新的代谢能力等。这种基因组尺度的高效编辑技术主要包括对基因组上多重位点进行同步改写，高效地插入、替换或删除，大片段的剪切-粘贴以

及自主编辑（即基因组程序性进化）等。基因组编辑技术的原理是构建一个人工内切酶，在预定的基因组位置切断 DNA，切断的 DNA 在细胞内 DNA 修复系统的修复过程中会产生突变，从而达到定点改造基因组的目的。DNA 修复系统主要通过两种途径修复 DNA 双链的断裂（double strand break，DSB），即非同源末端连接（nonhomologous end joining，NHEJ）和同源重组（homologous recombination，HR）。由此可见，基因组编辑技术的基础是生命有机体的遗传重组。

9.4.1 遗传重组

遗传学上可将重组分为两大类：一类是同源重组，发生在同源染色体之间；另一类是非同源重组，发生在非同源染色体之间，如染色体移位。这里所指的重组系指染色体或 DNA 分子之间的交换与重组，涉及染色体区段或 DNA 序列之间的新的连锁关系。

不论是同源重组还是非同源重组都有重要的生物学意义。真核生物性别的分化，从遗传本质上看就是提供一种基因交换与重组的途径，使物种适应不断变化的环境。有性过程中同源染色体的交换与重组可以产生大量不同于亲代的基因型，是子代个体变异的主要原因。没有重组，基因组只有相对静止的结构，很少发生重大的变化。在长期的进化过程中，基因组虽可随时间推移而积累许多突变，但只在小范围内发生。只有通过重组，才可将基因组变异的范围扩大，增加进化的潜力。重组可使基因不断洗牌，使有利的和有害的突变在不同的组合中经受进化的选择。重组可以淘汰不利的突变，因为在重组后代可以出现突变纯合子，在自然选择的压力下纯合的突变往往被清除。因转座或移位产生的融合染色体不能发生同源重组与交换，这类染色体会积累大量突变。

重组首先在细胞水平上发现，它们涉及真核生物减数分裂时同源染色体之间的交换。随后又在分子水平观测到细菌的接合、转导、转化与外源 DNA 的重组有关。重组可直接改变基因组的遗传组成，因此人们特别关注它的分子机制，最有影响的为 Holliday 模型。

(1) 同源重组

Holliday 模型适合普遍的或同源重组类型，是自然界中最重要的一类重组，与减数分裂时染色体的交换、外源 DNA 转移到细胞内部时基因组的整合有关。

① 同源重组的 Holliday 模型

Holliday 模型描述的重组发生在 2 个同源双链分子之间，也包括彼此间只有小段区域同源的分子或同一个分子中 2 个同源区段之间的重组。

这个模型的主要特点是，在 2 个同源分子的交换区段形成异源双链分子（图 9-11）。由于 2 个同源分子之间序列相似，来自一个 DNA 分子的同源区段正链可与另一个同源分子的负链形成碱基配对，产生异源双链。这一过程如下：配对双链在互换的单链位置产生一个切口，使同源子链发生位置交换，产生十字形的 Holliday 结构。这种结构是动态的，当 2 个同源分子发生同向旋转时，分支迁移（branch migration）导致同源双链之间长区段的单链交换。

如果分叉点发生断裂与重接，Holliday 结构便会分开形成 2 个独立的双链分子。这一步在整个过程中至关重要，因为存在两种切割与重接方式，产生极不相同的结果（图 9-11）。两个同源 DNA 分子在 Holliday 分叉点的两侧形成一个分叉形（chi form）结构，如果左右方向切割与连接，将产生小片段交换，交换片段的长度及分支迁移的距离。如果切割与重接是上下方式，则产生 DNA 链交换（reciprocal strand exchange），将在这 2 个同源分子之间发生双链以及部分单链的交换。

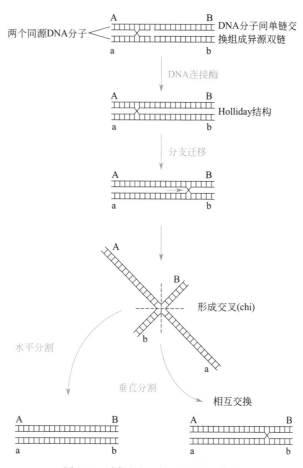

图 9-11　同源重组的 Holliday 模型

上面描述了 Holliday 模型的主要方面，但忽略了一些基本要点，即两个同源 DNA 分子在起始位置如何互作产生异源双螺旋。最初的考虑是，2 个同源分子彼此靠拢，在同一位点各自产生一个切口，游离的单链末端彼此交换，形成异源双链[图 9-12（a）]。这一模型提出后即受到非议，被批评为无机制解释，因为未涉及任何内部过程。随后 Meselson 和 Radding（1975 年）对此模型做了修改，提出了一个更令人满意的机制，被称为 Meselson-Radding 模型。在这一模型中，单链切口首先只在一个双螺旋分子中出现，随后游离 DNA 单链的末端在同一位置侵入另一同源分子取代同源的配对单链，形成 D 环（D loop）结构[图 9-12（b）]，被取代的单链在与侵入的单链末端相对应的位置被切断形成异源双链。

② 大肠杆菌的同源重组

Holliday 模型和 Meselson-Radding 的修改模型被后来的许多实验证明具有普遍意义，人们相信所有生物都以这一方式进行同源重组。以大肠杆菌为实验材料对同源重组的机制进行了深入研究。大肠杆菌细胞通过接合转移、转导以及转化，可接受许多外源 DNA，并经同源重组是基因组与外源 DNA 整合。

采用突变研究已在大肠杆菌中鉴定了许多涉及同源重组的基因，有 3 个不同的重组系统，分别为 RecBCD、RecE 和 RecF，其中 RecBCD 在细菌中最重要。在 RecBCD 系统中，重组过程由 RecBCD 起始，它们具有核酸酶和解旋酶活性。虽然细节还不明了，但大致情形如（图 9-13）所示：RecBCD 与线性分子的末端结合并解旋，随后朝前寻找第一个 8 碱基基序 5′-GCTG GTGG-3′，又称叉点（chi site）；大肠杆菌基因组平均 6kb 有一个叉点；RecBCD 的核酸酶活性在距离叉点 3′端约 56 个核苷酸处切开单链产生游离单链末端，然后按 Meselson-Radding 模型游离单链伸入基因组的同源区段内部；这一步由单链结合蛋白 RecA 介导，RecA 与 DNA 结合后形成一个蛋白质包裹的 DNA 纤丝，侵入同源双螺旋 DNA 形成 D 环结构；D 环的中间产物是一个三链（triplex），侵入的多聚核苷酸位于完整的双螺旋主沟内并与其配对的核苷酸碱基建立氢键连接。

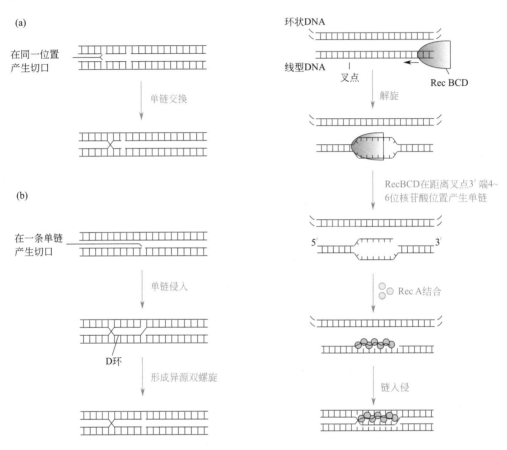

图 9-12 同源重组的 2 种解释模型图
（a）最初有关同源重组模型的解释；（b）Meselson-Radding 的修改模型，一系列事件形成杂合双链

图 9-13 大肠杆菌同源重组的 RecBCD 路线
图中表示产生杂合双链的一系列事件，下图有一个 RecA 覆盖单链 DNA 的纤丝结构，形成三链组合，这是重组过程的一个中间步骤

分支迁移由 RuvA 和 RuvB 蛋白质催化，这 2 个蛋白质均附着在 Holliday 结构的交叉点上。X 射线结晶学揭示，RuvA 的 4 个拷贝直接与分叉结合，形成一个核心。在核心结构的两侧有 2 个 RuvB 复合体，每个 RuvB 复合体有 8 个蛋白组成套装结构，附着在交叉点的两侧（图 9-14）。这一复合体实际上是一个分子马达（molecular motor），按需要的方式使双螺旋解旋保证分支迁移。RecG 也有促进分支迁移的作用，但其详情不明，可能与 RuvAB 联手，也可能涉及其他结构。

分支迁移并非随机过程，它会在 5′-A/TTG/C-3′序列优先停止，这一序列在大肠杆菌基因组中经常出现。当 RuvAB 复合物离开交叉点后，2 个 RuvC 取而代之（图 9-14），并完成 Holliday 结构的解体任务。交叉 DNA 中的异源配对双链必须交互切割才能彼此分开，切割事件发生在识别序列 5′-A/TTG/C-3′ 的 T 和 G/C 之间。

RecBCD、RecE 和 RecF 虽然是 3 种不同的重组路线，但涉及相似的工作机制，利用共同的蛋白质。每个重组路线 RecA 都必须参与，但 RecF 只涉及 RecE 和 RecF 路线，其他一些蛋白如 RecJ、RecO 和 RecQ 在 2 个或多个系统中均是共同成员。不同路线的精确功能尚未全部弄清。正常的大肠杆菌细胞中，大多数重组事件由 RecBCD 负责。如果 RecBCD 因突变失活，则由 RecE 系统取代。如果 RecE 失活，则由 RecF 接管。以上结果说明，这些系统的功能是重叠的，但相互之间仍有不同之处。例如，RecBCD 路线启动大肠杆菌基因组中广泛分布的交叉重组，而 RecF 可诱导两个质粒之间的重排。

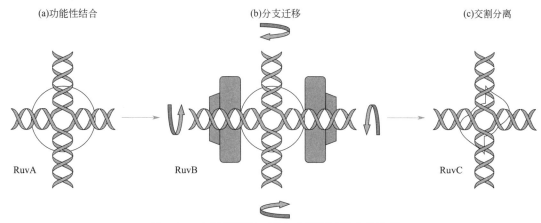

图 9-14　大肠杆菌 Ruv 蛋白在同源重组中的作用

在 Holliday 连接处的两侧各有一个 RuvB 环状蛋白复合物，将 DNA 链包裹其中，由 4 个 RuvA 组成的复合物结合在 Holliday 连接处促使分支迁移。在 RuvBC 脱离 DNA 分子后，RuvC 结合到 Holliday 连接处，其附着的方向决定 DNA 链切口的指向，Holliday 结构解离

（2）位点专一性重组（site specific recombination）

区段之间存在广泛的同源性并非重组的必要前提，在 2 个 DNA 分子之间有时只有很短的共同序列也能起始重组过程，这类重组称为位点专一性重组。

当 λ 噬菌体感染大肠杆菌细胞后，其 DNA 被注入细胞内部，然后选择两条感染路线之一进入生活史循环。一条路线是裂解途径（lytic pathway），可迅速合成病毒外壳蛋白，并与复制的自身基因组 DNA 结合，形成大量噬菌体颗粒导致宿主细胞死亡。这一过程在感染后 20min 内完成。另一条路线为溶源途径（lysogenic pathway），侵入的噬菌体基因组可整合到宿主基因组中，宿主细胞仍正常分裂。溶源性噬菌体由于某些外界因素，如 DNA 损伤或其他理化因子可重新活化，进入复制和蛋白质合成，形成新的噬菌体颗粒并杀死宿主细胞。

溶菌期 λ 噬菌体 DNA 以独立的环状形式存在于感染的细菌中，而溶源期 λ 噬菌体 DNA 则为细菌染色体的一部分，这种状态称为原噬菌体（prophage）。噬菌体的溶菌状态和溶源状态依所处条件可相互转换，转换过程涉及位点专一性重组：进入溶源状态要求游离的 λ 噬菌体 DNA 整合到宿主染色体中；转为溶菌状态的 λ 噬菌体 DNA 则必须从染色体上切离。

整合与切离是两个相反的过程，涉及不同的蛋白质。整合要求噬菌体编码整合酶基因 *int* 的表达产物和细菌蛋白质整合宿主因子（integration host factor，IHF）的参与，切离过程除 INT 和 IHF 之外还必需噬菌体基因 *xis*。IHF 由两个不同的亚基 HIM A 和 HIM D 组成，它们并非细菌基因组中其他同源重组的必需因子，也并非细菌必需蛋白质，仅涉及 λ 噬菌体 DNA 与宿主染色体的整合。无论 *him* 或 *int* 突变，均可阻止 λ DNA 与细菌基因组的整合，因此 IHF 和 INT 之间存在互作关系。

λ 噬菌体 DNA 与宿主染色体之间的整合发生在 att 位点（attachment site），细菌中该位点称为 att$^\lambda$。溶源期 att$^\lambda$ 位点由 λ 噬菌体 DNA 占据。λ 基因组和大肠杆菌基因组各有一个 att 位点，专一性重组主要发生在 att 位点中同源的 15bp 序列之间（图 9-15），但两侧序列对整合过程同样重要。λ 噬菌体 att 位点中与整合过程有关的序列长度为 240bp，大肠杆菌基因组 att 位点仅有 23bp 参与重组。重组过程开始于 INT 与 λ 噬菌体 att 位点的结合。INT 有两个功能域，N 端功能域与重组位点两侧序列结合，C 端功能域可识别核心序列。两个功能域可能同时与 DNA 结合，将两侧序列与核心序列定向排列。IHF 与 λ 噬菌体 att 位点结合的序列靠近 INT 的位置，组成一个整合体（intasome），随后将细菌 DNA 的同源序列引入整合体中。

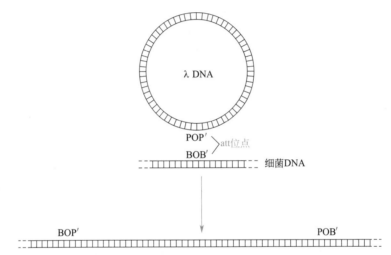

图 9-15　λ 噬菌体基因组整合到大肠杆菌染色体 DNA 中

λ 噬菌体和大肠杆菌 DNA 都有 att 位点，各由一个"O"的相同中间序列和两侧序列组成。大肠杆菌
"O"两侧序列为 B 和 B′（表示 bacterial att site），噬菌体
"O"两侧序列为 P 和 P′（表示 phage att site）。O 区之间的重组使 λ 基因组整合到细菌染色体中

重组事件是噬菌体 *int* 编码的 I 型拓扑酶（Type I topoisomerase）即整合酶（integrase）催化的，该酶在细菌染色体和 λ DNA 的 att 核心序列相隔 7bp 位置处产生一个交错的单链切口。然后突出的单链在分子之间延伸，形成一个 Holliday 结构，并沿着异源双链迁移一段序列。Holliday 结构的解除是以适合 λ DNA 整合到大肠杆菌染色体的方式进行的。由此 2 个环状分子重组产生一个更大的环状分子，λ DNA 整合到细菌染色体中。

(3) 双链断裂重组模型

虽然 Holliday 模型以及随后 Meselson 和 Radding 所作的修改可以解释生物中发生的大多数同源重组事件，但仍有一些例外的重组现象，最典型的例子为基因转换（gene conversion）。

基因转换首先在酵母及真菌中发现，现已证实在许多生物中存在。酵母中配子融合产生杂合子，后者经减数分裂形成有 4 个孢子的子囊。假如配子在某一位点有不同的等位基因，正常情况下 2 个孢子将表现同一基因型，另 2 个孢子表现另一基因型。但有时会出现例外，即这种 2∶2 的分离比例由 3∶1 比例取代。这种现象被称为基因转换，即一种等位基因形式转变为另一种等位基因形式，只发生在减数分裂时期。

已有一种双链断裂模型用于解释重组过程中发生的基因转换事件，它们并非由单链切口起始，而是先在一个双链分子中产生断裂，即 2 个单链在同一位置产生切口，然后将这 2 个切口转移到同源的另一双链分子。这一事件是一种剧烈的扰动，现已证明由 Ⅱ 型 DNA 拓扑酶（Type Ⅱ DNA topoisomerase）完成，它可使 DNA 的 2 个片段共价连接防止断裂的 DNA 分开。在双链断开后，断裂的分子中各有一条单链由核酸外切酶以 $5' \rightarrow 3'$ 方向逐个切除核苷酸到 500 个左右。此时 $3'$ 链中有一段游离的 500 个核苷酸采取 Meselson-Radding 模式伸入到同源分子的内部，建立 Holliday 交叉。侵入的单链作为引物由 DNA 聚合酶延伸，从而使叉点迁移形成异源双链。为了完成异源双链，另一条并不涉及 Holliday 连接的断裂单链也要延伸。注意这里合成的 DNA 都是以同源分子区段作为模板从断裂处开始拷贝，这是基因转换的分子基础。因为由核酸外切酶从切口处开始切除的单链序列，现在由未切割的同源分子单链取代。

上述实验产生了一对 Holliday 结构，这一结构可由多种方法消除，有些产生基因转换，有些产生标准的单链互换。

酵母中起始双链断裂的 Ⅱ 型 DNA 拓扑酶基因为 *Spo* Ⅱ，目前已在其他多细胞真核生物如果蝇、线虫和拟南芥中发现与 *Spo* Ⅱ 同源的家族成员。*Spo* Ⅱ 的突变可引起减数分裂时同源染色体交叉与联会的异常，导致配子体的败育。

双链断裂修复：从人类细胞突变系中鉴定了 4 个与断裂修复有关的基因，这些基因的蛋白质产物组成一个复合物，指导 DNA 连接酶与切口结合。由 2 个不同蛋白质亚基 KU70 和 KU80 组成的复合体与 DNA-PKCs（蛋白质激酶）一起分别与 2 个断头结合，DNA-PKCs 激活第 3 个蛋白质 XRC4。XRC4 与另一个哺乳动物 DNA 连接酶Ⅳ互作，指令该修复蛋白进入双链切口（图 9-16）。双链断裂修复可称为非同源末端连接修复，是一种 DNA 重组类型。

9.4.2　基因敲除

基因敲除又称基因打靶，是 20 世纪 80 年代发展起来的一项重要的分子生物学技术，是外源 DNA 与染色体 DNA 之间进行同源重组，使细胞中特定的基因失活（或缺失）或序列发生变化，从而达到精确的定点修饰和基因改造，具有定位性强、插入基因随染色体 DNA 稳定遗传等优点。

（1）Rec 同源重组系统（细菌）

同源重组系统存在于大多数生物细胞中，原核生物中研究最早最多的重组系统是 RecA 重组，最典型代表为 *E. coli*。RecA 重组系统是 *E. coli* 内源性重组系统，由 RecA 和 RecBCD 组成。RecBCD 蛋白具有的外切核酸酶Ⅴ活性可以降解细菌体内线性 DNA 分子，而且宿主菌内存在的限制修饰系统也使外源双链 DNA 被降解，所以导入的外源 DNA 必须要以环状质粒的状态存在，才能保证不被降解掉。与此同时，要与目标基因发生重组，构建的自杀质粒载体上应至少包含靶基因两侧 200bp 的 DNA 序列，并在靶基因中间插入抗性基因作为筛选标记。载体构建完成后导入受体菌中，依靠受体菌中的 RecA 重组系统整合到细菌的染色体上。整合到细菌染色体上的自杀质粒还可以发生第二次同源重组，但是重组的有两种

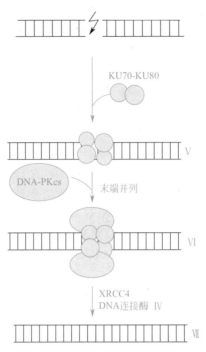

KU70-KU80

V

DNA-PKcs   末端并列

VI

XRCC4
DNA连接酶 Ⅳ

Ⅶ

图 9-16   KU 蛋白在 DNA 断裂重组中作用

可能结果：一种是回复到最初的分子状态，自杀质粒和染色体以未整合状态存在；另一种结果是发生双交换，使目标基因失活，所以可以通过抗性基因筛选到基因敲除突变体。但是，该技术存在一定的缺点，一是需要较长的靶基因同源臂，而且需要插入抗性筛选标记，操作比较烦琐；二是 RecA 重组发生的概率较低，重组子的获得比较难。

细菌的基因敲除主要包括同源重组载体的构建、同源重组载体导入受体细胞、基因敲除突变体的筛选（以抗性标记初步筛选突变体或进行目的基因功能的失活检测）和 PCR、RNA 表达水平差异、Southern 杂交、靶基因功能回补型的构建等技术做进一步验证等步骤。

有 2 种类型的载体用于构建同源重组载体：①自杀型载体（suicide vector），自杀型质粒载体是借助不能够在宿主中复制的质粒对宿主染色体上的靶基因进行突变。此载体的重组具有以下几个特点：第一，该质粒在靶宿主中不能够复制；第二，必须具有一个在靶宿主中可用的抗性标记基因；第三，必须带有与靶宿主染色体高度同源的基因片段。当同源重组载体被导入宿主菌后将会发生两次同源重组，从而对靶基因进行敲除。此系统具有很长的应用历史，但是其效率比较低下，需要进行大量的筛选工作。特别是对那些转化效率比较低的革兰氏阳性菌来说，运用其进行基因敲除更加困难。②温敏型载体（temperature sensitive vector），载体系统含有温敏型复制子（在低于某一温度下该质粒能够进行复制，而在高于某一温度条件下该质粒的复制将会被关闭），在一定的温度条件下无法复制，只有通过靶基因与染色体基因组发生同源重组而整合到染色体中，才能进行复制。相比于自杀型载体，该载体具有较高的重组效率，同源重组载体导入宿主后在低温下可以让质粒复制获得大量的拷贝，因此不会受到革兰氏阳性菌转化效率低的限制。同时，当这个质粒整合到染色体上后（第一次同源重组），在低温下诱导质粒的复制将会得到更高的剪切效率。

构建同源重组载体的常用方法有 2 种：①传统的酶切连接方法是将欲敲除基因的上游和

下游 DNA 片段与抗生素抗性基因片段分别通过酶切和连接的方法克隆到基因敲除载体的多克隆位点（multiple cloning sites）上。传统酶切方法中的操作步骤均属于分子生物学中最常规的操作，一般的分子生物学实验室都可以成功完成。但是该方法也有它的缺陷：第一，每构建一个同源重组载体，至少要做三次克隆，而每一次做克隆，都需要酶切连接和转化等步骤，工作步骤重复烦琐，不利于工作效率的提高；第二，应用受到内切酶选择的限制。只能选择在敲除载体多克隆位点中所包含的限制性内切酶，并且所选内切酶不能出现在欲敲除基因的上游、下游 DNA 片段和抗生素抗性基因片段中。而在实际的操作中，某些基因的上、下游 DNA 片段中可能会有较多的酶切位点序列存在，就会导致很难选择多克隆位点中合适的内切酶从而限制了其应用。②融合 PCR 技术（fusion PCR）简便快捷，它不需要内切酶消化和连接酶处理就可以实现不同来源 DNA 片段的体外连接。它的原理是设计具有反向互补末端的引物，PCR 扩增形成具有末端反向互补区域 DNA 片段，通过反向互补序列自身退火进行结合，从而将不同来源的 DNA 片段连接起来。应用此原理，可以将基因上游、抗生素抗性基因和基因下游片段的末端设计成反向互补的引物，通过融合 PCR 的方法简单高效地构建基因重组载体。

三重（triple）融合 PCR 的程序。（ⅰ）待融合片段的独立扩增：将基因上游、抗生素抗性基因和基因下游 3 个片段分别进行 PCR（体系为 $50\mu L$），每个扩增片段用 PCR 纯化试剂盒进行纯化（PCR 产物中取 $3\mu L$ 进行电泳检测，剩余的 $47\mu L$ 用于纯化，纯化后最终溶于 $30\mu L$ TE 中）；（ⅱ）融合片段的延伸：纯化后的待融合片段各取 $0.5\mu L$ 作为模板，体系为 $50\mu L$，10～12 个循环；（ⅲ）融合片段的全长扩增：融合片段的延伸产物中取 $5\mu L$ 作为模板，引物为基因上游同源臂的上游引物和基因下游同源臂的下游引物，体系为 $50\mu L$，30 个循环。

利用带有抗生素抗性基因（或其他标记基因）的同源重组载体进行基因失活而成功以后，利用不带有抗生素抗性基因（或其他标记基因）的同源重组载体再次进行基因失活而达到染色体上无标记基因的真正的基因敲除（即无痕基因敲除）。构建不带有抗生素抗性基因（或其他标记基因）的同源重组载体的方法，即重叠延伸 PCR（gene splicing overlap extension PCR）程序。（ⅰ）同源臂的独立扩增：将将基因上游和基因下游 2 个同源臂分别进行 PCR，每个扩增片段用 PCR 纯化试剂盒进行纯化（与融合 PCR 相同）；（ⅱ）2 个同源臂的重叠延伸：纯化后的同源臂片段各取 $0.5\mu L$ 作为模板，体系为 $50\mu L$，3～5 个循环；（ⅲ）同源臂的重叠延伸中补加引物并补齐缓冲液，30 个循环，引物为上游同源臂的上游引物和下游同源臂的下游引物。

（2）RecET 重组系统

RecET 重组技术将 Rac（recombination activation，重组激活）噬菌体的 RecE、RecT 重组基因整合到大肠杆菌染色体上或构建到质粒上，重组过程不依赖 RecA，仅依赖 RecE、RecT，所需的同源臂短，30～50bp 的同源臂就可以有很高的重组效率，高于 RecA 介导的重组。由于此系统不依赖 Rec 重组系统，因此可抑制 RecBCD 的活性，并且又不需较长的同源臂，进而无需事先构建带有长同源臂的环状同源重组载体，可直接应用 PCR 产物或体外合成的寡核苷酸对靶 DNA 分子进行有目的的修饰。

（3）Red 重组系统

λ 噬菌体基因编码的 Red 重组系统能够启动细菌染色体与外源 DNA 发生同源重组，Red 重组技术就是利用整合到细菌染色体或质粒中的 Red 系统实现外源 DNA 片段与靶基因的同源重组。λ噬菌体的 Red 系统包括 Exo、Beta 和 Gam 三种蛋白。Exo 是一种外切核酸酶，可结合在双链 DNA 的末端，从 DNA 双链的 5′端向 3′端降解 DNA，产生 3′突出末端。Beta 是一种单链 DNA 结合蛋白，在溶液中可自发地形成环状结构，紧紧地结合在由 Exo 消化产生的 3′单链 DNA 突出末端，防止 DNA 单链被单链核酸酶降解，同时促进该单链 DNA 末端与互补链的退火并体内重组，Beta 与单链 DNA 分子结合需要 35 个碱基区域；Beta 蛋白在 Red 同源重组过程中起决定性作用，它与大肠杆菌的 RecA 蛋白、Rac 噬菌体的 RecT 蛋白同属一类重组蛋白家族，都具有介导互补单链 DNA 退火的功能。Gam 可以抑制宿主菌的 RecBCD 外切核酸酶对线性双链 DNA 的降解，协助 Exo 和 Beta 完成同源重组。

与 RecET 重组技术类似，Red 重组技术所需的同源臂短，而且重组效率高于 RecET 介导的重组，可直接应用 PCR 产物或体外合成的寡核苷酸对靶 DNA 分子进行有目的的修饰。Red 重组的基本策略是：第一步，在 Red 同源重组系统的作用下，以正向筛选标记基因置换靶基因得到重组子；第二步，利用不同的筛选方法，去除插入的标记基因。

目前利用 Red 同源重组技术进行基因工程研究的策略主要有以下 4 种（图 9-17）。①一步筛选（One step selection），中间为筛选标记基因，两端为同源序列的线性 DNA 片段，借助同源序列与靶载体发生重组作用，标记基因将靶基因置换下来。线性 DNA 若为含有 ori 复制起点序列的载体片段，可通过重组作用，将靶基因克隆于载体上。②筛选+反向筛选（selection counter-selection），在第一轮重组中，线性 DNA 片段含有筛选标记和反向筛选标记两个基因，通过筛选标记基因将重组分子筛选出来。在第二轮重组中，线性 DNA 片段中的目的基因将重组分子上的两个筛选标记基因置换，通过反向筛选标记基因将第二轮重组分子筛选出来，常用的反向筛选标记基因有 *sacB*、*tetR*、*rpsL* 等。③筛选+位点特异性重组（selection，site specific recombination），筛选标记基因的两侧含有被 Cre 或 FLP 位点特异

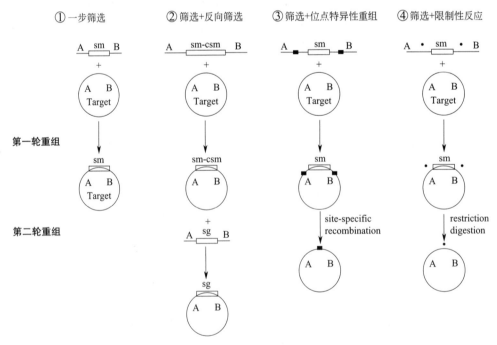

图 9-17　Red 同源重组技术应用策略

sm—筛选标记；csm—反向筛选标记；sg—特定基因；A 和 B—同源序列

性重组酶识别的特殊位点，经过第一次筛选的重组分子可通过位点特异性重组酶的作用将筛选标记基因删除，但在重组分子上留下 34（或 36）bp 的特殊序列。④筛选＋限制性酶切反应（selection，restriction digestion），在筛选标记基因的两侧存在限制性酶切位点，利用限制性内切酶切割重组分子后，再将其连接。这种技术不仅可将标记基因删除，而且在重组分子上创造出唯一的酶切位点。

9.4.3　新一代的基因组定点编辑技术

近年来，基因组范围的高效编辑技术发展迅速，对工业微生物基因组的改造效率不断提升，彻底改变了以"一次操作、一个抗性基因、一个修饰位点"为特征的传统遗传操作模式，实现了基因组上多重位点的同步编辑，精确高效且无需抗生素辅助的插入替换或删除，以及大片段基因组 DNA 的剪切-粘贴等，这就是近几年出现和完善的人工内切核酸酶（engineered endonuclease，EEN）技术。

EEN 是通过基因工程的方法，将特定的 DNA 结合蛋白跟特定的内切核酸酶相互融合构建而成的一种人造蛋白，目前主要包括 3 种类型：锌指核酸酶（zinc-finger nuclease，ZFN）、类转录激活因子效应物核酸酶（transcription activator-like effector nuclease，TALEN）以及规律性成簇间隔的短回文重复序列（clustered regularly interspaced short palindromic repeats，CRISPR）及相关蛋白（CRISPR-associated，Cas）系统（CRISPR/Cas 系统）。EEN 主要包含两个结构域，一个是 DNA 结合结构域，用来特异识别并结合特定的 DNA 靶序列；另一个是 DNA 切割结构域，用来切割 DNA 靶序列，造成 DNA 双链断裂（double-strand break，DSB）。DSB 能够激活细胞内固有的 NHEJ 或 HR 机制，对这种 DNA 损伤进行修复。其中 NHEJ 是一种较为简单的修复方式，但是保真度不高，很容易造成 DNA 断裂处的序列发生改变，产生 DNA 的小片段插入和/或缺失（indel），进而造成基因突变。在存在同源序列的情况下，还可以通过 HR 的方式进行修复，不过效率相对较低。有报道 DSB 能提高同源重组介导的 DNA 损伤修复的频率。根据上述特性，NHEJ 途径和 HR 途径在理论上都可以用于对感兴趣的目的基因进行遗传改造。

(1) ZFN

1983 年，锌指蛋白（zinc finger protein，ZFP）首次在非洲爪蟾的转录因子ⅢA 中被发现。第一种经过改造的人工内切核酸酶——锌指核酸酶在 20 世纪 90 年代末（1996 年）首次得到研究和应用，实现了基因的高效定点修饰，具有划时代的意义。锌指核酸酶又名锌指蛋白核酸酶（ZFPN），是一种人工设计而融合表达的具有限制性内切酶活性的蛋白。

① ZFN 的结构

锌指核酸酶（ZFN）是一种人工设计的融合表达蛋白，由 DNA 结合结构域（DNA-binding domain）和 DNA 切割结构域（DNA cleavage domain）两部分构成（图 9-18）。DNA 结合结构域具有良好的可塑性，可以根据需求进行设计拼接；目前使用的 DNA 切割结构域多为二聚体状态有活性的核酸酶 Fok Ⅰ切割结构域。

单个 ZFN 的 DNA 结合结构域一般包含 3 到 6 个 Cys2-His2 锌指蛋白重复单位，每个该结构可以特异性地识别一个三联体碱基，因为每个这种蛋白结构域都络合了一个锌离子，所以被称为锌指蛋白。锌指蛋白具有一个 α-β-β（C 端-N 端）类型的二级结构，α 螺旋能够插入 DNA 双螺旋结构的大沟中，α 螺旋的 $-1 \sim +6$ 位的 7 个氨基酸残基（+4 位通常固定为亮氨酸残基）决定靶标序列的特异性识别，因此只需适当改变这些氨基酸残基的组成便可以

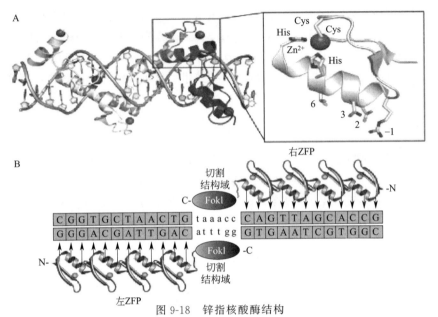

图 9-18　锌指核酸酶结构

两边螺旋状结构为 ZFN 的 DNA 结合结构域（锌指蛋白，ZFP），具有良好的可塑性，

中间灰色椭圆状为 ZFN 的 DNA 切割结构域，为ⅡS 型限制性内切酶，中间空格代表 DNA 双链，

有颜色部分为 ZFN 结合结构域亲和 DMA 的部分

设计出针对不同三联体碱基的锌指蛋白。

　　ZFN 的切割结构域通过连接区（linker）与结合结构域的 C 端相连，为ⅡS 型的内切核酸酶，是来源于海床黄杆菌（*Flavobacterium okeanokoites*）的 *Fok*Ⅰ核酸酶，C 端为由 96 个氨基酸残基组成的 DNA 切割域，通常只有二聚体状态时才具有切割 DNA 的核酸酶活性。为了让两个 ZFN 的切割结构域聚合形成有活性的二聚体，每个结合结构域必须分别结合各自的 DNA 链，而且两个结合结构域的 C 端相对并预留出足够的空间以便核酸酶 *Fok*Ⅰ的二聚化。构建锌指核酸酶时，应针对 DNA 各链上的邻近区域设计两条 ZFN，使其 DNA 切割域能够位于双链的同一位置，以达到最佳的切割效果。两条 ZFN 之间有"间隔区（spacer）"结构（图 9-19），其长度以 5～6bp 为宜，7bp 也能正常工作，合理的"间隔区"设计才能保证 ZFN 二聚体拥有最佳的工作空间。

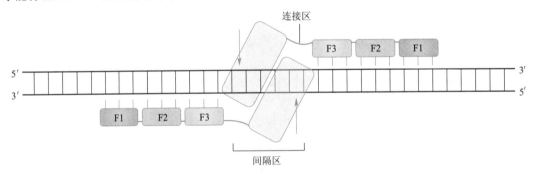

图 9-19　ZFN 特异性地识别 DNA 并与 DNA 结合的示意图

每个 DNA 结合结构域包含 3 个锌指，锌指从 N 端开始命名，在图中标示为 F1、F2、F3。每个锌指分别与 3 个碱基发生直接接触，由此产生特异性。单独的 *Fok*Ⅰ切割结构域不具有特异性识别能力，但与锌指结构相连时，*Fok*Ⅰ二聚体便对 DNA 双链进行特异性识别与切割。2 个切割位点之间的距离约为 4bp，如箭头所示

结合结构域一般包含 3 个独立的锌指（zinc finger，ZF）重复结构，每个锌指结构可以识别 3 个碱基，因而一个结合结构域可以识别 9bp 长度的特异性序列，而 ZFN 二聚体则包含 6 个锌指，可以识别 18bp 长度的特异性序列。目前最常用的 ZF 结构为 Cys2-His2 锌指，其结构由大约 30 个氨基酸包裹一个锌原子构成。增加锌指的数量可以扩大 ZFN 特异性地识别 DNA 序列的长度，从而获得更强的序列特异性。实际操作中，则一般通过模块化组合单个 ZF，来获得特异性识别足够长的 DNA 序列的结合结构域。

如果结合结构域与靶标序列能够完美配对，即便只含 3 个 ZF 结构的 ZFN 也能在基因组中特异性地结合 18bp 长度的序列。通过长期的努力，识别每一种三联体碱基的 64 种锌指组合中的大部分已被发现并编撰成目录，在公共数据库或者文献中能够检索到相关数据。针对每一条需要识别的靶标序列，都可以使用与密码子对应的类似方式对锌指结构进行模块化组装（modular assembly），从而获得能够识别特定 DNA 序列的锌指蛋白结构。

② ZFN 的作用机理

携带 ZFN 基因的质粒或 ZFN 基因的 mRNA 进入细胞后，在核糖体内表达出 ZFN，对基因组进行编辑。ZFN 会人为地造成 DNA 双链断裂，从而促使细胞产生自我修复（图 9-20）。（ⅰ）如果同时提供一个同源模板 DNA，细胞发生同源重组的概率将大大增加，而外源模板 DNA 就能高效地定点整合进基因组，进而表达外源基因。（ⅱ）如果提供一个正确的靶位点内源基因，细胞就会利用正确的模板通过同源重组修复错误的内源基因。（ⅲ）没有外源 DNA 模板时，部分双链的修复以非同源末端连接（NHEJ）的方式进行，而这种修复方式的错误率极高，会造成碱基数的增加或缺失，进而导致该位点基因的突变，发生在编码区的突变大部分情况会导致基因功能的丧失。

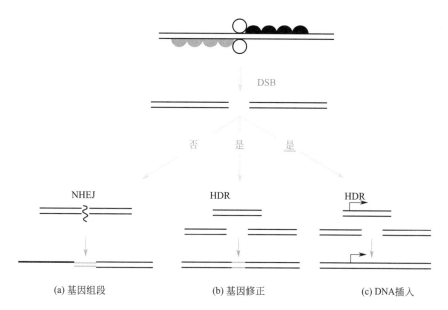

图 9-20　锌指核酸酶作用原理图

ZFN 在基因组定点产生双链断裂（DSB），诱导细胞自我修复损伤的 DNA

（a）为 DSB＋NHEJ 进行内源基因敲除；（b）为 DSB＋HDR 进行内源基因修复；（c）为 DSB＋HDR 进行外源基因导入

③ 特异性的 ZFN 设计

Joung 等组织成立了"锌指联合会（Zinc Finger Consortium）"，提出了一些开源性的锌指蛋白设计方案，并提供给科研工作者一个在线的设计锌指蛋白核酸序列的软件 ZiFiT（http：//zifit. partners. org/ZiFiT/Introduction. aspx）。经过不断的完善，目前该软件版本已升级到 4.2 Version。在线设计系统提供了三种不同的设计方法：模块组装（modular assembly，MA）、寡聚化池工程（oligomerized pool engineering，OPEN）和依赖上下文的组装（context dependent assembly，CODA）。这些方法各有其优势，并有部分实验已经证实其可行性。除此之外，还有一些实验室和机构提供的其他设计方法，包括 Sangamo 私有的双锌指模块组装方法和 volte 实验室方法。

④ ZFN 技术的缺陷

ZFN 技术优势明显，可以应用到很多种生物中定点修饰基因，但也具有一定缺陷。（ⅰ）在 ZF 模块设计中，由于上下文依赖效应（context dependent effects；三联体靶序列中的 3 个碱基同锌指结构的 -1、+3、+6 位氨基酸残基能够相互作用，而 ZFP 的结合特性和效率同样也会受到其他氨基酸残基及相邻串联的锌指结构氨基酸序列的影响）使得 ZFN 特异识别任意靶标序列的能力较差，导致一些 ZF 结构域缺乏特异性，结果出现脱靶现象，引起其他目的基因突变和染色体畸变。（ⅱ）ZFN 的设计筛选耗时费力，成本高，因此限制了其更加广泛的应用。

（2）TALEN

TALE（TAL effector，TAL 效应因子）蛋白家族来自一类特殊的植物病原体——黄单胞杆菌（*Xanthomonas* spp.）。早在 1989 年，人们就发现了该家族的第一个成员 AvrBs3。TALE 蛋白类似于真核生物的转录因子，它可以通过识别特异的 DNA 序列调控宿主植物内源基因的表达，从而提高宿主对该病原体的易感性。不过，直到 20 年后，人们才揭开了 TAL 与其靶位点相互识别的奥秘。

① TALEN 的典型结构

TALE 蛋白 N 端一般有转运信号（translocation signal，TS），C 端有核定位信号（nuclear localization signal，NLS）和转录激活结构域（activation domain，AD），而中部则是介导其与 DNA 特异识别与结合的结构域。TALE 蛋白的中部包含一段很长的、串联排列的重复序列，这种重复序列为这一蛋白家族所独有，是其 DNA 结合结构域的一个重要组成部分，具有特异性识别并结合特异 DNA 序列的特性。其序列重复的部分由 1 到 33 个长度为 33～35 个氨基酸残基的重复单位（或称重复单元）串联后，再加上末尾（C 端）的一个含有 20 个氨基酸残基的半重复单位构成。也就是说，TALE 蛋白的 DNA 结合结构域包含一段连续的 1.5～33.5 个重复单位，其中每个重复单位以及末尾的半重复单位可特异地识别并结合一个特定的核苷酸靶标位点。在每个重复单位中，+12 和 +13 位的氨基酸残基是实现靶向识别特异 DNA 碱基的关键位点，随靶标核苷酸序列的不同而异，被称作重复可变双残基（repeat variable diresidue，RVD）；其他位置的氨基酸残基则相对固定。不同的 RVD 能够相对特异地分别识别 A、T、C、G 4 种碱基中的一种或多种，其中分别与这 4 种碱基相对应的最常见的 4 种 RVD 分别是 NI（Asn Ile）、NG（Asn Gly）、HD（His Asp）和 NN（Asn Asn）（图 9-21）。据文献报道，NH（Asn His）作为一种 RVD 也能够高效识别 G 碱基，并且比 NN 的特异性高。由此可见，TALE 的重复单元跟靶标序列具有很好的一一对应性，因而在识别靶点的特异性方面比 ZFN 更有优势。

TALE 的应用中最引人注目的是 TALE 核酸酶（即 TALEN）。研究人员首先尝试的是仿照 ZFN 的模式，把 TALE 中的转录激活结构域（AD）替换成内切核酸酶的切割结构域，构建成 TALE 核酸酶，对基因组的特定靶位点进行定向切割，从而实现基因打靶（图 9-21、图 9-22）。TALEN 中通常使用的切割结构域来自无序列特异性的 *Fok*Ⅰ内切核酸酶，*Fok*Ⅰ的使用与优化主要得益于 ZFN 的研究成果。需要说明的是，*Fok*Ⅰ通常需要以二聚体的形式发挥其切割 DNA 序列的功能，因此，无论是 ZFN 还是 TALEN，通常都是成对使用。

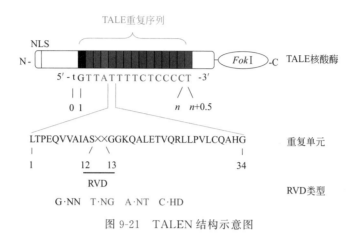

图 9-21　TALEN 结构示意图

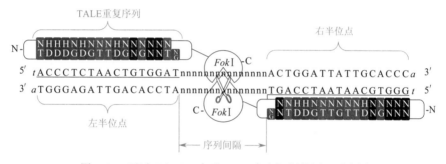

图 9-22　通过 TALEN 实现 DNA 定点切割的原理示意图

理论上，TALEN 技术适用于任意物种，对于那些尚无成熟的基因打靶技术的物种而言尤为重要。一个物种能否采用 TALEN 技术实现基因打靶（得到可遗传的基因突变的个体）主要取决于两个因素：一是是否有有效的方法把 TALEN（表达载体或 mRNA）导入该物种的细胞；二是该物种的细胞基因组是否能够有效地受到 TALEN 的作用，从而产生突变，并且把突变传递到下一代。

② TALEN 靶标位点的选择及相关位点的预测工具

TALEN 应用的首要问题是靶位点的选择。2011 年，Bogdanove 和 Voytas 描述了选择 TALEN 靶位点的原则：（ⅰ）TALEN 靶标位点 5′端的前一位（第 0 位）碱基应为胸腺嘧啶（T）；（ⅱ）靶标序列的第一位碱基（5′端碱基）不是胸腺嘧啶（T）；（ⅲ）靶序列的第二位碱基不是腺嘌呤（A）；（ⅳ）靶序列的最后一个碱基（3′端碱基）是胸腺嘧啶（T）（对应于最后的 0.5 个 TALE 重复单元）；（ⅴ）在 TALEN 靶位点中 4 种碱基各占一定比例。根据目前收集到的所有 TALE 蛋白的结构信息，天然存在的 TALE 靶点的碱基组成为 A＝31%±16%、C＝37%±13%、G＝9%±8%、T＝22%±10%。因此，潜在的 TALEN 靶位点的碱基组成应尽量遵从 A＝0～63%、C＝11%～63%、G＝0～25%、T＝2%～42%。2012 年，随着高通量 TALEN 合成技术 FLASH（fast ligation-based automatable solid-phase high-throughput）的产生，Joung 实验室对 TALEN 的活性进行了大量的检测与比较，结果显示，TALEN 靶位点选择只需要遵从上述的第一条原则即可。这样一来，对 TALEN 靶标位点选择的限制越来越少，这样更有利于进行基因组的靶向修饰。随着更多 TALE/TALEN 相关论文的发表，人们对 TALEN 靶位点的选择原则也将会有越来越清晰的认识。

为了便于利用 TALEN 开展研究工作，许多实验室建立了公开的网站帮助研究人员预测/设计 TALEN 靶标位点。Bogdanove 和 Voytas 实验室最早建立了 TALE-NT 网站（https：//doi.org/10.1093/nar/gks608），利用该网站可以选择两侧 TALEN 结合位点所含碱基数量（等于对应的 TALEN 蛋白中所含 RVD 单元重复数量）及两侧位点间隔（spacer）的长度范围，该网站还会在预测结果中标出 spacer 中所含有的限制性酶切位点。TALE-NT 支持用户自行选择是否遵从上述多条选择 TALEN 靶位点的原则，或是只遵从第一条原则。Joung 实验室建立的 ZiFiT 网站（http：//zifit.partners.org/ZiFiT/）需要用户指定希望产生 DSB 的碱基，该网站会给出该碱基周围 2 对 TALEN 的预测序列。Zhu 实验室建立了 idTALE 网站（http：//idtale.kaust.edu.sa/），除了支持在用户提交的序列中进行 TALEN 位点预测之外，还提供输入拟南芥（TAIR10）、小立碗藓（Phypa1.1）、线虫（WS220）、果蝇（BDGP5.25）和酿酒酵母（EF3）这几种模式生物的基因 ID 进行直接搜索。

③ 人工构建 TALE 重复序列的策略

当 TALE 与 DNA 特异性识别的分子密码被破解后，研究人员首先想到的是如何借鉴 ZFN 的策略，把天然的 TALE 加以改造，使其成为能够对特定的基因组位点进行靶向突变和修饰的工具。为了保证靶标位点在整个基因组中存在唯一性，靶标序列一般会选择大于 10bp。这样，就要求 TALE 需要含有至少 9.5 个重复单元，编码这一重复结构的核苷酸长度就会大于 1kb，并且序列的重复性很强。因此，构建识别特定 DNA 序列的 TALE 就成为这一技术中的一个关键步骤和 TALE 应用中的主要瓶颈，人们为此发明了多种方法来解决这一问题。目前，除了可以选择全序列人工合成这一昂贵的方法之外，通过分子克隆的途径人工构建 TALE 的方法主要包括四大类。（ⅰ）基于 Golden Gate（GG）克隆的方法：根据单体的不同来源可分为基于 PCR 的 GG 法（GG-PCR）和传统的基于质粒载体的 GG 法（GG-vector）；（ⅱ）基于连续克隆组装的方法：包括限制性酶切-连接法（restriction enzyme and ligation，REAL）、单元组装法（unit assembly，UA）和 idTALE 一步酶切次序连接法；（ⅲ）基于固相合成的高通量方法：包括 FLASH 和 ICA（iterative capped assembly）；（ⅳ）基于长黏性末端的 LIC（ligation-independent cloning）组装方法等（图 9-23）。

除了直接向首次报道某种 TALE/TALEN 构建方法的实验室直接索取质粒之外，科研人员还可以通过 Addgene 网站（http：//www.addgene.org/）得到适用于某些 TALEN 构建方法的质粒。最近，北京大学生命科学学院细胞增殖与分化教育部重点实验室建立了一个 EEN 的综合数据库和知识库，对目前最常用的两种人工内切核酸酶 TALEN 和 ZFN 进行了详细的介绍与信息收集，包括筛选、构建、应用和检测这两种内切核酸酶的多种方法，以帮助科研人员比较、选择适用于各自实验目的的 TALEN 打靶策略。

④ TALEN 技术的应用

DNA 结合结构域与切割结构域之间的距离会影响到 DNA 靶标位点中左侧和右侧 TALE 识别序列之间的距离（这两个识别位点之间的序列间隔称为 spacer）。

通过用户定制的 TALEN 随意改造复杂的基因组，依然是 TALE 应用中最为吸引人的。毋庸置疑，TALEN 技术对基础研究、生物技术和人类基因治疗等诸多领域都会产生重大影响，堪称基因组定点修饰技术的一场革命。它开辟了前所未有的方式来剖析任意物种的基因

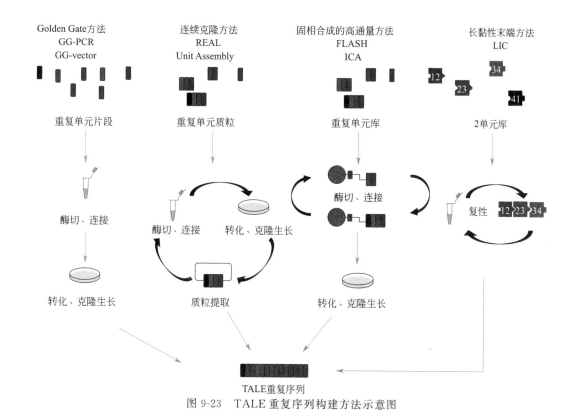

图 9-23　TALE 重复序列构建方法示意图

功能，还可以在同一个细胞系上利用 TALEN 技术产生不同的遗传病模型，为人类遗传病或后天的基因紊乱疾病开启了新的治疗途径。

⑤ TALEN 诱变效率的检测方法

使用 TALEN 对基因组进行定点修饰的方案跟 ZFN 类似，主要是基于 NHEJ 和 HR 的各种应用。在 TALEN 的应用中，如何进行活性或突变效率检测是一个普遍性的问题。目前，对于检测体内（in vivo）NHEJ 引起的 indel 发生效率而言，常用的方法包括直接克隆测序法、限制性内切酶（RE）酶切检测法和基于可以识别错配双链的错配内切酶检测法（主要采用 CEL I 内切酶和 T7E1 两种酶）；检测 TALEN 介导 HR 活性的方法则包括体外（in vitro）的 SSA（single strand annealing）分析方法，体内或体外引入报告基因的方法和直接 PCR 检测重组是否发生的方法（后面两种方法只能确定是否发生了切割和修饰，无法估算 TALEN 效率）。

⑥ TALEN 的优势与缺陷

相对于先驱技术 ZFN，TALEN 一经产生就显示出比 ZFN 明显的优势：（ⅰ）TALEN 结合 DNA 的方式更便于预测和设计；（ⅱ）TALEN 的构建更加方便、快捷，甚至能够实现大规模、高通量的组装；（ⅲ）TALEN 的特异性比 ZFN 高，而毒性和脱靶（off-target）效应则比 ZFN 低。可以预见，TALEN 在基础理论研究、临床治疗和农牧渔业等领域必将有越来越广阔的应用前景，并且产生不可估量的深远影响。

缺陷：（ⅰ）在不少物种中，TALEN 的应用仍然局限于基于 NHEJ 的定点随机突变和筛选上；通过 HR 精确改变基因组的特定序列仍然存在一些难度。（ⅱ）虽然人们对 TALE 与靶序列识别与结合的规律已经有了较多的了解，其核心秘密——RVD 与靶点的一一对应性也格外简单明了；但是在实际应用中，并非所有的 TALEN 都能够成功地引起靶基因产生突变。(ⅲ)"一个重复单位一个碱基"——TALE 简单得令人难以置信;可以说 TALE 是迄今为止人们发现的最为简单的一种核酸与蛋白质的相互作用单元;当 1989 年人们从细菌中克隆到第一个 TALE 家族的蛋白成员时,没有人想到它会在今天给整个生命科学研究领域的基因组修饰技术带来一场革命;2012 年初,人们已经解析了 TALE 跟 DNA 靶序列相互结合的晶体结构,为这种简单的对应关系提供了关键的分子结构水平的实验证据;尽管如此,关于 TALE 和 TALEN 依然还有许多未知因素并没有研究透彻。

(3) CRISPR-Cas 系统

不管是 TALEN 还是 ZFN,定向作用于靶标位点都要依靠 DNA 序列特异性结合的蛋白模块,而构建这一融合蛋白的过程,技术难度较大、组装时间较长,因此在一般实验室中难以有效地利用 TALEN 和 ZFN。然而,CRISPR-Cas 技术作为一种最新的基因组编辑工具,利用一段序列特异性的向导 RNA 分子(sequence-specific guide RNA),引领内切核酸酶到达靶标位点处,进行 RNA 导向的 DNA 识别与编辑,从而完成基因组的编辑。CRISPR-Cas 系统的开发为构建更高效的基因组定点修饰技术提供了全新的平台。

① CRISPR-Cas 系统结构与组成

CRISPR-Cas 系统的研究历史可以追溯到 1987 年,日本大阪大学的研究人员在 *E. coli* K12 的碱性磷酸酶基因附近区域首次发现的,但当时并不知道这些重复序列的功能。随后的研究发现,这种重复序列广泛存在于细菌和古细菌中,约有 40% 已经测序过的细菌基因组中都存在 CRISPR 位点。CRISPR 位点通常定位于原核细胞染色体上,个别定位于质粒中。2002 年科学家将这种重复序列命名为规律性成簇间隔的短回文重复序列(clustered regularly interspaced short palindromic repeats,CRISPR),但是其功能仍然不得而知。直到 2005 年,3 个实验室分别报道 CRISPR 中的间隔序列(spacer)和噬菌体或者质粒具有同源性,并推测 CRISPR 及其相关蛋白(CRISPR-Cas)与免疫有关,可以用来防御外来的遗传物质。通过比较基因组分析,有人预测 CRISPR-Cas 以类似真核细胞 RNAi 的方式来抵抗入侵的噬菌体和质粒。后来证实 CRISPR-Cas 可以使细菌获得对抗噬菌体的能力。CRISPR-Cas 功能的发现极大地激发了研究人员对其作用机制研究的热情。

CRISPR-Cas 系统由 CRISPR 序列元件与 Cas 基因家族组成,其中 CRISPR 由一系列高度保守的重复序列(repeat)与高度保守的间隔序列(spacer)相间排列组成,而在 CRISPR 附近区域还存在着一部分高度保守的 CRISPR 相关基因(CRISPR-associated gene,Cas gene),这些基因编码的蛋白质具有核酸酶活性的功能域,可以对 DNA 序列进行特异性的切割。

不同 CRISPR 基因座包含的间隔序列数量差异很大,从几个到几百个不等,间隔序列长度一般在 26~72bp,CRISPR 中的重复序列长度一般在 21~48bp。不同 CRISPR 基因座的重复序列并非保守,但其两端序列高度保守,分别为 GTTT/G 和 GAAAC。重复序列还包含回文结构序列,以保证转录出来的 RNA 能够形成稳定且保守的二级结构,使之与 Cas 蛋白相结合形成复合物发挥作用。

CRISPR-Cas 系统可以分为两个独立的子系统,第一个子系统负责新的间隔序列获取,主要通过共表达的核心蛋白 Cas1 和 Cas2 完成;第二个子系统负责 CRISPR 转录产物(crRNA)的加工,识别和降解外来的遗传物质。根据这个观点,可以将 CRISPR-Cas 系统分为三种不同的类型:Type Ⅰ、Type Ⅱ 和 Type Ⅲ。Type Ⅰ 含有标志性蛋白 Cas3,其中 Cas3 同时具备解旋酶和核酸酶功能。Type Ⅱ 是三个类型中最为简单的一个,特征是含有标志性的 Cas9 蛋白,Cas9 不但参与 crRNA 的加工,还参与对外来物质(噬菌体和质粒)的降解，是一个多功能蛋白。Type Ⅲ 含有标志性的 RAMP 蛋白 Cas10，可能参与 crRNA 的加工及靶标位点的降解。

三种类型的 CRISPR-Cas 系统分布显著不同，Type Ⅰ 在细菌和古细菌中都有分布，而 Type Ⅱ 仅存在于细菌中，Type Ⅲ 主要见于古细菌中，少数细菌亦含有 Type Ⅲ。非常有趣的是，个别菌株同时会含有多种类型的 CRISPR-Cas 系统，这一现象可能是由转座子或者由包含 CRISPR-Cas 系统的质粒介导的水平基因转移（horizontal gene transfer）导致。

② CRISPR-Cas 系统的作用机制

CRISPR-Cas 系统行使功能可以分为三个阶段，第一，新的间隔序列获取（acquisition）；第二，CRISPR 基因座的表达（expression），包括转录和转录后的加工；第三，CRISPR-Cas 系统对外来遗传物质的干扰（interference）（图 9-24）。

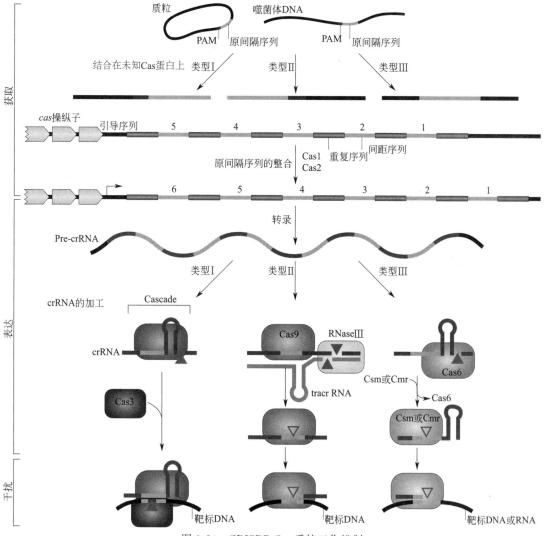

图 9-24　CRISRP-Cas 系统工作机制

CRISRP-Cas 系统发挥作用分为三个阶段。第一阶段是新的间隔序列获取，识别外来遗传物质后切割，
新的间隔序列加入 CRISRP 基因座需要 Cas1 和 Cas2 的协助。在第二阶段，整个 CRISRP 转录出来前体 crRNA，
不同类型的 CRISRP-Cas 系统，crRNA 的加工方式不同。第三阶段是入侵的遗传物质被
crRNA 与 Cas 蛋白形成的核糖核蛋白复合物切割

先解释两个名词，原间隔序列（proto-spacer），是噬菌体或者质粒上的一段序列，与间隔序列一致。PAM（proto-spacer adjacent motifs）是处在原间隔序列的 5′ 或者 3′ 端一段保守序列，一般长 2～5bp，紧邻原间隔序列。在不同的菌株或者不同类型的 CRISPR-Cas 系统中，PAM 序列及所处的位置有所不同。比如在酿脓链球菌中，PAM 序列为 NGG，处在原间隔序列的 3′ 端。在嗜热链球菌（S. thermophilus）中 Type Ⅰ 的 PAM 序列为 AGAAA/T，处在原间隔序列的 3′ 端；Type Ⅱ 的 PAM 序列为 GGNG，亦处在原间隔序列的 3′ 端。在黄单胞菌（Xanthomonas）中，PAM 处在原间隔序列的 5′ 端，序列为 TTC。在古细菌硫化叶菌（Sulfolobus sp.）中，PAM 序列为 CC。值得一提的是，部分 Type Ⅲ 型 CRISPR-Cas 系统的原间隔序列没有 PAM 序列。

第一，新的间隔序列获取。间隔序列获取过程可以分为三个步骤，首先是识别和扫描入侵核酸，寻找潜在的 PAM 以确定原间隔序列；其次是通过切割入侵核酸产生新的间隔序列并在 5′ 端合成重复序列；形成重复序列-间隔序列；最后将重复序列-间隔序列插入靠近 CRISPR 向导序列的两个重复序列之间，现在只有第一个步骤得到证实。共表达的两个核心蛋白 Cas1 和 Cas2 参与第一阶段的间隔序列获取过程。Cas1 是金属依赖型 DNA 内切酶，以同源二聚体的形式发挥作用，可以将双链 DNA 切成约 80bp 的片段。Cas1 亦参与 DNA 的重组与修复，可以分解 Holliday junctions，被认为和重复序列-间隔序列的插入和删除有关。Cas2 有一个 RNA 识别区域，并具有核糖内切核酸酶活性，参与重复序列-间隔序列的生成和插入。重复序列-间隔序列以非同源重组的方式插入引导序列和第一个重复序列之间，因此向导序列中可能存在相关蛋白（可能是 Cas1&2）的识别位点，在插入重复序列-间隔序列的过程中起定位的作用。

第二，CRISPR 基因座的表达。CRISPR 基因座首先转录为长的转录本（pre-crRNA，前体 crRNA）后再加工成小的 crRNA，其包含一条间隔序列，两端各有部分重复序列。CRISPR 基因座在没有外来物质入侵时表达水平很低，一旦遭到入侵时，表达会被诱导上调，在大肠杆菌中，这个响应过程受到 H-NS（histone-like nucleoid structuring）蛋白质和转录因子 LeuO（LysR-type transcription factor）调控，H-NS 能与 CRISPR 基因座和 Cas 基因的启动子区域相结合，抑制 CRISPR 基因座和 Cas 基因的表达，而转录因子 LeuO 能够解除 H-NS 的抑制作用。

第三，干扰外来遗传物质。成熟的 crRNA 与特异性的 Cas 蛋白形成核糖核蛋白复合物，这个复合物通过碱基配对和 PAM 找到靶标位点并与之结合，复合物的核酸酶活性摧毁外源 DNA。在这个过程中，PAM 序列起到很重要的作用，如果没有 PAM 序列或者 PAM 序列突变，就算是 crRNA 和原间隔序列完美匹配，CRISPR-Cas 系统也会丧失活性。这也是 CRISPR-Cas 系统能够通过有无 PAM 序列来区分敌我的原因之一。另外一个区分敌我机制的是成熟 crRNA 5′ 端有 8～9bp 的重复序列，这段序列加上间隔序列会和自身的 CRISPR 基因座相匹配，正是这 8～9bp 的匹配，阻止了 Cas 蛋白对自身的切割，对于入侵 DNA 只有间隔序列会和原间隔序列相匹配（图 9-25）。CRISPR-Cas 系统既能干扰 DNA，也能干扰 RNA，反映了 Cas 蛋白种类和功能的多样性，但是干扰 RNA 比较少，仅见于 Type Ⅲ。在激烈火球菌（Pyrococcus furiosus）中，Type Ⅲ 能够识别并切割单链 RNA，在古细菌硫化叶菌中 Type Ⅲ 不仅能够识别并切割病毒或者质粒，也包括它们的 mRNA。这和 Type Ⅲ 编码很多 RAMP 有关，因为 RAMP 作用于 RNA。

③ CRISPR-Cas9 系统的应用

Type Ⅱ 因其简易性及可操作性，被改造成有力的基因工程工具——CRISPR-Cas9 系

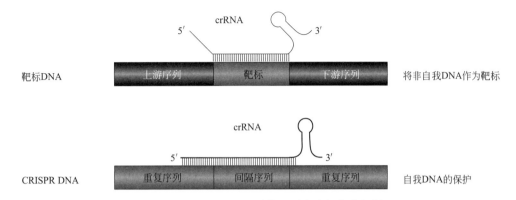

图 9-25 CRISRP-Cas 系统识别自我与非我机制

成熟的 crRNA 识别自身 spacer 区域时，5′的重复序列和基因组完美匹配，从而阻止 Cas 蛋白切割该区域

统。现在广泛使用的 CRISPR-Cas9 系统来源于酿脓链球菌菌株 SF370（*S. pyogenes* SF370）。与其他类型的 CRISPR-Cas 系统相比，Type Ⅱ 具有以下几点不同：在 CRISPR-Cas 基因座上游会表达 tracrRNA（trans-activating crRNA）；tracrRNA 会参与 crRNA 的加工，这个过程亦需要 RNase Ⅲ 的参与；tracrRNA 会与 crRNA 形成二聚体指导 Cas9 对双链 DNA 的切割（图 9-26）。

CRISPR-Cas9 的风靡得益于 Jinek 等里程碑式的工作。Cas9 是一种内切酶，具有 RuvC 和 HNH 两个内切酶活性中心[图 9-27(a)]。Jinek 等发现 Cas9 在细菌和试管里对双链 DNA 具有强烈的切割能力，但是这种切割能力需要 crRNA 和 tracrRNA 的介导。tracrRNA 5′端的序列和 crRNA 3′端的保守序列通过碱基互补配对形成一个杂交分子。这个杂交分子通过其特殊的空间结构和 Cas9 相互结合形成一个蛋白-RNA 复合体，该复合体通过 crRNA 5′端特异性的 20 个碱基与靶标 DNA 相结合。复合体中的 Cas9 通过其两个内切酶活性中心切断双链 DNA，其中 HNH 活性中心切断与 crRNA 互补的一条链，RuvC 活性中心切断非互补链[图 9-27(b)]，造成双链断裂（DSB）。为了操作方便，Jinek 等创造性地的把 crRNA 和部分 tracrRNA 融合成一条嵌合的 RNA 链，使其同时具有 crRNA 和 tracrRNA 的特性，随后的切割实验表明，这条嵌合的 RNA 同样可以引导 Cas9 切割靶标 DNA。这条嵌合的 RNA 链 3′端包含的 tracrRNA 越长，介导 Cas9 的切割效果越好，现在普遍使用的都是 crRNA 和全长的 tracrRNA 融合体，简称 sgRNA（single guide RNA）[图 9-27(c)]。

④ CRISPR-Cas9 脱靶效应

随着研究的深入，Fu 等首次报道了 CRISPR-Cas9 在哺乳动物细胞中会引起严重的脱靶效应。为了解决脱靶效应，利用 Cas9 切口酶（Cas9-10A，突变 Cas9 的 RuvC 活性中心）加两个 sgRNA 可以大大降低脱靶效应，但是这两条 sgRNA 要结合在不同的链上，并且要足够近，同时两个 sgRNA 的 PAM 要相背，这样两个近距离的单链断裂会组成双链断裂，随后引起 NHEJ 修复造成突变（称为 paired sgRNA/Cas9-D10A 策略）。而在潜在的脱靶序列处，Cas9 切口酶只会存在一定概率造成单链断裂，而单链断裂都会通过碱基切除修复途径修复，在这个过程中，很少会引起突变。除了使用双 sgRNA 加上 Cas9 切口酶降低脱靶效应之外，Cho 等发现在 Cas9 的参与下，部分 sgRNA 5′端加上两个 G 可以降低脱靶效应。而 Fu 等发现在不影响 on-target 效率的情况下，使用截短的 sgRNA（大于等于 17bp），可以大大降低 off-target 效应，如果配合使用双 sgRNA 加上 Cas9 切口酶的话，又可以进一步降低脱靶效应。最近两个实验室报道利用融合 *Fok* Ⅰ 的 dCas9，配合一对 sgRNA，可以更大

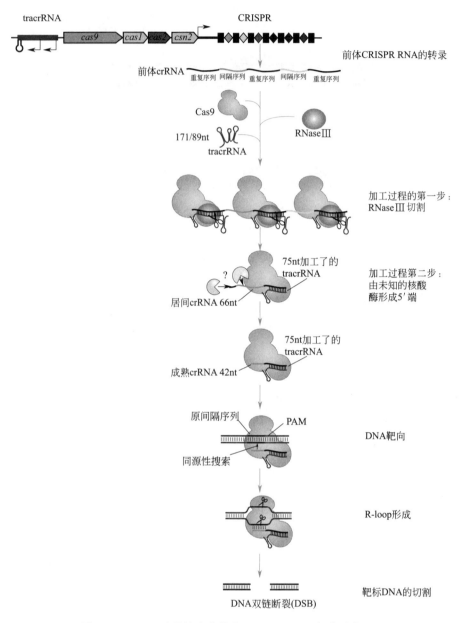

图 9-26　SF370 酿脓链球菌株中 CRISPR-Cas9 行使功能过程

crRNA 的加工需要 Cas9、RNaseIII、tracrRNA 及未知蛋白，

成熟的 crRNA 和 tracrRNA 形成二聚体，指导 Cas9 切割靶标序列

程度上降低脱靶效应。

⑤ CRISPR-Cas9 生物信息学工具

为了方便大家寻找设计 sgNRA 和 sgRNA 潜在脱靶位点，以下几个网站在线提供 sgRNA 的设计或者 off target 位点搜寻。

ZHANG LAB：https://zlab. bio/guide-design-resources

fly CRISPR：https://flycrispr. org

ZiFiT：http://zifit. partners. org/ZiFiT/

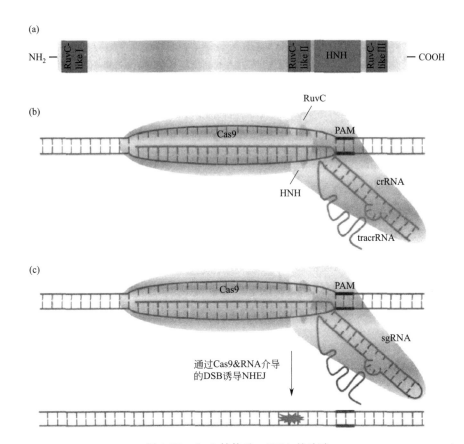

图 9-27　Cas9 结构及 crRNA 的改造

（a）Cas9 蛋白含有两个内切酶活性中性：RuvC 和 HNH。其中 RuvC 由三个区域组成。（b）Cas9/crRNA 复合体结合目标区域后，HNH 活性中心切断与 crRNA 互补的一条链，RuvC 活性中心切断非互补链。（c）crRNA 和 tracrRNA 可以融合成一条 sgRNA，指导 Cas9 切割靶标片段，做成 DSB，引起细胞的 NHEJ 修复机制

E-CRISP：http://www.e-crisp.org/

CRISPR-GE：http://skl.scau.edu.cn/

WGE：https://wge.stemcell.sanger.ac.uk//

亦有研究者提供本地寻找 sgRNA 和潜在脱靶位点的工具，这样就可以自己设定参数，在任意给定的基因组或者序列里寻找。

⑥ CRISPR-Cas9 系统的优势与不足

与 ZFN 和 TALEN 烦琐的构建过程相比，针对靶标序列，CRISPR-Cas9 只需要构建一个 sgRNA，而且效率都很高，序列选择限制较小，只要基因组上出现 GG 就可以。相对于 TALEN，CRISPR-Cas9 引起的脱靶效应较高，但是使用 paired sgRNA/Cas9-D10A、截短的 sgRNA 或者 *Fok* I-dCas9 可以极大地降低脱靶效应。另外相对于 ZFN 和 TALEN，Cas9 蛋白过大，影响导入效率。

⑦ CRISPR-Cas 系统的前景与展望

2012 年 8 月 17 日，Emmanuelle Charpentier、Jennifer A. Doudna 和 Michael Hauer 作为共同通讯作者在 *Science* 在线发表题为 "A Programmable Dual-RNA Guided DNA Endo-nuclease in Adaptive Bacterial Immunity" 的研究论文，该研究发现，与反式激活 crRNA （tracrRNA）碱基配对的成熟 crRNA 形成了两个 RNA 结构，该结构指导 CRISPR 相关蛋白 Cas9 在靶 DNA 中引入双链断裂。到 2020 年 10 月 7 日，该文章被引用 6018 次。

北京时间 2020 年 10 月 7 日下午，诺贝尔基金会宣布，近年来火热的 CRISPR 基因编辑系统斩获本年度的诺贝尔化学奖，在这一领域做出卓越贡献的 Emmanuelle Charpentier 和 Jennifer Doudna 摘得桂冠。正如人们所说的那样，这一革命性的发现为整个生物技术领域提供了无限可能。

最早解析 CRISPR-Cas 系统功能的是 Francisco Mojica，他的成果于 2005 年 2 月发表在"分子进化学报（Journal of Molecular Evolution）"。在大肠杆菌细胞内，CRISPR 序列也同样能让细菌记住噬菌体的模样，抵抗病毒的感染，是微生物的"免疫系统"。

张锋首次将 CRISPR-Cas9 基因编辑技术应用于哺乳动物和人类细胞，于 2013 年 2 月 15 日把研究成果发表在 *Science* 杂志上，从而成为 CRISPR 三巨头之一。2018 年，美国专利局法庭宣布，Doudna 针对张锋的真核细胞 CRISPR-Cas9 基因编辑技术的专利干扰诉求不成立。2020 年 9 月 10 日，专利审判和上诉委员会（PTAB）裁定，Broad 研究所张锋团队在其已获准的专利中拥有将 CRISPR 系统用于真核细胞的"优先权"，该专利涵盖了在实验室培养的人类细胞或直接在人体内的应用。张锋赢得专利，憾失诺奖。

第 10 章

蛋白质工程

第二代基因工程是在 DNA 分子水平上位点专一性地改变结构基因编码的氨基酸序列，使之表达出比天然蛋白质性能更为优异的突变蛋白（mutein）；通过基因编码区的融合操作，合成兼顾多种天然蛋白质的融合蛋白；采用体外分子进化技术，建立突变蛋白文库；或者借助基因化学合成，设计制造自然界不存在的全新工程蛋白。这种由人工突变基因而达到操纵蛋白质结构和性质的过程又称为蛋白质工程。

10.1 蛋白质工程的基本概念

半个世纪以来，随着分子生物学理论和技术的不断发展，人们对蛋白质结构与功能之间关系的理解日趋深入。20 世纪 50 年代初测定的胰岛素氨基酸序列，60 年代初建立的肌红蛋白三维立体结构以及 70 年代初问世的 DNA 重组技术是孕育蛋白质工程于 80 年代初诞生的三大理论技术基石。而 1985 年 Mullis 创立的 PCR 技术以及 1994 年 Stemmer 发展的基因改组（gene shuffling）技术，则为蛋白质工程的深入研究和广泛应用提供了技术上的保障。

10.1.1 蛋白质工程的基本特征

蛋白质工程与 DNA 重组技术、传统 DNA 诱变技术、蛋白质侧链修饰技术有着本质的区别。与基因重组、常规诱变以及多肽修饰策略相比，蛋白质工程的特征是在基因水平上特异性定做一个非天然的优良工程蛋白。

由人工突变基因而达到操纵蛋白质结构和性质的蛋白质工程，主要有两大设计理念：建立在对蛋白质结构与性质之间的对应关系深入理解基础上的分子理性设计，以及建立在体外模拟自然进化过程基础上的分子定向进化（molecular directed evolution）。后者又称为实验分子进化（experimentally molecular evolution），属于蛋白质的非理性设计范畴。

蛋白质工程分子理性设计策略的基本流程如图 10-1 所示：①克隆一个酶或功能蛋白的结构基因；②测定其核苷酸编码序列；③演绎出相应的氨基酸序列；④确定蛋白质的生物学

性质；⑤建立蛋白质的三维空间结构；⑥设计工程蛋白的分子蓝图；⑦借助 DNA 定点突变技术更换密码子；⑧分析突变蛋白的生物学和化学特性；⑨确立蛋白质序列-结构-功能三者之间的对应关系；⑩将此对应关系反馈至第 6 步，并进行下一轮操作，直到构建出所期望的工程蛋白质。在上述流程中，最重要也是最困难的步骤为工程蛋白的分子设计，事实上它需要生物学、化学和物理学等多种学科知识的综合运用。

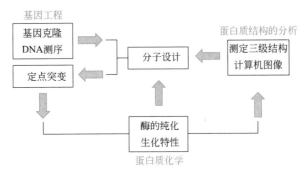

图 10-1　蛋白质工程分子理性设计策略的基本流程

从理论上来讲，蛋白质分子蕴藏着巨大的进化潜力，很多功能有待于开发，这是蛋白质工程分子定向进化的先决条件。该策略的实施事先不需要了解目标蛋白质的三维结构信息及作用机制，它着重于体外模拟自然进化的过程（随机突变、重组、选择），使基因发生大量变异，并定向选择出所需性质或功能的目标蛋白，从而在几天或几周内实现自然界需要数百万年才能获得的进化结果。

10.1.2　蛋白质工程的研究内容和应用

蛋白质是所有生命过程的存在形式，它以高度的特异性直接推动数千种化学反应进行，并以关键的结构元件组成所有生物体的细胞和组织。蛋白质在催化、构成、运动、识别、运输以及调控等各个生命环节均起着不可替代的作用。

蛋白质的生物功能发挥依赖于构成它的若干独立结构域或功能域的有序作用，只有搞清楚多肽链上各独立功能域结构与功能的关系，并将不同蛋白来源的相似功能域进行综合对比分析，才能建立起完整的蛋白质信息谱。在这方面，蛋白质工程大有用武之地，事实上它是一种位点特异性的体外精细打靶技术，蛋白质工程在分子生物学领域中的应用就在于此。

除此之外，借助于蛋白质工程技术改造或创建新型工程蛋白，还能拓展功能蛋白在工业、农业以及医学等领域的应用范围，其经济和社会效益不可估量。例如：①通过改变酶的 K_m 和 V_m 等动力学参数，提高其生化反应的催化效率；②通过增加蛋白质的热稳定性和对极端 pH 条件的耐受性，扩大其适用范围；③通过修饰酶的有机相反应活性，使生化反应能在非生理条件下进行；④通过改变酶的催化机制，使其不再需要昂贵的辅酶；⑤通过提高酶与底物的亲和性，减少生物转化过程中副产物的形成；⑥通过增强功能蛋白对蛋白酶的抗降解性能，简化其分离纯化工序并提高收率；⑦通过删除酶的变构效应，解除产物对酶的反馈抑制等。

10.1.3　蛋白质工程实施的必要条件

蛋白质工程分子理性设计策略实施的前提条件是必须了解蛋白质结构与功能的对应关系。在多肽链中，往往只有几个氨基酸残基对蛋白质的某一功能负责，但是这些氨基酸残基必须处于一个极其精密的空间状态下才能发挥功能。这里涉及两大元件，即维持蛋白质特定空间构象的结构域以及赋予蛋白质特定生物活性的功能域。根据日益积累的蛋白质结构域和功能域信息，借助电脑辅助设计，绘制出特定突变蛋白的一级序列蓝图，并由此演绎出相应的 DNA 编码序列，然后通过体外定向突变甚至化学合成，创建相应的突变基因，最终在合适的受体细胞内表达。

蛋白质的一级结构是由肽键（共价键）形成的，而高级结构则由二硫键（共价键）、疏水键、氢键以及离子键维持，后三者均为非共价键。共价键与非共价键的键能范围分别为 $120\sim460\text{kJ/mol}$ 和 $4\sim40\text{kJ/mol}$。除了二硫键，其他三种非共价键的存在是蛋白质形成高级结构所必需的，这就是蛋白质分子具有柔韧性的原因。蛋白质分子无时不在运动，即便是在 $0℃$ 以下或结晶状态，其组成原子或基团也能移动旋转 $0.2\sim0.5\text{Å}$（$1\text{Å}=10^{-10}\text{m}$）；在较高温度下，尤其是在蛋白质活性发挥的温度范围（$0\sim60℃$）内，整个结构单元与外部分子之间会发生可逆性转换，事实上这种运动是其底物结合、催化反应以及产物释放等功能所要求的；当温度继续升至 $45\sim100℃$ 时，分子内的运动得以加强，蛋白质遂丧失其高级构象并进入变性状态。结晶形态下的蛋白质含有大量的水分子（约达 $30\%\sim60\%$），由 X 衍射确定的蛋白质四维结构几乎与核磁共振得到的数据相同，这表明处于结晶状态下的蛋白质具有其原始的柔韧性和活性。上述蛋白质的结构参数对工程蛋白的分子设计具有重要意义。

蛋白质工程的分子定向进化策略是以灰箱方式体外模拟自然进化过程，但快速、简便、高效地构建一个随机突变的基因文库，以及发展一套灵敏、准确的高通量筛选系统，是这种策略实施的两大必要条件，事实上这也是当前蛋白质工程研究的活跃领域。

10.2　实际工作中的蛋白质工程

10.2.1　基因的体外定向突变

在 DNA 水平上产生多肽编码顺序的特异性改变称为基因的定点诱变。利用这项技术一方面可对某些天然蛋白质进行定位改造，另一方面还可以确定多肽链中某个氨基酸残基在蛋白质结构及功能上的作用，以收集有关氨基酸残基线性序列与其空间构象及生物活性之间的对应关系，为设计制作新型的突变蛋白提供理论依据。一般而言，含有单一或少数几个突变位点的基因定向突变可选用局部随机掺入法、碱基定点转换法、部分片段合成法、引物定点引入法和 PCR 扩增突变法等 5 种策略，而大面积的定位突变则采取基因全合成的方法。

10.2.2　基因的体外定向进化

基因分子定向进化的主要目标是在短时间内获取任何期望的突变基因及其编码产物，它的基本策略是在体外对特定基因实施随机突变，然后借助于适当的高通量筛选程序准确、迅速地获得所需要的突变基因。

分子定向进化的主要过程包括：①通过随机突变或（和）基因重组，创造一个靶基因或一群家族基因的多样性文本，建立相应的突变文库；②将上述基因的突变文库在适当的受体细胞中转换成对应的蛋白变体库；③采用高通量筛选程序，检出由氨基酸置换而引起的变体蛋白性状，确定该氨基酸在蛋白分子中的重要作用。必要时，可以多次重复上述操作，直到出现最佳性能的变体蛋白。由此可见，这种分子定向进化策略不仅可以在实验室里选择到自然界不存在的、性能优异且可再生的变体蛋白，而且也是调查多肽链中氨基酸序列与蛋白质结构、功能关系的重要研究工具。

分子定向进化的方法包括：易错 PCR（error prone PCR）、DNA 改组（shuffling）、体外随机引发重组（random priming recombination，RPR）、交错延伸（staggered extension process，StEP）、过渡模板随机嵌合生长（random chimeragenesis on transient templates，RaChiTT）、渐增切割杂合酶生成（incremental truncation for creation of hybrid enzymes，ITCHE）、同源序列非依赖性蛋白质重组（sequence homology independent protein recombination，SHIPRec）等。

10.2.3　突变文库的筛选模型

一旦突变基因或蛋白质的多样性文库构建完毕，筛选的条件决定了蛋白质特征的进化方向，这被称为定向进化的第一定律。分子定向进化实验成败与否的关键就在于针对目的改造特征的高效筛选模型的建立。当变体蛋白或酶能赋予宿主细胞生长或存活的优势时，很容易搜寻含有 10^6 以上个蛋白变体的文库。

近年来，与创建多样性随机重组文库的飞速发展相适应，基因或蛋白质文库的高通量和超高通量筛选技术也取得了令人瞩目的成就。例如，核糖体和 mRNA 展示技术，由于在体外无细胞翻译体系中进行，不受受体细胞转化率的限制，大大提高了文库容量和筛选通量（$10^{12} \sim 10^{14}$）。其原理是通过筛选靶蛋白-核糖体-mRNA 三元复合物或靶蛋白-mRNA 二元复合物的形成，将基因型与表型直接偶联起来，并利用 mRNA 的可复制性，使靶基因或蛋白质得到有效富集。其他高通量筛选程序还包括：细胞表面展示技术和噬菌体表面展示技术，将靶蛋白活性与转录信号相偶联的三元杂交系统，以光信号为指示的反射增进系统以及荧光共振能量转换仪（FRET）-荧光激活细胞筛选仪（FACS）联用程序等，后者每小时可筛选 60000 个细胞克隆。在硬件设备方面，1536 和 3456 孔板以及多通道多波长检测仪，每秒钟分配几千滴 pL（$10^{-6}\mu L$）级样品的非接触式压电配样仪等，都大大提高了样品的处理速度。

10.2.4　蛋白质工程的设计思想

目前，生物体内已鉴定的数千种酶中只有几十种能直接用于工业化生物转化反应，绝大多数酶类功能蛋白在大规模体外反应时，或丧失了原有的催化特异性，或在高温高压及存在有机溶剂条件下结构变性。利用蛋白质工程技术改造酶的催化反应特征则为功能蛋白的工业化应用开拓了广阔的前景。

（1）提高蛋白质或酶的稳定性

① 引入二硫键以提高蛋白质或酶的稳定性：一般而言，热稳定的蛋白质大都具有抗有机溶剂和极端 pH 的能力，在蛋白质分子中引入二硫键能显著提高其稳定性。例如，T4 溶菌酶。②转换氨基酸残基以提高蛋白质或酶的稳定性：在高温下，蛋白质的天冬酰胺和谷氨酰胺的游离氨基会发生脱氨反应，进而损害其结构和功能。因此，在不影响催化活性的前提下，将 Asn 和 Gln 残基转换为其他合适的氨基酸，是提高蛋白质的热稳定性的另一种策略。

（2）减少重组多肽链的错误折叠

将真核生物基因克隆到细菌后，常常会遇到重组蛋白表达水平很高但比活下降的现象，这很可能是由于表达产物在受体细胞内的错误折叠。转换重组多肽链中多余的半胱氨酸残基，即可有效减少其错误折叠的可能性，提高表达产物的生物活性。

（3）改善酶的催化活性

①转换氨基酸残基以改善酶的催化活性：采取蛋白质工程的分子理性设计策略改善酶的催化活性较为困难，必须掌握活性中心的有关结构参数以及酶催化反应机理。比如，嗜热芽孢杆菌酪氨酸-tRNA 合成酶的第 51 位 Thr 改变为 Ala 或 Pro 时，提高了催化活性。②随机改组肽段以改善酶的催化活性。③删除末端部分氨基酸序列以改善酶的催化活性。

（4）消除酶的被抑制特性

①转换氨基酸残基以消除酶的被抑制特性：枯草芽孢杆菌蛋白酶是一种丝氨酸型蛋白酶，具有广谱的蛋白降解能力而被广泛用作洗涤添加剂。但早期的这种添加剂有一个严重的缺陷，即不能与漂白剂联合使用，因为后者会灭活蛋白酶。将蛋白质分子中的 Met222 转换成 Cys222 或 Ala222 时，不受漂白剂的抑制。②删除肽段以消除酶的被抑制特性：血液中存在很多纤溶酶原激活剂（PA）的抑制蛋白，使得这类溶栓药物的临床使用剂量较大。纤溶酶原激活剂的抑制蛋白以 PAI-1 为主，后者能与 t-PA 或 pro-UK（尿激酶原）形成复合物，使 PA 失活。缺失 Lys296～Gly302 肽段的 t-PA 突变体受 PAI-1 的抑制作用明显减少。

（5）修饰酶的催化特异性

虽然蛋白质工程的许多研究集中在修饰那些催化特异性高的酶的天然性质，但将底物专一性不强的酶改造成只能转化一种底物的高特异性变体酶，也许意义更大。①共价结合寡核苷酸以修饰酶的催化特异性。②转换氨基酸残基以修饰酶的催化特异性。

（6）强化配体与其受体的亲和性

①随机点突变以强化配体与受体的亲和性。②基因家族改组以强化配体与受体的亲和性。

（7）降低异源蛋白药物的免疫原性

10.2.5 蛋白质基因改造的理性分子设计

理性分子设计（rational design of biomolecules）主要是在计算机中（in silico）完成。通过计算机建模（computational modeling）预测蛋白质活性位点，考察某基因突变对目标蛋白稳定性、折叠以及与底物结合的影响，从而对蛋白质进化进行设计指导和模拟筛选实验，提高实验的成功率。就是说，在已知蛋白质的结构和功能的基础上，有目的地改变蛋白质的某一活性基团或模块，从而产生新性状的蛋白质，故称为理性设计。

（1）理性分子设计的理论基础

① 内核假设

在蛋白质内部侧链的相互作用决定蛋白质的特殊折叠；一个非常简单和有用的关于蛋白质的假设是，蛋白质独特的折叠形式主要由蛋白质内核中残基的相互作用决定；所谓内核是指蛋白质在进化中保守的内部区域；在大多数情况下，内核由氢键连接的二级结构单元组成。

② 密堆积

所有蛋白质内部都是密堆积（很少有空穴大到可以结合一个水分子或惰性气体），并且没有重叠；这个限制是由两个因素组成的，第一个因素是指分子是从内部排出的，是总疏水作用的一部分，第二个因素是由原子间的伦敦色散力所引起的，是由于短吸引力的优化。

③ 氢键的最大满足

所有内部的氢键都是最大满足（主链和侧链）的，蛋白质的氢键形成都涉及一个交换反应，溶剂键被蛋白质键所替代；随着溶剂键的断裂所带来的能量损失是由折叠状态的重组及可能释放一个结合的水分子而引起熵的增益所弥补。

④ 基团的合理分布

疏水和亲水基团需要合理地分布在溶剂可及表面和不可及表面，这种分布代表了疏水效应的主要驱动力；首先，侧链不总是完全亲水的，例如，赖氨酸有一个带电的氨基，但是连接到主链上的碳原子是疏水的，因此，建模过程中要在原子水平上区分侧链为疏水及亲水部分；其次，正确的分布是要安排少许疏水基团在表面，少许亲水基团在内部。

⑤ 金属配位几何

在金属蛋白中，配位残基的替换要满足金属配位几何；这要求围绕金属中心放置合适数目的蛋白质侧链，并符合正确的键长、键角及整体的几何。

⑥ 第二壳层

对于金属蛋白，围绕金属中心的第二壳层中基团之间的相互作用是重要的；大部分配基含有多于一个与金属作用或形成氢键的基团；如果一个功能基团与金属结合，另几个功能基团可以自由地采取其他相互作用方式；总结金属蛋白的结构表明，这些第二基团总是参与围绕金属中心的氢键网络；氢键的第二壳层通常涉及与蛋白质主链的相互作用，有时也参与同侧链或水分子的相互作用；这些相互作用起到两个作用，第一，符合蛋白质折叠的热力学要求；第二，这些氢键固定在空间的配位位置。

⑦ 侧链几何排列

它指最优的氨基酸侧链几何排列；蛋白质的侧链构象由空间的立体因素决定；侧链的构象由其择优构象，可以通过实验统计测量，也可以由第二定理计算得到；蛋白质内部的密堆积表明在折叠状态侧链构象采取一种合适的构象，即一种能量最低的构象。

⑧ 独特的结构

结构和功能的专一性形成独特的结构，独特的分子间相互作用是生物相互作用和反应的标志；实践表明，这是蛋白质设计中最困难的问题；要构筑一个蛋白质模型必须满足所有的合适要求，同时满足蛋白质折叠的几何限制；因为蛋白质是一个复杂的体系，体系有可能采取一个能量与所希望状态相近的另外一个构象，所以在设计程序中必须引入一个特征，它稳定所希望的状态，而不稳定不希望的状态，这也是最困难的计算机模拟技术之一。

（2）理性分子设计的流程和步骤

理性分子设计的流程如图 10-2 所示。理性分子设计的步骤如下。

① 收集待研究蛋白质的一级结构、立体结构、功能结构域及与相关蛋白质同源性等相关数据，为蛋白质分子提供依据和蓝本。从天然蛋白质的三维结构出发（实验测定或预测），利用计算机模拟技术确定突变位点和替换的氨基酸。这是非常关键的步骤，一般应注意如下问题：a. 应确定对蛋白质折叠敏感的区域，这些区域包括带有特殊扭角的氨基酸、盐桥、密堆积区等；b. 应确定对功能非常重要的位置，这些可以从结构与功能的关系、生物化学或蛋白质工程实验及结构上考虑；c. 应该考察剩余位置对所希望改变的影响；d. 当对残基进行互换或插入/删除时，应考虑它们对结构特征的影响，如疏水堆积、侧链取向、氢键、盐桥等，同时也应考虑它们对蛋白质功能的影响。互换或插入/删除区域一般都在外环，有如下一些假设：氨基酸侧链的改变不会影响该主链折叠的改变，插入/删除某些部分不会影

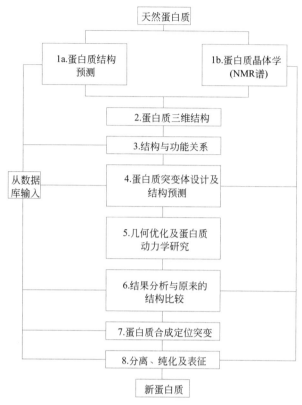

图 10-2　蛋白质理性分子设计的流程图

响表面区域，侧链交换遵守蛋白质结构保守原则。

② 详细分析研究对象的蛋白质结构模型，找出立体结构中对所要求的性质有重要影响的关键位置。可以通过研究已知的晶体结构，也可根据同一家族中的蛋白质序列比对、分析或其他预测方法研究，需要认真考虑此种性质受哪些因素的影响，然后逐一对各因素进行分析，找出重要位点，这是分子设计工作的关键。

③ 预测的结构与原始的蛋白质结构比较及利用蛋白质结构-功能域结构-稳定性相关知识及理论计算预测新蛋白质可能具有的性质。进行蛋白质分子设计，一是小范围改造；二是较大程度的改造；三是蛋白质从头设计 (*de novo* protein design)，即从蛋白质分子一级结构出发，设计制造自然界中不存在的全新蛋白质，使之具有特定的空间结构和预期的生物功能。

④ 在上述设计工作完成后，下一步就要回到实验研究中，要进行合成或突变实验，并经分离、纯化及表征后得到所要求的新蛋白质。

⑤ 通过实验手段验证设计的分子是否符合要求，并对设计的分子进行结构与功能的评价。

计算机蛋白质设计只是有效实验设计的一种方法。它不能替代实验，正像蛋白质结构预测不能替代蛋白质结构测定一样。如果一个科学家设计一种具有新的催化性质的酶，他必须了解催化过程与机制；了解蛋白质的结构化学、生物化学方面的知识。因此，蛋白质设计的成功与否，必须要有理论与实验的紧密结合。

（3）理性分子设计的途径

分子模拟技术是理性分子设计的一种手段，因为它是指利用理论方法与计算技术从原子水平上对分子体系进行建模的一种技术，旨在实现对分子结构及相互作用的其他体系与功能的动态及静态过程的仿真过程。受体（receptor）与配体（ligand）分子之间的相互作用是分子模拟中的重要内容之一。生物学中的受体主要包括酶、膜蛋白以及抗体等大分子。对受体与小分子相互作用机理的研究有助于提升对这些生物大分子相关生物学功能原理的理解。分子模拟的研究内容从用途角度主要分为两大类：对相应分子作用机理的预测型和解释型。预测型的研究是对分子体系进行总体估计，对过程进行优化筛选，进而为实验提供可行性方案设计。解释型的研究是通过分子模拟解释现象并建立理论和探讨机理，从而为实验奠定一定的理论基础。

分子模拟过程中需要着重考虑分子间作用力。分子间作用力是指存在于不同分子中原子之间的相互作用力，包括氢键、范德华力、盐键、疏水作用、卤键等。分子间相互作用一般在 8Å（Angstrom）距离之内，大于这个阈值即使存在相互作用其作用力也很弱。氢键既可以存在于分子内也可以存在于分子间，对分子的构象起到非常重要的作用。另外，氢键具有较高的选择性，不严格的饱和性和方向性；强氢键具有类似共价键（covalent bond）的性质。在药物设计领域，分子模拟技术可用于研究抗体及药物的作用机理等；在生物科学领域，该技术可用于表征蛋白质的三维结构特征与性质。在药物研究方面通过分析和计算一系列活性药物分子的三维构象并将其叠合，可以了解某一类药物分子所应具备的药物构象，这一信息将对新药研发起到很大帮助，药效构象的计算为今后的药效基团方法以及数据库虚拟筛选方法打下了基础。例如，模拟酶和底物的复合结构，可以了解酶和底物作用力（疏水作用、氢键、离子相互作用等）的模式，同时可以模拟不同氨基酸的性质及侧链基团结构不同时可能会造成催化腔结构的改变和形成更强的空间位阻效应，从而对影响酶和底物的结合模式进行研究。通常来讲，一些蛋白质的功能部分及酶的催化活性中心在二级结构上主要是无规则卷曲，而 α 螺旋和 β 折叠主要起结构支撑作用。

分子模拟的硬件：由于分子模拟通常涉及大量的计算和信息处理，因而具有超速计算功能的大型计算机是必不可少的。这些计算机通常采用服务器/客户机模式运行，主要承担计算量巨大的任务。根据构建方式的不同，大型计算机主要分为超级计算机（supercomputer）和高性能计算机集群系统（high performance computing cluster）两种。

下面介绍一下分子对接、分子力场设计和分子动力学等 3 种生物学上常用的分子模拟技术。

① 分子对接（molecular docking）

分子对接一般是定量化两个或两个以上分子之间形成稳定复合物的作用力（即对接模式打分），并寻找其最佳结合模式的一种方法。分子对接方法可以构建目标受体（例如蛋白质）和底物（例如小分子）的复合物结构模型，并对复合物的结构进行合理性评价，推测出能影响受体作用机制的关键位点，是联系蛋白质结构与其生物功能的桥梁之一。从对接结果中我们可以获得受体与小分子作用的结构特征，包括静电和疏水作用及氢键结合模式等。该技术可以为实验研究提供理论辅助和决策基础。分子对接的关键步骤之一是找到受体分子的活性口袋，然后让小分子处于配体的活性口袋及周围并通过构象搜索来寻找小分子与配体的最佳结合空间模式。结合口袋一般用四个数字（x、y、z、d）表示，前三个数字（x、y、z）表示口袋的中心坐标，第四个数字 d 表示三维球形半径。可以通过对接结果分析小分子

（例如激活剂或者抑制剂）是否会和受体（例如蛋白质）形成作用力（例如氢键），以此来解释或者预测小分子对受体的作用情况。分子对接前一般都要对受体分子进行去水加氢以及质子化等操作。原因是通过晶体衍射方法获得蛋白质结构的过程中可能会无形中加入了水分子，以及像氢这类小原子在衍射实验中难以获得数据。但是如果有文献报道水分子对该蛋白质的活性中心起作用，则可以保留相应区域的水分子。从对接结果中，我们可以清晰地看出与小分子作用的关键氨基酸和基团。有时 PDB 文件中就已经包含了关键位点氨基酸注释信息，这种情况下可以直接对这些位点进行对接计算。

最早关于分子对接的研究是简单地把小分子和配体当成"锁-钥匙"的关系，在对接过程中把小分子和受体作为固定不变的刚性结构。但是后来进一步的生物学研究发现，小分子和受体的结合过程中，各自的构象都会发生一定的变化以更好地结合到一起，于是就形成了更让学术界容易接受的"诱导契合"理论。根据是否可以允许小分子和配体结构在对接过程变化的程度，一般可以分为"刚性""半柔性"和"柔性"对接三个模式。刚性对接比较快，而柔性对接则相对会更消耗时间。柔性对接是在对接的过程中，在符合规律的基础上让受体和配体的侧链都可以较自由地旋转。如果是高通量对接的话，通常使用的是半柔性对接。半柔性对接一般只让处于活性位点附近的氨基酸或者小分子可以柔性旋转，或者进行一些柔性侧链旋转。另外，构象的搜索一般可以采用网格法（grid search），逐渐旋转柔性位置的键角来实现构象的搜索。一般而言，如果搜索的步长（step）足够细化的话，可以进行全局优化，进而得到最佳对接模式。但是网格搜索一般比较消耗时间和计算资源，特别是对比较大的体系，有时所需的时间是惊人的。因此，有时也用随机搜索的方法，来降低搜索最佳结合模式所需的时间。为了验证分子对接方法是否适用于相应的体系，有时可以使用已经有晶体结构的复合物做测试并计算预测的结合模式与真实构象的 RMSD 值来确定分子对接是否适用于该体系。为了更形象地在一些纸质或者静态的文件中展示对接结果，有时会把三维的对接情况转为特定的二维图。分子对接不仅可以用于寻找结合口袋和关键位点氨基酸，同时也可以对一些分子机理进行解释。另外，分子对接一般可以应用于虚拟筛选与反向虚拟筛选（图 10-3）。虚拟筛选是以蛋白质结构作为目标（即靶标），搜索小分子数据库，筛选出作用于该靶标蛋白的小分子。例如，我们也许会因为一些特殊的目的需要抑制体内某蛋白的活力，就以该蛋白作为靶标搜索特定的小分子数据库，如果可以在小分子数据库中找到合适的抑制剂（例如一些上市的药物），则可以直接使用这些小分子达到目的。小分子一般有专门的数据库，如 PubChem，或者用户自己构建的针对特定目标的数据库，一些专门的软件也可以手动画出特定需要的小分子结构。小分子结构一般以 sd、mol 或者 sdf 等文件格式存储。一般自己构建的小分子经过能量最小化之后会得到更好的模拟结果。反向虚拟筛选恰好相反，是以小分子作为目标搜索蛋白质数据库（例如 PDB 数据库），从而筛选出该小分子可能作用的靶标蛋白。例如，反向虚拟筛选可以用来判断某药物会对哪些蛋白起作用。反向虚拟筛选时需要采用一些速度快的对接程序（例如 libdock）。两种筛选方法其实既涉及理论计算部分，同时也涉及实际实验部分。因为实际问题的复杂程度往往超过预期，但只有在实际中检验计算结果是可行的，才能让一些产品投入使用。

② 分子力场设计

分子力场（field force of molecule）又叫分子力学（molecular mechanics），是以一种经验函数来描述分子的势能面，通过计算与原子核相关的体系能量来量化体系的能量。分子力场一般也可以用于蛋白质结构的能量最小化，用于优化蛋白质的空间结构。分子力场一般包含伸缩键能、弯曲键能、二面角扭曲能、交叉相互作用和非键能量作用项。

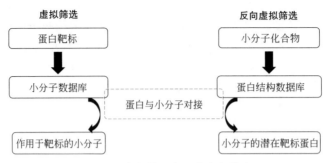

图 10-3　虚拟筛选与反向虚拟筛选

在实际情况下，不同的作用力之间还存在协同作用，即受多种其他键的综合影响。但是如果考虑协同效应会导致计算时间的显著增加。一般一套力场很难通用于多种体系，针对特定的体系需要选择与之合适的力场。

a. 能量优化辅助建模（assisted model building with energy refinement，AMBER）：AMBER 是一种主要用于生物大分子模拟的分子力场；AMBER 分子力场最早在 1995 年由 Kollman 等开发出来；AMBER 力场的势能函数形式也较为简单，所需参数不多，计算量因此也相对较小，这是这个力场的一大特色，但也在一定程度上限制了这个力场的扩展性；该力场用谐振子模型计算键长伸缩能和键角弯转能，用傅里叶级数的形式来描述二面角扭转能，选用 Lennard-Jones 势能来模拟范德瓦尔斯力；用库仑公式来描述静电相互作用。

b. 哈佛大分子力学化学（chemistry at HARvard macromolecular mechanics，CHARMM）：CHARMM 是一种用于分子动力学的分子力场。该力场的最早版本在 20 世纪 80 年代开始研发，并持续更新和发展；同时，采用这种力场的分子动力学软件包也采用了这个名称；在 MacKerrell 网站可以获得多个 CHARMM 力场的版本，包括 CHARMM19、CHARMM22 和 CHARMM27；这几个版本的软件一般都可以用于优化蛋白质系统；如果用于优化 DNA 或者 RNA 结构的话一般采用 CHARMM27 这个版本；CHARMM 力场可以实现多种生物大分子的模拟算法，包括能量最小化、分子动力学和蒙特卡罗模拟等；分子模拟商业软件 Discovery Studio 中的 CDocker 使用的就是该力场。

c. COMPASS（condensed-phase optimized molecular potentials for atomistic simulation studies，凝聚相优化原子模拟研究中的分子势）力场：因为采用了复杂和综合的自量子力学从头计算（abinio）公式，所以通常可以适应于大多数小分子与高分子或金属离子、金属氧化物与金属的相互作用模拟；同时，该力场可以对有机与无机分子体系采取分类别处理。

③ 分子动力学

分子动力学（molecular dynamics，简称 MD）是分子模拟中最常用的技术之一。用数学语言描述分子动力学模拟就是求特定体系下牛顿运动方程的积分方法。也可以形象地说，在粒子随机初始位置和速度下，模拟体系的运动规律。该技术是应用特定的分子力场，在原子层次上，以热力学基本原理为基础，来动态模拟粒子位置和速度随时间变化的运动轨迹（trajectory）的一种方法。分子动力学用动态变化的观点从原子水平上来模拟分子体系在时间轴上的变化轨迹，从而探索包括体系内的热力学和动力学在内的各种物理化学性质。分子动力学方法可以获得任意时刻体系中分子的所有原子坐标（x，y，z），因此从模拟过程中可以得到分子构象的变化过程，一般可以用于了解分子的形成过程（例如，蛋白质的折叠、二级结构的变化），分子在低能势空间中构象分布，分子结构与某一构象的均方根偏差

（RMSD）变化。动力学模拟同时可以用于小分子和蛋白的结构优化，把结构不合理的部分精修为合理，例如键角过大、键长过长以及原子间存在接触等。另外，没有原子坐标的Loop区也可以在动力学模拟中构建出相应的原子坐标信息。有时做完分子对接之后，也使用分子动力学方法来对对接结果进行能量优化。我们在动力学模拟中，希望可以得到分子结构的低能构象，即分子势能面极小值对应的构象。这种方法在多结构域的蛋白质结构组装和拼接方面也有应用。

分子动力学模拟的主要步骤包括：结构预处理、力场和溶剂效应设置、升温（heating）、平衡（equilibrium）、采样（sampling）以及结果分析（result analysis）等。不同的研究体系采用分子动力学模拟时可适用的力场不同。结构预处理包括受体分子的去水加氢等操作，另外需要选取一个能量相对较低的初始构象。任意一个构型都可以做初始构型，但更合理的构型能够尽快达到平衡，所以一般依据实验数据或量子化学计算得到初始构型；要针对特定体系选择合适力场，做蛋白体系时一般用 Gromacs 和 AMBER 来模拟 DNA 或者RNA 体系。一般用 AMBER 力场之后，模拟中应当包括水分子，所以需要考虑溶剂效应。分子动力学中需要计算能量值。能量最小化算法有三种：最速下降法、共轭梯度法和牛顿-拉普森法。最速下降法可以快速地降低能量，但是接近能量极小点时收敛相对较慢；共轭梯度法恰好相反，在能量极小点附近收敛相对效率高。由于牛顿-拉普森法收敛迅速对计算和储存要求高，因此不适用于大体系。一般可以在模拟中综合地采用这些能量优化方法。例如，可以先采用最速下降法快速地找到极值大体区域，然后采用共轭梯度法或者牛顿-拉普森法进行深度优化。平衡态是否可以结束，一般看能量是否已经或者接近收敛，以及RMSD 值是否达到可接受的范围。另外，在一些半柔性对接结果的优化中，可以固定某些自由度，从而减少计算量。

在一些需要深度模型优化的情况下，也可以考虑同时结合量子力学（quantum mechanics）和分子动力学（molecular mechanics）一起对结构进行优化，文献中一般把这种混合方法标注为 QM/MM 方法。因为原子的运动遵从牛顿第二定律，完全从量子力学出发的模拟方法称为从头（ab initio）计算方法。该类方法虽然精度高，但是计算复杂，难以实现大规模的模拟，所以一般在需要高精度的优化时才使用。例如，对结合口袋采用量子力学优化，而对结合口袋的其他区域采用分子动力学优化。分子动力学在生物科学中的应用越来越广泛，包括蛋白质折叠机理及功能相关酶作用机制研究等。近年来，分子动力学在 X晶体衍射以及 NMR 核磁共振实验结果的处理中也有应用。由于分子动力学需要消耗的时间较长，在实际应用中往往把优化过程分为高（high）、中（medium）、低（low）三个水平，以适用于不同的模拟需求。分子动力学的主要瓶颈是不同结构状态的能量差很小，因此要求有特别准确的能量项。另外，能量计算包括内部能量项、外部能量项和外加限制项等，这导致计算过程非常复杂，而且优化过程中容易陷入局部能量最小问题。

④ 分子对接软件

分子对接软件主要有学术免费和商业软件两大类。

学术免费类：（ⅰ）AutoDock 是一款开源的分子模拟软件，由 Scripps 研究所的 Olson实验室开发与维护，主要应用于生物大分子与小分子配体的对接；（ⅱ）AutoDock Vina 也是一款由 MGL 实验室开发的分子对接软件，与 AutoDock 相比，AutoDock Vina 提高了结合模式预测的平均准确度，通过使用更简单的打分函数加快了搜索速度，并且在处理约 20个可旋转键的体系时仍然能提供重现性较好的对接结果；（ⅲ）LeDock 专为快速准确地将小分子灵活对接到蛋白质而设计，它在 Astex 多样性集合上实现了大于 90% 的构象预测准确度，研究人员通过 LeDock 进行高通量虚拟筛选并发现了新的激酶抑制剂和结构域拮抗剂；（ⅳ）rDock 是一种快速通用的开源对接程序，可用于小分子与蛋白质和核酸对接，它专为高通量虚拟筛选（HTVS）和结合模式预测研究而设计，rDock 主要用 C++编写，完整的 rDock 软件包需要不到 50 MB 的硬盘空间，并且可以在所有 Linux 计算机中进行编译；（ⅴ）UCSF DOCK 是加利福尼亚大学洛杉矶分校开发出的一套用于模拟分子对接的软件，用于学术研究的用户可在官网免费申请 DOCK6，申请时需要填写真实详细的信息（学校名称、网站地址、导师名称等）。

商业软件类：商业软件主要有 Glide、GOLD、MOE Dock、Surflex-Dock、LigandFit、FlexX 等，这些商业软件的对接界面都进行了更加友好的设计，因此操作起来更加便捷。

第 11 章
途径工程

借助于分子生物学理论与技术，人们不仅能精确描述基因表达和调控的分子机制，而且对细胞内的代谢途径和信号转导途径也有了一个全景式的认知。日臻完善的 DNA 重组技术已经允许人们对生物体内固有代谢途径进行倾向性和功利性的设计与修饰，甚至像心脏搭桥外科手术那样实现细胞天然代谢途径的局部重建。如果说，45 年前主要用于单基因克隆和表达的 DNA 重组技术属于第一代基因工程；35 年前在基因水平上对蛋白质的结构与功能进行局部修饰属于第二代基因工程；25 年前利用 DNA 重组技术对生物细胞内固有代谢途径和信号转导途径进行改造设计的尝试就属于第三代基因工程，即途径工程。

11.1 途径工程的基本概念

11.1.1 途径工程的基本定义

细胞是生命运动的基本功能单位，其所有的生理生化过程（即细胞代谢活性的总和）是由一个可调控的，大约有上千种酶催化反应高度偶联的网络以及选择性的物质运输系统来实现的。大多数情况下，细胞内生命物质的合成、转化、修饰、运输及分解过程需要经历多步酶催化的反应，这些反应又以串联的形式组合成为途径，其中前一反应的产物是后一反应的底物。

根据底物在代谢反应中对通用性酶和特异性酶的使用要求，可将细胞内的所有生物分子分成两类：①一级基因产物，如 tRNA、rRNA、多糖、脂类、蛋白质以及核酸等，生物合成与分解只需要有限的几种通用性的酶及蛋白因子，包括 RNA 聚合酶、RNA 剪切酶、DNA 聚合酶、糖苷酶、脂酶、氨酰基-tRNA 合成酶、肽基转移酶及核酸酶等；②二级基因产物，如氨基酸、维生素、抗生素、核苷酸等小分子化合物，它们的生物全合成与降解少则涉及几个基因多则需要几十个基因所编码的酶系，而且这些酶大都具有使用的特异性。上述合成与分解二级基因产物的酶系及催化的生化反应，构成了一个个相互联系的代谢网络。对代谢网络进行解析不难看出，它们均由若干个串联和并联的简单子途径组成（图 11-1），其中各子途径的并联交汇点称为节点（node）。

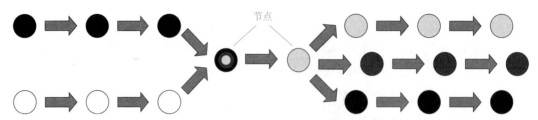

图 11-1　细胞代谢途径示意图

途径工程（pathway engineering）是一门利用分子生物学原理系统分析细胞代谢途径，并通过 DNA 重组技术理性设计细胞代谢途径及遗传修饰，进而完成细胞特性改造的应用性学科。由于生物细胞自身固有的代谢途径对于实际应用而言并非最优，因此人们需要对之进行功利性的修饰，途径工程的基本理论及其应用策略就是在这一发展背景下形成的。1974年，Chakrabarty 在恶臭假单胞菌（*Pseudomonas putida*）和铜绿假单胞菌（*P. aeruginosa*）两个菌种中分别引入几个稳定的重组质粒，从而提高了两者对樟脑和萘等复杂有机物的降解过程，这是途径工程技术的第一个应用实例。在此之后的十几年中，人们更加注重途径工程的应用方法和目的，通常表现在对细胞内特定代谢途径进行功利性改造，并积累了多个成功的范例，但未能形成自己的基本理论体系。1991 年，Bailey 用代谢工程（metabolic enginering）的术语描述了利用 DNA 重组技术对细胞的酶反应、物质运输以及调控功能进行遗传操作的过程，这时被认为是途径工程或代谢工程向一门系统学科发展的转折点。

然而，由于途径工程或代谢工程的基本原理和技术建立在多学科相互渗透的基础之上，人们往往从完全不同的学科理论体系出发，采取完全不同的研究路线，实现改造或重构细胞代谢工程的目的。因此，以研究内容、方法以及路线上存在的差异区分途径工程和代谢工程是很有必要的。代谢工程注重以酶学、化学计量学、分子反应动力学以及现代数学的理论和技术为研究手段，在细胞水平上阐明代谢途径与代谢网络之间局部与整体的关系、胞内代谢过程与胞外物质传输之间的偶联以及代谢流流向与控制的机制，并在此基础上通过工程和工艺操作达到优化细胞性能的目的；而途径工程则侧重于利用分子生物学和遗传学原理分析代谢途径各所属反应在基因水平上的表达与调控性质，并借助 DNA 重组技术扩增、删除、植入、转移、调控编码途径反应的相关基因，进而筛选出具有优良遗传特性的工程菌或细胞。因此，途径工程是基因工程应用的高级阶段。

11.1.2　途径工程的基本过程

途径工程通过定向改变细胞内代谢途径的分布及代谢流重构代谢网络，进而提高代谢物的产量；外源基因的准确导入及其编码蛋白的稳定表达，可以拓展细胞内现有代谢途径的延伸路线，以获得新的生物活性物质或者优良的遗传特性。为达到上述目标，途径工程操作至少应包括下列三大基本过程（图 11-2）。

（1）靶点设计

虽然所有物种改良程序的目的性都是明确的，但相对于随机突变而言，途径工程的一个显著特点是工作的定向性，因为它在修饰靶点选择、实验设计以及数据分析方面占据绝对优

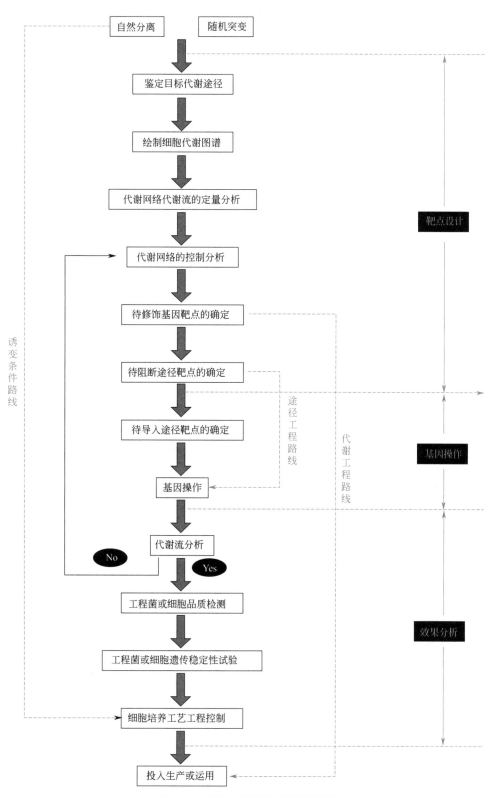

图 11-2 途径工程基本过程示意图

势。然而，从自然界分离具有特殊品质的野生型微生物菌种以及利用传统诱变程序筛选遗传性状优良的物种，恰恰是途径设计和靶点选择的重要信息资源和理论依据。事实上，迄今为止途径工程应用成功的范例无一不是从这一庞大的数据库中获得创作灵感的，这个过程称为"反向途径工程"。虽然单纯为了获取一个理想代谢途径而采取传统的分离诱变程序并非最佳选择，但这种操作所积累的信息量却具有重大使用价值。

生物化学家在长达数十年的研究中，已对相当数量生物细胞内的代谢途径进行了鉴定，并绘制出较完整的代谢网络图，这对途径工程的实施奠定了基础。然而，正确的靶点设计还必须对现有的代谢途径和网络信息进行更深入的分析。首先，根据化学动力学和计量学原理定量测定网络中的代谢流分布（即代谢流分析，MFA），其中最重要的是细胞内碳和氮元素的流向比例关系；其次，在代谢流分析的基础上调查其控制状态、机制和影响因素（即代谢流控制分析，MCA）；最后，根据代谢流分布和控制的分析结果确定途径操作的合理靶点，通常包括拟修饰基因的靶点、拟导入途径的靶点或者拟阻断途径的靶点等。

（2）基因操作

利用途径工程策略修饰改造细胞代谢网络的核心是在分子水平上对靶基因或基因簇进行遗传操作，其中最典型的形式包括基因或基因簇的克隆、表达、修饰、敲除、调控以及重组基因在目标细胞染色体 DNA 上的稳定整合。后者通常被认为是途径工程重要的特征操作技术，因为在以高效表达基因编码产物为主要目标的基因工程和以生产突变体蛋白为特征的蛋白质工程中，DNA 重组分子一般独立于受体细胞染色体而自主复制。

与途径工程不同，在代谢工程的一些应用实例中，代谢流的分布和控制往往绕过基因操作，直接通过发酵和细胞培养的工艺和工程参数控制提高细胞代谢流，并胁迫代谢流流向所期望的目标产物。在此过程中，改变反应体系内的溶氧、pH、补料等因素，在酶或相关蛋白因子水平上激活靶基因的转录（诱导作用）、调节酶的活性（阻遏、变构、抑制或去抑制作用），进而实现改变和控制细胞代谢流的目的。这里必须指出的是，虽然就提高目标产物的产量而言，上述非基因水平的操作与典型的途径工程操作在效果上也许没有显著的差异，但在新产物的合成尤其是遗传性状的改良等方面，基因操作是不可替代的。因为只有引入外源的基因或基因簇，才能从根本上改造细胞的代谢途径，甚至重新构建新的代谢旁路。

（3）效果分析

很多初步的研究结果显示，一次性的途径工程设计和操作往往不能达到实际生产所要求的目标产物产量、速率或浓度，因为大部分实验涉及的只是与单一代谢途径有关的基因、操纵子或基因簇的改变。然而通过对新途径进行全面的效果分析，这种由初步途径操作构建出来的细胞所表现出的限制与缺陷可以作为新一轮实验的改进目标。正像蛋白质工程实验所采用的研究策略，如此反复进行遗传操作即可获得优良物种。目前，通过这种途径工程循环获得成功的范例已有不少，所积累的经验有助于鉴定和判断哪一类特定的遗传操作对细胞功能的期望改变是相对有效的。

11.1.3　途径工程的基本原理

途径工程是一个多学科高度交叉的新型领域，其主要目标是通过定向性地组合细胞代谢途径和重构代谢网络，达到改良生物体遗传性状的目的。因此，它必须遵循下列基本原理。

① 涉及细胞物质代谢规律及途径组合的生物化学原理，它提供了生物体的基本代谢图谱和生化反应的分子机理。

② 涉及细胞代谢流及其控制分析的化学计量学、分子反应动力学、热力学和控制学原理，这是代谢途径修饰的理论依据。

③ 涉及途径代谢流推动力的酶学原理，包括酶反应动力学、变构抑制效应以及修饰激活效应等。

④ 涉及细胞间和细胞内通讯联系的信号转导原理，它提供了生物体信息传递、转换和发挥效应的分子机制与途径网络。

⑤ 涉及基因操作与控制的分子生物学和分子遗传学原理，它们阐明了基因表达的基本规律，同时也提供了基因操作的一整套相关技术。

⑥ 涉及细胞生理状态平衡的细胞生理学原理，它为细胞代谢机能提供一个全景式的描述，因此是一个代谢速率和生理状态表征研究的理想平台。

⑦ 涉及发酵或细胞培养的工艺和工程控制的生化工程和化学工程原理，化学工程对将工程方法运用于生物系统的研究无疑是最合适的渠道。从一般意义上来说，这种方法在生物系统的研究中融入了综合、定量及相关等概念。更为特别的是，它为速率过程受限制的系统分析提供了独特的工具和经验，因此在途径工程领域中具有举足轻重的意义。

⑧ 涉及生物信息收集、分析与应用的基因组学、蛋白质组学原理，随着基因组研究的不断深入，各生物物种的基因物理信息与其生物功能信息在此交汇（图11-3），并为途径设计提供了更为广阔的表演舞台，这是途径工程技术迅猛发展和广泛应用的最大推动力。

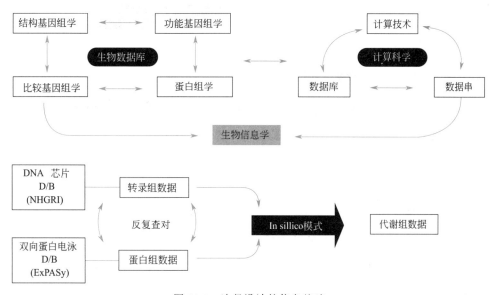

图 11-3　途径设计的信息基础

11.2　途径工程的研究策略

就目前所掌握的细胞物质代谢途径和信号转导途径的分子生物学背景知识而言，途径工程的战略思想主要有下列三个方面。

11.2.1　在现存途径中提高目标产物的代谢流

在处于正常生理状态下的生物细胞内，对于某一特定产物的生物合成途径而言，其代谢流变化规律是恒定的。增加目标产物的积累可以从以下5个方面入手。

① 增加代谢途径中限速步骤酶编码基因的拷贝数。这一策略并没有改变代谢途径的组成和流向，而是增加关键酶基因在细胞内的剂量，通过提高细胞内酶分子的浓度来促进限速步骤的生化反应，进而导致最终产物产量的增加[图 11-4(a)]。

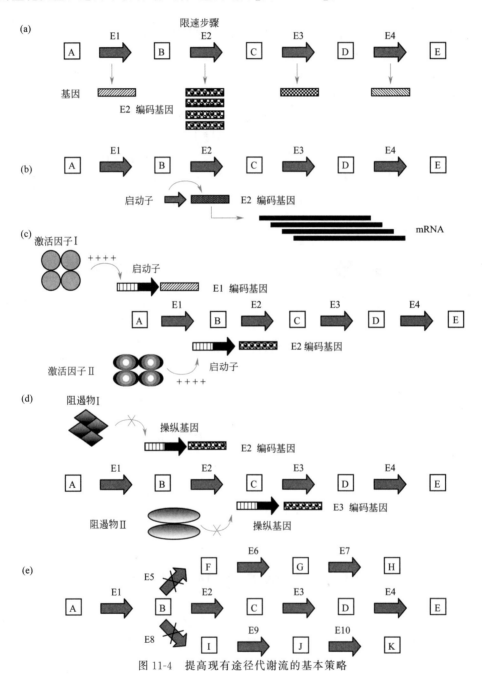

图 11-4　提高现有途径代谢流的基本策略

② 强化以启动子为主的关键基因的表达系统。在此情况下，重组质粒在受体细胞中的拷贝数并未增加，强启动子只是高效率地促进转录，合成更多的 mRNA，并翻译出更多的关键酶分子[图 11-4(b)]。

③ 提高目标途径激活因子的合成速率。激活因子是生物体内基因表达的开关，它的存在和参与往往能触发相关基因的正常转录，因此提高激活因子的合成速率理论上能促进关键基因的表达[图 11-4(c)]。

④ 灭活目标途径抑制因子的编码基因。这一策略的目的是去除代谢途径中具有反馈抑制作用的某些因子或者这些因子作用的 DNA 靶位点（如操纵基因），从而解除其对代谢途径的反馈抑制，提高目标代谢流[图 11-4(d)]。

⑤ 阻断与目标途径相竞争的代谢途径。细胞内各相关途径的偶联是代谢网络的存在形式，任何目标途径必定会与多个相关途径共享同一种底物分子和能量形式。因此，在不影响细胞基本生理状态的前提下，阻断或者降低竞争途径的代谢流，使更多的底物和能量进入目标途径，无疑对目标产物产量的提高是有益的。但是这种操作成功的概率受到挑战，因为它容易导致代谢网络综合平衡的破坏[图 11-4(e)]。

11.2.2 在现存途径中改变物质流的性质

在天然存在的代谢途径中改变物质流的性质主要是指使用原有途径更换初始底物或中间物质，以达到获得新产物的目的。至少有两种方法可以改变途径物质流的性质。

① 利用某些代谢途径中酶对底物的相对专一性，投入非理想型初始底物（如己糖及衍生物）参与代谢转化反应，进而合成细胞原本不存在的化合物[图 11-5(a)]。酶对底物的相对专一性在一些细菌中较为普遍，生物代谢途径的大量研究结果表明，参与次级代谢的酶编码基因大多是从初级代谢基因池（gene pool）中演化而来的，这种在自然条件下发生的演化作用使得酶分子对底物的结构表现出一定程度的宽容性。在此过程中，虽然细胞固有的代谢途径并未发生基因水平上的改变，但是其物质运输功能也许要经历修饰，因为在一般情况下，生物体并不具备对非理想型底物分子的转运机制。这种底物转运机制的改变仍然需要基因操作。

② 在酶对底物的专一性较强的情况下，通过蛋白质工程技术修饰酶分子的结构域或功能域，以扩大酶对底物的识别和催化范围[图 11-5(b)]。在基因水平上通过修饰酶的结构，以拓展其对底物的专一性，甚至改变酶的催化程序，具有诱人的应用前景。

(a) 利用酶对前体库分子结构的宽容性

(b) 通过基因修饰酶分子以扩展其底物识别范围

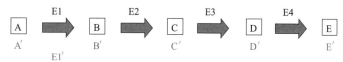

图 11-5　改变途径代谢流性质的基本策略

11.2.3 利用已有途径构建新的代谢旁路

在明确已有的生物合成途径、相关基因以及各步反应的分子机制后，通过相似途径的比较，利用多基因间的协同作用构建新的代谢途径是可能的。这种策略包括两方面的内容。

① 修补完善细胞内部分途径以合成新的产物。自然界中存在的遗传和代谢多样性提供了一个具有广泛底物吸收谱和产物合成谱的生物群集合，然而许多天然的生物物种对实际应用而言并非最优，它们的性能有时可通过天然代谢途径的拓展而提高。借助于少数几个精心选择的异源基因的安装，天然的代谢物可以转化为更为优良的最新型产物。

② 转移多步途径以构建杂合代谢网络。将编码某一完整生物合成途径的基因转移至受体细胞中，可以提供具有很大经济价值的生产菌株。它们或者能提高目标产物的产率，或者允许使用相对廉价的原材料，而且这些实验结果对生物物种内特定多步代谢途径的调控和功能的诠释也是很有价值的。这种策略的应用在链霉菌的抗生素生物合成途径改良中具有天然的便利条件，因为这些功能相关的基因往往以基因簇的形式存在。

11.3　途径工程的应用实例

生物体正常生理功能所必需的生化反应过程称为初级代谢，其同化途径（合成反应）和异化途径（分解反应）的产物直接支撑着生物的生长、发育和繁殖。除此之外，与上述反应序列紧密偶联的能量代谢途径、辅因子代谢途径、分子调控途径以及信号转导途径也属于初级代谢研究的范畴。

初级代谢产物具有广泛的应用范围，途径工程在工业上获得实质性成功的大多数例子也集中在这个方面。由于细胞对初级代谢途径存在极大的依赖性，为这些途径编码的基因大多属于"看家基因"（house keeping）家族，因此阻断甚至仅仅减缓原有途径的代谢流便会严重干扰细胞正常的生理生化过程，直至产生致死效应。上述特征决定了初级代谢的途径工程往往用代谢流扩增和底物谱拓展的所谓"加法策略"，尽量避免实施途径阻断和基因敲除的"减法策略"操作。

11.3.1 明串珠菌发酵产甘露醇

下面以明串珠菌发酵产甘露醇为例，介绍一下途径工程在实际工作中的应用。

明串珠菌是耐氧、异型乳酸发酵的革兰氏阳性细菌，染色体基因组大小为 2.0Mb 左右，因没有醛缩酶而不进行糖酵解，底物通过 PPK（戊糖磷酸转酮酶，pentose phosphoketolase）途径脱氢并产生能量（图 11-6）。在明串珠菌果糖转化为甘露醇的过程中，以 NADH 作为辅酶提供氢。

甘露醇（mannitol）是一种具有多种功效的六糖醇，被广泛地应用于医药、食品、化工和电子等行业。目前生产甘露醇的 4 种方法中，海藻提取法产生大量废水、能耗高、污染严重；催化加氢法在高温高压、金属镍催化和通氢气条件下进行且产物分离困难；酶转化法需要昂贵的辅酶；微生物发酵法产甘露醇绿色清洁，是产业转型升级的迫切需要。产甘露醇的细菌、酵母和丝状真菌中，进行异型乳酸发酵的细菌（lactic acid bacteria，LAB）比较出色。明串珠菌（*Leuconostoc*）、酒球菌（*Oenococcus*）和乳杆菌（*Lactobacillus*）等异型乳酸发酵细菌，将果糖底物转化为甘露醇。

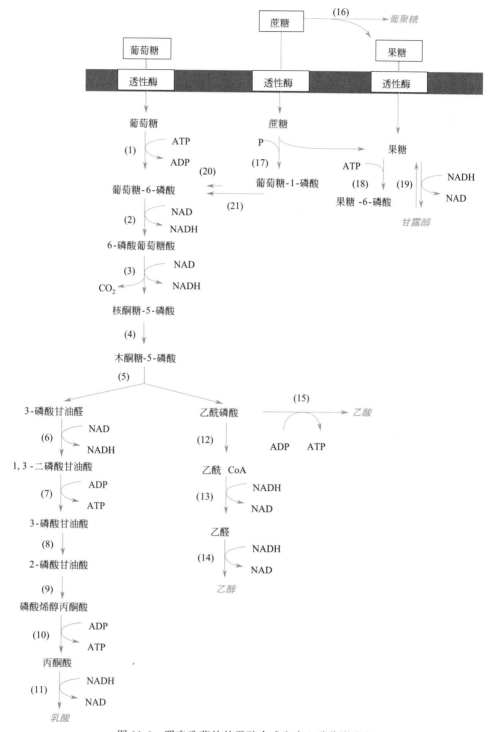

图 11-6　明串珠菌的甘露醇合成和中心碳代谢途径

透性酶在细胞膜上,方框内物质是发酵底物,斜体的是代谢产物.(1) 葡萄糖激酶;(2) 6-磷酸葡萄糖脱氢酶;
(3) 6-磷酸葡萄糖酸脱氢酶;(4) 核酮糖-5-磷酸 3-差向异构酶;(5) 磷酸转酮酶;(6) 甘油醛-3-磷酸脱氢酶;
(7) 磷酸甘油酸激酶;(8) 磷酸甘油酸变位酶;(9) 烯醇化酶;(10) 丙酮酸激酶;(11) 乳酸脱氢酶;
(12) 磷酸转乙酰酶;(13) 乙醛脱氢酶;(14) 乙醇脱氢酶;(15) 乙酸激酶;(16) 葡聚糖蔗糖酶;
(17) 蔗糖磷酸化酶;(18) 果糖激酶;(19) 甘露醇脱氢酶;(20) 磷酸葡糖变位酶;(21) 磷酸葡糖异构酶

"减法策略"：①在 PPK 途径中消耗 NADH 反应的催化酶编码基因要敲除掉，比如乳酸脱氢酶、乙醛脱氢酶、乙醇脱氢酶；②消除果糖的损耗，为此要敲除掉果糖激酶编码基因；③减少蔗糖的消耗，为了达到这一目的使葡聚糖蔗糖酶编码基因失活。

　　"加法策略"：①为了提供更多的 NADH，可以过表达 6-磷酸葡萄糖脱氢酶编码基因、6-磷酸葡萄糖酸脱氢酶编码基因、甘油醛-3-磷酸脱氢酶编码基因。②辅酶的再生工程，通过亚磷酸脱氢酶或甲酸脱氢酶编码基因表达盒的敲入，实现还原力——NADH 的循环利用，从而解决 NADH 的不足。③在明串珠菌中引入同型乳酸发酵细菌产甘露醇的代谢途径，即葡萄糖→葡萄糖-6-磷酸→果糖-6-磷酸→甘露醇-1-磷酸→甘露醇；明串珠菌的 PPK 途径存在 2 种酶的编码基因，即催化葡萄糖→葡萄糖-6-磷酸的葡萄糖激酶和催化葡萄糖-6-磷酸→果糖-6-磷酸的磷酸葡萄糖异构酶；因此，只要引入催化果糖-6-磷酸→甘露醇-1-磷酸的甘露醇-1-磷酸脱氢酶编码基因（*mt1d*）和催化甘露醇-1-磷酸→甘露醇的甘露醇-1-磷酸酶编码基因（*m1p*），就可以在明串珠菌中构建由葡萄糖转化为甘露醇的体系。④在明串珠菌中引入菊粉外切酶编码基因，以便使菌株能利用廉价的菊粉（菊芋、菊苣所含的果聚糖）产生甘露醇，从而降低发酵培养基的成本。为了构建遗传稳定的工程菌，以同源重组方式将相关基因表达盒定点插入染色体上。

　　增加"库"容量：①过表达甘露醇外排蛋白编码基因表达盒，将更多的产物排出到胞外；②若产物为抗生素，进行自我解毒（将抗生素进行化学修饰，或将抗生素以无/低活性前体形式储存在体内，或将抗生素在体内区域化隔离，或产生抗生素的抗性蛋白）；③在大肠杆菌细胞质内构建超分子支架系统，增加乙醇的产生；④在酵母菌中，通过区室化代谢途径将代谢途径分隔在特定的亚细胞区域（过氧化物酶体或线粒体或液泡），可以隔离毒性化合物，将酶催化反应导向特定底物以及建立不同的化学反应；⑤在盐单胞菌构建 PHB 生物合成体系的时候，过表达细胞分裂抑制剂 MinCD 使细胞拉长、改变细胞形状（从杆状变为纤维状或者小球体变成大球体），失活细胞骨架蛋白编码基因 *mreB* 和细胞分裂蛋白编码基因 *ftsZ* 增加细胞大小和长度。

　　产生聚酮类抗生素的链霉菌：链霉菌在长期进化中获得合成次级代谢产物的能力，只是为了更好地生存（如与其他微生物竞争营养物质等资源），并不是生来就是人们理想的"药物生产工厂"。链霉菌的内源甘油三酯（TAGs）在衔接初级代谢和聚酮类次级代谢产物合成过程中起关键作用。在生长阶段，链霉菌在生长的同时还积累内源 TAGs；当菌体停止生长，进入稳定期，内源 TAGs 则开始降解。内源 TAGs 的降解不但为聚酮类次级代谢产物的合成提供前体和还原力，还能够通过还原力水平变化，使菌体细胞中更多的碳流流向聚酮类次级代谢产物的合成。通过"适时""适量"地控制内源 TAGs 的降解来提高链霉菌聚酮类药物产量的工程策略，可以显著提高阿维菌素等重要聚酮类药物的产量。

　　细胞工厂生产的化合物溶解性差或毒性高时：①通过硫酸化将目的物质转化为硫酸盐结合物可以保护最终产物和生产宿主；②沙门氏菌的 1,2-丙二醇代谢体是细菌微室（bacter-ial microcompartment，是一种类似于病毒的超分子蛋白复合物，直径为 100～200nm，半通透性蛋白质外壳将细胞内重要的酶和代谢物包裹在其中，形成细胞质环境相分离的微环境，从而提高了细胞的代谢活性和生存竞争优势）家族的一员，由 22 种不同类型的蛋白质通过自聚集方式组装而成；利用蛋白质外壳将用于代谢 1,2-丙二醇的酶包裹在外壳内部，提高酶和底物的浓度，从而提高代谢效率；蛋白质外壳可以大大降低有毒的醛类中间代谢产物被释放到细胞内。

　　有益于人类的化合物对微生物的生长有抑制时：柚皮素是一种在微生物细胞内积累会抑制

微生物生长的化合物，也是一种由植物产生的药用化合物，是合成大多数具有抗癌活性和抗病毒活性黄酮类化合物的前体。①把费氏弧菌产生信号分子的功能复制粘贴到产柚皮素的细菌中，让其拥有触发群感效应的先决条件，从操作层面上看仅需要向产柚皮素的细菌中转入一个控制信号分子合成的基因即可。②将 LuxR 编码基因转移到产柚皮素的细菌中。③将费氏弧菌中控制荧光蛋白的启动子 P_{lux} 转移到产柚皮素的细菌中，再把产柚皮素所涉及的基因置于它的控制之下。④当种群密度增大时，可以让微生物部分原本活跃的行为（像一些和柚皮素合成争夺资源的代谢途径）停止，将这种基因线路放到产柚皮素的细菌中，在种群密度增大产柚皮素的阶段，由于有更多的资源被分配去合成柚皮素，它的产量还可以进一步提高。

需要精准控制细胞生长与目标代谢物的生物合成时，可以采用下列手段之一：（1）基于基因线路的细胞生长与生物合成解耦合；（2）通过产物生产与总能量、生物质形成的偶联使细胞生长与生物合成耦合；（3）通过实施平行双碳源途径将产物生产与细胞生长分离来进行平行代谢途径工程；（4）基于密码子拓展的细胞生长与生物合成平衡。

11.3.2　乳酸乳球菌发酵产甘露醇

乳酸乳球菌是同型乳酸发酵的革兰氏阳性细菌，染色体基因组大小为 2.5Mb，它发酵产甘露醇的途径和中心碳代谢途径见图 11-7。第一步：阻断产生乳酸、乙酸、乙醇和丁二醇的途径；第二步：进行自适应进化；第三步：阻断细胞摄取甘露醇的路径。

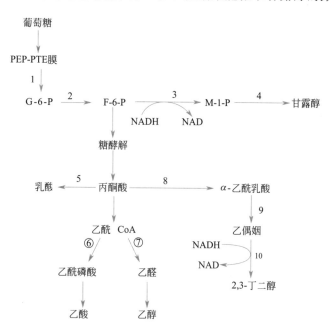

图 11-7　乳酸乳球菌的甘露醇合成和中心碳代谢途径

G-6-P：葡萄糖-6-磷酸；F-6-P：果糖-6-磷酸；M-1-P：甘露醇-1-磷酸。①PEP-PTE：依赖于 PEP（磷酸烯醇丙酮酸）的甘露醇磷酸转移酶系统；②磷酸葡萄糖异构酶；③甘露醇-1-磷酸-5-脱氢酶；④磷酸酶；⑤乳酸脱氢酶；⑥乙酰磷酸转移酶；⑦乙醛脱氢酶；⑧乙酰乳酸合酶；⑨乙酰乳酸脱羧酶；⑩丁二醇脱氢酶

11.3.3　在木质纤维素生物炼制中的应用

当今社会的发展模式过于依赖以石油为主的化石能源，导致能源、资源、环境危机已成

为 21 世纪制约社会经济可持续发展的主要瓶颈。开发新的可持续再生替代能源已成为世界各国的紧迫任务。木质纤维素是地球上最丰富的可再生资源。通过生物炼制（biore-finery）过程将各组分转化为液体燃料和大宗化学品，可以有效减少对不可再生资源的依赖，保护生态环境，对加快转变经济发展方式，开拓新的经济增长点，实现社会经济的可持续发展具有十分重要的战略意义。

所谓"炼制"，即现代石油化工中通过分馏和催化转化等技术，把复杂底物（原油）中的每一种成分都分别变成不同的产品，最大限度地开拓产品的总价值。将这一概念引入生物质资源开发领域，便有了"生物炼制"这一新概念：以生物质为基础，充分利用其每一种主要成分，将其分别转化为不同的产品，实现原料充分利用、产品价值最大化和土地利用效率最大化。生物炼制是以生物学、化学、材料学和工程学等学科交叉为手段，以生物质资源高效利用转化为目标，大规模生产人类物质文明所需的化学品、材料和能源等的一种工业方式。第三代生物炼制旨在利用大气中的 CO_2 及绿色清洁能源（光、废气中的无机化合物、光电、风电等）进行绿色生物制造。相较于以粮食等高效碳源为原料的第一代生物炼制和以不可食用和/或木质纤维素生物质为原料的第二代生物炼制，第三代生物炼制会降低原料处理成本、减少对食物和水等资源的需求等，进一步推进可持续的清洁绿色生物制造，发展和建立以低能耗、低污染、低排放为基础的低碳经济模式。

木质纤维素是植物细胞壁的主要成分，主要成分包括纤维素、半纤维素和木质素，其中半纤维素的结构单元有 D-木糖、L-阿拉伯糖、半乳糖、甘露糖等。由于酿酒酵母良好的生产性能及独特的生物学性能，是极具潜力的底盘细胞，为此以酿酒酵母利用 D-木糖为例，简要介绍一下途径工程在木质纤维素生物炼制中的应用。

在自然界中，目前已知三种 D-木糖代谢途径：木糖还原酶（xylose reductase）-木糖醇脱氢酶（xylitol dehydrogenase）途径（XR-XDH），木糖异构酶（xylose isomerase）途径（XI），以及木糖氧化代谢途径。

① XR-XDH：木糖首先由木糖还原酶催化形成木糖醇，木糖醇随后在木糖醇脱氢酶的催化下生成木酮糖，木酮糖被木酮糖激酶（xylulokinase，XK）磷酸化生成木酮糖-5-磷酸并进入磷酸戊糖途径（PPP），PPP 的中间产物 6-磷酸果糖和 3-磷酸甘油醛进入糖酵解途径。②XI：木糖经木糖异构酶催化反应即可生成木酮糖。③木糖氧化代谢途径：木糖经木糖脱氢酶（xylose dehydrogenase）脱氢，生成木糖酸内酯；木糖酸内酯通过自发反应或经木糖酸内酯酶（xylonolactonase）作用生成木糖酸；木糖酸经木糖酸脱水酶（xylonate dehydratase）作用生成 2-酮-3-脱氧木糖酸；最后 2-酮-3-脱氧木糖酸在醛缩酶（2-keto-3-deoxy-xylonate glycoaldehydelyse）的催化下生成丙酮酸和乙醇酸。

欲使酿酒酵母利用 D-木糖主要采用加法策略。在酿酒酵母中构建 XR-XDH-XK 代谢途径或 XI-XK 代谢途径，使它能够利用 D-木糖。以保证辅酶的供给，从而在酵母中顺利完成木糖代谢。通过 D-木糖转运蛋白基因的高效表达，促进木糖向酵母胞内的运输。

11.3.4 细胞性能的改进

把目标确定为提高比生长速率和生长得率，提供对有毒物质的抵抗力，改进特定产物的分泌能力，提高植物细胞的耐旱和耐盐能力以及改变重组多肽的糖基化序列时，需要将生物体作为整体并改进细胞性能。

(1) 改造氮代谢

专性甲基营养菌（*Methylophilus methylotrophus*）利用甲醇生产单细胞蛋白（SCP）

时，谷氨酰胺（GS）/谷氨酸合酶（GOGAT）系统将 1mol 氨转运到胞内需要 1mol ATP。相比之下，大肠杆菌谷氨酸脱氢酶（GDH）同化吸收氨时，不需要消耗 ATP。虽然 GS 对氨的亲和力比 GDH 高，但是在此菌表达大肠杆菌谷氨酸脱氢酶基因（*gdh*）时，提高了碳的转化率。

（2）提高氧的利用

在大规模好氧发酵过程中，一个共同的挑战是确保一个适当的氧水平以达到所希望的细胞生长和生产能力。在微通气条件下（例如非理想混合造成的情况），会发生如下情况：呼吸和发酵代谢各单元均处于活泼状态，并且在完善能量合成和氧化还原平衡之间产生竞争。这种氧波动不可避免地导致不希望的生理结果，如总体的和特定的氧调节应答机制的失效，该应答机制刺激或抑制中心碳代谢的关键酶。这些生存应激表现在生长速率和产物生成的变动。可以表达透明颤菌（*Vitreoscilla*）血红蛋白（VHb）基因（*vgb*），从而减轻这种氧波动和缺氧环境所造成的不希望出现的结果。

（3）防止过度代谢

当前，利用大肠杆菌生产重组蛋白的过程中，主要的技术挑战之一是要在高细胞浓度下仍保持高的胞内产物水平。由于抑制性发酵副产物的积累，这种双重目标很难达到。不论是在厌氧还是好氧发酵过程中，碳通量和还原剂通量是通过酸性副产物的分泌达到平衡的，分泌量最多的酸性物质是乙酸，这种弱酸是公认的生长抑制剂。最重要的是它降低重组产物表达的细胞功效，好像是通过干扰二硫键的形成而影响胞内的蛋白质质量。

与无机酸的抑制水平相比，有机酸在低浓度下就可影响细胞的生长。在细胞内产生的非解离形式的短链脂肪酸，例如乙酸可自由地透过细胞膜并且在培养基中积累。随后，存在于胞外的一部分非解离酸又重新进入胞内并解离，产生相对高的胞内 pH。这表明，弱酸实际上充当着质子的导体。如果这个过程不减缓地持续下去，胞内 pH 将达到胞外 pH 水平，将使质子动力的 ΔpH 组分瓦解崩溃。此外，低的胞外 pH（<5）几乎能引起完全生长停止（没有细胞溶菌发生），这或许是因为 DNA 和蛋白质的不可逆变性。

除了上述细胞能学的影响之外，还有很多其他因素在弱有机酸的抑制性质中起作用，这就使得乙酸分泌量最小成为优化重组过程生产得率的一个先决条件。影响重组蛋白得率的乙酸限度浓度低于造成显著生长抑制的浓度。

乙酸的分泌是由糖酵解通量和细胞对代谢前体物及能量的实际需要之间不平衡造成的。丙酮酸是糖酵解作用的最终产物，同时也是乙酸的前体物质。因此丙酮酸为实现乙酸的积累提供了一个恰当的接合点。引入一个异源酶——枯草芽孢杆菌（*Bacillus subtilis*）乙酰乳酸合成酶（ALS），以催化过剩的碳通量改向到比乙酸不太有害的副产物方向。

（4）改变底物吸收

营养物质通过跨膜转运而被吸收是所有生物机体的一项重要任务。葡萄糖、甘露糖和果糖等己糖进入细胞主要是通过依赖磷酸烯醇式丙酮酸（PEP）的磷酸转移酶系统（PTS），这是基团转位过程。PTS 在含有细胞质以及膜结合蛋白的一系列步骤中，完成糖的转位和磷酸化。

PEP 除了在糖吸收上起重要作用外，也是几个专用化学品的基本前体，包括芳香族氨基酸、靛蓝、肠杆菌素和黑色素等。因此，通过提供一种非 PTS 糖吸收方式替换系统，那么，从原理上每消耗 1mol 葡萄糖就可节约 1mol PEP。为了改进 PEP 用于生物合成目的的可利用性所使用的一些方法包括：非 PTS 碳源的使用、通过 PEP 合酶超量生产使丙酮酸循环到 PEP 以及丙酮酸激酶的灭活。

(5) 维持遗传稳定性

质粒的遗传不稳定性是重组微生物工业利用的主要障碍。导致这种不稳定性的原因可能有多种，而且一般说来，那些在指导蛋白质生产中最有效的表达载体通常更加不稳定。这可能是施加于细胞的代谢负荷增加的结果，而且在几代之内可能导致出现无质粒群体。除分离不稳定性外，由于同源重组事件的结构不稳定性可导致不再产生所需产品的质粒衍生物。

结构不稳定性一般可通过宿主细胞上 recA 基因的缺失而降至最小。这种缺失应严格限制在染色体外 DNA 和染色体 DNA 之间的同源重组。分离不稳定性是一个更具挑战性的问题，需要更复杂更精细的解决方法。

hok/sok 基因座（即以前的 parB）编码两种 RNA，即 hok mRNA（杀死宿主）和 sok RNA（抑制杀死）。hok 产物是很强的细胞致死剂，通过从内部破坏细胞膜来杀死细菌。sok 产物是一个反式反义 RNA，在转录后水平抑制 hok 基因的表达。迅速而选择性杀死无质粒分离体可用以下理论来解释：hok mRNA 是极端稳定的（$t_{1/2}$ 约 20min），而 sok RNA 迅速衰亡。因此，在含有质粒的细胞中，sok RNA 阻止了 hok 蛋白质的合成而细胞仍能存活。当无质粒的分离体出现时，不稳定的 sok RNA 分子衰亡，因此致使稳定的 hok mRNA 容易得到转录。结果，hok 蛋白质被合成，因而导致无质粒分离体的死亡。

第12章
合成生物学

12.1 概述

生命科学正处于从体外到体内，从静态到动态，从定性到定量，从组分到线路、从网络或途径再到系统的转变期。对于生命过程，研究人员正在用新的理念进行再思考、再设计和再构建。由于核酸科学和蛋白质科学等学科的一系列成就，越来越多的生物学家、化学家、物理学家、数学家和工程学家积极尝试整合各种科学技术的成果并予以标准化和模块化，于是诞生了多学科交叉、各种技术集成的工程学科——合成生物学（synthetic biology），这是21世纪生命科学领域的大事件。

习惯于从分子角度观察生命过程的生物化学和分子生物学家似乎对合成生物学有些陌生，其实合成生物学也必须以分子水平为基础，这样才能构成可持续发展的科学体系。生物系统是由分子生物学家所揭示和正在揭示的各种成分组成的，基于分子水平才能够真正了解生物系统。合成生物学代表了应用生物分子和分子生物学资料的范例。合成生物学可以说是在分子水平上"认识生物系统→改造生物系统→创造正交生物系统"的学科。

当前两个新兴学科——系统生物学和合成生物学的发展态势，犹如19世纪30年代的合成有机化学。"分析"与"合成"这两种方法不仅推动了化学学科的发展，而且也推动了生命科学技术的发展。"分析"是"合成"的前提条件，"合成"是"分析"的必然结果。合成生物学的关键在于合成，它是整合的合成、系统的合成、模块化的合成，如合成新的生物部件（part）、装置（device）和系统（system），完成其他工程难以甚至不能实现的目标，乃至合成生命体。

目前，合成生物学已从"声明"阶段进入研究和快速发展时期。由于其独特的研究理念、富有挑战性的目标和巨大的应用潜力，已成为科学界的焦点之一。然而，由于合成生物学建议者的多样化背景，合成生物学概念还处于开放、探索的阶段。我们应该从联系和发展的观点，以兼容并蓄的科学态度对待合成生物学。

12.2　合成生物学概念

合成生物学是 21 世纪初诞生的一门新兴工程学科，并有望成为 21 世纪引领生命科学技术发展的带头学科。合成生物学位于生物学、化学、物理学、数学和工程学研究领域的接口处，它的诞生和发展是上述领域交叉的结果，但其诞生最直接的基础应该是生物化学与分子生物学。1953 年，Watson 和 Crick 提出了 DNA 双螺旋结构模型，从此开辟了分子生物学研究领域。1958 年，Crick 提出了分子生物学中心法则，给出生命的基本过程和性质。工程中心法则是合成生物学最核心的研究内容之一。1961 年，Jacob 和 Monod 提出了基因表达调控的操纵子模型，它是合成生物学中基因线路设计和构建的基础。1970 年，Smith 发现了 DNA 限制酶，而 DNA 限制酶与 DNA 连接酶的联合应用诞生了 DNA 重组技术，是合成生物学诞生的最直接酶学工程背景。1974 年，波兰人 Szybalski 根据分子生物学的成熟度展望了生物学发展的可能性，指出"直到现在，我们继续工作在分子生物学阶段，……，但是当我们的研究领域进入合成生物学阶段，真正的挑战才即将开始。我们将设计新的调控单元，并将这些新的模块加到现有的基因组中，或构建全新的基因组，这将是一个具有无限扩展潜力的领域。"继之，1978 年，Szybalski 指出"限制酶不仅作为重组 DNA 技术的工具，而且引领我们进入了新的'合成生物学'领域"，由此提出了富有现代内涵的合成生物学思想。1980 年，Hobom 发表了《基因外科：合成生物学开端》的论文，用"合成生物学"术语描述了经重组基因技术改造过的细菌。1990 年，人类基因组计划的启动和模式生物基因组计划的快速实施，使合成生物学术语在学术刊物和互联网上逐渐涌现。2000～2008 年，合成生物学已由"声明"阶段进入研究程序和快速发展时期。现在，合成生物学已成为一门多学科交叉、各种技术集成的工程学科，并取得了巨大的成功。

合成生物学正处于多个生物学领域研究的交叉口，它的概念还处于开放、探索的阶段。虽然不同的建议者对合成生物学有不同的诠释，但大多数建议者赞同合成生物学应包括：①新的生物部件（part）、装置（device）和系统（system）的设计和构建；②为了特殊的目的，对天然系统的再设计；③所设计和构建的生物系统用来解决能源、健康、环境，以及生物技术进一步发展的催化剂等重大问题。总之，合成生物学的目标是多样的，最终目标是创造人工生命体，造福人类社会。

过去 20 年，许多科学家都试图设计和构建新的生物系统，然而合成生物学成为新的研究领域还是 2010 年的事情。合成生物学与生物工程之间的界线由模糊逐渐到清晰。合成生物学是基于系统的生物工程，不能简单地视为生物工程各分支的延伸和扩张或整合。例如，通过调整代谢网络的某种成分来改进代谢物的产生应属于生物工程领域；将几个外源酶引入代谢网络以产生新的化合物则属于合成生物学范围。合成生物学旨在设计和制造自然界不存在的生物部件、装置和系统，包括现有的生物部件、装置和系统的再设计和再制造。合成生物学的基础是机体的遗传信息和机体利用信息的能力；合成生物学的工程原理（包括系统和信号理论）是根据功能模块确定生物系统。所谓模块，是根据精确的输入/输出特征所表征的功能单元。

合成生物学与系统生物学之间的关系相当密切，可称为姐妹学科。系统生物学的目标基本上是研究天然生物系统，并且应用模拟、建模工具和实验信息进行定量比较。合成生物学的目标是应用同样的工具构建新的和人工生物系统，是生命科学的工程应用。系统生物学的基础在于用工程系统和信号理论分析生物系统，可用数学公式和复杂模型来定义系统。合成生物学可以把系统还原为各种部件，应用经典工程还原论的方法以确定部件和装置而构建复杂系统。

作为系统生物学的姐妹领域，合成生物学或许最好描述为"不是你做什么，而是你如何做它"。按照这种观点，合成生物学强调的是设计、建模、合成和分析4个步骤（图12-1）。这个工艺流程往往是高度循环的。设计是以部件、装置和系统所规定的技术要求进行，然后通过大量的建模检验工程设计，这是合成生物学的重要步骤。建模和设计之后是合成，这是合成生物学的关键步骤。最后是分析，对产品的性能进行检测和验证。此后针对过程中存在的问题重新循环，直至达到所期望的目标。

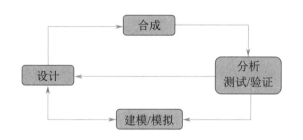

图 12-1　合成生物学基本工艺流程

设计和建模步骤是计算；合成和分析步骤是实验。图中表示各步骤之间的一种逻辑关系

建模/模拟包括借助计算机的高性能计算指导生物部件、装置和系统的理性设计和实验最佳化。但是目前定量的建模、预测和最佳化还不能作为合成生物学的主要手段，只能起辅助作用，提供参考信息，这是因为人们对生物系统的了解还处于"黑匣子"阶段。

设计包括借鉴电子学技术与程序设计实现生物部件、装置和系统的模块化和标准化，这是合成生物学的特质，是区别于生物学其他学科的标志。但是，生物系统的复杂度远非电子学等系统可比。生物系统的工程化与电子学等学科有着本质的区别，既类似又不同。由图12-2可见，电子学线路中的开关和振荡器，在生物学中存在类似的单元，如启动子、抑制物和诱导物等，进而通过模拟电子线路便可以设计和构建具有相似功能的合成生物系统。

合成包括遗传单元和模块的合成、基因线路和网络的合成、最小基因组的合成和底盘（chassis）工程及全基因组合成等。

分析包括目的产物或新功能的检测和验证生物模块的稳定性（stability，即系统承受最大干扰的幅值和频率）、健壮性（robustness，又叫鲁棒性，指在干扰情况下系统维持正常功能的能力）和快速响应性（fast responsibility，指正常系统对内部和外部环境的快速反应能力）。

合成生物学应该包括三个方面：认识生命；改造生命；创造生命。具体地讲，它是以天然生物系统的结构（包括动态系统）与功能为基础，以工程生物系统为核心，以标准模块化为导向，研究生物部件、装置和系统设计与构建的理论策略和方法，开发生物系统的新功能、新性质，进而重构生命，为人类造福。合成生物学的概念随着科学研究的不断深入将会进一步充实和改进，进一步增强统一性和权威性。

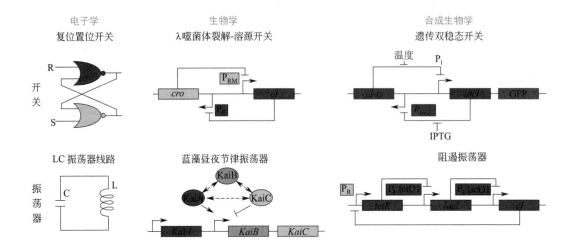

图 12-2　从电子学的线路到合成生物学的模块

　　（1）开关。在电子学中，储存记忆的一个最基本的单元是根据逻辑 NOR 门的复位-置位（RS）。这个装置是双稳态，它可以规定输入传递开关。去除输入，线路仍长期保持其目前状态的记忆。在生物学中，这种记忆和状态开关的各种形式具有重要的功能。例如，细胞系统通过遗传相互抑制实现双稳态。λ 噬菌体的天然 P_R-P_{RM} 遗传开关，其用此网络结构控制裂解-溶源性。它由 2 个启动子组成，每一个启动子通过基因产物（即通过 Cro 或 cI 阻遏蛋白）抑制另一个。图中合成生物学遗传双稳态开关是这个共阻遏基因调节合成工程的突变体。在一个遗传双稳态开关突变体中，λ 噬菌体的 P_I 启动子用于启动驱动 lacI 转录，其产物抑制第二个启动子 P_{trc2}（lac 启动子突变体）。反之，P_{trc2} 驱动编码温度敏感（ts）λ cI 阻遏蛋白的基因（cI-ts）的表达，其抑制 P_R 启动子。该线路的活性是用 GFP 启动子监测。该系统在一个方向上可外源加入 IPTG 开关，或在另一方向上瞬间提高温度开关。重要的是，在去除这些外源信号后，该系统仍然保持其目前状态，产生细胞的记忆形式。（2）振荡器。定时机制更像记忆，是许多电子学和生物学系统的基础。电子学的时间测量可以用基本的振荡器线路完成，如 LC 线路（感应器 L 和电容器 C），它作为产生周期电子信号的振荡器。生物学时间测量广泛分布于各种生命机体，它是以昼夜节律时钟和相似的振荡器线路完成的，如在蓝细菌中一个负责同步的光合和固氮的关键过程。蓝细菌的昼夜节律时钟是根据其他的调节机制，即时钟基因 KaiA、KaiB 和 KaiC 上缠结的正反馈和负反馈线路实现的。图 12-2 所示的合成生物学振荡器不是根据时钟基因而是根据标准转录阻遏振荡器（repressilator）设计的。这里，周期性的负反馈线路是由 3 个基因-启动子对组成的，阻遏蛋白表达相当于基因表达中的振荡输出

12.3　合成生物学研究的核心内容

　　目前，合成生物学研究的核心内容是设计和构建新的生物成分，如酶分子、基因线路和网络、基因组或是再设计现有的生物系统和生物过程。随着合成工程的发展，每一生物成分被赋予标准化和模块化（图 12-3），它们都有详细的表征说明，使用者可以根据需要进行"搭建"。具体地讲，目前合成生物学研究的核心内容包括 4 个方面：①生物成分标准模块化设计和构建；②中心法则再设计和构建；③生物网络的设计和构建；④最小化基因组和合成基因组。

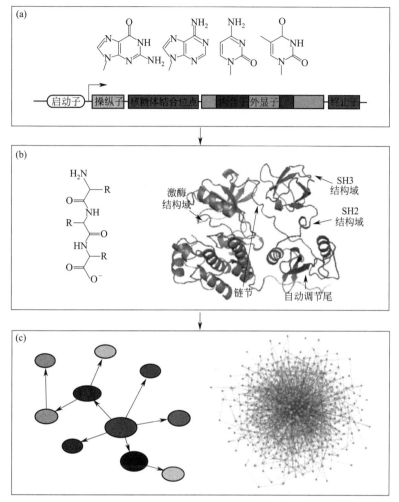

图 12-3　生物成分的模块化

　　(a) DNA 是由核苷酸构成的，其编码各种模块元件，包括启动子、阻遏蛋白结合位点、核糖体结合位点，以及带有编码 miRNA 的内含子、外显子和终止子；(b) 上述各种 DNA 元件以紧密的调节方式为模块蛋白质编码，蛋白质如人的 c-Src，往往含有多个结构域，其行使催化活性（激酶结构域）功能，调节同其他蛋白质（SH2 和 SH3 结构域）的相互作用，并调节它们自己的活性（链节和自动调节尾）；(c) 不同蛋白质之间的相互作用导致局部生物途径和整个细胞的复杂行为

12.3.1　生物成分标准模块化设计和构建

　　合成生物学是通过精制的生物模块合成生物系统，强调生物成分的合成（synthesis）、抽象化（abstraction）和标准化（standardization），这是合成生物学有别于生物学其他学科的标志性特征。合成涉及生物模块，即可再使用的生物部件、装置和系统（通常由 DNA 产生）。抽象化涉及生物模块的功能而不是组成。标准化涉及具有即插即用（plug and play）特征，可再生产和可交换的所有合成部件、装置和系统。所谓标准化，是按照一定标准或规范设计和构建生物成分的过程。

　　模块化的目的是简化生物系统，使设计、建模、合成和分析更易操作，更易规模化。然而，生物系统是高度复杂的，远远超过非生物系统。一般来说，工程上应对复杂系统往往采用解耦（decoupling）、抽象化的概念和方法。所谓解耦，就是解耦合，将模块之间的依赖度降低到最小，根据了解和需要将整个系统分割成相对独立的子系统。所谓抽象化，就是利用抽象的层次模型从不同层次对生物系统的独立性和协同作用分别进行表征。

合成生物学家为了有效地组合基本成分，使细胞最佳化和定制最佳化的细胞，创造性地提出生物模块（BioBrick）的概念，并构建了相应的 DNA 元件文库——iGEM Registry。BioBrick 标准包含组合各种遗传单元序列的一种有效 DNA 克隆机制。这个标准会很快普及，是克隆机制的简易化，避免了常规克隆技术的烦琐操作。延伸 BioBrick 标准仍然是一个重要挑战。至少，我们需要知道每个元件的基本表征，如基本转录调节单元可以应用 POP 表征；反之，某些基本翻译后调节单元可以通过其磷酸化活性来表征。组合的各种部件将需要更复杂的描述，或许需要应用数学模型。关键是欲组合的各部件模型也必须能够组合，这样甚至可以描述更大的组合部件。

目前标准化的努力集中于产生基本部件库，这样容易组合并便于共同发挥作用。一种途径是产生具有相似动力学性质和输入输出阈值的各部件。它可以通过或简单（如单一碱基突变）或复杂（如结构域改组）的遗传操作来完成。工程学科中的标准化，可以使各成分容易组合形成较大系统，而它依赖于成分之间的模块化。然而，标准化和模块化是受细胞前后序列效应影响的，我们不能保证一种功能模块适合于所有细胞类型。在设计过程中，研究人员需要注意细胞内、细胞间或细胞外环境。此外，把合成成分整合到新的细胞环境本身可以改变细胞的前后效应。各种部件和模块需要在系统和有意义的前后效应中进行表征。如果它们适应系统动力学，这些模块将是有效的。我们完全可以工程化新的细胞环境或亚细胞环境（如细胞器），使合成的各模块与天然系统成为正交系统。

12.3.2 中心法则再设计和构建

分子生物学的中心法则代表了生命的核心过程。毫无疑问，合成生物学研究的各个领域都涉及中心法则。因此，中心法则合成工程是合成生物学研究的核心内容之一。

中心法则合成工程的目标是再设计信息流和过程流。中心法则过程上的任一节点都会造成信息流和过程流水平的改变。作为细胞的主要成分，合成新的 DNA、RNA 和蛋白质是合成生物学的主要目标之一，这是部件工程的基础。合成生物学的出现则改进并提高了设计新信息流和过程流的能力。然而，更多的工作还是需要从头设计。

从合成生物学角度看，中心法则合成工程可以分为三个层次（图 12-4）：①转录和翻译合成工程；②细胞内在调节合成工程；③细胞外物理-化学环境工程。

中心法则的第一个过程单元是转录。大量的蛋白质、小分子，甚至小 RNA 都参与这个单元中的各个步骤，最终目标是 RNA 转录。因此，这个过程中各步骤的控制影响 mRNA 合成的速率和能力。

RNA 聚合酶Ⅱ与启动子序列结合是转录的关键步骤，这方面已开展了许多工程工作，如启动子工程。它是通过产生启动子序列突变库而建立分等级表达方法，可以提供详细的表达水平，方便表征启动子的功能。控制转录的另一关键是遗传线路（genetic circuit），通常这些线路应用于诱导启动子。这些遗传单元在产生合成线路中是相当重要的。然而，转录是需要蛋白质和 DNA 的双基质问题。以前的工作大多集中在 DNA 方面，而涉及蛋白质方面比较少。改变 DNA 序列主要是改变一种特殊的遗传定位，而蛋白质的改变则有全面的影响。

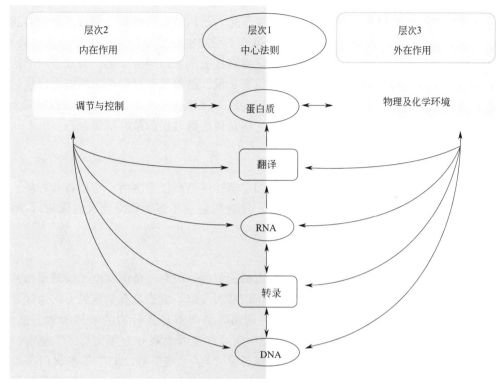

图 12-4　中心法则三个层次图解

图中内容表示中心法则的两个过程（转录和翻译）和三个过程物流（DNA、RNA 和蛋白质）。过程单元和
过程物流受内部调节和外部环境条件控制

　　同时改变许多基因转录可以获得所期望的复杂表型，这种合成控制水平对于细胞重构为"生物工厂"是必要的。另一个合成生物学工具称为全转录装置工程（gTME），其目标是改变负责转录过程中的各种蛋白质。gTME 途径是建立转录蛋白质（如 σ 因子和 TATA 结合蛋白）的突变体库和高通量表型筛选。这个技术对于构建多基因控制下的表型是有效的，提供了调节转录过程的一种新途径。

　　最近，有人将 gTME 用于 RNA 聚合酶Ⅱ本身，通过建立聚合酶 α 亚基的突变库和应用选择压力，提高了 *E.coli* 对丁醇的耐受力，这说明合成转录装置的理性设计是可行的。

　　中心法则的第二个主要过程单元是翻译，它已成为合成生物学研究的重要课题。与转录相似，翻译包含许多不同类的分子，它们可以作为最佳化和重构细胞的靶标。然而，关于这个过程中最主要的分子所知甚少。

　　合成工程翻译装置一个最成功的例子是非天然氨基酸掺入蛋白质，即氨酰-tRNA 合成酶突变体把非天然氨基酸掺入蛋白质中，这个途径可以定做期望功能的蛋白质。

　　工程翻译的另一个例子是基因密码子最佳化。密码子最佳化在许多情况下证明是成功的，可以改进翻译效率、蛋白质产量和酶活性。当与途径工程组合时，密码子最佳化更有效；当试图产生与宿主机体关系不大的天然产物时，这个途径是特别重要的（如植物基因引入 *E.coli*）。密码子最佳化和组装设计的计算机技术开发，将有力地改进控制翻译过程的能力。然而，改变 mRNA 二级结构使密码子最佳化可能是更有效的途径。工程化 mRNA 二级结构是控制中心法则的一种调节方法，从头合成 DNA 与密码子最佳化算法组合将有力地促进这个过程，并清除系统中翻译水平的某些限制。

工程化中心法则的目标是再设计信息流和过程流。在任一节点上的中心法则过程操作常常造成蛋白质水平上的改变。作为细胞的主要催化、结构和信号成分，合成修饰蛋白质是工程生物学的主要目标之一。某些操作，如启动子工程和密码子最佳化，改变了蛋白质水平，而其他方面，如定向进化和非天然氨基酸，意在直接改变蛋白质的功能。合成生物学的各种工具已经改进了变化的速率和精确性，而且提高了设计新单元和过程单元的能力，这是更高的生物技术目标。然而，更多的工作是需要完全从头设计各种单元。此外，细胞的完全重新布局似乎需要多重修饰。这些途径必须组合才能获得生物过程的最好结果。

12.3.3 生物网络的设计和构建

一个细胞的生物网络通常可分为两个子网：调控网络和代谢网络。它们各具特征。调控网络（信息流）主要是信息处理和信息交换；代谢网络主要是物质交换（物质流），两种子网络不是孤立存在的。

（1）基因线路的设计和构建

基因线路和电子线路两个领域之间有很大的相似性。研究人员借鉴电子线路提出基因线路的概念成为合成生物学的关键贡献之一。所谓基因线路，是指具有确定的方向边缘和输入信号-输出反应的遗传装置或动态网络。所谓网络，是类似计算行为的遗传装置。遗传/基因、线路/网络没有严格意义上的区分。根据功能可将基因线路分为两大类：①逻辑门基因线路，模拟各种逻辑关系和数字元件线路，即各种"与""或"和"非"等逻辑门关系的基因线路；②控制基因表达的各种"开关"线路，如核糖开关（riboswitch）、阻遏振荡器及脉冲发生器等。

第一个合成基因线路——基因开关（genetic toggle switch）（图12-5）和阻遏振荡器（图12-6）表明工程学的方法的确可以用于构建复杂的、类似电子学行为的生物网络，从而奠定了合成基因线路设计和分析的框架结构（framework）概念。这种框架结构的核心思想是合成基因网络与电子学控制系统的相似性，并且可以应用控制论的原理进行分析。这个方法学已用于构建遗传开关、级联（系统）、脉冲发生器、时间-延迟线路、振荡器、空间模式和逻辑公式。它们可以用于调节基因表达、蛋白质的功能、代谢和细胞-细胞通讯。合成生物学家拓展了现有的基因工程技术并开发出新的线路设计原理：①重复理性设计（iterative rational design）——涉及系统的产生和分析计算模型，构建相应的遗传线路，实验评价线路性能，提炼设计，直至实现性能目标；②组合不同构型的各部件构成线路突变体，然后选择适当性能的突变体；③定向进化使部件和线路最佳化。

工程基因网络所涉及的步骤：①在目标机体中产生一种特殊功能的概念化基因网络，一般是目标机体之外，并且在自然界不一定平行存在；②应用较简单的 Boolean 或数字逻辑网络（如 AND、OR、NOT 和 IMPLIES）或包括更精确的模型生物化学动力学，提取期望的功能和建模；③鉴定物理 DNA 片段库的线路遗传成分，并在目标机体中表达所期望的行为；④把基因网络构建在宿主中唯一的质粒上或整合到宿主染色体上；⑤通过实验研究证实设计和数字模型并最终确认；⑥重复核实基本设计直至基因线路以期望的方式表现。

为了能够设计较大的和更复杂的基因线路，需要使用标准化的生物模块（标准生物学部件登记和 BioBricks）。然而，不像电子线路那样，理想的基因网络模块是不存在的。由于成分、宿主或合成系统不完全清楚，使其难于预测特殊宿主内合成网络的精确行为。不过，已表征的线路模块库是有价值的设计资源，所设计的合成基因网络往往是动态控制基因表达。

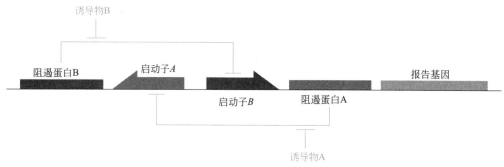

图 12-5 双稳态转换器的设计

阻遏蛋白 A 的靶启动子 A 抑制阻遏蛋白 B 转录。诱导物 A 结合阻遏蛋白 A，使启动子 A 起始阻遏蛋白 B 的转录。诱导物 B 结合阻遏蛋白 B，起始阻遏蛋白 A 和报告基因的转录。这样转换器应用诱导物 A 或诱导物 B 可以在稳定态之间翻转。双稳态转换器的性质和双稳态的条件可应用下列数学模型表示：$dU/dT = \alpha_1/(1+V^\beta) - U$ 和 $dV/dT = \alpha_2/(1+U^\gamma) - V$。式中，$U$ 是阻遏蛋白 A 的浓度；V 是阻遏蛋白 B 的浓度；α_1 是阻遏蛋白 A 的合成有效速率；α_2 是阻遏蛋白 B 的合成有效速率；β 是启动子 B 的阻遏协同性；γ 是启动子 A 的阻遏协同性

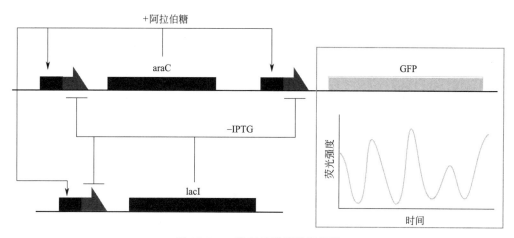

图 12-6 一种双反馈线路振荡器

一种杂合体启动子（Plac/araC，由 araBAD 启动子的活化操纵子部位和 LacZYA 的阻遏操纵子部位构成）驱动 araC、lacI 和 GFP 基因的表达，形成负反馈和正反馈线路。在阿拉伯糖存在时，启动子由 AraC 蛋白质活化；在异丙基-D-1-硫代吡喃半乳糖苷（IPTG）缺乏时，启动子由 LacI 蛋白质抑制。把阿拉伯糖和 IPTG 加入生长介质中，启动子被活化。在阿拉伯糖存在时，增加了 AraC 的生产，从而活化了正反馈线路。然而，LacI 也同时增加，则活化负反馈线路。两个反馈线路的不同活性，导致线路振荡行为。通过改变 IPTG 和阿拉伯糖的水平，振荡周期是协调的（15～60min）

控制论提供了一种分析它们行为的可靠数学基础。控制论的各种概念，如稳定性分析、强度、反应动力学、振荡或不规则行为等均用来建模和分析基因调节系统，特别是通过正反馈或负反馈自动调节的线路。

虽然合成控制系统给人以深刻的印象，但是天然系统更复杂，自然界中某些最简单的控制系统往往是由多个正反馈和负反馈线路组成的，彼此之间连环或相互套入，这些相互联系的基因及其调节结构是作为紧密的遗传单元存在的。

遗传振荡器（oscillator）是负反馈线路中应用三个转录阻遏蛋白，用数学模型开发预测转录调节行为。在这个模型中，阻遏蛋白及其相应的 mRNA 浓度视为连续的动态变化。在各因子的变化中，如转录速率取决于阻遏蛋白的浓度、翻译速率和蛋白质及 mRNA 的衰变

速率，最终系统收敛于稳态，或系统变为不稳定，导致持续的有限循环振荡。这个模型表明该振荡系统具有可比较的蛋白质和 mRNA 衰变速率，强启动子及高效核糖体结合部位相互配合非常有利于振荡的发生及延续。因此，根据这个模型可以应用杂合启动子（保证转录强度和密度）和 C 端标签构建网络。由于振荡周期慢于细胞分裂周期，振荡器网络周期性地诱导绿色荧光蛋白产生并强化，振荡器状态似乎是代代相传的。更强和更协调的振荡器见图 12-6，它是一个哺乳动物细胞中起作用的协调合成振荡器。

数字线路和计算的另一个关键成分是计数器。遗传计数器可以计数到三种感应（诱导）事件，可以计数变化，确定使用物的输入。日益增加合成基因线路成分扩大了分子工具箱，这对合成生物学家和生物工程师是非常有益的，可以构建复杂的细胞系统。尽管合成基因组学进展迅速，但组装具有可预测功能的网络，仍然是很大的挑战。这个领域的进展及其长期目标的实现取决于构建的功能网络的可预测性，以及如何在同一底盘内组合这些成分，这样便可产生多成分、多功能的合成网络。

一个原型的网络基序是负控调节的反馈线路，是最直观、最简单的稳态调节线路。一种常见类型的负反馈线路是由抑制其自身表达的转录调节因子组成的（图 12-7），因此可保持其自身浓度恒定。负控调节基序广泛分布于原核生物的转录网络之中。在 *E. coli* 转录因子表达中，56％服从这样的自动调节。而且，这种基序在细菌基因表达中似乎具有强壮性。

E. coli 的经典研究揭示三个亚网络结构：前馈线路（feed-forward loop，FFL）、单输入模块（single-input module，SIM）和多输入模块（multiple-input module，MIM）（图 12-7）。MIM 包括各种突变体，如双扁形（bifan）和致密重叠操纵子（dense overlapping operon，DOR）。每个基序由它们的各种成分不同关系结构表征（图 12-7）。典型的 FFL 模块是由 2 个输入转录因子（X，Y）组成的，其中一个（一般调节子 X）控制另一个转录因子（特殊调节子 Y），两者联合调节一个靶基因 Z。作为一种选择，每个调节子可以分别由特殊的信号 S_X 和 S_Y 所诱导（图 12-7）。

某些 FFL 较多出现在转录网络中。从所有可能的 FFL 来看，类型 1 一致的 FFL（其中各种基因间的全部相互作用都是正的）（图 12-7）在 *E. coli* 和 *Saccharomyces cerevisiae* 调节网络中最引人注目。

（2）合成代谢网络和合成酶学途径

合成生物学是产生合成代谢网络强有力的学科。表征和了解天然酶及其途径已经打开了构建合成代谢网络的大门。合成代谢路线是途径中各种酶的效能体现，如抗疟疾药物前体青蒿酸（artemisinic acid）和用作生物燃料的几个支链醇的生产。

许多高价值的化合物缺乏特征性天然合成途径，我们必须打造合成这些分子的代谢路线。逻辑上，这个新的路线可以由各种非天然酶组成。合成生物学的各种部件-装置框架本身有助于合成途径的产生。各种途径可以看成是由酶催化反应部件组成的代谢装置。合成途径首先募集各种酶部件（enzyme part），然后扩展到途径水平，即由酶部件设计代谢途径。

同传统的生物代谢途径构建不同，在代谢途径未知的情况下，从头合成代谢途径采用化学逆合成分析（retro-synthetic analysis）的方法学，即以待合成的化合物为目标，构建可能的代谢途径，即逆生物合成方法（retro-biosynthetic approach，ReBA）。这种方法扩大了生物合成的范围，特别是合成自然界中不存在合成途径的化合物。目前已经有多种计算机算法可以用于从天然已知的酶及酶反应类型构建可能的代谢途径。

途径水平的合成生物学目标是创建新的代谢路线，以产生天然的代谢物和非天然的化合

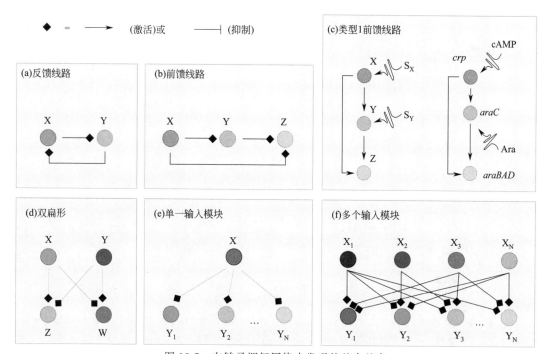

图 12-7　在转录调解网络中发现的基本基序

（a）在反馈线路中，网络最终目标是能够调节其调节子的活性。这种基序的典型突变体涉及缓冲系统最终输出的负反馈。这种简单的结构通过变化各成分间的相互作用类型可以产生各种各样的动态行为，如双稳态开关、双稳定性、振荡。（b）前馈线路（FFL）是在细菌和酵母的调节网络中一种超显现基序。各种 FFL 是通过主导转录因子（master TF）控制第二个转录因子（TF），并且两个 TF 调节最终目标基因。由于两个 TF 及最终调节目标基因相互作用的任一个调控结果可能是正或负，那么这种基序存在 8 种可能的结构。但只有 2 种（类型 1 一致和类型 1 不一致）生物学相关的。（c）类型 1 FFL 的一个例子（经典的阿拉伯糖利用操纵子的 *crp* 共调节）。这种特殊的结构表明有最大噪声耐性。（d）通过调节相同 2 个靶的 2 个 TF 形成双扁形。（e）单一输入模块调节一个以上操纵子的一个 TF，这种基序可以与主导 TF 结合，调节同一功能途径的多个基因，如 *E.coli* 中精氨酸生物合成操纵子的情况。此外，主导 TF 还可以激发各种功能上多样性的操纵子响应，如 SOS 系统。（f）多个输入模块（MIM）是通过一组受几个不同 TF 调节的基因/操纵子形成的，作为一种信号整合基序。致密重叠操纵子可以形成 MIM 的 2 个或更多层次的连接

物。传统上，途经工程同代谢工程是同义词，并且它的工具箱由同样的工具组成：基因敲除、流量最佳化和基因高效表达等。途经工程或代谢工程已用于操纵天然代谢。合成代谢可以用于构建非天然途径。

在构建非天然代谢途径之前，首先必须设计。途径设计的目标是应用与目标产物分子相联系的一系列生物化学反应，这可以通过天然酶或工程酶实现。途径设计的第一步是获取有效地应用于途径的各种酶和酶催化反应。综合蛋白质和代谢数据库，如 BRENDA、KEGG、Metacyc 和 Swiss-Prot，募集已表征过的各种天然酶及酶催化的化学转化。目前 Swiss-Prot 大约登记了 398000 个蛋白质（2010 年）。由于大量表征的酶催化相似化学反应，因而被编为广义酶催化反应，目的是为了构建途径。

多个途径的整合并工程化到细菌宿主，可以生产复杂的天然产物。偶联多个酶产生的代谢途径可以合成复杂的天然产物。已知天然产物（如紫杉醇和万古霉素）在疾病治疗中日渐重要。为了由简单的、低成分的起始材料生产这些复杂的化合物，开发合成酶学途径存在巨大的潜力。合成酶学途径最优秀的例子包括：①青蒿酸的生产（图 12-8）；②酶系统产氢；③人工组装合酶催化合成聚酮化合物。

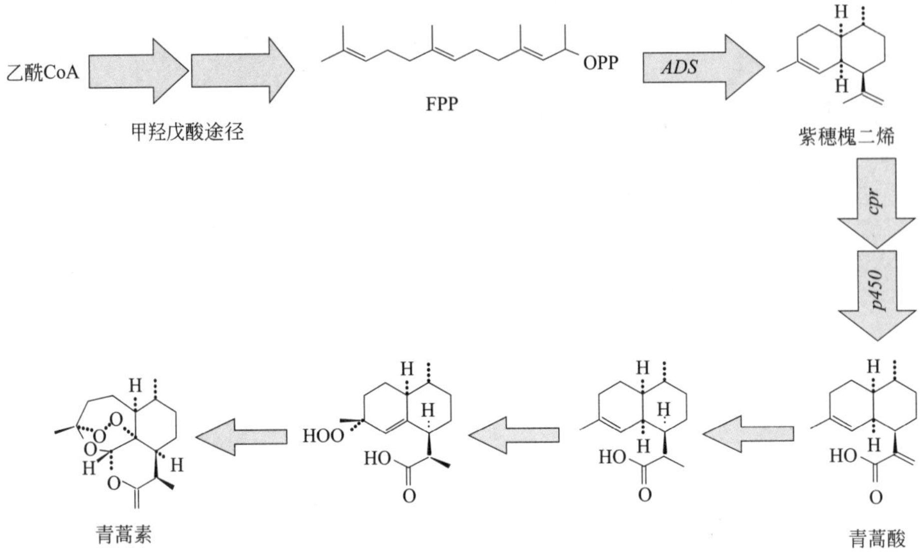

图 12-8 青蒿酸合成酶学途径

基于甲羟戊酸，FPP 合成途径已经由 S. cerevisiae（HMG-CoA 合酶，hmgS；N 端剪切 HMG-CoA 还原酶，thmgR；甲羟戊酸激酶，mK；磷酸甲羟戊酸激酶，pmK；甲羟戊酸焦磷酸脱羧酶，mpd）和 E. coli 组装（乙酰乙酸 CoA 合酶，atoB；IPP 异构酶，idi；FPP 合酶，ispA），并在 E. coli 中表达。该途径装有两个操纵子，一个负责乙酰 CoA 转化为甲羟戊酸，另一个负责甲羟戊酸转化为 FPP。进一步引入紫穗槐二烯合酶（ads）、加氧酶（P450）和氯化还原蛋白对偶物（cpr）（NADPH，细胞色素 P450 氧化还原酶）。该菌株将 FPP 转化为青蒿酸，其经过多步化学反应可以转化为青蒿素。图中，FPP 为法尼基焦磷酸

12.3.4 底盘基因组的设计和构建

DNA 的合成和序列分析日益容易且成本迅速降低，加之对生物（特别是细菌）系统的深入了解，已允许科学家在基因水平上修饰生命机体。重组 DNA 技术的进展可以把宿主机体视为一种"底盘"（chassis），用其成分复制或生产非天然基因，并且产生一种可以设计和预测的功能系统。这与计算机工业相似，能够由个别成分（处理系统的部件——硬盘、监视器）组装成装置，其彼此分解且一起作为单一功能单元。合成生物学希望从头设计构建或进化标准化生物成分，合理地组合产生预期的结果。

设计和构建的生物模块需要植入合适的载体细胞（称为底盘细胞）进行表达。理想的载体细胞应具有最小化基因组，或称最小化细胞。所谓最小化基因组，是指维持细胞生长繁殖所必需的最少基因（必需基因），或称底盘基因组。它作为载体的优点有：①减少噪声（noise）干扰；②降低研究的复杂度；③提高所设计和构建系统的可控性和可操作性；④使 DNA 和蛋白质容易组装在底盘上。最小化基因组研究的核心是"删繁就简"，即去除现有基因组的不必要基因，确认并保留必需基因。必需基因的集合就构成了底盘基因组。底盘基因组的设计和构建有两种基本途径（图 12-9）：自上而下（top-down）和自下而上（bottom-up）。自上而下途径是从基因组还原（或简化）入手，去除非必需基因，使基因组达到最小，然后通过抽提和解耦的方法将天然生物系统模块化，最终整合成具有期望功能的新系统，实现对天然生物系统的再设计。或者通过引入非天然基因和重构基因表达网络（简化复杂的调解网络），构建和再编程细胞以完成设计的功能。自下而上途径是利用系统生物学和生物工程开发的工程工具及数学模型，并利用标准化生物模块，由部件到装置再到系统，实

现所设计的功能。该途径是新的部件、装置和系统的设计和构建。

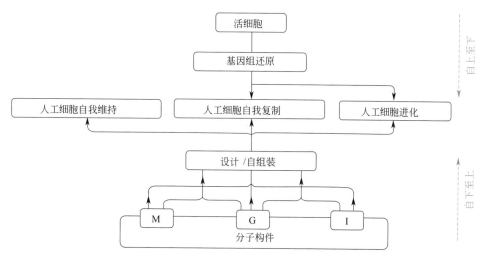

图 12-9　细胞最小化的两种基本途径

自上而下和自下而上合成的最小化细胞可以分为三类：非复制、复制但不能进化及完全进化

目前研究必需基因的方法主要有比较基因组学、大规模基因失活实验和基于代谢网络的预测方法等。在基因组还原（或简化）的研究方法有基于自杀质粒的同源重组、基于线性DNA 的同源重组、基于专一性重组酶的同源重组和基于转座子的同源重组等方法。

大多数宿主机体通过各种防御机制，能够检验、失活和排斥外源 DNA 进入底盘。精简基因组的菌株，去除不需要的功能，不仅能更好地保持外源基因网络，也能更好地耐受引入的各种酶和代谢产物的代谢负担。2006 年报道的 *E.coli* 基因组精简菌株，选择性地消除非必需基因和不需要的功能，大约可以去除基因组的 15%，保持良好的生长谱和蛋白质产率，并获得了有益的特性：高的电穿孔率、精确的基因重组和质粒的稳定性。

最小基因组机体不仅可以作为潜在的理想底盘，而且可以用于研究生命的进化和起源。

最小化细胞可能有许多定义，对这个复杂的问题必然会出现多种诠释。不存在通用的底盘，但最终会给合成生物学家提供灵活机动的工具箱。必需基因和最小化基因组的研究进展使底盘基因组的设计和构建变得容易。目前基本上是以大肠杆菌作为底盘微生物，但不理想。现在已经对 14 种细菌进行了最小化基因组试验，共鉴定出 5260 个必需基因。天津大学生物信息学中心建立的必需基因库 DEG（Database of Essential Genes），系统收集整理了已发表的必需基因数据并可提供序列比对服务，为底盘基因组的设计和构建提供了重要的基础工作。

12.3.5　基因组合成

（1）病毒基因组的合成

关于 DNA 合成和组装详见 12.4.1。目前的 DNA 合成技术能精确地定向合成几百个 bp 片段，较长片段的合成则需要化学-生物途径的组合。目前可以化学合成约 100nt 长的核苷酸，组合和连接出较长的 DNA 片段。这个循环是重复的，以产生更长的 DNA 片段，并且应用于构建病毒和细菌的基因组。一个早期的例子是脊髓灰质炎病毒（poliovirus，PV）cDNA 的合成，是通过 RNA 聚合酶转录实现的，并且在无细胞提取液中翻译，从头合成感染性的脊髓灰质炎病毒。脊髓灰质炎病毒基因组（7440bp）是由在末端具有重叠互补序列的正极性和负极性的DNA寡核苷酸（平均长69nt）组装而成。它们组合为400～600bp的片段（重叠区将匹配），并连接到质粒载体上。这些载体按序排列，以保证基因片段的忠实性及正确组装。这些DNA片段再被组合（再一次通过重叠互补区）成三个重叠片段（分别为3026bp、1895bp和2682bp）。组合这三个片段即可形成全长的脊髓灰质炎病毒cDNA，用T7 RNA聚合酶从头转录，即脊髓灰质炎病毒RNA，此后便合成了多种具有活性的病毒基因。

(2) 细菌基因组的全合成和组装

在细菌基因组合成方面，JCVI研究所（J Craig Venter Institute）的工作具有代表性。他们选择基因组小的细菌支原体作为研究对象，2008～2009年化学合成了生殖道支原体全基因组，并实现细胞间基因组转移。此后，他们选择了另一种支原体蕈状支原体（*Mycoplasma mycoides*）作为基因组供体，山羊支原体（*M. capricolum*）作为细胞环境受体，利用已经建立的技术体系实现了"合成细胞"的设计和构建。他们之所以选择蕈状支原体而不是生殖道支原体，是因为前者在实验室培养条件下生长快，后者生长慢。2010年5月21日他们在*Science*上发表了题为《实现由化学合成基因组控制的细菌细胞》的论文。

Venter等是以一个最小的已知基因组——生殖道支原体（*M. genitalium*）为起点，化学合成了该基因组（582970bp）。组装为全长基因组需要各种复杂的技术：①非常短的DNA股（每个由54nt组成）组装为101盒（每个长度约6kb）；②用体外酶促方法组合为较大片段，然后体内重组，首先在*E. coli*，最后在酵母（*S. cerevisiae*）中完成组装。

为了将无生命的化学合成DNA创建成能自我复制的人工机体，Venter及同事需要从酵母中提取完整的染色体，并将该基因组移植入新的空的宿主细胞中。为此，选择山羊支原体亚类作为受体。2010年合成的蕈状支原体JCVI-syn1.0基因组（1.08Mb），是将10kb片段盒组装成100kb中间体，最后在酵母中完成全长基因组的组装（图12-10，见下页）。这个合成的基因组移植入受体细胞山羊支原体，结果表明含有合成基因组的细胞是自我复制、对数生长，是典型的蕈状支原体表型。这是由扫描和透射电镜所证明的，并由蛋白质组分析所确定。除了在人工基因组中改变的或缺失的蛋白质外，蛋白质带型几乎相同。更重要的是在质量检验中引入了水印标记（watermark）。

Venter及团队的实验至少提供了主要的技术突破，同时对生命的本质在科学和哲学两个层面上提出了意义深远的思索，也可能是合成生物学革命的重要一步。然而，它是否属于燃料、能源、化学试剂和材料生产的关键途径，还有待于实践检验。此外，它也激起伦理、法律和公共安全界人士对"人造生命"的质疑。

12.4 合成生物学的研究策略和方法

合成生物学是各种生物学研究领域如功能基因组学、基因工程、蛋白质工程、化学生物学、代谢工程、系统生物学和生物信息学等的交叉口，同时科研人员对合成生物学有多种看法。因此，即便是合成生物学领域的实践者，采用的研究策略和方法也有所不同。一般性地介绍合成生物学的研究策略和方法及进展（包括生物系统的合成、分析和建模）后，讨论这些新工具的应用（包括分子、途径或网络、细胞和多细胞水平）。

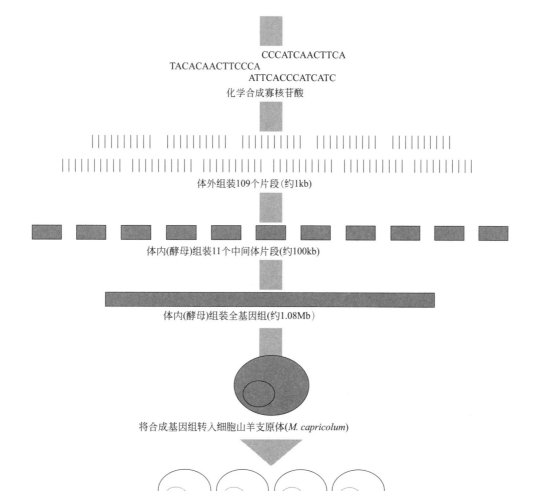

化学合成寡核苷酸
CCCATCAACTTCA
TACACAACTTCCCA
ATTCACCCATCATC

体外组装109个片段(约1kb)

体内(酵母)组装11个中间体片段(约100kb)

体内(酵母)组装全基因组(约1.08Mb)

将合成基因组转入细胞山羊支原体(*M. capricolum*)

后代：人工蕈状支原体(*M. mycoides*)JCVI-syn1.0细胞

图 12-10　人工细胞的操作方法

12.4.1　合成策略和方法

有效的低成本合成和修饰生物实体（如 DNA、蛋白质、途径、细胞器、病毒和基因组等）的各种工具是合成生物学的基石。近年来，一些新的、强有力的合成工具研究取得了长足的进步。

（1）DNA 合成

低成本、大规模从头合成 DNA 技术已经改变了工程化 DNA 的过程，为合成基因控制单元和自然不存在的线路设计与构建带来了新的动力。从合成小片段到全基因和遗传单元，改进的和新技术不断涌现。新的 DNA 合成技术同低成本的 DNA 序列分析技术组合，把研究人员带进了基因工程的"自由王国"。这些进展使 DNA 设计和克隆不再受模板 DNA 和质粒中酶切位点的限制，这是合成生物学技术的基础。目前，合成生物学与基因工程之间的界限仍然是模糊的，在某种程度上可以说它们是 DNA 合成和组装技术发展的不同阶段。

合成和引入设计的 DNA 不足以保证所期望的功能。特别是为了有效地操作遗传单元不受其他细胞过程的负面影响，就需要探索最小细胞的合成。最小细胞提供了一种适于合成生物学操作的底盘，然而目前还不清楚最小细胞的遗传定义是否将是通用的，还是仅适用于特殊的过程。这就可能存在所需要的一整套最小细胞，而每一个只适用于不同类的生物产物。

DNA 合成工程的另一个目标是通过加入合成碱基对拓展基本遗传编码。掺入的合成密码子提供利用非天然氨基酸和引入非天然 DNA-蛋白质结合配对的一种途径。合成的碱基配对同 DNA 合成技术的偶联是设计和构建合成线路的一种强有力的工具。

目前，DNA 的化学合成能使科学家理性设计任意新的 DNA 序列。商业化 DNA 合成服务能够迅速有效地合成 10kb DNA，几乎任何基因都可以合成，如消除限制性位点或不希望的 RNA 二级结构、密码子最佳化等。基因组和合成代谢及合成酶学途径的需要激励了 DNA 合成技术的发展。从 1970 年到 2008 年，DNA 合成的大小从 75bp 发展至 582bp、970bp。目前 DNA 最长合成纪录是由 J Craig Venter 研究所（JCVI）创造的，他们从 101 个 DNA 片段（每个片段长 5～6kb）构建了 583kb 的生殖道支原体基因组。DNA 装配器（assembler）是由 8 个基因（全长约 19kb）组成的一个生物途径，并在酵母中单一步骤组装。

（2）DNA 组装

合成生物学的目标是应用特征化、抽象化和模块化的工程原理进行设计和构建新的生物系统。本质上每个 DNA 编码的部件可以看作是相对独立的。部件的特征化意味着它们可以组合为新的装置和途径。合成生物学所预想的抽象化是为了由部件构建复杂的系统，组合各种部件构成基因，连接基因构成装置和途径，最终合成基因组和染色体。提升抽象化水平的一个关键方面是建模和设计能力及特征化部件装置的数量及质量。

DNA 组装有以下 3 种途径。①有序组装，即 DNA 各部件按规定顺序组装，如启动子（P）→核糖体结合位点（RBS）→阅读框（ORF）→终止子（T），从而使 DNA 各部件在遗传线路中行使确定的功能，并与组装技术相容。②平行组装，即基因（一个 ORF）同所有的调节单元一起组装。③组合组装，即相关功能和一组基因或操纵子（多个 ORF）组合组装成途径或系统。DNA 组装的新技术总结于表 12-1 和图 12-11。这些技术的区别在于组装的机制和规模。

表 12-1　DNA 组装方法一览

方法	机制	序列	平行	组合	部件-基因	基因-途径	途径-基因组
BioBrick™	限制酶Ⅱ	■		■	■	■	
BglBrick	限制酶Ⅱ	■		■	■	■	
配对选择	限制酶Ⅱ	■		○		■	■
Golden 门	限制酶Ⅱ	■	○	■	■	■	
内融合	重叠	■	○	■	■	■	
等温组装	重叠	○	■	○		■	■
SLIC	重叠	○	■	○		■	
USER	重叠	○	■	○	■	■	
OE-PCR*	OE-PCR	■	■	○		■	
芽孢杆菌	重组	■				■	■
YTAR	重组		■	○	○	■	■

注：■为适用；○为不太适用；配对选择为 pairwise selection；Golden 门为 golden gate；内融合为 in fusion™；等温组装为 isothermal assembly；OE-PCR* 为 OE-PCR（含 CPEC）；芽孢杆菌为 *Bacillus* Domino；YTAR 为 Yeast TAR。

① 合成生物学是设计和构建由遗传线路编程的新生物机体。许多合成生物学家由标准化的生物部件（称为 BioBrick）组装遗传线路。利用 BioBrick 技术可以将一系列独立的生物元件，包括启动子、核糖体结合位点（RBS）、开放阅读框（ORF）及终止子等按照一定的顺序组装成一个有功能的基因或生物途径。目前，每个 BioBrick 都是环状质粒上的一种物理 DNA 序列，由生物部件注册处储存和分类（http://www.partsregistry.org），是在 384 孔板形成冻干的 DNA。BioBrick 的标准化序列能够经限制酶消化和连接进行两个 BioBrick 的组装［图 12-11（a）］。标准组装涉及用不同的酶消化两种质粒，形成相容的黏性末端，可以连接成新的质粒。在模块之间用疤序列取代限制性酶切位点，可以高效地将新 BioBrick 与其他 BioBrick 组装在一起。

BioBrick——生物部件，是具有标准化限制/连接两侧序列并有特征功能的 DNA 单元，可通用（即插即用），易组合组装。BioBrick 组装依赖于同尾酶（如 Xba I 和 Spe I、Bgl II 和 Bam HI 等），当酶切后的两个片段相连时，原来的酶切位点将不复存在，也就不能再被原有的限制性内切酶所识别，达到"焊死"状态。

② BglBrick 的结构与功能基本上跟 BioBrick 相同，但 BioBrick 有 8bp 疤序列（组装后留下的碱基序列，往往影响部件功能），而 BglBrick 仅有 6bp 疤序列。BglBrick 编码一种简单的 gly-ser 基序，更适合蛋白质融合，并不被 DNA 甲基化酶——Dam 和 Dcm 阻断。

③ 配对选择组装（pairwise selection assemble，PSA）是一种操作步骤比较复杂的基于 II 型限制性内切酶的克隆法，专门用于将大的 DNA 片段组装成较大的部件或基因途径。PSA 的基本组成部分是两端带有 65bp 的标准化的 DNA 标签和两种载体，每种载体有两种无启动子的抗生素抗性标记基因。II 型限制性内切酶的识别位点位于 DNA 标签内，片段经 II 型内切酶消化处理后，连接到其中一种载体的特定位置上；在此位置，标签序列恰好可充当抗生素抗性标记基因的启动子而使抗生素标记基因发挥作用，便于克隆的筛选。插入载体的两个片段再次经过 II 型内切酶消化处理，会暴露出 4bp 的互补区，然后这两个片段被连接进带有另两种抗性标记基因的载体中，组装成一个更大的 DNA 片段。重复上述过程，它们将多个 1～2kb 的片段经过六次循环组装成了 91kb 的大片段。PSA 不需要对 DNA 原始序列进行修改（例如添加或删除限制性内切酶的识别位点），并使用严格的选择，以尽量减少装配中间载体的筛选。

④ Golden 门组装法［图 12-11（d）］依赖于特殊的限制性内切酶（识别位点是一个非回文对称的序列，而切割位点位于识别位点的外侧），是一种同一反应体系内同时进行 DNA 的酶切与连接、一步法组装目标生物部件的技术。DNA 到入到克隆穿梭载体上，在它的 DNA 片段两端直接提供限制酶识别序列，消化产生平行连接组装的所有片段。这种方法很适用于部件到基因和较小途径的组装，也可以用于改组多个片段。另外，Golden 门改组不需要穿梭载体，可有序平行组装，无"疤"或只有 4bp"疤"，适于部件到基因或由基因到途径的组装。Golden 门克服了传统多片段组装中需要同时使用多个不同限制性内切酶的不足。

⑤ 吉布森等温组装（Gibson isothermal assembly）［图 12-11（c）］，是利用 T5 核酸外切酶、DNA 聚合酶及连接酶的协同作用在体外将多个带有末端重叠序列的 DNA 片段组装起来。其中，T5 核酸外切酶具有 5′→3′ 核酸外切酶活性，能够从 5′ 端切割有重叠区的 DNA 片段产生 3′ 突出末端，然后该单链 DNA 的重叠序列在 50℃ 特异性退火（此时 T5 核酸外切酶逐渐失活），最后 DNA 聚合酶和 Taq 连接酶修复连接而成的双链 DNA，从而形成完整的 DNA 分子，实现无缝拼接。Gibson 等用该法成功地体外组装全合成的 *M. genitalium* 基因组（583kb）。

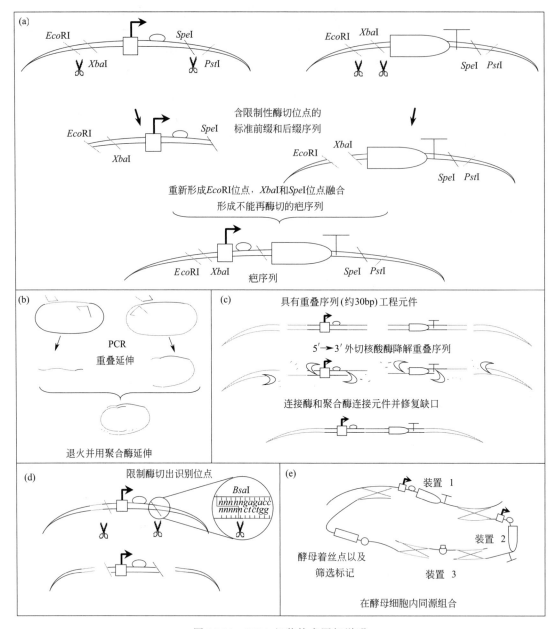

图 12-11　DNA组装技术图解说明

（a）各部件的 BioBrick 克隆。其是通过限制/连接方法进行的，在各部件之间再形成前缀序列并留下"疤（scar）"。BglBrick 分别用 *Bgl*Ⅱ、*Bam*HⅠ和 *Xho*Ⅰ交换 *Xba*Ⅰ、*Spe*Ⅰ和 *Pse*Ⅰ；这样形成的疤不包括终止密码子或码组位移。（b）重叠延伸聚合酶链反应（OE-PCR）。当 PCR 组装时，互补的突出与 DNA 靶退火，并通过延伸环化到载体中。（c）各部件的吉布森等温组装。合成的各部件带有 30bp 左右的重叠，加工其末端，并且应用外切核酸酶、连接酶和聚合酶进行融合。（d）Golden 门组装。在各种限制酶识别位点外切割带 4nt 延伸出的各部件，选择相容的突出，这样的部件可以平行组装成规定的顺序。（e）在酵母中转化联合重组（TAR）克隆，包括酵母染色体和选择标记的各部件插入酵母中，并且通过重叠序列构建完全的构建物

⑥ 序列和连接独立克隆（sequence and ligation independent cloning，SLIC）法是一种不依赖于序列和连接反应的克隆方法，主要利用 T4 DNA 聚合酶在无 dNTPs 存在的情况下

发挥 3′→5′核酸外切酶活性，将 DNA 片段消化产生含有末端重叠序列（长度至少 40nt）的 5′黏性末端，然后 DNA 片段之间或 DNA 片段与载体之间依靠重叠序列退火（RecA 可提高重组效率），形成环状中间体，最后直接转化大肠杆菌感受态细胞，利用大肠杆菌本身的修复系统修复成完整的环状重组质粒。该方法很适合途径组装。

⑦ USER（uracil-specific excision reagent）是基于 PCR 的 DNA 组装技术，用于无缝组装来自多个组分的 DNA 片段。克隆载体和靶 DNA 片段的侧翼具有相兼容的单链延伸。载体含有一个由两个反向的切口内切核酸酶（nicking endonuclease）位点组成的框，两个切口内切核酸酶位点被限制性内切酶位点隔开。切口内切核酸酶识别位点和限制性内切酶识别位点之间的间隔序列可以用来创建自定义序列的单链延伸。通过切口内切核酸酶和限制性内切酶消化使载体线性化。为了产生靶 DNA 片段，将单个脱氧尿苷（dU）残基置于距离每个 PCR 引物的 5′端 6～10nt 的位置。dU 引物序列 5′端与载体上的单链延伸或下一序列 PCR 产物的单链延伸相兼容。扩增后，用 USER 酶从 PCR 产物中切除 dU，留下侧翼有 3′端延伸的 PCR 产物。当混合在一起时，线性化载体和 PCR 产物通过互补的单链延伸定向组装成重组分子。通过改变 PCR 引物的设计，该方法适用于同时进行一个或多个的 DNA 操作，例如定向克隆、位点特异性突变、序列插入或缺失和序列组装。

⑧ OE-PCR（overlap extension polymerase chain reaction）——重叠延伸聚合酶链反应（图 12-11D），又称融合 PCR，它是利用两个具有互补末端的引物，使两段 PCR 产物末端产生重叠序列，然后通过重叠序列变性退火形成互补双链，在 DNA 聚合酶的作用下进行延伸，最后再利用两端引物扩增产生完整的融合双链 DNA。它是大多数常规基因融合技术的基础。该方法快速可靠，无"疤"序列组装。

⑨ 环状聚合酶延伸克隆（circular polymerase extension cloning，CPEC）首先利用具有互补末端的引物，使线性双链 DNA 片段和载体末端产生重叠序列，然后通过该具有末端重叠序列的线性双链 DNA 片段和载体经过变性和退火得到具有重叠末端的单链产物，最后彼此互为模板和引物，在 DNA 聚合酶的作用下进行延伸得到环状载体，得到的重组载体直接转化大肠杆菌，利用大肠杆菌体内的修复机制得到完整双链环状目的克隆。

⑩ 芽孢杆菌 Domino 法，是借助芽孢杆菌基因组载体（BGM vector），由小片段（4～6kb）出发，利用同源重组原理与逐级（Step-by-step）添加模式，成功构建了小鼠线粒体基因组（16.3kb）和水稻叶绿体基因组（134.5kb）。但由于比较耗时，组装过程需要长的同源臂，目前还未得到普遍使用。

⑪ 酵母转化耦联重组（transformation assisted recombination，TAR）技术（图 12-11E）是利用酿酒酵母体内高效的同源重组系统实现多个具有末端重叠序列的 DNA 片段的一步组装方法。它不仅能够方便地将较短的 DNA 片段组装成较长的 DNA 片段，甚至还能够实现整个基因组的组装。

⑫ 内融合组装（in fusion）是应用专有的酶混合以组装带有 15bp 序列重叠的任何片段。它特别适合于几个 DNA 片段的平行反应，在概念上属于一类重叠组装技术。该方法成功率高，灵活性强，如图 12-12 所示。

（3）RNA 合成工程

过去几年，一个最有意义的课题是 RNA 合成工程。从过程工程前景来看，RNA 既可作为翻译过程单元的物流，又可作为翻译装置的核心成分。RNA 合成工程的最新进展已为合成生物学提供了重要的工具。RNA 分子通过不同的序列组合可以产生各种各样的二级结构，并且可以与蛋白质、代谢物和其他的核酸相互作用。除了广泛应用的 siRNA（small interfering RNA）和 microRNA 外，各种形式的 RNA，如核调节因子（riboregulater）、核酶和核糖开关（riboswitch）等，为了控制基因表达已工程化。

最近几年，依赖配体的核糖开关备受关注。这是因为它能根据细胞内信号分子的浓度控制蛋白质的合成。glms 合酶是至今唯一发现的调控糖代谢的核糖开关。通过理性设计，特异的小分子或配体可以选择性地与适体结构域（传感单元）结合，从而导致调节 RNA 单元的构象改变。它可以依次调节转录、RNA 稳定性、翻译、剪接和 RNA 干扰（RNAi）。将 RNA 合成工程引入合成生物学，可以提供工程代谢途径的可预测性和动态控制，可以把翻译控制和信号网络或环境信号联系起来。

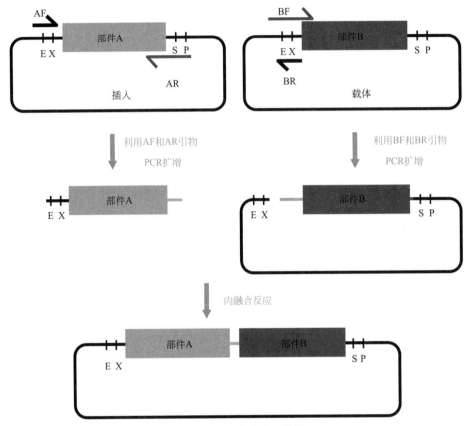

图 12-12　内融合组装图

两个生物模块的内融合组装涉及 PCR、纯化和内融合反应。部件 A 和部件 B 用 PCR 扩增且不用凝胶纯化。每个组装需要 4 个引物，其中 2 个专一地用于接合（组装）各部件，2 个是一般的载体引物。图中粗黑线表示在 pSBA2 载体上 BioBrick 前缀或后缀的同源区。疤序列是在标准 BioBrick 组装之后两个部件之间的正常序列，可能翻译成为融合蛋白质的连接序列。纯化的 PCR 产物以内融合反应融合在一起，产生环状质粒。部件两侧的限制位点保持标准的 BioBrick 形式

（4）分子酶学工程与蛋白质工程

广义地讲，分子酶学工程与蛋白质工程的基本途径是理性设计和非理性设计（包括定向进化）及两者产生的半理性设计。由于对蛋白质的结构、功能及动力学不完全了解，理性设计是困难的，从头合成蛋白质仍然是一种挑战。然而，定向进化更适合改进现有蛋白质的功能。

定向进化是实验室模拟达尔文进化过程，其涉及随机突变或基因重组所产生的遗传多样性的重复循环、筛选或选择功能上改进的或新的蛋白质突变体。定向进化已成功地用于制作各种性质（如活性、稳定性和选择性）的蛋白质。然而，定向进化本身也有其局限性。定向进化和理性设计组合具有明显的优势，下列方法值得关注。①重复饱和突变（iterative saturation mutagenesis，ISM）：它既包含在天然选择位点饱和突变的重复循环，也有对多位点饱和突变的组合。②基因再组装掺入合成的寡核苷酸（incorporating synthetic oligonucleotide via gene reassembly，ISOGR）：它将突变引物部分用于蛋白质序列中饱和多靶位。③盒式突变、盒式随机和重组的盒式随机突变与重组同步简易法（one-pot simple methodology for CAssette randomization and recombination，OSCARR）：它有利于高 GC 含量随机化 DNA 片段；由于聚合酶偏爱很少，可以通过常规易错 PCR 突变。④重叠-引物-步行聚合酶链反应（overlap-primer-walk polymerase chain reaction，OPW-PCR）。⑤迅速定位结构域扫描突变（rapid site directed domain scanning mutagenesis，SDDSM）。

蛋白质的计算设计和定向进化组合可以产生具有新功能的蛋白质。这个策略的一个优秀的例子是 Kemp 消除酶的设计，它是通过计算设计，继之通过定向进化最佳化产生的。首先明确催化机制，然后借助计算工具，把催化残基放在精确的位置，以最大化过渡态稳定化。理性设计的酶表明活性很低，但通过定向进化可以得到明显的改进。

（5）途径工程

虽然应用 DNA 合成工具从头合成生物化学途径是可行的，但是主要集中在现有生物化学途径的构建和最佳化。途径工程可以理性设计，通过混合和匹配熟知的模块部件及各种控制机制调节基因表达。然而，在途径水平上设计不仅与必需的生物部件（如启动子、基因和蛋白质）有关，而且也与这些部件最佳化表达功能有关。合成途径流量失去平衡将产生瓶颈和中间体积累。以下列方式可进行平衡流量。①途径中各种基因转录的最佳化：在类异戊二烯生产途径中，通过各种启动子与各种酶的融合控制工程流量，改进了产量并减少了代谢负担。②蛋白质共定位完成流量平衡：Dueber 及同事开发了一种支架蛋白的方法，以模块相互作用结构域的蛋白质作为支架，把途径中的各种酶物理上连接在一起，限制在途径中酶底物复合物中间体的流失。同时，它能够通过调整支架上一些相互作用的结构域来直接控制流量，因此调整酶复合物组成。除了转录和定位控制外，调节元件（如核糖体结合位点）、核糖开关和操纵子-调节子配对也可以重新设计和工程化，这些均有助于解决涉及合成代谢途径中的一些问题。

（6）基因组工程

根据目的，可以通过各种途径编辑基因组，如从头构建基因组、消除无用的 DNA 单元、一个基因组同另一个基因组组合、基因组成分的再组织及完整基因组改组。多重自动化基因组工程（multiplex automated genome engineering，MAGE）可以为细胞大规模编程和进化。一种简单的寡核苷酸库循环引入种群内的各种细胞中，通过等位基因取代使染色体序列多样化。整个过程可以自动化并连续产生多样的遗传改变，如错配、插入和缺失。由于其可以同时靶向染色体上多个位点，所以可以产生组合基因组的多样性，因此在细胞水平上应用是最有效的。

12.4.2 分析策略和方法

生物工程往往是由数据驱动的重复过程。传统的生物工程师依赖分子生物学、微生物学和遗传学的标准分析技术而提供必需的数据。然而，组学（-omics）的发展改变了这种情形，并为现代合成生物学家提供了强有力的策略和方法。

（1）基因组学

微阵列是一种便于建立的方法。通过同时分析收集的基因，科学家能够研究由遗传或环境改变的系统效应。微阵列技术已广泛用于同时检验大量基因表达的改变对实验操作或环境变化的效应。通过开发基因组学技术（包括高通量序列分析和 DNA 微阵列技术）可以促进基因型-表型相互关系的了解。

转录物的相对丰度是一种有效的信息，但关于控制相对丰度的机制还不清楚。利用染色质免疫沉淀（CHIP）方法可以探讨这个问题。CHIP 是一种染色质制剂，选择性地免疫沉淀目标蛋白质，其可以测定与蛋白质有关的 DNA 序列。CHIP 已广泛用于翻译后修饰的组蛋白、组蛋白突变体、转录因子及基因组上修饰酶的图谱定位。染色质免疫沉淀-分析（CHIP-seq）广泛用于 DNA 结合蛋白、组蛋白修饰或核小体和基因组序列比对。CHIP-seq 的优点是分辨率高、噪声低、分析范围大。值得注意的是，由于 CHIP-seq 实验产生大量的数据，需要强有力的计算工具，以揭开控制相对丰度的机制。

（2）蛋白质组学

蛋白质组学相对于基因组学是比较容易表征的。DNA 和 mRNA 不是实际上行使功能的分子。由于翻译控制、翻译后修饰和定位，蛋白质水平的表达可以与 mRNA 水平的表达解耦。蛋白质组学可以对细胞类型、组织或机体的所有表达基因产物进行鉴定和定量。蛋白质组学研究的核心分析技术是质谱，蛋白质组学一个最重要的但也是最大的挑战技术是生物系统两个或多个的生理状态之间差别的定量。基于质谱的定量方法总是应用示踪稳定同位素标记以产生特殊的质量标签，其可以被质谱仪识别，并同时提供定量的基底。相反，无标记的定量方法针对直接相关的肽或一些肽序列的质谱测定信号。

一种适于蛋白质功能全面分析的理想方法是基于活性的蛋白质组学。它通过应用靶向酶功能基因的化学探针，表明酶的生理功能。这个方法的关键成分是化学探针，其含有两个单元：①在酶的活性部位定向机械标记相关的反应基团；②富集和鉴定标记酶的探针报告分子标签。

（3）代谢组学

代谢组学可以看成蛋白质组学的补充。当蛋白质组学给出存在的蛋白质的类型和数量时，代谢组学可以研究这些蛋白质的功能。代谢组学是指对代谢组的分析，即生物系统的代谢分布图。代谢组学方法用于检测合成代谢，测定工程途径和内源代谢网络的生物化学相互作用。

（4）建模方法

生物系统的组合性质，可能给合成生物学带来很多问题。正如在分子酶学和蛋白质工程中讨论的，由 300 个氨基酸残基构成的蛋白质，只有 3 个随机突变就可能产生 1010 种可能的组合。在数学建模之后，可以在 in silico 探讨这些组合。由于许多合成生物系统相对较小，并且在进化前后序列中基本独立，它们可以用数学模型来表示。数学模型可以用来描述合成构建物，并说明生物表型复杂度是生物分子相互作用的一种结果。数学建模提高了设计过程的速率，并降低了开发的成本。Cooling 及同事描述了标准有效的生物部件（standard virtual biological parts，SVBP）（数学模型成分，其可能是任一构件）在线库的开发。这些

SVBP 可以下载、扩展和重组，以帮助合成生物系统 in silico 设计。

生物系统建模的规模可以从基因或蛋白质扩展到途径。从代谢物到代谢物（from metabolite to metabolite，FMM）是一种构建各种可能的酶促途径（从输入代谢物到输出代谢物）的网络工具，其在途径工程中是很有效的。

12.5　合成生物学的应用研究

合成生物学是工程师和生物学家共同设计和构建新的生物分子、网络和途径，并且应用这些构建物重新布局和再编程机体的。再工程化的机体将改变人类的生活。

过去几年，合成生物学的应用研究在不同层次上取得了明显的进展。本节就通过以下几个层次进行介绍：分子水平；途径和网络水平；细胞水平；多细胞水平（或称合成生态学）。

12.5.1　设计和构建新的生物大分子

分子水平的合成生物学旨在探索设计和构建新的生物大分子（如核酸和蛋白质），特别是自然界不存在的生物大分子。

(1) 非天然密码子

DNA 是信息储存分子，自然界应用 A、T、G、C 的三联体编码所有的复杂生命。在核酸设计上存在三个基本参数：核苷酸的选择；核苷酸的数量；三联体编码。非天然核酸工程方面主要集中在前两个参数。当工程化非天然核酸时，需要三个标准：碱基配对的类型；与天然或工程化 DNA 聚合酶的相容性；与 RNA 聚合酶的相容性。

应用非天然核酸的一个目的是改变多核苷酸的稳定性。DNA 的磷酸二酯骨架是酶催化断裂的部位。通过取代核苷酸的磷酸基团，就可消除最普遍的降解部位，如硫代磷酸等。应用非天然核酸的另一个目的是扩展一些碱基配对。工程化碱基配对（如 isoC；isoG 和 Z；P）与天然 DNA 聚合酶相容，并且几乎与碱基配对的 ATGC 系统不相关。合成生物学家试图人造基因，并且已证明人造基因有编码功能。

(2) 非天然氨基酸

在自然界，蛋白质功能的多样性仅仅通过 20 种氨基酸实现。一般认为，通过扩展天然翻译装置的所有功能，可以实现新蛋白质的性质和功能。然而，为了保持与宿主系统的正交性，掺入非天然氨基酸的密码子不可能多，非天然密码子和非天然氨基酸是同义词，可以扩展遗传编码。

在体内非天然氨基酸的定位掺入需要几种成分。第一，需要一种氨酰基转移酶，可以荷载非天然氨基酸的 tRNA，同时正交作用于宿主细胞。第二，tRNA 必须识别唯一的密码子，其在正常情况下不为任何氨基酸编码。选择的密码子最普遍的是 UAG（琥珀型）密码子，而 tRNA 和氨酰转移酶配对则可保持正交性。

过去开发了大量的氨基酸类似物，其中许多具有有趣的性质，如荧光和光调节。为了最大化非天然蛋白质的潜力，需要在多肽链中能够引入一个以上的非天然氨基酸。为了达到此目的，已经提出几个策略，目前正在试验中。其中一个是通过引入非天然碱基对来扩展遗传密码，另一个是应用非天然氨基酸的四联体密码。

12.5.2 设计和构建新的途径/网络

途径和网络水平的合成生物学应用研究有两个主焦点：①探讨基因线路；②实现单一步骤不能完成的更复杂的生物转化。许多工具已应用于该水平，如途径工程办法用于合成途径的最佳化；同其他组学工具组合的基因组和代谢工程工具可用于菌株的最佳化；建模也可以用于预测网络行为。

（1）基因线路

基因线路是由电子线路类推的，它们提供以可预测的方式控制生物行为的通道。通过合成生物线路的设计，我们可以深入了解天然线路。基因线路的输出可以控制以下三个步骤中的任意一个：转录之前、翻译之前和翻译之后。各种节点上的控制会产生不同的动力学性质。例如，由于操作容易，通过翻译后修饰控制活性较控制转录有更快的响应时间，转录调节是最普遍的控制方式。

早期的基本线路成分、典型的转录基因线路是由化学相互连接的多个启动子、阻遏蛋白和激活因子构成的，如构建的逻辑门振荡器和双稳态开关等。目前主要开发更高功能的线路，如模拟数字变换器、数字变换器、定时器（程序装置）、适应性智能网络。重点介绍一下模拟数字变换器线路，以说明下一代的基因线路（图 12-13）。

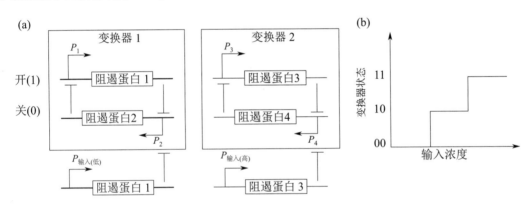

图 12-13　模拟数字变换器

（a）设计的模拟数字变换器 1 和 2。二者初始状态都处于"关"状态，即阻遏蛋白 2 和 4 表达，分别抑制启动子 P_1 和 P_3。阻遏蛋白 1 表达受依赖低阈值启动子 $P_{输入(低)}$ 调控，而阻遏蛋白 3 受高阈值启动子 $P_{输入(高)}$ 调控。当输入浓度达到其阈值时，阻遏蛋白 1 和 3 表达，使变换器由"关"变为"开"状态。变换器 1 和 2 的不同之处在于其调控的阈值高低不同。（b）变换器状态与输入浓度关系

模拟数字变换器的关键是噪声的控制，特别是用于完整细胞传感器内。当应用细胞检验分子时，我们可能需要"yes 或 no"回答代替"x 对 y"回答。例如，为了告知神经毒素是在危险阈值以上的情况，装置转向红色，其他无色，随着浓度的增加，从无色到粉红色到红色，使用者可区别浅红（阈值以下）和红色（阈值以上）。在数字系统中，仅两种状态变化，因此较模拟系统更耐受噪声。然而，自然界存在内在的模拟，为了连接两个系统，需要一种模拟数字变换器。这样一种变换器可以应用一批双稳态开关数组进行构建。

构建基因线路也可使人们了解自然线路的性质。当存在功能相当的多个线路时，Cagatay 等弄清了自然界挑选一定线路的原因。构建选择的线路并与野生型比较时，发现野生型线路噪声比较多，即有更多的波动；精确的线路在特定环境中能够更好地行使功能，嘈杂

的野生型线路在更广泛的环境中行使功能，即自然条件下一种嘈杂的适应性强的线路超过一种精确的线路。在线路选择上应考虑这种情况。

（2）合成酶学途径

就生物化学生产而言，合成酶学途径是途径和网络水平上的另一主要研究领域，这不同于治疗用蛋白质的超产。后者的最终产物为蛋白质，并且由 DNA 模板产生蛋白质的机器早已存在于细胞中。然而，在生物化学生产中，如青蒿素（抗疟疾药物）细胞中没有生产它的机器，所以需要异源表达的多种酶形成一种全新的途径——合成酶学途径。这种工程中的挑战包括启动子强度、酶的表达和表达的协同作用，以及与天然代谢的关系。

2009 年，Keasling 及同事的工作提供了例证。为了产生抗疟疾药物青蒿素，应用了各种方法，包括合成途径的构建、密码子最佳化、环境信号检测和 mRNA 二级结构工程。通过上述一系列努力，紫穗槐二烯（amorphadiene）的生产在流饲批量反应器中达 25g/L。

乙醇是生物化学生产的大宗化学试剂。酵母是逻辑上的生物学催化剂。然而，酵母有局限性，不能分解生物质的主要成分纤维素和半纤维素，不能利用半纤维素分解产物 D-木糖和 L-阿拉伯糖。工程化酵母使其能够分解纤维素和半纤维素，并且利用它们分解产生的所有糖类，这也是目前生物能源的主要研究领域。为了赋予酵母上述功能，需要插入和最佳化多种酶和途径。为了把纤维素分解为葡萄糖，至少需要引入 3 种酶，即纤维二糖水解酶、内切葡聚糖酶和 β-葡萄糖苷酶。为了把半纤维素分解为各种糖（包括 D-木糖和 L-阿拉伯糖），至少需要引入 4 种酶，即木聚糖酶、木糖苷酶、葡萄糖苷酸酶和阿拉伯糖酶。为了增加戊糖的利用效率，还需要引入戊糖透性酶。所有这些酶或者可以分泌，或者可以定在表面。为了更好地协同作用，它们需要以正确的比率表达。

12.5.3 合成传感器

（1）合成转录和翻译生物传感器

合成转录和翻译生物传感器的结构如图 12-14 所示，它由两个基本的模块组成：①识别和结合分析物的敏感单元；②传感和报告信号的变换器模块。

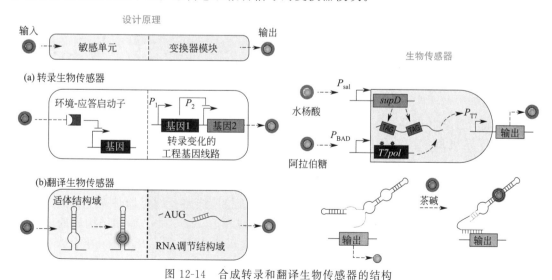

图 12-14　合成转录和翻译生物传感器的结构

① 转录生物传感器［图 12-14(a)］是由环境-应答启动子连接编程转录变化的工程基因

线路构建的，所设计的转录 AND 门只是同时传感和报告两个环境信号的存在（如水杨酸和阿拉伯糖）。在一个门输入中，一个环境-应答启动子（如 P_{BAD}）活化了 T7 RNA 聚合酶基因的转录以响应单一环境信号（如阿拉伯糖）。然而，该基因内部存在的琥珀型终止密码子可阻断转录物的翻译。第二个门输入的活化是打开翻译的关键，特别是当第二个启动子（如 P_{sal}）被环境信号（如水杨酸）活化后，可转录出 $_{SUP}D$ 琥珀型校正 tRNA，进而诱导翻译。换句话说，只有在两个环境信号同时存在时，T7 RNA 聚合酶才能忠实地表达，并用于活化输出 T7 启动子。这是如何通过连接多个敏感元件的传感信息，将复杂的专一性编程到变换器模块中的一个例子。而且，设计的转录模块将各种环境-应答启动子与 AND 门接合。

② 翻译生物传感器 ［图 12-14(b)］是将 RNA 适体结构域与 RNA 调节结构域连接起来构建的，这是一个 OFF "反开关" 的例子，它通过 RNA 生物感应器的适体茎识别和结合小分子茶碱，使分子中分离的茎环释放出反义结构域产生构象变化，并抑制输出报告基因的翻译。

(2) 合成后翻译和杂合生物传感器

合成后翻译和杂合生物传感器的结构如图 12-15 所示。合成后翻译和杂合生物传感器由两个模块组成：识别和结合分析物的敏感器件，传感和报告信号的变换器模块。

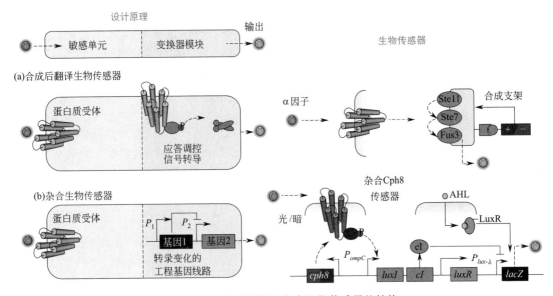

图 12-15　合成后翻译和杂合生物传感器的结构

① 后翻译生物传感器 ［图 12-15(a)］是由膜结合蛋白受体组成的，通过信号化的蛋白质触发信号转导级联。图 12-15 表明，为了物理定位酵母促有丝分裂原激活蛋白激酶（MAPK）途径的各种成分，工程化一个合成支架蛋白（图中是 α 因子），把途径的正和负调节器募集到该骨架上。该系统可以协调上游信号的应答（如加速、延迟或超敏感应答）。

② 杂合生物传感器 ［图 12-15(b)］是合成的遗传检验线路。敏感器件是一种光-暗传感器。Cph8 是蓝藻（光敏）色素 Cph1 的光受体结构域和 *E.coli* EnvZ 激酶结构域的嵌合体，这个合成的传感器可活化一种工程基因线路，其与逻辑门 AND 门（$P_{Lux-\lambda}$）组合产生细胞-细胞通讯（Lux 操纵子的各种基因和启动子），用以探查细胞边界并成像。Cph8 在有光条件时，其激活活性受到抵制，不能活化 *ompC* 启动子，反之则可活化该启动子。因此，没有光照的细胞通过活化 *ompC* 启动子表达合成酶 LuxI，产生细胞-细胞通讯分子 3-氧化己酰同

型丝氨酸内酯（AHL），同时也表达出转录阻遏蛋白 cI。AHL 能够结合到组成型表达的转录因子 LuxR，活化 $P_{Lux-\lambda}$ 启动子表达 β-半乳糖苷酶基因，然而与此同时，该启动子基本上被阻遏蛋白 cI 所抑制。总的结果是只有那些接受光照的并比邻产 AHL 的非光照细胞的细胞才能最终激活逻辑门（光照细胞吸收临近细胞产生的 AHL，而本身又不表达阻遏蛋白 cI），通过表达 β-半乳糖苷酶产生蓝色边界成像。

12.5.4 合成生物学用于药物发现、生产和治疗

合成生物学在药物发现、生产和治疗方面的应用如图 12-16 所示。

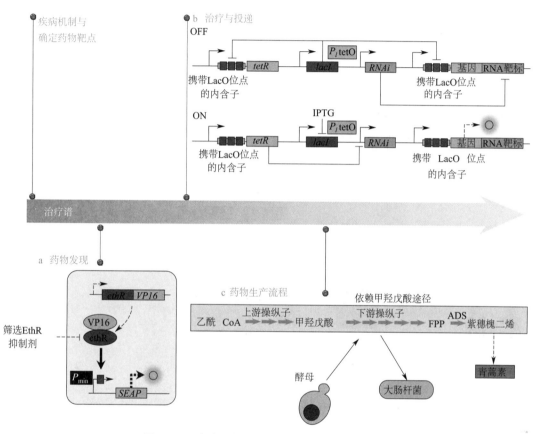

图 12-16　合成生物学用于药物发现、生产和治疗

图 12-16a 表示合成哺乳动物基因线路，其能够发现抗结核的化合物。在基因线路中，EthR 和哺乳动物激活剂 VP16 融合体合成的 EthR 操纵基因部位结合最小的启动子（P_{min}），并活化报告基因 SEAP（人胎盘分泌的碱性磷酸酶）的表达。这个平台可以在哺乳动物中迅速地筛选 EthR 抑制剂。

图 12-16b 表示一种为治疗或基因-投递应用而合成的哺乳动物遗传开关，使所期望的基因密集可调和可逆控制。在 OFF 线路接法中，目标基因的表达在转录和翻译水平上被控制。组成型表达的 LacI 阻遏蛋白结合目标基因的转录模块中 lac 操纵基因部位，因此抑制它的转录。转录由干扰 RNA（RNAi 靶向基因的 3′UTR）抑制。该系统通过加入 IPTG 而打开（ON），IPTG 结合 LacI 阻遏蛋白，结果解除两种形式的抑制。

药物不总是如人所愿，其中的主要原因之一是生产困难且成本高，如抗疟疾药物青蒿素

和抗癌药物紫杉醇（taxol）。由微生物生产这样的天然产物可采取合成生物学和代谢工程组合的策略。青蒿素既是天然产物大家族，又是多样性家族的一个成员。青蒿素（图 12-16c）萜烯前体的合成存在两个途径，在 *E.coli* 发现的天然异戊二烯途径［脱氧木糖 5-磷酸（DXP）途径］难于最佳化，为此，研究人员采用甲羟戊酸（MEV）途径，并以上游操纵子和下游操纵子的方式进行。以 *E.coli* 作为构建物的简单正交宿主平台，调整和最佳化代谢途径，然后它们连接植物的萜烯合酶 ADS 的密码子最佳化形式和最佳化异源途径。

12.5.5 合成生物学用于控制代谢流量

合成生物学用于控制代谢流量的策略如图 12-17 所示。

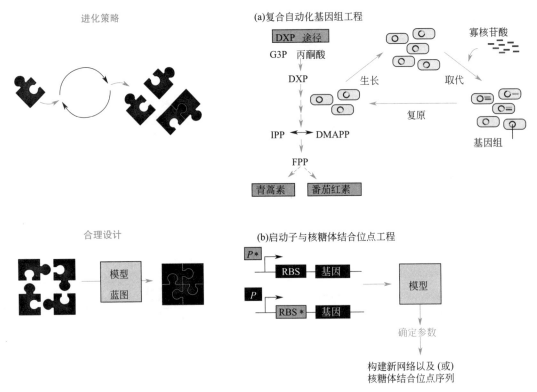

图 12-17 合成生物学用于控制代谢流量的策略

DMAPP—二甲基丙烯焦磷酸；FPP—法尼基焦磷酸；G3P—甘油醛-3-磷酸；IPP—异戊二烯焦磷酸

（1）进化策略

在青蒿素前体生产中，避开天然的 *E.coli* 异戊二烯途径［脱氧木糖 5-磷酸（DXP）途径］，有利于回避宿主强加给异源途径的调节机制（图 12-17）。因此，研究人员提出了 *E.coli* 最佳化天然 DXP 生物合成途径［图 12-17(a)］，开发出一种迅速的自动化方法——体内定向进化途径，称为复合自动化基因组工程（MAGE），然后用于进化 DXP 途径中各种成分的翻译效率，以实现最大化生产番茄红素。

（2）合理设计

图 12-17（b）表示合理设计的最佳化网络和途径。典型的是将目标的一种成分，如一种工程化启动子（*P**）或核糖体结合位点（RBS）序列，构建在一种简单的检验网络中。

首先，构建该网络及其输入-输出数据的输入模型，以试图测定一套参数；然后，最佳化的一套参数用于工程设计新的网络和成分。例如，随机的生物化学模型收集合成的工程化启动子表达动力学。继之，这些模型用于预测所构建的各种基因网络的体内表现。同样，在翻译水平上，预测相关的蛋白质翻译起始速率热力学模型可以用于理性的工程化合成 RBS 序列，给出所要求的表达水平。这样，利用建模的遗传参数去预测网络中蛋白质和酶的表达水平。

（3）杂合途径

图 12-17（b）表示通过杂合体途径控制代谢通量。在此途径中，研究人员提出在合成支架蛋白上募集所期望的生物合成途径各种酶可以控制代谢流量。为了构建酶的骨架，研究人员把后生动物（menazoan）信号化蛋白质的蛋白质-蛋白质相互作用结构域（如 GBD、SH3 和 PDI 结构域）联系起来，这些结构域识别和结合同源肽，其与募集的各种酶融合，如 *E. coli* 乙酰乙酰 CoA 硫解酶、*S. cerevisiae* HMG-CoA（HMBS）合酶和 HMG-CoA 还原酶。通过变动一些重复的相互作用结构域，研究人员可以额外控制募集的各种酶与复合物的化学计量（理想配比）。应用 *E. coli* 的异源依赖甲羟戊酸（MEV）途径作为模型，组合负责由乙酰 CoA 产生甲羟戊酸的三个酶最佳化的化学计量。最终，在降低宿主代谢负载的同时，这个最佳化的合成骨架实质上增加了产物的效价。换句话说，它们的高产物效价不需细胞中生物合成各种酶的超表达。

12.5.6 工程细胞

在进化过程中，细胞开发了适应环境的系统。细胞水平的合成生物学目标是从头开始设计机体——它是一座微生物工厂。为了完成这个较高的目标，科学家首先需要了解什么是生命。为了讨论这个问题，科学家采取两个主要的途径——自上而下和自下而上。在自上而下途径中从机体删除不必要的基因，以获得产生自我复制机体的最小基因组；在自下而上途径中，合成各种基因并插入"骨架（shell）"以产生生命机体。

Blattner 及同事开发了一系列简化基因组的 *E. coli* 菌株，已删除其基因组的 15%。删除的部分包括 700 个以上非必要基因、运动的 DNA 单元和隐蔽致命性基因。令人惊讶的是，形成的菌株在生长和蛋白质生产上可与野生型相媲美，而且基因组简化已产生有益的性质，例如高的电穿孔效率和高的基因重组稳定性。

基因简化的 *E. coli* 超过 3600 个基因，仍然太复杂以致不能完全了解。J Craig Venter 研究所的科学家采取该途径进一步简化 *M. genitalium* 基因组，由 482 个基因简化到 382 个基因。一些必需基因数量大于预期，大约有 100 个未知功能的基因。此外，如上所述，他们对 *M. genitalium* 基因组也采取自上而下途径。化学合成野生型 *M. genitalium* 完整的 583kb 基因组，并在酵母中组装，试图挑战前面提到的 *M. genitalium* 基因组。然而，他们成功地将化学合成的 *M. mycoides* 基因移植到 *M. capricolum*。rebooted 细胞能够自身复制，并表现出预期的 *M. mycoides* 表型。

化学合成基因组的自我复制机体研究仍在进行中，化学合成基因组依赖的机体早已实现。DNA 和 RNA 病毒，它们的基因组小（8～30kb），并且功能相对简单，因而更适合化学合成。到目前为止，脊髓灰质炎病毒、1918 西班牙感冒病毒、麻疹病毒、冠状病毒和 ΦX174 的全基因组合成已经完成，并证明有感染性。化学合成基因组的一种直接应用是在疫苗生产领域。现在，制造大规模改变的病毒基因组以便减弱它的毒性。例如，密码子去最佳化产生与其野生型表型相同的病毒株，由于使用了多种稀有密码子，使其不能在正常宿主中复制。

12.5.7 合成生态系统

合成生物学家在各种机体中设计了人工信号途径，包括酰基同型丝氨酸内酯（AHL）、细菌中基于乙酸的信号、酵母中植物激素信号和哺乳动物细胞的一氧化氮（NO）信号。通过构建和分析而使用人工信号合成的多细胞系统，不仅可以改进我们对天然系统的了解，并且为构建具有新功能的独特系统建立了有效的设计原理。

微生物抑制共生体采用不同的途径而实现两种类型细胞之间的协调。这个系统是由两种 *E.coli* 工程菌组成的，应用 AHL 信号以双向方式通讯。如果两种细胞种群以足够的密度存在，靶基因表达被活化。在不同共存细胞类型之间的协同作用，允许多细胞发挥作用和生存。一种有关的合成细菌 predator-prey 系统说明了两种工程化的 *E.coli* 种群通过双向通讯，能够彼此调节生长动力学（图 12-18）。关于 predator-prey 系统的广泛理论和计算分析，表明该类型的相互作用往往是产生有意义的和复杂的振荡种群动力学。predator 降低 prey 的种群，由于缺乏 prey 导致种群的减少，因此允许重构 prey 种群。往往通过构建生物系统及上述系统的实验观察同长期计算和理论模型相比，可以获得重要的知识，可用于工业发酵、免疫反应和生物去污等。

在自然界中，共生体被充分利用。例如，在食草动物的肠道中发现纤维素分解的共生体。为了降解纤维素，许多不同的微生物菌株协同作用，并且有时是共生。同样的协同作用已在合成的 *E.coli* 共生体中表现，证实两种菌株共同利用糖，每个菌株仅能应用其中的一种糖。

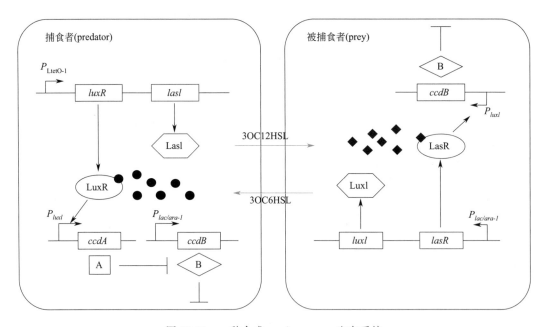

图 12-18　一种合成 predator-prey 生态系统

该系统由两个工程细菌种群组成，它控制彼此的生存和死亡。ccdB 是杀死细胞的细胞毒蛋白，高细胞密度造成 ccdB 高水平表达，而 ccdA 是其解毒剂。在 predator 中，ccdB 是组成型表达，没有外部信号生存。解毒剂 ccdA 仅在 predator 接收 prey 的信号分子（3OC6HSL）时才表达。在足够高 prey 浓度时，predator 将生存。然而，prey 也接收 predator 的信号分子（3OC12HSL）。在 prey 中，ccdB 响应 predator 信号而表达，因此，在足够高 predator 浓度时，prey 将死亡

12.6 设计与构建新的遗传系统

就遗传信息传递而言,生物学中典型的核酸——磷酸骨架不是唯一的选择,一些 DNA 和 RNA 的交叉配对也能够指导模板合成,其与 DNA 或 RNA 相当或更有效。其中,值得注意的是 1,5-脱水己糖醇[HNA,图 12-19(b)],其与 DNA、RNA 结合的复合体稳定性高。HNA 足以行使 RNA 模板的非酶促复制。HNA 信息传递到 RNA 需要形成 A-型,因此信息传递 DNA 是无效的。当用带有羟基的阿桌糖醇(ANA)取代 HNA 时,信息传递更有效。

另一个有趣的例子是 L-α-苏呋喃糖酰-(3′→2′)寡核苷酸(TNA)[图 12-19(c)],苏糖是仅有的两种丁醛糖中的一种,并且只能在 3′ 和 2′ 位连接。TNA 是至今研究的结构最简单的糖-核碱基核苷酸,并且在前生命条件下更易合成。TNA 同 DNA 和 RNA 结合形成稳定的交叉配对,这样能储存和传递遗传信息。含有单一 TNA 取代的 A 型和 B 型 DNA 复体的结晶结构表明,TNA 容易被复体接纳。TNA 似乎较 DNA 在构象上更具刚性,TNA-DNA 复体更稳定。除了 TNA,TNA 的 3′-NH 和 2′-NH 氨基磷酸酯寡核苷酸也同 DNA、RNA 和 TNA 形成有效的复体。例如,用 2,6-二氨基嘌呤(DAP)取代 DNA 中的腺嘌呤,可以提高 TNA-TNA、TNA-DNA 和 TNA-RNA 复体的稳定性,提高模板指导 TNA 寡体连接的效率。一种胞嘧啶 TNA 模板既可用于咪唑活化 rGMP,也可用于 RNA 非酶促聚合,这证实 TNA 能够传递遗传信息。

一种甚至更简单的核苷酸之间的连接是重复的甘油单元。乙二醇核酸(GNA)有一个乙二醇无环骨架[图 12-19(d)]。合成的 GNA 寡核苷酸反平行 GNA-GNA 复体相当稳定,并且遵循 Watson-Crick 碱基配对规则。GNA 同 DNA 形成不稳定的异型复体,(S)-GNA(乙二醇核酸)[不是(R)-GNA]同 RNA 形成稳定的复体。N2′-P3′氨基磷酸酯连接 GNA(apGNA)同 GNA 形成同型和异型复体,其稳定性与 GNA 相似。

合成的遗传系统——肽核酸(PNA)代表一种有趣的 DNA/RNA 交替。由氨乙基甘氨酸骨架构建的 DNA[图 12-19(e)]仍保持遗传信息,并且牢固地结合 DNA 和 RNA。PNA 能够直接与 RNA 连接,反之亦然。

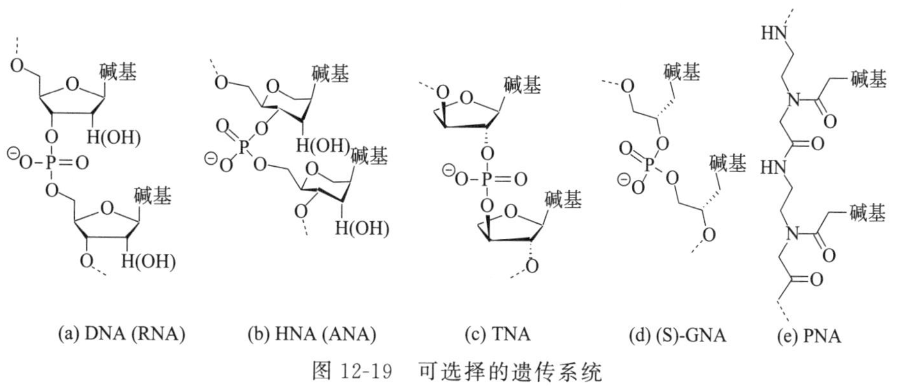

(a) DNA (RNA)   (b) HNA (ANA)   (c) TNA   (d) (S)-GNA   (e) PNA

图 12-19 可选择的遗传系统

能够指导模板合成的核酸骨架包括:己糖醇核酸(HNA)、阿桌糖醇核酸(ANA)、L-α-苏糖核酸(TNA)、(S)-乙二醇核酸(GNA)和肽核酸(PNA)

12.7 合成生物学面临的问题和挑战

随着合成生物学的深入发展，问题和挑战也随之而来。在部件的表征、标准化和模块化等过程中，挑战都隐约可见。

12.7.1 表征、标准化和模块化

设在麻省理工学院的"标准生物部件"登记处有 5000 个可订购的部件（2010 年），其中很多部件还没有被表征或表征得不清楚。即使表征过，它们的性能也会随细胞类型的不同或不同的实验条件而变化。有些部件使用标准化表征方法进行测量是很棘手的，即使每个部件的功能是已知的。然而，这些部件组合为装置，再组合成系统的功能可能不可控和不可预测。合成生物学家只好反复试验或使用建模技术减少反复的尝试。

12.7.2 噪声的处理

噪声（noise）有许多来源，包括外在的环境变化、基因表达的波动、细胞循环变化、代谢物浓度的差别和突变。

合成生物学家试图通过构建调节网络研究噪声。例如，合成的转录级联反应，在某种条件下衰减噪声，在另一条件下扩增噪声。在衰减噪声中负反馈作用是复杂的，并且取决于输入水平和负反馈强度。当工程化的遗传线路需要精确控制时，噪声常常被认为对细胞过程有负影响，并且应当避免。然而，就合成种群控制系统而言，噪声在保持细胞密度上有整合作用。在发育和应急过程中，噪声可能有利于细胞种群的生存。

12.7.3 表观遗传

在所有机体中总是发生基因表达以外的遗传改变，从而改变或破坏设计和构建新线路的功能。表观遗传学被定义为在 DNA 序列没有改变的情况下的遗传改变，并且可能是建立基因表达时间程序的一种重要机制。合成生物学家如何防止表观遗传过程发生，或者为达到目的如何应用表观遗传过程？这可能是对合成生物学家来说最大的挑战之一。如果一种机体已经出现一种表观遗传修饰，合成生物学家如何改变或解除这种修饰，使基因返回它的不参与状态？合成生物学家或许通过设计应对交叉产生改变敏感的各种系统或通过设计细胞使其在合成上保持或调节所要求的表观遗传"记忆"。

12.7.4 计算工具

利用直觉知识往往可以设计和最佳化小模块，大模块则不行。简单的计算模型已广泛用于模块的精炼。目前，完美的生物学模型是不存在的。系统的最佳化还是通过数学设计、遗传操作、实验观察和模型提炼的重复步骤完成。敏感性分析是一种潜在的有效计算技术，从中可以鉴定出最好的操作单元，即对整个系统行为影响最大的单元。由系统控制理论开发的其他计算算法，也是合成生物学有效的设计工具。

12.7.5　程序化抽提

生物设计的另一个重要考虑是管理日益增加的复杂系统的人本身的能力，对小的合成系统是可行的，但对较大的系统是不可行的。为了控制复杂度，生物系统设计者必须能够高水平抽提产生生物程序。各种计算工具应当自动地将高水平生物程序转为相应低水平表现度（如遗传序列）。生物程序语言 Proto 已用于模拟细胞通讯，程序化形成各种空间模型。Proto 的一个重要方面是网络最佳化——能够自动编辑复杂的网络，并把效率低的网络设计成更简单但功能却相当的网络。

适合生物学的其他两个程序化语言是"生长点语言（growing point language，GPL）"和"折纸形状语言（origami shape language，OSL）"。与 Proto 相似，在这些语言中所写的程序可以更简单并表现为自动编辑，其可以编码为遗传序列并实验检验。

高水平设计工具不仅仅提供有效的程序，也管理生物基质的辨别和要求。程序化设计工具应当考虑噪声、通讯、细胞死亡、形态变化、梯度效应、反馈抑制、部件和模块之间的阈值匹配、突变、细胞运动型、环境条件和细胞前后效应等，直至对生物系统有更详细和更精确的了解为止。高水平设计和实验之间的重复在复杂系统的构建和最佳化方面起重要作用。

12.7.6　合成生物学结果的处理

作为负责任的研究人员，当我们设计生命细胞或机体中的合成线路时，需要了解我们活动的逻辑结果。一般工程系统能够防止突变，随机出现的突变完全可能毁掉模块的功能，不允许工程化细胞或机体保持长期可靠地运行。工程菌的应用可能只是几天到几周，而对于组织工程而言，可能是几年或十几年。合成生物学的每项应用都需要慎之又慎。

12.7.7　部件不相容问题

将设计和构建的基因线路植入细胞中，它们可能对宿主产生非预期的影响或使线路失效。为了减少意外的相互作用，研究人员正在开发独立于细胞天然机制之外的"正交"系统。例如，英国剑桥大学分子生物学实验室的合成生物学家创建了一种 *E. coli* 中生产蛋白质的系统，这个新构建的系统与细胞的天然系统是分离的，互相不干扰或很少干扰。

任何生命体都是不断复制和进化的。一般工程化的机体倾向于"死"。合成的成分可以在一种临近序列中起作用，而在另一种序列中不起作用。在理论和实践之间最终起作用的是自然选择的成分。生物系统的工程化与电子学等的工程化存在着根本区别。

12.8　社会及伦理问题

关于社会及伦理问题，在重组 DNA 技术和基因工程诞生之时就已经讨论过了。在合成生物学出现之后人们又是那么说，没有什么全新的东西。然而，合成生物学也是一把双刃剑，在技术层面上要有防范手段；在社会层面上要有生物安全防护措施和教育。合成生物学是一门工程学科，"安全第一"无论如何都要到位，"施工"之前需要进行社会及伦理方面的预测；"过程"中要有应急措施；"完工"后要进行社会及伦理方面的评估。争论是长期的、必要的，也是促进科学技术发展的动力之一。

12.9 小结

　　过去 20 年，由于计算机科学和工程技术的应用，使合成生物学从传统的基因工程和重组 DNA 技术中脱颖而出，现已成为独立的工程学科。合成生物学可以描述许多生物学事件，从设计酶和体外系统，到操纵现有的代谢过程和基因表达，再到产生完全合成的生命形式。合成生物学强调模块化和标准化。由此可以说，合成生物学代表应用生物分子和资料的一种范例。

　　从生物学和电子工程之间的比较来看，合成生物学的特质是模块化。如果系统中的成分在功能上是相对独立的，那么这个系统可以用模块化来描述。分子生物学是高度模块化的，从它的基本单元核苷酸和氨基酸到其高水平的细胞组织和机体，借鉴计算机工程等级（从晶体管和其他小的物理成分到逻辑门、线路板块、完整计算机和计算机网络）及生物学复杂度的等级，可分为从基因和蛋白质到生物化学反应、途径、细胞和种群。在合成生物学中，把生物系统简化为模块，研究人员就能够测定调节模块的拓扑排列，这与电子信号加工单元类似（如逻辑门和反馈线路一致）。这些调节基序可以与输出信号模块重组。这种高水平的提取可以合成"原始细胞"，设计最小基因组。

　　在波兰科学家 Szybalski 创造"合成生物学"术语 37 年之后，生物学最终由分子生物学时代进入合成生物学时代。能够设计和构建功能超过天然生物系统的生命体是合成生物学的目标。或许有一天完全可以实现目前难以想象的目标，彻底改变人类的生活，诸如以合成生命体来高效转化地球最丰富的纤维资源；高效利用能源——太阳能；大量利用空气中的二氧化碳和氮，既防止气候变暖，又增加粮食生产；利用无害的合成病毒清除有害病毒——"以毒攻毒"；处理核废料、防止污染等。

　　我国科学家虽然没有最先提出合成生物学的概念，但却在合成生物学领域做出了先驱性的工作，如举世闻名的胰岛素人工合成、酵母丙氨酸 tRNA 的人工合成等。青蒿素是我国科学家最早发现并应用的，它被世界卫生组织认定为最有效的抗疟疾药之一。继之，美国科学家利用合成生物学方法创造性地改进了青蒿素前体的生产，成为合成生物学的标志性研究工作。中国科学家过去为合成生物学做出了举世闻名的贡献，现在也有能力在合成生物学的热潮中，抓住机遇，直面挑战，发挥优势，多实践，再创辉煌。

附　　录

附录一　遗传命名指南

1　细菌（bacteria）

1.1　概要

基因（基因座）：基因符号由三个小写斜体字母组成。具有相同表型的不同基因座突变用斜体大写字母后缀相区别，如 *uvrA*、*uvrR*（若有出入，参照细则部分）。

等位基因：等位基因用紧随基因座名称后的一系列特定的数字表示，如 *lacY1*、*araA1*、*araA2*。

如果发生突变的精确基因座不能确定，并且等位基因的名称只有三个字母，则基因座字母由连字符代替，如 *lac-23*、*eda-2*。

在一类特定的基因座中，等位基因的编号是不同的，如 *lacY1*、*lacY2*（注：当 *lac-1* 被定名为 *lacY1* 后，不能再将它定名为 *lacZ1*）。大肠杆菌等位基因的命名在 *E. coli* 遗传收藏中心都有注册〔Coli Genetic Stock Center（CGSC）：http://cgsc. biology. yale. edu〕。

蛋白质：蛋白质产物的名称与对应的基因或等位基因相同，但不用斜体，且首字母大写，如 UvrA、UvrB。

表型：表型的命名由三个正体字母组成，且首字母大写，如 Ara。

（1）野生型和突变表型分别在名称后面加上标"+"和"—"，如 His$^+$、Ara$^-$；

（2）可以用小写或大写字母的上标对链霉素抗性等表型进行更细致的描述，如 Str^s 或 Str^r。

1.2　命名细则

1.2.1　基因

命名基因：通常用反映基因某些性状（如突变表型）的缩写符号命名基因（最早由 Demerec 等提出）。

在基因符号后加上适当的后缀表示基因座。建议用后缀 *p* 和 *o* 表示启动子（promoter）和操纵基因（operator）位点，终止子（terminator）及其他位点的命名也应遵循这样的原则，如 *lacZp*、*lacAt*、*lacZo*。然而，这个系统并没有被广泛接受，主要原因是担心同质粒的命名系统混淆（见下文）。

枯草芽孢杆菌（*Bacillus subtilis*）中以许多通过阻遏孢子形成突变而确定的基因座的命名与 Demerec 等提出的命名规则存在很大差别。其中包括：（1）在 *0* 期阻遏孢子形成的枯草芽孢杆菌突变，如 *spo0A*、*spo0B*；（2）在 Ⅱ 期阻遏孢子形成的枯草芽孢杆菌突变，如 *spo* ⅡA、*spo* ⅡB 等。随后发现许多这样的基因座都包含多个基因（通常形成一个操纵子），因此在基因座后加上一个字母表示基因，如 *spo* ⅡAA、*spo* ⅡAB、*spo* ⅡAC。

有很多实例（如 *pur* 基因座的命名）都表明，枯草芽孢杆菌的基因命名不仅逐渐与大肠杆菌基因的命名一致，而且历来都是以大肠杆菌与沙门氏菌中相应基因的命名作为标准。

未定性的阅读框（ORFs）：Kenneth Rudd 提出了对 *E. coli* 和 *salmonella* 中 ORFs 的命名规则。该命名规则不仅被用于 SWISS-PROT，并且被美国微生物学会（American society of Microbiology）的出版物所采用。如染色体 0~10 分钟区段的 ORF 命名规则为 *ya*[*a*~*j*]*A*~*Z*，如 *yabK*；染色体 10~20 分钟区段 ORF 的命名规则为 *yb*[*a*~*j*]*A*~*Z*，如 *ybaC*（如果在任何分钟内的命名用完了 26 个字母，则要进入下一个 10 分钟开始新的循环，如 *yaaZ* 之后是 *ykaA*、*ykaB*）。

从对基因座的遗传和表型描述过渡到分子描述时偶尔会出现问题，尤其是在对编码次级代谢物的基因簇进行命名时。*Streptomyces coelicolor* 中放线菌紫素合成基因的命名就反映了该系统有关实验的发展史，如 *act*Ⅱ-ORF4。

1.2.2 等位基因

本命名指南在对等位基因进行命名时，尽量避免使用上标和下标。只有在表示野生型等位基因时，才用上标"+"，如 *ara*$^+$ 或 *araA*$^+$。

突变体参照各种属命名，不用"−"号，如 *ara* 或 *araA*。

突变的类型可以在等位基因后的括号内用适当的非斜体缩写表示，如组成性突变（Con）、温度敏感型突变（Ts）、冷敏感型突变（Cs）。

抑制基因和抑制的突变体命名要在括号中表明其性质：（1）用 AS 表示琥珀 UAG 抑制基因，如 *serU67*(AS)；（2）用 OS 表示赭石 UAA 抑制基因，如 *lysT46*(OS)；（3）用 Am 表示琥珀抑制基因的等位基因，如 *lacZ82*(Am)。

当抑制基因的性质未知时，常用 sup 对其命名。上述提到的抑制基因原先也是用 sup 或 Su 命名的，后来发现它们是 tRNA 基因，才改用相应的系统命名。

下标在某些情况下可以使用：（1）区别不同物种或株系中同名的基因，如 hisA$_{E. coli}$；（2）区别多重启动子等不同的元件，如 *glnA*p$_1$、*glnA*p$_2$。

1.2.3 结构突变

基因组的缺失、融合、转座和倒位分别用 Δ、Φ、TP 和 IN 表示，后接所影响的基因或区域，然后是突变的编号。如果重排延伸到基因外，则在括号中标明受到影响的区域。

对于含有多个基因座的缺失，只给一个特定的编号，对于基因座内多个位点的缺失也只给一个特定的编号，如 Δ*trpE5* 是 *trp-5* 突变的独特编号，Δ(*aroP-aceF*)73 是特定的第 73 号缺失突变。

倒位是很少见的，用 IN（区域）表示，其后跟特定的编号，如 IN(*rrnD-rrnE*)1。

转座出现的概率很低，下面的例子是转座命名的一种方法：TP(*lacI-purE*)33 表示 *lacI* 和 *purE* 间的区域（包括这两个基因）被插入染色体的某个位点（这里指 *proB* 和 *proA* 之间）。

由于大多数的转座都涉及 F′因子的插入，因此可以用另一种方法来命名，该方法用 TOR 加编号表示。TOR 表示位于 Hfr 上的转座位点的起点，转座的编号是特定的，用于表示某 DNA 片段转座的方向和位点，如 TOR13。

融合用 Φ 表示，如 Φ(*ara-lac*)95 表示 *ara* 和 *lac* 之间的一种融合。

插入的命名是在基因座名后加上双冒号，然后是插入的基因或元件的符号，如 *araA273*∷*Tn10*（注意：有时也用双冒号代替 Φ 表示体外构建的融合体）。所有的缺失、倒位和转座的等位基因编号都在收藏中心注册，从而避免重复使用。

如果插入或融合所涉及的基因被缩短，则用"′"号表示，如 $\Phi(araB'\text{-}lacZ)96$。

其他来源的基因整合到细菌基因组中，这些基因的命名与其他插入物的命名规则相同，而且所用的符号应与原来的一致，如 $lacZ::gfp$。

1.2.4 菌株基因型

菌株的完整基因型包括菌株的交配型、性别及所有的突变（用空格或逗号相隔），并在括号中对附属元件（如质粒或原噬菌体）进行遗传说明。如果附属元件本身是一个具有基因型的外源元件，且基因型必须被标出，则染色体与外源遗传因子之间用斜线隔开，如（1）F^-，$\lambda^- thyA748::Tn10\ rph\text{-}1\ deo\text{-}77$ 代表一个 F^- 菌株；（2）$lacZ53(Am)galK35\ \lambda^-$ $pyrD34\ trrp\text{-}90::Tn5\ rpsL125(str^R)malT1(\lambda^-\ \text{resistant})mtlA2\ thr\text{-}1\ valR119/F106\text{-}3$ $(aroA273::Tn10)$ 是一个 F′ 菌株的基因型。斜线后的 $F106\text{-}3$ 表示 F′ 因子，括号中的 $aroA$ 等位基因表示 F′ 因子携带突变。

1.2.5 菌株命名

通过突变或分离得到的新菌株必须给一个新的命名，命名符号由一个或多个非斜体的字母（一般反映该菌株来源的研究者或实验室）和一个系列号组成，如 C600（注：为了避免重复，菌株名的前缀应清楚地表示出对应的收藏中心）。

1.2.6 转座子

细菌的转座元件包括 IS 元件（简单插入序列，通常小于 2kb，只含有与插入功能有关的基因）、转座子（相对 IS 元件而言，序列较长、结构较复杂）和附加体（包括 $E.coli$ 中可以整合或独立存在的 λ 噬菌体和 F 质粒）。

IS 元件和转座子的命名分别用符号 IS 和 Tn 表示，其后为斜体的编号，如 IS3、Tn9。对 Tn 元件有一个专门的命名注册处，所有新的 Tn 元件都必须经注册处核实。

1.2.7 噬菌体

噬菌体基因的命名用 1～3 个斜体的字母，大写或小写均可，如 N、cI、int。

当几个基因突变产生类似表型时，可加上罗马数字编号，如 $c\,\text{I}$、$c\,\text{II}$、$c\,\text{III}$；或者其基因产物可用 gp 加上基因名称表示，如 gp43；或是在基因名称后加上"蛋白"二字，如 cI 蛋白。

表型与基因产物的命名不用斜体，但首字母要大写，如 N、Int。

插入噬菌体基因组的宿主 DNA 命名时要写在方括号中，但一些最常见的例子并没有遵循这个原则，如 λgal、λbio。溶源性噬菌体在细菌染色体中的附着部位通常命名为 att 位点，其后是所对应噬菌体的名称，如 $att\lambda$、$attP$、$attHK022$。

1.2.8 质粒

新发现或改造的质粒命名由小写的前缀"p"加上非斜体字母和编号组成，如 pBR322。

对天然存在的质粒仍使用原有的命名，如 col E1、F、R100、SCP1 等。

插入质粒的基因或质粒突变体的命名根据 Demerec 等的命名规则进行，并用方括号或圆括号括起，前缀表示质粒的 F 型，如 F128-20 $\left[proBA^+,\ lacIp\text{-}4000^{(lacIQ)}\Delta lacZ(M15)\right]$，此例中 $proBA^+$ 是一种缩写，表示插入序列包括 $proB$ 和 $proA$ 基因座，并且从该处一直扩展到 lac 基因座。

质粒中的缺失和其他类型重排的命名与细菌染色体基因组中的缺失和重排的命名规则相同，如缺失了基因 cad 与 asa 的质粒命名为 pI258$\Delta(cad\text{-}asa)$ 7。

2 裂殖酵母（*Schizosaccharomyces pombe*）

2.1 概要

基因（基因座）：基因符号由三个小写斜体字母与一个阿拉伯数字组成（裂殖酵母不存在全基因名称），如 *arg1*、*leu2*、*cdc25*、*rad21*。

等位基因：对于同一基因座上不同等位基因，则是在基因座符号后用连字符加上等位基因特异的后缀来命名，如 *ade6-M26*、*ade6-469*。

（1）特定基因的野生型等位基因用上标"＋"表示，如 *arg1*$^+$；（2）在描述基因型时，野生型等位基因用"＋"表示。基因符号不反映基因的显隐性关系。

蛋白质：蛋白质用相应基因的基因符号表示，正体书写，并且首字母大写，如 Arg1、Leu2、Cdc25、Rad21。按照酿酒酵母的命名习惯，裂殖酵母研究协会也逐步采用了"P"后缀表示蛋白的表示方法，如 Arg1p、Leu2p、Cdc25p、Rad21p。

表型：表型名称通常用基因名称的三个正体字母表示。

野生型和突变体：分别采用"＋"和"－"上标表示，如 arg$^+$、arg$^-$。

2.2 命名细则

2.2.1 基因

多功能基因的互补群命名时，在基因座符号后标注一个大写字母，如 *trp1A*。

线粒体基因符号必要时用方括号括起以便与核基因相区别，如［*cox1*］。（注含有质粒的菌株采用类似的命名方法，详见"基因型"，但这种用法有一定的限制。）

通过克隆鉴定获得的基因的命名规则与通过突变或是通过基因产物（但不是表型）鉴定的基因命名原则相同，或者以"*orf*"作为临时性的命名，如 *orf39*。

以 ORF 临时命名的基因最终要根据鉴定的结果按照基因的命名规则进行重新命名，如蛋白质酪氨酸磷酸酶基因（protein tyrosine phosphatase）命名为 *pyp1*。

2.2.2 等位基因

对某种介质具有抗性或敏感性，以及温度敏感性等位基因用相应的上标加以区别，如（1）刀豆氨酸抗性的等位基因命名为 *can1-1*^{r}；（2）温度敏感等位基因（*ts* 表示热敏感，*cs* 表示冷敏感）命名为 *cdc2-5*^{ts}、*top2-250*^{cs}。

抑制基因突变体遵循相同命名原则，如（1）抑制 UGA 无义突变的丝氨酰 tRNA 基因的突变等位基因命名为 *sup3-5*；（2）抑制基因的野生型等位基因同样用"＋"上标表示，*sup3*$^+$。

通过重组 DNA 技术获得的等位基因的命名方式是在被重组基因的基因名称后面接上表示性质改变的相应符号。例如，::表示断裂插入，int::表示整合，$-D$、$-del$ 或 $-\Delta$ 表示缺失，$-r1$、$-r2$ 等表示置换。（1）*ade6*::*ura4*$^+$ 表示插入有功能 *ura4*$^+$ 基因后的 *ade6* 基因（*ade6* 基因丧失功能）；（2）*ade6* int::*ura4-1* 表示 *ura4-1* 基因整合到 *ade6* 基因的邻近区域但不影响 *ade6* 的功能；（3）*ade6-D1*、*ade6-del1* 和 *ade6-Δ1* 均表示缺失了 1 号区域的 *ade6* 基因；（4）*ade6-r1* 表示"置换 1 号区域"的 *ade6* 基因。（注：缺失和置换之间没有严格区分，根据不同的情况选择命名方式）。

交配型基因座：裂殖酵母中存在三种交配型基因座 *mat1*、*mat2*、*mat3*，通常 *mat2* 和 *mat3* 是沉默的。

交配型基因：可表达的交配型基因座 *mat1* 含有一个非同源盒（*mat1-P* 或 *mat1-M*），这两个非间源盒分别含有两个不同的基因，命名为 *c* 和 *m*，如 *mat1-Pc*、*mat1-Pm* 和 *mat1-*

Mc、$mat1$-Mm（注：Pm 和 Mm 分别表示 Pi 和 Mi）。

裂殖酵母有三种常见的交配型：（1）同宗配合（h^{90}，野生型）和两种异宗配合菌株（h^{+N} 和 h^{-S}，通常用 h^{+} 和 h^{-} 表示）；（2）不同遗传型异宗配合菌株命名时用上标表示，如 h^{-N}、h^{-S}、h^{+R}、h^{-L}、h^{-U}。

2.2.3　菌株基因型

单倍体菌株的名称由交配型、空位和等价基因符号组成，如 h^{+} $ade6$-$M26$ $arg1$-230 rec-110。

双倍体菌株的命名方式与单倍体菌株相似，只是用斜线将同源染色体上等位基因分开，如 h^{+}/h^{-} $ade6$-$M26/ade6$-469 $arg1$-$230/+rec8$-$110/+$。

当菌株含有质粒时，质粒用方括号括起，如 $cdc22^{ts}$〔$pSUC22$〕表示携带 $suc22$ 基因质粒的 $cdc22^{ts}$ 菌株（注：这种命名方式容易与线粒体的命名方式混淆，在使用时应注意标明）。

2.2.4　染色体和畸变

三条染色体分别用罗马数字Ⅰ、Ⅱ、Ⅲ表示。（1）细胞遗传学缩写：染色体臂用L和R表示，如ⅠL、ⅠR、ⅡL、ⅡR、ⅢL、ⅢR。（2）用 cen 表示着丝粒，如 $cen1$、$cen2$、$cen3$。（3）tel 表示端粒，如 $tel1L$、$tel1R$、$tel2L$。

对于染色体重排，用下述正体符号表示：C 表示环状染色体，D 表示缺失，Dp 表示重复，In 表示倒位，Is 表示插入，T 表示转座。对于特殊的重排现象，建议在畸变符号接一个连字符，然后加上字母与数字，如 T-B553。

2.2.5　移动元件

移动元件用 Tf（transposon of fission yeast）命名，如 Tf1-107、Tf2。

2.2.6　菌株

菌株的命名并没有特别规定，但要用正体，如 PA11、GP833。

2.2.7　质粒

质粒是以一个小写字母 p 加上大写字母与数字来命名，并且全部用正体，如 pFL20、pSUC22。

3　酿酒酵母（*Saccharomyces cerevisiae*）

3.1　概要

基因（基因座）：基因符号由三个小写斜体字母与一个阿拉伯数字组成（基因全名不受命名系统的限制）。字母符号通常采用对突变体的表型或野生型功能描述的缩写（详见"基因"和"等位基因"命名细则）。小写斜体表示隐性，大写斜体表示显性，如 $ade5$、$cdc28$、$CUP1$、$SPC105$。

等位基因：等位基因的名称包括基因符号、连字符和一个斜体书写的数字，如 $act1$-606、$his2$-1。

蛋白质：蛋白质用相应的基因符号命名，不用斜体，首字母要大写并加上后缀"p"（加上后缀主要是避免与表型的名称混淆），如 Ade5p、Cdc28p、Cup1P、Spc105p。在不与表型发生混淆的情况下，可省略后缀"p"，如 Ade5。

表型：表型用相应的基因符号表示，不用斜体，但首字母要大写。用上标"＋"和"－"区别野生型与突变体，如 Arg⁻ 表示精氨酸缺陷型，Arg⁺ 则是野生型。

3.2 命名细则

3.2.1 基因

基因显隐性关系在概要中提到采用大小写表示，但是，有个别等位基因在一种杂交中为显性，而在另一种杂交中则表现为隐性，因此增加了命名的难度。对于这种情况，常用的方法是根据遗传和物理图谱，同已定位的等位基因进行比较后决定采用何种方式进行命名。

性质相关的基因通常采用相同的三个字母命名，只是标以不同的数字进行区别，如在交配型转换中起作用的一系列基因命名为 *SW1*、*SW11*、*SW13*、*SW115* 等。

阅读框（ORF）的命名在其基因名称确定之前，根据其在遗传图谱上的位置给一个名称。阅读框通常是用三个大写字母，后接数字和一个字母：Y 表示酵母中未知序列，A 到 P 分别表示 I 号到 XVI 号染色体，R 和 L 表示染色体左右臂，数字表示以着丝粒为起点向两侧的阅读框排列序号，W 和 C 表示阅读框的序列是位于 waston 链还是 Crick 链（waston 链是从左端粒到右端粒的 5′ 至 3′ 方向），例如 XI 号染色体左臂上第 25 个阅读框表示为 YKL025C。

线粒体突变体的命名方式一般遵循上述规则，但以前沿用的符号 ρ^+、ρ^-、Ψ^+、Ψ^- 仍旧保留。

3.2.2 等位基因

通过重组 DNA 技术获得的等位基因的命名方式是在被重组的基因名称后加上表示性质改变的符号：:: 表示断裂插入，−Δ 表示缺失，Δ:: 表示置换。（1）*ade6*::*URA4* 表示插入有功能的 *URA4* 基因的 *ade6* 基因；（2）*ade6*−*Δ1* 表示缺失 1 号区域的 *ade6* 基因；（3）*ade6Δ*::*URA4* 表示 *ade6* 基因被 *URA4* 置换。

显性抑制基因的命名采用三个大写字母加上基因座序号来表示，如 *SUP4*、*SUF1*；隐性抑制基因则用对应的小写字母表示，如 *sup35*、*suf11*。

移码抑制基因一般也以大小写方式区分显隐性关系，如 *SUF1*、*suf1*。

代谢抑制基因的命名方式变化较大，如（1）*snf1* 的抑制基因命名为 *ssn1*；（2）*rna1-1* 的抑制基因命名为 *srn1*；（3）*his2-1* 的抑制基因命名为 *suh1*。

赭石或琥珀突变抑制基因的命名有时可加上黑体后缀**-o** 或**-a**，如 *SUP4***-o**、*SUP4***-a**。

使抑制基因失活的基因内突变体的命名与其他突变等位基因的命名规则相同，如 *sup4-***o***-1*。

交配型基因座的命名采用特殊规则：（1）交配型基因座（*MAT*）的野生型等位基因命名为 *MATa* 和 *MATα*；（2）*MATα* 基因座的两个互补群分别命名为 *MATα1* 和 *MATα2*；（3）*MAT* 基因的突变体则用小写斜体字母，如 *mata-1* 和 *mata-1*；（4）*HMR* 和 *HML* 基因座的两个野生型同宗配合等位基因分别命名为 *HMRa*、*HMRα*、*HMLa* 和 *HMLα*；（5）*HMR* 和 *HML* 基因座的突变体则命名为 *hmra-1*、*hmla-1* 等。

由转座子插入产生的等位基因的命名与通过重组技术获得的等位基因的命名规则相同，转座子的名称不是等位基因命名中的必需组成部分，如 *ura3*::*Ty2*。

3.2.3 基因型

在表示菌株基因型时，先写交配型基因座。

如果是单倍体，则列出所有的基因名称，如 *MATα act1-1 URA3 ADE2*。

如果是二倍体，每个基因的两个拷贝都要列出，但要用斜线隔开，如 *MATα/MATa act1-1/ ACT1 ura3Δ/URA3 ADE2/ADE2*。

非孟德尔基因型（例如由质粒或线粒体 DNA 元件决定的）可以用方括号括起以示区

别，如 $[KIL\text{-}0]\ MAT\alpha trp1\text{-}1$。

3.2.4 染色体

16 条染色体用罗马数字 I 至 XVI 依次表示。（1）染色体臂则以 L（短臂）和 R（长臂）表示；（2）CEN 表示着丝粒，如 CEN17 到 CEN16（对于端粒并无特别规定）。

3.2.5 移动元件

在新的酿酒酵母（*S. cerevisiae*）遗传学命名手册中，酿酒酵母转座子命名为 Ty 元件（以前命名为 Ty1、Ty2、Ty3 和 Ty4）。含 Ty 元件的基因命名，首字母为 Y，接着是一个代表含有 Ty 元件的染色体字母，然后是染色体的左臂 L 或右臂 R，接下是表示 Crick 链或 watson 链的 C 或 W（Crick 链与 watson 链的定义见阅读框命名部分），其后是 Ty1、Ty2 等，最后以连字符加上一个特定的数字表示某一移动元件，如（1）YERCTy1-1 表示位于 V 号染色体，在着丝粒右边，位于 Crick 链上第一个 Ty1 元件；（2）YCLWTy5-1 表示位于 III 号染色体，在着丝粒左边，位于 watson 链上第一个 Ty5 元件。

Ty1 和 Ty2、Ty3、Ty4 的 **LTR** 序列分别命名为 δ、σ、τ。

SGD（*Saccharomyces* Genome Database）：http：//www. yeastgenome. org/

附录二　常见的克隆方法

1　琼脂糖凝胶电泳图中核酸的亮度与量的关系

很多实验室都不具备微量紫外分光光度计，故不能对每一个核酸样品都进行定量，因此需要对 DNA 样品估量大致浓度。下面罗列琼脂糖凝胶电泳图中核酸的亮度与量的关系，供参考。

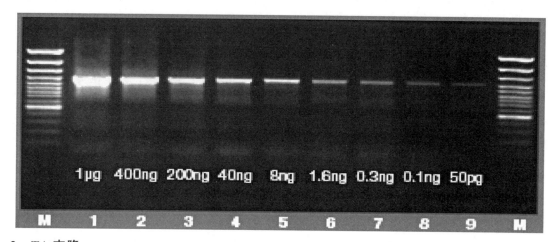

2　TA 克隆

TA 克隆是一种 PCR 产物与载体直接进行克隆的方法。它利用 Taq DNA 聚合酶具有末端连接酶的功能，在每条 PCR 扩增产物的 3′端自动添加一个 3′-A 突出末端，同时利用 TA 克隆系统提供的线性含 3′-T 突出末端的载体，将 PCR 产物直接高效地与载体连接。TA 克隆不需要使用含限制酶序列的引物，不需要将 PCR 产物进行优化，不需要把 PCR 产物做平末端处理，也不需要在 PCR 扩增产物上连接接头分子，即可直接进行克隆。

PCR 反应中常用的 Taq DNA 聚合酶具有非模板依赖性的活性，可将 PCR 双链产物的每一条链 3′端加入单 A 核苷酸尾，在 70～75℃时，Taq DNA 聚合酶的这种活性尤为显著，而常规的 PCR 反应程序最后的步骤均为 72℃延伸 7～10min，故可满足 PCR 产物 3′端为突出的单 A 核苷酸尾的要求。另外，在仅有适量的 dTTP 存在的情况下，Taq DNA 聚合酶也可将切成平末端的质粒 3′端加入单 T 核苷酸尾，故用 Taq DNA 聚合酶也造成切成平末端的质粒 3′端产生突出的单 T 核苷酸。PCR 产物的 3′末端单 A 核苷酸尾与切成平末端的质粒 3′末端突出的单 T 核苷酸实现 T-A 互补，这实际上是一种黏性末端连接，因而具有较高的连接效率。

TA 克隆常用的 T 载体有 pTA2、pMD20 等，可用 EcoRV 将质粒切成平末端，利用 Taq DNA 聚合酶及 dTTP 制备 T 载体。

以前对 PCR 产物进行克隆采用的方案有以下几种：一是将 PCR 产物切成两个平末端的双链 DNA，然后克隆到切成平末端的质粒载体上，或在 PCR 产物两端的加上接头后，克隆到质粒载体上的相应位点上；二是在设计 PCR 引物时，使引物的 5′端含有限制酶序列，在 PCR 反应结束后，再将 PCR 产物用相应的限制酶进行处理，以便于克隆到质粒载体的相应位点上。与 TA 克隆相比，这些方法虽然有效，但均较烦琐。

附录三　实验过程中的注意事项

1　实验前的注意事项

（1）保持一颗平常心来热爱科学实验

科学实验不可能一蹴而就，它是一项劳心、劳力的研究工作。

首先，无论是出于爱好还是其他原因来进行实验，都必须热爱科学实验，这样才有可能静心思考实验的每个环节。

其次，做实验时必须保持一颗平常心，实验毕竟是探索未知的过程，实验开始之前的设想不可能在实验中完全实现。

最后，一定要耐心对待实验中的每件事情。每个完整的实验结果，都是在实验过程中不断完善的。一篇好的学术论文都是多年实验的结果。在劳心、劳力的研究工作中学会享受实验所带来的乐趣。成功的欢愉归于实验前后的努力和再接再厉，失败的教训化作下一次努力的开始。爱心、平常心加上耐心，是科学研究的基础。

（2）认真做好实验准备工作

实验前的准备工作包括基础理论知识的准备和实验基本技能的掌握。

做实验前一定要熟知书本上的基础生化理论知识，这是做实验的基础。必须要有足够的资料文献准备，要带着思考去查阅文献，同时要有一定的逻辑性。对不同的文献要归类，阅读后记下重点内容，并标明出处，以备日后再用。要明白实验中每一步的精髓。如常规的离心，所得到的沉淀绝对不是离心力与离心时间相乘的结果，而是由离心力决定的，离心力是第一也是绝对的决定因素。在实验中有时会发现，在相同的离心速度下，离心 1min 与离心 10min 所得到的沉淀几乎一样。

要养成以下良好的实验习惯。

（ⅰ）要有基本的实验习惯，所有的记录必须清楚。要时刻清楚知道自己所做实验的一切，认真做好各项标记，多么详细都不为过。

（ii）实验中所用的试剂一定要专用，尽可能使用自己一个人所有的试剂。所有的试剂都自己配，出了问题才容易找原因。所有的东西都要即时标记好，新到的试剂应马上标明到达日期，这样能确保实验所用的试剂有效。所有配制的试剂都要标明三要素（药品名称、浓度、配制日期），同时还得标明配制者的名字、试剂的批号等。所有的实验用具都不要轻易用别人的；万一要用时须先打招呼，且详细记录。第一次用到公共试剂时要注意质检，并注明相关的要素：配制时间、配制者、是否用过。要做好小离心管的标记，同时记录本上也应有相应详细情况的登记。重要的试剂须再加贴一张标签纸，用透明胶带贴在字的外面，以免在冰箱中反复冻融而使字迹模糊。

（iii）认真做好实验的准备工作。实验前应认真设计，包括试剂、仪器的准备，实验方案的设计等。尽可能完备自己的实验方案。首先必须好好设计实验，做什么、怎么做都应该心里清楚。仔细查阅有关的文献资料，仔细分析、比较已有的多个相同或相似的实验方案，凭自己的专业知识选择其中一个；同时向做过类似实验的人请教，他们对实验的感性与理性认识无疑是极有帮助的。仔细准备实验前的一切，争取一步到位。实验前最好做一份详尽的试验流程图并贴在试验台前，这是科研的"寻宝图"。需要特别注意的地方要特别标注，这样可以随时参照。有计划地安排时间，在有限的时间内有效地做更多的工作。

（iv）尽量注意节约资源，保护环境。科学研究本身的消耗极大，同时又会给环境带来污染。因此，如果对其他实验没有什么大的影响的话，有些实验材料应尽可能回收利用，这样也能够减少对环境的污染，如 PCR 扩增用过的枪头完全可以用于 EB 电泳加样。一些病原性液体要及时杀灭处理，避免感染人畜。该用进口的试剂就不能太节省，如提取 RNA 时所用到的 Trizol 约 900 元一瓶，可以分析 100 个小剂量的样品，经济实用、效果稳定，若自己配制的话，价格也不便宜，且效果不是很理想。

（3）科学研究要具有一种冒险精神

任何突破性的进展在没有得到证实之前都只是异想天开，尝试得越多，获得原创性发现的可能性就越大。不要迷信所谓的权威专家，不要因为某个实验方案是某个专家设计出来的就以为没有什么问题，而完全照搬。因为专家设计出来的实验方案是基于其所在的实验条件，而在别的实验条件下未必是最佳的。

一定要按照自己的实际情况来进行设计。实际上，在弄懂了实验原理的基础上，改良实验方案是完全可能的。

另外，不要太迷信所谓的试剂盒，有时候所谓的"土"办法更有用。试剂盒是能成功，它保证所有人都能成功，即使以前没有任何相关经验与背景知识。这就决定了使用试剂盒本身就不是最佳的方案。根据以往质粒 DNA 大量提取的传统"土"办法，可以进行一些改良：加溶液 P3 后不直接过柱，而是简短高速离心，让绝大多数蛋白质沉淀下来，不让其干扰下一步质粒 DNA 过柱，可提高最后质粒 DNA 的质量，也可减少因细菌蛋白团块所造成的浪费；加入异丙醇，室温放置 30min 以上，让其充分沉淀，可提高最后质粒 DNA 的量；70% 的乙醇洗涤后，并不马上洗脱质粒 DNA，而是让其在室温下充分干燥，这一步相当重要，因为痕量的乙醇对下一步实验干扰很大，同时也严重影响所得到的质粒 DNA 的质量；最后的洗脱分三次进行，而不是产品说明书所描述的一次性洗脱，充分应用分析化学中常用的"少量多次"原理。

2 实验中的注意事项

（1）做实验一定要细心，注意每一个细节

做实验时需要认真思考，对每个步骤都提前想一想。实验中的每个环节都非常重要，忽略其中任何一个环节都有可能导致实验失败。在实验过程中应尽可能地细心，否则出来的实验结果自己都无法解释。最有挫折感的是，有时理论上千真万确的东西拿去实验却得不到相应的结果，有些实验的事实根本无法用理论来解释！

加样枪的正确使用是一切实验的基础。（ⅰ）每个加样枪都有一定的吸取范围，最好不要接近取样范围的上限和下限来取样：用其下限来取样，久而久之加样枪的弹簧就会失效；用其上限来取样，一不小心溶液就会吸进枪里。（ⅱ）在具体加样上，无论是多高级的加样枪，都不要相信 $1\mu L$ 及以下的操作；即便开始是准确的，以后也会不准确；要学会适度稀释。每个样品加入 $2\mu L$ 时，实验的重复性才有保证。（ⅲ）吸液时操作要缓慢，以免试剂吸到枪里面而腐蚀加样枪。例如，吸取 SDS 溶液时，动作一快加样枪里一定会吸入 SDS 泡泡；吸取 NP-40 或甘油时，吸液过快，不是产生了一个大的气泡将溶液吸进枪里，就是吸取量不够。（ⅳ）枪头的尖不能深插在溶液中，最好只在其表面下一点吸取。例如，吸取 NP-40 或甘油时，插入过深，枪头外一定会黏附不少溶液。（ⅴ）枪头用完后应马上从移液器上取下来，不能用两次。（ⅵ）暂时不用加样枪时不能一直将它拿在手里，以免碰到别的物品，更不可将加样枪倒过来拿。

除了加样枪外，还要注意一些其他细节。（ⅰ）量筒或者烧杯用完后，要及时清洗，不能等积累了好几个器皿再一齐清洗，这样一些溶液沉淀后会粘在器皿上，加大清洁的难度。（ⅱ）试剂使用之前要混匀，以免放置时间过长而使浓度不均。（ⅲ）配制溶液时先加入适量的水，再按所需加入固体或液体，最后再定容。先期不能加入过多的水，有的固体溶质如尿素只需少量的水。但不加水的话有时会加大溶解的难度，甚至会引起某些意外的化学反应，如配制质粒 DNA 提取溶液Ⅱ时，如先加 10mol/L 的 NaOH 再加 SDS 最后加水的话，试剂会形成黏液而不能用。（ⅳ）任何时候拿取装有溶液的器皿时，手心都要握住标签所在的地方。（ⅴ）移取有盖子的器皿时不能只抓盖子，一则容易脱落，二则可能污染溶液；当手湿的时候不能移取光滑玻璃器皿，因为容易滑脱。（ⅵ）实验方案中的冰浴就是冰水浴，如果是纯冰的话最好将样品置于冰的表面。因为纯冰的温度可能在 $-10℃$ 以下，溶液中如含有 SDS 等物质的话会有片段沉淀，严重影响实验结果而实验者又不容易分析其原因。

（2）实验时认真观察，及时记录

无论实验结果好坏，也不管实验大小，实验过程中要记录好每步操作，在实验间隙描述实验现象。例如，记录所用试剂的批号、日期等。建立起一手好的原始资料，为以后分析实验原因建立资料库。

（3）做实验时不能三心二意

做实验时不要老想着结果，而要注意细节，认真记录；无论你多么熟悉这个实验，也不能一边聊天或听音乐一边做实验，更不能与人胡乱交谈，这样既影响自己，也影响他人。

（4）注意保护他人和自我

首先要注意一些有害性物质，注意避免与身体直接接触，如病毒（特别是带有致癌基因的慢病毒）、细菌、致癌物质（EB、DEPC 等）、辐射（γ-^{32}P 和长半衰期的放射性碘）、具有腐蚀作用的试剂（强酸、强碱）、有毒物质（神经毒的丙烯酰胺）。称取 SDS 时一定要戴口罩，且在通风柜中操作。用酚抽取 DNA 或用 Trizol 抽取 RNA 时，尽可能在通风条件下操作。实验中戴着手套不要到处乱摸，包括门把手、键盘等，以免污染整个实验室。装有毒物质的瓶子要给予特殊处理，不要同其他瓶子放在一起。使用一些挥发性的试剂时，要尽量在通风的地方操作。注意保护同事，如使用危险试剂时要提醒一下身边的人。酒精灯用过熄灭之后，一定要记得把盖子取下来再盖一次，否则别人下次用的时候，酒精灯会腾出很高的火焰。最后，做完实验要洗手；进出实验室注意水、电、门窗是否关闭；干燥箱最好不要开着过夜。

（5）实验中注意一定的节奏与分寸

实验前要多想想，不要急着动手，尽量做到一次成功。

具体实验操作中要注意一定的节奏与分寸，繁简、快慢自有章法。例如，配制 Tris-HCl 溶液时，一般实验书上都有加盐酸溶液的量。在调 pH 时，开始时可以按其加入量的 90% 一次性加入（宜快），如果这时 pH 有问题，则是这一批试剂有问题，不能用；接下来调 pH 时要小心不宜快，每加几毫升就要测一次。进行 Western Blot 分析时，ECL 溶液选用 SuperSignal West Dura Extended Duration Substrate（No. ♯34075）显色后，信号在 10min 内没有明显的衰减且背景清晰，但灵敏度低。用这种试剂操作时可以相当从容。如果没有目的信号或信号太弱，或所要分析蛋白质的表达量低，可以选用同一个公司（Thermo Scientific）的另一种试剂（SuperSignal West Femto Maximum Sensitivity Substrate, No. ♯34095），这一试剂灵敏度相当高，但衰减相当快，几分钟后就没有可用的信号，且背景比较脏，所以用后一种试剂操作时应相当敏捷。用前一种试剂若没得到有用的信号，可用 TBST 溶液简单地洗膜一两次，马上用后一种试剂来显色，也可以得到理想的结果。所以，在进行 Western Blot 分析时应繁简、快慢有章法。

每个实验都有一定的节奏，期间会有一定的空隙时间，如细胞培养时有 3~5min 酶消化细胞的时间、DNA 凝胶分析时有 30min 左右的电泳时间，可利用这些间隙及时进行实验记录或某些整理工作。

3　实验后的注意事项

（1）做完实验后一定要仔细检查

每天要花点时间，回顾一下当天的实验过程，反省一下可能出错的地方，包括实验方案、实验细节、实验技巧、实验结果等。

实验结束后一定要仔细检查，思考一下自己哪些步骤可能忘记加试剂、哪些可能加错等。将一切实验用具恢复到实验前，并清洁好实验台面。及时处理垃圾，整理物件。实验室的公用仪器、试剂应该放在公用橱柜中，协调使用。公用仪器一般都不是廉价、简单的仪器，这些仪器的操作一般比较复杂，功能比较多，而大家常用的功能都比较固定，因此公用仪器的功能设置都比较固定，一般操作时不用修改其设置，如果确要修改其设置，用完后一定要恢复到先前的设置。

良好的实验环境不仅能够给自己带来舒心的感觉，而且还能避免一些系统误差。

（2）及时整理实验数据，仔细分析实验结果

实验前要充分思考可能出现的问题和结果，实验过程中则不能被自己预计的结论所左右。实验结束后要尽快整理实验数据，该统计分析的就统计分析，该作图的就作图；同时查阅文献，对自己的实验结果能够作出准确解释。但由于实验本身就是一个探索过程，所以实验前什么都计划好是不现实的，也是不科学的。所以，在得到部分实验数据时，就要着手写文章，在每一张 PPT 上具体描述实验过程以及所得到的结果与可能的结论。其目的是整理自己的实验结果以及完整的实验思路，明确接下来的实验重点、实验过程。

实验过程中若要完善实验方案，最好一次只改动一个实验条件，不然就搞不清楚到底是哪个条件的改变影响了实验结果。

仔细分析实验结果，对一时无法解释的结果，换一种思路来思考。在具体实验时，清晰的思路是十分重要的。

（3）在独立思考的同时，多与人沟通

首先要靠自己勤苦学习，经常认真阅读经典的实验技术指南，如《分子克隆实验指南》等，多查阅 protocol-online 相关的网页。

其次也要多好问、多交流。多向已掌握该技术的人学习和请教，多与他们交流，要记住：实验永远不是自己一个人的事。

附录四 实验室成员的基本素质与行为准则

科学研究需要不同领域、不同专业的合作，只有建立起了良好的合作关系，才能获得研究成果。尤其在一个实验室内，更要学会互助，手脚勤快，热心帮助他人。不管是不是自己的分内之事，都应该用心去完成，也许自己会累点，但无论是知识与经验，还是别人的称赞与认可，自己都会收获很多。

在实验室中发现问题，应主动去解决，不要"事不关己，高高挂起"。例如，细菌培养的公共平板，自己准备时可以多准备一些，这是大家都可能要用到的；看到 pH 计复合电极的饱和浸泡液快干了，就不能袖手旁观，要主动添加饱和浸泡液，否则到自己用时电极已坏了；无意中发现某些公用试剂快用完了，应及时与订购试剂的人联系，保证这些必要的公用试剂得到及时的供应。

对实验室的事不能自私自利。如实验室成员共同准备实验时，应尽职尽责，绝对不能未准备完就溜之大吉。绝对不能把公用的试剂（如酶）、器皿拿到自己专用的地方，而全然不管是不是自己实验所需，这会导致其他人的实验无法正常进行。

在实验室里离不开实验室其他成员的帮助。别人交代的事情，一定要牢牢记在心上，这样才能让人更信任自己，更愿意与自己合作。同样，自己交代实验室其他成员的事也指望他们能如愿完成。

每个人都有自己的小空间，如果没有必要就不要对实验室其他成员的实验结果过于热心，特别是在别人实验结果不好的时候。当然，与实验室其他成员一起讨论，那就另当别论。做完实验后自己的东西自己收拾，别人的残局最好让人家来收拾。有时过于好心不是好事，因为你不明白别人的东西是否有用或者用于做什么的。当然，如果长时间没有清理，别人可能是一时忘了，你可以及时善意地提醒。

注意节约。无论多大规模的实验室，都是纳税人的血汗钱建成的。没有做过的实验，不知道怎么做没关系，谁都有个先学后学的事。但不请教别人，自己盲目动手，对于资源是极大的浪费，有时甚至可能造成危险后果。应节约药品试剂，不要觉得东西很便宜就可以乱用，要分清必要性与非必要性。注意节约能源。电灯电脑整天不关机、空调及离心机整晚不关一直处于制冷的状态、长时间打开冰箱门、打开水浴锅的盖子不关等现象，最容易在实验室发生。

大家应相互包容。实验室是一个学术氛围很好的搞研究的地方，大家应该互相学习，在讨论中互相进步。闻道有先后，术业有专攻。师兄并不一定胜过师弟。对于以前没有开展过的实验，老师都不见得一定胜过弟子。每个人都有自己的实验操作习惯，如果别人的操作手法或步骤与自己不同，不能无端地指指点点，以为只有自己最熟悉了解实验，而应当细心观察、充分思考后再提出自己的建议。来自某些先进实验室的师兄或师姐，更不能认为自己技高一筹，拿自己的实验习惯或思维来指导下面的师弟或师妹，只要不符合自己的习惯或思维的东西，都说是错误的，以致实验室无法进行正常的学术交流和讨论。尤其可怕的是，会让这些错误的思路和方法一一传下去，害人不浅。

作为实验室的一员必须要杜绝一些做法，才能更好地融入一个群体，更好地做出好的实验。以下举出一些实例，以使大家能够避免这些做法。这也是做人做事的基本原则。

1 不正确地使用和维护仪器

实验室的仪器是实验的基本工具，犹如士兵手中的枪、学生手中的笔，实验室每一个成员都离不开它们，都要爱惜。做实验要按照正规要求操作设备，做完实验要注意设备的清理维护。用完仪器一定要随手关闭。

（1）低温离心机打开电源后要关好盖子，不能让压缩机一直在工作；关闭电源后要打开盖子，否则会有不少冷凝水一直停留在离心机里，下一次开机时会冻成冰块。离心或操作时如果有污染的话一定要立即清洗干净，不要想事后再来清洁，经常会忘记。离心机用完之后，应将转速调回，特别是同一离心机有不同的转子就更应该注意。

（2）不能长时间开着显微镜或者凝胶成像仪的光源，每一个灯泡都有一定的寿命。但如果在某一时间段内要多次使用，也不能反复开关，每开关一次，瞬时电流对灯泡的损耗会很大。

（3）不要过高速地使用摇床。几乎所有的实验方案提及液体培养时，都要求摇床的转速是多少，但实验操作时未必如此。如培养细菌时，240r/min 过夜培养的菌体量与 120r/min 过夜培养的菌体量相比，不会有多大的差别。所以，高速地使用摇床一定要小心，特别是国产的仪器，不能让摇床经常修理。因为长时间使用摇床，电机发热明显，来不及及时散热，可能会成为一个火灾的隐患。当然，摇床更不能作为振荡的工具！这种实验仪器的"改良使用"还是少一点好。

（4）应正确使用冰箱。开关冰箱门不能太用力，更不能踢着关门，不能频繁地无计划地开关冰箱，也不能开着冰箱门进行某些操作。这样会导致冰箱温度的不稳定，影响其他放置物品的冻存效果。对冰箱的压缩机也不好，会使不少冷凝水停留在冰箱内部。

（5）电子天平使用之后应及时清理，残留的称量物在天平内和工作台面上，会影响电子天平的使用寿命与准确性。特别是一些当时没有及时清理、事后极难清理的试剂，如硝酸银试剂，所到之处都是一片黑色的污垢。

（6）打开细胞培养箱门的幅度不能过大，次数不能过频，应及时关闭，否则会导致培养箱温度及二氧化碳浓度降低，使所培养的细胞处于一个不稳定的条件，而且可能导致污染。

（7）显微镜用后应及时清洁，特别是有油镜镜头的显微镜。否则，会严重影响后面使用。

（8）PCR 仪用完应及时关闭开关，更不可将 PCR 仪当作"4℃冰箱"，扩增后让样品过夜。让压缩机过夜工作，会严重影响 PCR 仪的工作寿命。如果实验确实需要长时间保存样品或过夜操作，应将最后保存温度调到室温。PCR 扩增的样品都能在 70～94℃ 的条件下进行，室温放置几小时没有什么太大的影响。

（9）加样枪用完应立刻调回最大刻度，不能让枪的弹簧长时间处于压缩状态，否则，久而久之，加样枪的弹簧就会失效。

（10）爱惜公用仪器，仪器使用前应登记，不要借口用完再一齐登记，以免事后要接着做下一个实验而忘记归还。用后要清洗所用的仪器，残留在管子里和表面上的污痕要及时清洁，不然会越来越脏。如果确有损坏仪器应及时上报，不能隐瞒不报更不能推卸责任，这样会严重影响别人的实验，这是实验室工作最大的忌讳。

2　擅自使用他人的实验用具

下面的行为绝对不能在实验室出现。

（1）未经他人同意，擅自使用他人实验物品。结果导致他人使用时，才发现物品遗失。而且，每个人的实验习惯未尽相同。也许在擅自使用他人实验物品的同时，给别人带来了可能的污染。

（2）他人消毒后的物品，就私自在超净台之外打开。发现错了，为了不让别人知道而又重新包装上。

（3）借用别人物品不放回原处，甚至自己也忘了所放的地方。

（4）未经同意随意翻别人的实验记录或笔记本。

（5）未经同意随便看或是动别人的实验用品。

（6）私自复制别人电脑里的资料。

（7）随便翻别人工作台上的材料和抽屉。

（8）未经他人同意，私自观察别人的实验结果，如观察他人正在培养中的细胞。有时候，细胞需要绝对的静止，而他人的私自观察，可能就影响了细胞的贴壁。

3　不注意自己的言谈举止

下面的行为绝对不能在实验室出现。

（1）不注重进入实验区的穿戴：穿拖鞋上下班，有些人干脆穿着实验室的拖鞋出去吃饭。有时不穿白大褂，赤手取物品。

（2）做实验时干与实验无关的事情：大声喧哗、唱歌、起哄、闲聊、打电脑游戏、看电影、妨碍他人查资料。

（3）卫生意识差：实验室里吃东西，将零食放在实验室是不应该的。不但影响别人，而且如果不及时处理垃圾，晚上还会引来老鼠。吃东西前稍用水冲冲手就拿来啃，甚至不洗手直接在白大褂上擦几下就算了事。甚至有些自我感觉良好者，边跑胶边嚼口香糖，害人又害己。

（4）做事没有礼貌：进出门不敲门，将门摔得很响，不关门。

（5）平时工作空闲多不如看看专业方面的书籍，努力提高自己的专业水平，不能一有空就闲聊，干与自己工作专业无关的事。球赛球星及影视明星，毕竟与实验不是一回事，他们只是生活中的点缀而已。

4　不及时清理掉自己的用具

及时清理自己所用的一切，定时或不定时搞一次全面的清理，使自己的实验环境始终处于一种有序状态。

（1）玻璃仪器用后要马上清洗，如移液管用后要完全浸泡在溶液里，如果让其自然晾干，以后很难洗干净；做 Western Blot 实验时，如果玻璃上的小胶和溶液没有及时清洗，晾干后就可能形成小的颗粒，牢牢地黏在玻璃板上，严重影响下一次的实验；做 Western Blot 电转所用的海绵，用后不马上泡在热水中，高浓度的盐就会析出，下一步转移时会产生许多莫名其妙的杂乱条带。

（2）公共器皿用完后要及时归位，用完及时补足，以保证别人下一次再用时有器皿可用。

（3）实验完成后及时清理现场，及时将废液缸里的液体或物品清理，不然会严重干扰实验室的环境。

（4）不能将实验剩余的所有液体放在冰箱里备用，特别是以后用到的机会不多或要很长时间后才会用到的，这些液体过段时间来看，都是占空间的残液，也因为低温存放时间过长，液体或多或少有蒸发，浓度也不准。

（5）高压灭菌完的器皿应及时地收回，储物箱里应有空余的地方放置刚刚烘干的灭菌完毕的物品。否则，如发现前期的器皿已过期，又不得不重新高压灭菌。

（6）当天实验结束后，应将剩余的动物及可能的组织处理好，应计算好实验动物的量，当天用不完的动物如小鼠等，既不能养在实验室也不能放回动物房。

（7）细菌培养的平皿用完应及时处理，洗了再烘干，不能简单地塞冰箱里不管，这样下去会导致整个实验室的平皿不够用，而冰箱又拥挤不堪。自己的实验结果（如电泳后的胶）要及时保存，不能扔在实验台上就去忙别的实验。忙完后很容易把以前的实验结果忘了，影响别人实验。

（8）学会有差别、有层次地对待实验。应将可回收的和不可回收的物品分门别类地放置，以免有些可回收的物品当垃圾一样被扔掉，造成很大的浪费；及时整理资料，特别是存放在公共仪器中的数据。如使用一个专门凝胶成像的软件系统，里面的电泳图片应整理备份，以便别人再用。下载的文献不能随便就摆在公用电脑的桌面上，应及时贮存在自己的文件夹。

5　不虚心请教，自以为什么都知道

（1）不要看不起比自己学历低的人。感觉自己高高在上，其实每个人都有值得自己学习的东西，经验、素质等很多东西不是和学历成正比的。自以为是，听不进别人的意见，盲目进行实验是很容易出问题的。

（2）对实验中不清楚的地方要虚心请教，出了问题要勇于承认错误，不能自大，而应虚心听取周围朋友的建议。如在细胞培养时出现了污染，这并不是一件十分丢脸的事。让其他用培养箱的人知道，于人于己都有益。如果是细菌污染，那只需处理污染相关的器皿；如果是霉菌污染，应让整个培养箱彻底消毒。这样才不会浪费自己与别人的时间。

（3）大家之间要相互交流，多学习别人的长处，碰撞才能产生火花。往往有突破性的设想都是在交流中产生的。

（4）不懂的内容不能编造，科学研究是件严肃的事。不懂完全没有关系，不懂装懂会误导别人也会误导自己。

附录五　提取高质量 RNA 的技巧

RNA 提取过程中最重要的注意事项是防止 RNA 酶的污染导致实验失败。除此之外，笔者总结以下技巧提供给各位参考，帮助大家提取更高质量的 RNA。

（1）整个实验过程都要佩戴一次性手套。因为皮肤经常带有的细菌霉菌等微生物及人体自然脱落下来的皮屑，都可能成为 RNA 酶的来源，而影响 RNA 的抽提。要培养良好的无菌操作习惯，预防微生物污染。使用灭菌的一次性塑料器皿抽提 RNA，避免使用公共仪器，公共仪器或多或少都会含有 RNA 酶，特别是 DNA 操作时有时要加入 RNA 酶，消化 DNA 样品中所含的 RNA。用过 RNA 探针的实验室，可能用 RNA 酶来降低滤纸上的背景，因而某些非一次性的公共实验用具可能富含 RNA 酶。

（2）操作时勤换手套，冰上操作，戴手套口罩，动作要迅速。最关键的一步也是决定 RNA 质量的一步是：加氯仿离心后，出现分层，RNA 在上清液中，中间是 DNA，下面是蛋白质。吸上清液时一定要小心，防止将中间的 DNA 混入，以免影响 RNA 质量。乙醇清洗后，一定要完全除去乙醇（至无乙醇味），否则会影响电泳时上样。异丙醇－20℃沉淀 RNA 30min 以上。这个过程中有一个小技巧，就是在加入氯仿离心后，一般上清液的量约占总体积的 50%。为了提高 RNA 的质量和产率，离心后并不马上吸取含有 RNA 的上清液，而是移取中层的 DNA 和下层的蛋白质。余下 10%～15% 的下层油相，经短暂高速离心之后再吸取上清含有 RNA 的水相。因为当下层油相占很小体积时，上下层的界面所占的体积少，不会浪费太多的水相，吸入中间蛋白相和下层油相的可能性也小。其实这一技巧可用于所有的分层液相的实验，如酚抽提 DNA 的实验，回收胶中 DNA 的实验。

（3）如果所要提取样品是细胞，不能在细胞离心后马上加入 Trizol 试剂。因为成团的细胞，加入 Trizol 试剂后，外围细胞先施放出的大分子 DNA，聚积成团，干扰成团里层细胞的裂解，即使用加样枪或针头反复吸取，也无法彻底打断已经成团的 DNA。如果提取样品来自培养的贴壁细胞，吸取培养基后用 PBS 洗涤细胞两次，直接加入 Trizol 试剂；如果提取样品来自培养的悬浮细胞，连培养基一起吸取离心，用 PBS 洗涤细胞两次，最后加入 5%～10% 的 PBS 重悬细胞沉淀，等到重悬完全后再加入 Trizol 试剂。如果所要提取的样品来自组织块，就得充分研磨组织，等组织块成为粉末后再加入 Trizol 试剂。常用的研磨方法是液氮研磨法。因为液氮变为气体时要吸收大量的热，使组织块瞬间冷冻。但如果冷冻不透，液氮研磨材料时，会得到干渣并粘在研钵内壁，而不是干粉，无论是产量还是质量都次之。因此，这一过程中有三个关键步骤：首先，研磨器皿高压灭菌烘干水汽后，－80℃放置过夜，预冷冻；其次，组织块的表面积尽可能大，切不可成球状，一用力研磨，球状的组织块极易飞出研钵；最后，加入足量的液氮让组织块完全冻透，一次将组织块研磨好。在没有冻透之前千万不能研磨，如一次没有研磨好，下一次研磨的效果就差，且第二次加入的液氮会将前一次所产生的干粉带出研钵，使其飞溅在研钵的四周。这一技巧同样可用于分离提取组织块的 DNA 或蛋白质。

（4）使用 Trizol 试剂时，其中的一种成分能抑制 RNA 酶，所有 RNA 样品泡在 Trizol 试剂中是不可能被 RNA 酶消化的。但是，对样品的后续操作会要求用无 RNA 酶的玻璃器皿或塑料器皿。玻璃器皿可以在 150℃ 的烘箱中烘烤 4h。塑料器皿可以在 0.5mol/L 的 NaOH 中浸泡 10min，用水彻底漂洗干净后高压灭菌备用。

（5）用 0.01% 的 DEPC 或 Erasol 水溶解 RNA 时，应根据沉淀的多少加入相应的体积，一开始没经验可少加，浓度大可以再稀释。提取完后跑电泳看看有无 DNA 污染和 RNA 降解，然后置于－80℃，可保存数月。实验后要注意：超净台需用 70% 乙醇擦拭，再用 DEPC 或 Erasol 除去空气中的 RNase，提 RNA 所需的 Tip 和 EP 管要提前用 0.1% 的 DEPC 或 Erasol 水处理以除去 RNase，DEPC 处理后还需高压灭菌。其实 RNA 贮存在 70% 的乙醇中，远比贮存于 DEPC 水中稳定，在－80℃可保存数年，甚至 10 多年后还可以用。有两种操作方式：第一种方式是乙醇或异丙醇沉淀后如不马上要用，直接换成 70% 乙醇，－80℃保存，用时再来分析 RNA 的质量和数量；另一种方式是常规处理后，知道 RNA 的质量，再加入 3 倍体积的无水乙醇，－80℃保存。当然，这两种贮存方式都要在 RNA 不是马上要用的前提下进行。如果提取的 RNA 比较多，可以先留取一部分样品进行下一步实验，另一部分贮存于 70%乙醇，备用。

（6）有关实验器皿。Trizol 试剂提取 RNA 所用到的一次性试管，要事先检验以确保该试管可以耐受加入 Trizol 和氯仿，及以后 12000g 的离心力。不可使用有裂缝或者破损的试管。实验用的水也是很关键的，必须用 DEPC 处理过的无 RNase 水。具体做法是将去离子水中加入 0.1% DEPC，振摇过夜，之后再高压灭菌。高压灭菌这步是不能省的，因为必须用高压灭菌把残留的 DEPC 分解掉，不然会影响后续的反应。在提取时，所有接触到 Trizol 试剂的器皿都要泡存水中，吸取出来的 Trizol 试剂也要直接加入含有大量水的玻璃杯中。其次就是要注意 Trizol 试剂中的酚。

（7）Trizol 试剂含有酚等有机溶剂，所以 Trizol 抽提 RNA 时要戴手套和护眼罩，避免接触皮肤和衣服。要在化学通风橱完成操作，避免呼吸道吸入。所有的操作应该在 15～30℃的条件下完成。

参 考 文 献

[1] 金红星，编著 . 基因工程 [M] . 北京：化学工业出版社，2016，8.

[2] 陈禹保，黄劲松，主编 . 高通量测序与高性能计算理论和实验 [M] . 北京：北京科学技术出版社，2017，5.

[3] 李金明，主编 . 高通量测序技术 [M] . 北京：科学出版社，2018，12.

[4] 杨焕明，编著 . 基因组学 [M] . 北京：科学出版社，2016，10.

[5] 鄢仁祥，编著 . 蛋白质结构生物信息学 [M] . 福州：福建科学技术出版社，2017，5.

[6] 岳俊杰，冯华，梁龙，主编 . 蛋白质结构预测实验指南 [M] . 北京：化学工业出版社，2010，4.

[7] 李维平，主编 . 蛋白质工程 [M] . 北京：科学出版社，2013，6.

[8] 张今，等编著 . 合成生物学与合成酶学 [M] . 北京：科学出版社，2012，4.

[9] 宋凯，编著 . 合成生物学导论 [M] . 北京：科学出版社，2010，2.

[10] ［意］路易斯 PL，恰拉贝利 C，编著 . 化学合成生物学 [M] . 李爽，王菊芳，译 . 北京：科学出版社，2013，6.

[11] ［美］Stephanopoulos G N，等著 . 代谢工程原理与方法 [M] . 赵学明，白冬梅，等译 . 北京：化学工业出版社，2003，12.

[12] 姜岷，曲音波，等著 . 非粮生物质炼制技术——木质纤维素生物炼制原理与技术 [M] . 北京：化学工业出版社，2018，2.

[13] 金红星，王星，彭钰玮 . 在明串珠菌中构建葡萄糖到甘露醇的转化体系 [J] . 食品与发酵工业，2019，45（12）：96-100.

[14] 史晏榕，孙宇辉 . DNA 克隆和组装技术研究进展 [J] . 微生物学通报，2015，42（11）：2229-2237.

[15] 李雷，芦银华，姜卫红 . DNA 组装新方法的研究进展 [J] . 生物工程学报，2013，29（8）：1113-1122.

[16] 张海艳 . 植物合成生物学工具箱的优化及其在基因组编辑中的应用研究 [D] . 北京：中国农业大学，2017，5.

[17] Peng Y W，Jin H X. Effect of the *pat*，*fk*，*stpk* gene knock-out and *mdh* gene knock-in on mannitol production in *Leuconostoc mesenteroides* [J] . J Microbiol Biotechn，2018，28（12）：2009-2018（10.4014/jmb.1805.05066）.

[18] Gui C，Chen J，Ju J H，et al. CytA，a reductase in the cytorhodin biosynthesis pathway，inactivates anthracycline drugs in *Streptomyces* [J] . Communications Biology，2019，2：454（10.1038/s42003-019-0699-5）.

[19] Wang W S，Xiang W S，Zhang L X，et al. Harnessing the intracellular triacylglycerols for titer improvement of polyketides in *Streptomyces* [J] . Nat Biotechnol（10.1038/s42003-019-0699-5）.

[20] Lee M J，Woolfson D N，Warren M J，et al. Engineered synthetic scaffolds for organizing proteins within the bacterial cytoplasm [J] . Nat Chem Biol，2018，14：142-147（10.1038/nchembio.2535）.

[21] DeLoache W C，Russ Z N，Dueber J E. Towards repurposing the yeast peroxisome for compartmentalizing heterologous metabolic pathways [J] . Nat Commun，2016，7：11152（10.1038/ncomms11152）.

[22] Tan D，Wu Q，Chen G Q，et al. Engineering *Halomonas* TD01 for the low-cost production of polyhydroxyalkanoates [J] . Metab Eng，2014，26：34-47（10.1016/j.ymben.2014.09.001）.

[23] Jiang X R，Chen G Q. Morphology engineering of bacteria for bio-production [J] . Biotechnol Adv，2016，34（4）：435-440（10.1016/j.biotechadv.2015.12.007）.

[24] Jiang X R，Yao Z H，Chen G Q. Controlling cell volume for efficient PHB production by *Halomonas* [J] . Metab Eng，2017，44：30-37（10.1016/j.ymben.2017.09.004）.

[25] Liu Z H，Tan T W，Nielsen J，et al. Third-generation biorefineries as the means to produce fuels and chemicals from CO_2 [J] . Nat Catal，2020，3：274-288（10.1038/s41929-019-0421-5）.

[26] Dinh C V，Prather K L J. Development of an autonomous and bifunctional quorum-sensing circuit for metabolic flux control in engineered *Escherichia coli* [J] . Proc Natl Acad Sci USA，2019，116（51）：25562-25568（10.1073/pnas.1911144116）.

[27] Xiao H，Jensen P R，Solem C，et al. Harnessing adaptive evolution to achieve superior mannitol production by *Lactococcus lactis* using its native metabolism [J] . J Agr Food Chem，2020，（10.1021/acs.jafc.0c00532）.

[28] Jendresen C B，Nielsen A T. Production of zosteric acid and other sulfated phenolic biochemicals in microbial cell factories [J] . Nat Commun，2019，10：4071（10.1038/s41467-019-12022-x）.

[29] Yang M R，Simpson D M，Liu L N，et al. Decoding the stoichiometric composition and organis- ation of bacterial metabolosomes [J] . Nat Commun，2020，11：1976（10.1038/s41467-020-15888-4）.

［30］ Jinek M，Doudna J A，Charpentier E，et al. A Programmable Dual-RNA Guided DNA Endonuclease in Adaptive Bacterial Immunity. Science. 2012，337（6096）：816-821 （10. 1126/science. 1225829）.

［31］ Mojica F J M，Diezvillasenor C S，Garciamartinez J，et al. Intervening Sequences of Regularly Spaced Prokaryotic Repeats Derive From Foreign Genetic Elements. J Mol Evol. 2005，60（2）：174-182 （10. 1007/s00239-004-0046-3）.

［32］ Cong L，Ran F A，Zhang F，et al. Multiplex Genome Engineering Using CRISPR/Cas System. Science. 339 （6121）：819-823 （10. 1126/science. 1231143）.

［33］ Tian R Z，Liu Y F，Chen J，et al. Titrating Bacterial Growth and Chemical Biosynthesis for Efficient *N*-acetylglucosamine and *N*-acetylneuraminic acid bioproduction. Nat Commun. 2020，11：5078 （10. 1038/s41467-020-18960-1）.